le Métré

CAO-DAO avec Autocad
Étude de prix

le Métré

CAO-DAO avec Autocad
Étude de prix

Deuxième édition 2011
mise à jour et augmentée

Jean-Pierre **Gousset**

Jean-Claude **Capdebielle** • René **Pralat**

EYROLLES

ÉDITIONS EYROLLES
61, Bd Saint-Germain
75240 Paris Cedex 05
www.editions-eyrolles.com

Jean-Pierre Gousset est aussi l'auteur du module Métré figurant sur le CD-Rom Anabase produit par la Société d'éditions du bâtiment et des travaux publics (SEBTP 6-14, rue La Pérouse 75784 Paris cedex 16).
Outil de formation et non logiciel de devis, Anabase est une méthode de calcul des prix dans le bâtiment.
Le CD Rom comprend trois modules : le métré, l'étude de prix et les outils de calcul.

Avertissement

Le contenu de cet ouvrage nécessite une étude adaptée à son environnement : études de sol, conditions d'accès, etc. Par conséquent, toutes les valeurs et les dispositions constructives indiquées sont fournies uniquement à titre d'exemple et ne peuvent pas être reprises tel quel, sans adaptation à la situation réelle.

Remerciements

BONNA SABLA

Tour Ariane
5, place de la Pyramide
92088 Paris-La-Défense Cedex
www.bonnasabla.com

COGNAC TP

Rue de l'Industrie
19360 Malemort
cognac-tp@eurovia.com

IN.GE.BAT.

Bureau d'études techniques
24660 Couloumieix Chamiers
ingebat.px@wanadoo.fr

IGN

Institut géographique national
www.ign.fr

LA NIVE

32, avenue de Tauzia
33033 Bordeaux Cedex
www.lanive.fr

POTAIN

www.potain.fr

SAP VINCI PARK

www.vincipark.com
Parc souterrain – avenue d'Aquitaine
RP Boisse, architecte DPLG

SETI

Société d'études techniques industrielles
seti-limoges@seti.fr

SOLETANCHE BACHY

www.soletanche-bachy.com

Nous remercions également : Archi Studio Mirabel, architecte DPLG ; B. Badaut, C. Bavard, V. Baude, T. Blanchardie, M. Duthil, S. Gil Rivero, P. Labussière, D. Lespiaucq, J.-L. Laronze, S. Linares géomètre-expert, Y. Varaignes, C. Verdier, R. Violot et Ph. Wenger.

AVANT-PROPOS

Parmi les différentes façons d'aborder les aspects fondamentaux du dessin technique, du métré et de l'étude de prix, nous avons privilégié une approche concrète et pratique.

Plusieurs raisons ont guidé ce choix :

- se servir d'exemples d'ouvrages usuels (stades, VRD, couverture, etc.) ;
- présenter des thèmes de complexité croissante :
  - la géométrie plane et les calculs élémentaires de linéaires et de surfaces,
  - la relation entre l'espace et le plan : la conception du modèle volumique, les vraies grandeurs, la géométrie descriptive, les intersections et les développements de surfaces de révolution,
  - l'élaboration de l'avant-métré,
  - le lien direct entre la technologie, la mise en œuvre, la lecture de plan et l'étude de prix,
- mettre en perspective deux aspects inséparables du métré : la conception et l'étude de prix ;
- montrer la complémentarité des professions (concepteur, économiste, projeteur, topographe, entrepreneurs, etc.) dans l'acte de construire ;
- utiliser l'outil informatique pour gagner en productivité (modifications, variantes, simulations, partage et qualité des documents, etc.) ;
- télécharger des fichiers de support d'apprentissage sur le site www.editions-eyrolles.com.

Bonne lecture

LES AUTEURS

SOMMAIRE

Thème 5

Massif de grue à tour

93

Thème 6
Série de murs de soutènement préfabriqués   121

Thème 7

Intersections de plans, vraies grandeurs 157

Thème 8
Intersections de surfaces de révolution, développements
181

Thème 9
Tête d'ouvrage hydraulique   201

Thème 10
Piscine   229

Thème 11
Giratoire

Annexes

INTRODUCTION

Cette introduction n'a pas prétention de décrire de manière exhaustive le dessin technique, le métré et l'étude de prix mais présente seulement des aspects essentiels de ces 3 activités participant à l'acte de construire.

1 LE DESSIN TECHNIQUE

1.1 Le langage technique

C'est un langage international, outil de communication, entre différents intervenants qui permet à un projet de passer du stade de besoin au stade d'exploitation, voire d'élimination de l'ouvrage.

Toutes ces phases, présentées de manière synthétique dans ce tableau, nécessitent des représentations graphiques associées à des pièces écrites.

Phases	Intervenants	Activités
Besoin	Maître d'ouvrage (client) Géomètre, topographe	Défini un programme Établi un relevé de terrain (plan topographique, plan de bornage, de masse...)
Conception	Maître d'œuvre, architecte, urbaniste	Esquisse, APS (avant-projet sommaire) APD (avant-projet définitif), projet, ACT (assistance au maître d'ouvrage pour la passation du contrat de travaux)
	Économiste de la construction Bureaux d'études techniques	Estimation de l'ouvrage Pré-étude structure, thermique, acoustique, fluides...
Réalisation	Entreprises	Soumissionne pour l'ouvrage, l'étudie (bureau des méthodes...) et réalise les travaux dans un délai donné
	Maître d'œuvre Bureaux d'études techniques Bureau de contrôle	Contrôle les travaux, les délais. Rendez-vous de chantier Plans d'exécution des structures, fluides... Contrôle les plans d'exécution, la réalisation sur le chantier Pour les chantiers importants
	OPC Organisation pilotage et coordination Coordinateur SPS	Contrôle hygiène et sécurité sur le chantier
Réception (avec, ou non selon le cas, l'opération préalable à la réception)	Tous les intervenants Maître d'ouvrage, maître d'œuvre, entreprises, bureaux d'études techniques, bureau de contrôle	DOE (dossier des ouvrages exécutés) DIUO (documents d'intervention ultérieur sur les ouvrages) Plan de recollement Livraison de l'ouvrage au maître d'ouvrage, remise des clés

REMARQUE : l'existence d'un bâtiment se poursuit après la réception par son exploitation (dépenses de fonctionnement, d'entretien...) jusqu'à sa démolition dans une approche de coût global.

Le dessin technique ou de construction permet la représentation d'une solution technologique à un problème posé (objets, ouvrages...) sur une surface plane. Un des plus anciens connus nous vient d'Égypte : 2 vues d'un tombeau, sans cotes, sur papyrus.

Ce langage technique, composé :

- de lignes en traits fins, forts, continus, interrompus... ;
- de cotation ;
- d'écriture : nomenclature, cartouche... ;

- de symbole : réseaux, appareillage électrique... ;

comporte 3 champs complémentaires :

- le champ de la mesure (respect du réel, échelle...) et de la géométrie (parallèle, perpendiculaire, tangent... ;
- le champ du codage (type de trait, des hachures...) ;
- le champ technique (la circulation dans un bâtiment : horizontale et verticale, le système porteur : poteaux poutres, porte-à-faux...).

La représentation des dessins d'architecture, de bâtiment et de génie civil fait l'objet d'une norme NF P 02-001 que l'on consultera utilement. Elle est complétée par d'autres normes : NF P 02-005 pour les cotations, NF P 02-006 pour les formats...

1.2 Les conventions du dessin technique

1.2.1 LES TRAITS

Traits	Désignation	Utilisations
	Continu fort	Contours et arêtes vues
	Continu renforcé	Contours des sections, des zones coupées
	Continu fin	Arêtes fictives vues Lignes de cote, d'attache, de rappel Lignes de repères Hachures Constructions géométriques Contours de sections rabattues
	Continu fin « ligne à main levée » Continu fin droit avec zigzag	Limites de vues ou coupes partielles
	Interrompu fort ou Interrompu fin	Contours cachés, arêtes cachées (l'un ou l'autre sur un même dessin)
	Mixte fin	Axe de révolution, trace du plan de symétrie, trajectoire, fibre moyenne
	Mixte fort	Lignes ou surfaces particulières, trace de plan de référence
	Mixte fin avec éléments forts	Trace de plan de coupe continu ou brisé
	Mixte à deux tirets	Contours situés en avant du plan de coupe (couverture sur une vue en plan) Contours d'éléments voisins, demi rabattement

REMARQUE :
- L'épaisseur des traits est au moins doublée du trait fin au trait fort et du trait fort au trait renforcé.
  Trait fin : de 0.13 mm à 0.20 mm.
  Trait fort : de 0.30 mm à 0.50 mm.

Trait renforcé : de 0.60 mm à 1 mm.
- Un trait mixte se termine par des éléments longs.
- Les traits interrompus sont raccordés aux extrémités.

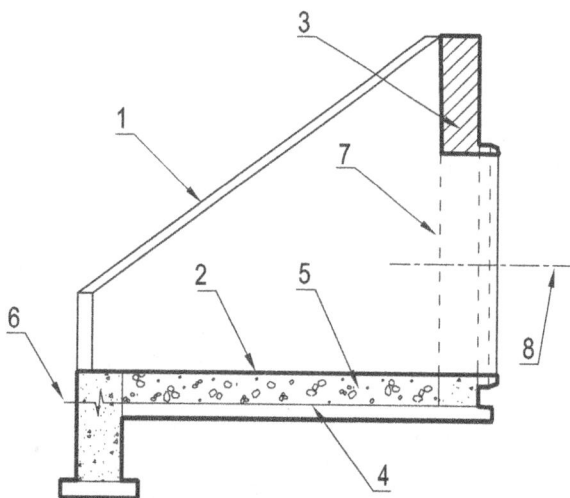

1 : trait fort (contour vu)
2 : trait renforcé (limite des contours coupés)
3 : trait fin (hachures)
4 : trait fin (trait matérialisant une différence de matériaux)
5 : Hachures (granulats du béton)
6 : Continu fin droit avec zigzag (reprise de bétonnage)
7 : Interrompu fin (contour caché)
8 : Mixte fin (axe de la réservation)

fig. 1 exemple de traits

REMARQUE : lorsque d'autres types de trait sont utilisés (avec des +, des x…) leur signification est répertoriée dans une légende (limite de clôture, haie, canalisation de gaz…).

1.2.2 LES ÉCRITURES

La norme NF E 04-505 traite de l'écriture normalisée. Aujourd'hui, les dessins informatisés utilisent des polices et des tailles de caractère qui améliorent la lisibilité des plans. Les écritures et cotation manuelles sont toujours très utilisées sur les relevés d'architecture malgré le développement des tablettes graphiques.

1.2.3 LES ÉCHELLES

À part pour les plans sur règle et les épures à l'atelier, il est rare que les sorties papier des dessins nécessaires à la réalisation des ouvrages soient à l'échelle réelle : 1 (1 cm dessiné pour 1 cm réel ou 1 m dessiné pour 1 m réel)

Les ouvrages du BTP sont reproduits sur des plans à échelle réduite :

- de 1/2 (1 cm dessiné pour 2 cm réels) pour un détail d'assemblage ;
- à 1/5 000e (1 cm dessiné pour 5 000 cm = 50 m réels) pour les plans de situation ou même davantage pour les routes et autoroutes (cartes routières).

L'échelle est un nombre sans dimension, rapport entre la dimension dessinée et la dimension réelle exprimée dans la même unité.

Expression de l'échelle : 1/50e ou 0.02 ou 2 cm par m

- Pour calculer ou vérifier l'échelle d'un dessin :

$$\text{échelle} = \frac{\text{dimension dessinée}}{\text{dimension réelle}}$$

exemple : ech. 1/50e 1/50=2/100 = 0.02 soit 2 cm pour 100 cm soit 2 cm pour 1 m

Cette égalité permet aussi le calcul :

- De la dimension dessinée

(pour un dessin « à la planche » car avec un logiciel, toutes les cotes saisies sont à l'échelle 1, l'utilisation de l'échelle intervient lors de la sortie papier)

dimension dessinée = dimension réelle × échelle

exemple : à l'ech. 1/200e ⇒ 1/200 = 5/1 000 = 0.005 soit 5 mm pour 1 000 mm soit 5 mm pour 1 m. Une longueur de 42 m sur le terrain est représentée par 21 cm sur le papier

$$\text{dimension du dessin} = 42 \text{ m} \times \frac{1}{200} = \frac{21 \text{ m}}{100}$$

$$= 21\frac{m}{100} = 21 \text{ cm}$$

- De la dimension réelle

À partir d'une cote mesurée sur le plan (en principe à éviter car l'imprécision de la mesure est divisée par l'échelle d'où une multiplication par un facteur 50 ou 100...).

$$\text{dimension réelle} = \frac{\text{dimension dessinée}}{\text{échelle}}$$

EXEMPLE : à l'ech. 1/250e ⇒ 1/250=4/1 000=0.004 soit 4 mm pour 1 000 mm soit 4 mm pour 1 m, une longueur de 52 mm sur le papier représente 13 m sur le terrain.

$$\text{dimension réelle} = \frac{52 \text{ mm}}{\frac{1}{250}} = 52 \text{ mm} \times \frac{250}{1}$$

$$= 13\ 000 \text{ mm} = 13 \text{ m}$$

Une imprécision de 1 mm sur le dessin entraîne une erreur de 250 mm ou 25 cm sur le terrain.

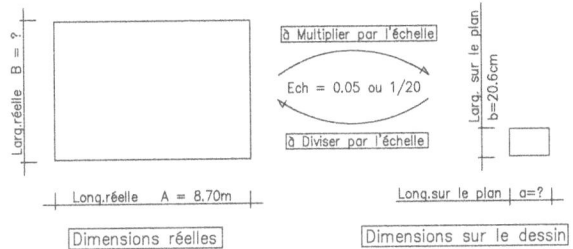

fig. 2 principe du facteur d'échelle

Si le facteur d'échelle est de 0.05 (5/100 soit 1/20) alors
a = 8.70 m × 0.05 = 0.435 m = 43.5 cm et
B = 20.06 cm/0.05 = 412 cm = 4.12 m

REMARQUE : parfois le facteur d'échelle n'est pas identique dans les 2 directions. Voir les profils en long ou les profils en travers fig. 46 du thème 4, fig. 32 et 33 du thème 9.

1.2.4 LA COTATION

Elle indique les cotes réelles de l'ouvrage.

Elles sont exprimées en mètre avec 3 décimales ou en millimètre mais un grand nombre de plans conservent l'habitude de coter en mètre avec 2 décimales lorsque la longueur est ≥ à 1 mètre et en cm lorsque la longueur est < à 1 mètre. D'autres plans sont cotés en cm. Dans tous les cas, le ou les unités sont précisées sur le plan. Les thèmes traités dans l'ouvrage montrent toutes ces options.

La cotation comporte 3 aspects :

- Une cotation dimensionnelle (essentiellement des nombres directement en relation avec la longueur représentée parfois suivis d'une tolérance : $400_{0.00}^{+0.04}$ pour dire que la longueur doit être comprise entre 400 et 400.04)
- Une cotation des niveaux
- Une cotation de repérage (essentiellement du texte, avec ou non une nomenclature associée)

1.2.4.1 Cotation dimensionnelle

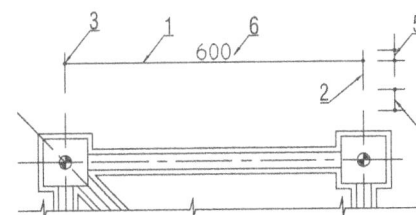

fig. 3 nomenclature de la cotation

1 : ligne de cote. **2** : ligne d'attache. **3** : extrémités des lignes de cotes ; options : flèches, points... **4** : distance entre le point coté et le début de la ligne d'attache. **5** : dépassement de la ligne d'attache par rapport à la ligne de cote. **6** : nombre ; distance en cm entre les 2 points cotés

Lorsque que les éléments sont des cercles ou des arcs de cercle, les nombres sont précédés de R pour rayon ou Φ pour diamètre.

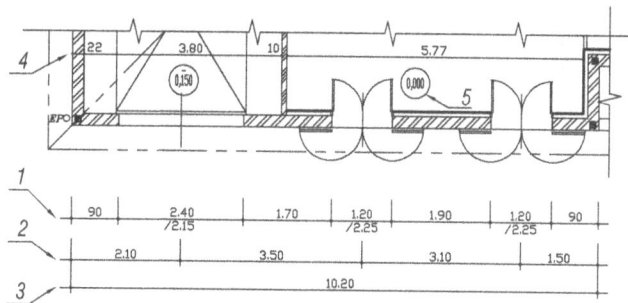

fig. 4 cotation d'une vue en plan

1 : cotation des baies (HNB / LNB) et des trumeaux (parties des murs situés entre les baies), **2** : cotation des axes des baies, **3** : cotation des décrochés ou cote totale, **4** : cotation intérieure, **5** : cotation des niveaux en plan

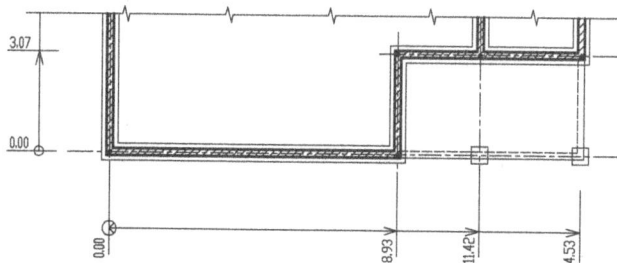

fig. 5 cotation cumulée d'une vue en plan des fondations

Lors d'une cotation cumulée, une ligne ou une surface est choisie comme référence (0.00 ou 0.000 selon l'unité et la précision). Toutes les cotes démarrent de cette référence (une référence par direction).

1.2.4.2 Cotation des niveaux

C'est une cote verticale (ou ≅ altitude), précédée d'un signe + ou – selon qu'elle est au-dessus ou au-dessous du niveau de référence, qui est indiquée à la fois sur les vues en plan et sur les coupes verticales.

Le niveau 0.000 peut être local ou NGF pour niveau général de la France. Dans cet exemple, les niveaux sont locaux, rattachés à un repère du chantier.

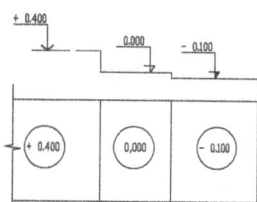

fig. 6 cotation des niveaux en plan et en élévation

1.2.4.3 Cotation de repérage

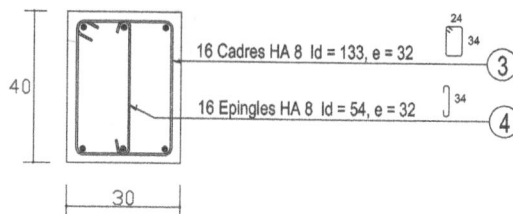

fig. 7 repérage des aciers

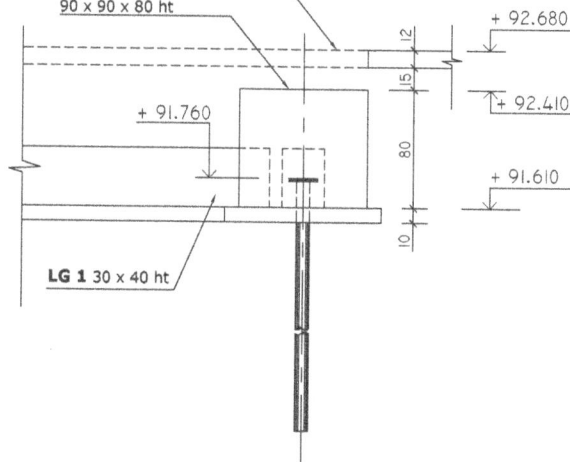

fig. 8 ensemble de cotations, dimensionnelle, de niveaux, de repérage

1.2.5 LES HACHURES ET TRAMES

Les hachures sont des traits fins qui matérialisent la matière coupée par le plan de coupe lors de la représentation des sections et des coupes. L'aspect de ces hachures varie en fonction de la nature des matériaux coupés.

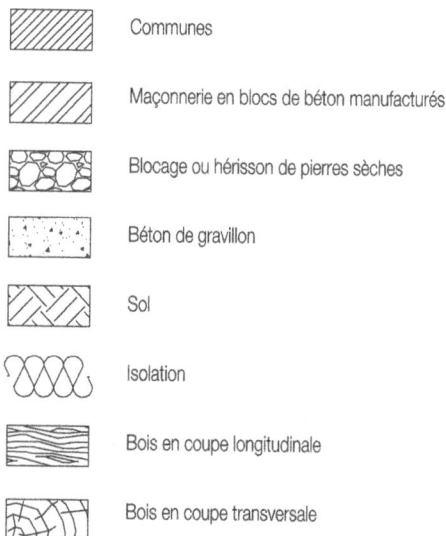

fig. 9 quelques hachures usuelles

Les trames donnent un aperçu des matériaux employés sur une vue qui n'est pas le résultat d'une coupe (couverture sur une façade…).

Carrelage grès cérame 20 × 40

Couverture en tuiles « canal »

fig. 9 bis exemples de trames

1.2.6 LES FORMATS DE PAPIER

Autant que faire se peut, les dessins sont imprimés sur des formats normalisés mais, très souvent, les plans du BTP ont des dimensions qui imposent l'utilisation de rouleaux. Le format le plus courant est le A4 (210 mm × 297 mm) pris horizontalement ou verticalement. Les autres formats sont déduits du format inférieur en multipliant sa plus petite dimension par 2 :

Format A4 : 210 mm × 297 mm

Format A3 : 297 mm × 420mm (210 × 2)

Format A2 : 420 mm × 594 mm (297 × 2)

Format A1 : 594 mm × 840 mm

Format A0 : 840 mm × 1 188 mm (proche de 1 m^2)

Un cadre, tracé à 10 mm du bord de la feuille, réduit la surface utile. Le A4 sert de base au pliage des feuilles plus grandes

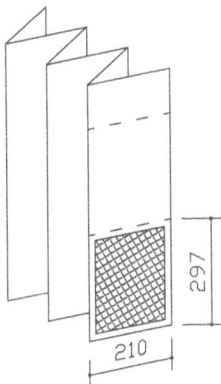

fig. 10 pliage d'un plan sur la base du cartouche A4

1.2.7 LE CARTOUCHE

C'est un cadre, visible après pliage de la feuille, en général en bas et à droite du dessin, de format A4 pour les grands plans et plus réduit sur un dessin déjà au A4, qui mentionne :

• Le titre du dessin ;

• L'échelle (ou les échelles), la date et l'auteur du dessin ;

• Un numéro de classement et un indice de modification ;

• Le maître d'ouvrage, le maître d'œuvre, le bureau d'étude… ;

• La phase du projet, esquisse, APS pour avant projet sommaire, APD pour avant projet définitif, DCE pour dossier de consultation des entreprises, PEO pour plans d'exécution des ouvrages.

fig. 11 exemple de cartouche

1.3 La représentation des objets

Si les ouvrages sont représentés en perspective, au trait ou en image de synthèse pour donner l'allure générale, leur complexité nécessite une projection orthogonale sur un plan pour :

• Une définition complète (forme et dimension) ;

• L'intervention des divers corps d'état ;

• La réalisation sur le chantier…

Il faut savoir, à la fois

• lire des plans (associer les différentes représentations planes 2D pour en construire une image spatiale 3D) ;

• produire des plans pour traduire des idées (de l'espace au plan), ce qui a aussi pour effet d'améliorer ses capacités de lecture de plan.

1.3.1 LE CUBE DE PROJECTION

C'est un procédé qui permet d'expliquer le nom et la position des différentes mises en plan (projections orthogonales, en 2D), d'un objet qui, au minimum, est en 3 dimensions.

Une feuille de papier, une ligne de peinture, ont une épaisseur mais dans ce cas, une seule représentation suffit. Ce principe est abordé dans les premiers thèmes développés (terrains de sport).

Dans les autres cas, l'objet est placé à l'intérieur d'un cube, dit de projection. Le dessinateur se déplace autour de l'objet, et dans la méthode européenne, il projette les points, arêtes, faces vus (puis cachés) sur une des faces du cube situées au-delà de l'objet

REMARQUE : la vue de face est arbitraire mais choisie comme la plus significative de l'objet à représenter.

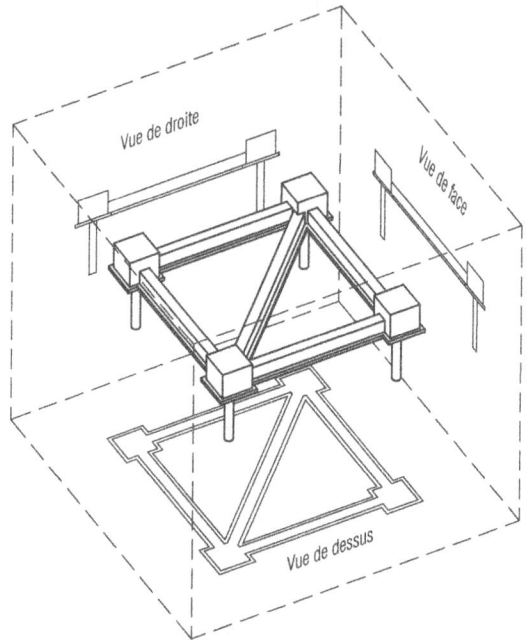

fig. 12 cube de projection

1.3.2 LE DÉVELOPPEMENT DU CUBE

Pour l'impression du dessin sur une même feuille, les 6 faces du cube sont rabattues dans un même plan : celui de la vue de face pour donner les 6 projections orthogonales de l'objet

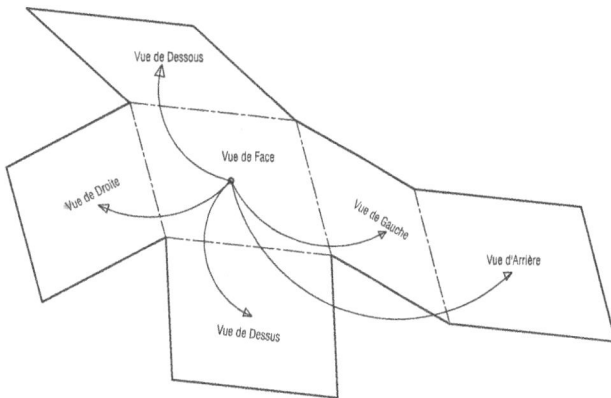

fig. 13 cube de projection en cours de développement

En règle générale, 2 ou 3 vues suffisent pour définir convenablement un objet.

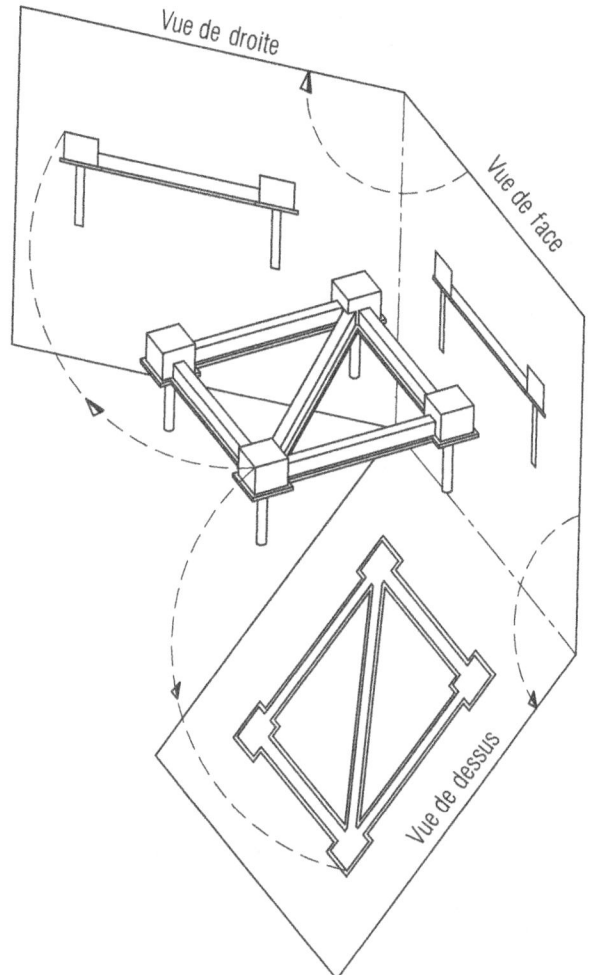

fig. 14 rabattement partiel de 2 plans de projection

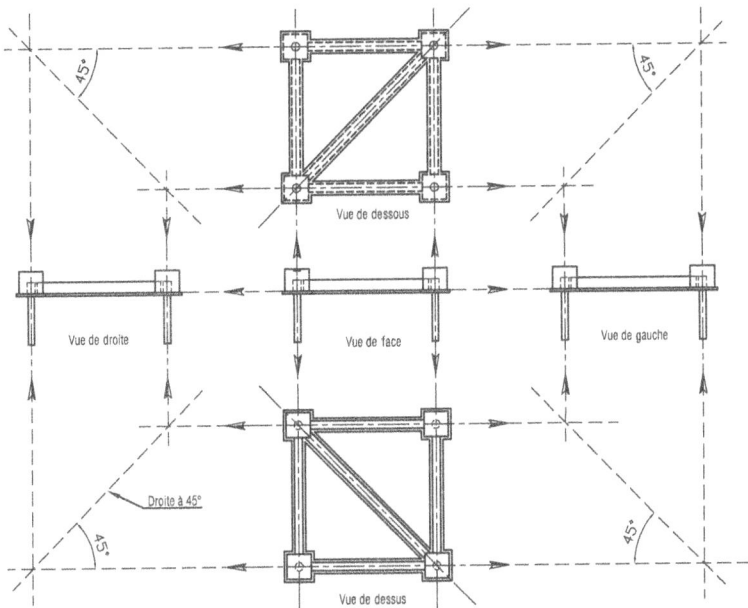

*fig. 15 disposition des vues (la vue d'arrière,
6ᵉ vue, n'est pas représentée)*

Les arêtes vues sont représentées en traits continus. Les arêtes cachées, en traits interrompus, ne sont pas toujours toutes représentées car elles peuvent réduire la clarté du dessin.

REMARQUES :

- Il y a correspondance entre les vues.

- Si, dans la mise en page, l'espacement « vue de face, vue de dessus » est égal à l'espacement « vue de face, vue de droite » alors seulement cette droite passe par l'intersection des lignes de correspondance sur la vue de face.

- La cotation (toujours cotes réelles) complète le dessin des projections.

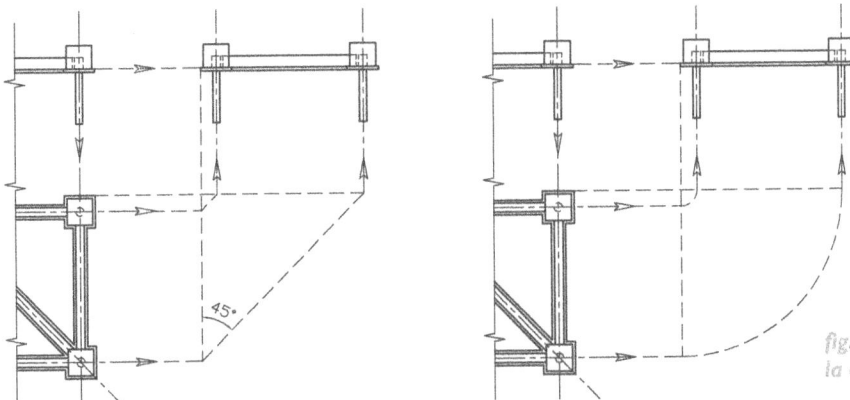

fig. 15 bis autre manière d'effectuer la correspondance entre les vues

NOTE : voir compléments dans le thème 5

1.3.3 LES COUPES ET SECTIONS

Mais les vues extérieures sont rarement suffisantes pour définir des ouvrages composés. Elles sont complétées par des détails et « des vues intérieures » nommées sections ou coupes selon les éléments représentés.

Étape I : choix d'un plan de coupe

*fig. 16 plan de coupe normal (perpendiculaire)
à la vue de face et parallèle à un plan de projection*

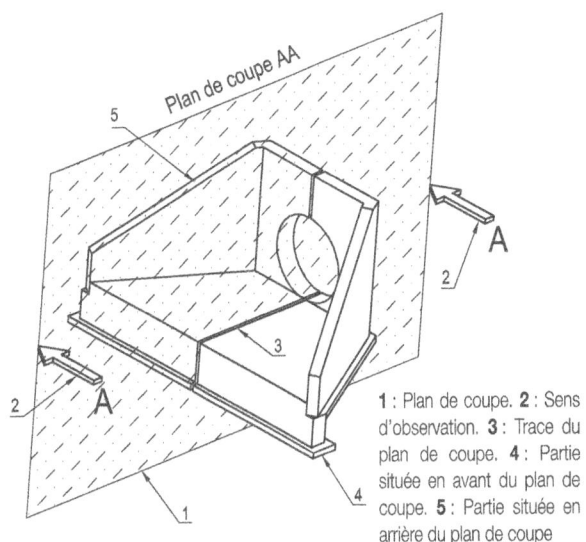

1 : Plan de coupe. 2 : Sens d'observation. 3 : Trace du plan de coupe. 4 : Partie située en avant du plan de coupe. 5 : Partie située en arrière du plan de coupe

Étape 2 : Enlèvement de matière (située en avant du plan de coupe)

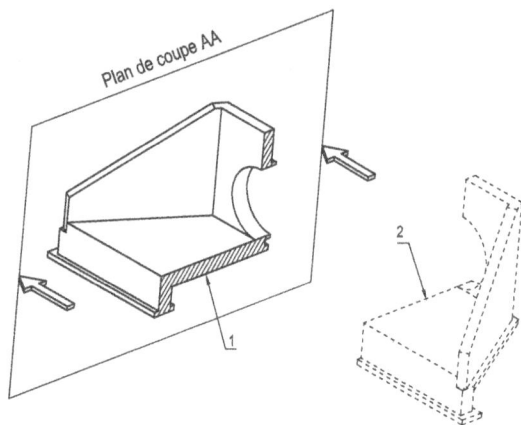

fig. 17 séparation des 2 parties

1 zone à représenter. **2** zone à ne pas représenter (située entre l'observateur et le plan de coupe)

Étape 3 : Résultats

Dans une section, seules les parties coupées sont représentées.

Pour une coupe, il faut ajouter les arêtes situées en arrière du plan de coupe (parfois, seules les arêtes vues sont représentées).

fig. 18 section AA

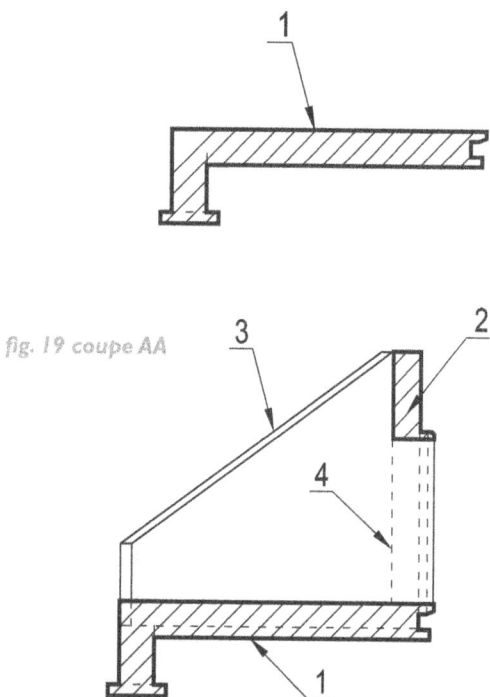

fig. 19 coupe AA

1 : contour de la matière coupée. **2** : hachures matérialisant la matière coupée. **3** : arêtes vues en arrière du plan de coupe. **4** : arêtes cachées en arrière du plan de coupe

Sections et coupes particulières

1 Section rabattue : la section est superposée à la vue normale au plan de coupe. Elle dispense d'une autre vue et permet une visualisation immédiate du profil utilisé.

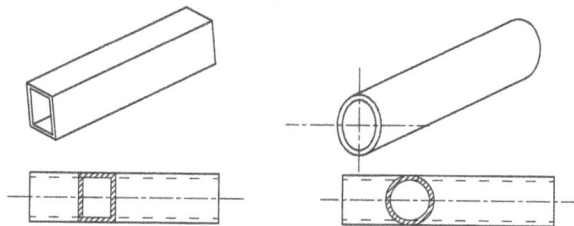

fig. 20 tube rectangulaire, circulaire

2 Coupe brisée à plans parallèles : l'objet est coupé par 2 plans parallèles. Elle permet la représentation de détails situés sur des plans différents et diminue le nombre de section ou de coupe.

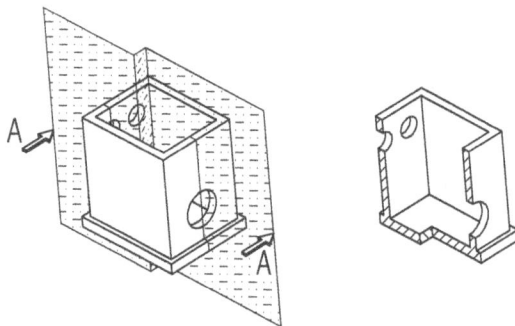

fig. 21 principe de la coupe brisée, coupe à plans parallèles

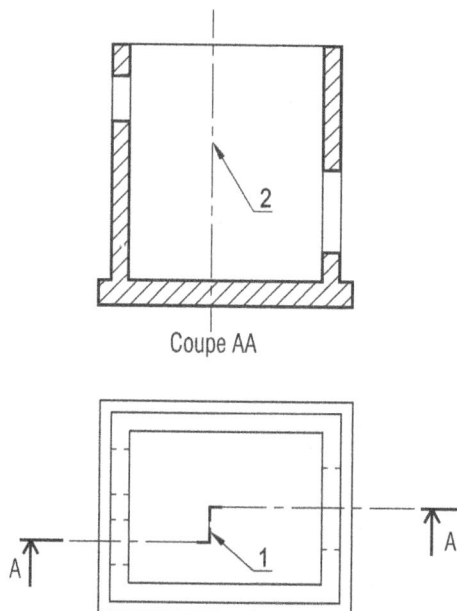

Coupe AA

fig. 22 résultat avec correspondance entre plan et élévation

1 : changement de plans en traits renforcés. **2** : trace du changement de plans en élévation

NOTE : voir compléments dans le thème 9

1.3.4 Les vrais grandeurs et développements

Pour une représentation en vraie grandeur, les arêtes et surfaces doivent être parallèles au plan de projection. La méthode du rabattement, et plus généralement la géométrie descriptive, résolvent ce problème.

fig. 23 rabattement du versant de croupe

1 : Plan du versant de croupe. **2** : Plan horizontal. **3** : Axe de rotation (ligne d'égout ou autre) . **4** : Arc de cercle, rayon = ligne de plus grande pente.

NOTE : voir compléments dans le thème 7

Pour être fabriqués, d'autres ouvrages sont développés.

fig. 24 développé d'un cylindre tronqué

NOTE : voir compléments dans le thème 8

1.4 Les différents dessins techniques du BTP

Tout ouvrage du BTP requiert un nombre important de dessins d'apparence très différente selon :

- leur provenance (géomètre, architecte, bureau d'études techniques) ;
- leur destination (esquisse, études pour la maître d'ouvrage, plans pour le permis de construire, plans d'exécution pour le chantier) ;
- leur position dans la chronologie de l'acte de construire (relevé d'un existant, esquisse, perspective, avant-projet sommaire, avant-projet définitif, plans d'exécution) ;
- le lot gros œuvre (béton et armatures), structure métallique, charpente bois, menuiserie bois ou PVC, chauffage, plomberie, électricité…

De plus, dans le BTP, un dessin n'est jamais figé. Durant la vie d'un projet, il évolue au gré des desiderata du maître d'ouvrage (client), du maître d'œuvre (architecte), de con-traintes techniques, de variantes plus économiques, des problèmes rencontrés…

La production des dessins

Pour produire ces plans, les dessinateurs, projeteurs, utilisent l'ordinateur avec des logiciels généralistes ou spécifiques pour le DAO (dessin assisté par ordinateur) ou, de plus en plus rare, le matériel traditionnel pour le travail à la planche. Ils peuvent également exécuter des dessins à main levée lors de relevés, de croquis explicatifs.

fig. 25 relevé d'un bâtiment existant

1.4.1 Les plans du permis de construire

La demande de permis de construire est composé :

- d'un imprimé ;
- de plans signés du demandeur ;
- d'un volet paysager avec :
  - une ou plusieurs coupes d'adaptation au terrain,
  - 2 photographies (d'angles et de distances différentes),
  - une notice accompagnée d'une visualisation d'intégration du projet dans le site (pas obligatoire lorsque la SHON < 170 m^2.

fig. 26 le plan de situation (carte IGN)

C'est un plan à petite échelle, de 1/5 000e à 1/25 000e, qui situe la parcelle du projet dans la commune, par rapport aux voies de communication.

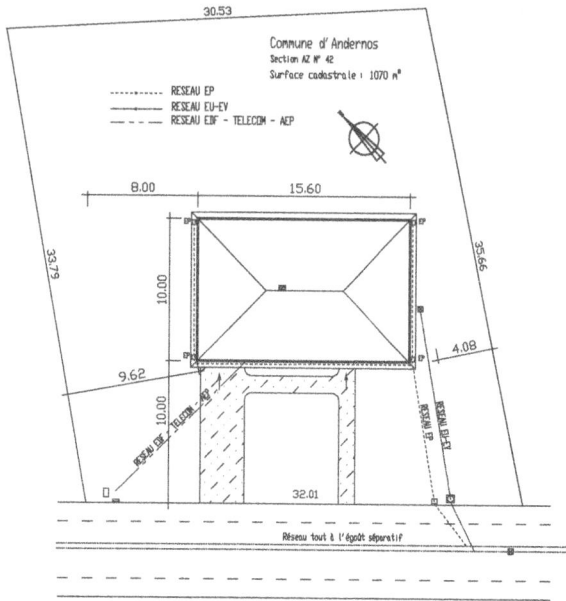

fig. 27 plan de masse

C'est un plan à une échelle variant de 1/200e à 1/500e, des limites la parcelle avec mention des bâtiments existants, éventuellement à construire ou à démolir pour un permis de construire, des réseaux publics, des voies d'accès…

NOTE : voir compléments dans le thème 4

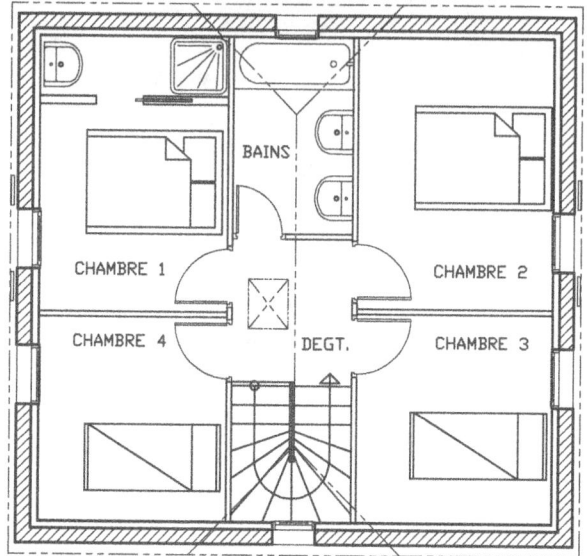

fig. 28 vue en plan (exemple du niveau l'étage, cotation à compléter)

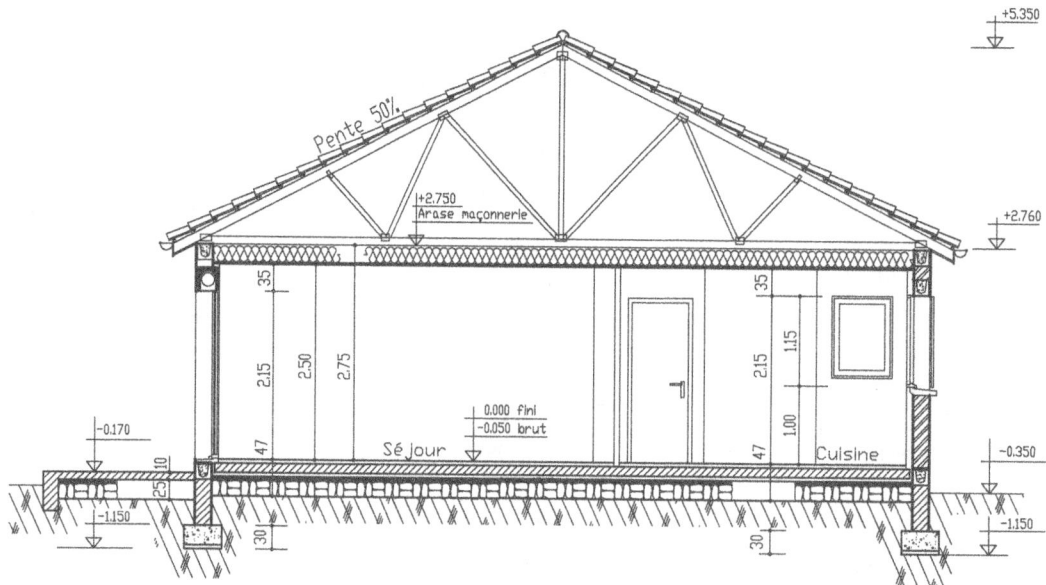

fig. 29 la coupe verticale

fig. 30 la façade principale

fig. 31 la perspective

Archi-Studio Mirabel

fig. 32 l'intégration dans le site

1.4.2 LES PLANS DU DOSSIER D'APPEL D'OFFRES

Les plans d'architecte sont complétés par des :

* plans techniques :
  – des bureaux d'études structure (béton, bois, structure métallique) ;
  – des bureaux d'études fluides (plomberie, chauffage, ventilation, électricité…) ;

* des plans de détail.

Selon la mission de l'équipe de conception, le DCE (dossier de consultation des entreprises) comporte des variantes quant aux documents à fournir.

1.4.3 LES PLANS D'EXÉCUTION DES OUVRAGES (PEO)

La réalisation des ouvrages nécessitent des plans complémentaires. Par exemple, les plans béton du DCE sont des plans de coffrage avec ratios d'armatures. Lors de la réalisation, il faut des plans d'armatures détaillés avec notice de calcul.

1.4.4 EXEMPLES DE PLAN DE BUREAUX D'ÉTUDES

1.4.4.1 Plan de coffrage

Ils définissent les formes extérieures brutes obtenues après décoffrage des éléments en béton. On distingue les plans d'ouvrage en béton (ex : escalier, élément préfa…), les plans de planchers (PH R.d.C par exemple), les plans de fondations.

Un plan de coffrage d'élément définit en 2 ou 3 vues l'élément. On lui associe quelquefois le plan d'armatures de l'élément.

Un plan de coffrage de plancher (ex PH R.d.C) définit les porteurs inférieurs (R.d.C) et la dalle supérieure (1er étage). Les porteurs verticaux sont coupés (trait renforcés), les éléments préfabriqués (poutres, prédalles) représentés en place. On repère chaque élément. On note également les impacts des porteurs supérieurs s'ils ne coïncident pas avec ceux de l'étage inférieur. On lui associe des vues des détails importants (coupe sur certaines poutres…). Les échelles sont 1/50 1/100 pour les plans ; 1/10 et 1/20 pour les détails.

Un plan de coffrage des fondations est une vue de dessus des fondations ainsi que des coupes et détails. Les porteurs horizontaux sont coupés.

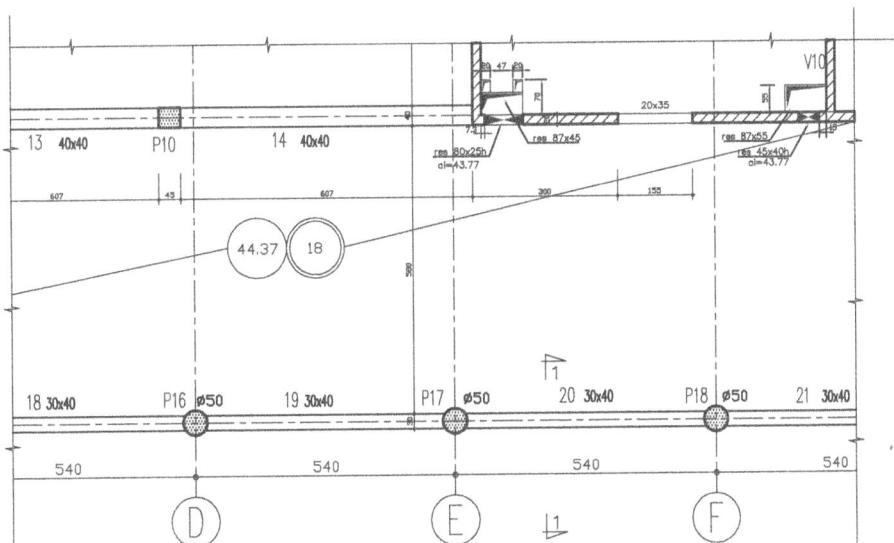

fig. 33 plan de coffrage du plancher haut du RDC, cotation en cm

Repérage des files D, E, F
des poteaux P10, P16, P17
des voiles V10
des poutres 13, 14 …
des réservations
de l'épaisseur du plancher (18 cm)
et de son altitude (44.37)

1.4.4.2 Plan d'armatures

Ils définissent les différentes armatures des éléments précédemment repérés.

On trouve des plans de voiles, planchers, poutres, poteaux, semelles de fondations. Chaque acier est repéré et identifié dans une nomenclature. Les attentes avec les éléments voisins non encore coulés sont représentées.

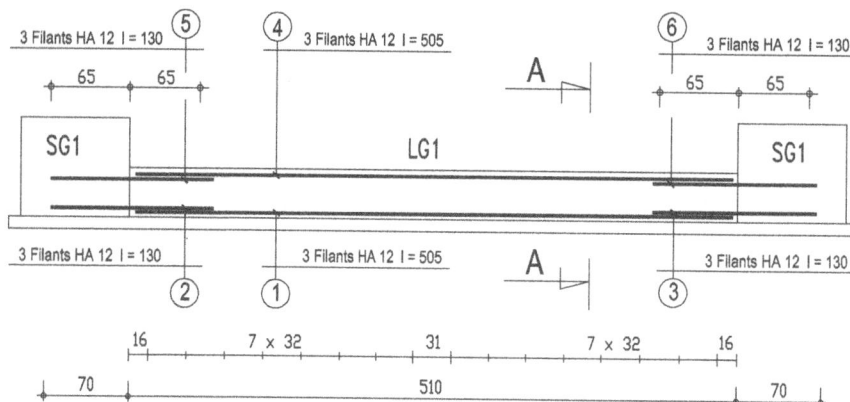

fig. 34 plan d'armatures d'un tirant en béton armé

1.4.4.3 Plan des lots techniques

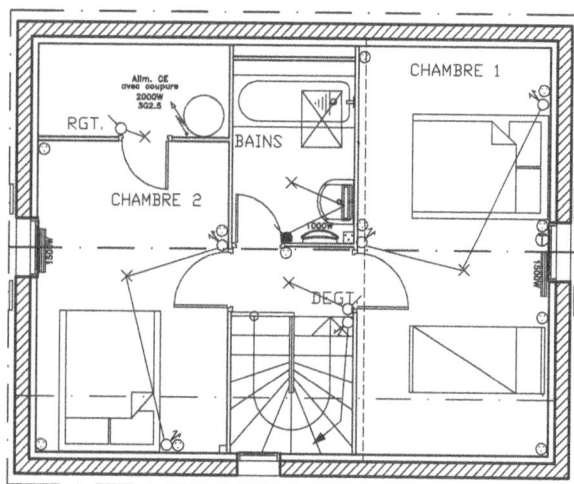

fig. 35 plan d'électricité

2 AVANT-MÉTRÉ ET MÉTRÉ

REMARQUE : nuance entre métré et avant-métré.
- Avant-métré lorsque l'évaluation des quantités est basée sur des documents définissant l'ouvrage à réaliser.
- Métré lorsque l'évaluation des quantités est basée sur des travaux déjà réalisés.

2.1 Objectif et définition

L'objectif de l'avant-métré est de déterminer les quantités d'ouvrages élémentaires (abréviation OE qualifiés aussi d'unités d'ouvrage ou d'articles) à mettre en œuvre pour réaliser l'ouvrage (le projet complet).

Pour citer l'UNTEC (Union nationale des économistes de la construction et des coordonnateurs) : c'est « le détail méthodi-

que et analytique des ouvrages, dont la texture principale est fixée par les concepteurs qui comporte simultanément :

- 1 – La description succincte de leur nature et mise en œuvre
- 2 – Les détails des calculs de leurs quantités respectives »

C'est un acte établi avant commencement des travaux.

Il peut être réalisé sur plans, notamment pour les travaux neufs, ou après relevés sur place dans le cas de transformation ou d'aménagement.

Il fait appel :
- à la lecture de plan ;
- à la technologie, connaissance des matériaux et de leur mise en œuvre ;
- à des notions de mathématique (arithmétique, géométrie) ;
- à la technique du métré :
  - mode de métré (propre à chaque OE) :
    exemple : au m^2 de surfaces cotes finie vues. Unités et cotes à prendre en compte souvent différentes de celles des plans d'architecte, par exemple : pour la hauteur des cloisons prendre une hauteur brute alors que la cote indiquée sur une coupe est une hauteur sous plafond,
  - techniques de décomposition : HO DO pour hors œuvre dans œuvre, calcul des surfaces aveugles puis déduction des ouvertures.

Les quantités calculées sont utilisées pour :
- L'appel d'offre (fournies à titre indicatif, les entreprises sont tenues de les vérifier) ;
- L'approvisionnement de chantier ;
- Le bilan de chantier (comparaison des quantités prévues et des quantités consommées).

Elles sont dites réellement mise en œuvre sans tenir compte des pertes chutes intégrées dans le sous-détail de prix.

Comme l'indique l'UNTEC, la trame (d'un avant-métré et par la suite du DQE, devis quantitatif et estimatif) est dictée par le concepteur qui décompose l'ouvrage en lots.

EXEMPLE DES PREMIERS LOTS :

LOT N° 1	TERRASSEMENT VRD	LOT N° 4	COUVERTURE
LOT N° 2	MAÇONNERIE	LOT N° 5	MENUISERIES EXT
LOT N° 3	CHARPENTE	LOT N° 6	…

Puis chacun des lots est décomposé en OE avec pour chaque OE :

- un code ;
- un libellé ;
- le détail des calculs, éventuellement complétés de croquis, pour un métré ou un avant-métré ;
- une unité d'ouvrage ;
- une quantité d'OE (à l'unité U, au mètre m, traditionnellement ml pour mètre linéaire…).

2.2 La minute d'avant-métré

C'est un tableau qui détaille les calculs, complétés de croquis, pour obtenir la quantité d'OE comme dans l'exemple ci-dessous.

Code	Désignation	M	M²	M³	Qté
01.03 01.03.05	Terrassements Fouilles en rigoles, exécution mécanique, profondeur 0.70 m en terrain de classe B En 0.50 de large Linéaire : HO : 2f 12.50 DO : 2f 9.50 Ens lin × par la larg : 0.50 En 0.80 de large Linéaire : HO : 2f 14.50 DO : 1f 5.00 Ens lin × par la larg : 0.80	25.00 19.00 44.00 29.00 5.00 34.00	22.00 27.20		
	Ens surf. × par la profondeur : 0.70		49.20		34.440 m³

Les feuilles sont numérotées avec une continuité dans les calculs :

- en terminant une feuille par une ligne « Report » suivie de sa valeur ;
- et en commençant la suivante par une ligne « À reporter » suivie de la valeur de la page précédente.

Les valeurs sont arrondies à 2 décimales pour les longueurs (en m) et surfaces (en m²) et 3 décimales pour les volumes (en m³) et masse (en kg). Selon le système international, l'unité de poids (ou de force) est le Newton (N).

Il existe d'autres présentations toutes aussi valables. L'utilisation quasi systématique de l'informatique intègre la description de la description des OE, la minute d'avant-métré dans le devis quantitatif avec sélection des éléments que l'on souhaite imprimer.

Code	Désignation	U	Qté
01.06 01.06.01	Voiries Fourniture et pose de bordures en béton type P1 en limite de zone accès voiture compris calage, jointoiement et sujétions pour parties courbes Linéaire : 2f 18.10 = 36.20 Linéaire : 1f 2.00 = 2.00 Linéaire : 1f 3.80 = 3.80 Linéaire : 1f π × 1.00 = 3.14 Ens. linéaire 45.14 déduire : 2f 1.00 = 2.00 Reste	m	43.14

2.3 Le devis quantitatif

2.3.1 PRINCIPE

Il donne la liste détaillée, par poste, du nombre d'unités d'œuvre (à l'unité, mètre ou mètre linéaire, m², m³, poids). C'est un tableau, issu du devis descriptif avec la quantité relative à chaque ouvrage élémentaire.

La justification des calculs d'OE figure dans le devis quantitatif (devis quantitatif détaillé) ou non.

Devis quantitatif pour appel d'offre

Code	Désignation	U	Qté	PVU	PT
01.06	Voiries				
01.06.01	Fourniture et pose de bordures en béton type P1 en limite de zone accès voiture compris calage, jointoiement et sujétions pour parties courbes	m	43.14		

2.3.2 Avec un tableur

Colonne 1	Codification des ouvrages élémentaires en relation avec le CCTP (cahier des clauses techniques particulières) fourni par l'architecte.
Colonne 2	Désignation ou libellé (description) de l'ouvrage élémentaire avec détails ou non des calculs organisés dans des colonnes auxiliaires pour un alignement des chiffres
Colonne 3	Unité d'ouvrage élémentaire (u, m, m², m³, kg)
Colonne 4	Quantité finale de l'ouvrage élémentaire
Colonne 5	Prix unitaire de vente de l'ouvrage élémentaire
Colonne 6	Prix total de vente (ou montant), qui correspond à la multiplication de la quantité par le prix unitaire

NOTE : Tous les prix indiqués sont hors taxes. Les taux de TVA sont appliqués à la fin du devis estimatif.

Ce tableau, complètement renseigné, est appelé DQE pour devis quantitatif estimatif.

Exemple de présentation avec un tableur

	A	B	C	D	E	F	G	H	I	J	K	L
5	Code	Désignation		Nb	Long.	Larg.	Haut.	Sous-total	U	Qté	PU	PT
6	I	Béton de propreté B16,										
7		ep. moyenne 10 cm, débord 10 cm										
8		pour semelles										
9				4	1.10	1.10		Formule				
10		pour longrines										
11		périmétriques		4	5.10	0.50		Formule				
12		diagonale		I	6.93	0.50		Formule				
13		Ensemble surface							m²	Formule		
14												
15	2	Béton armé B30										
16	2.1	Semelle										
17		Cube		4	0.90	0.90	0.80	Formule				

Les calculs sont effectués par le tableur avec un recalcul automatique en cas de changement d'une des valeurs des colonnes intitulées « nombre, longueur, largeur ou hauteur ».

NOTE : voir compléments dans les thèmes 1, 2, 3, 5, 7

3 L'ESTIMATION ET L'ÉTUDE DE PRIX

3.1 Définitions

Estimer, c'est déterminer la valeur **prévisionnelle** d'un ouvrage ou d'une partie d'ouvrage en tenant compte de sa réalisation mais aussi :

- des particularités du chantier (degré de complexité, éloignement, conditions d'accès, au rez-de-chaussée, au 4e étage…) ;
- de l'entreprise (structure, frais généraux et investissements…).

L'estimation peut nécessiter l'intégration d'autres éléments.

C'est le cas :

D'un coût de réalisation :

Travaux + honoraires + assurances

D'un coût d'opération :

Foncier + sondages + honoraires + travaux + assurances

D'un coût global :

Foncier + sondages + honoraires + travaux + assurances + dépenses d'exploitation et de maintenance + démolitions (sur une période donnée)

L'économiste, au sein d'une équipe de programmation, réalisera une estimation pour le compte du maître de l'ouvrage.

La maîtrise d'œuvre réalisera des estimations au niveau ESQ (esquisse), APS (avant-projet sommaire), APD (avant-projet définitif), PRO (projet) et EXE (exécution).

Les entreprises réaliseront des devis quantitatifs estimatifs servant de supports à leurs offres, ces documents portant dans le cadre des marchés publics le nom de décomposition du prix global forfaitaire (DPGF).

L'estimation, associée au planning, sert aussi :

- à préparer le chantier : prévision :
  - des équipes,
  - du matériel nécessaire (gestion du parc, achat, location…),
  - de l'approvisionnement en matériaux (quantités et date) ;
- au bilan de chantier ;
- à l'étude des chantiers futurs.

3.2 Les divers niveaux d'estimation

L'estimation dans sa méthodologie et sa précision est fonction du degré d'avancement d'une opération.

Les différentes méthodes sont les suivantes :

A – estimation à l'unité d'ouvrage globale d'exécution (ex : le lit d'hôpital, la chambre d'hôtel, etc.)

B – estimation au m^2 couvert

C – estimation au m^2 de plancher

D – estimation au m^2 pondéré HO

E – estimation par avant-métré avec application de prix unitaires

E1 – avec prix unitaires globaux

E2 – avec prix unitaires détaillés

F – méthode UNTEC (méthode d'estimation basée sur un calcul de quantités clefs et application de prix statistiques par catégories de bâtiments).

Leur précision et leurs possibilités d'utilisation étant fonction du stade d'avancement de l'opération, nous les classerons de la façon suivante :

	FAISABILITÉ	ESQ	APS	APD	PRO (1)	TRAVAUX (2)	MÉMOIRE
A							
B							
C							
D							
E1							
E2							
F							

(1) consultation des entreprises. (2) modifications, en cours des travaux, qui entraînent des avenants.

3.3 L'étude de prix

Au sein de l'entreprise, les prix seront déterminés à partir des données et caractéristiques de l'entreprise plutôt qu'à partir de bordereaux de prix. Il est vivement recommandé de procéder au calcul des prix unitaires par le calcul de sous-détails de prix internes tenant compte de toutes les composantes propres à l'entreprise, en particulier au niveau :

• des particularités du chantier étudié ;

• des rabais propres ;

• des temps unitaires statistiques de l'entreprise : grande variation d'une entreprise à l'autre (organisation des travaux, investissement en matériel, encadrement, qualification et motivation des salariés…) ;

• des éléments constitutifs du coefficient multiplicateur d'entreprise (stratégie).

Au sein de l'entreprise les prestations suivantes pourront être réalisées :

3.3.1 STADE CONSULTATION DES ENTREPRISES (REMISE DE L'OFFRE)

• études quantitatives de son ou de ses corps d'état

• consultation des fournisseurs

• consultation des sous-traitants

• étude des offres des sous-traitants

• étude de prix de son ou de ses corps d'état

• relations avec divers partenaires de l'acte de construire pour l'étude (bureau d'études des sols, BET techniques, maîtrise d'œuvre, maîtrise d'ouvrage)

• visite du site (avec réalisation de relevés si nécessaire)

• remise de l'offre globale

• discussions avec la maîtrise d'œuvre et la maîtrise d'ouvrage (négociations)

• établissement des marchés de sous-traitance

3.3.2 STADE CHANTIER

• collecte des documents des diverses entreprises en vue de la sécurité (PPSPS)

• étude des travaux modificatifs en + et –

• établissement des projets de décomptes mensuels

• établissement des variations de prix

• établissement du compte prorata

• établissement du projet de décompte final

• établissement du mémoire en réclamation si nécessaire

3.3.3 APRÈS LA RÉALISATION

• étude du bilan chantier faisant apparaître les écarts entre le prévisionnel et le réalisé (étude de rentabilité, vérifications des éléments d'étude (MO, Mx, MI, coef, etc.)

• vérification de l'amortissement des frais généraux

• stratégie d'entreprise (variation du coefficient multiplicateur pour être plus compétitif en cas d'amortissement des FG)

THÈME 1
Terrain de hand-ball

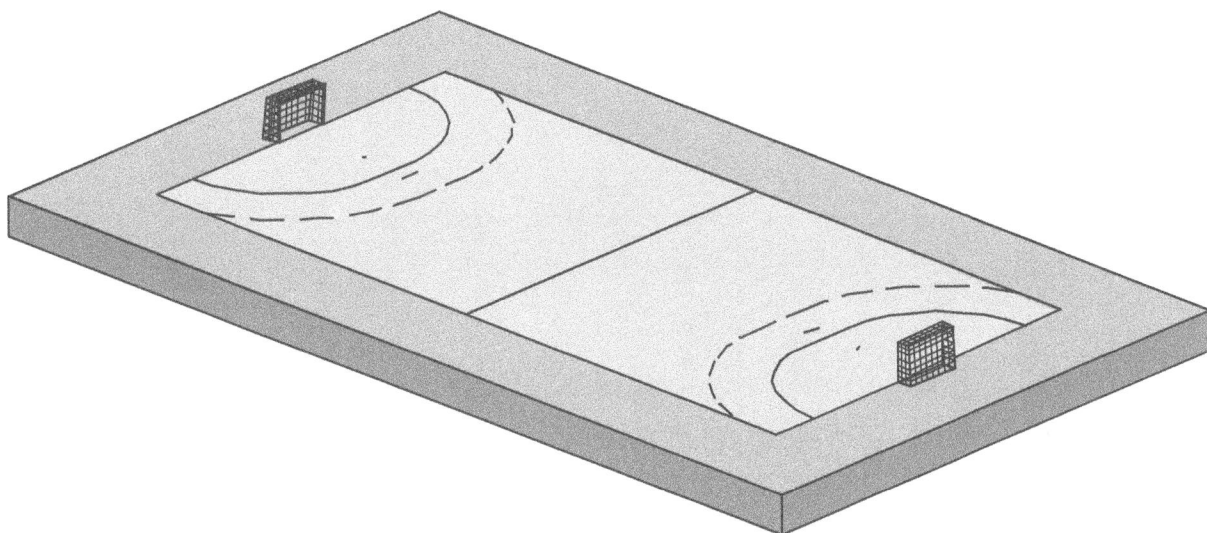

ACTIVITÉS

I. Dessin assisté par ordinateur

Objectif : Réaliser le dessin de définition du terrain de hand-ball avec Autocad

Contenus : Dessin du terrain de hand-ball • Chronologie de l'exécution du dessin (fichier à télécharger, tracé, sauvegarde, cotation, impression)

2. Avant-métré

Objectif : Calculer les linéaires et surfaces de peinture des différentes zones

Contenus : Présentation du tableau d'avant-métré • Décompositions • Calcul des différentes quantités d'ouvrages élémentaires • Vérifications avec Autocad • Calculs avec un tableur : mise en place d'une feuille de calcul, écriture des formules de calcul

3. Étude de prix

Objectif : Déterminer le coefficient multiplicateur d'entreprise

Contenus : Les éléments constitutifs d'un prix • Le calcul du coefficient multiplicateur d'entreprise • Conclusion

17

1.1 Dessin du terrain de hand-ball

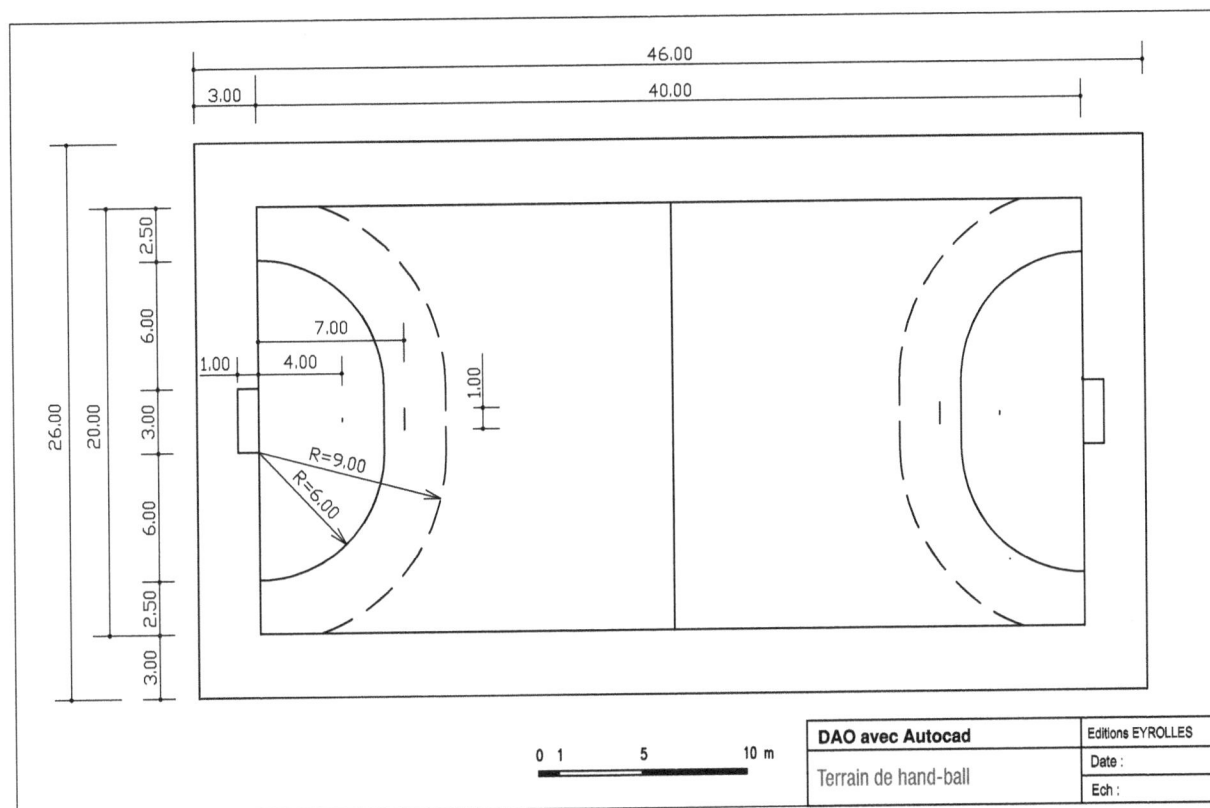

46.00
40.00
3.00
2.50
6.00
7.00
1.00 | 4.00
1.00
26.00
20.00
3.00
R=9.00
R=6.00
6.00
2.50
3.00

| 0 1 | 5 | 10 m |

DAO avec Autocad	Editions EYROLLES
Terrain de hand-ball	Date :
	Ech :

fig. 1 dessin à réaliser

1.2 Chronologie d'exécution du terrain de hand-ball avec Autocad

1.2.1 INTRODUCTION

OBJECTIFS :

▶ réaliser le plan du terrain
▶ sauvegarder
▶ coter
▶ imprimer

1.2.1.1 Éléments de définition du terrain

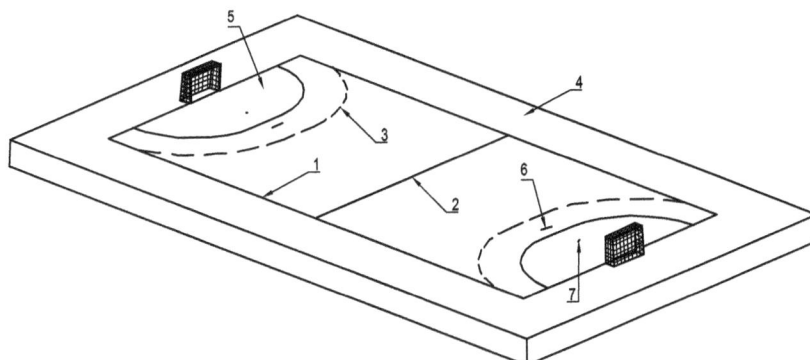

1 : limites du terrain
2 : ligne de milieu
3 : ligne de coup-franc
4 : zone de dégagement
5 : zone de but
6 : marque du jet de 7 m
7 : repère de contrôle (lors du jet de 7 m)

fig. 2 lignes et zones du terrain de hand-ball

Dans un match de hand-ball, 2 équipes constituées de 7 joueurs et 5 remplaçants s'opposent pendant 2 périodes de 30 mn séparées par une pause de 10 mn.

Pour appliquer les règles du jeu, les différentes zones sont matérialisées par des lignes tracées sur le terrain en enrobé, parquet ou surface synthétique.

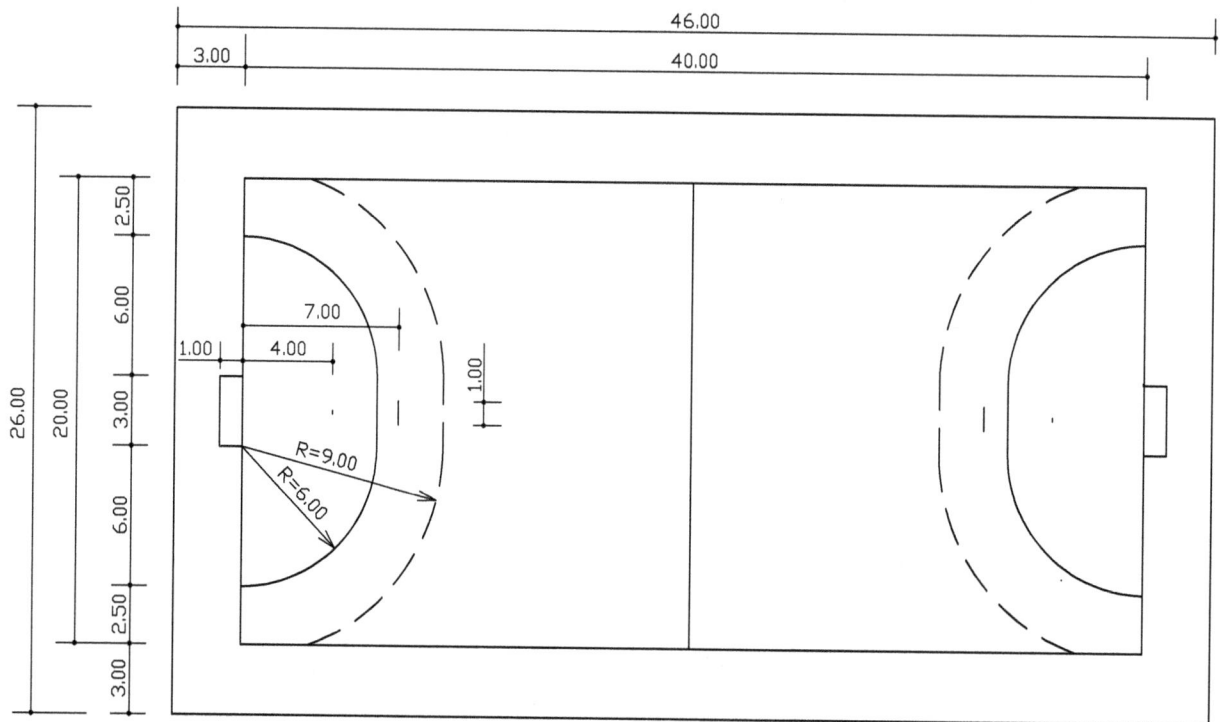

fig. 3 dimensions du terrain

La zone de dégagement est variable avec un minimum de 2 m (et 1 m le long de la ligne de touche s'il n'y a pas de public).

1.2.1.2 *Fichier téléchargeable*

Pour faciliter l'apprentissage, le fichier handball.dwg est téléchargeable à l'adresse internet : www.editions-eyrolles.com.

Il contient une structure en 3 parties.

* **1 Les calques :**

  Lignes_continues

  Lignes_discontinues

  Cotation

  affectés d'une couleur et d'un type de ligne pour une représentation et une impression correctes sans autres paramétrages.

* **2 Les styles :**

  de cotation prédéfini : cotation_en_m, adapté à l'environnement

  de texte pour le cartouche

* **3 La présentation :**

  Un cadre et un cartouche pour l'impression à l'échelle 1/200ᵉ par défaut mais modifiables pour une échelle quelconque selon le périphérique de sortie.

Les cotes sont exprimées en mètre.

1.2.2 LES ÉTAPES DE LA REPRÉSENTATION

▶ Les lignes continues (limites du terrain et ligne médiane)
▶ Une zone de but
▶ Une zone de coup franc
▶ La symétrie par rapport à la ligne de milieu
▶ La cotation
▶ L'impression sur A4 horizontal

IMPORTANT : utiliser le **point** du clavier comme séparateur des décimales et la **virgule** comme séparateur des coordonnées (abscisses et ordonnées).

EXEMPLE : si x = 2,50 m et y = 6,80, alors syntaxe : 2.5,6.8↵

Au démarrage d'Autocad, choisir l'option « ouvrir un dessin » (⌧) en sélectionnant handball.dwg (bouton parcourir pour accéder au répertoire du fichier téléchargé).

1.2.3 REPRÉSENTATION DES LIGNES CONTINUES

Choisir le calque « Lignes_continues »

▷ **POUR TRACER LE RECTANGLE DE 40 M PAR 20 M**

L'origine du rectangle peut être quelconque ou calée sur l'origine 0,0 du repère. Dans cet exemple, cette dernière solution sera choisie :

1   ☐ ou menu « Dessin, rectangle », et dans la fenêtre de commande :

2   premier sommet : 0,0↵ (indique l'origine du système de coordonnées général)

3 deuxième sommet : 40,20↵ (pour un rectangle de 40 m de longueur et 20 m de largeur)

<u>REMARQUE</u> : pensez à valider chaque ligne de la fenêtre de commande.

▷ POUR TRACER LA LIGNE DU MILIEU

Différentes méthodes sont possibles, la plus simple utilise le calage sur le milieu des longueurs du rectangle.

Méthode 1 utilisant le mode accrochage aux objets soit :

- fonction F3 et 🔾 pour choisir le type d'accrochage, cocher extrémité, intersection et milieu

- ou CTRL+🖱 droit, option à choisir dans le menu contextuel

Principaux accrochages (ou calages)

Extrémité	Intersection	Milieu	Perpendiculaire
✐	✕	✐	⊥

1 ✐ ou menu « Dessin, ligne »

2 du 1er point : milieu d'une longueur du rectangle

3 au 2e point : milieu de l'autre longueur

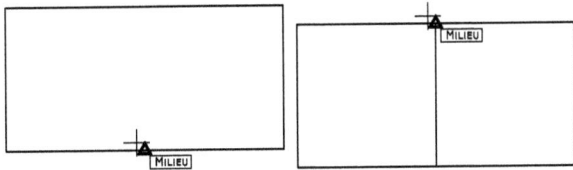

fig. 4 1er point de calage   *fig. 5 2e point de calage*

4 ↵ ou « esc » pour terminer la fonction

Méthode 2 utilisant le repère SCG (système de coordonnées général)

1 ✐ ou menu « Dessin, ligne »

2 du 1er point : 20,0 ↵ (coordonnées x,y)

3 au 2e point : 20,20 ↵

4 touche « Echap » pour terminer la commande

Méthode 3 utilisant les coordonnées absolues et relatives

1 ✐ ou menu « Dessin, ligne »

2 coordonnées du 1er point : 20,0 ↵

3 Coordonnées du 2e point : @0,20 ↵ (@ pour indiquer des coordonnées relatives par rapport au dernier point positionné)

Méthode 4 utilisant le milieu et une distance

4 ✐ ou menu « Dessin, ligne »

5 du 1er point : milieu de la largeur ↵

6 au 2e point : déplacement vertical de la souris (mode ortho ou polaire actifs), 20 ↵ au clavier

<u>REMARQUE</u> : ces méthodes peuvent être combinées, d'autres sont possibles.

▷ POUR TRACER LA ZONE DE DÉGAGEMENT DE 3,00 M

1 🔾 ou menu « Modification, Décaler », 3↵ au clavier (pour 3 m)

2 sélectionner le rectangle

3 clic un point quelconque à l'extérieur de ce rectangle

▷ POUR TRACER LA LIGNE DU PENALTY

de 1.00 m de long et située à 7,00 m de la ligne de but

4 ✐ ou menu « Dessin, ligne »

5 du 1er point : 7,9.50 ↵

6 au 2e point : 7,10.50 ↵

<u>REMARQUE</u> : le 2e point peut être trouvé en déplaçant la souris verticalement (ortho F8 ou polaire F10 actifs) et 1 ↵ (pour 1 m) au clavier.

1.2.4 REPRÉSENTATION DE LA ZONE DE BUT

Les segments verticaux reliant les arcs de cercle peuvent être tracés avant ou après les arcs de cercle.

Pour la zone de but, le choix est de commencer par tracer le segment puis l'arc de cercle.

Pour la zone de coup franc, le choix est de commencer par tracer le cercle puis les segments.

▷ POUR TRACER LE SEGMENT AB DE LA ZONE DE BUT

Méthode identique à la ligne du penalty avec pour coordonnées absolues :

1 Du point : 6,8.5 ↵

2 Au point : indiquer la direction (en mode ortho ou polaire) et 3↵ au clavier (pour 3 m)

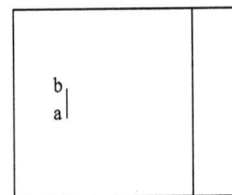

fig. 6 segment ab

▷ POUR TRACER L'ARC DE CERCLE

1 ◠ C ↵ (pour centre)

2 0,8.5 ↵ pour les coordonnées du centre

3 0,2.5 ↵ pour les coordonnées du point de départ

4 A ↵ (pour angle)

5 90 ↵ pour l'angle au centre du quart de cercle

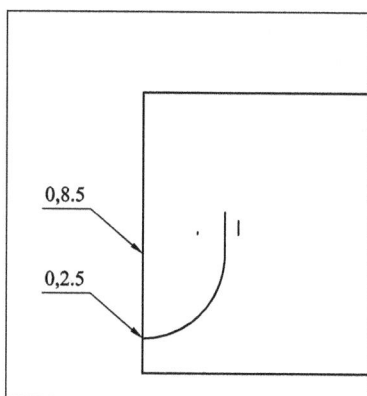

fig. 7 1/4 de cercle de la zone de but

NOTE : la zone de but contient aussi un repère de contrôle (limite d'avancement du gardien lors du jet de 7 m) matérialisé par une ligne de 0,15 m situé à 4 m de la ligne de but.

1.2.5 REPRÉSENTATION DE LA ZONE DE COUP FRANC

Choisir le calque « Lignes_discontinues »

▷ **POUR TRACER LE CERCLE**

1   ⊘ ou menu « Dessin, cercle »

2   0,8.5 ↵ pour les coordonnées du centre

3   9 ↵ pour le rayon

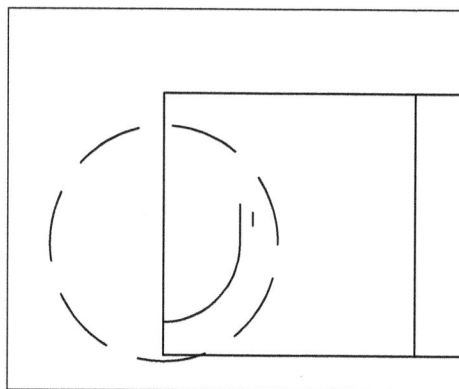

fig. 8 cercle R = 9.00 de centre 0.8.5

▷ **POUR TRACER LE SEGMENT DE LA ZONE DE COUP FRANC**

1   ⚙ ou menu « outils, copier » car ce segment est identique au segment de la zone de but

2   Sélection du segment ↵ ou ⌐ clic droit pour valider

3   Du 1er point : extrémité du segment

4   Au 2e point : quadrant du cercle

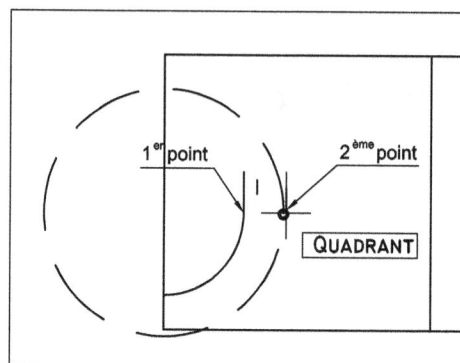

fig. 9 calage pour une position précise

REMARQUES :

• Si l'accrochage quadrant n'est pas disponible, alors CTRL+⌐ droit, et option quadrant à choisir dans le menu contextuel.

• Le vecteur de déplacement est matérialisé par 2 points soit :

   – accrochés à une extrémité du segment et au quadrant du cercle ;

   – accrochés à une extrémité du segment et un autre point situé à 3 m selon l'horizontale.

▷ **POUR AJUSTER LE CERCLE AUX SEGMENTS**

1   ⌐ ou menu « modifier, ajuster »

2   ⌐ clic droit sur aucun objet

3   ⌐ clic gauche sur les parties d'arc à supprimer (en 1 et 2)

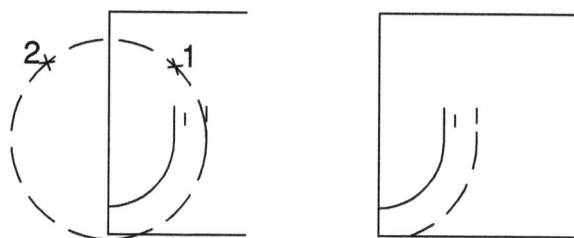

fig. 10 cercle à ajuster puis ajusté sur les segments

▷ **POUR COMPLÉTER LE TRACÉ DE LA ZONE DE BUT PAR SYMÉTRIE**

1   ⚏ ou menu « modifier, miroir »

2   Sélectionner les 2 arcs de cercle construits ↵ ou ⌐ clic droit pour valider

3   L'axe de symétrie passe par le milieu des largeurs du terrain

4   1er point : milieu du petit côté du rectangle

5   2e point : milieu de la ligne du milieu

6   ↵ pour ne pas effacer les objets sélectionnés

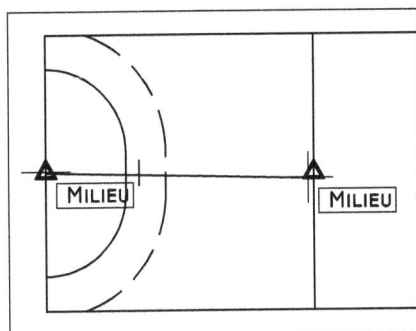

fig. 11 axe de symétrie accroché aux milieux des segments

<u>REMARQUE</u> : le 2ᵉ point peut être un point quelconque situé sur une même horizontale (F8 ou F10 actifs).

▷ **POUR TRACER LA CAGE DE BUT (SIMPLIFIÉE)**

de 3,00 m de long par 1,00 m de large

1   ou menu « Dessin, ligne »

2   du 1ᵉʳ point : 0,8.5 ↵

3   au 2ᵉ point : déplacement horizontal de la souris, 1↵

4   déplacement vertical de la souris, 3↵

5   déplacement horizontal de la souris, 1↵ puis ↵ ou esc pour terminer la fonction (ou choisir une autre fonction)

Symétrie de l'ensemble de cette zone de but pour le terrain complet.

1.2.6 SAUVEGARDE

Dans le menu « fichier, enregistrer sous », handball2 pour conserver le fichier téléchargé.

Le menu « outils, options, onglet ouvrir et enregistrer » permet de paramétrer la sauvegarde du travail effectué :

- Enregistrement automatique toutes les x minutes
- Création d'une copie de sauvegarde avec une extension « .BAK » à renommer en « .dwg » pour l'ouvrir avec Autocad
- Création d'un fichier temporaire (voir onglet fichiers)

1.2.7 COTATION

La réalisation du terrain nécessite un plan coté.

Le fichier handball.dwg contient un style de cote adapté aux dimensions du dessin à imprimer et un calque « cotation ».

▷ **POUR COTER LE TERRAIN**

1   sélectionner calque « cotation »

2   sélectionner le style de cotation ou menu « cotation, style » et dans la fenêtre, choisir : « cotation_en_m », définir courant et fermer la fenêtre.

3   définir « accrochage aux objets » actif (F3) (extrémité et inter-section)

4   ou menu « cotation, linéaire »

5   clic sur P1 puis sur P2

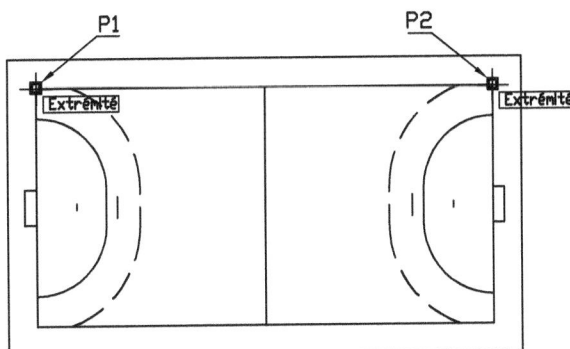

fig. 12 calage sur les sommets du rectangle

6   Positionner la ligne de cote

Autres types de cotation :

7   ou menu « cotation, continue » pour une cotation dans le même alignement qu'une cote existante.

8   ou menu « cotation, arc » pour les arcs des zones de but et de coup franc.

1.2.8 IMPRESSION

Elle peut se faire à partir de cette fenêtre mais le fichier ou le gabarit chargé au démarrage contient une mise en page avec un cadre et un cartouche pour une impression au 1/200ᵉ sur un format A4 horizontal.

Pour utiliser cette mise en page, il faut passer de l'espace objet à l'espace papier par l'onglet « Impression » situé à droite de l'onglet objet.

Le symbole du repère est modifié lorsque l'on change d'espace.

Dans l'espace papier, les éléments créés dans l'espace objet ne sont pas modifiables et inversement.

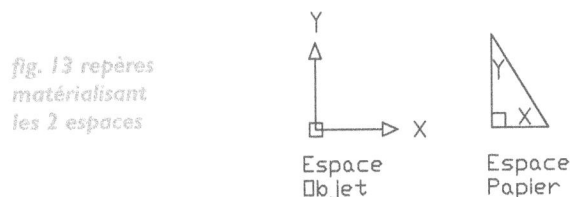

fig. 13 repères matérialisant les 2 espaces

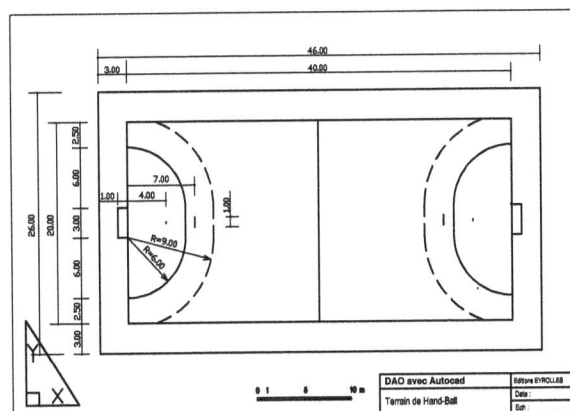

fig. 14 fenêtre dans l'espace papier

Dans l'espace papier vous pouvez changer le nom du projet, modifier la forme et le contenu du cartouche, ajouter des éléments.

▷ **Pour imprimer**

1 🖶 ou menu « fichier, imprimer »
2 Dans la boîte de dialogue, deux onglets sont accessibles.
3 Onglet « périphérique de traçage » pour choisir :
    – le traceur (ou l'imprimante) configuré(e)
    – la table des styles de tracé (monochrome ou couleur) avec la possibilité de modifier ou créer une table. Cette table associe la couleur des traits et leur épaisseur
4 Onglet « paramètre du tracé » pour choisir :
    – Le format du papier : A4
    – L'orientation : paysage
    – L'échelle : 1:1
    – La fenêtre : cliquer 2 sommets opposés du cadre car ce cadre a pour dimension 277 mm × 190 mm soit un A4 avec une bordure de 10 mm
5 Aperçu permet une vérification avant la sortie papier
6 ESC ou ↵ pour revenir à la boite de dialogue
7 OK pour imprimer

1.3 Avant-métré du terrain de hand-ball

1.3.1 Introduction

Les éléments à métrer seront matérialisés par des couleurs sur le fichier handball.dwg réalisé dans les § précédents.

L'avant-métré, présenté dans un tableau structuré, permet à la fois une justification des résultats, une vérification par une tierce personne et une prévision des matériaux pour approvisionner le chantier.

1.3.2 Présentation d'un tableau d'avant-métré

Code	Désignation	U	Qté

▶ **Code**

Pour repérer l'ouvrage élémentaire.

L'ouvrage élémentaire (abréviation OE) correspond à une tâche bien définie : peinture acrylique blanche en 5 cm de large pour lignes continues matérialisant la limite de la zone de jeu. À chaque ouvrage élémentaire correspond un prix unitaire.

Les ouvrages élémentaires sont regroupés par lots (revêtements de sols, peinture, équipements sportifs…).

L'addition de tous ces lots constitue l'ouvrage (terrain de hand-ball).

▶ **Désignation**

Description de l'ouvrage élémentaire.

Croquis coté si nécessaire.

Détails des calculs, alignés, avec résultats arrondis à 2 décimales pour les linéaires et surfaces.

▶ **U**

Unité de calcul : le m pour les linéaires, le m^2 pour les surfaces.

▶ **Qté**

C'est le résultat final du calcul de l'ouvrage élémentaire. Cette quantité multipliée par le prix de vente unitaire (PVU) donne le prix de vente hors taxe (PV HT) qui permet d'établir le devis quantitatif et estimatif (DQE).

REMARQUE :

• Lorsque la minute d'avant-métré comporte plusieurs pages, la dernière ligne de la page est intitulée REPORT où est écrit le dernier résultat intermédiaire. La 1re ligne de la page suivante, intitulée A REPORTER reprend ce résultat.

• 2f ou 3f…, indique un élément présent 2 fois ou 3 fois… dans l'article considéré.

1.3.3 Liste des articles

Ici, les quantités à déterminer sont une première approche de l'avant-métré, une application concrète de la géométrie.

Elles sont décomposées en :

1 Linéaires exprimés en m (souvent notés ml dans la profession) avec 2 décimales. Les linéaires continus et discontinus, droits et courbes, seront différenciés.

2 Surfaces exprimées en m^2 avec 2 décimales.

Code	Désignation	U
1	Linéaires continus	
1- 1	Linéaires droits	m
1- 2	Linéaire courbes	m
2	Linéaires discontinus	
2- 1	Linéaires discontinus droits	m
2- 2	Linéaire discontinus courbes	m
3	Surfaces	
3- 1	Surface de la zone de but	m^2
3- 2	Surface de la zone de jeu	m^2
3- 3	Surface de la zone de dégagement	m^2

1.3.4 LINÉAIRES CONTINUS

Code	Désignation	U	Code
1	Linéaires continus		
1- 1	Linéaires continus droits		
	Limites du dégagement et du terrain		

```
Linéaire 2f 46.00 = 92.00
        2f 40.00 = 80.00
        2f 26.00 = 52.00
        3f 20.00 = 60.00
```

Limite de la zone de but

```
2f 3.00 = 6.00
```

Limite du penalty

```
2f 1.00 = 2.00
```

	Ens. Lin	m	292.00

Pour mémoire, linéaire du repère de contrôle (marque du jet de 7 m) : 2f 0.15 = 0.30 m

1- 2	Linéaires continus courbes		
	Remarque : l'ensemble de 2 quarts de cercle par zone forme un cercle pour les 2 zones		
	Périmètre cercle = $2\pi \times R$		
	linéaire = $2\,\pi \times 6{,}00$	m	37.70

1.3.5 LINÉAIRES DISCONTINUS

L'arc de la zone de coup franc est seulement défini par son rayon. Pour calculer sa longueur à partir de la formule générale, $L = 2\pi R \times \dfrac{\alpha°}{360°}$ il faut déterminer l'angle au centre α.

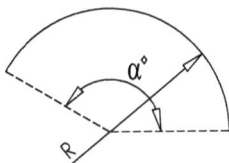

fig. 15 arc défini par le rayon et l'angle

Le calcul de l'angle α est déduit du calcul de l'angle β (α et β sont complémentaires) car l'angle β appartient au triangle ABC dans lequel AB (hypoténuse) et AC (coté adjacent à l'angle) sont connus.

$$\cos\beta = \frac{\text{côté adjacent}}{\text{hypothénuse}} = \frac{8.50}{9.00}$$
$$\Rightarrow \beta = 19{,}19°$$
$$\alpha = 90 - \beta$$
$$\Rightarrow \alpha = 70{,}81°$$

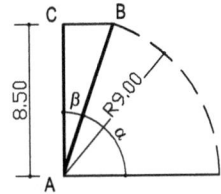

REMARQUE : α peut être calculé directement en utilisant l'égalité des angles alterne-interne.

$$\cos\alpha = \frac{\text{côté opposé}}{\text{hypothénuse}} = \frac{8.50}{9.00}$$
$$\Rightarrow \alpha = 70{,}81°$$

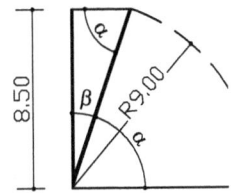

Code	Désignation	U	Qté
2	Linéaires discontinus pour la limite des zones de coup franc		
2- 1	Linéaires discontinus droits		

	2f 3.00	m	6.00

2- 2	Linéaires discontinus courbes		

Pour l'arc AB :

$\alpha = 90° - \cos^{-1}(8{,}50\,/\,9{,}00)$
$\alpha = 70{,}81°$

linéaire $\dfrac{2\pi \times 70.81}{360} \times 9.00 = 11.12$

	4f 11.12	m	44.49

1.3.6 Surfaces

Les différentes surfaces (zones de but, de jeu, de dégagement) sont peintes de couleur différente. Elles seront dissociées dans le calcul.

Zones de but :

fig. 16 décomposition d'une zone de but	A = 1/4 de disque. Cette surface existe 4 fois (2 par zone de but avec 2 zones de but, ce qui fait un disque entier aire disque $= \pi \times R^2$ B est un rectangle, à compter 2 fois car il y a 2 zones de but

Code	Désignation	U	Qté
3	Surfaces		
3- 1	Surface de la zone de but		
	Disque : $\pi \times 6.00^2 = 113.10$ Rectangle 2f $3.00 \times 6.00 = 36.00$		
	Ens. surface	m²	149.10
3- 2	Surface de la zone de jeu		
	Rectangle : $40.00 \times 20.00 = 800.00$ Déduire zone de but : 149.10		
	Reste	m²	650.90

3- 3	Surface de la zone de dégagement		
	Rectangle : $46.00 \times 26.00 = 1\ 196.00$ Déduire surface du terrain $40.00 \times 20.00 = 800.00$		
	reste	m²	396.00

1.3.7 Vérifications des calculs avec Autocad

Tous les linéaires et toutes les aires sont donnés par Autocad :

- soit dans la fenêtre des propriétés (sélection d'un objet puis CTRL+🖱 droit et option propriétés du menu contextuel)

- soit directement pour une entité simple par la commande « renseignements »

- soit en créant un contour automatique (plus simple que de redessiner une zone) puis commande « renseignements »

Exemple pour la zone de but :

Pour que les contours créés ne soient pas imprimés (les lignes existent déjà), il est préférable de créer un calque « contours » qui recevra tous ces nouvelles polylignes mais qui ne sera pas imprimé.

1 🗐 ou menu « Format, Calque »,

2 le bouton « nouveau » permet de créer un calque avec :

- nom : contours

- couleur, type et épaisseur de ligne : quelconques

- tracer : clic sur l'imprimante pour obtenir 🖨 (calque non imprimé)

3 définir comme courant, puis OK pour valider la fenêtre

4 ▨ ou menu « Dessin, Contour »

5 bouton « choisir les points » dans la fenêtre affichée

6 clic à l'intérieur de la zone de but ↵

   Une polyligne est ainsi créée avec les attributs du calque actif.

7 🖿 ou menu « Outils, Renseignements, Aires »

8 puis O↵ comme objet au clavier

9 sélection de la polyligne

10 l'aire et le périmètre s'affiche dans la fenêtre des commandes.

1.4 Avant-métré avec un tableur

1.4.1 PRÉSENTATION DE LA FEUILLE DE CALCUL

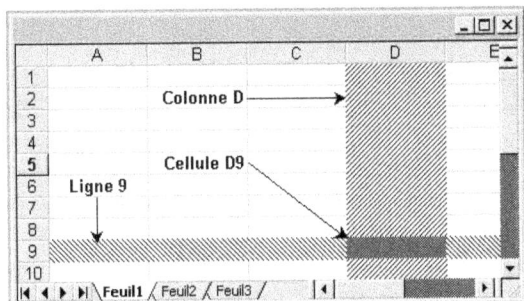

La feuille de calcul est un ensemble :

1. De colonnes (verticales) repérées par des lettres A, B, C

2. De lignes (horizontales) repérées par des nombres 1, 2, 3

3. De cellules situées à l'intersection des lignes et des colonnes repérées par D9 dans l'exemple

Une cellule peut contenir :

1. Du texte « Avant-métré du terrain de hand-ball »

2. Des nombres 12.50

3. Des formules du type = (A10 + B10)*C12 avec l'avantage de la mise à jour du résultat lors de la modification du contenu des cellules A10 ou B10 ou C12. Les formules peuvent être plus complexes avec des fonctions trigonométriques, statistiques, conditionnelles…

4. Des macro commandes pour automatiser des taches répétitives

5. Des graphiques liés aux résultats des calculs contenus dans les cellules

À chaque cellule ou ensemble de cellules correspond une police, une taille de caractères, une couleur, une bordure, un motif. Tous ces attributs sont accessibles à partir du menu format ou du menu contextuel obtenu avec le clic droit de la souris.

Pour utiliser les fonctions et les avantages d'un tableur (ou d'une feuille de calcul), il faut créer des colonnes qui n'apparaissent pas dans une feuille d'avant-métré traditionnel.

	A	B	C	D	E	F	G	H	I	J	K
4											
5	Code		Désignation	Nb	Long.	Larg.	Sous-total	U	Qté	PU	PT
6											

1.4.2 RÉALISATION DU TABLEAU

1. Écrire la date en A1 par exemple (la fonction date indique automatiquement la date du jour)

2. Écrire le titre du tableau : DQE du terrain de hand-ball…

3. Écrire le titre des 10 colonnes : Code, Désignation, Nb…

4. Modifier visuellement au curseur les largeurs des colonnes en se basant sur les proportions

5. Sélectionner les colonnes ayant pour titre « Long. », « Larg. » « Sous total »… pour les formater avec 2 décimales à l'aide de la commande « Format, Cellule, Nombre ». Si la cellule affiche ####, le nombre est trop grand et il faut augmenter la largeur de la colonne.

6. Compléter les cellules pour les données (textes, nombre, longueur et largeur). Les résultats sont établis par le tableur en écrivant les formules pour un calcul mis à jour lors des modifications.

	A	B	C	D	E	F	G	H	I	J	K
4											
5	Code		Désignation	Nb	Long.	Larg.	Sous-total	U	Qté	PU	PT
6	1	Linéaires continus									
7	1.1	Linéaires continus droits									
8			Limites du dégagement et du terrain								
9				2	46.00		Formule A1				
10				2	40.00		Formule A2				
11				2	26.00		Formule A3				
12				3	20.00		Formule A4				
13			Lignes du penalty								
14				2	1.00		Formule A5				
15			Ensemble linéaire					m	Formule B		
16											
17	1.2	Linéaires continus courbes									

Notes :

La colonne « désignation » est constituée de 2 colonnes (ou 3) au sens du tableur mais sans ligne verticale afin de pouvoir aligner le texte et décaler les différentes parties du calcul. Cette présentation améliore la lisibilité en affichant une hiérarchie et une progression des calculs.

Lorsque la désignation est trop longue pour être contenue dans la cellule, elle s'inscrit dans les colonnes adjacentes. Il est possible de forcer le texte à occuper plusieurs cellules sur plusieurs lignes : sélectionner les cellules souhaitées, puis à l'aide de la commande « Format cellule », dans l'onglet alignement, cocher les cases « renvoyer à la ligne automatiquement » et, éventuellement, « fusionner les cellules ».

1.4.3 FORMULES DE CALCUL

1. Écriture de la formule A1 : pour signifier un calcul, la formule commence par un signe = ou un signe + suivi immédiatement du repère des cellules obtenu en cliquant dessus. La cellule G9 contient la formule = D9*E9.

2. Les formules A2, A3… sont similaires. Il suffit de les sélectionner et, dans le menu édition, choisir la commande recopier vers le bas (ou faire glisser vers le bas, d'autant de lignes que souhaitées, le carré noir de la cellule G9 sélectionnée lorsque le curseur se transforme en signe +)

3. Écriture de la formule B =somme(G9:G14). Les 2 points désigne le pavé de cellules limité par G9 et G14. La formule peut aussi s'écrire =G9+G10+G11+G12+G14.

4. Des textes ou des calculs se répètent, faites le faire par le logiciel soit par copier coller (Ctrl C, Ctrl V) soit par glisser déplacer en maintenant la touche Ctrl enfoncée, un + s'affiche.

5. Finir l'habillage en modifiant la police, la taille du texte, les bordures des cellules…

6. Sauvegarder puis faire aperçu et impression (parfois il faut définir la zone d'impression).

Code	Désignation	Nb	Long.	Larg.	Sous-total	U	Qté	PU	PT
1	Linéaires continus								
1.1	Linéaires continus droits								
	Limites du dégagement et du terrain								
		2	46.00		92.00				
		2	40.00		80.00				
		2	26.00		52.00				
		3	20.00		60.00				
	Ligne du penalty								
		2	1.00		2.00				
	Ensemble linéaire					m	292.00		

1.5 Déterminer le coefficient multiplicateur d'entreprise

L'entreprise qui réalise la plateforme du terrain doit déterminer son coefficient de vente à appliquer sur les DS (déboursés secs).

1.5.1 LES ÉLÉMENTS CONSTITUTIFS D'UN PRIX DE VENTE

DS Déboursés secs

DS = DS Mx + DS Ml + DS MO

DS = Déboursé Sec Matériaux + Déboursé Sec Matériel + Déboursé Sec main-d'œuvre

Le DS représente la somme des coûts directs propres à chaque unité d'œuvre.

Il comprend les valeurs des matériaux, du matériel et de la main d'œuvre (pour 1 m^3 de béton, 1 m^2 de mur ou 1 m de canalisation).

FC Frais de chantier

Ils représentent tout ce qui ne peut être attribué à une unité d'œuvre et qui fait partie intégrante d'un chantier (frais d'encadrement, de matériel non affectable tel que grue, frais complémentaires).

Cp Coût de production

C'est la somme des DS et des FC.

Fop Frais d'opération

Ils représentent tout ce qui ne peut être appliqué à une unité d'œuvre (DS), aux frais de chantier (FC), ou aux frais d'opération (Fop).

Ils s'expriment en % de DS ou de PV.

NOTE :

Il est bon de les calculer d'une année sur l'autre par rapport à des éléments qui présentent le moins de variation. Si la valeur d'un matériau peut varier pour un même produit (prix d'une baignoire par exemple), la part de main d'œuvre est une valeur plus stable (même temps de pose).

PR = Cp + Fop   Prix de revient prévisionnel

B   **Bénéfices prévisionnels et aléas**

PV   **Prix de vente (HT)**

1.5.2 LE CALCUL DU COEFFICIENT MULTIPLICATEUR

Ce coefficient s'applique aux DS d'une unité d'œuvre, il permet de déterminer rapidement les prix de vente unitaires pour l'établissement des devis quantitatifs estimatifs (DQE). Il s'agit d'une résolution d'équation.

Cas de FG en % de DS total (Mx, MI, MO), c'est le cas de notre entreprise.

FC   10 % DS
Fop   1 % DS
FG   15 % DS
B   6 % PV

un seul coefficient

DS + 0,10 DS + 0,01 DS + 0,15 DS + 0,06 PV = PV
DS + 0,10 DS + 0,01 DS + 0,15 DS = PV − 0,06 PV
1,26 DS = 0,94 PV

$$PV = \frac{1,26\ DS}{0,94}$$

PV = 1,340 DS   coef : 1,34

Cas de FG en % de DS (MO).

FC   10 % DS
Fop   1 % DS
FG   25 % DS mo
B   6 % PV

deux coefficients

sur MO

DS + 0,10 DS + 0,01 DS + 0,25 DS + 0,06 PV = PV
PV = 1,447 DS   coef : 1,45

sur Mx + MI

DS + 0,10 DS + 0,01 DS + 0,06 PV = PV
PV = 1,181 DS   coef : 1,19

EXEMPLE :

soit un DS de 1 m^2 de sol sportif comprenant

DS MO   23,36 €   coef : 1,45
DS Mx + MI   34,92 €   coef : 1,19
PV (HT) =   75,43 €

1.5.3 CONCLUSION

Pour les entreprises dont la valeur des matériaux peut varier pour un même temps de pose, exemple de fourniture et pose d'une porte d'entrée, dont le prix d'achat peut varier de 1 à 4, le calcul se fera soit avec les FG en % de DS total soit en % de DS MO. Dans le cas des chantiers où le client fourni les matériaux, la 2e méthode sera adoptée pour le calcul du coefficient multiplicateur.

Selon le contexte, il y a lieu de choisir la méthode de calcul du PV . Il faut vérifier tous les mois la valeur des frais généraux qui peut être « amortie » afin de voir si le % des FG doit être maintenu ou modifié. Un coefficient n'est pas fixe sur une année.

Terrain de basket-ball

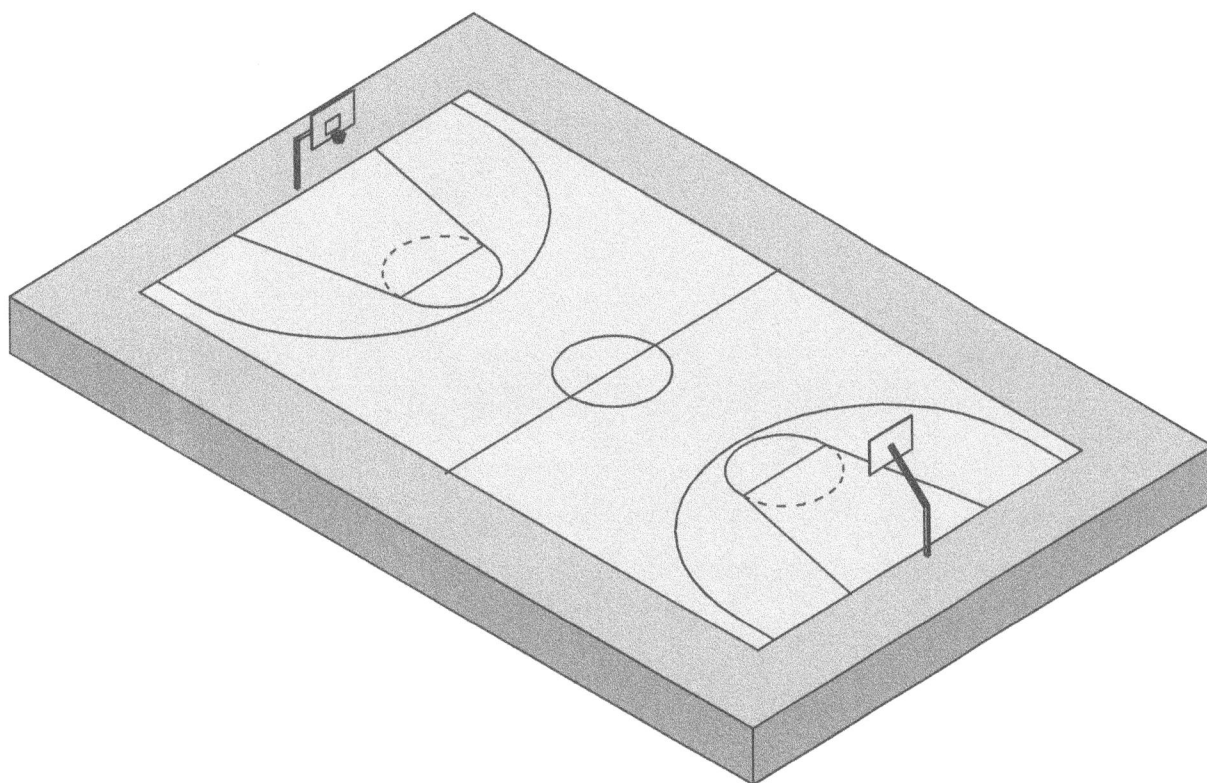

ACTIVITÉS

1. Dessin assisté par ordinateur

Objectif : Réaliser le dessin de définition du terrain de basket-ball avec Autocad

Contenus : Dessin du terrain de basket-ball • Chronologie de l'exécution du dessin

2. Avant-métré

Objectif : Calculer les linéaires et surfaces de peinture des différentes zones

Contenus : Décompositions • Calcul des différentes quantités d'ouvrages élémentaires

3. Étude de prix

Objectif : Déterminer les quantités prévisionnelles (matériaux + pertes)

Contenus : Les pertes dues à l'exécution • Les quantités à commander • Les pertes réelles • Conclusion

2.1 Dessin du terrain de basket-ball

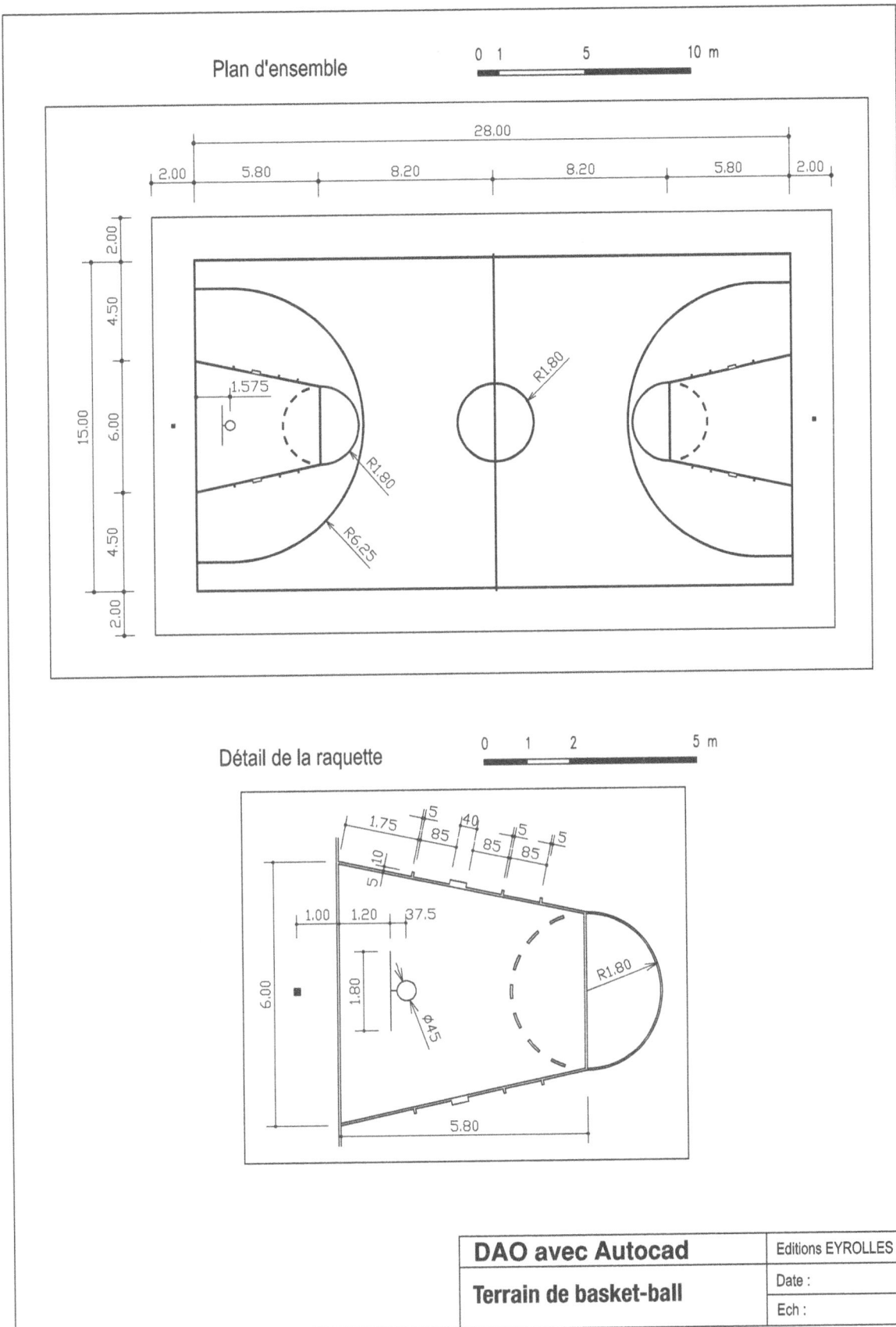

Plan d'ensemble

Détail de la raquette

DAO avec Autocad	Editions EYROLLES
Terrain de basket-ball	Date :
	Ech :

fig. 1 dessin à réaliser

2.2 Chronologie d'exécution du terrain de basket-ball avec Autocad

2.2.1 INTRODUCTION

OBJECTIFS :

▶ réaliser le plan du terrain

▶ coter

▶ imprimer

REMARQUE : ce thème, proposé comme un exercice d'appropriation, ne sera détaillé que pour les commandes nouvelles ou d'une utilisation particulière qui n'ont pas été abordées dans le thème précédent.

2.2.1.1 Éléments de définition du terrain

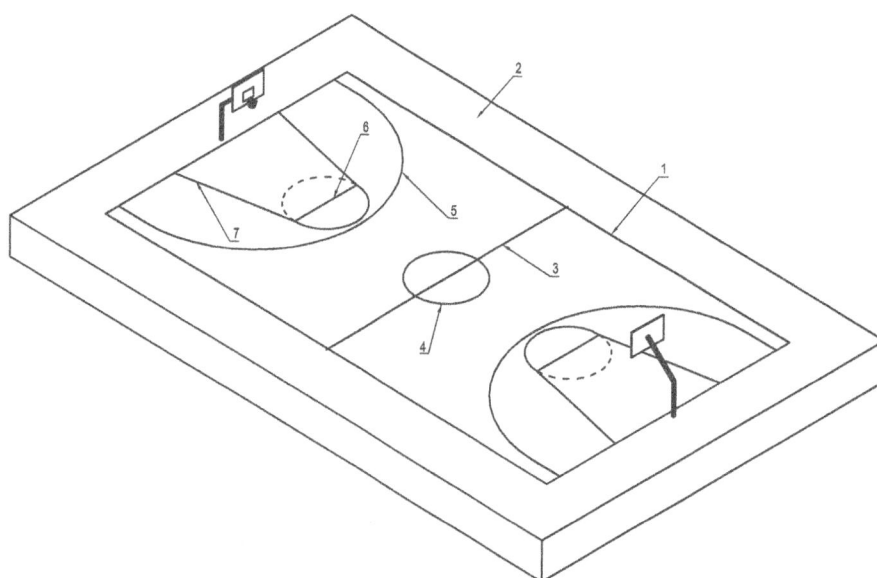

1 : limites du terrain
2 : zone de dégagement
3 : ligne centrale ou médiane (est pro-longée de 15 cm dans la zone de déga-gement)
4 : cercle central
5 : ligne des 3 points
6 : ligne de lancers francs
7 : ligne limitant la zone réservée (temps limité à 3 secondes pour le joueur en possession du ballon)

fig. 2 lignes et zones du terrain de basket-ball

Dans un match de basket-ball, 2 équipes constituées de 5 joueurs s'opposent pendant 2 périodes de 20 mn.

Pour appliquer les règles du jeu, les différentes zones sont matérialisées par des lignes tracées sur le terrain.

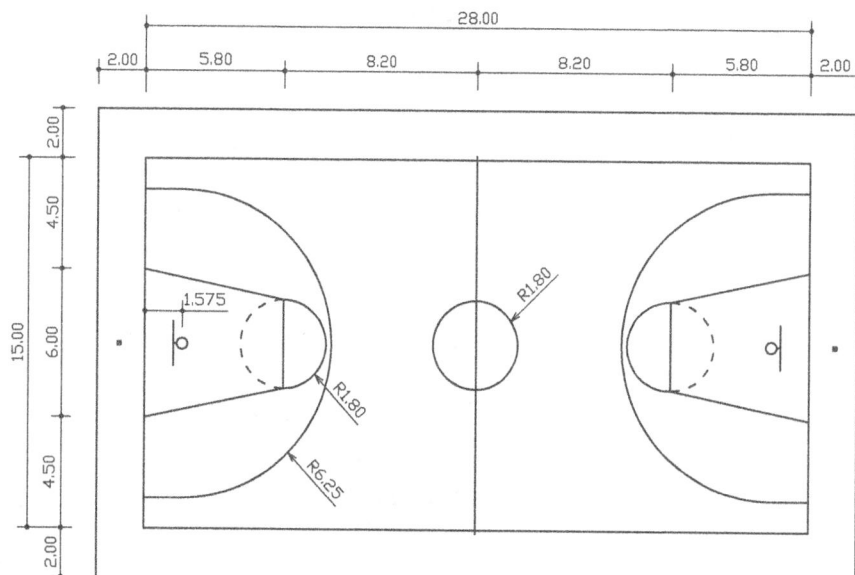

fig. 3 dessin de définition du terrain

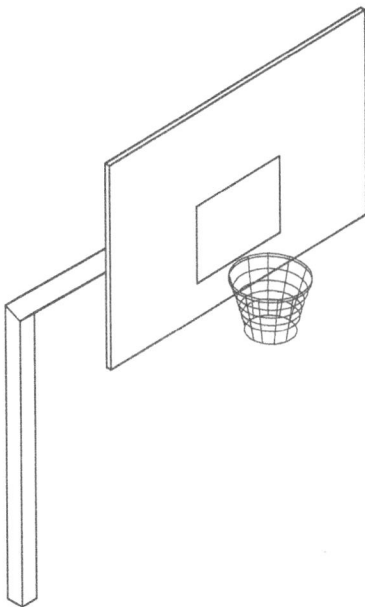

fig. 4 détail du panneau

Le panneau, de 1.80 m par 1.05 m et 3 cm d'épaisseur, est fixé au sol pour les terrains de plein air et suspendu à la structure dans les salles.

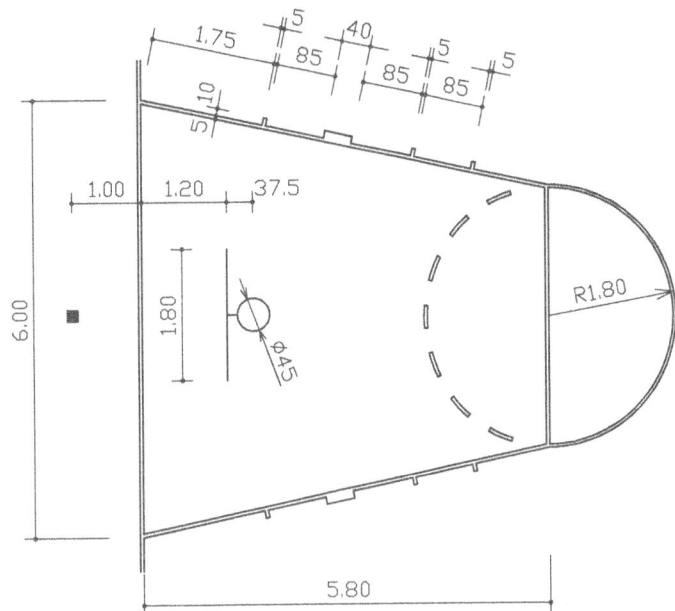

fig. 5 détail de la raquette

Cotes en mètre et en centimètre.

2.2.1.2 Fichier téléchargeable

basketball.dwg à l'adresse internet : www.editions-eyrolles.com contenant :

- **1** Les calques :
  0 (existe par défaut)
  Lignes_continues

- **2** Les styles :
  de cotation prédéfini : cotation_en_m, adapté à l'environnement
  de texte pour le cartouche

- **3** La présentation :
  Un cadre, un cartouche, 2 fenêtres permettant l'impression du même dessin à des échelles différentes avec des informations différentes sur un même format A4 vertical

Les cotes sont exprimées en mètre

<u>REMARQUE POUR CRÉER DES CALQUES</u> :

🗇 ou menu « Format, Calque », le bouton « nouveau » permet de créer un calque avec :

- un nom (calque1 par défaut)
- une couleur (liée ou non à une épaisseur de trait en modifiant la table des styles de tracé accessible par 🖨)
- un type de ligne (bouton « charger » s'il y a lieu avec une sélection de plusieurs types de ligne grâce aux touches CTRL ou SHIFT)
- une épaisseur de ligne
- impression ou non du calque
- le bouton « courant » défini ce calque comme calque de travail en quittant la fenêtre

OK pour quitter la fenêtre et valider les modifications

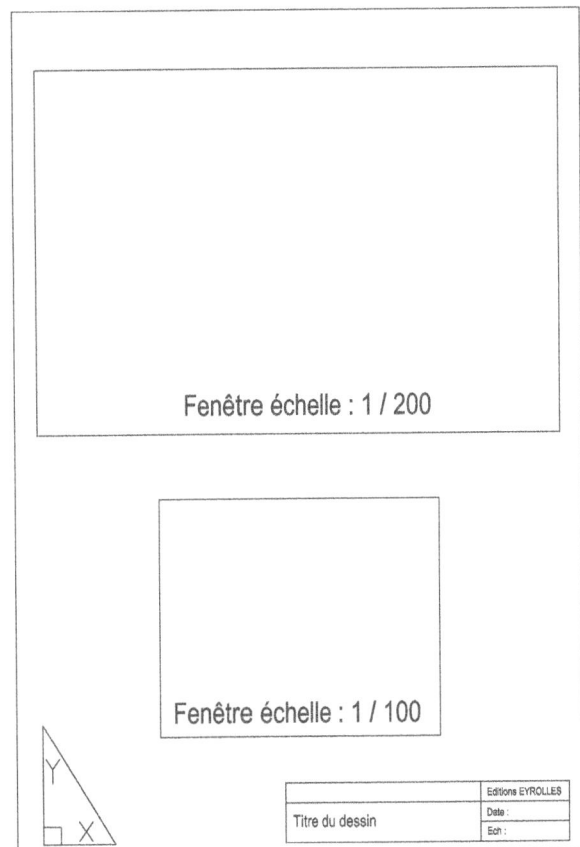

fig. 6 disposition des fenêtres pour imprimer à 2 échelles différentes sur la même feuille

2.2.2 Les étapes de la représentation

▶ Les lignes du terrain, sauf la raquette
▶ La raquette
▶ Sauvegarder le dessin en cours
▶ La symétrie par rapport à la ligne de milieu
▶ La cotation, sauvegarder
▶ L'impression sur A4 vertical

2.2.3 Les lignes du terrain, sauf la raquette

1 Limites du terrain : rectangle de 0,0 à 28,15

2 Limites du dégagement : décaler le rectangle de 2 m

3 Ligne médiane : ligne accrochée au milieu des longueurs du rectangle

4 Cercle central : cercle de centre : accroché au milieu de la ligne médiane, rayon : 1.80 m

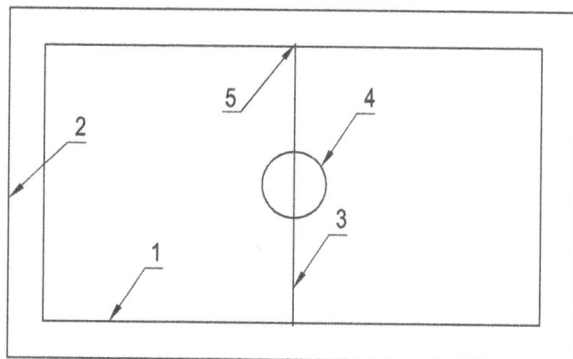

fig. 7 repérage des lignes à tracer

REMARQUE : la ligne médiane dépasse de 15 cm (repère 5) de la limite de la zone de jeux.

5 ![icon], ou modifier la longueur

6 di ↵ pour différence

7 0.15 ↵

8 clic proche des 2 extrémités de la ligne médiane

La ligne des 3 points est composée de 2 segments de 1.575 m et d'un 1/2 cercle de rayon 6.25 m. Comme pour le terrain de hand-ball, la construction peut débuter par les segments ou le 1/2 cercle.

Comme le 1/2 cercle de centre C passe par les points A et B, extrémités des segments 1 et 1', le tracé de ces segments défini l'arc de cercle.

▷ **Pour tracer la ligne des 3 points**

1 ![icon] du 1er point : 0,1.25 ↵
(justification de y, (15.00-2×6.25)/2=1.25)

2 au 2e point : déplacement horizontal de la souris, 1.575 ↵ le segment 1' est tracé selon la même méthode ou par symétrie par rapport à la largeur du rectangle

3 ![icon] ou menu « dessin, arc, départ fin angle »

4 point de départ : A, extrémité du segment 1

5 extrémité de l'arc : B extrémité du segment 1'

6 angle décrit 180 ↵

Le centre C ainsi trouvé est aussi le centre du panier.

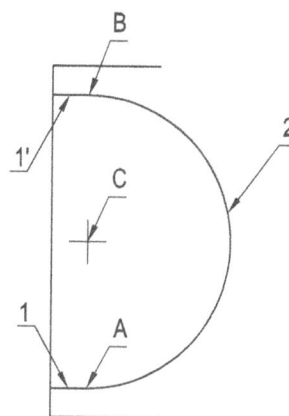

fig. 8 repères des éléments de la ligne des 3 points

![icon] Sauvegarder le fichier

2.2.4 La raquette

Là encore, plusieurs options sont possibles mais il est préférable de choisir une polyligne plutôt qu'une suite de lignes pour le tracé de (1) car, dans le 1er cas, les angles des épaisseurs des bandes de peinture sont traités correctement (sommets liés) mais pas dans l'autre cas.

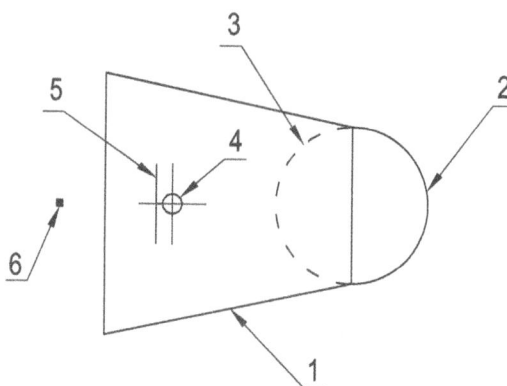

fig. 9 repérage des éléments

1 : polyligne, **2** : le 1/2 cercle en trait continu, **3** : le 1/2 cercle en trait discontinu, **4** : le panier, **5** : le panneau, **6** : le poteau support du panneau.

▷ **Pour tracer la raquette**

1 ![icon] ou menu « Dessin, Polyligne »

2 du 1er point : 0,4.50 ↵ pour (15-6)/2

3 au point @5.8,1.2 ↵

4 déplacement vertical de la souris, 3.6 ↵

5 @-5.8,1.2 ↵ puis ↵ ou touche Echap pour terminer la commande

6 ![icon] ou menu « dessin, arc, départ fin angle »

7 point de départ : B

8 extrémité de l'arc : C

9 angle décrit 180 ↵

Procédure identique (ou symétrie du 1/2 cercle (2) par rapport à BC) pour obtenir le 1/2 cercle (3) mais à créer dans un calque ou le type de ligne est ACAD-ISO02W100 ou ACAD-ISO03W100 pour des traits interrompus.

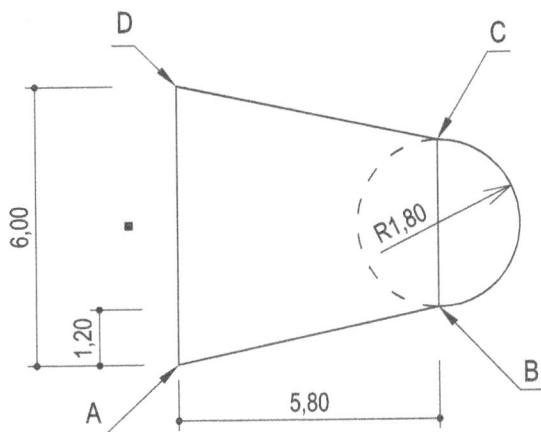

fig. 10 repères et cotation de la raquette

▷ **POUR TRACER LE PANIER, LE PANNEAU, LE POTEAU**

1   ⊘ ou menu « Dessin, Cercle »

2   centre : centre du 1/2 cercle du lancer des 3 points (ou CTRL+🖱 droit et centre dans le menu contextuel si le calage n'est pas trouvé automatiquement)

3   0.225 ↵ pour le rayon du panier

4   ▭ ou menu « Dessin, rectangle »

5   premier sommet : CTRL+🖱 droit, depuis,

6   point A

7   @1.2,2.1↵ (indique la position de l'origine du rectangle par rapport au point A)

8   deuxième sommet : @-0.03,1.80↵ (pour un rectangle de 3 cm de longueur et 1.80 m de « hauteur »)

REMARQUE : – 0.03 car c'est la face avant du panneau qui est 1.20 m de la limite du terrain.

Pour le tracé de la raquette, l'autre possibilité consiste à copier le cercle central selon une translation horizontale de 8.20 m puis d'accrocher la polyligne (1) sur les quadrants de ce cercle.

Pour le poteau support du panneau : « Rectangle » 0.15x0.15 situé dans l'axe du terrain et à 1.00 m des limites du terrain.

Hachures ▨ avec :

choix du motif : solide, choix des objets : le poteau ↵

Aperçu des hachures, modification des paramètres si nécessaire puis aperçu ou OK pour valider.

REMARQUE : ces hachures sont toujours modifiables par la suite dans la fenêtre des propriétés (sélection puis 🖱 droit et propriétés dans le menu contextuel).

▷ **POUR TRACER LES LIGNES DE MARQUE**

Elles sont perpendiculaires au segment AB. Là encore plusieurs possibilités mais c'est l'occasion d'utiliser un nouveau système de coordonnées, d'origine A et d'orientation AB, obtenu directement en cliquant sur AB (proche de A pour les X>0). Dans ce système, l'origine 0,0 est en A et le mode ortho (F8) force les lignes à être parallèles ou perpendiculaires à AB. Le mode polaire (F10) suit la même logique.

1   ⌐ ou menu « outils, nouveau SCU, objet »

2   clic sur le segment AB (proche de A)

3   🖐 ou menu « Modification, Décaler », 0.1 ↵

4   sélectionner la polyligne (1)

5   clic un point quelconque à l'extérieur ⇒ ligne 2
     il faut tracer la 1re ligne de marque située à 1.75 m, de longueur 10 cm puis la décaler de 5 cm, 85 cm…

6   ✏ du 1er point : 1.75,0↵ (l'origine est en A)

7   au 2e point : déplacement de la souris selon Y en mode ortho ou polaire, 0.1↵

puis décaler selon la méthode ci dessus. Certaines lignes sont décalées ou copiées.

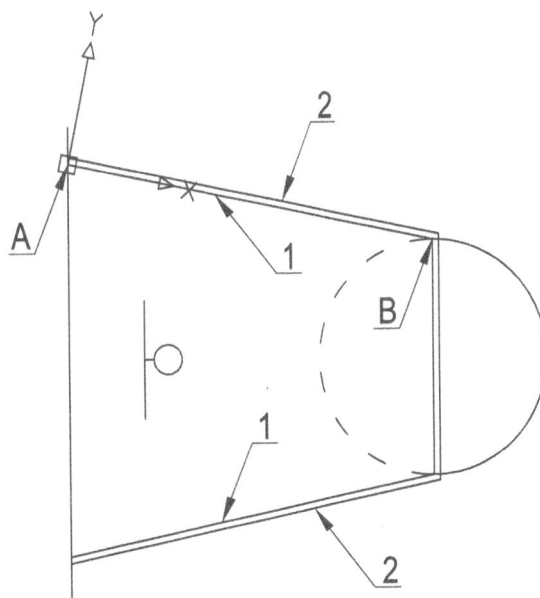

fig. 11 position du système de coordonnées objet

En ajustant la ligne (2) sur les segments tracés précédemment, il ne reste que les segments situés entre les lignes de marque

8   ✂ ou menu « modifier, ajuster »

9   🖱 clic droit sur aucun objet

10 🖱 clic gauche sur les parties de lignes à supprimer

▷ **POUR REVENIR AU SCG (SYSTÈME DE COORDONNÉES GÉNÉRAL)**

2 possibilités :

⌐ ou menu « outils, nouveau SCU, général »

ou

⌐ SCU précédent

REMARQUE : si les icônes permettant de gérer les systèmes de coordonnées ne sont pas visibles à l'écran, pour les faire apparaître, aller dans la barre des menus : affichage, barre d'outils, SCU.

L'autre solution est de rester dans le SCG, de tracer les lignes de marque selon l'horizontale puis de faire une rotation de l'ensemble.

fig. 12 lignes dessinées selon l'horizontale puis rotation de l'ensemble de centre O et d'angle AOB (A vers B)

1 ⟳ rotation
2 choix des objets : sélection des lignes ↵
3 point de base : O (centre de la rotation)
4 angle de rotation : point B (car l'origine des angles est l'axe des X)

REMARQUE : R ↵ au clavier (pour référence) permet de spécifier une autre origine de l'angle de rotation en sélectionnant 2 points.

Les lignes de peinture ont une largeur de 5 cm qui sont obtenues par décalage des lignes précédentes.

2.2.5 SYMÉTRIE DE LA RAQUETTE
ET DE LA LIGNE DES LANCERS FRANCS

5 ⊿⊿ ou menu « modifier, miroir »
6 Sélectionner les objets ↵ ou ⌐ clic droit pour valider
7 1er point : un point de la ligne médiane
8 2e point : un autre point de la ligne médiane
9 ↵ pour ne pas effacer les objets sélectionnés

fig. 13 symétrie des lignes de marque et de la raquette

💾 Sauvegarder le fichier

2.2.6 COTATION

Pour obtenir une cotation lisible, il faut augmenter l'échelle d'impression de la raquette à partir du seul dessin initial. C'est l'utilité des 2 fenêtres de l'espace papier.

L'utilisation de 2 calques de cotation permet la gestion de la cotation (ou de n'importe quelle entité) à afficher dans l'une ou l'autre fenêtre :

- Calque « cotation_ech_1_200 » pour les cotes du terrain

- Calque « cotation_ech_1_100 » pour les cotes de la raquette

Mais les cotes sont toujours des cotes réelles.

2.2.7 IMPRESSION

Le passage de l'onglet « objet » à l'onglet « impression » (le symbole du repère n'est pas modifié) tout en restant dans l'espace objet (cf. la barre d'état) permet de :

- geler, dans la fenêtre courante, le calque « cotation_ech_1_100 » pour le dessin du terrain ;

- geler, dans la fenêtre courante, le calque « cotation_ech_1_200 » pour le dessin de la raquette.

Passer dans l'espace papier, procédure identique au terrain de hand-ball pour imprimer.

fig. 14 fenêtres dans l'espace papier

2.2.8 TRACÉ DES ÉPAISSEURS DE LIGNE

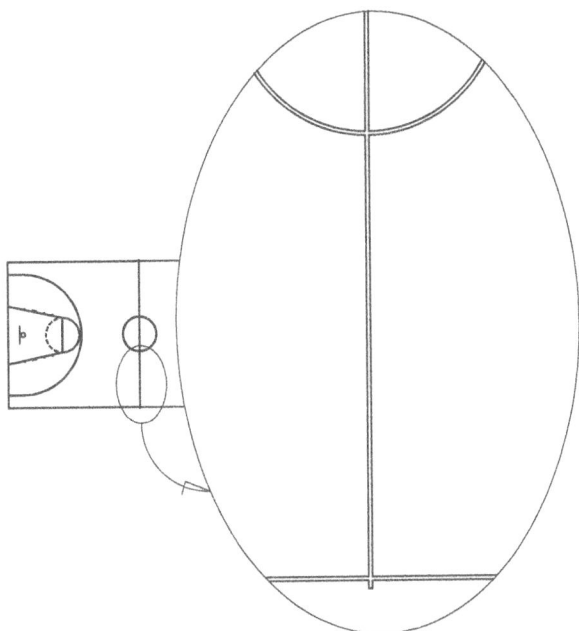

fig. 15 détail de jonction ligne médiane, cercle central et limite du terrain

2.3 Avant-métré du terrain de basket-ball

2.3.1 INTRODUCTION

Comme pour le terrain de hand-ball les éléments à métrer sont :

1 Des linéaires exprimés en m avec 2 décimales. Les linéaires continus et discontinus, droits et courbes, seront différenciés.

2 Des surfaces exprimées en m² avec 2 décimales.

Seuls les points particuliers, complétés de croquis, sont renseignés.

2.3.2 LISTE DES ARTICLES TRAITÉS

Code	Désignation	U
1	Linéaires	
1- 1	Linéaires continus droits	m
1- 2	Lignes de marque	U
1- 3	Linéaire continus courbes	m
1- 4	Linéaires discontinus courbe	m
2	Surfaces	
2- 1	Surface des raquettes	m²
2- 2	Surface de jeu hors raquette	m²
2- 3	Surface du dégagement	m²

2.3.3 LINÉAIRES CONTINUS

Code	Désignation	U	Qté
1	Linéaires		
1- 1	Linéaires continus droits		

limites du dégagement.............................102.00
limites du terrain.....................................86.00
ligne médiane 15.00
raquettes (ABCD)....................................30.89
lancers francs (EF 6.30
Ens. Lin. | m | 240.19

remarques :
1 AB est l'hypoténuse du triangle rectangle

$$AB = \sqrt{AH^2 + HB^2} = 5.92 \text{ m}$$

2 4f 5.92 + 2f 3.60 = 30.89 car si 5.92 est arrondi dans la colonne, les décimales sont conservées en utilisant le tableur pour le total
3 les lignes de marque le long de la ligne ne peuvent être associées à cet article (traçage et mise en œuvre plus compliquées)

| 1- 2 | Lignes de marque (ensemble) Pour mémoire, 2.80 m | U | 4 |
| 1- 3 | Linéaires continus courbes | | |

Se résument à des cercles
22.62
39.27
Ens. Lin. | m | 61.89

| 1- 4 | Linéaires discontinus courbes Se résument à un cercle | | |
| | | Ens. Lin. m | 11.31 |

2.3.4 SURFACES

Code	Désignation	U	Qté
2	Surfaces		
2- 1	Surface des raquettes		

ABCD est un trapèze

$$\text{Aire} = \frac{AD+BC}{2} \times HB$$

Trapèzes 55.68 (2 fois)
Disque 10.18

		U	Qté
	Ens. Surf.	m²	65.86

Code	Désignation	U	Qté
2- 2	Surface de jeu hors raquette		

420.00

Déduire la surface des raquettes

65.86

		U	Qté
	Reste	m²	354.14

Code	Désignation	U	Qté
2- 3	Surface du dégagement		

608.00
déduire 420.00

		U	Qté
	Reste	m²	188.00

2.3.5 AVANT-MÉTRÉ AVEC UN TABLEUR

La trame du fichier créé pour le terrain de hand-ball peut être repris, la décomposition suit la même structure.

Code	Désignation	Nb	Long.	Larg.	Sous-total	U	Qté

Syntaxe de la formule du calcul de l'hypoténuse :

$AB = \sqrt{5.8^2 + 1.2^2}$ s'écrit dans une cellule du tableur

=racine(5.8^2+3.6^2) ou =racine(5.8*5.8+3.6*3.6)

Surface des raquettes

L'aire du trapèze est assimilable à l'aire d'un rectangle avec pour « longueur » la hauteur du trapèze et pour « largeur » la 1/2 somme des bases (ou l'inverse). Cette formule peut être intégrée dans le tableau.

	A	B	C	D	E	F	G	H	I
	Code		Désignation	Nb	Long.	Larg.	Sous-total	U	Qté
14	2-1		Surfaces des raquettes						
15			Trapèze		5.80	=(6+3.6)/2	=E15*F15↵		
16			Disque				=pi()*1.8^2↵		
17			Ensemble surface				=G15+G16↵		
18			2 fois						=G17*2↵

REMARQUES :

Dans le tableur, π s'écrit pi(), l'étoile * symbolise la multiplication.

Lors de la saisie de la formule en G15, inutile d'écrire E15 au clavier, un clic en E15 inscrit E15 dans la formule. * au clavier replace le curseur en G15.

2.4 Déterminer les quantités prévisionnelles (matériaux + pertes)

2.4.1 LES PERTES DUES À L'EXÉCUTION

Les pertes proviennent :

• de la casse possible lors du transport et sur le chantier ;

• des chutes dues à la non-possibilité de réemploi (coupe de carreaux, coupes de lés de tapisserie, etc.) ;

• de la constitution dimensionnelle des matériaux (largeur des lés de moquette, dimensions des panneaux de bois, etc.).

REMARQUE : il est bon de faire ce que l'on apelle un calepinage afin de déterminer les pertes. exemple : moquette de 4,00 m de largeur.

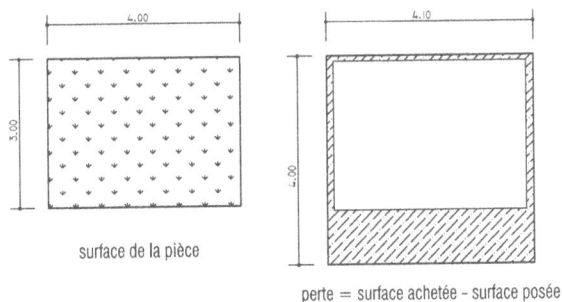

surface de la pièce

perte = surface achetée - surface posée

surface de la pièce................................... 4,00 × 3,00   soit 12,00 m^2

surface de matériau à acheter............ 4,10 × 4,00   soit 16,40 m^2

la perte est de 4,40 m^2
soit 37 % sur les matériaux à mettre en œuvre
ou 27 % sur les matériaux approvisionnés

2.4.2 LES QUANTITÉS À COMMANDER

Ce sont les quantités qu'il faudra acheter.

Il arrive parfois que le conditionnement entraine un achat supérieur au besoin :

• Si le produit restant peut être utilisé le coefficient de perte sera maintenu.

• Si le produit restant ne peut être utilisé le coefficient de perte sera recalculé.

2.4.3 LES PERTES RÉELLES

Peinture de sol de la zone de dégagement :

Soit 188,00 m^2 de sol à peindre en deux couches. Le rendement est de 1 litre de peinture pour 6,00 m^2 par couche. La perte constatée dans l'entreprise est de 4 % des quantités à mettre en œuvre. Le conditionnement se fait par pots de 5 litres.

CALCUL :

188,00 × 1/6 × 2 couches, nécessite 62,67 litres

62,67 litres × par le coef de perte 1,04 entraine un besoin de 65,18 litres

le conditionnement par pots de 5 litres nécessite l'achat de 14 pots

soit un achat total de 70,00 litres

si, non-possibilité d'utilisation du produit restant la perte réelle est de :

$\frac{70,00}{62,67}$ soit 12 %, coef 1,12

2.4.4 CONCLUSION

Il y a lieu de bien observer les produits sur le plan dimensionnel, du conditionnement, et des possibilités ou non d'utilisation des restes sur d'autres chantiers.

Stade d'athlétisme et terrain omnisports

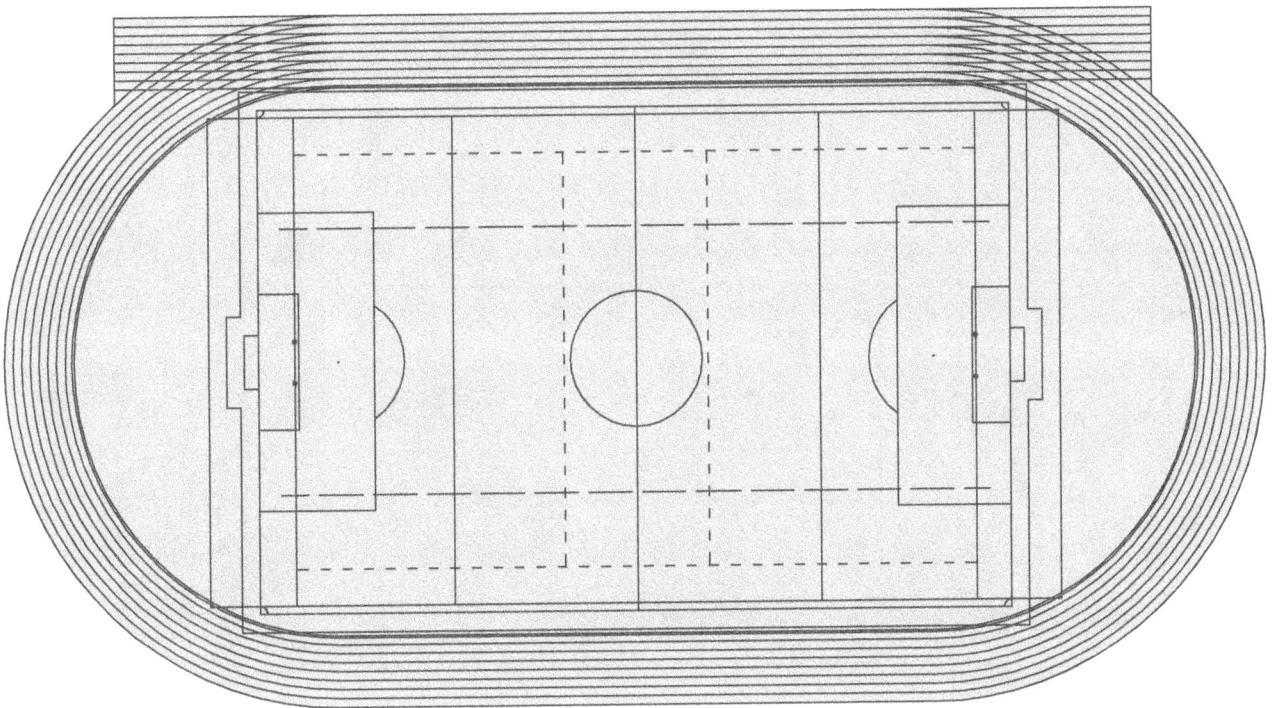

ACTIVITÉS

1. Dessin assisté par ordinateur

Objectif : Réaliser le dessin de définition du Stade d'Athlétisme et du Terrain Omnisports avec Autocad

Contenus : Dessin du stade d'athlétisme • Piste, concours de lancers et de saut • Dessin du terrain de Football • Dessin du terrain de Rugby • Dessin du terrain Omnisports • Chronologie de l'exécution du stade et des terrains

2. Avant-métré

Objectif : Calculer les linéaires et surfaces de peinture des différentes zones

Contenus : Décompositions • Calcul des différentes quantités d'ouvrages élémentaires • Vérifications des quantités avec Autocad

3. Étude de prix

Objectif : Actualisation et révision de prix

Contenus : Principe de l'actualisation de prix • Principe de la révision de prix • Exemple

3.1 Dessin du stade d'athlétisme et du terrain omnisports

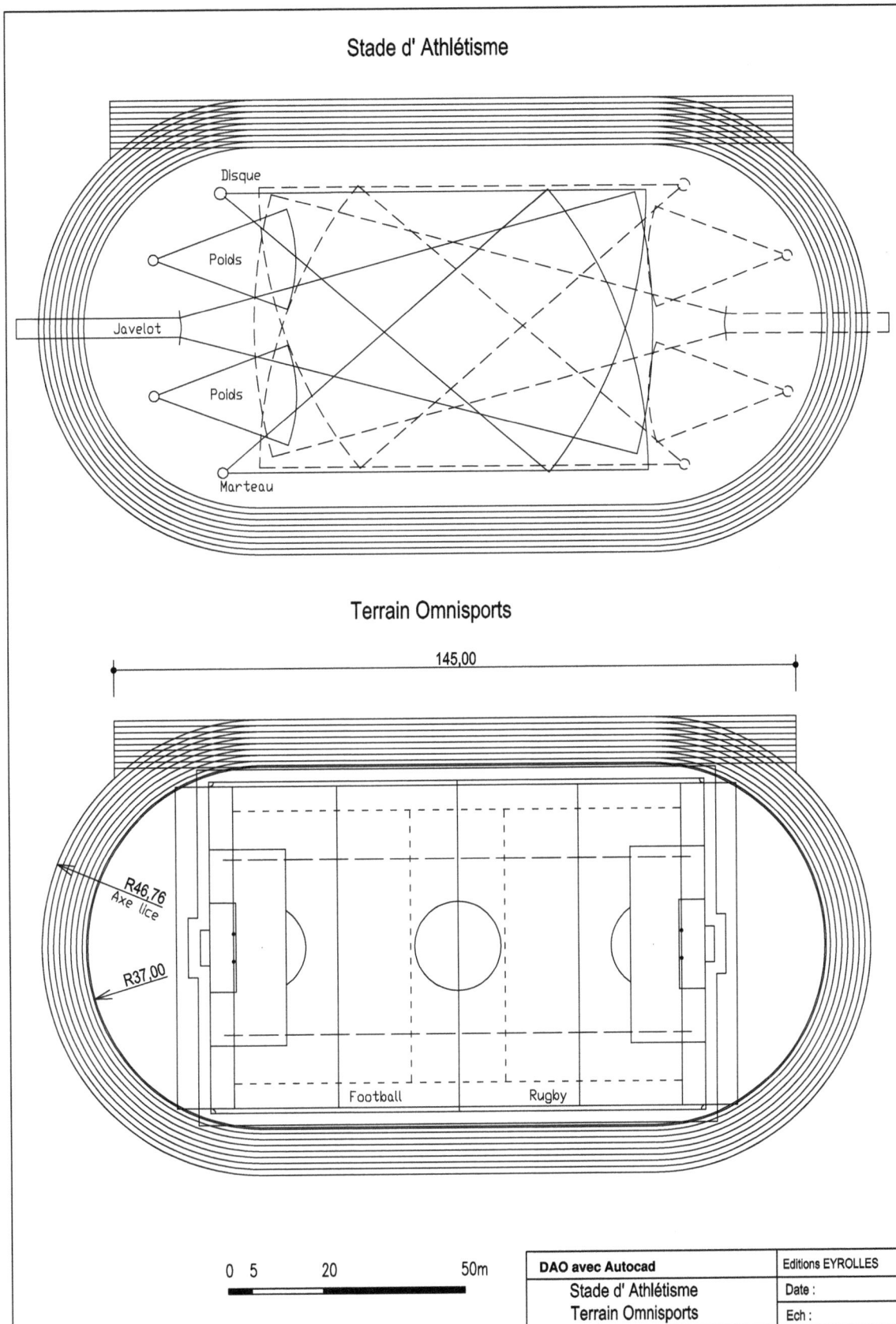

Stade d' Athlétisme

Disque

Poids

Javelot

Poids

Marteau

Terrain Omnisports

145,00

R46,76
Axe lice

R37,00

Football   Rugby

0 5   20   50m

DAO avec Autocad	Editions EYROLLES
Stade d' Athlétisme	Date :
Terrain Omnisports	Ech :

fig. 1 dessin à réaliser

3.2 Chronologie d'exécution du dessin des stades avec Autocad

3.2.1 INTRODUCTION

<u>OBJECTIFS</u> :

▶ représenter les différentes aires

▶ créer et manipuler des blocs pour produire le stade d'athlétisme et le terrain omnisports

Selon leurs utilisations, les stades sont désignés :

• « stade spécialisé » où ne se déroule qu'une seule activité : football ou rugby ou athlétisme...

• « stade omnisports » qui peut accueillir plusieurs types d'activité : athlétisme et football...

Ce chapitre ne présente que les aires de quelques activités sportives, sans aborder les espaces nécessaires aux vestiaires, accueil des spectateurs...

3.2.1.1 Dessin de définition de la piste

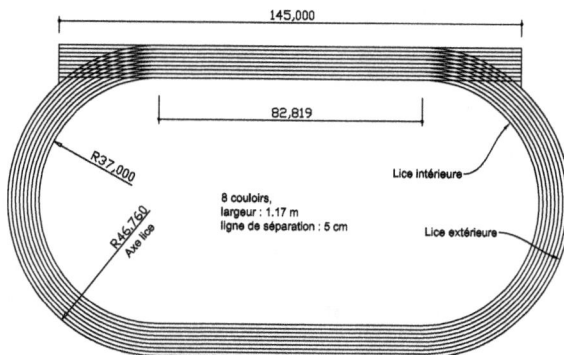

fig. 2 pistes du sprint, du demi fond et du fond

3.2.1.2 Fichier téléchargeable

stades.dwg à l'adresse internet : www.editions-eyrolles.com.

Il contient une structure en 2 parties.

• **1** Les calques :

bordure_intérieure

construction pour des tracés qui ne seront pas imprimés mais qui servent à positionner précisément des objets sans faire de calcul

Lignes_continues

Lignes_discontinues

Cotation

affectés d'une couleur et d'un type de ligne pour une représentation et une impression correctes sans autre paramétrage

• **2** Les styles :

de cotation prédéfini : cotation_en_m, adapté à l'environnement

de texte pour le cartouche

Les autres calques seront créés au fur et à mesure des besoins (🖾 ou menu « Format, Calque », bouton « nouveau » de la fenêtre en indiquant le nom du calque, sa couleur, son type de ligne, OK pour valider la saisie.

3.2.2 LES ÉTAPES DE LA REPRÉSENTATION

1. représentation de la piste (anneau, couloirs, lice ou bordure extérieure), enregistrement sous « piste.dwg »

2. représentation des aires de concours (lancers et saut en hauteur

3. création de blocs internes au fichier

4. insertion de blocs

5. création du fichier « athlétisme.dwg »

6. création du fichier « football.dwg »

7. création du fichier « rugby.dwg »

8. stade d'athlétisme et terrain omnisports par insertion des fichiers (football et rugby), externes au fichier « athlétisme »

9. impression des stades

10. variante pour anneau à 3 centres

<u>REMARQUE</u> : Comme les différentes aires définies sont imbriquées, avec la possibilité de les afficher ou non, 2 options peuvent être envisagées :

• **Option 1** : Toutes les aires sont représentées dans le même fichier mais sauvegardées comme des blocs qui peuvent être manipulés (déplacés, changés de calque...). Il faut gérer un seul fichier mais plus gros.

• **Option 2** : Chacune des aires fait l'objet d'un fichier indépendant puis elles sont intégrées (fonction insertion de blocs ou insertion de référence externe à partir d'un fichier) dans un nouveau fichier pour constituer le dessin à imprimer. Il faut gérer plusieurs petits fichiers.

Afin d'aborder les 2 techniques, l'option 1 sera utilisée pour le stade d'athlétisme et l'option 2 pour le stade omnisports.

3.2.3 REPRÉSENTATION DE LA PISTE (VIRAGE À RAYON CONSTANT)

L'anneau peut être constitué d'un ensemble de lignes (droites et courbes) ou d'une seule polyligne fermée (constituée d'arcs et de segments). La polyligne offre les avantages des commandes de :

• Décalage pour tracer tous les couloirs à l'image de la bordure intérieure (sans retouche).

• Renseignements pour obtenir instantanément le périmètre et l'aire de cette polyligne (utilisation très pratique pour le § de l'avant-métré).

▷ **POUR TRACER L'ANNEAU**

Sa construction est divisée en 2 étapes.

ÉTAPE 1 : construction géométrique définissant les points de passage de la polyligne matérialisant la lice intérieure

Dans le calque construction :

1 ou menu « Dessin, ligne »
2 du 1er point : quelconque
3 au 2e point : déplacement horizontal du curseur et 82.819.↵
4 ou menu « Dessin, cercle »
5 centre A
6 37↵ de rayon

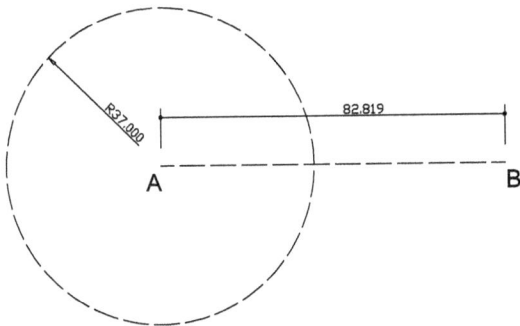

fig. 3 construction géométrique

7 ou menu « outils, copier »
8 sélection du cercle, ↵
9 du 1er point : A
10 au 2e point : B (accrochage actif)

ÉTAPE 2 : construction de la polyligne passant par les points définis ci avant

Dans le calque bordure_intérieure (mode accrochage au quadrant actif ou CTRL+ droit pour le rendre actif avec le menu contextuel)

1 ou menu « Dessin, Polyligne »
2 du 1er point : 1
3 au point suivant : 2
4 a ↵ comme arc au clavier
5 au point 3
6 li ↵ comme ligne au clavier
7 au point 4
8 a ↵ comme arc au clavier
9 au point 1
10 c ↵ comme clore au clavier

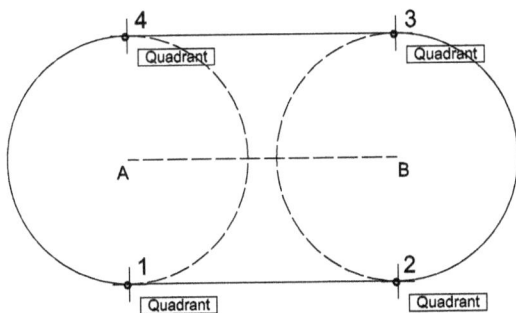

fig. 4 construction de l'anneau

REMARQUE : la construction respecte le sens trigonométrique.

UNE AUTRE SOLUTION :

Dans le calque construction

1 ou menu « Dessin, rectangle »
2 premier sommet : quelconque
3 deuxième sommet : @82.819,37↵
4 ou menu « Dessin, cercle »
5 centre : milieu de la largeur du rectangle
6 37↵ de rayon
7 de même pour le 2e cercle (ou commande copier)

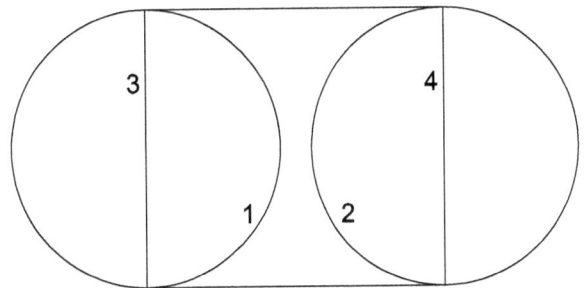

fig. 5 tracé du rectangle et des 2 cercles

8 ou menu « modifier, ajuster »
9 clic droit sur aucun objet
10 clic gauche sur les parties à supprimer (1, 2, 3, 4)

Dans le calque bordure_intérieure

11 ou menu « dessin, contour »,
12 bouton « choisir les points » dans la fenêtre active
13 clic un point intérieur à la figure ↵ crée directement la polyligne dans le calque actif

Vérification : pour respecter la réglementation, la longueur mesurée à 30 cm de cette polyligne doit être comprise entre 400 et 400.04 m.

▷ **POUR EFFECTUER CETTE VÉRIFICATION**

1 ou menu « Modification, Décaler »
2 0.30 ↵
3 sélection de la polyligne
4 clic sur un point extérieur à cette polyligne ↵
5 menu « Outils, Renseignements, Aires »
6 o ↵ comme objet au clavier (lettre o, pas le chiffre 0)
7 sélection de la polyligne
8 l'aire et le périmètre s'affiche dans la fenêtre des commandes.

▷ **POUR TRACER LES COULOIRS SEMBLABLES À L'ANNEAU**

Dans le calque couloirs :

1
2 1.22 ↵ (1.17 de largeur de couloir et 0.05 de largeur de la ligne de séparation)
3 sélection de l'anneau
4 clic sur un point quelconque extérieur à l'anneau
5 répéter 7 fois cette opération pour obtenir les 8 couloirs.

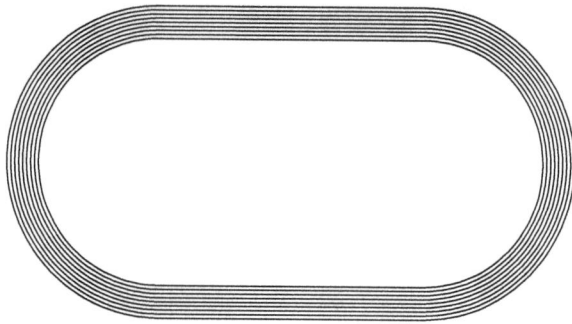

fig. 6 décalage de l'anneau initial

REMARQUES :

- Le tracé des épaisseurs de ligne séparant les couloirs est obtenu par décalage de 0.05 m de ces lignes vers l'intérieur.

- Cela permet aussi de ramener la largeur du dernier couloir à 1.17 m.

En choisissant une bordure ou lice extérieur de 10 cm de large, la cote de 46.76 correspond à l'axe de la lice extérieure.

Justification : $R = 37.00 + 7 \times 1.22 + 1.17 + 0.10/2 = 46.76$ m.

Le rayon extérieur du dernier couloir est de 46.71 m (46.76-0.10/2).

Si le dernier couloir est délimité par une ligne de peinture, le rayon de 46.76 correspond au rayon extérieur de cette ligne.

▷ POUR TRACER LES COULOIRS DU SPRINT

Dans le calque couloirs :

1   ✏ ou menu « Dessin, ligne »

2   du 1ᵉʳ point : quelconque

3   au 2ᵉ point : déplacement horizontal du curseur et 145↵

4   ✛ déplacer

5   choix des objets : sélection du segment AB ↵

6   point de base : milieu de ce segment

7   2ᵉ point : milieu du segment (1 2) de l'anneau

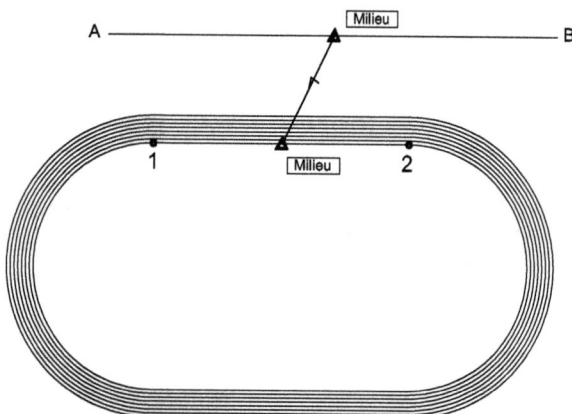

fig. 7 déplacement du segment de 145 m

REMARQUE :

La commande 🛆 décaler permet le tracer des autres lignes mais il faut la répéter 8 fois. Avec la commande 🔳 réseau, le même résultat est obtenu en une opération.

8   🔳 avec dans la boite de dialogue : 9 rangées, 1 colonne, décalage de la rangée : 1.22, décalage de la colonne : 0, choix de l'objet : le segment AB 8 puis aperçu et accepter

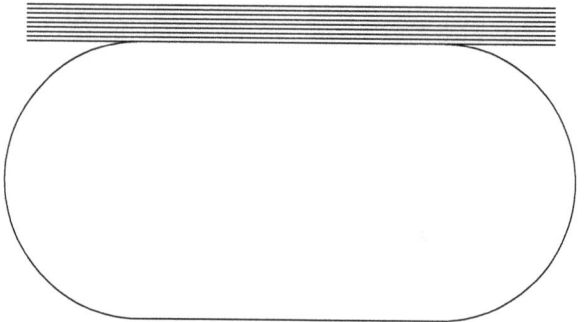

fig. 8 tracé des couloirs de sprint

Pour le dernier couloir, la remarque est identique à celle de l'anneau.

Pour une représentation exacte, il faut 8 rangées dans la boîte de dialogue de la commande réseau et terminer par un décalage de 1.77 pour le dernier couloir et un autre de 0.1 pour la largeur de la lice extérieure.

▷ POUR TRACER LA BORDURE EXTÉRIEURE

1   ↲ polyligne calée sur les points singuliers de l'extérieur des couloirs avec :

  a ↵ pour arc ou li ↵ pour ligne au clavier afin de suivre les arcs ou les segments du point 1, au point 2, au point 3 (ortho et calage proche actifs) jusqu'au point 6 puis c ↵ comme clore pour revenir au point 1.

REMARQUE : pour tracer l'arc de cercle, après « a ↵ » pour arc, saisir au clavier « ce ↵ » pour centre du cercle afin que la polilygne suive l'arc du dernier couloir.

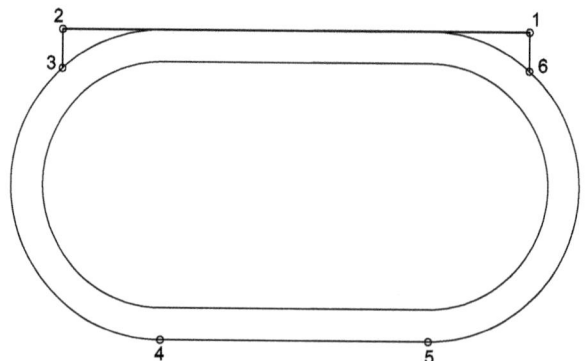

fig. 9 tracé de limite extérieure de la piste

3.2.4 Représentation des aires de concours

Ils sont divisés en 2 catégories : lancers et sauts.

Tous les concours sont composés d'une aire d'élan et d'un aire de chute ou de réception.

Pour les lancers, sauf le javelot, l'aire d'élan est délimitée par un cercle et l'aire de réception est délimitée par 2 segments et un arc de cercle de même centre que le cercle de l'aire d'élan.

Ces aires sont tracées à un endroit quelconque, dans le calque « 0 » (pour prendre les attributs du calque de destination) puis insérées soit :

• en un point choisi en coordonnées (relatives ou absolues) ;

• en un point matérialisé par une intersection de segments.

3.2.4.1 Lancer du poids

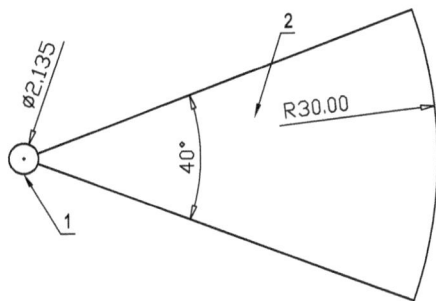

fig. 10 cotes du lancer du poids

1 : aire d'élan
2 : aire de réception

1	du 1er point quelconque
2	au 2e point : 30↵ (mode ortho ou polaires actifs)
3	centre : point A, origine du segment AB
4	d ↵ pour diamètre
5	2.135↵
6	centre : point A
7	30↵
8	rotation
9	sélection du segment↵
10	point de base : point A
11	20↵ pour un angle de 20°
12	symétrie
13	sélection du segment↵
14	1er point ligne de base : centre du cercle
15	2e point : quelconque sur une horizontale
16	↵

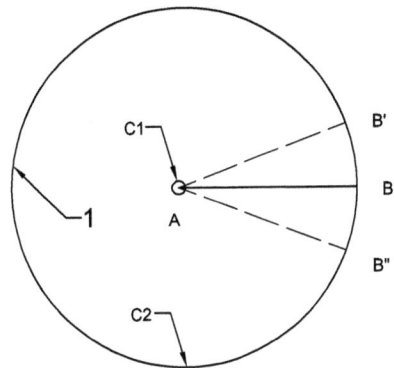

fig. 11 construction géométrique du lancer de poids

Cercles C1 et C2

AB' obtenu par rotation de AB

AB'' obtenu par symétrie (ou miroir) de AB' par rapport à AB ou par rapport à une horizontale passant par A

17	ou menu « modifier, ajuster »
18	clic droit sur aucun objet
19	clic gauche sur les parties à supprimer (repère 1 et lignes à l'intérieur de l'aire d'élan)

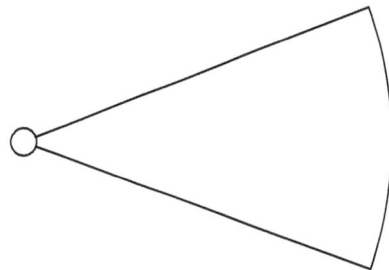

fig. 12 segments et cercle ajustés

3.2.4.2 Lancer du marteau

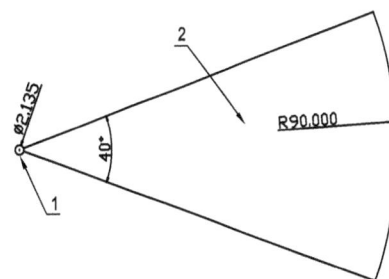

fig. 13 cotes du lancer du marteau

Même procédure que pour le lancer du poids.

REMARQUE : un système de protection non représenté ci-dessus, composé de tubes et grillage métalliques, complète l'aire du lancer du marteau.

3.2.4.3 Lancer de disque

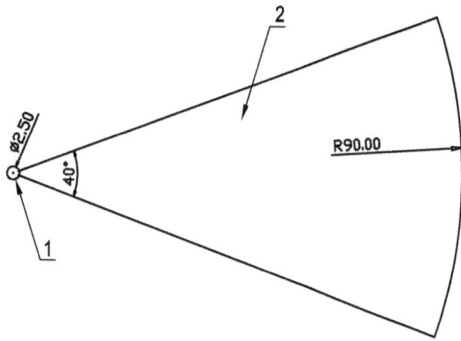

fig. 14 cotes du lancer du disque

Au lieu de le dessiner selon les procédures précédentes, il est plus rapide de le dupliquer puis de changer le diamètre (ou le rayon) de l'aire d'élan

1   [icône] ou menu « outils, copier »

2   Sélection des objets ↵ (ou [clic] clic droit pour valider)

3   vecteur de déplacement : quelconque

4   sélection du cercle de l'aire d'élan

5   [clic] clic droit, propriétés

6   remplacer l'ancien rayon par 1.25 ↵

7   ajuster les segments à l'aire d'élan modifiée.

REMARQUE : système de protection autour de l'aire d'élan non représenté.

3.2.4.4 Lancer de javelot

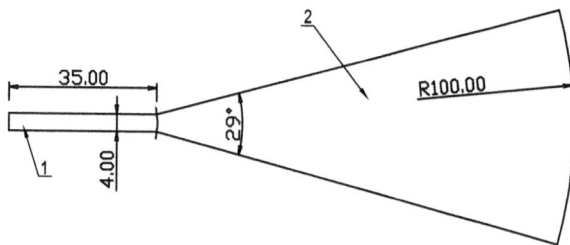

fig. 15 cotes du lancer du javelot

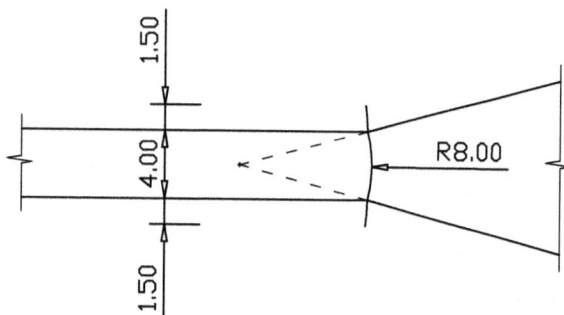

fig. 16 détail du butoir

L'aire d'élan est comme un rectangle de 35 m (en réalité variable de 30 à 36.50 m) par 4 m. Un côté de ce rectangle est un arc de rayon 8 m prolongé de part et d'autre par un segment de 1.50. Le centre de cet arc est aussi le centre de l'aire de chute du javelot.

3.2.4.5 Saut en hauteur

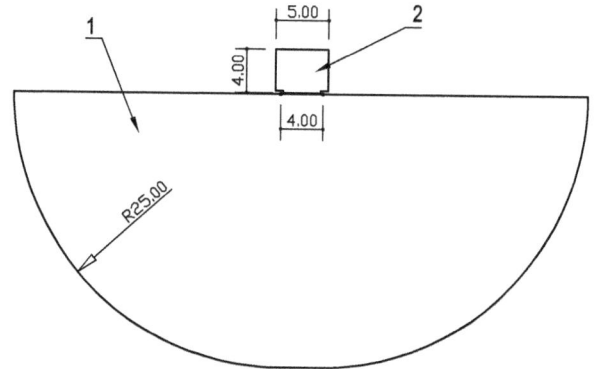

fig. 17 saut en hauteur

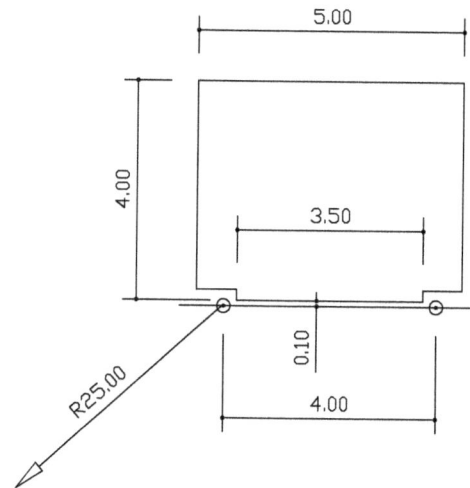

fig. 18 détail de l'aire de réception

3.2.5 CRÉATION DE BLOCS

Pour une manipulation plus aisée, même si ce n'est pas indispensable dans ce cas, il est préférable de transformer les différentes aires de concours en bloc.

▷ **POUR CRÉER UN BLOC « POIDS »**

1   [icône] ou menu « Dessin, Créer, Bloc » avec pour options :
Nom : Poids
Point de base : le centre du cercle (calage approprié ou CTRL+[clic] droit)
Choix des objets : sélection des 2 segments, du cercle et de l'arc ↵. L'option « supprimer » supprime les objets sélectionnés lorsque le bloc est créé.
Unités d'insertion : sans

REMARQUE : Si les objets du bloc créé appartiennent au « calque 0 », lors de son insertion, les propriétés du bloc (calque, couleur,…) prennent les propriétés du calque dans lequel il est inséré. Sinon l'insertion du bloc créé le calque dans lequel il a été créé.

Procédure identique pour les autres aires de concours.

3.2.6 INSERTION DE BLOCS

▷ **POUR INSÉRER LES BLOCS**

1   ou menu « Format, Calque » pour créer autant de calques que de lancers différents ou un calque pour tous les lancers afin de pouvoir gérer l'affichage et l'impression

2   Choix du calque de destination

3   ou menu « Insertion, Bloc » et choisir dans la liste l'un des blocs créés précédemment

4   le positionner à l'endroit souhaité :

- en coordonnées absolues
- en coordonnées relatives
- à la souris
- par rapport à des lignes de construction matérialisant les axes de l'anneau

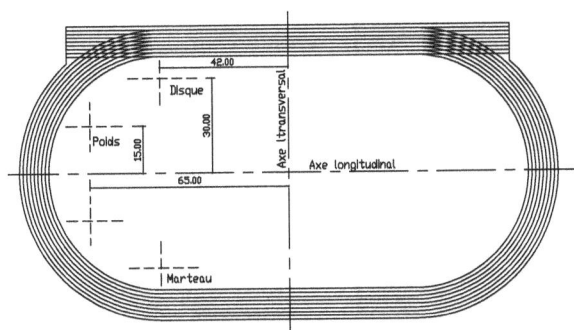

fig. 19 tracé de lignes de construction par décalage des axes pour positionner les blocs

REMARQUES :

- Le curseur représente le point de base spécifié lors de la création du bloc.
- La rotation des blocs poids et marteau est effectuée lors de l'insertion ou après leur insertion.

3.2.7 CRÉATION DU FICHIER « ATHLÉTISME.DWG »

Pour une adaptation aux conditions météorologiques (soleil, vent), les lancers ont une double orientation et une double représentation :

- en traits continus ;
- en traits discontinus.

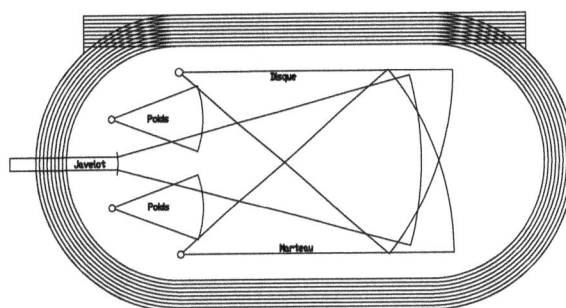

fig. 20 insertion des différents blocs

1   symétrie

2   sélection des blocs ↵

3   1er point ligne de base : un point de l'axe transversal

4   2e point : un autre point de l'axe transversal

5   ↵

6   ou menu « Format, Calque » pour créer un calque « lancers_2 » avec un type de ligne interrompu pour les lancers selon une 2e orientation.

7   Sélection des blocs disque, javelot, marteau, poids

8   droit, option propriétés du menu contextuel

9   dans la fenêtre, à la rubrique général, calque, affecter le calque « lancers_2 » du menu déroulant

10   Lorsque tous les blocs sont insérés, « enregistrer sous » athletisme.dwg

REMARQUE : si les blocs ne prennent pas les caractéristiques de ce nouveau calque, la création des blocs a été réalisée dans un calque différent du calque 0. Alors,   , sélection des blocs ↵. Tous les objets deviennent libres et modifiables.

3.2.8 CRÉATION DU FICHIER « FOOTBALL.DWG »

L'option 1 (blocs internes au fichier) a été retenue pour les représentations précédentes. Ici, le stade de football correspond à un fichier pour être inséré dans le fichier athletisme.dwg.

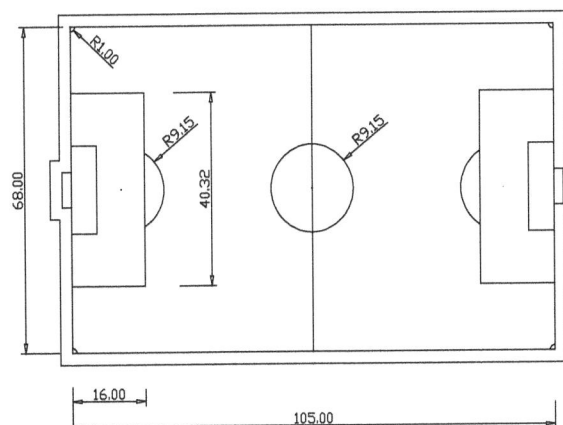

fig. 21 dimensions pour un terrain de catégorie A avec zone de dégagement de 2.50 m

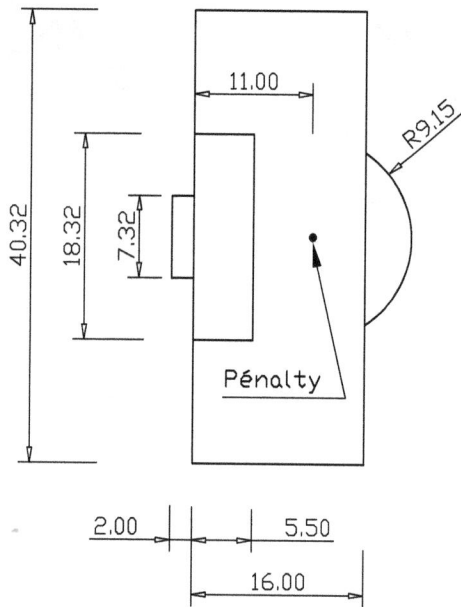

fig. 22 détail de la surface de réparation

I Ouvrir le fichier stades.dwg

2 Représenter la ligne médiane qui sera utilisée comme axe de symétrie pour dupliquer la surface de réparation et les corners.

3 Représenter la zone de dégagement obtenue par décalage de 2.50 m d'une polyligne passant par les angles de la zone de jeu et les zones de but.

4 Enregistrer sous football.dwg

Précaution : pour insérer correctement le terrain de football (dans le fichier athletisme.dwg), le point de coordonnées 0,0 doit correspondre au milieu de la ligne médiane (ou le centre du cercle central).

Si ce n'est pas le cas, utiliser la fonction déplacer ✛, sélection de tous les objets, ⏎,

Du 1er point : milieu de la ligne médiane

Au 2e point : 0,0⏎ (au clavier)

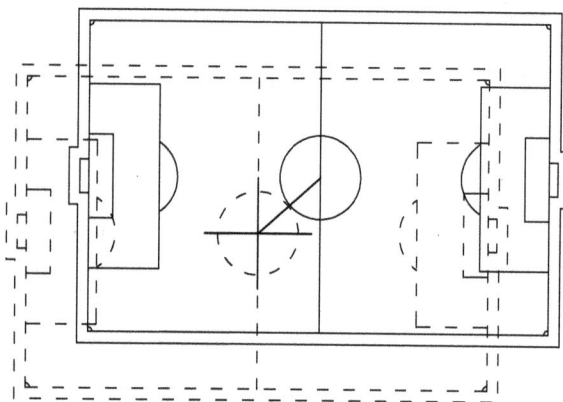

fig. 23 déplacement de l'ensemble des objets
vers le point de coordonnées 0,0, origine du SCG

3.2.9 Création du fichier « RUGBY.DWG »

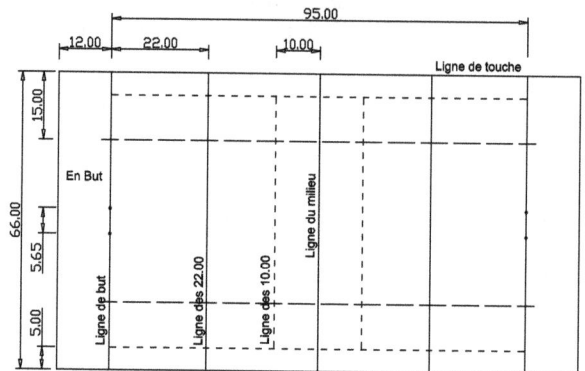

fig. 24 terrain de rugby avec en but minimum
(variable de 12 à 22 m)

Procédure identique au terrain de football avec une modification : création de 3 calques pour inclure les 3 types de ligne qui, ainsi, seront conservés lors de l'insertion du bloc.

Enregistrer sous rugby.dwg

3.2.10 Stade d'athlétisme et terrain omnisports

Le terrain omnisports correspond au stade d'athlétisme sans les aires de concours mais avec le terrain de football ou de rugby.

Ouvrir le fichier athletisme.dwg

▷ **Pour obtenir la fig.1**

I 🔏 copier le dessin des pistes (pour garder intact le stade d'athlétisme)

2 🔁 insérer le fichier football.dwg à l'aide du bouton parcourir

3 « enregistrer sous » athletisme_et_omnisports.dwg

Selon la remarque lors de la création d'un bloc, créer un calque « football » (si le terrain de football a été créé dans le « calque 0 »), sinon l'insertion du bloc crée le (ou les) calque(s) dans lequel il a été créé.

Précaution : pour insérer correctement le terrain de football (généralement centré par rapport à l'anneau), garder le calque des lignes de construction visible (milieu du segment AB de la fig. 3, page 47).

REMARQUE : une autre commande « insertion, référence externe » permet d'insérer un fichier. La procédure est similaire mais elle offre l'avantage de lier (ou non) le fichier inséré au fichier externe. Dans ce cas, le fichier intégrant le fichier football.dwg est mis à jour si le fichier football.dwg est modifié.

Cette technique n'est pas pertinente dans ce cas mais elle l'est si le dessin est constitué du même module répété plusieurs fois, et susceptible de changer ou lors d'un travail partagé.

3.2.11 Impression

L'impression des 2 dessins (stade d'athlétisme et stade omnisports) sur le même format est possible sur :

- un A4 vertical à l'échelle 1/1 000ᵉ (1 mm sur le papier représente 1 000 mm réels ou 1 m) ;
- un A2 vertical à l'échelle 1/500ᵉ (1 mm sur le papier représente 500 mm réels) ;

directement à partir de cet espace objet en traçant un rectangle, qui est facultatif, mais qui permet d'appréhender une technique d'impression à une échelle précise.

Option 1 : sur un A4 vertical

Dimensions du rectangle :

Pour un A4 210 × 297, la surface utile est de 190 mm par 277 mm.

À une échelle de 1/1 000ᵉ ou 0.001, ses dimensions dans l'espace objet (transposition en dimensions réelles) deviennent :

190 mm × 1 000 = 190 000 mm = 190 m

277 mm × 1 000 = 277 000 mm = 277 m (277 unité de travail)

D'où le rectangle à tracer : 1ᵉʳ point quelconque, 2ᵉ point de coordonnées @190,277↵

Ce rectangle défini la fenêtre d'impression par calage sur ses sommets (éventuellement à déplacer avec la fonction ⊕ pour encadrer les objets à imprimer).

▷ **POUR IMPRIMER**

1   🖶 ou menu « fichier, imprimer »

2   Onglet « Périphérique de traçage » permet de choisir :
    Le traceur ou l'imprimante installés
    La table des styles de tracé pour les différentes épaisseurs de trait sauf si elles ont été définies lors de la création des calques

3   Onglet « Paramètres du tracé »
    Format du papier : A4, portrait, mm
    Fenêtre : clic sur 2 les sommets opposés du cadre de 277 par 190
    Échelle du tracé : personnaliser 1 mm pour 1 unité de dessin (comme l'unité est en m, 1 mm pour 1 unité signifie 1 mm pour 1 m, soit 1mm pour 1 000 mm) d'où une échelle de 1/1 000ᵉ
    Centrer le tracé
    Aperçu total

4   OK

REMARQUE : si le rectangle n'est pas tracé, il faut quand même passer par le bouton fenêtre pour définir la zone à imprimer.

Option 2 : sur un A2 vertical

Dimensions du rectangle :

Pour un A2 420 × 594, la surface utile est de 400 mm par 574 mm.

À une échelle de 1/500ᵉ ou 0.002, ses dimensions dans l'espace objet (transposition en dimensions réelles) deviennent :

400 mm × 500 = 200 000 mm = 200 m (200 unité de travail)
574 mm × 500 = 287 000 mm = 287 m

D'où le rectangle à tracer : 1ᵉʳ point quelconque, 2ᵉ point de coordonnées @200,287↵

Ce rectangle défini la fenêtre d'impression par calage sur ses sommets (éventuellement à déplacer avec la fonction ⊕ pour encadrer les objets à imprimer).

▷ **POUR IMPRIMER**

1   🖶 ou menu « fichier, imprimer »

2   Onglet « Périphérique de traçage » permet de choisir :
    Le traceur ou l'imprimante installés
    La table des styles de tracé pour les différentes épaisseurs de trait sauf si elles ont été définies lors de la création des calques

3   Onglet « Paramètres du tracé »
    Format du papier : A2, portrait, mm
    Fenêtre : clic sur 2 les sommets opposés du cadre de 200 par 287
    Échelle du tracé : personnaliser 1 mm pour 0.5 unité de dessin (comme l'unité est en m, 1 mm pour 0.5 Unité signifie 1 mm pour 0.5 m, soit 1 mm pour 500 mm) d'où une échelle de 1/500ᵉ
    Centrer le tracé
    Aperçu total

4   OK

3.2.12 Option d'une piste avec virages à 2 centres

Comme pour la piste avec virages à rayon constant, une base géométrique doit être construite pour « accrocher » la polyligne matérialisant la lice intérieure.

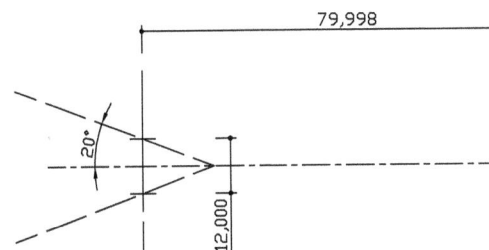

fig. 25 tracé des segments

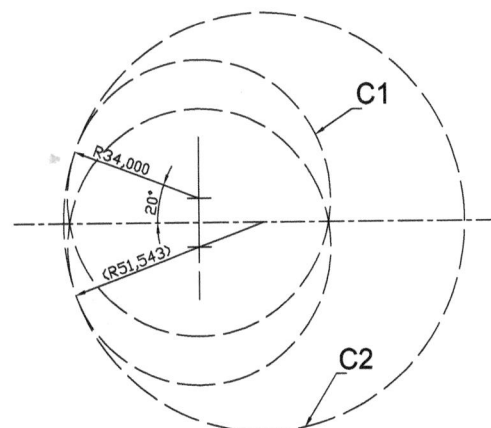

fig. 26 pour la continuité du virage, le cercle C1 et le cercle C2 ont leur point de tangence situé sur le segment incliné à 20°

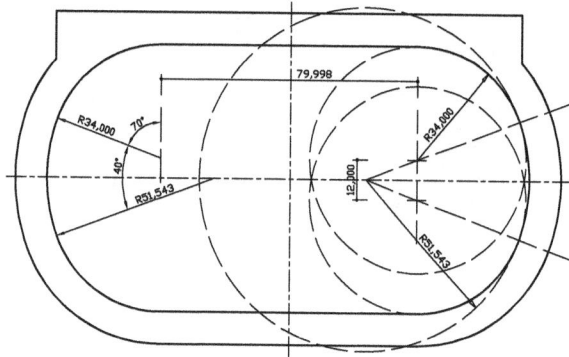

fig. 27 cotation des lignes de construction de l'anneau (pistes non représentées)

REMARQUE : le rayon du cercle C2 est donné à titre indicatif (arrondi pour la cotation).

La suite du dessin suit la même procédure que la piste à rayon constant.

Vérification : comme pour l'anneau avec virages à rayon constant, la longueur mesurée à 30 cm de cette polyligne doit être comprise entre 400 et 400.04 m.

Pour terminer le dessin, la procédure est identique à celle utilisée pour le stade avec virages à rayon constant.

3.3 Caractéristiques de l'anneau

Une bordure en béton, surmontée d'un profilé en caoutchouc, délimite l'anneau. Il est composé de 2 virages et de 2 lignes droites de proportions variables selon les stades.

3.3.1 LA PISTE

La piste de 400 m, constituée de 2 lignes droites **L** et 2 virages **V**, est mesurée à 30 cm de la bordure intérieure.

D'où la relation :

$2 \times (V+L) = 400.00$ m. La tolérance admise est de 4 cm : $400^{+0.04}_{0.00}$

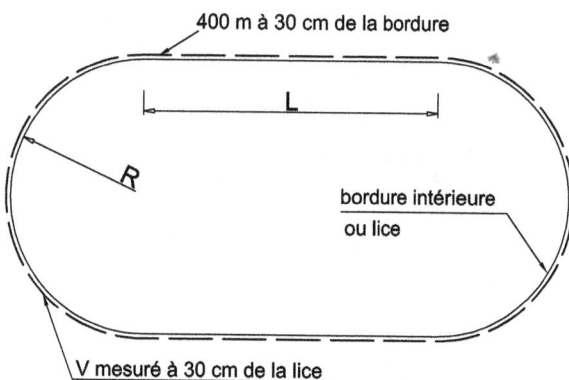

400 m à 30 cm de la bordure

L

R

bordure intérieure
ou lice

V mesuré à 30 cm de la lice

fig. 28 caractéristiques de l'anneau et de la piste

3.3.2 RELATION ENTRE V ET L

Pour un virage à rayon constant :

$V = \pi \times (R + 0.30)$ et $L = 200 - V$

En pratique, R varie entre 36.00 m et 39.00 m pour concilier :

- Des performances optimales pour lesquelles R et L doivent être maximum
- L'insertion d'un terrain de football.

Si R= 37.00 m alors V = $\pi \times (37.00 + 0.30)$ = 117.181 m et L = 200 − 117.181 = 82.819 m

Si R= 37.50 m alors V = $\pi \times (37.50 + 0.30)$ = 118.752 m et L = 200 − 118.752 = 81.248 m

Pour cet exemple R = 37.00 m

3.3.3 CALCUL DE L EN FONCTION DE V

L'utilisation d'un tableur permet de calculer **L** en faisant varier **R**.

	A	B	C
3	Rayon	Long. Virage : V	Long. Droite : L
4	36.00	Formule A	Formule B
5	36.50		
6	37.00		
7	37.50		

Ébauche du tableau

- **Colonne Rayon**

La fonction « série » dans le menu « édition, recopier » crée en une seule opération les nombres 36.50, 37.00… à partir de 36.00 avec un pas (ou incrémentation) de 0.50 (mais tous autres pas, 0.10 ou 0.25m…sont possibles).

- **La colonne Long. Virage**

Donne le périmètre du demi-cercle en fonction du rayon

Formule A : =pi()*(A4+0.30)

Pour écrire la formule :

- commencer par le signe = (ou +)
- le signe * pour la multiplication
- l'adresse de la cellule, ici A4, s'inscrit automatiquement en cliquant dessus

Valider pour terminer la formule.

- **La colonne Long. Droite**

Donne le résultat cherché

Formule B =(200-B4)

REMARQUE : il suffit d'écrire les formules en B4 et C4. En sélectionnant B4, C4, B5, C5…, la fonction « édition, recopier vers le bas » donne l'ensemble des résultats. Plus simplement, après sélection des cellules B4 et C4, apparaît un carré noir en bas et à droite de la cellule C4, cliquer et glisser sur autant de lignes que souhaitées.

La piste est composée de 6 ou 8 couloirs de 1.17 m de large séparés par une ligne continue de 5 cm. À partir du 2e couloir, la longueur à courir est mesurée à 20 cm de la ligne de séparation, ce qui détermine les décalages des lignes de départ pour les 200 m et 400 m afin de juger l'arrivée sur une même ligne.

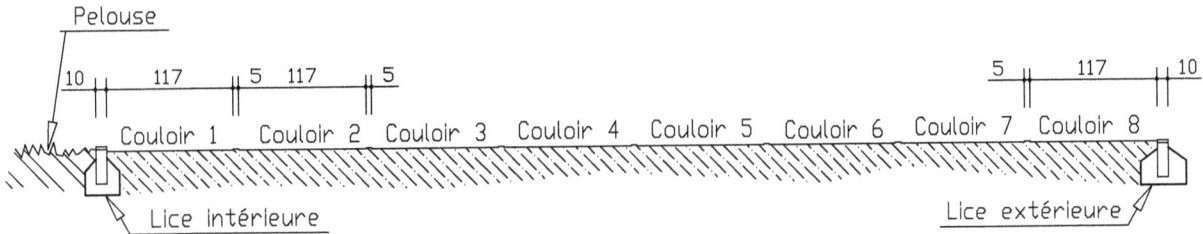

fig. 29 coupe schématique des couloirs

REMARQUE : la piste peut s'étendre au delà du couloir 8 qui, dans ce cas, est délimité par une ligne de peinture de 5 cm de large.

3.4 Avant-métré du stade d'athlétisme

3.4.1 INTRODUCTION

L'avant-métré de tous les ouvrages élémentaires relatifs à la réalisation d'un stade (terrassements, drainage…) dépasse le cadre de cette partie.

Ce développement à pour seul objet la présentation de techniques fondamentales de l'avant-métré appliquées à quelques ouvrages élémentaires démonstratifs d'une méthode de quantification.

REMARQUE : certaines fonctions d'Autocad permettent de vérifier les résultats trouvés.

3.4.2 LISTE DES ARTICLES TRAITÉS

Code	Désignation	U
1	Linéaire de bordure de trottoir	
1- 1	Linéaires droits	m
1- 2	Linéaire courbes	m
2	Linéaire de marquage des couloirs	
2- 1	Linéaires droits	m
2- 2	Linéaire courbes	m
3	Engazonnement	m²
4	Piste avec revêtement en matériau synthétique	m²

3.4.3 LINÉAIRES

3.4.3.1 Linéaire de bordure de trottoir

La piste est délimitée par une bordure normalisée P1 (10×30) posée sur une forme en béton compris terrassements et jointoiement.

Lors de l'avant-métré, linéaires droits et courbes sont séparés.

REMARQUES : pour respecter les principes du métré, les linéaires devraient comptés dans l'axe.

Pour montrer les 2 aspects, dans les calculs qui suivent la bordure intérieure est comptée avec ses cotes extérieures et la bordure extérieure est comptée dans l'axe.

Si le dernier couloir est délimité par une ligne de peinture, ce linéaire est à compter dans l'article 2 marquage des couloirs. Cela peut aussi modifier l'article 4 car le revêtement de la piste s'étend au-delà de la dernière ligne de séparation des couloirs.

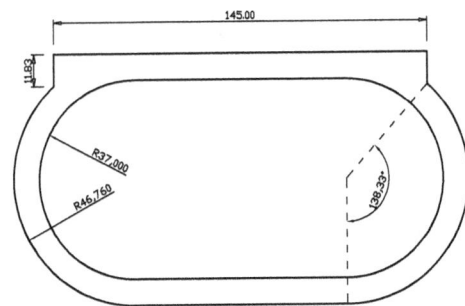

fig. 30 bordures P2 à métrer

Code	Désignation	U	Qté
1 1- 1	Bordure de trottoir type P1 terminée par un profilé en caoutchouc ancré dans un fond de forme en béton… pour limites intérieure et extérieure de la piste Linéaires droits		

AB	3f 82.82 =	248.46	
DC	2f 11.83 =	23.66	
DE	1f 145.00 =	145.00	
	Ens. Lin	m	417.12

55

Code	Désignation	U	Qté
1- 2	Linéaires courbes		

Périmètre du cercle C1

$$2\pi \times 37.00 = 232.48$$

Portion de périmètre du cercle C2

$$2f\ 2\pi \times 46.76 \times \frac{138.33°}{360°} = 68.02$$

| | | Ens. Lin | m | 458.26 |

3.4.3.2 Linéaire de marquage des couloirs

Comme cette piste est composée de 8 couloirs, il faut 9 lignes de séparation or la ligne intérieure et la ligne extérieure sont réalisées avec des bordures de trottoir, il en reste donc 7.

Il faut métrer à part linéaires droits et courbes. Ni les recouvrements, ni la largeur des lignes ne seront prises compte (le calcul dans l'axe modifie la longueur de 15 à 20 cm pour un résultat de 400 m).

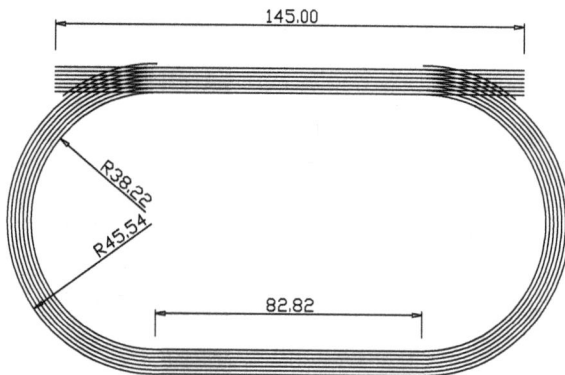

fig. 31 linéaires à calculer

Code	Désignation	U	Qté
2	Marquage des couloirs		
2- 1	Linéaires droits		

$$\begin{array}{llr} 7f & 82.82 & = 579.74 \\ 7f & 145.00 & = 1\,015.00 \\ 1f & (145.00-82.82) = & 62.18 \end{array}$$

| | | Ens. Lin | m | 1 656.92 |

Code	Désignation	U	Qté
2- 2	Linéaires courbes		

Périmètre des cercles (r+1.22)

$$2\pi \times 38.22 = 240.14$$
$$2\pi \times 39.44 = 247.81$$
$$2\pi \times 40.66 = 255.47$$
$$2\pi \times 41.88 = 263.14$$
$$2\pi \times 43.10 = 270.81$$
$$2\pi \times 44.32 = 278.47$$
$$2\pi \times 45.54 = 286.14$$

Portion de périmètre du cercle

$$2f\ 2\pi \times 46.76 \times \frac{41.67°}{360°} = 68.02$$

| | | Ens. Lin | m | 1909.99 |

3.4.4 SURFACES

Seules 2 surfaces significatives sont développées.

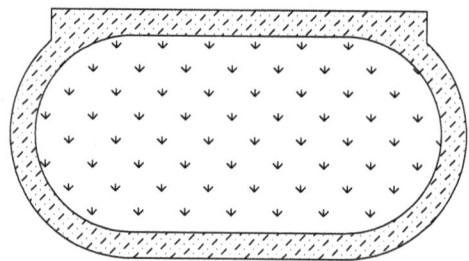

fig. 32 surface de pelouse et surface de la piste

3.4.4.1 Pelouse

L'engazonnement est réalisé par semis ou pose de plaques de gazon précultivé après drainage et apport de terre végétale amendée sur la couche de fond de forme et feutre anticontaminant. Un réseau d'arrosage intégré équipe certaines pelouses.

Code	Désignation	U	Qté
3	Engazonnement		

la surface à calculer est la somme d'un rectangle et d'un disque

$$\begin{array}{lll} \text{Rectangle} & 82.82 \times 73.80 = & 6\,112.12 \\ \text{Disque} & \pi \times 36.90^2 = & 4\,277.62 \end{array}$$

| | | Ens. Surf. | m² | 10 389.74 |

REMARQUES :

- En réalité, une partie d'un virage est réservée aux concours. Ce n'est plus de l'engazonnement mais un revêtement similaire à la piste.

- La surface de pelouse est comptée à l'intérieur de la lice intérieur, r = 36.90 (r = 37.00-0.10)

3.4.4.2 Piste

Plusieurs types de revêtements permettent de réaliser la piste par exemple après terrassements :

- Sol stabilisé sur feutre géotextile, une couche de fondation drainante en matériaux durs calibrés 0/31.5 revêtue de plusieurs matériaux cylindrés (sable, schiste, pouzzolane) de granulométrie de 0/2 à 0/10.

- Revêtement synthétique sur fond de forme compacté à 95 % de l'optimum Proctor avec géotextile, couche de fondation en grave de 0/31.5, couche de base en enrobés bitumineux en 2 passes recouvertes d'un coulis de résine.

Code	Désignation	U	Qté
4	Piste avec revêtement en matériau synthétique		

Méthode : calculer la surface délimitée par la bordure extérieure puis déduire la surface intérieure (légèrement différente de la pelouse calculée au 3.4.3.2)

La surface délimitée par la bordure extérieure est égale à S1 + 2S2 avec S1=2S1a+S1b
calcul de S1
   Surface de l'anneau extérieur
   Rectangle $82.82 \times 93.52 = 7745.33$
   Disque $\pi \times 46.76^2 = 6869.08$
Calcul de S2

Décomposition de S2

avec S2 = Sa (triangle)-Sb

Code	Désignation	U	Qté
	Calcul de Sa		
	$2f \; 31.09 \times 11.83 / 2 \qquad = 367.79$		
	déduire Sb		
	$2f \; \dfrac{46.76^2}{2}\left(\dfrac{\pi \times 41.67°}{180°} - \sin 41.67\right) = 136.52$		
	Reste S2 (2 fois) 231.27		
	Ens. Surf. S1+S2 14 845.68		
	Déduire		
	Surface intérieure		
	Rectangle $82.82 \times 74.00 = 6\,128.68$		
	Disque $\pi \times 37.00^2 \quad = 4\,300.84$		
	Ens. à déduire : 10 429.52		
	Reste	m²	4 416.16

<u>Remarques</u> :

1 : le rayon de 46.76 correspond à l'axe de la bordure extérieure. En toute rigueur, la surface de la piste est délimitée par l'intérieur de la lice de rayon 46.71. Cela entraîne une variation d'environ 24 m².

2 : la différence entre la surface à déduire 10 429.52 m² et la surface de la pelouse 10389.74 m², est de l'ordre de 40 m². Cette surface, due à la largeur de 0.10 m de la bordure intérieure de l'anneau, correspond pratiquement au linéaire de l'anneau 400 m multiplié par sa largeur 0.10 m

<u>Complément</u> : retrouver la formule de l'aire comprise entre le segment et la corde.

Son aire est la différence du secteur circulaire et du triangle de même angle au centre.

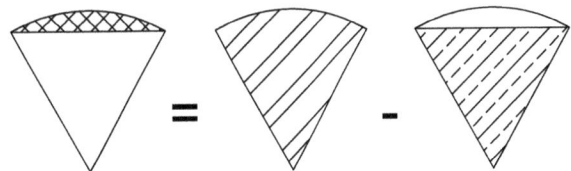

fig. 33 représentation graphique de la décomposition

Aire du secteur circulaire : Ssc

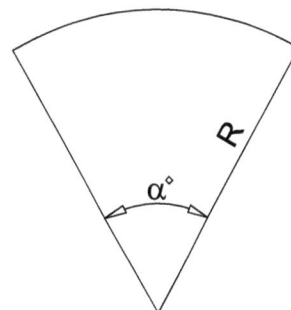

fig. 34 caractéristiques du secteur circulaire

$$Ssc = \frac{\pi R^2 \alpha}{360}(a)$$

Aire du triangle intérieur : St

Il est divisé en 2 avec pour cotés de l'angle droit :

$$h = R\cos\frac{\alpha}{2} \text{ et } b = R\sin\frac{\alpha}{2}$$

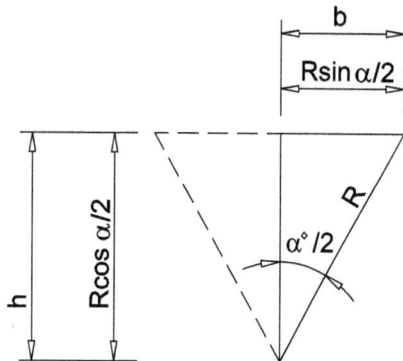

fig. 35 caractéristiques du triangle

$$St = 2\frac{bh}{2} = bh$$

en remplaçant b et h par leur valeur

$$St = R^2\sin\frac{\alpha}{2}\cos\frac{\alpha}{2}$$

or

$$2\sin\alpha\cos\alpha = \sin 2\alpha$$

qui peut aussi s'écrire :

$$\sin\frac{\alpha}{2}\cos\frac{\alpha}{2} = \frac{\sin\alpha}{2}$$

d'où $St = R^2\dfrac{\sin\alpha}{2}$ (b)

et S = (a) − (b) devient

$$S = \frac{\pi R^2\alpha}{360} - R^2\frac{\sin\alpha}{2}$$

$$S = R^2\left(\frac{\pi\alpha}{360} - \frac{\sin\alpha}{2}\right)$$

$$S = \frac{R^2}{2}\left(\frac{\pi\alpha}{180} - \sin\alpha\right), \text{ formule appliquée dans l'avant-métré.}$$

3.4.5 L'AVANT-MÉTRÉ AVEC AUTOCAD

En plus de la cotation, il existe 3 manières d'obtenir les dimensions selon la nature des objets dessinés.

- 1 : l'objet est une polyligne, une spline
  1   menu « Outils, Renseignements, Aires »
  2   puis o ↵ comme objet au clavier
  3   sélection de la polyligne
  4   l'aire et le périmètre s'affiche dans la fenêtre des commandes.

- 2 : l'objet n'est ni une polyligne ni une spline (arc de cercle, segment)
  1   sélection de l'objet

2   + clic droit et dans le menu contextuel choisir « propriétés »

3   entres autres caractéristiques (calque, couleur,...) s'affichent la longueur du segment ou de l'arc de cercle

- 3 l'objet est créé à l'aide de la commande du menu « Dessin, Contour » (voir le terrain de hand-ball)

Ces techniques permettent le calcul :

- du linéaire total de la bordure extérieure, de la bordure intérieure (il reste à différencier les parties droites des parties courbes) ;
- de la surface de la pelouse, de la piste ;

elle permet aussi de modifier un objet (calque, rayon...).

3.4.6 L'AVANT-MÉTRÉ AVEC UN TABLEUR

Reprendre le tableau mis en place dans l'avant-métré du terrain de hand-ball.

Syntaxe de la formule du calcul de l'aire comprise entre l'arc et la corde.

$$S = \frac{R^2}{2}\left(\frac{\pi\alpha}{180} - \sin\alpha\right)$$

Le tableur renvoi le sinus d'un angle exprimé en radian. Comme l'angle est exprimé en degré, il faut changer son unité. 180° = πradian

D'où le tableau :

	T	U	V	W
	Rayon	α en degré	α en radian	Aire Sb
14	46.76	41.67	=U14*pi()/180	=T14^2*(pi()*U14/180-sin(V14))/2

REMARQUES :

1. la colonne V montre la conversion des degrés en radians,
2. la cellule W14 (aire Sb) peut aussi s'écrire :
   T14 * T14 * (V14 − sin(V14)) / 2.

3.5 Actualiser le prix de la piste

3.5.1 LES VARIATIONS DE PRIX EN MARCHÉS PUBLICS

Lorsque la durée des travaux est inférieure ou égale à 12 mois le prix est **ferme**, avec une possibilité d'actualisation.

Lorsque la durée est supérieure à 12 mois le prix est **révisable**.

3.5.2 ACTUALISATION

Si le début des travaux est postérieur de 3 mois, ou plus par rapport à la date d'origine des prix, la valeur globale des travaux est actualisée.

<u>EXEMPLE</u> :

Soit le marché de la piste, valeur d'origine septembre 2002 (le mois précédent la date de remise de l'offre faite en octobre 2002).

Les travaux d'une durée de 2 mois se sont déroulés à partir du mois de juillet 2003.

La valeur des travaux doit donc être actualisée 3 mois avant, soit en avril 2003.

La formule à utiliser est la suivante :

$$P = P_0 \times \frac{I-3}{I_0}$$

P   prix actualisé

P_0 prix d'origine

I_0 valeur de l'index à la date d'origine

$I-3$ valeur de l'index à 3 mois avant le début des travaux

L'index à retenir en fonction de sa structure dans notre cas est l'index TP 01.

<u>APPLICATION</u> :

P = 482 200,00 × (485,7/474,9)   soit : **493 290,60 € ht**

<u>NOTE</u> : le calcul du coefficient avec une précision à 4 décimales est arrondi au millième supérieur.

3.5.3 RÉVISION DE PRIX

Lorsque la durée des travaux est supérieure à 12 mois, le montant des travaux correspondant à chaque mois est révisé par rapport à l'origine des prix.

$$P = P_0 \left[0{,}125 + 0{,}875\ I/I_0 \right]$$

P   prix révisé

P_0 montant des travaux du mois avec valeur d'origine

I_0 valeur de l'index à la date d'origine

I   valeur de l'index correspondant au mois des travaux

<u>NOTE</u> : dans le cas de plusieurs index, il y aura lieu de déterminer les % correspondants (quatum/quanta) à chaque index.

$$P = P_0 \left[0{,}125 + 0{,}875\ (a\ I1/I1_0 + b\ I2/I2_0 + c\ ...) \right]$$

3.5.4 CONCLUSION

Il y a lieu de se référer aux indications stipulées dans le CCAP.

Dans les marchés privés il y a possibilité d'appliquer la législation des marchés publics ou bien d'établir tout document sur le principe de la « loi des parties », dans le respect des lois générales.

Dans les marchés d'HLM il y a combinaison de l'actualisation et de la révision (la date d'actualisation devenant la date d'origine de la révision).

THÈME 4
Plan de masse

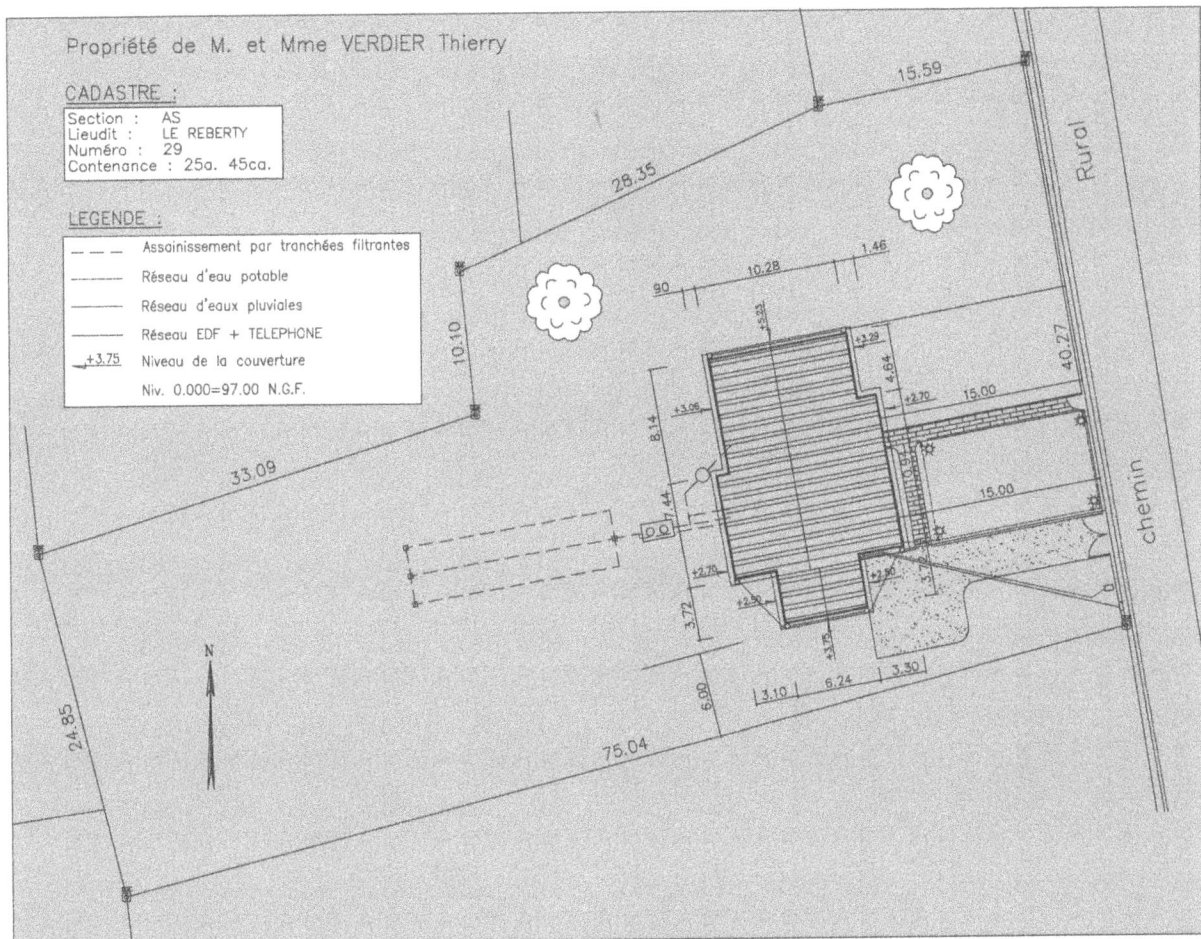

Propriété de M. et Mme VERDIER Thierry

CADASTRE :

Section : AS
Lieudit : LE REBERTY
Numéro : 29
Contenance : 25a. 45ca.

LÉGENDE :

— — — Assainissement par tranchées filtrantes
——— Réseau d'eau potable
——— Réseau d'eaux pluviales
——— Réseau EDF + TELEPHONE
+3.75 Niveau de la couverture
Niv. 0.000=97.00 N.G.F.

ACTIVITÉS

I. Dessin assisté par ordinateur

Objectif : Réaliser le plan de masse destiné au permis de construire avec Autocad

Contenus : Dessin du plan de masse • Chronologie de l'exécution du plan de masse • Analyse d'un plan de masse • Plan cadastral, bornage, document d'arpentage, plan topographique • Courbes de niveaux • Emprise de la plate-forme et profils d'adaptation au terrain naturel • Assainissement autonome

2. Avant-métré

Objectif : Établir l'avant-métré des VRD

Contenus : Technique du métré • Description des ouvrages élémentaires • Calcul des quantités

3. Étude de prix

Objectif : Déterminer le prix de vente d'une unité d'ouvrage

Contenus : Les heures décimales • Sous-détail de prix d'un mètre de tranchée filtrante • Sous-détail de prix de la fosse toutes eaux • Conclusion

4.1 Dessin du plan de masse destiné au permis de construire

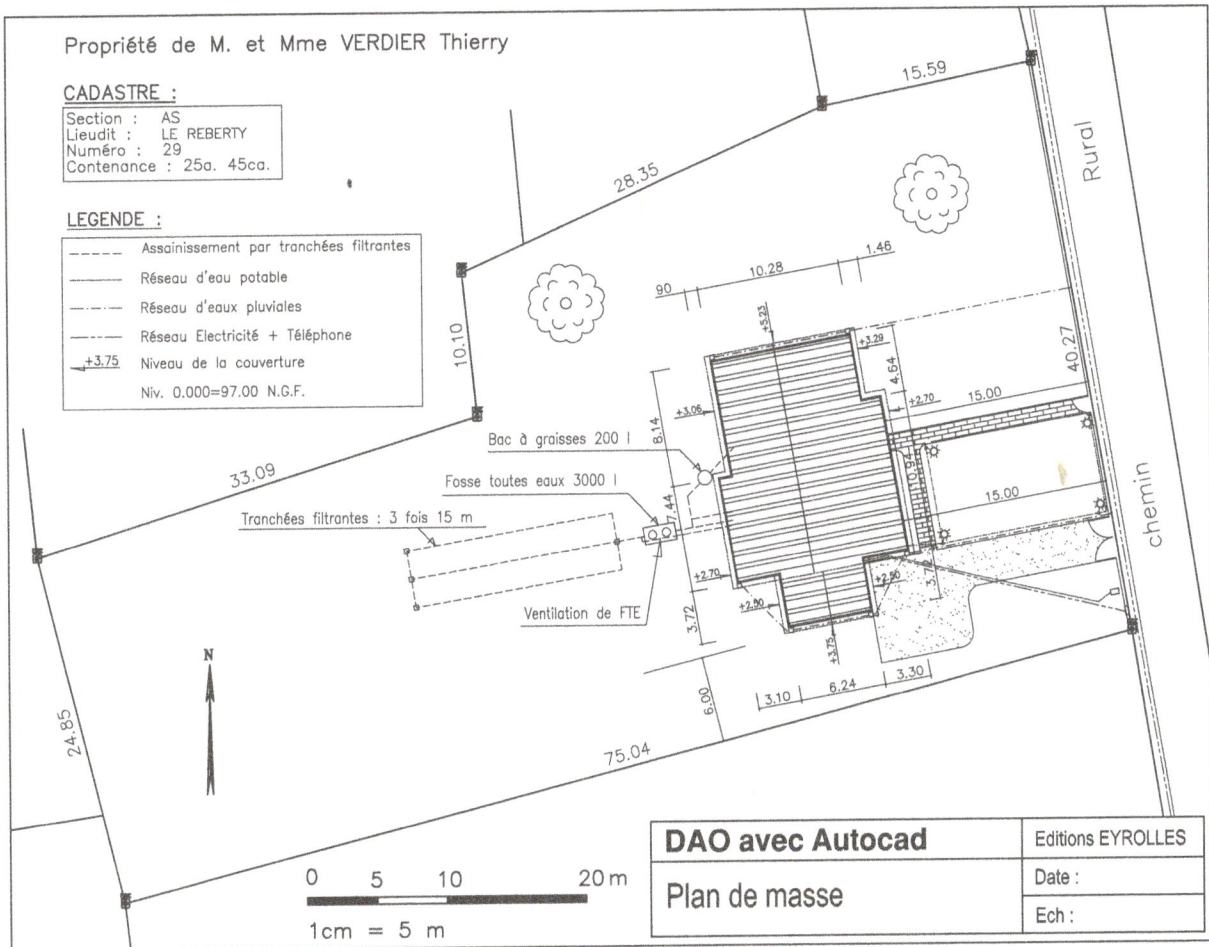

Propriété de M. et Mme VERDIER Thierry

CADASTRE :
Section :	AS
Lieudit :	LE REBERTY
Numéro :	29
Contenance :	25a. 45ca.

LEGENDE :
- Assainissement par tranchées filtrantes
- Réseau d'eau potable
- Réseau d'eaux pluviales
- Réseau Electricité + Téléphone
- +3.75 Niveau de la couverture
- Niv. 0.000=97.00 N.G.F.

Bac à graisses 200 l
Fosse toutes eaux 3000 l
Tranchées filtrantes : 3 fois 15 m
Ventilation de FTE

N

DAO avec Autocad	Editions EYROLLES
Plan de masse	Date :
	Ech :

0   5   10   20 m

1cm = 5 m

fig. 1 Plan de masse à réaliser

4.2 Chronologie d'exécution du plan de masse avec Autocad

4.2.1 INTRODUCTION

OBJECTIF : réaliser le plan de masse destiné au permis de construire.

4.2.1.1 Fichier téléchargeable

plan_de_masse.dwg à l'adresse internet : www.eyrolles.com contenant :
- les points de positionnement des bornes ;
- les VRD (voiries et réseaux divers) existants ;
- les calques bâti, cote_bati, cote_parcelle, foncier (ou bornes), limite_parcelle.

Les autres calques seront créés au fur et à mesure des besoins (📑 ou menu « Format, Calque », bouton « nouveau » de la fenêtre).

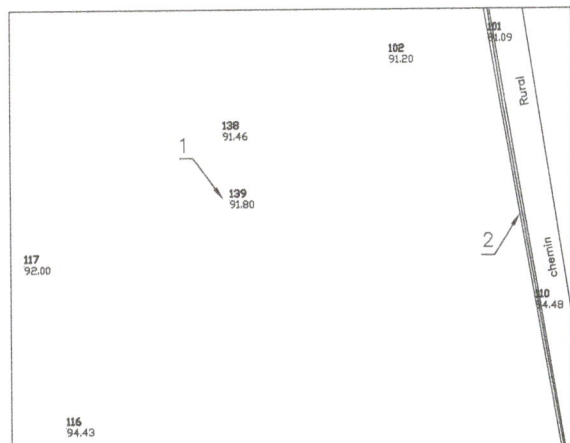

fig. 2 aperçu du fichier à télécharger

1 : semis de points (uniquement les sommets de la parcelle sont représentés)
2 : VRD existants (chemin rural et réseaux d'eau potable, électricité et téléphone)

Les dimensions seront exprimées en m.

4.2.1.2 Remarques concernant le dessin en topographie

1 La représentation et la précision du levé sur le terrain sont adaptées à l'échelle du dessin à produire. Par exemple, il est inutile de s'attarder sur certains détails (20 ou 50 cm au réel) lorsque l'échelle de sortie sera au 1/1000ᵉ ou au 1/2000ᵉ.

2 Bien qu'en topographie :
- le sens de rotation soit le sens horaire (inverse du sens du trigonométrique) ;
- l'unité d'angle le gon ou grade (400 gon = 360 degrés) ;
- l'origine des angles le Nord ;

le dessin proposé respecte le sens trigonométrique, le degré comme unité d'angle et l'axe des X comme origine des angles.

Le changement de ces options (angles de degrés en grades…) est accessible par le menu « Format, Contrôle des unités ».

4.2.2 LES ÉTAPES DE LA REPRÉSENTATION

▶ La parcelle (limites, bornes et cotation)
▶ La construction projetée
▶ Les réseaux d'alimentation AEP (alimentation eau potable) électricité, téléphone (éventuellement gaz, réseaux câblés)
▶ Les réseaux d'évacuation EP (eaux pluviales), EU (eaux usées), assainissement autonome
▶ Alimentation électrique (sonnette, commande portail, éclairage)
▶ Aménagement, voirie, accès

4.2.3 LA PARCELLE

Le levé au théodolite, effectué sur le terrain par le géomètre, donne les coordonnées des points. Pour cette application, les coordonnées sont locales, c'est-à-dire rattachées à un point choisi arbitrairement : le centre de la station a pour coordonnées x = 500 et y = 1000 afin que toutes les mesures soient > 0.

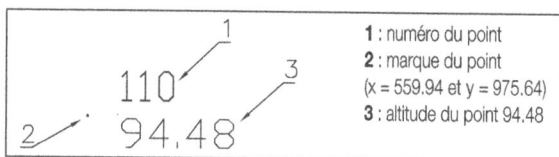

110	1 : numéro du point
3	2 : marque du point (x = 559.94 et y = 975.64)
2 94.48	3 : altitude du point 94.48

fig. 3 caractéristiques d'un point

▷ **POUR CRÉER LE BLOC « BORNE » DANS LE CALQUE FONCIER**

Ce sont des blocs insérés à une échelle supérieure à celle du plan afin qu'ils soient visibles.

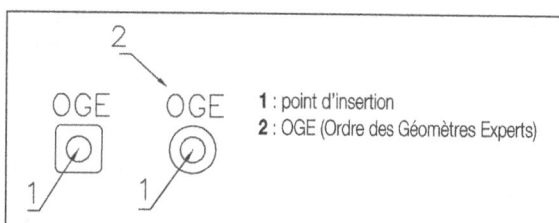

OGE OGE	1 : point d'insertion
	2 : OGE (Ordre des Géomètres Experts)

fig. 4 borne carrée ou circulaire

Dans le calque « 0 »,

1 ⊙ ou menu « Dessin, cercle »
2 clic en un point quelconque pour le centre
3 0.05 ↵ pour le rayon extérieur
4 fonction « accrobj » au « centre » active pour tracer des cercles concentriques

Avec 🖱 clic droit sur le bouton « accrobj » de la barre d'état, l'option paramètres permet de choisir les calages actifs.

fig. 5 clic droit sur le bouton « ACCROB »

5 ⊙ (ou barre d'espace pour rappeler la fonction)
6 même centre que le cercle précédent
7 0.03 ↵ pour le rayon intérieur
8 A ou menu « Dessin, texte, ligne » pour le texte
9 point de départ : au dessus des cercles, hauteur : 0.05 ↵
10 angle de rotation : 0 ↵,
11 OGE au clavier ↵ ↵ (valider 2 fois pour terminer la saisie)
12 ⊡ ou menu « Dessin, Créer, Bloc » avec pour valeurs :
- Nom : borne
- Choix des objets : sélection des 2 cercles et du texte ↵
- Point de base : le centre du cercle (calage actif)
- Unités d'insertion : sans
- « OK » pour fermer la boîte de dialogue

L'option « supprimer » supprime les objets sélectionnés lorsque le bloc est créé.

Mais, pour que les bornes soient visibles sur le plan, il faut augmenter la taille réelle, ce qui n'a pas été fait lors de la création du bloc car le principe général est de tout représenter à l'échelle 1 pour passer aisément à des plans d'échelles différentes.

▷ **POUR INSÉRER LES BORNES**

Deux solutions sont possibles :

SOLUTION N° 1

1 ⊡ insérer le bloc « borne », échelle uniforme : 20 ↵ au point 110

SOLUTION N° 2

1 ⊡ ou menu « modification, échelle » choix des objets : le bloc « borne » ↵, point de base : centre du cercle, facteur d'échelle : 20 ↵

Puis dans les 2 cas

2 ⊙ Copier, sélection du bloc ↵
3 m ↵ comme multiple au clavier
4 1ᵉʳ point : point topographique n° 110
5 aux 6 autres points de la parcelle (n° 116, n° 117, n° 139, n° 138, n° 102, n° 101)

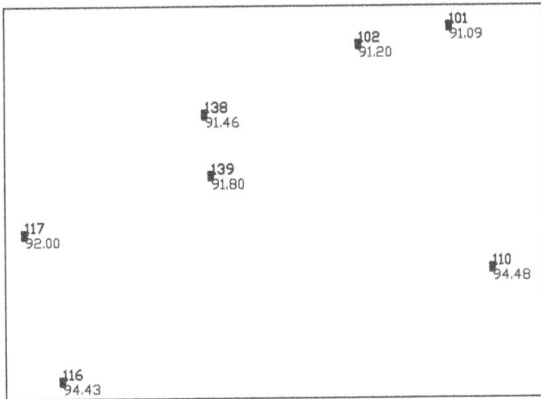

fig. 6 insertion des bornes aux sommets de la parcelle

▷ **POUR TRACER LES LIMITES DE LA PARCELLE**

Il est préférable de désactiver le calque « foncier » pour s'assurer du calage sur le semis de points et non sur les cercles des bornes

Dans le calque Limite_parcelle

1 🔁 polyligne du point 110 aux points 116…

2 c ↵ comme clore au clavier pour terminer la polyligne

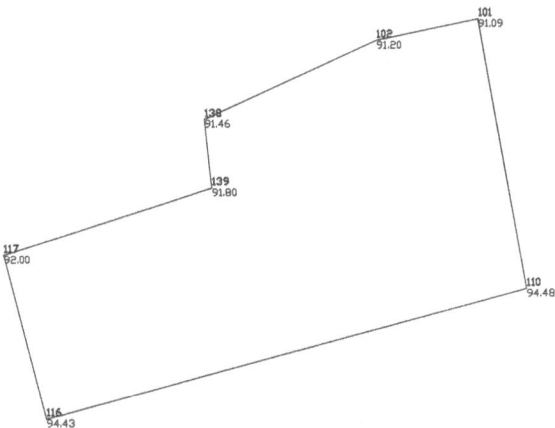

fig. 7 tracé de la limite de la parcelle

REMARQUES :

1. l'aire de la parcelle est obtenue directement grâce à la fonction 🖥 ou menu « Outils, Renseignements, Aires » puis o ↵ (comme objet au clavier), sélection de la polyligne.

   L'aire et le périmètre s'affichent dans la fenêtre des commandes.

2. le tracé de la polyligne peut s'effectuer avant la mise en place des bornes.

▷ **POUR COTER LA PARCELLE**

Cette cotation, parallèle aux limites de la parcelle ne comporte ni ligne d'attache ni ligne de cote.

Le plus simple est de créer ce style de cote.

Dans le menu « format, style de cote, nouveau », saisir le nom du nouveau style (cotation_limite par exemple) puis « continuer » pour afficher la boite de dialogue.

Dans l'onglet « lignes et flèches » cocher supprimer les lignes de cote et les lignes d'attache.

Dans l'onglet « texte », fixer la hauteur à 0.8 ou 1

Dans l'onglet « unités principales », fixer la précision à 2 décimales (sans suppression des zéros) pour une cotation en mètre avec une précision du centimètre.

OK pour revenir à la boîte de dialogue du gestionnaire des styles de cote et choisir l'option « définir courant » pour revenir au dessin.

1 ⟋ ou menu « cotation, alignée »

2 clic sur les ponts 110 puis sur 116 pour définir le segment à coter

3 clic sur le point 110 ou 116 pour positionner la ligne de cote sur la limite de la parcelle

4 recommencer pour les autres segments

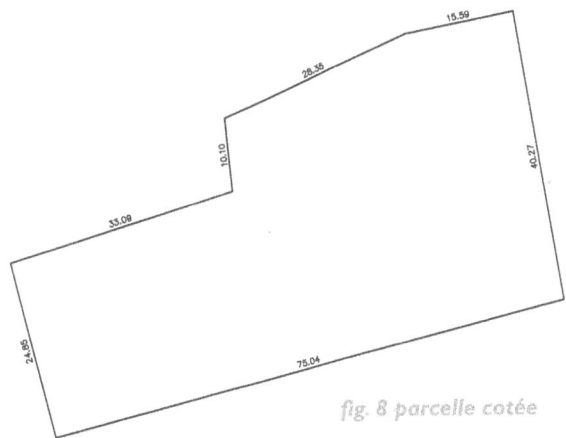

fig. 8 parcelle cotée

4.2.4 LA CONSTRUCTION PROJETÉE

Elle est tracée à un endroit quelconque puis déplacée (translation) et orientée (rotation) pour un positionnement correct par rapport aux limites de la parcelle.

▷ **POUR TRACER L'EMPRISE AU SOL DE LA CONSTRUCTION**

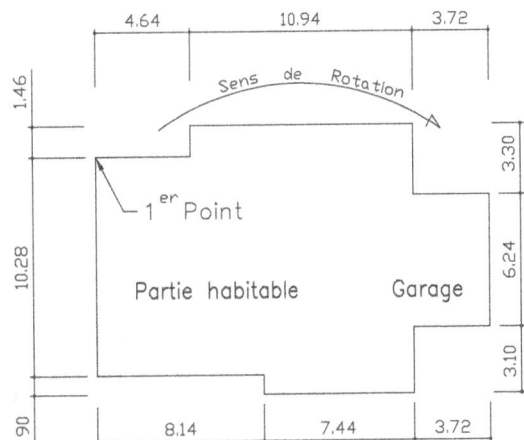

fig. 9 dimensions de la construction

Dans le calque « bati », en mode ortho (F8) ou polaire (F10)

1 ⤺ polyligne

2 1er point : un point quelconque

3 au point situé sur le même horizontale en déplaçant le curseur et 4.64↵ au clavier

4 au point situé sur le même verticale en déplaçant le curseur et 1.46 ↵ au clavier, de même jusqu'au dernier sommet

5 c ↵ comme clore au clavier pour terminer la polyligne

Il est préférable de coter la construction dès maintenant.

Procédure identique à la cotation de la parcelle en créant un nouveau style de cote (cotationn_bati par exemple) basé sur le style cotation_limite mais en conservant les lignes d'attache et les lignes de cote.

▷ Pour tracer la couverture

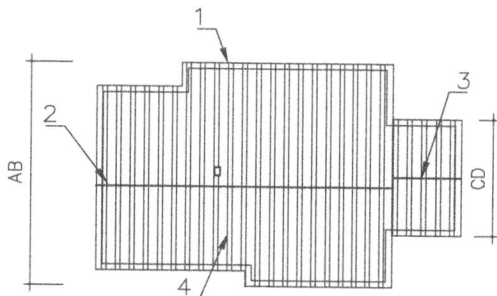

fig. 10 plan de couverture

1 : débord de couverture ou saillie de toit (ici 0.35 m en tous sens)

2 : faîtage de la partie habitable, au milieu de AB

3 : faîtage du garage, au milieu de CD

4 : hachures (symbolisation des tuiles)

Débord de couverture

1 ☁ ou menu « Modification, Décaler »

2 0.35 ↵

3 sélectionner le contour du bâti

4 clic un point quelconque à l'extérieur de la zone bâtie

Faîtage de la partie habitable

Il est au milieu de AB qui est différent du milieu de 10.28, ce qui amène à tracer un segment auxiliaire qui sera effacé ou placé dans un calque inactif par la suite.

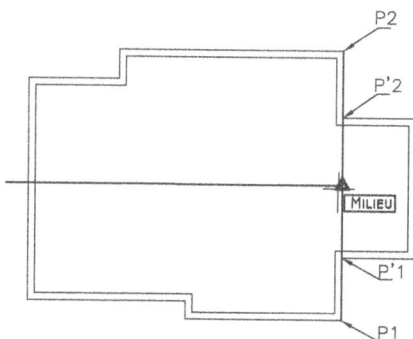

fig. 11 tracé du faîtage de la partie habitable, milieu de P1 P2

Tracé de la ligne auxiliaire

1 ╱ ou menu « Dessin, ligne »

2 du 1er point : P1

3 au 2e point : P2 ↵

Faîtage (modes ortho et accrochage actifs)

1 ╱ ou menu « Dessin, ligne »

2 du 1er point : milieu de P1 P2

3 au 2e point : quelconque mais sur la même horizontale et proche du débord de couverture ↵

4 ajuster ou prolonger ce segment

Le segment P1 P2 doit être réduit à P'1P'2 (en utilisant les poignées d'extrémités) à la longueur du garage compris le débord de couverture.

Même procédure pour tracer le faîtage du garage passant par le milieu de P'1 P'2

Hachures de la couverture

1 ▦ ou menu « Dessin, Hachures », et dans la boîte de dialogue

2 choisir le motif

3 l'option « Sélection des objets » fait apparaître le dessin afin de sélectionner la polyligne de la couverture

4 ↵ pour revenir à la boite de dialogue

5 le bouton Aperçu des hachures permet de savoir s'il faut modifier l'échelle pour une densité correcte des hachures.

REMARQUE : pour modifier les hachures après avoir fermé la boîte de dialogue, il suffit de cliquer sur une hachure puis avec ☝ clic droit choisir :

• l'option propriétés du menu contextuel, valeur de la ligne échelle.

• ou l'option éditer les hachures.

▷ Pour positionner la construction par rapport aux limites de la parcelle

Les règles d'urbanisme imposent des distances minimales entre la construction projetée et les limites de la parcelle (prospect). Ces distances sont variables et fonction de la commune, du site…, ici 15 m par rapport au chemin rural car proche d'un site classé et 3 m par rapport au voisin mais le maître d'ouvrage (le client) souhaite 6 m.

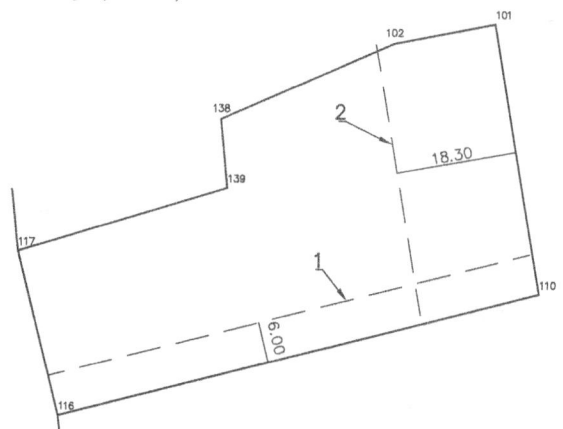

fig. 12 lignes permettant l'alignement de la construction

▷ **POUR OBTENIR LA LIGNE 1**

1 ⛃ 6 ↵ (pour 6 m par rapport au voisin)

2 sélectionner la limite

3 clic un point quelconque à l'intérieur de la parcelle ↵

▷ **POUR OBTENIR LA LIGNE 2**

Elle doit être située à 15 m mais il n'y a aucun d'angle de bâtiment à cette intersection d'où un décalage supplémentaire de 3.30m pour trouver l'angle du garage.

1 ⛃ 18.3 ↵ (pour 15 m +3.30 m par rapport au chemin rural sinon l'angle du garage ne serait pas exactement à 6m mais à 6.24 m). Notion de point droite.

2 sélectionner la limite du chemin rural

3 clic un point quelconque à l'intérieur de la parcelle ↵ pour terminer la fonction

REMARQUES :

1. La polyligne « limite de la parcelle » est décomposée après le décalage pour ne conserver que les lignes 1 et 2.

2. Pour déplacer et faire pivoter tous les éléments de la construction, il est préférable d'en constituer un bloc (voir création du bloc « borne ») ou de grouper afin que tous les objets (polyligne, cotation, couverture…) suivent.

Par la suite, seuls les murs sont représentés pour plus de lisibilité.

Translation du point A au point B

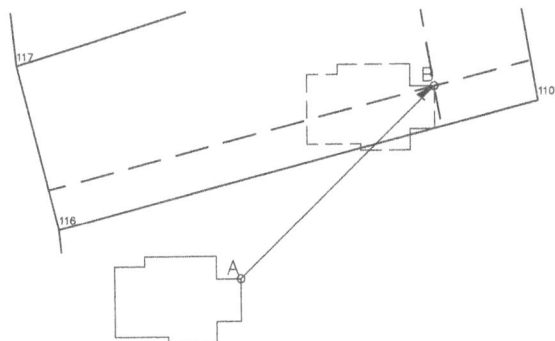

fig. 13 déplacement de la construction

1 ✛ déplacer

2 choix des objets : sélection de la construction ↵

3 point de base : A

4 2ᵉ point : B

Rotation de l'angle AOB

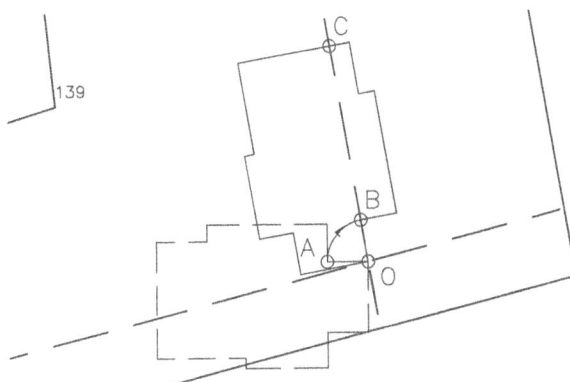

fig. 14 rotation de la construction

1 ↻ rotation

2 choix des objets : sélection de la construction ↵

3 point de base : O (centre de la rotation)

4 R ↵ au clavier (pour référence) afin de spécifier l'origine de l'angle de rotation selon OA

5 Point O

6 2ᵉ point : A (OA défini la direction de référence)

7 indiquer le nouvel angle (calage actif) : B, point quelconque situé sur la ligne BC (ligne à 18.30 m du chemin rural)

4.2.5 LES RÉSEAUX D'ALIMENTATION

Pour les dessins précédents, le système de coordonnées utilisé est le SCG (système de coordonnées général) et les modes ortho F8 et polaires F10 sont liés à l'horizontale (parallèle aux cotés de l'écran).

Pour les suivants, les objets à représenter sont bien souvent parallèles ou perpendiculaires à la construction et par conséquent au chemin rural.

En créant un SCU (système de coordonnées utilisateur) attaché à cette direction, les modes ortho et polaires permettent de tracer les objets sans rotation ultérieure.

4.2.5.1 Changement du système de coordonnées

▷ **POUR CRÉER UN SCU OBJET**

1 ⌐ ou menu « outils, nouveau SCU, objet »

2 clic sur le segment : (110, 101) proche du n°110

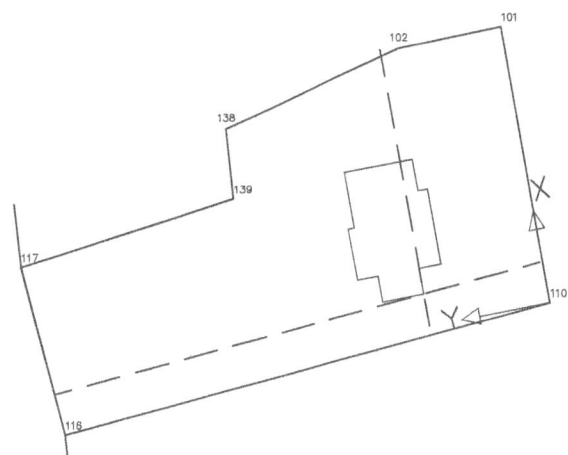

fig. 15 changement du repère actif

REMARQUE : l'axe des Y n'est pas dans le prolongement du segment 110 116 car les 2 segments 110, 101 et 110, 116 ne sont pas orthogonaux.

▷ **POUR REVENIR AU SCG**

2 possibilités :

⌐ ou menu « outils, nouveau SCU, général »

ou

⌐ SCU précédent

REMARQUE : si les icônes permettant de gérer les systèmes de coordonnées ne pas visibles à l'écran, pour les faire apparaître, aller dans la barre des menus : « affichage, barre d'outils, SCU ».

4.2.5.2 Réseau électricité et téléphone, réseau AEP (alimentation en eau potable)

REMARQUE : ces 2 réseaux peuvent être dans une même tranchée à 2 conditions :

— les coffrets sont suffisamment proches ;

— les profondeurs et les écartements sont respectés.

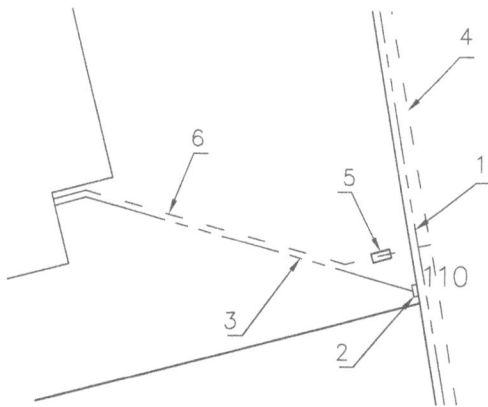

fig. 16 réseaux électricité, téléphone et eau potable

1 : réseau public enterré électricité et téléphone
2 : coffrets électrique et téléphone (20x50 cm)
3 : alimentation électrique et téléphone jusqu'au garage
4 : réseau public eau potable
5 : regard eau potable (40x60 cm)
6 : réseau AEP jusqu'au garage

▷ **POUR REPRÉSENTER LES COFFRETS**

fig. 17 coffrets électriques et téléphone

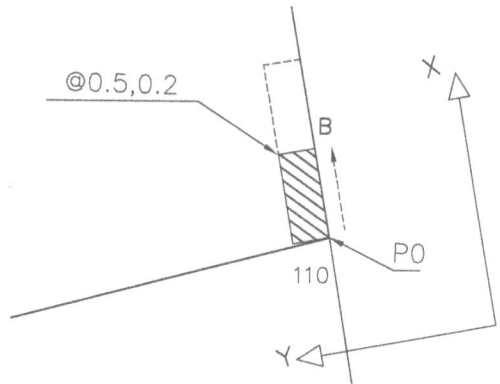

fig. 18 représentation du coffret électrique

le coffret électrique est représenté avec son origine en P0 puis déplacer de P0 vers B

Dans le calque alimentation_électrique :

1 ▢ Rectangle
2 1er sommet : P0 (le point 110)
3 2e point @0.5,0.2 ↵ pour 0.50 m selon X et 0.20 m selon Y

Modifier X et Y si le SCU est orienté différemment

4 ✛ Déplacer
5 choix des objets : sélection du coffret ↵
6 point de base : P0
7 2e point : B ↵ car la translation est 0.50 m soit la longueur du coffret

Même principe pour le regard AEP

8 ▢ Rectangle
9 1er sommet : P0 (le point 110)
10 2e point @0.4,0.6 ↵ pour un regard de 40 cm par 60 cm
11 ✛ Déplacer
12 choix des objets : sélection du coffret ↵
13 point de base : P0
14 2e point : @2.5,0.5 ↵ car la translation est 2.50 m en X et 0.50 m en Y

▷ **POUR TRACER LE FOURREAU ÉLECTRIQUE**

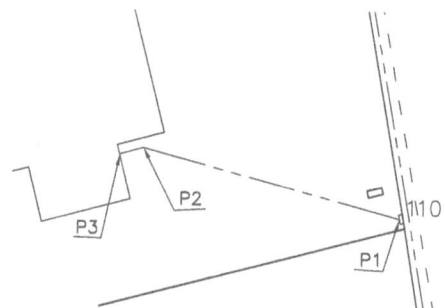

fig. 19 fourreau électrique, du coffret au garage

1 ↺ polyligne
2 1er point : P1 milieu du coffret
3 au point P2 (position approchée)
4 au point P3 ↵ au clavier pour terminer la fonction

La position de ces points ne nécessite pas de cotes précises.

▷ POUR TRACER LA CANALISATION **AEP**

La canalisation d'eau potable se trouve dans la même tranchée sauf au départ.

1 🔲 0.3 ↵ (pour 30 cm entre les 2 lignes).

2 sélectionner le fourreau électrique

3 clic un point quelconque au dessus de la gaine électrique, ↵ pour terminer la fonction

Changer cette ligne de calque pour une couleur et un type de ligne corrects.

4 raccorder une extrémité au regard AEP par une nouvelle ligne.

Si besoin, sélection de la polyligne et déplacement des points à l'aide des poignées (carrés affichés aux extrémités)

4.2.6 LES RÉSEAUX D'ÉVACUATION

4.2.6.1 *Réseau eaux pluviales (EP)*

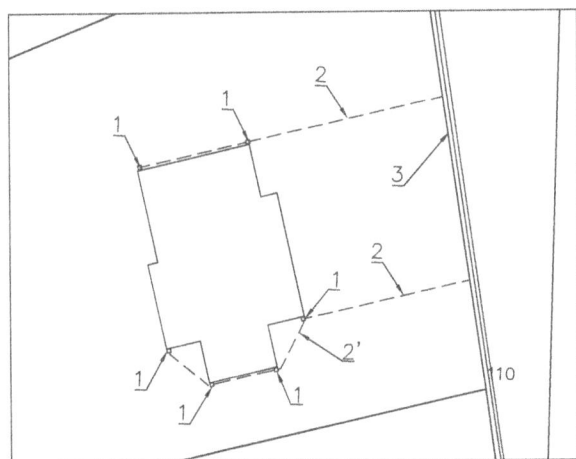

fig. 20 réseau d'eaux pluviales, solution 1

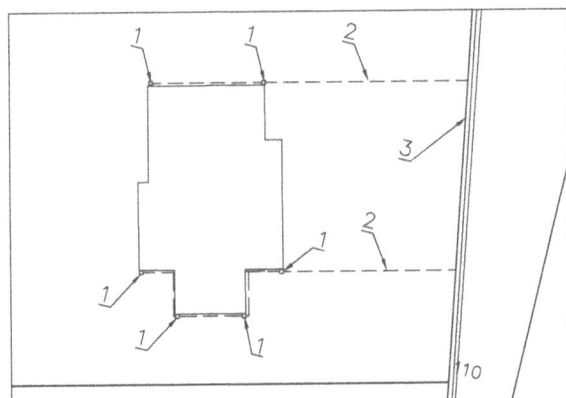

fig. 21 réseau d'eaux pluviales, solution 2

1 regards 30 x 30 en pied des descentes des eaux pluviales

2 tuyaux PVC Ø 100, pente 1 cm/m

3 fossé ou exutoire

Sur le papier, la solution 2, canalisations longeant les murs avant de remblayer, paraît plus simple. Mais sur le chantier, cet espace est souvent encombré, partiellement remblayé, et il faut le réaménager. Le passage en diagonale minimise les dommages risquant d'être produit par un tracto-pelle aux travaux de maçonnerie ou d'avant toit déjà réalisés.

<u>REMARQUE</u> : Tenir compte de la pente du terrain.

▷ POUR REPRÉSENTER LES REGARDS

fig. 22 pose d'un regard d'EP

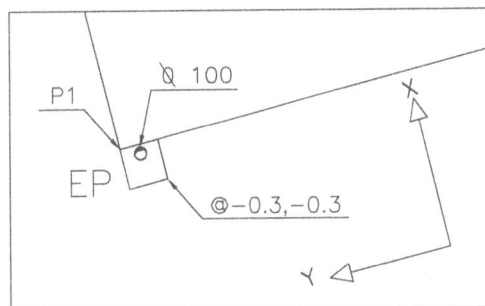

fig. 23 regard EP à l'angle de la maçonnerie

1 🔲 Rectangle : 1er sommet P1

2 2e sommet @-0.3,-0.3 ↵ pour un carré de 30 cm de coté mais avec X et Y négatifs

3 ⊙ Cercle centre : à l'intérieur du regard

4 rayon 0.05 ↵ pour le tuyau de descente des eaux pluviales

5 A ou menu « Dessin, texte, ligne »

6 point de départ : proche du regard

7 hauteur : 0.2 ↵

8 angle de rotation : 0 ↵

9 EP au clavier puis valider 2 fois pour terminer la saisie

Ces 3 objets (regard, descente, texte) peuvent constituer un bloc ou non avant d'être copiés aux différents angles de la construction.

▷ POUR COPIER CES OBJETS

1 🔲 Copier

2 sélection des objets ↵

3 m ↵ comme multiple au clavier

4 1er point : P1

5 aux 6 autres angles de la construction

<u>REMARQUE</u> : pour certains angles le texte et la descente doivent être déplacés par rapport au regard.

▷ **POUR TRACER LE RÉSEAU**

 Lignes pour joindre les regards puis des regards au fossé

4.2.6.2 Réseau eaux usées (EU) en assainissement autonome

Lorsque le raccordement des eaux usées au réseau urbain (tout à l'égout) n'est pas possible, il faut prévoir un assainissement autonome dans la parcelle, adapté à la typologie du terrain.

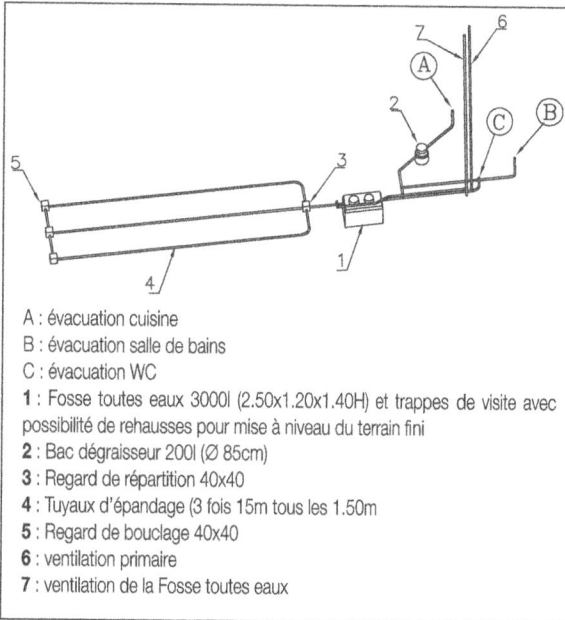

A : évacuation cuisine
B : évacuation salle de bains
C : évacuation WC
1 : Fosse toutes eaux 3000l (2.50x1.20x1.40H) et trappes de visite avec possibilité de rehausses pour mise à niveau du terrain fini
2 : Bac dégraisseur 200l (Ø 85cm)
3 : Regard de répartition 40x40
4 : Tuyaux d'épandage (3 fois 15m tous les 1.50m
5 : Regard de bouclage 40x40
6 : ventilation primaire
7 : ventilation de la Fosse toutes eaux

fig. 24 réseau en perspective de l'assainissement autonome

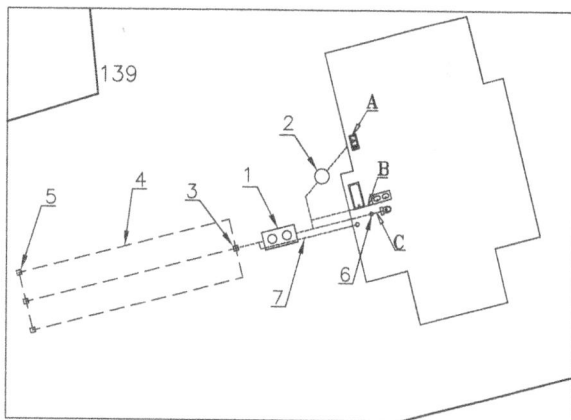

fig. 25 vue en plan de l'assainissement autonome

▷ **POUR REPRÉSENTER L'ASSAINISSEMENT AUTONOME**

Il est construit dans le prolongement de l'évacuation des WC. Cette ligne directrice est utilisée pour positionner tous les éléments nécessaires.

L'option « Ctrl + ⌐⊕ clic droit » permet de tracer la ligne P1 P2 à une distance précise de P0

Mode ortho ou polaire actif
1 ou menu « Dessin, ligne »
2 du 1ᵉʳ point : P0

3 au 2ᵉ point : Ctrl + ⌐⊕ clic droit, choisir depuis dans le menu contextuel, point de base P0

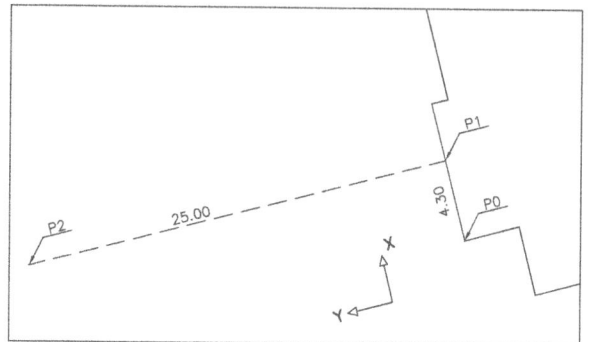

fig. 26 tracé de la ligne directrice

4 déplacer le curseur vers P1 avec mode ortho actif, 4.3 ↵ détermine le point P1 à 4.3m de P0
5 curseur dirigé vers P2 et 25 au clavier ↵ pour obtenir P2 et ↵ pour terminer la fonction

Les tranchées filtrantes et la fosse toutes eaux sont représentées par des rectangles de longueurs alignées sur P1 P2. Pour les positionner correctement, il convient de les déplacer du milieu de la largeur des rectangles (aussi simple que d'utiliser le calage depuis et de calculer la valeur).

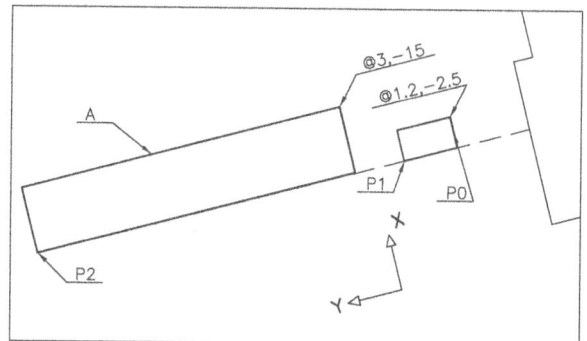

fig. 27 rectangles figurant les tranchées filtrantes (A) et la fosse toutes eaux

6 Rectangle
7 1ᵉʳ sommet : P2
8 2ᵉ point @3,-15 ↵ pour un rectangle de 3 m selon X et 15 m selon Y (négatif)

Procédé identique pour la fosse toutes eaux

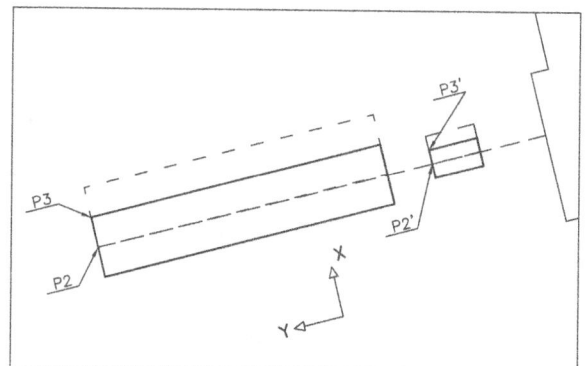

fig. 28 déplacement des rectangles

9 ⊕ Déplacer

10 choix des objets : sélection du rectangle des tranchées filtrantes ↵

11 point de base : P3 (milieu du rectangle)

12 2ᵉ point : P2 extrémité du segment

Procédé identique pour la fosse toutes eaux.

Compléter l'assainissement par le bac à graisse et les raccordements à la construction.

<u>REMARQUE</u> : dans la pratique, tous ces éléments de réseaux ne sont pas toujours dessinés et positionnés avec autant de précision. L'expérience permet un tracé plus rapide en ne saisissant que les valeurs indispensables.

4.2.7 VOIRIE, ACCÈS, AMÉNAGEMENTS

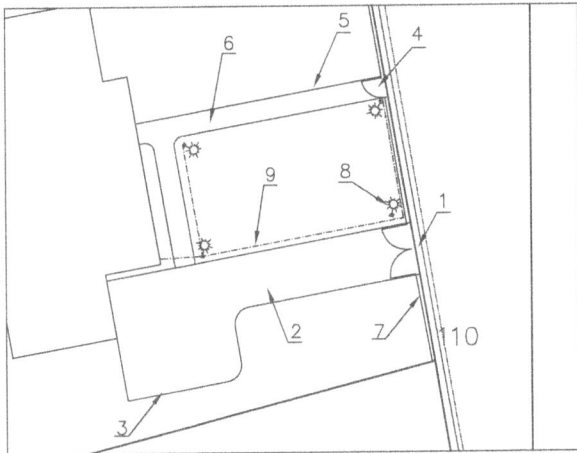

fig. 29 nomenclature des éléments à représenter

1 : portail accès voiture, largeur 3.00m

2 : aire de circulation, enrobé

3 : bordure, type T1, du bi-couche

4 : portillon accès piéton, largeur 1.20m

5 : bordure, type P1, du pavage

6 : pavage

7 : muret de clôture, ht 0.90m et piliers 0.30x0.30, ht 1.50m

8 : éclairage extérieur

9 : fourreaux enterrés en attente pour alimentation électrique de l'éclairage extérieur, sonnette, commande des portails

fig. 30 insertion des coffrets dans le mur de clôture

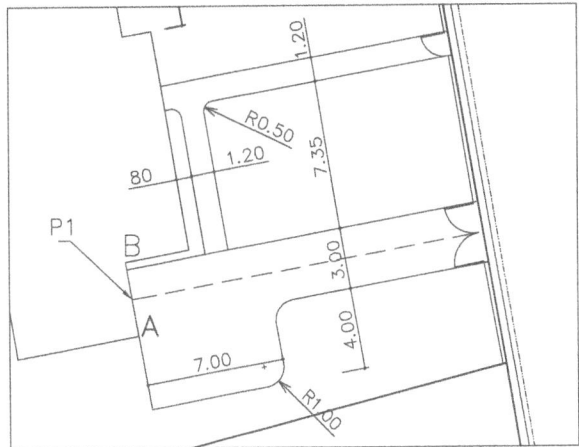

fig. 31 cotation de la voirie

La voirie est construite à partir de 2 lignes :
L1 : perpendiculaire à la construction issue du milieu du garage
L2 : dans le prolongement du mur du garage

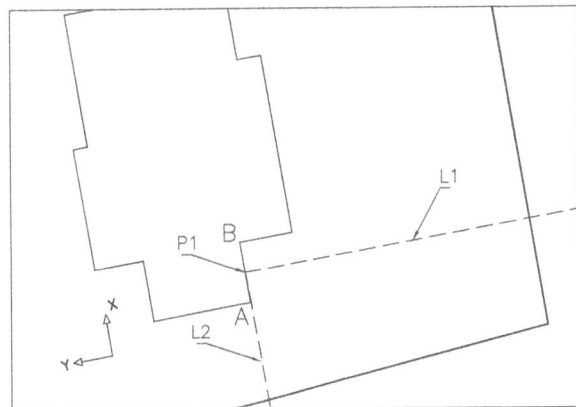

fig. 32 lignes de base L1 et L2

▷ **POUR TRACER LES LIGNES DE BASE**

1 ✎ ou menu « Dessin, ligne »

2 du 1ᵉʳ point : P1 milieu de AB

3 au 2ᵉ point : longueur quelconque (ortho actif)

4 ✎ du 1ᵉʳ point : A

5 au 2ᵉ point : longueur quelconque (ortho actif)

Les positions des bordures de type T1 sont obtenues par décalage des lignes de base.

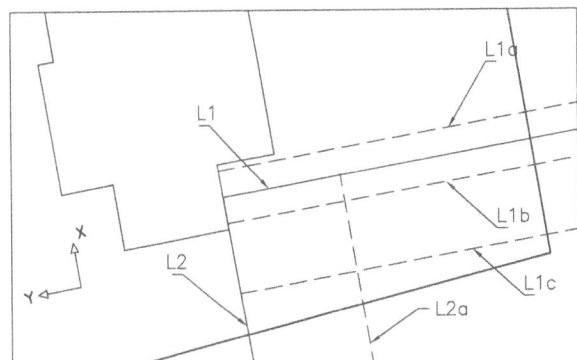

fig. 33 décalages de L1 et L2

6 🔲 1.5 ↵ (pour 1.50 m entre les 2 lignes, allée de 3 m de large).

7 sélectionner L1

8 clic un point quelconque au-dessus et, au-dessous de L1, pour obtenir L1a et L1b

9 ↵ pour terminer la fonction et changer le paramètre de décalage.

Procédures identiques pour L1c (4 m) et L2a (7 m)

Les bordures peuvent être obtenues en ajustant ou en raccordant ces segments, mais la construction d'une polyligne passant par les intersections offre l'avantage d'être un contour fermé ce qui permet :

- 1 : d'obtenir la surface à l'aide de la fonction 🔲 ou menu « Outils, Renseignements, Aires », o↵ (comme objet), sélection de la polyligne (mais le linéaire est à modifier car interviennent en déduction, la largeur du portail et le mur du garage) ;
- 2 : d'hachurer la zone en sélectionnant cette polyligne.

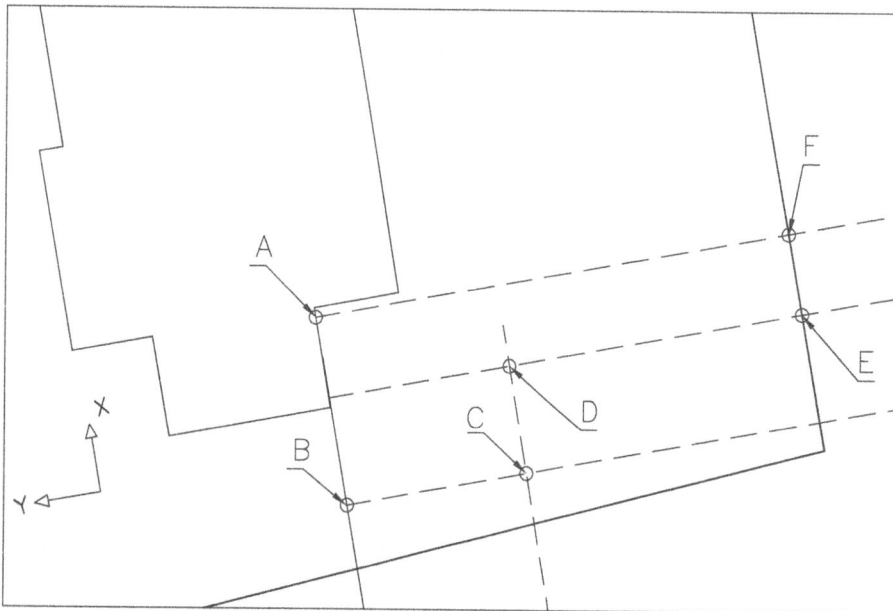

fig. 34 points de passage de la polyligne

▷ **POUR TRACER LA LIMITE DE L'ENROBÉ**

1 🔲 polyligne, 1ᵉʳ point : A

2 point suivant : B, C...et après le point F, taper c↵ au clavier pour clore la polyligne

Les parties courbes peuvent être intégrées au cours du tracé de la polyligne mais il est aussi rapide d'utiliser la fonction raccord après avoir clos la polyligne.

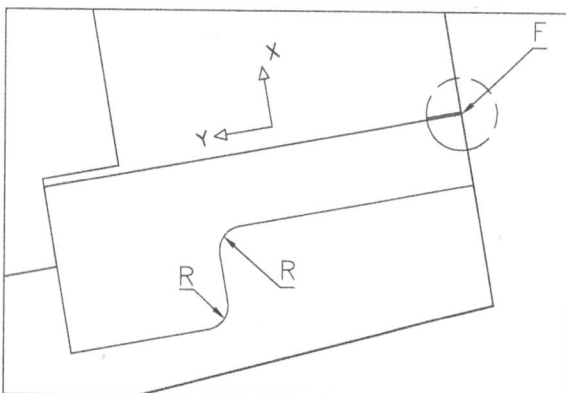

fig. 35 rayon de raccordement et portail

▷ **POUR TRACER LES RACCORDEMENTS**

1 🔲 raccord

2 r ↵ au clavier

3 1 ↵ pour le rayon de 1m

4 clic proche des extrémités des 2 segments à raccorder.

▷ **POUR TROUVER LA SURFACE DU BI-COUCHE**

1 🔲 ou menu « Outils, Renseignements, Aires »

2 puis o comme objet au clavier et ↵

3 sélection de la polyligne

4 l'aire et le périmètre s'affichent dans la fenêtre des commandes.

▷ **POUR TRACER LE PORTAIL**

1 🔲 Cercle de centre F et de rayon soit 1.50 m ou le milieu de la largeur de la voirie

2 🔲 ajuster, 🖱 droit sur rien, 🖱 gauche sur les parties à supprimer.

3 🔲 Rectangle, ajusté sur F et l'extrémité de l'arc pour matérialiser l'épaisseur du vantail ouvert.

4 🔲 Symétrie, sélection du rectangle et l'arc ↵

5 1ᵉʳ point : extrémité de l'arc et 2ᵉ point quelconque (ortho actif) ↵ pour obtenir les 2 vantaux

Procédé identique pour le tracé des accès piéton.

4.2.8 HABILLAGE

Aux cotations précédentes, il convient d'ajouter :

- Le nom du propriétaire
- Les références cadastrales
- Une légende

Il faut revenir au SCU général pour écrire horizontalement (⌐ ou menu « outils, nouveau SCU, général »).

▷ **POUR L'INSERTION DU NORD**

1 ⌐ ou menu « Insertion, Bloc » et choisir « Nord » dans la liste
2 position quelconque sachant qu'il peut être modifié ultérieurement

▷ **POUR L'INSERTION DES TEXTES**

Deux fonctions

1 **A** « texte multiligne » où l'ensemble des lignes sont groupées et saisies dans une fenêtre spécifiques pour modifier les attributs du texte.
2 **AꞮ** « texte ligne » où les lignes sont indépendantes. Taille du texte (de 0.75 à 1.5 m ↵) et inclinaison (0 ↵) sont renseignées dans la fenêtre des commandes. Elles sont modifiables dans la fenêtre des propriétés avec ⌐ clic droit, propriétés

Pour hachurer les circulations piéton et voiture, suivre la procédure des hachures de la couverture.

4.2.9 TRANSFORMATION DE BLOCS EN FICHIERS

Les éléments créés pour ce plan de masse (les regards d'EP, les éléments de l'assainissement autonome…) peuvent être insérés dans d'autres plans de masse créés ultérieurement.

Des options de taille et d'inclinaison sont disponibles lors de l'insertion. Si cela ne suffit pas, le bloc est décomposé pour traiter chaque objet séparément.

Pour ce faire, les éléments souhaités sont transformés en blocs qui doivent aussi être des fichiers (cela évite d'ouvrir un fichier complet pour ne faire un copier coller que des objets souhaités).

Par exemple : « bac_deg_200l.dwg » pour le bac dégraisseur, (dessin et texte à inclure dans le bloc). à placer dans un répertoire est créer comme un bloc avec la commande « wbloc ».

1 wbloc au clavier ↵ avec pour options :
Source : objets
Point de base : spécifier un point qui sera celui proposé lors de l'insertion
Objets :
    Choix des objets : sélection des lignes, cercles, hachures, textes, cotation… ↵, avec l'option « conserver »
Destination :
    Nom du fichier : bac_deg_200l

Emplacement : répertoire actuel ou un autre
Unités d'insertion : sans
OK

REMARQUE : si les objets constituant le bloc appartiennent au calque « 0 », alors le bloc inséré prendra les attributs du calque dans lequel il est inséré. Sinon, les calques n'existant pas seront créés.

4.2.10 IMPRESSION

Elle est possible sur :

- un A4 horizontal à l'échelle 1/500e (1 mm sur le papier représente 500 mm réels)
- un A3 horizontal à l'échelle 1/250e (1 mm sur le papier représente 250 mm réels)

en utilisant l'espace objet ou de l'espace papier.

Option 1 : espace objet en dessinant un cadre

Dimensions du cadre :

Pour un A4 210 × 297, la surface utile est de 190 mm par 277 mm.

À une échelle de 1/500e ou 0.002, ses dimensions dans l'espace objet (transposition en dimensions réelles) deviennent :

277 mm × 500 = 138 500 mm = 138.50 m (138.5 unité de travail)
190 mm × 500 = 95 000 mm = 95 m

D'où le rectangle à tracer : 1er point quelconque, 2e point de coordonnées @138.5,95↵

Ce rectangle défini la fenêtre d'impression par calage sur ses sommets (éventuellement à déplacer avec la fonction ✛ pour encadrer les objets à imprimer).

▷ **POUR IMPRIMER**

1 ⌐ ou menu « fichier, imprimer »
2 Onglet « Périphérique de traçage » permet de choisir :
    • Le traceur ou l'imprimante installés
    • La table des styles de tracé pour les différentes épaisseurs de trait sauf si elles ont été définies lors de la création des calques
3 Onglet « Paramètres du tracé »
Format du papier : A4, paysage, mm
Fenêtre : clic sur 2 les sommets opposés du cadre de 138.5 par 95
Échelle du tracé : personnaliser 1 mm pour 0.5 unités de dessin (comme l'unité est en m, 1 mm pour 0.5 Unité signifie 1 mm pour 0.5 m, soit 1 mm pour 500 mm) d'où une échelle de 1/500^e
Centrer le tracé
Aperçu total
4 OK

Option 2 : espace papier

Pour passer à l'espace papier, cliquer sur l'onglet situé à droite de l'onglet objet.

Apparaît la fenêtre « configuration de tracé », également accessible par le menu « Fichier, Mise en page » pour définir :

– Onglet : périphérique de traçage

Le traceur ou l'imprimante installés

La table du style de tracé (couleurs et épaisseurs des traits

– Onglet : mise en page

Format du papier : A4, mm

Orientation : paysage

Échelle : 1 :1

Une fenêtre, ajustée au dessin, est automatiquement créée. Soit :

- la sélectionner, et la modifier avec l'option propriétés
1 🖱 gauche sur la fenêtre pour la sélectionner
2 🖱 droit affiche un menu contextuel où l'option « propriétés » ouvre la fenêtre des propriétés permettant les modifications :
   - dans la rubrique géométrie : hauteur 190 et largeur 277 pour un A4
   - dans la rubrique divers : échelle personnalisée : 2
- la sélectionner et la supprimer pour en créer une nouvelle.

▷ **POUR REDÉFINIR LA FENÊTRE**

Dans le menu « Affichage, Fenêtres, Nouvelles fenêtres » OK

1er coin : 0,0 ↵

2e coin : 277,190 ↵ pour un A4 horizontal avec un cadre de 10 mm

Par défaut, l'échelle du dessin est calculée maximale en fonction des objets à représenter et du format de la sortie papier.

▷ **POUR INDIQUER L'ÉCHELLE PRÉCISE**

Méthode 1

3 🖱 gauche sur la fenêtre pour la sélectionner
4 🖱 droit affiche un menu contextuel où l'option « propriétés » ouvre la fenêtre des propriétés permettant les modifications :
   - dans la rubrique géométrie : hauteur 190 et largeur 277 pour un A4
   - dans la rubrique divers : échelle personnalisée : 2

Méthode 2

1 dans la barre d'état, un clic sur « papier », sans quitter l'onglet « présentation », affiche « objet ».
2 Écrire dans la fenêtre de commande :
3 ZOOM ↵
4 E ↵ (comme échelle)
5 2xp ↵ trace 2 mm pour 1 unité de dessin (1m) soit 2 mm pour 1 m soit 2/1000, soit 1/500e

REMARQUE : en laissant la molette centrale de la souris enfoncé, l'ensemble du dessin est déplacé par rapport à la fenêtre.

6 dans la barre d'état, clic sur « objet » pour afficher « papier »

▷ **POUR IMPRIMER**

1 🖶 ou menu « fichier, imprimer »
2 dans l'onglet « Paramètre de tracé », le bouton fenêtre permet de définir la zone de tracé calée sur les sommets de la fenêtre créée.

REMARQUES :

- Dans l'espace papier, l'échelle est de 1 pour 1.
- Cette solution qui paraît plus compliquée est mise en place une fois puis réutilisée. Elle permet aussi de créer plusieurs fenêtre avec des échelles différentes ou plusieurs présentations différentes prédéfinies (des mises en page à d'autres échelles…).

4.2.11 REPRÉSENTATION DES TALUS

Les modifications apportées au terrain naturel doivent être tracées sur la vue en plan et sont complétées par des profils.

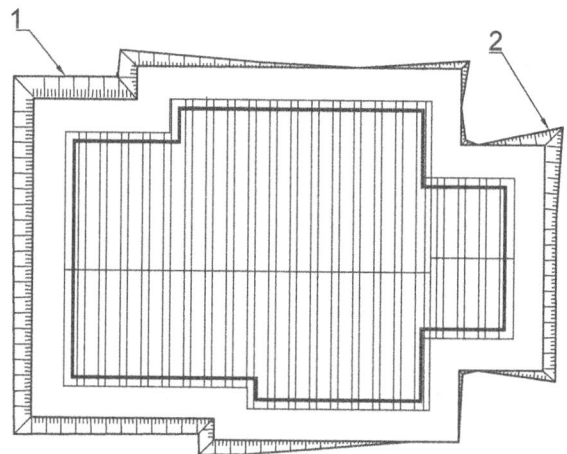

fig. 36 plateforme avec talus de raccordement au terrain naturel

1 : talus en remblai
2 : talus en déblai

4.3 Analyse d'un plan de masse

4.3.1 INTRODUCTION

Le plan de masse, comme une vue d'avion de la parcelle de terrain, contient des informations différentes selon qui l'établit, (géomètre expert, architecte…), et pour quel usage (CU : certificat d'urbanisme, PC : permis de construire…).

4.3.1.1 Plan de masse pour un certificat d'urbanisme

Sur un plan de masse, à une échelle généralement comprise entre 1/100e et 1/500e sont représentés :

1 Les limites cotées et la superficie de la parcelle
2 La position et dimensions des bâtiments existants

3 Le tracé des voiries et réseaux publics

4 L'orientation (le Nord)

5 Le nom du propriétaire

6 Les références cadastrales…

Le certificat d'urbanisme est un acte administratif sollicité auprès du maire de la commune où est situé le terrain pour :

- information sur les règles d'urbanisme en cours applicables au terrain, les régimes des taxes en vigueur, la nature des équipements publics (réseaux d'eau potable, électricité…) existants ou en projet ;

- notification de la réalisation d'un projet spécifique (bâtiment à usage agricole, à usage d'habitation, à usage commercial…).

Il n'est pas nécessaire d'être propriétaire du terrain pour faire une demande de CU (information avant achat…).

Le COS (coefficient d'occupation des sols) défini une densité maximale de construction pour un terrain, un nombre de m^2 de plancher construits à ne pas dépasser, appelé SHON, rapporté à la surface du terrain.

Il varie en fonction des zones (ZAC, ZAD, ZUP…) qui découpent le plan d'urbanisme.

Sur un terrain de 1000 m^2 avec un COS de 0.20, la SHON est de 1000 x 0.20 = 200 m^2.

La SHON, surface hors œuvre nette, indique le total des surfaces de plancher situées sur le terrain.

Pour une construction, la SHON est déduite de la SHOB (surface hors œuvre brute).

Calcul de la SHOB pour une maison individuelle

Somme des planchers de tous les niveaux pris hors œuvre des murs (épaisseurs des mur comprises)

- compris : les terrasses, les balcons, les combles et les sous-sols, aménageables ou non, les toitures-terrasses, accessibles ou non ;

- non compris : les auvents, les terrasses non couvertes de plain-pied avec le rez-de-chaussée, les trémies pour escalier, les marches d'escalier, les rampes d'accès.

Pour obtenir la SHON à partir de la SHOB il faut déduire :

Les surfaces de plancher hors œuvre :

- des sous-sols et des combles de hauteur inférieure à 1.80 m ou non aménageables ;

- des locaux techniques (chaufferie…) dans la limite de 5 m^2 ;

- des locaux qui ne sont pas totalement couverts ou fermés (les toitures-terrasses, les terrasses…) ;

- utilisées pour le stationnement des véhicules ;

- une surface forfaitaire de 5 % pour l'isolation des locaux.

Les définitions plus complètes et plus précises sont fixées dans le Code de l'urbanisme.

4.3.1.2 *Plan de masse pour un permis de construire*

Sur un plan de masse, à une échelle généralement comprise entre 1/100e et 1/500e sont représentés :

1 Les limites cotées et la superficie de la parcelle

2 La position et dimensions des bâtiments à maintenir, à démolir

3 La position et dimensions (longueur, largeur, hauteur) des bâtiments à construire

4 Le tracé des voiries et réseaux privés avec le raccordement aux VRD publics

5 Les courbes de niveaux et talus de raccordement entre terrain naturel et terrain fini

6 L'orientation

7 Le nom du propriétaire

8 Les références cadastrales…

Le permis de construire est une autorisation administrative, pratiquement toujours obligatoire, pour entreprendre des travaux neufs. Il est aussi obligatoire pour des travaux de rénovation qui modifient l'aspect extérieur (création ou changements d'ouvertures) la destination des locaux, les surfaces de planchers. Quelques exceptions figurent à l'article R 421-1 (décret 86-72 du 15 janvier 1986). Au formulaire, à retirer en mairie, sont joints en 4 exemplaires, le plan de situation, le plan de masse, les vues en plan des différents niveaux, une ou plusieurs coupes verticales, les façades, un profil d'adaptation et de raccordement au terrain naturel, un volet paysager pour intégration au site.

Tous ces documents sont signés par le maître d'ouvrage (client).

4.3.2 LE CADASTRE (DOCUMENTS CADASTRAUX)

C'est un inventaire de la propriété foncière, consultable à la mairie ou au centre des impôts fonciers, composé :

- de documents graphiques (plan cadastral) pour situer, représenter et repérer les différentes parcelles

- de pièces écrites (matrice cadastrale) pour identifier les propriétaires avec mention :
  - de la section (ici AS) ;
  - de la contenance ou superficie en hectare are et centiare (1 are = 100 m^2, 1 ha = 100 a = 10 000 m^2) ;
  - de la nature de la culture…

Ces documents, qui servent de base au calcul des impôts fonciers, ne sont pas un titre de propriété.

Le premier cadastre, cadastre Napoléonien, est établi entre 1808 et 1850. Il est actuellement en cours de réfection.

Selon la densité des éléments à représenter, zones rurales ou zones urbaines, son échelle varie de 1/2000e (1 cm pour 2000 cm ce qui revient à 1 cm sur le plan pour 20 m sur le terrain) à 1/500e (1 cm pour 500 cm ce qui revient à 1 cm pour 5 m).

fig. 37 extrait de plan
cadastral

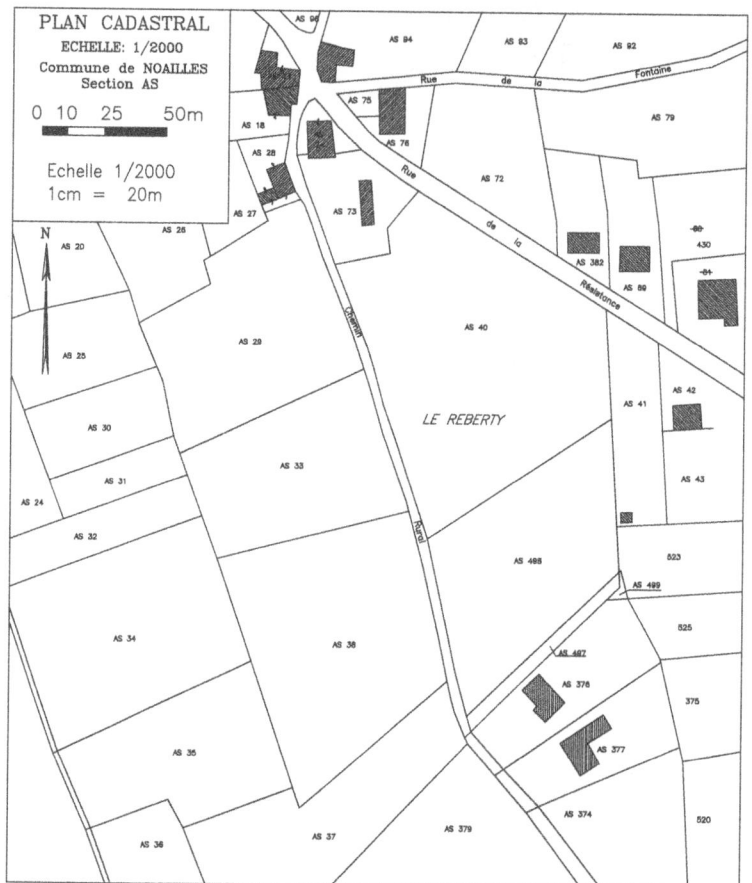

4.3.3 LE PLAN PARCELLAIRE

C'est un agrandissement du plan cadastral
utilisé par le géomètre pour apporter des
modifications.

fig. 38 plan parcellaire

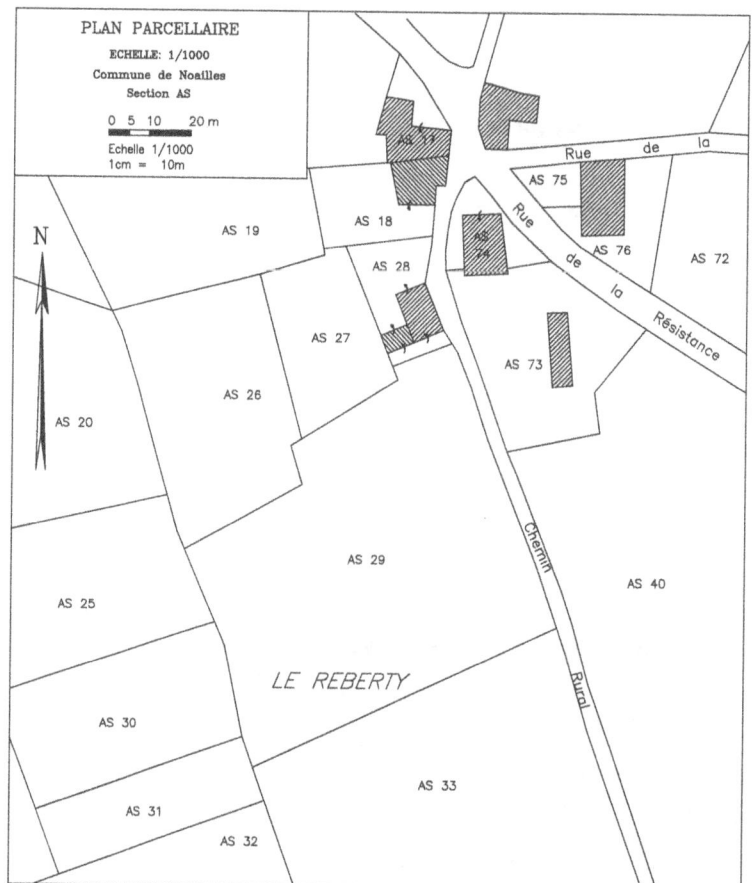

4.3.4 PLAN TOPOGRAPHIQUE

C'est la représentation des limites des parcelles complétée d'éléments :

- naturels (arbres, ruisseau…) ;
- artificiels (routes, bâtiments) ;
- conventionnels (limites, courbes de niveau…).

4.3.5 PLAN DE DIVISION

Il définit le fractionnement d'une propriété foncière en vue de sa cession à un tiers.

4.3.6 DOCUMENT D'ARPENTAGE

Cette locution est remplacée par « document modificatif du parcellaire cadastral ». C'est une reproduction partielle du plan cadastral avec :

- la situation parcellaire ancienne ;
- les nouvelles limites après modification du parcellaire ;
- les côtes nécessaires à la mise en place de ces limites par rapport à des éléments voisins stables.

Ce plan est accompagné d'un procès verbal (PV), dressé par un géomètre expert, indiquant :

- La désignation des parties (propriétaires avant et après modification).
- Les changements constatés.
- L'attribution des nouveaux numéros de plan.
- Le calcul des contenances (superficies).

La superficie est qualifiée :

- d'apparente (calculée à partir d'un mesurage sans garantie des limites) ;
- de graphique (calcul sur plan à l'aide d'un planimètre électronique) ;
- de réelle (calculée à partir de mesures parfaitement définies et garanties, suite à un bornage).

Ce PV est aussi à remplir pour :

- une rectification de limites figurées au plan cadastral ;
- un nouvel agencement de la propriété ;
- une application d'un plan d'arpentage ou d'un PV de bornage sans modifications des limites parcellaires figurées au plan cadastral.

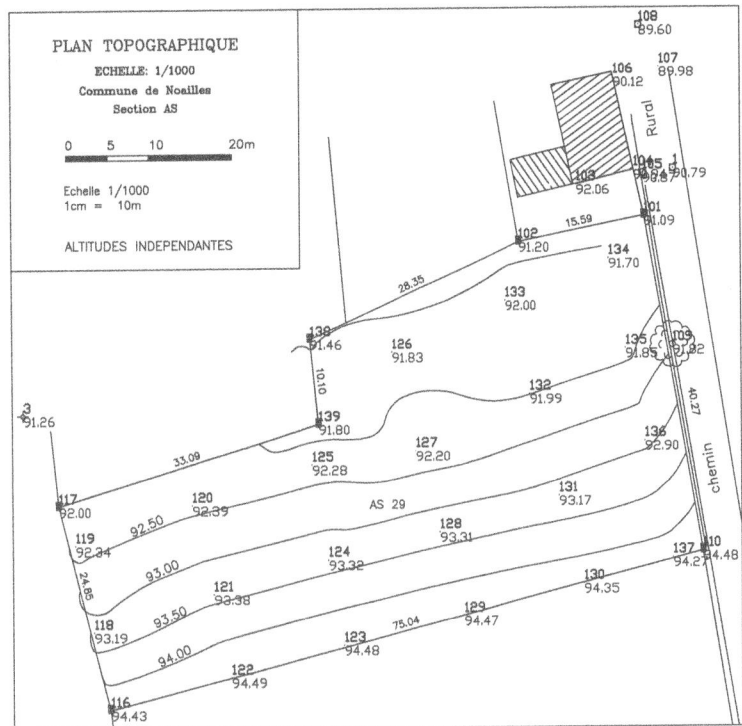

fig. 39 plan topographique avec semis de points

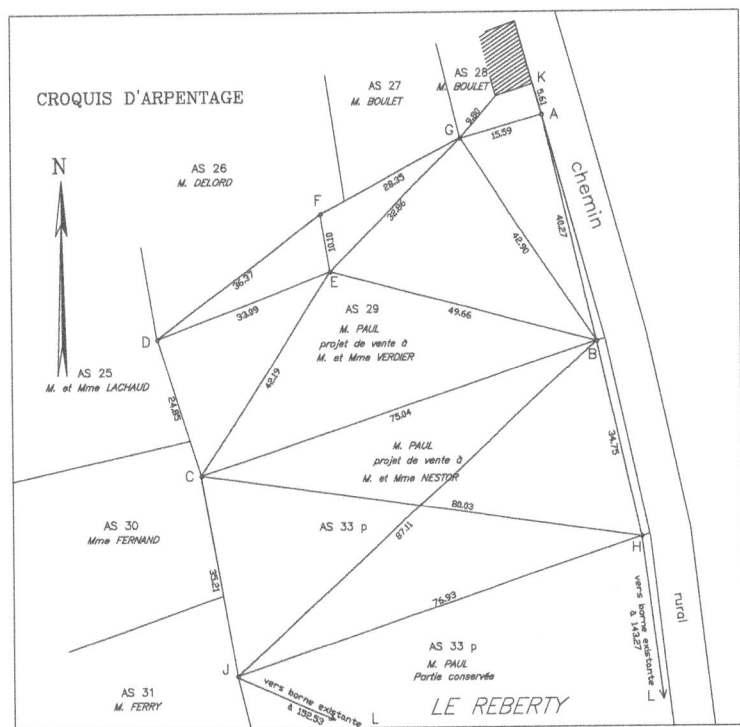

fig. 40 croquis d'arpentage (sans échelle)

4.3.7 LE BORNAGE

Il est réalisé sous la responsabilité d'un géomètre expert lors d'une réunion contradictoire (présence des différents proprié-taires) pour rechercher et définir juridiquement les limites entre parcelles du domaine privé, à partir de différentes sources d'information (cadastre, limites existantes, limites apparentes, talus, fossés…).

Après accord des intéressés, le géomètre expert effectue les mesures puis dresse un plan et rédige un procès verbal.

Ce PV indique :

- les personnes convoquées, présentes, représentées ;
- la définition des limites nommées par des lettres avec la distance en chiffres et lettres.

Il est signé par le géomètre expert et les parties concernées. Il annule les indications contraires qui pourraient figurer sur des titres ou documents antérieurs.

Lorsque le bornage à l'amiable n'est pas possible, un expert remet un rapport au tribunal d'instance qui statue sur les limites. Le bornage est juridique.

REMARQUE : la recherche de limite entre propriété privée et domaine public n'est pas considéré comme un bornage, c'est un alignement de voirie.

4.3.8 MODÈLE NUMÉRIQUE DU TERRAIN MNT

C'est une représentation spatiale du terrain modélisé par facettes triangulaires (3 points définissent un plan).

Les points levés au théodolite sont connus en X, Y, Z. Ces données permettent :

- le tracé des courbes de niveau (ensemble des points de même altitude) ;
- la construction du modèle numérique du relief du terrain.

Points	X	Y	Z
1	553.02	1066.20	90.79
3	393.43	1008.62	91.26
101	545.86	1054.93	91.09
102	515.27	1048.88	91.20
103	529.39	1062.49	92.06
104	543.36	1065.88	90.94

Initialement, le fichier de points est constitué de 4 colonnes : son numéro suivi de ses coordonnées en X, Y et Z par rapport à un repère local (ce cas). Pour des levers de plus grande étendue ou pour nécessité de rattachement (routes, autoroutes, ouvrages d'art construits avant les chaussées), la position d'un point est exprimé dans un autre système de coordonnées (Lambert, Utm…).

Coordonnées de la commune de COULAURES (24)		
Projection	X	Y
Lambert II étendu	493600 m	2034900 m
Lambert Zone III	493600 m	3335000 m
Système	Longitude	Latitude
NTF	– 1.507 grades	50,34 grades
ED50	00° 58' 50"	45° 18' 26"

Tableau extrait du site internet de l'IGN http://www.ign.fr/
(Institut géographique national – 136 bis, rue de Grenelle, Paris – France)

fig. 41 théodolite stationné

Aujourd'hui, une cinquième colonne, de codification, est ajoutée à ce tableau. Le code, associé au point, caractérise un objet (avaloir, bouche d'égout, lampadaire…) automatiquement représenté par un symbole adapté lors de la récupération du fichier de points par un logiciel de dessin.

Le MNT permet de choisir, parmi différentes solutions, la plus adaptée aux contraintes imposées.

Du MNT sont déduits la plateforme mais aussi les profils pour l'implantation des terrassements.

Bien sûr, cet exemple simple n'est pas démonstratif de l'intérêt du MNT car les remblais, réalisés après la construction, s'y adaptent.

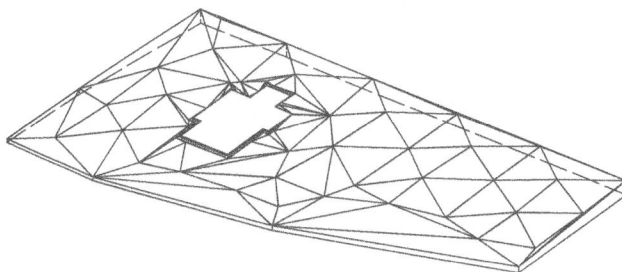

fig. 42 MNT du terrain avec représentation de la plateforme

Il en est tout autrement des projets routiers ou autoroutiers. Les chaussées, se raccordant aux ouvrages d'art construits avant, prennent appui sur les terrassements qui déterminent, avec la pente des talus, l'emprise au sol. L'adaptation est très limitée ce qui nécessite un terrassement précis.

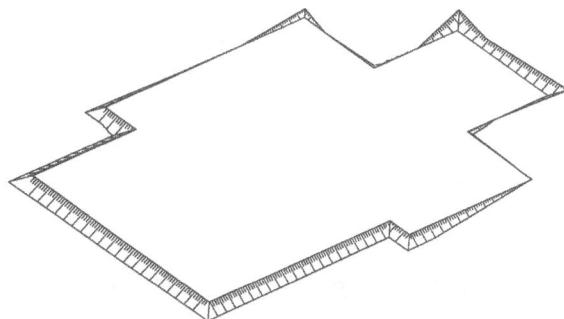

fig. 43 détail de la plateforme avec talus pour raccordements au terrain naturel

Ici, le remblai est prépondérant, ce qui :

- rehausse la construction par rapport au terrain naturel ;
- diminue le volume des déblais à évacuer ;
- mais augmente légèrement le prix de la construction par des murs de soubassement plus hauts.

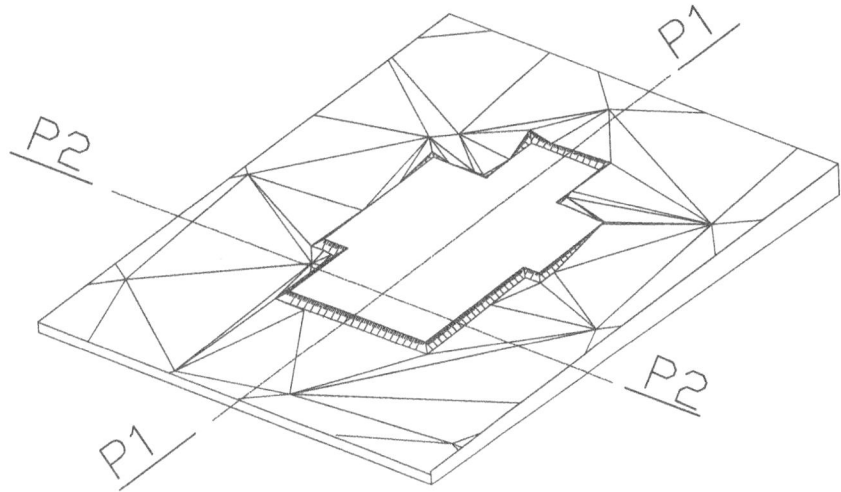

fig. 44 position des profils P1 et P2

Profil n° : 1
Echelle des longueurs : 1/100
Echelle des altitudes : 1/100

PC : 90.00

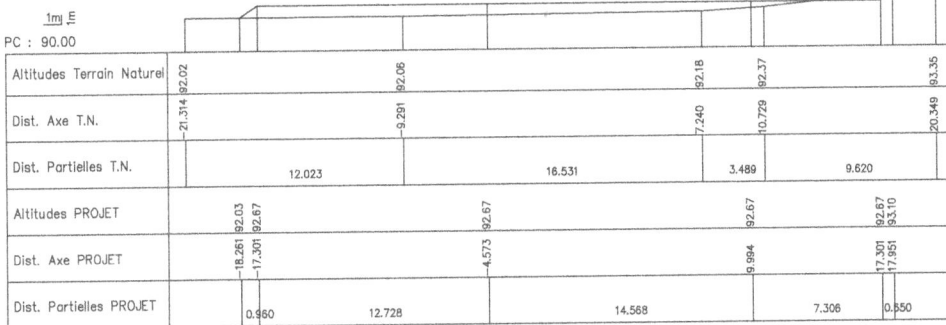

Altitudes Terrain Naturel	92.02	92.06	92.18	92.37	93.35
Dist. Axe T.N.	−21.314	−9.291	7.240	10.729	20.349
Dist. Partielles T.N.	12.023	16.531	3.489	9.620
Altitudes PROJET	92.03 92.67	92.67	92.67	92.67 93.10
Dist. Axe PROJET	−18.261 −17.301	−4.573	9.994	17.301 17.951
Dist. Partielles PROJET	0.960 12.728	14.568	7.306	0.550

fig. 45 profil P1, échelles identiques pour les longueurs et les altitudes

Profil n° : 1

Echelle des longueurs : 1/200
Echelle des altitudes : 1/50

4m

PC : 90.00 m

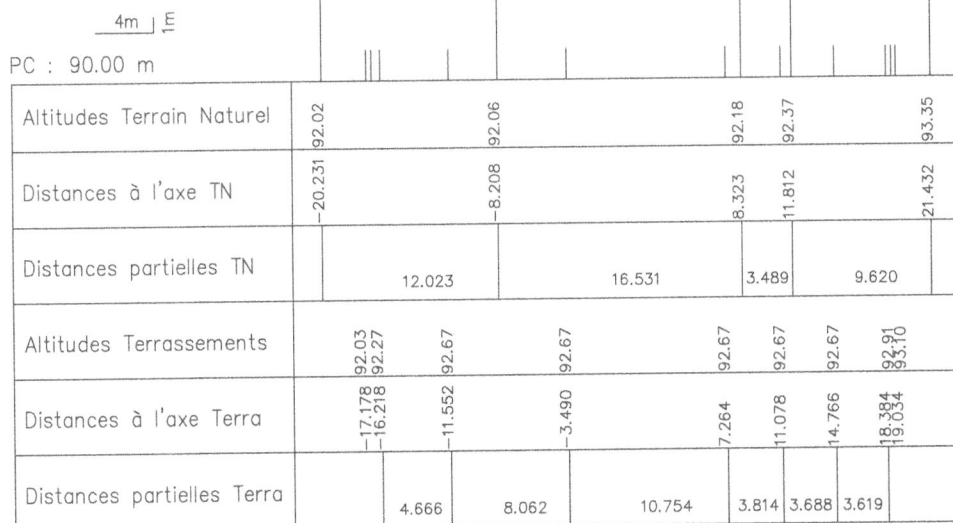

Altitudes Terrain Naturel	92.02	92.06	92.18	92.37	93.35
Distances à l'axe TN	−20.231	−8.208	8.323	11.812	21.432
Distances partielles TN	12.023	16.531	3.489	9.620
Altitudes Terrassements	92.03 92.27	92.67	92.67	92.67 92.67 92.67	92.91 93.10
Distances à l'axe Terra	−17.178 −16.218	−11.552	−3.490	7.264 11.078 14.766	18.384 19.034
Distances partielles Terra	4.666 8.062	10.754	3.814 3.688 3.619	

fig. 46 profil P1, échelles différentes pour les longueurs et les altitudes

Profil n°: 2

Echelle des longueurs : 1/200
Echelle des altitudes : 1/50

4m

PC : 90.00 m

fig. 47 profil transversal P2

Altitudes Terrain Naturel	92.26	92.31	92.04		92.16
Distances à l'axe TN	-16.249	-10.898	-8.397		13.242
Distances partielles TN		5.351	2.501	21.639	
Altitudes Terra	92.31 / 92.67		92.67	92.67 / 92.14	
Distances à l'axe Terra	-11.605 / -11.059		-0.000	8.401 / 9.198	
Distances partielles Terra	0.546	11.059	8.401	0.798	

4.3.9 L'ASSAINISSEMENT

Ce § ne concerne que les eaux dites domestiques, provenant des habitations.

Dans tous les cas, seules les eaux pluviales peuvent être rejetées directement dans le milieu naturel. Toutes les eaux usées doivent être épurées.

Pour les eaux usées (EU), il y a lieu de distinguer

- les eaux vannes (EV) provenant des WC ;
- les eaux ménagères (EM) provenant de la cuisine, salle de bains, lingerie…

La mairie, auprès de laquelle doit être faite la demande d'autorisation d'assainissement, est tenue de fournir les informations de la filière d'assainissement à mettre en œuvre afin de respecter la réglementation en vigueur.

L'assainissement est soit collectif soit autonome (ou individuel).

4.3.9.1 Assainissement collectif ou réseau public d'assainissement

Toutes les eaux usées sont collectées puis traitées dans un station d'épuration avant rejet dans le milieu naturel.

Si le réseau est de type unitaire, les EP et EU sont dans la même canalisation, ce qui augmente la capacité de la station d'épuration. Lorsque EP et EU sont dans 2 canalisations distinctes, le réseau est dit séparatif.

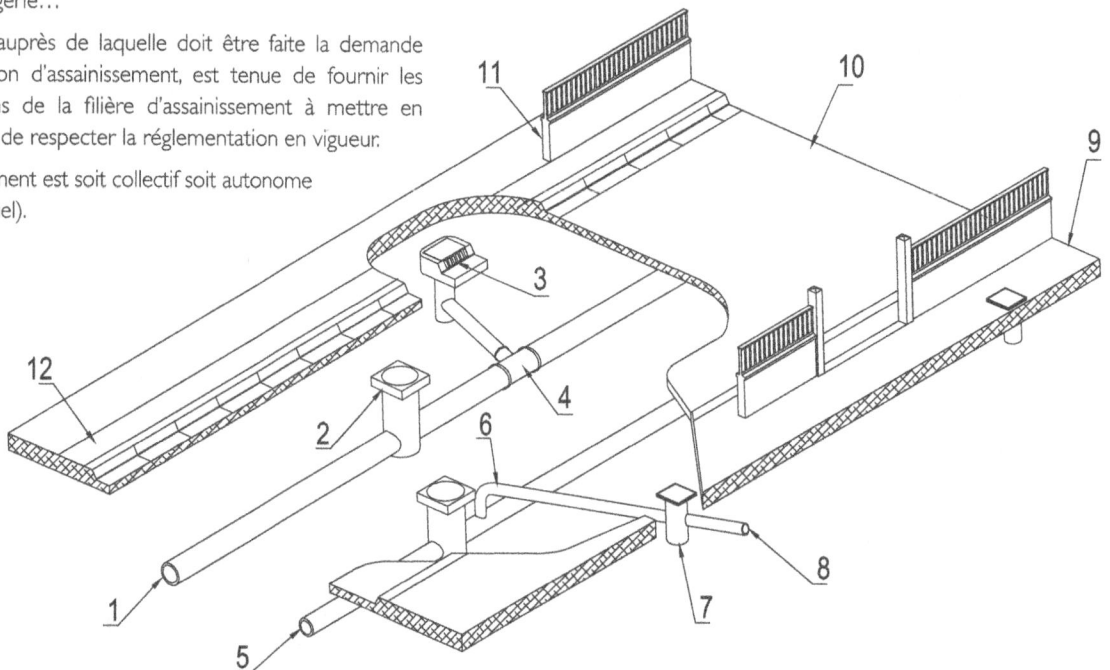

fig. 48 réseau public d'assainissement, système séparatif

1 : Réseau EP. **2** : Regard de visite. **3** : Avaloir (récupération des EP). **4** : Y de branchement. **5** : Réseau EU. **6** : Raccordement au réseau EU par piquage. **7** : Tabouret (dans le domaine privé ou public) pour raccordement au réseau public. Dans certains cas, un siphon disconnecteur est posé en amont du tabouret. **8** : Évacuation EU de la construction privée. **9** : Propriété privée. **10** : Chaussée. **11** : Mur de clôture. **12** : Trottoir

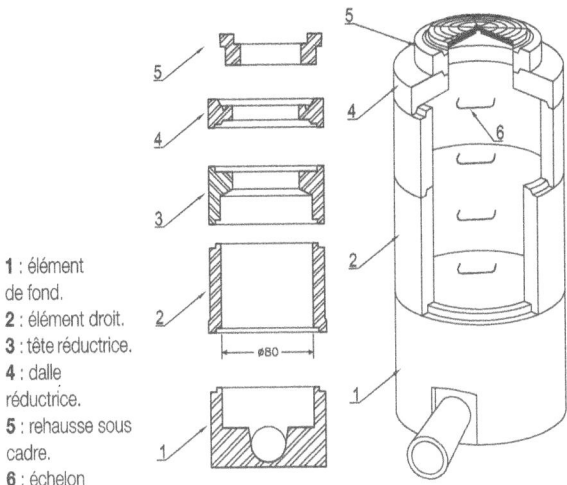

1 : élément
de fond.
2 : élément droit.
3 : tête réductrice.
4 : dalle
réductrice.
5 : rehausse sous
cadre.
6 : échelon

fig. 49 détail d'un regard de visite

fig. 50 regard de visite, regard EP en béton, tabouret en PVC avant découpe, tranchée en cours de compactage

fig. 51 élément de fond vue de dessus

fig. 52 exemple de raccordement d'un lotissement au réseau public

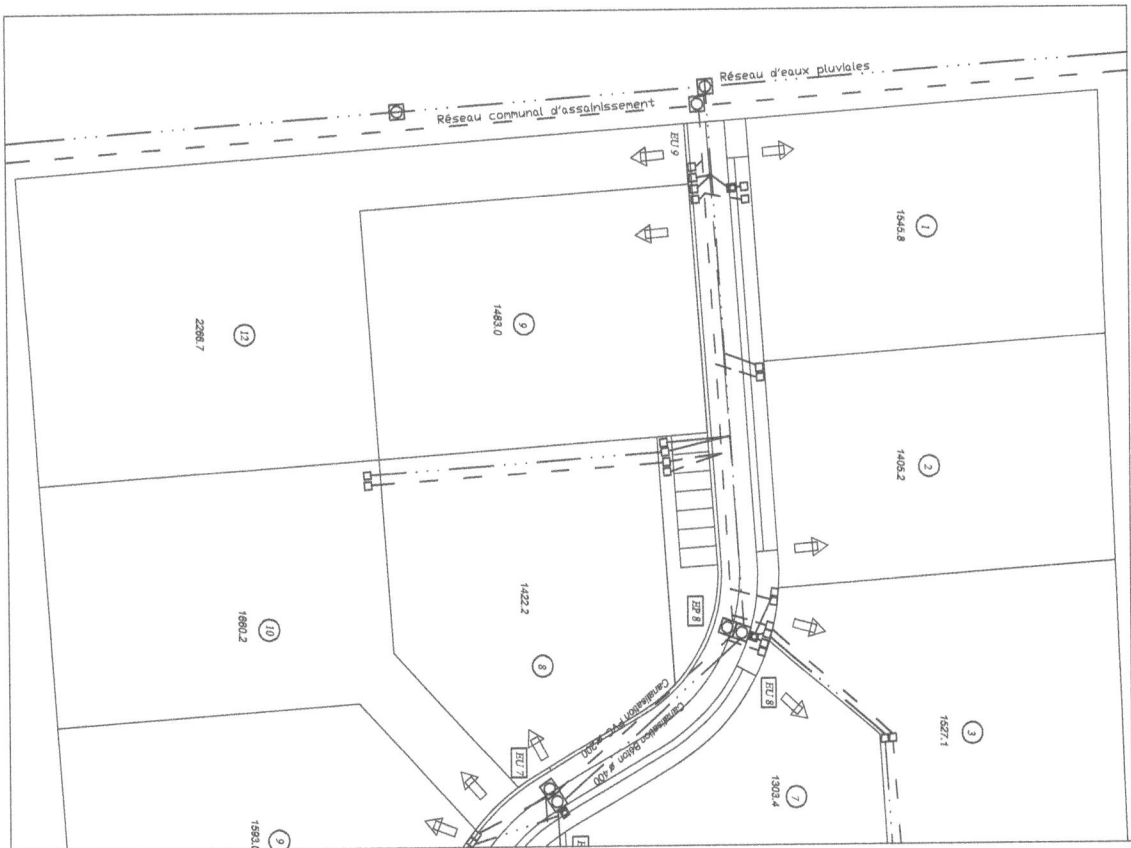

- Lorsqu'il n'existe qu'un réseau public d'EP, les EU sont traitées sur la parcelle, ce qui revient à un assainissement autonome.
- Un test des fumées permet de vérifier que des EP ne sont pas raccordées au réseau des EU.

4.3.9.2 Assainissement non collectif ou autonome

Dans ce cas, l'épuration des EU est effectuée sur la parcelle.

Le choix de la filière est décidé après détermination de l'indice SERP qui caractérise l'aptitude des sols à l'assainissement

S : Sol, pour capacité du sol à infiltrer les eaux (coefficient K de perméabilité en mm/h)

E : Eau, profondeur de la nappe phréatique

R : Roche, profondeur de la roche mère

P : Pente du terrain naturel

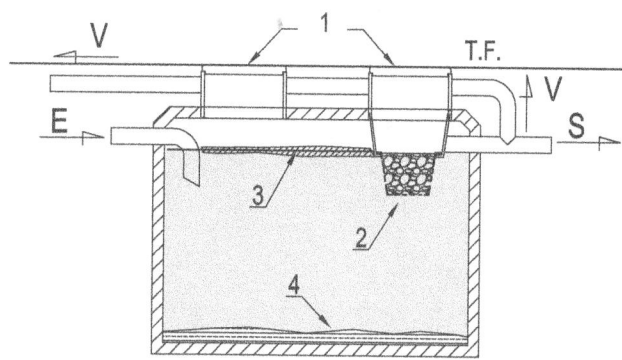

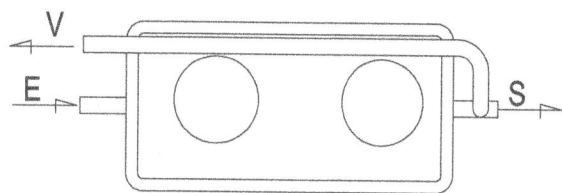

fig. 53 fosse toutes eaux en plan et coupe avec préfiltre incorporé

REMARQUE : tous les orifices sont munis de joints souples pour être étanches.

Volume d'une fosse toutes eaux

Nombre de pièces principales	Jusqu'à 5	6	7	8
Capacité de la fosse toutes eaux	3 m³	4 m³	5 m³	6 m³

Le nombre de pièces principales est évalué comme le nombre de chambres + 2 ce qui revient à dire que le nombre de chambres correspond au nombre de m³ de la FTE.

La collecte des eaux domestiques

Les eaux pluviales sont évacuées séparément et sans traitement. Parfois, un système de stockage, avec trop plein, est prévu pour l'arrosage.

Les eaux usées (EV + EM) sont dirigées vers la filière d'assainissement adaptée au terrain.

REMARQUE : les chutes d'EU doivent être raccordées à une canalisation intérieure, avec sortie en toiture, pour une prise d'air appelée ventilation primaire.

Dans le DTU 64.1, l'assainissement autonome est décomposé en 3 phases :

PHASE 1 : PRÉTRAITEMENT

Il est assuré par la fosse toutes eaux qui permet essentiellement :

- la rétention des matières solides et déchets flottants ;
- la liquéfaction partielle des matières polluantes contenues dans les eaux usées par fermentation anaérobie (milieu sans oxygène).

E : entrée des eaux usées
S : sortie des effluents prétraitées (niveau légèrement inférieur à l'entrée des effluents)
V : ventilation de la FTE branchée soit sur la fosse soit immédiatement à la sortie
TF : terrain fini

1 : tampons de visite avec rehausse,
2 : pré filtre incorporé et panier amovible
3 : niveau des effluents liquides et matières en suspension
4 : boue (matières solides décantées)

fig. 54 préfiltre avec panier amovible à remplir de pouzzolane (Doc. La Nive)

La fosse toutes eaux doit être installée au plus près de la construction, à faible profondeur, à l'écart de la circulation des voitures.

Les tampons d'accès de la fosse toutes eaux doivent être accessibles pour permettre sa vidange tous les 4 ans (la fosse est remplie d'eau avant sa mise en service et à chaque vidange).

La fermentation dans la FTE produit des gaz qui sont évacués par une canalisation de ventilation munie d'un extracteur qui débouche au-dessus du toit.

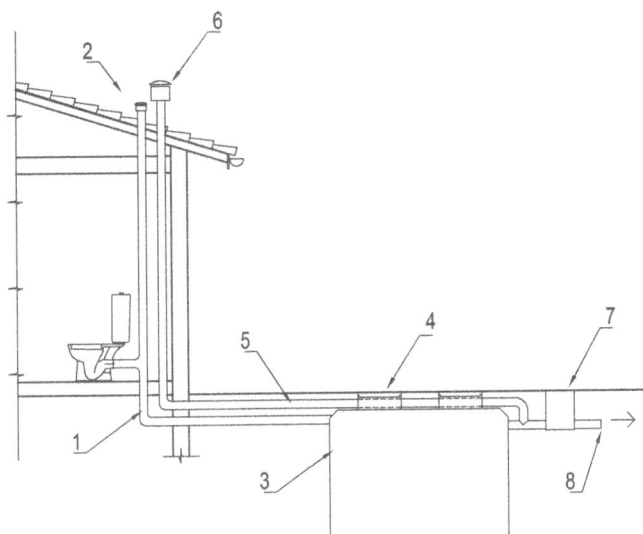

fig. 55 exemple de ventilation de la FTE

1 : chute WC
2 : ventilation primaire
3 : FTE (fosse toutes eaux)
4 : tampon de visite avec rehausse
5 : canalisation de ventilation
6 : filtre épurateur et extracteur d'air
7 : regard de répartition
8 : vers tranchées filtrantes

PHASE 2 : TRAITEMENT

C'est une épuration et une filtration des effluents de la FTE par voie aérobie (milieu avec oxygène). Il est assuré par une filière adaptée au sol (sol en place ou un sol reconstitué).

PHASE 3 : ÉVACUATION

C'est l'évacuation des effluents traités par infiltration, rejet en exutoire superficiel ou puits d'infiltration.

REMARQUE : le bac dégraisseur, qui ne reçoit que les eaux de cuisine, n'est obligatoire que lorsque la FTE est éloignée de plus de 15 m.

Lorsque le terrain en place ne convient pas (perméabilité insuffisante ou trop grande, argile ou roche, présence proche de la nappe phréatique, pente du terrain) d'autres filières, adaptées à chaque cas, sont mises en œuvre.

Récapitulatif des principales filières de traitement

FILIÈRE AVEC TRANCHÉES D'INFILTRATION (OU D'ÉPANDAGE) EN SOL NATUREL

Elle est mis en œuvre sur les sols favorables, sans contraintes particulières, K compris entre 15 et 500 mm/h, pente du terrain < 10 % et nappe phréatique à plus de 1.5 m. La dispersion est naturelle et sans dispositif spécifique.

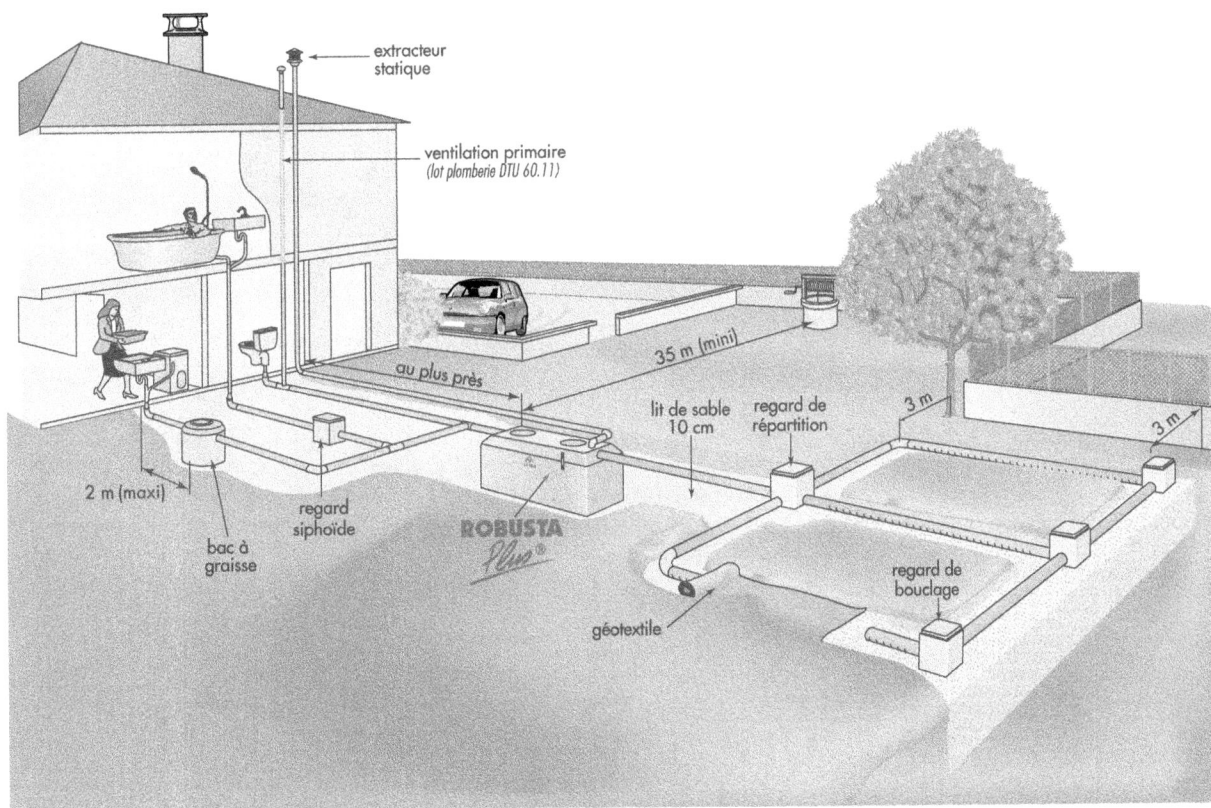

fig. 56 schéma perspectif (Doc. La Nive)

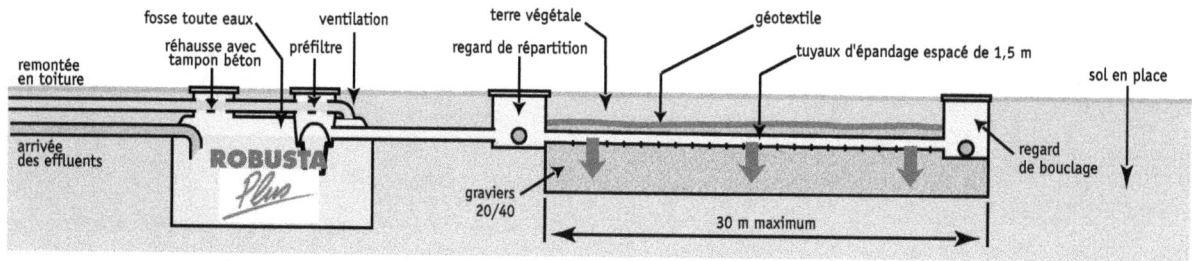

fig. 57 coupe longitudinale (Doc. La Nive)

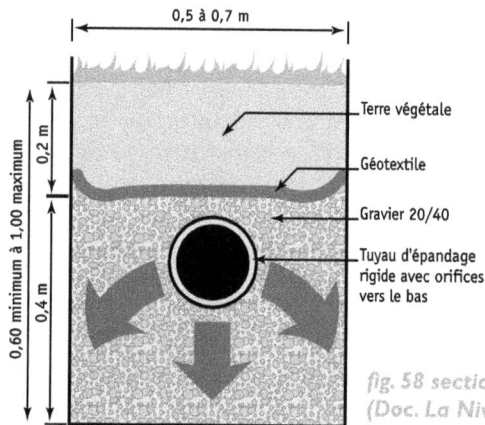

fig. 58 section d'un tranchée filtrante (Doc. La Nive)

Dimensions des tranchées filtrantes

Profondeur	De 0.60 à 1 m maximum
Largeur	0.50 m minimum
Longueur	30 m maximum, à déterminer selon le terrain et les services compétents
Écartement entre axes	1.50 m minimum
Pente	De 0.5 à 1 %

FILIÈRE AVEC LIT FILTRANT À SABLE NON DRAINÉ

Il est mis en œuvre en effectuant une fouille en pleine masse d'une surface de 25 m² (plus 5 m² par pièce principales au delà de 5) et 1.2 m de profondeur lorsque le sol n'est pas satisfaisant (K > 500 mm/h).

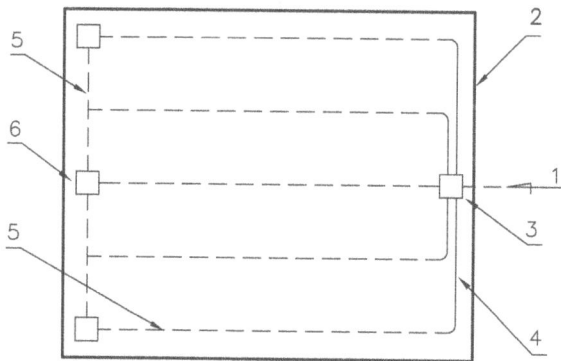

fig. 59 vue de dessus du lit filtrant

1 : arrivée des eaux prétraitées (FTE), **2** : limites de la fouille 5 m x 5 m (longueur mini 4 m), **3** : regard de répartition, **4** : tuyau plein, **5** tuyau d'épandage (fendus), **6** : regard de bouclage

FILIÈRE AVEC LIT FILTRANT À FLUX VERTICAL DRAINÉ

Le sol est imperméable (K < 15 mm/h). Il ne peut ni épurer ni évacuer les effluents.

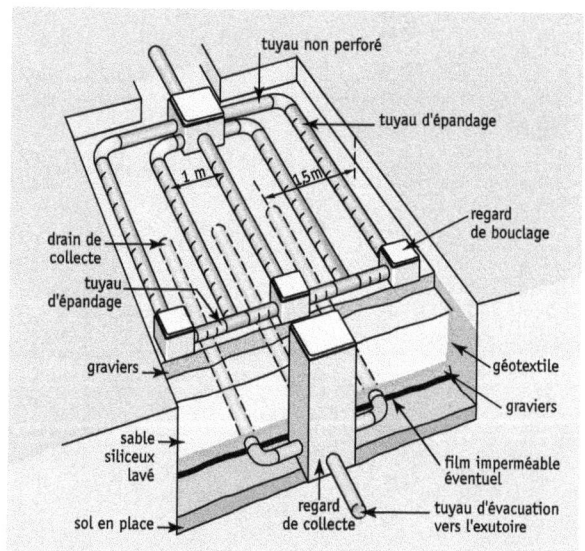

fig. 60 lit filtrant drainé à flux vertical (Doc. La Nive)

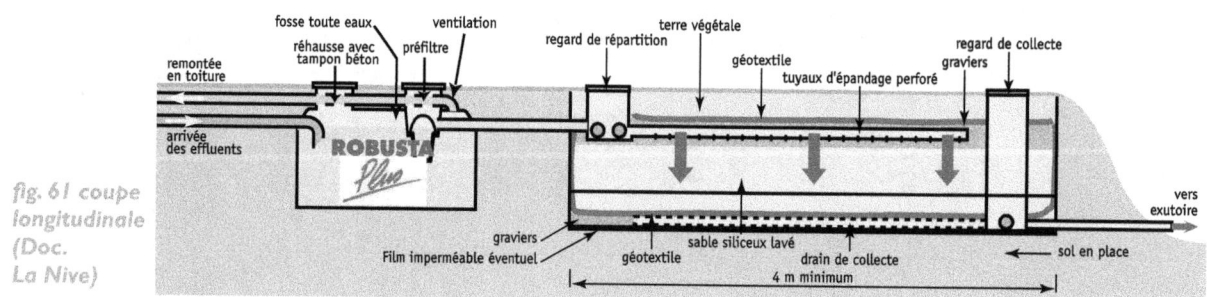

fig. 61 coupe longitudinale (Doc. La Nive)

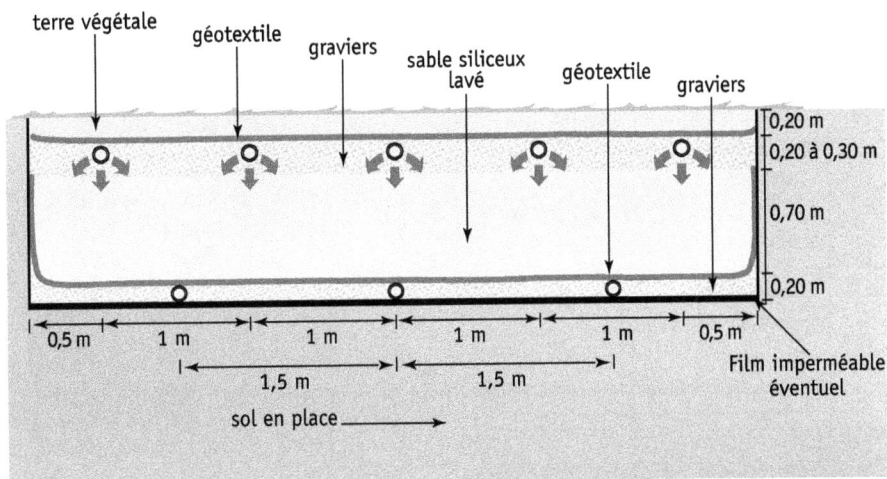

fig. 62 perspective montrant les différents niveaux des tuyaux d'épandage (Doc. La Nive)

terre végétale **géotextile** **graviers** **sable siliceux lavé** **géotextile** **graviers**

0,20 m
0,20 à 0,30 m
0,70 m
0,20 m

0,5 m | 1 m | 1 m | 1 m | 1 m | 0,5 m

1,5 m | 1,5 m

sol en place

Film imperméable éventuel

TERTRE D'INFILTRATION

Sa mise en œuvre est la plus délicate, réservée lorsque la fouille en pleine masse est impossible : nappe phréatique, roche.

4.3.9.3 Assainissement collectif sur site ou assainissement non collectif groupé

C'est un assainissement collectif mais limité à un nombre d'habitants (maximum : environ 300). Le principe est identique à l'assainissement autonome développé ci-dessus et dimensionné en proportion.

Sa capacité est basée sur la notion de l'équivalent habitant : EH. Elle exprime la charge polluante contenue dans les 180 litres d'eau usées rejetées par habitant et par jour.

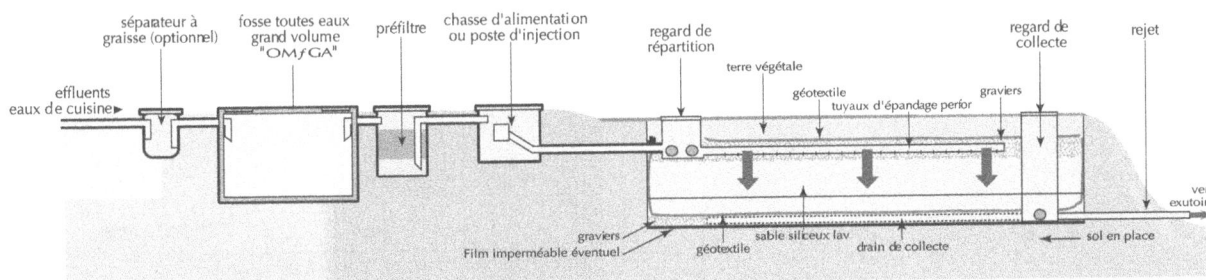

fig. 63 lit filtrant drainé à flux vertical (Doc. La Nive)

4.4 Avant-métré VRD

4.4.1 INTRODUCTION

Pour décrire les travaux représentés sur le plan de masse, l'organisation du CCTP (cahier des clauses techniques particulières) et par conséquent du DQE (devis quantitatif et estimatif) est découpée en 3 parties :

▶ les terrassements
▶ les VRD (voiries et réseaux divers)
▶ les espaces verts.

Selon l'importance du chantier, ils forment un ou plusieurs lots.

4.4.2 LISTE DES OUVRAGES ÉLÉMENTAIRES

Après des généralités sur la nature du sol supposé, ses caractéristiques mécaniques, la chronologie des ouvrages élémentaires ou articles varie selon les équipes de conception.

01.01	Préparation du terrain (avec différentes possibilités)
	Accès chantier (busage de fossé...)
	Débroussaillage
	Abattage d'arbres et dessouchage
01.02	Terrassements
	Décapage de la terre végétale et mise en dépôt
	Fouilles en pleine masse pour création de plate-forme
	Empierrement en calcaire 0/30 (maintien d'un chantier propre) pour chemin d'accès
	Fouilles en rigoles pour semelles filantes
	Remblais avec reprise de terre et reprofilage du terrain
	Évacuation des terres en excédent (très souvent inclus dans les fouilles en pleine masse)
01.03	Réseaux d'évacuation d'eaux pluviales vers fossé
	Fouilles en rigoles pour passage des canalisations
	Canalisations en PVC Ø 100
	Regards

01.04	Épuration et traitements des eaux
	Bac dégraisseur
	Fosse toutes eaux
	Regards de répartitions et de bouclage
	Fouilles en rigoles pour passage des canalisations
	Canalisations de répartition en PVC Ø 100
	Tranchées filtrantes et tuyaux d'épandage en PVC Ø 100
	Ventilation de la fosse septique et extracteur statique
01.05	Réseaux d'alimentation
	Tranchée technique commune
	Regard AEP
	Fourreaux électricité, téléphone et réseaux câblés
01.06	Voirie
	Accès véhicules et aire de stationnement
	Accès piéton
	Bordure d'allée
01.07	Aménagement des abords
	Tranchées et fourreaux pour éclairage extérieur, commande pour portail et portillon
	Clôture et grillage
01.08	Espaces verts
	Engazonnement
	Plantation d'arbres
	Clôture

Dans ce chapitre, ne seront développés que les VRD et les espaces verts. Les autres terrassements qui figurent au lot gros œuvre (les fouilles en rigoles pour les semelles filantes...) ne seront pas abordés.

4.4.3 LES RÉSEAUX D'ÉVACUATION

Sont compris tous les accessoires de raccordement (coudes, tés...). Les canalisations seront posées sur lit de sable, enrobées de sable, remblai calcaire ou tout-venant.

Le remblaiement se fera après vérification du réseau.

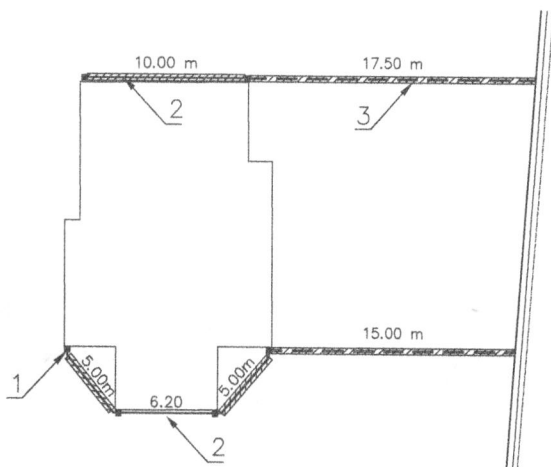

fig. 64 OE à quantifier pour le réseau d'eaux pluviales

1 : Regards EP. 2 : Canalisations EP. 3 : Fouilles en rigoles pour EP

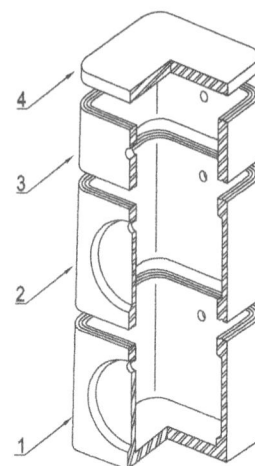

1 : fond,
2 et 3 : allonge ou rehausse,
4 : couvercle

fig. 65 regard en béton

En toute rigueur, les linéaires (2) et (3) devraient être comptés séparément car ils ne sont pas exactement de même nature. Dans la pratique, et compte tenu du chantier, soit le linéaire est repris, soit ils ne forment qu'un seul article comprenant les fouilles et la canalisation.

Code	Désignation	U	Qté
01.03	Réseaux d'évacuation des eaux pluviales		
01.03.01	Fouilles en rigoles, exécution mécanique et manuelle pour passage des canalisations d'EP, compris remblai sable et calcaire, compactage et évacuation des terres excédentaires Linéaire : 1f 10.00 = 10.00 Linéaire : 1f 17.50 = 17.50 Linéaire : 2f 5.00 = 10.00 Linéaire : 1f 6.20 = 6.20 Linéaire : 1f 15.00 = 15.00 <div align="right">Ens. linéaire</div>	m	58.70
01.03.02	*Fourniture et pose de canalisations en PVC Ø 100, pente mini 1 %, enrobées de sable* <div align="right">Rep L. 01.03.01</div>	m	58.70
01.03.03	Fourniture et pose de regards en béton 0,30 x 0,30, compris rehausses éventuelles, raccordements et calfeutrement Localisation : en pied de chute des descentes d'EP selon plan	U	6

4.4.4 ÉPURATION ET TRAITEMENTS DES EAUX

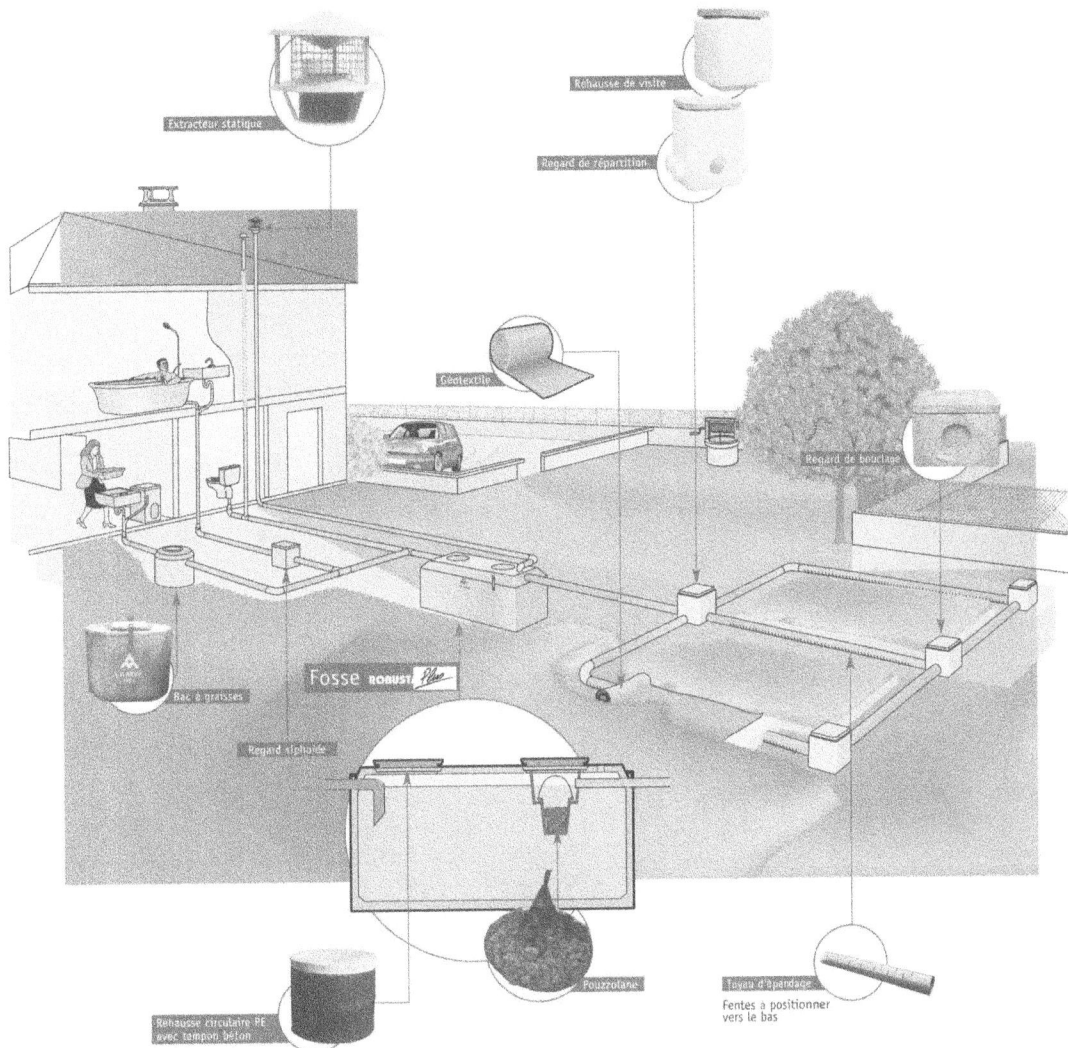

fig. 66 éléments à mettre en œuvre (Doc. La Nive)

1 : Bac dégraisseur
2 : Fosse toute eaux
3 : Regards
   3a : de répartition
   3b : de bouclage

4 : Canalisations
   4a : d'évacuation des EU
   4b : ventilation de la fosse toutes eaux
   c : de répartition
5 : tranchées filtrantes

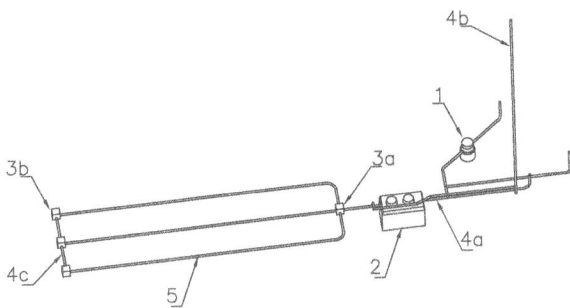

fig. 67 perspective de l'épuration et le traitement des eaux

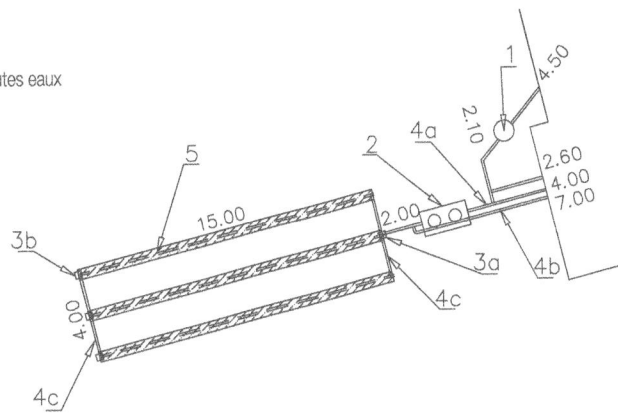

fig. 68 OE à quantifier pour l'épuration et le traitement des eaux

REMARQUE : le bac dégraisseur est compté pour 200 l s'il ne reçoit que les eaux de cuisine et pour 500 l s'il reçoit toutes les eaux ménagères.

Code	Désignation	U	Qté
01.04	Épuration et traitements des eaux		
01.04.01	Fourniture et pose d'un bac dégraisseur en polyéthylène de 200 l compris terrassements, évacuation des terres excédentaires, remblaiement, rehausses éventuelles jusqu'au niveau du sol et tampons	U	1
01.04.02	Fourniture et pose d'une fosse toutes eaux en béton de 3 000 l avec un préfiltre incorporé compris terrassement, mise en eau, rehausses jusqu'au niveau du sol et tampons	U	1
01.04.03	Regard de répartition en béton ou en polyéthylène de 0.40 x 0.40, compris rehausses éventuelles, raccordements et calfeutrement	U	1
01.04.04	Regard de bouclage en béton ou en polyéthylène de 0,40 x 0.40, compris rehausses éventuelles, raccordements et calfeutrement	U	3
01.04.05	Fouilles en rigoles, exécution mécanique et manuelle pour passage des canalisations d'EU, profondeur moy. 0.60m compris remblai sable et calcaire, compactage et évacuation des terres excédentaires Linéaire : 1f 4.50 = 4.50 Linéaire : 1f 2.10 = 2.10 Linéaire : 1f 2.60 = 2.60 Linéaire : 1f 4.00 = 4.00 Linéaire : 1f 2.00 = 2.00 Linéaire : 2f 4.00 = 8.00 Ens. linéaire	m	23.20
01.04.06	Fourniture et pose de canalisations d'évacuation et de répartition des EU en PVC Ø 100, pente 1%, enrobées de sable Rep. L 01 04 05	m	23.20
01.04.07	Ventilation de la fosse toutes eaux en PVC Ø 100 avec sortie prévue sur toiture compris extracteur statique Ensemble	U	1
01.04.08	Tranchées filtrantes 0.70 x 1.10 (ht) compris : terrassements et évacuation des terres excédentaires tuyaux d'épandage rigides en PVC Ø = 100 mm géotextile remblai gravier 20/40 de 40 cm minimum fourniture et pose de tuyaux d'épandage reconstitution de la couche de surface en terre végétale Linéaire : 3f 15.00	m	45.00

4.4.5 RÉSEAUX D'ALIMENTATION

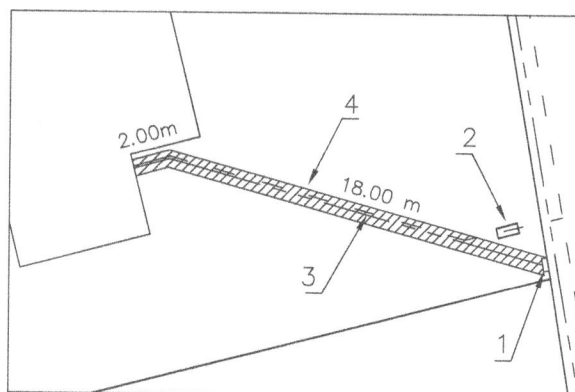

fig. 69 alimentation en eau, électricité, téléphone

1 : Coffret électrique
2 : Regard de comptage AEP (alimentation en eau potable)
3 : Fourreaux et grillages avertisseurs
4 : Tranchée technique commune

Code	Désignation	U	Qté
01.05	Réseaux d'alimentation		
01.05.01	Fourniture et pose d'un regard de comptage AEP, préfabriqué en béton ou résine, de 0.60 x 0.40 m, profondeur 0.60 m, compris couvercle	U	1
01.05.02	Fourniture et pose d'un coffret électrique	U	1
01.03.03	Tranchée technique commune 0.80 x 0.80 m. (Eau, Électricité, Téléphone, Câble) Dans terrain de toute nature, profondeur 0.80 m. Remblai sable 0.80 x 0.10 m épais, après ouverture de la fouille. Fourniture et pose des fourreaux pour l'alimentation en eau en tube polyéthylène haute densité PE 80, profondeur 0.70 Gaine annelée double paroi pour câble électrique type TPC rouge Gaine annelée double paroi pour câble téléphone type TPC verte Remblai sable 0.80 x 0.30 m épais après pose des tuyaux, câbles et divers fourreaux. Grillages de signalisation sur les différents réseaux Remblai calcaire 0/30 et compactage Chargement et évacuation des terres excédentaires à la décharge. Linéaire : 1f 18.00 = 18.00 Linéaire : 1f 2.00 = 2.00 Ens. linéaire	m	20.00

4.4.6 VOIRIES

4.4.6.1 Linéaires

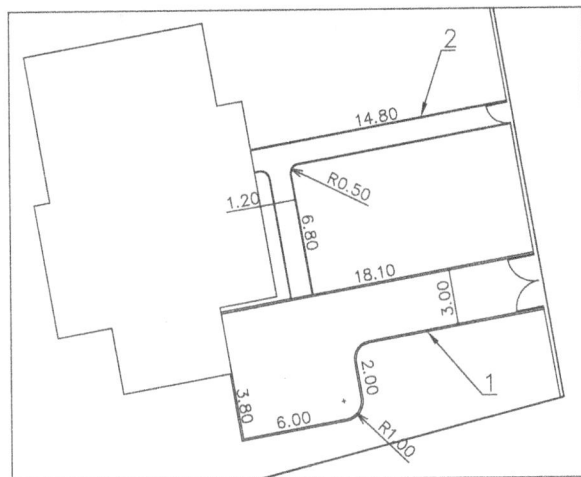

fig. 70 linéaires de bordure de trottoir

1 : type P1 en limite de zone accès voiture
2 : type P2 en limite de zone accès piéton

Code	Désignation	U	Qté
01.06	Voiries		
01.06.01	Fourniture et pose de bordures en béton type P1 en limite de zone accès voiture compris calage, jointoiement et sujétions pour parties courbes Linéaire : 2f 18.10 = 36.20 Linéaire : 1f 2.00 = 2.00 Linéaire : 1f 3.80 = 3.80 Linéaire : 1f π x 1.00 = 3.14 Ens. linéaire 45.14 déduire : 2f 1.00 = 2.00 Reste	m	43.14
01.06.02	Fourniture et pose de bordures en béton type P2 en limite de zone accès piéton compris calage, jointoiement et sujétions pour parties courbes Linéaire : 2f 18.10 = 36.20 Linéaire : 2f 14.80 = 29.60 Linéaire : 2f 6.80 = 13.60 Linéaire : 1f π x 0.50 = 1.57 Ens. linéaire 37.97 déduire : 1f 1.20 = 1.20 4f 0.50 = 2.00 Ens. à déduire : 3.20 Reste	m	34.77

REMARQUE : dans la pratique, il n'est pas tenu compte de la différence de longueur entre le périmètre du carré et la circonférence du cercle.

4.4.6.2 Surfaces

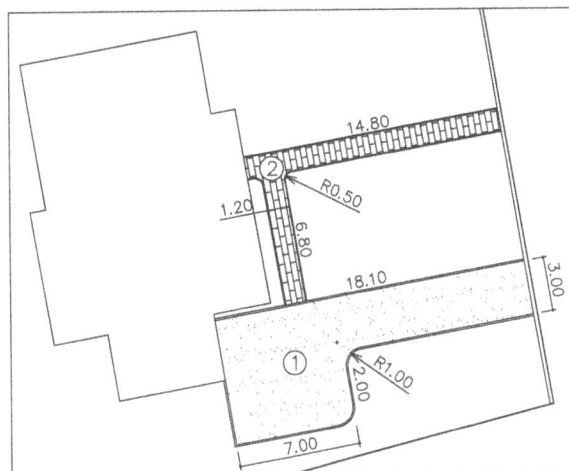

fig. 71 aires des revêtements

1 : Aire d'enrobé. **2** : Aire de pavage

Code	Désignation	U	Qté
01.06.03	Fourniture et mise en place d'un enrobé rouge compris feutre anti contaminant et sous couche de fondation, toutes sujétions de préparation et de réalisation Rectangle : 18.10 x 3.00 = 54.30 Rectangle : 7.00 x 4.00 = 28.00 *Remarque* : même pour un calcul précis, le calcul des secteurs circulaires est inutile car la différence entre l'aire du carré et l'aire du cercle inscrit divisée par 4 est une fois en plus et une fois en moins	m²	82.30
01.06.04	Pavage Rectangle : 14.80 x 1.20 = 17.76 Rectangle : 7.30 x 1.20 = 8.76 Ens. surface	m²	26.52

Remarque : pour un calcul précis, il faut ajouter la différence entre l'aire du carré et l'aire du cercle inscrit divisé par 2 soit
$((1.00 \text{x} 1.00) - \pi \text{ x } 0.50^2)/2 = 0.11 \text{ m}^2$

4.4.7 AMÉNAGEMENT DES ABORDS

Code	Désignation	U	Qté
01.07.01	Tranchées et fourreaux, au départ du garage, pour éclairage extérieur, commande électrique pour portail et portillon Linéaire : 1f 3.30 = 3.30 Linéaire : 1f 15.00 = 15.00 Linéaire : 2f 7.00 = 14.00 Ens. linéaire	m	32.30

01.07.02	Fourniture et pose de clôture en poteaux tubulaires 40 x 40 x 5 mm, entre axe 2,50 m avec scellements par des plots béton en pleine terre, extrémité, angles et milieu de tension avec jambes de force. Fourniture et pose de grillage simple torsion, ht 2,00 m, en acier galvanisé et plastifié fils 2,7 mm, maille 50 mm Localisation : en limites de propriété, sauf voirie (mur de clôture maçonné) Linéaire : 1f 75.00 = 75.00 Linéaire : 1f 24.85 = 24.85 Linéaire : 1f 33.10 = 33.10 Linéaire : 1f 10.10 = 10.10 Linéaire : 1f 28.35 = 28.35 Linéaire : 1f 15.60 = 15.60		
	Ens. linéaire	m	187.00

4.4.8 ESPACES VERTS

Code	Désignation	U	Qté
01.08.01	Engazonnement compris nivellement, épierrage, labours, ensemencement de gazon rustique, cylindrage, arrosage et 1re tonte. Surface de la parcelle : 2545.00 déduire Surface de la construction augmentée de 1 m pour passage aménagé 274.00 Surface d'enrobé 82.18 Surface de pavage 26.81 Ensemble à déduire 383.00		
	Reste	m²	2162.00
01.08.02	Fouilles en trou, fourniture et plantation avec tuteurs, fumure et amendement, apport de terre végétale et drainage, arrosage et, garantie de reprise. Chargement et évacuation des terres excédentaires	U	

4.5 Déterminer le prix de vente d'une unité d'ouvrage

4.5.1 LES HEURES DÉCIMALES

Dans le domaine de l'industrie et du bâtiment il est plus facile d'effectuer les calculs horaires avec des chiffres décimaux, plutôt qu'avec des heures et des minutes.

1 h vaut 60 mn soit 100/100e d'heure ou 1 h décimale.

30 mn représentent donc 50/100e d'heure soit 0,50 h décimale.

45 mn se traduit par 45/60 équivalent à 0,75 h décimale.

4.5.2 SOUS-DÉTAIL DE PRIX D'UN MÈTRE DE TRANCHÉE FILTRANTE

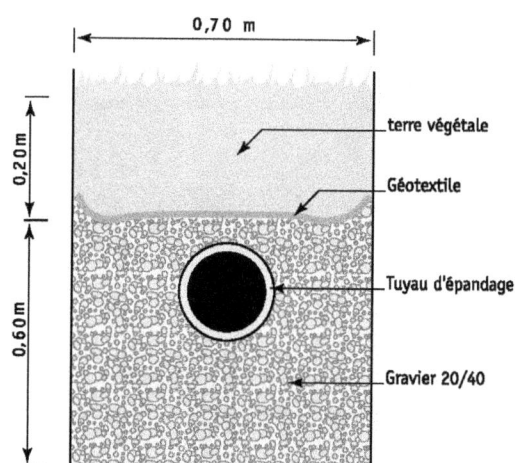

fig. 72 Section de la tranchée filtrante

désignation	U	Q	p	Q + p	PU (€)	MO	MX/ML
gravier 20/40	m³	0,420	10 %	0,46	27,50		12,71
drain PVC diamètre 100	m	1,00	5 %	1,05	1,80		1,89
feutre géotextile	m²	0,90	10 %	0,99	0,46		0,46
terre végétale (en reprise du chantier)	m³	0,14	10 %	0,15			
engin	H	0,15			29,73		4,46
conducteur engin	H	0,15			22,50	3,38	
location dameuse	H	0,25			3,71		0,93
ouvrier d'exécution	H	0,25			19,81	4,95	
					Totaux	8,33 €	20,44 €
					TOTAL DS	28,76 €	

U : unité pour le calcul du DS (différent de l'unité de conditionnement, m² de peinture vendue au litre, en pot)

Q : quantité réellement mise en œuvre (au sens de l'avant-métré)

p : % pour pertes

Q + p : quantité à approvisionner (à acheter) Q+p= Q(1+p/100) ou Q+p= Q(1+p) selon l'expression de p

MO : main-d'œuvre productive pour l'unité d'œuvre

MX/ML : matériaux pour 1 m de tranchée filtrante

4.5.3 SOUS-DÉTAIL DE PRIX D'UNE FOSSE TOUTES EAUX

désignation	U	Q	p	Q + p	PU (€)	MO	MX/ML
fosse toutes eaux 3000 l avec préfiltre	U	1			731,02		731,02
tampons surhaussés	U	2			130,08		260,16
sable de rivière	m³	1,000	10%	1,100	33,73		37,10
divers	F	1					80,00
engin	H	3			29,73		89,19
conducteur d'engin	H	3			22,50		67,50
dameuse	H	3			3,71		11,13
compagnon professionnel	H	3			22,50	67,50	
ouvrier d'exécution	H	7			18,46	129,22	
					Totaux	196,72 €	1 276,10 €
					TOTAL DS	1 472,82 €	

4.5.4 CONCLUSION

Les valeurs ainsi obtenues, sur lesquelles sera appliqué le coefficient multiplicateur d'entreprise, deviendront des prix de vente à intégrer dans le DQE.

drain	28,76	multiplié par 1,34	égal	38,54 € ht
fosse	1 472,82	multiplié par 1,34	égal	1973,58 € ht

NOTE : voir thème 1 pour les calculs du coefficient multiplicateur.

Massif de grue à tour

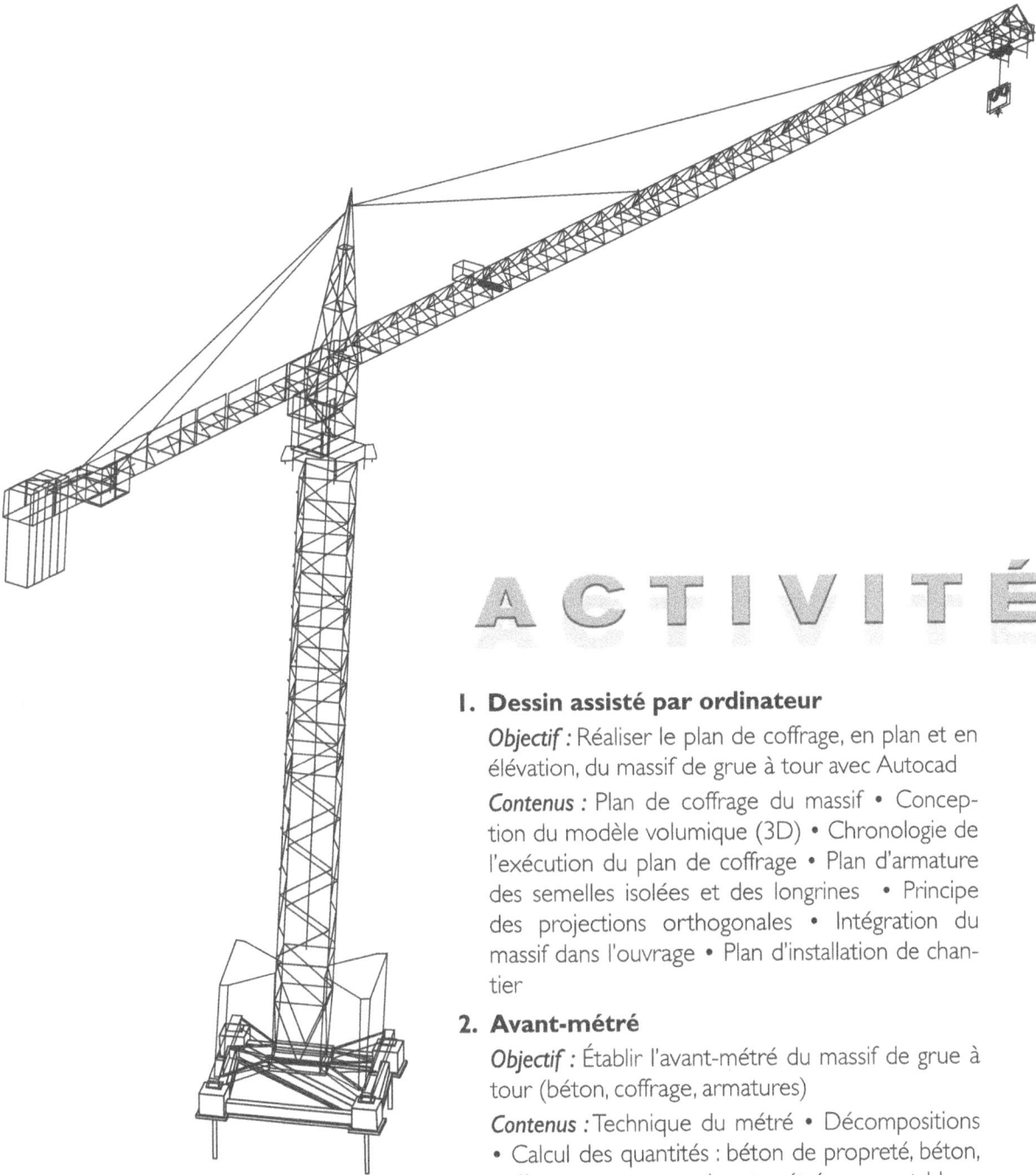

ACTIVITÉS

1. Dessin assisté par ordinateur

Objectif : Réaliser le plan de coffrage, en plan et en élévation, du massif de grue à tour avec Autocad

Contenus : Plan de coffrage du massif • Conception du modèle volumique (3D) • Chronologie de l'exécution du plan de coffrage • Plan d'armature des semelles isolées et des longrines • Principe des projections orthogonales • Intégration du massif dans l'ouvrage • Plan d'installation de chantier

2. Avant-métré

Objectif : Établir l'avant-métré du massif de grue à tour (béton, coffrage, armatures)

Contenus : Technique du métré • Décompositions • Calcul des quantités : béton de propreté, béton, coffrage, armatures • Avant-métré avec un tableur

3. Étude de prix

Objectif : Déterminer le déboursé horaire main-d'œuvre

Contenus : Le calcul du temps total productif • Le déboursé horaire d'ouvrier • Les déboursés horaires d'équipe et d'ouvrier moyen • Conclusion

5.1 Plan de coffrage du massif de grue

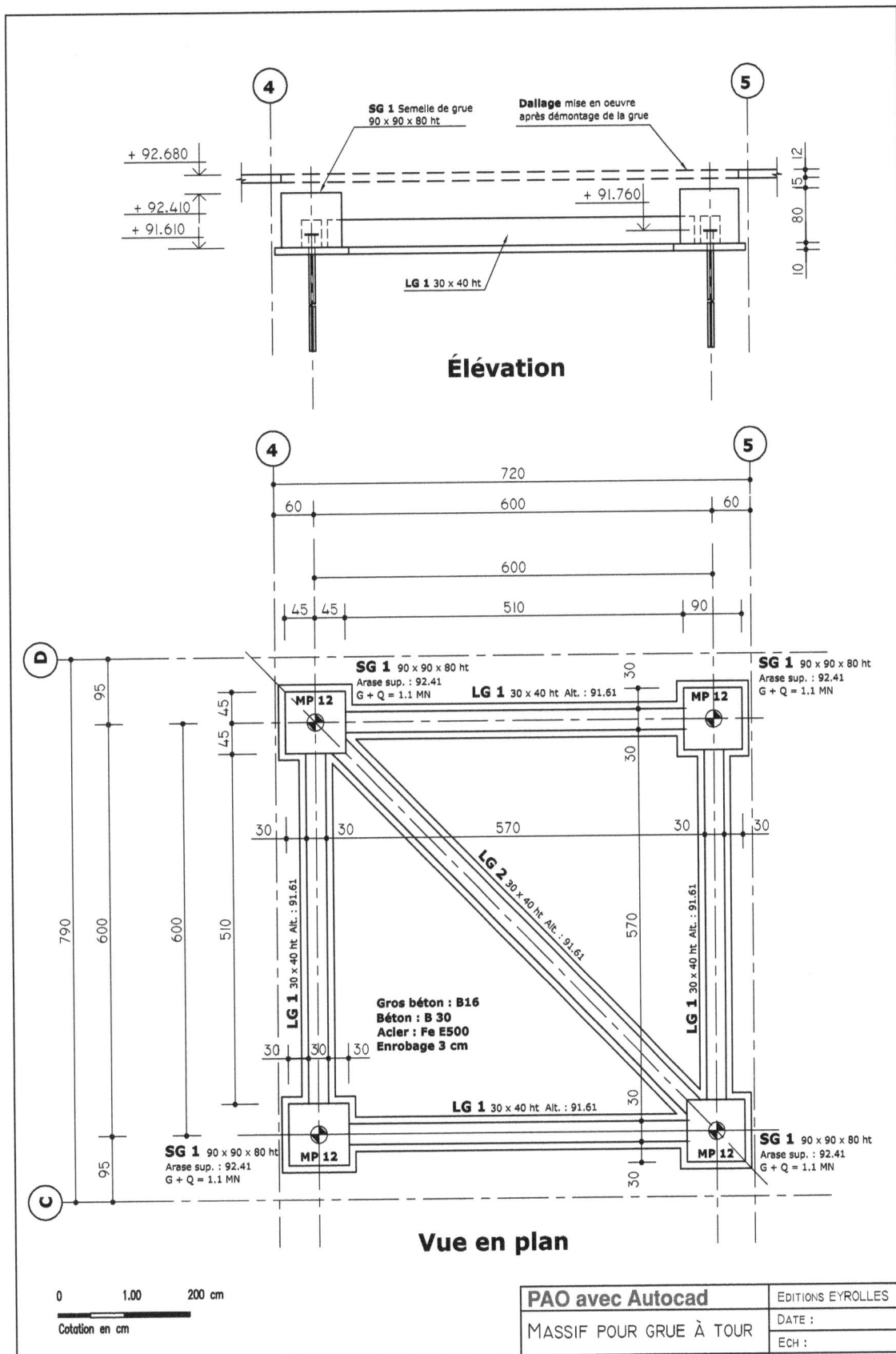

4 **5**

SG 1 Semelle de grue
90 × 90 × 80 ht

Dallage mise en oeuvre
après démontage de la grue

+ 92.680

+ 92.410
+ 91.610

+ 91.760

15 12
80
10

LG 1 30 × 40 ht

Élévation

4 **5**

720

60 600 60

600

45 45 510 90

D

95

45 45

MP 12

SG 1 90 × 90 × 80 ht
Arase sup. : 92.41
G + Q = 1.1 MN

LG 1 30 × 40 ht Alt. : 91.61

30

MP 12

SG 1 90 × 90 × 80 ht
Arase sup. : 92.41
G + Q = 1.1 MN

30 30 570 30 30

LG 2 30 × 40 ht Alt. : 91.61

510

LG 1 30 × 40 ht Alt. : 91.61

LG 1 30 × 40 ht Alt. : 91.61

790 600 600

570

Gros béton : B16
Béton : B 30
Acier : Fe E500
Enrobage 3 cm

30 30 30

LG 1 30 × 40 ht Alt. : 91.61

30

MP 12

SG 1 90 × 90 × 80 ht
Arase sup. : 92.41
G + Q = 1.1 MN

MP 12

SG 1 90 × 90 × 80 ht
Arase sup. : 92.41
G + Q = 1.1 MN

95

C

Vue en plan

0 1.00 200 cm

Cotation en cm

PAO avec Autocad	EDITIONS EYROLLES
MASSIF POUR GRUE À TOUR	DATE :
	ECH :

fig. 1 dessin à réaliser

5.2 Conception du modèle volumique

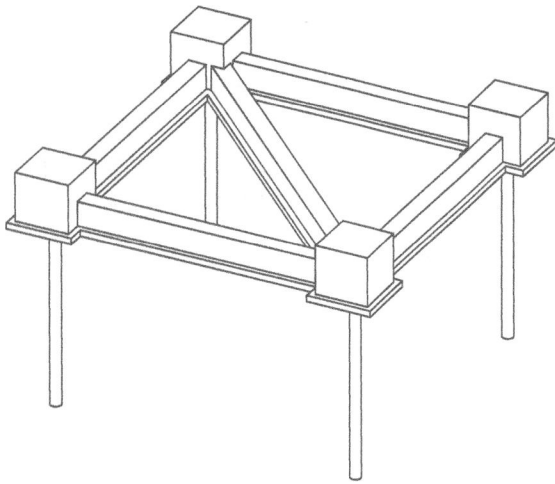

fig. 2 modèle volumique à obtenir

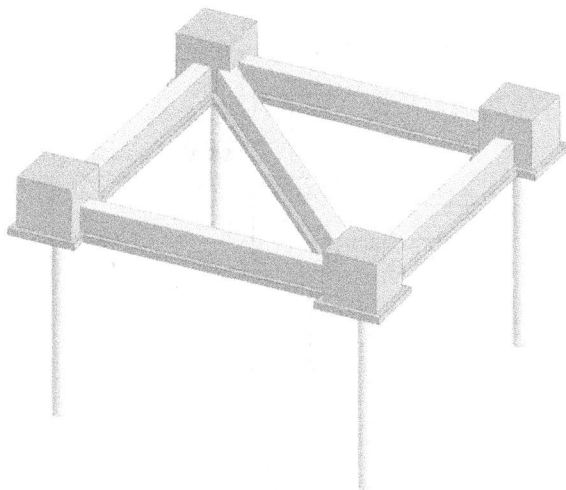

fig. 3 rendu du modèle volumique

5.2.1 MICRO PIEU

Y, X — Plan Horizontal Altitude 0	Z, Y, X — Z = - 3.50
Primitive : Disque	Obtention du volume : Extrusion

fig. 4 modèle volumique

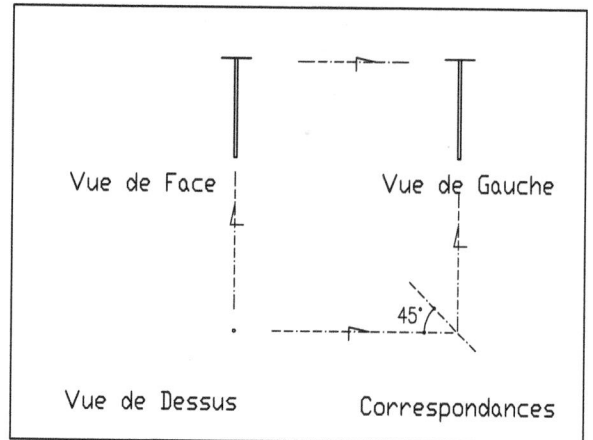

fig. 5 projections orthogonales

REMARQUE : la longueur du micro pieu n'est que figurative. Sa représentation réelle diminuerai la taille de l'ensemble des dessins et bien des détails n'apparaîtraient plus.

5.2.2 PLATINE

Y, X — Plan Horizontal Altitude 0	Z, Y, X — Z = 5
Primitive : Carré	Obtention du volume : Extrusion
Opération booléenne : Union	Rendu

fig. 6 modèle volumique

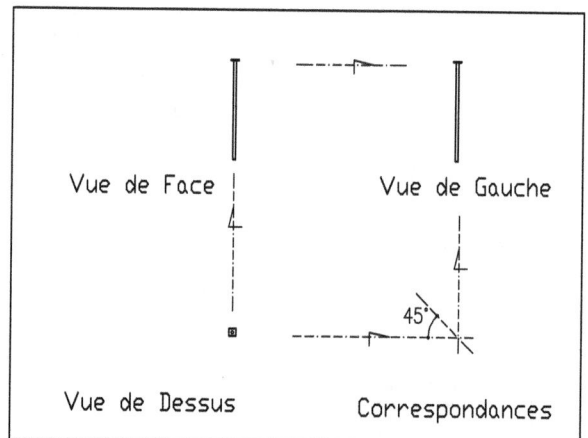

fig. 7 projections orthogonales

5.2.3 Semelle isolée

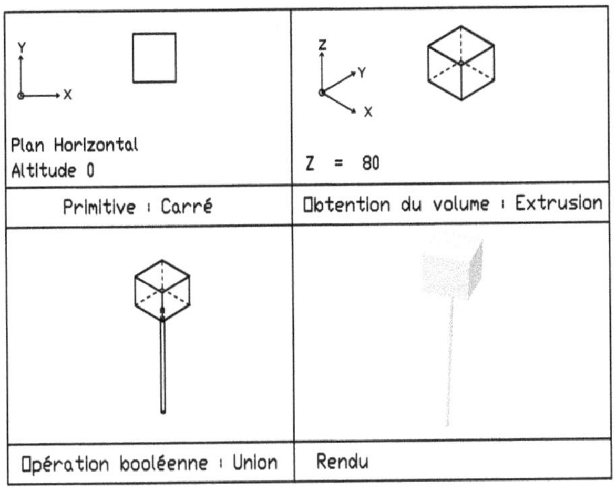

 Plan Horizontal Altitude 0	 Z = 80
Primitive : Carré	Obtention du volume : Extrusion
Opération booléenne : Union	Rendu

fig. 8 modèle volumique

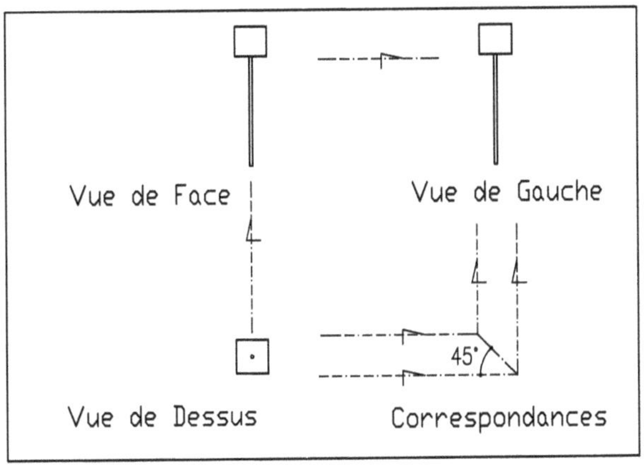

Vue de Face

Vue de Gauche

Vue de Dessus

Correspondances

fig. 9 projections orthogonales

5.2.4 Longrine

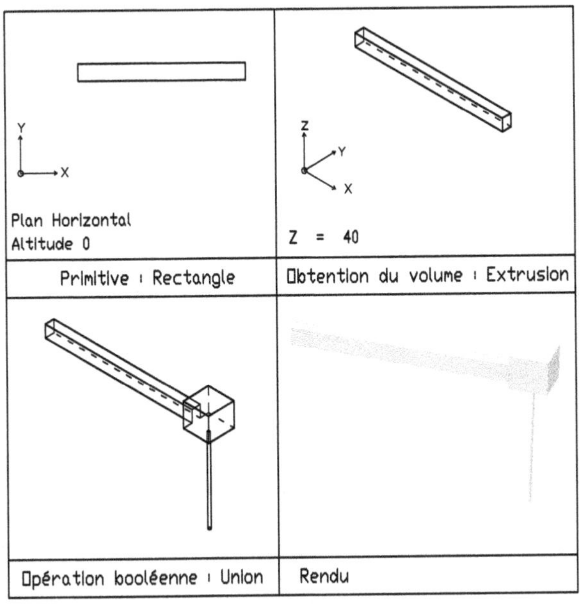

 Plan Horizontal Altitude 0	 Z = 40
Primitive : Rectangle	Obtention du volume : Extrusion
Opération booléenne : Union	Rendu

fig. 10 modèle volumique

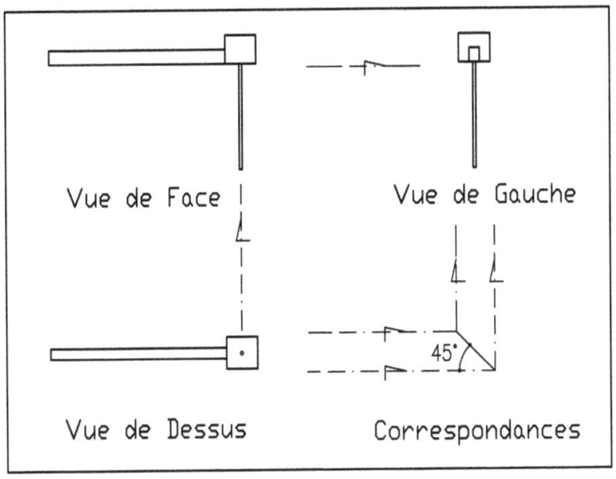

Vue de Face

Vue de Gauche

Vue de Dessus

Correspondances

45°

fig. 11 projections orthogonales

5.2.5 Béton de propreté

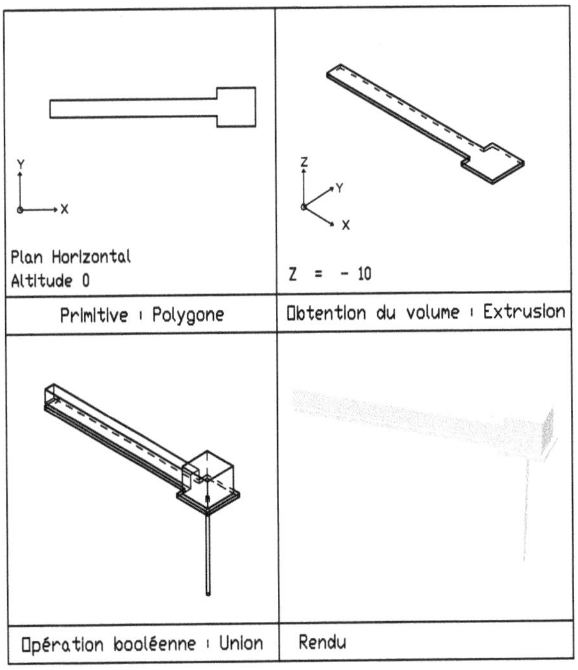

 Plan Horizontal Altitude 0	 Z = - 10
Primitive : Polygone	Obtention du volume : Extrusion
Opération booléenne : Union	Rendu

fig. 12 modèle volumique

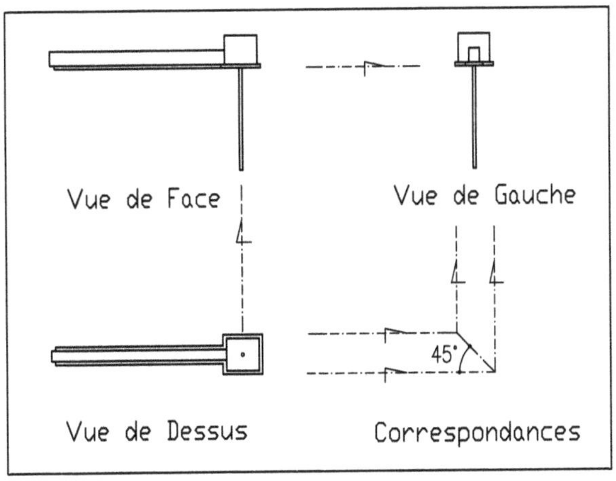

Vue de Face

Vue de Gauche

Vue de Dessus

Correspondances

45°

fig. 13 projections orthogonales

5.2.6 Ensemble micro-pieux, semelles, longrines

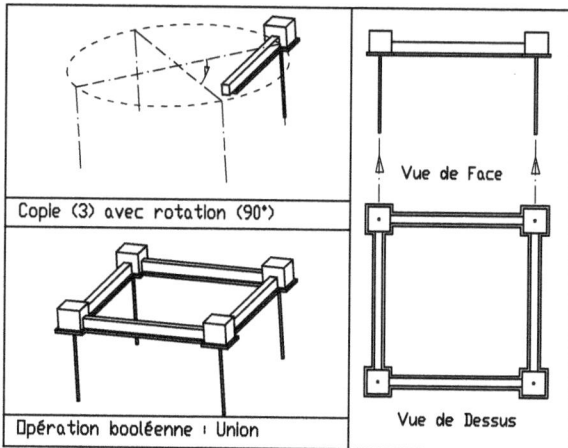

fig. 14 modèle volumique et projections orthogonales selon 2 vues

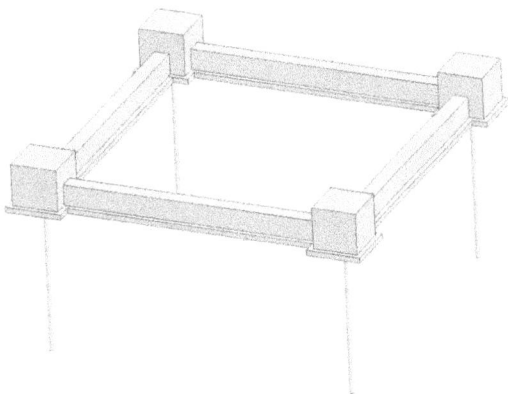

fig. 15 rendu du modèle volumique

5.2.7 Longrine en diagonale

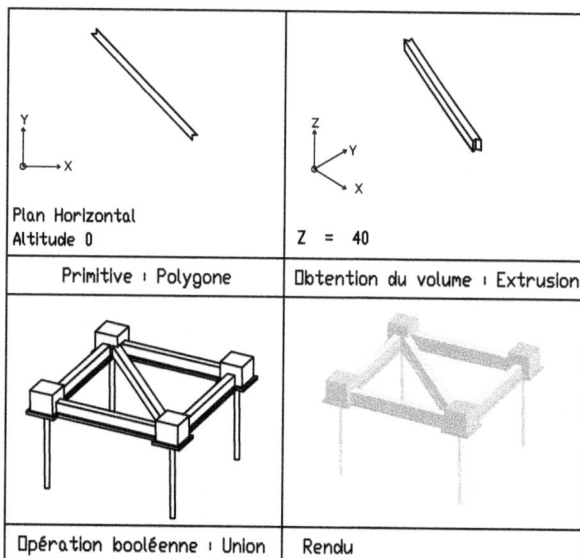

fig. 16 modèle volumique

5.3 Chronologie d'exécution du massif de grue avec Autocad

5.3.1 Introduction

Objectif : réaliser le plan de coffrage du massif de grue à tour :

▶ en plan (ou vue de dessus)

▶ en élévation (ou vue de face)

Ces 2 vues, représentées en correspondance, seront construites en parallèle.

5.3.1.1 Composition du massif en béton armé

Il est constitué de :

- 4 semelles, entre axes 6.00 m, de 0.90 × 0.90 × 0.80^{ht} fondées sur des micro-pieux Ø 18 cm
- 5 longrines (4 péri métriques et une suivant la diagonale) de 0.30 × 0.40^{ht}, reliant les semelles, qui reprennent les efforts horizontaux produits par la rotation de la flèche
- d'un béton de propreté de 10cm d'épaisseur moyenne.

Cette seule description, avec sa position par rapport aux axes des files des poteaux, permet la réalisation du coffrage du massif.

Néanmoins, une représentation graphique cotée est nécessaire pour :

- Calculer et fabriquer les armatures.
- Déterminer les quantités de matériaux et le prix du massif.
- Fournir les plans au chef de chantier pour planifier (temps, matériaux) et réaliser le massif.

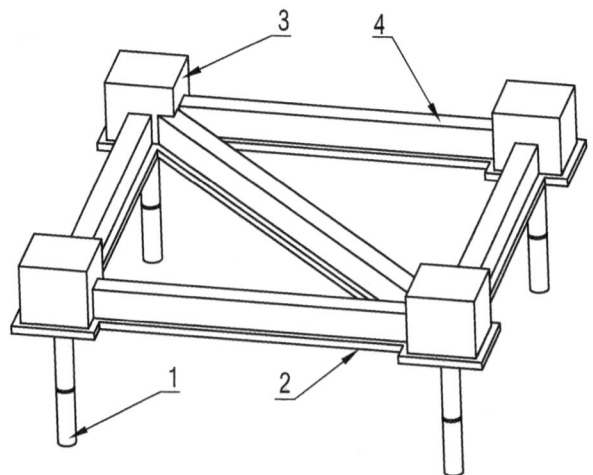

fig. 17 perspective du massif

1 : Micro-pieux Ø 180 mm. La longueur représentée est réduite. Elle ne correspond pas à la longueur réelle (≈ 10 m) pour ne pas diminuer la dimension des autres éléments.

2 : Béton de propreté : ep. moyenne 10 cm, débord 10 cm

3 : Béton armé pour semelles (ou plots) 0.90x0.90x0.80^{ht}

4 : Béton armé pour longrines 0.30x0.40^{ht} reliant les semelles

NOTE : les micro-pieux, constitués de tubes métalliques injectés d'un coulis de ciment, sont des fondations profondes de hauteurs et de diamètres variables fonction de la nature du sol et des charges verticales à reprendre. Ils sont dimensionnés au frottement et ne reprennent que des efforts normaux. Les efforts horizontaux, engendrés par la rotation du fût, sont repris par le frottement des semelles et longrines sur le sol car la nature du sol, non remanié, le permet.

fig. 18 forage des micro-pieux

5.3.1.2 Fichier téléchargeable

massif.dwg à l'adresse internet www.editions-eyrolles.com contenant :

1 les calques :
- axe
- cotation
- élévation arêtes vues
- élévation arêtes cachées
- esquisse
- vue en plan
- lignes de rappel
- texte

2 le bloc « micro-pieu » en plan

Les dimensions seront exprimées en cm.

Le carré de 6 m de côté, matérialisant les axes du massif, servira de tracé de base.

5.3.2 LES ÉTAPES DE LA REPRÉSENTATION

Vue en plan

    Axes d'implantation du massif
    Semelles et micro-pieux
    Longrines
    Béton de propreté

Élévation

    Lignes horizontales des semelles et des longrines
    Lignes de rappel verticales pour correspondance entre les vues

Cotation

    Des longueurs
    Des altitudes
    De repérage

Sortie imprimante

5.3.3 PRÉPARATION DES CALQUES

Les calques sont créés pour contenir soit :
- les différents éléments (béton de propreté…) ;
- les différentes vues (vue en plan…) ;
- les différents types de ligne (axe, continu…).

Alors il y aura plusieurs types de ligne par calque ou beaucoup de calques avec peu de ligne.

Toutes ces options offrent des avantages et des inconvénients.

▷ **POUR CRÉER UN CALQUE**

1   ou menu « format, calque »
2   bouton « NOUVEAU »
3   remplacer « calque1 » par « axe », définir la couleur (peut avoir de l'influence sur l'épaisseur lors de l'impression), le type de ligne « AXES » (bouton « CHARGER » si ce type n'existe pas)
4   continuer la création des calques par « NOUVEAU » et fermer la fenêtre par « OK »

Avant tout tracé, choisir le calque adapté.

5.3.4 VUE EN PLAN OU VUE DE DESSUS

▷ **POUR TRACER LES AXES DU MASSIF, LES SEMELLES, LES MICRO PIEUX**

Dans le calque axe

1   Rectangle : 1er sommet : point quelconque,
2e sommet : @600,600 ↵ au clavier dans la fenêtre des commandes pour les axes du massif

    @ obtenu avec les touches alt gr et 0 du clavier permet un positionnement relatif du 2e point par rapport au 1er.

    600 selon l'axe des X et 600 selon l'axe des Y correspondent aux distances en cm entre les axes des platines du châssis de la grue.

    Les coordonnées sont séparées par une virgule.

2   Ligne (calage point actif) pour la diagonale entre les 2 sommets du rectangle

Dans le calque semelle

3 ☐ Rectangle : 1er sommet calé sur un sommet du carré des axes et @90,90 ↵ pour une semelle

4 ✛ Déplacer, sélection du rectangle de la semelle ↵ d'un point quelconque puis @-45,-45 ↵ pour le centrer sur l'intersection des axes déjà tracés (correspond au centre du carré de 90 × 90).

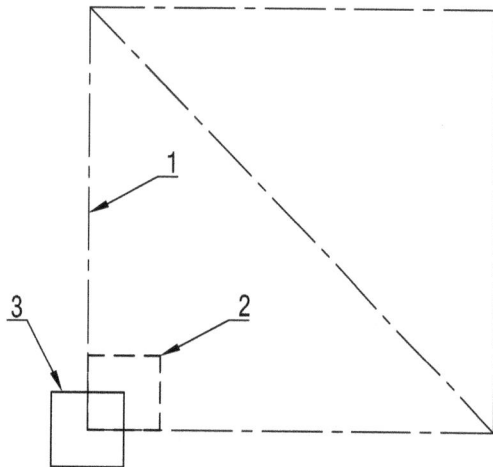

fig. 19 rectangles (carrés) du massif et de la semelle

1 : axes du massif
2 : semelle calée sur un angle du massif
3 : déplacement de la semelle

REMARQUE : la semelle peut être positionnée directement à l'aide du calage « depuis » (à partir du menu contextuel affiché avec Ctrl + 🖱 droit).

5 ⊙ Cercle centre : un sommet du massif, 9 ↵ pour un de rayon 9 cm du micro pieu

6 ou 🔲 insérer le bloc, dans la liste : « micro-pieu » inclus dans le fichier téléchargé

REMARQUE : le micro pieu, surmonté d'une platine noyée dans la semelle, est caché (en trait interrompu selon la norme) mais sa représentation est simplifiée, symbolisée pour un meilleur repérage.

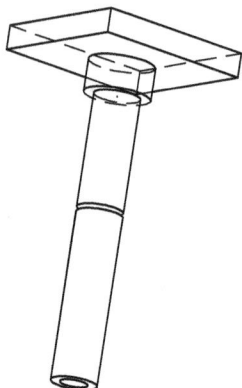

fig. 20 platine métallique en tête du micro pieu

fig. 21 photo de la platine

7 🔲 Copier, sélection de la semelle et du micro pieu ↵ ,m ↵ (comme multiple au clavier), du 1er sommet du carré du massif aux 3 autres sommets de ce carré

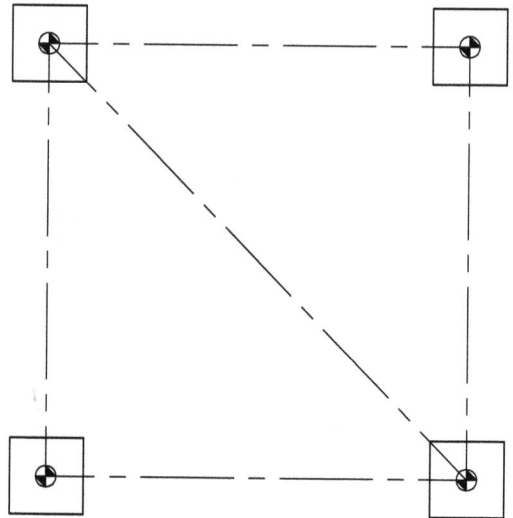

fig. 22 dessin obtenu après copie multiple

▷ POUR TRACER LES LONGRINES

1 🔲 Décaler, 15 ↵, sélection d'un axe vertical, point quelconque à gauche, sélection axe, point quelconque à droite. Puis au dessus et au dessous pour les axes horizontaux

2 🔲 Ajuster, 🖱 droit sur les semelles, 🖱 gauche sur les extrémités des segments à couper

3 Sélectionner les segments représentant les longrines et les placer dans le calque « longrines » soit :
– avec le 🖱 droit qui affiche un menu contextuel où le nom « propriétés » ouvre la fenêtre des propriétés permettant ces modifications
– en choisissant le calque dans la liste située dans la barre d'outils

Les traits deviennent continus et la couleur est modifiée.

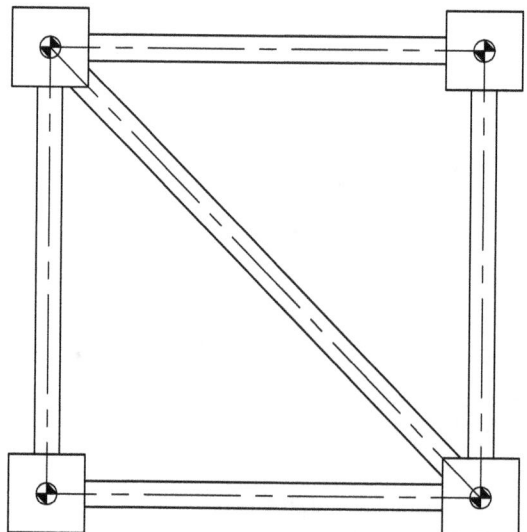

fig. 23 tracé des longrines après décalages et ajustements

▷ **POUR TRACER LE BÉTON DE PROPRETÉ**

Comme le béton de propreté dépasse de 10 cm les contours existants, il suffit de les décaler soit directement soit en traçant préalablement une polyligne.

1   ⤺ Polyligne calée sur les points existants pour définir les contours extérieurs et intérieurs

2   ☁ Décaler, 10 ↵ sélection contour précédemment créé, point quelconque du coté souhaité. Répéter l'opération.

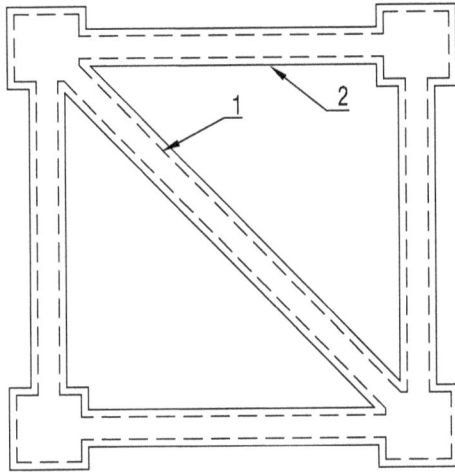

fig. 24 tracé du béton de propreté (2) obtenu par décalage de la polyligne (1)

<u>REMARQUES</u> :

1   Le béton de propreté peut être obtenu par décalage direct des longrines mais les extrémités des segments deviennent disjointes. Elles doivent être ajustées ou prolongées. Par contre le tracé des polylignes, contours des longrines, donne après décalage un tracé sans retouche à faire.

2   La fonction contour dans le menu dessin, trace la ligne 1 instantanément.

5.3.5 VUE DE FACE OU ÉLÉVATION

▷ **POUR TRACER LES LIGNES HORIZONTALES DES SEMELLES ET DES LONGRINES**

Les lignes horizontales sont espacées de la hauteur des éléments en béton armé : semelle, longrine…

1   ╱ Ligne 1 (en mode ortho) d'une longueur quelconque à une distance quelconque de la vue dessus mais suffisamment éloignée pour représenter la hauteur du micro-pieu et la cotation.

2   ☁ Décaler, 10 ↵ , sélection ligne 1, point quelconque du coté souhaité pour l'épaisseur du béton de propreté ⇒ ligne 2 (↵ ou barre d'espace pour interrompre la commande, (↵ ou barre d'espace pour rappeler la fonction car la valeur du décalage es différente)

3   ☁ Décaler, 40 ↵, ligne 2 pour la hauteur des longrines ⇒ ligne 3

4   ☁ Décaler, 80 ↵, ligne 2 pour la hauteur des semelles ⇒ ligne 4 ou décalage de 40 la ligne 3

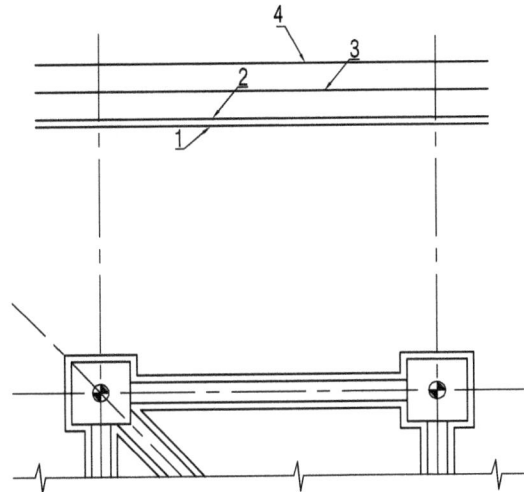

fig. 25 lignes 2, 3, 4 obtenues par décalage de la ligne (1)

▷ **POUR TRACER LES LIGNES VERTICALES**

Les lignes verticales sont dans le prolongement de la vue de dessus.

Les premières sont obtenues par des lignes verticales issues de la vue de dessus puis ajustées (lignes 1 et 2).

Les suivantes sont obtenues par copie multiple avec un calage sur la vue de dessus.

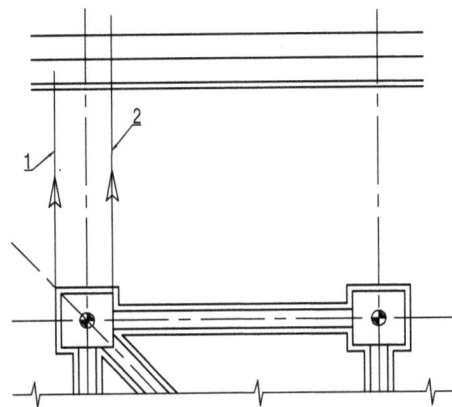

fig. 26 lignes en correspondance

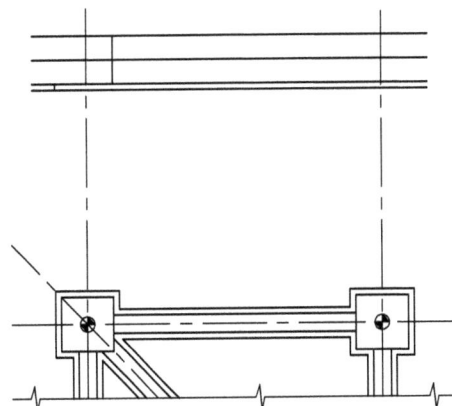

fig. 27 lignes à copier après ajustements

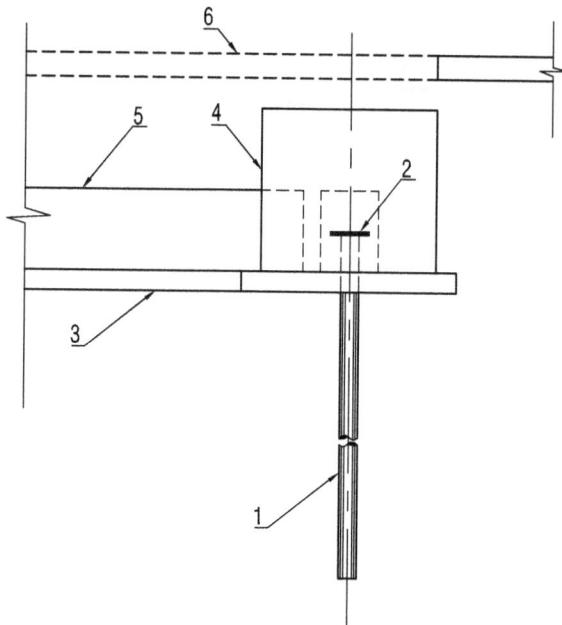

fig. 28 détail d'un angle avec matérialisation du cylindre interrompu du micro pieu

1 : micro-pieu « interrompu » pour indiquer une hauteur variable

2 : platine métallique en tête du micro-pieu

3 : béton de propreté

4 : semelle béton armé

5 : longrine béton armé

6 : forme en béton, ep = 12 cm dont une partie est mise en œuvre après démontage de la grue d'où sa représentation en traits interrompus

5.3.6 COTATION

Dans le calque axe

Elle présente 2 aspects :

- une cotation dimensionnelle (essentiellement des nombres directement en relation avec la longueur représentée) ;
- une cotation de repérage (essentiellement du texte, sans relation avec la longueur représentée) avec une nomenclature associée.

Dans le génie civil, la cotation est fonction de la vue représentée.

Elle est différente :

- sur une vue de dessus (appelée plan ou vue en plan) ;
- sur une vue de face (appelée élévation) ;
- sur une coupe verticale abordée dans le thème **9**.

5.3.6.1 Cotation de la vue de dessus

Cotation dimensionnelle :

- Cotes entre axes des semelles
- Dimensions et position des semelles
- Longueur et largeur des longrines
- Débord du béton de propreté

- Position du massif par rapport aux files d'implantation du bâtiment

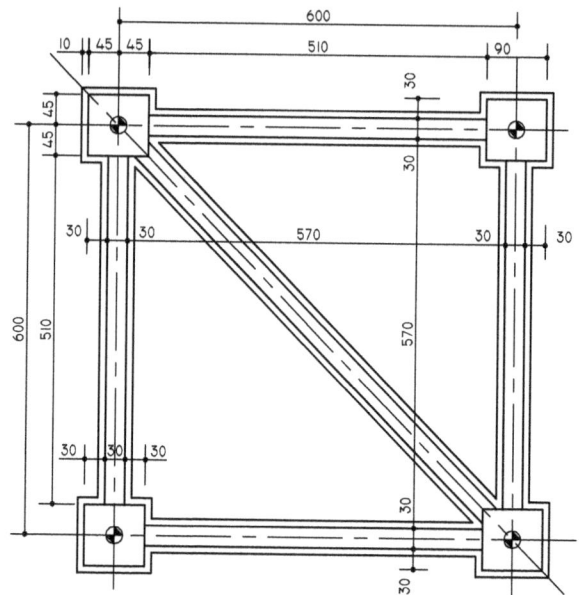

fig. 29 exemple de cotation dimensionnelle du massif

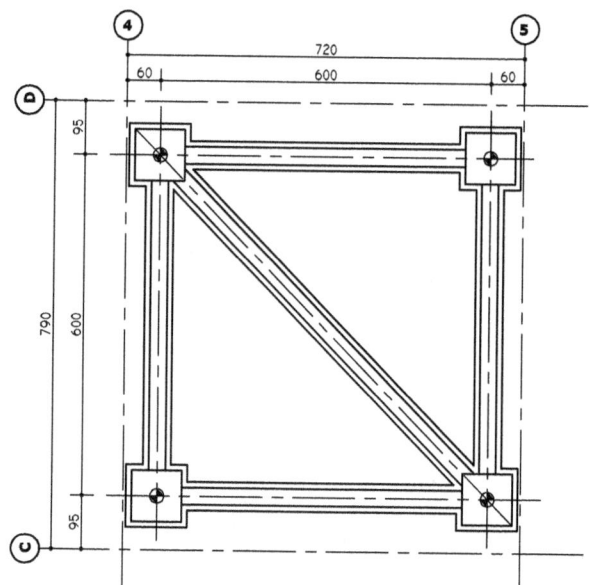

fig. 30 cotation du massif par rapport aux files C, D, 4 et 5

▷ POUR COTER LES LONGUEURS

La création d'un (ou plusieurs) styles de cote permet une cotation uniforme avec l'avantage d'une mise à jour automatique des cotes créées lorsque le style est modifié.

I 　 ou menu « Format, style de cotes » pour créer un style de cotes sur la base ou non d'un style existant avec en particulier les onglets :

- lignes et flèches
- texte
- ajuster
- unités principales

Paramétrage d'un style de cote

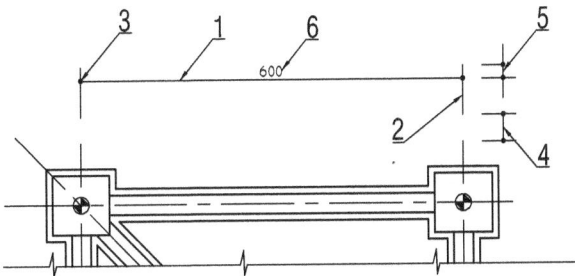

fig. 31 définition des termes utilisés

1 : ligne de cote ; options : couleur, épaisseur de ligne, visible ou non

2 : ligne d'attache ; options : couleur, épaisseur de ligne, visible ou non

3 : pointes de flèches (ou extrémités des lignes de cotes) ; options : taille et types comme flèches, points... ou définies par l'utilisateur

4 : décalage ; distance entre le point coté et le début de la ligne d'attache

5 : extension : dépassement de la ligne d'attache par rapport à la ligne de cote

6 : texte ; options : style, couleur, hauteur, position par rapport à la ligne d'attache

EXEMPLES DE VALEURS À RENSEIGNER :

- onglet lignes et flèches en unité de dessin, ici le cm :
  Ligne d'attache : Étendre 20, Décalage 30,
  Pointe de flèches : Petit point
  Taille : 30

- onglet texte :
  Aspect : Hauteur 15 ou 20
  Position : Vertical au dessus, Horizontal centré,   Décalage 5

- onglet unités principales :
  Précision 0, Échelle de mesure 1

REMARQUE : pour une cotation automatique en mètre, sur le même dessin, il suffit de reprendre la fonction 🔧, de choisir nouveau (la nommer « en_mètre » par exemple) à partir du style précédemment créé et de remplacer et de saisir dans l'onglet unités principales : Précision 0.00, Échelle de mesure 0.01.

Selon le style choisi avant de commencer la cotation, elle est automatiquement en centimètre (échelle de mesure 1) ou en mètre (échelle de mesure 0.01)

2 ⊢⊣ ou menu « cotation, linéaire » pour les segments isolés

3 ⊢⊣ ou menu « cotation, continue » pour plusieurs cotes sur la même ligne

Cotation de repérage

- Nom, dimension et altitude des semelles et des longrines

- Caractéristiques :
  - des charges transmises par le châssis de la grue à tour ;
  - des matériaux ;
  - des arases.

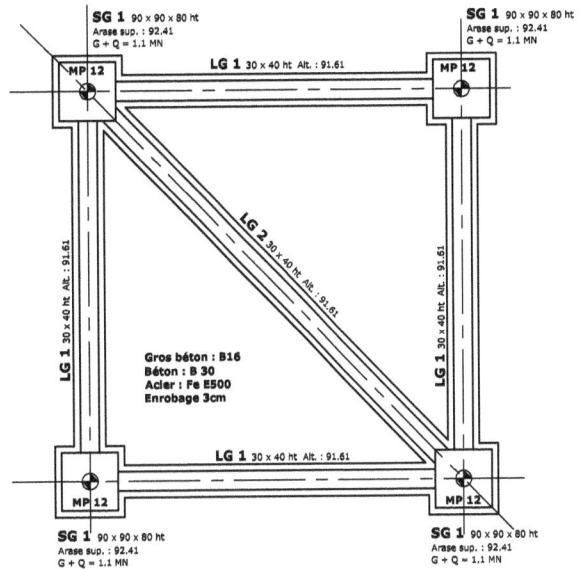

fig. 32 cotation de repérage des semelles et des longrines

▷ **POUR INSÉRER LES TEXTES**

Soit :

A ou menu « Dessin, texte, texte multiligne » demande une zone d'écriture puis ouvre une fenêtre « éditeur de texte » avec choix des polices, du style, de la taille, de la justification… avec la possibilité d'avoir des polices et des tailles différentes dans le même bloc de texte, ce qui n'est pas possible avec la fonction ci après. OK pour fermer la fenêtre.

Soit :

A ou menu « Dessin, texte, ligne » pour écrire sur une seule ligne après avoir choisi le point de départ, la hauteur (20 ↵ par exemple pour 20 unités de dessin, ici des cm), l'angle de rotation 0 ↵ ; valider 2 fois pour terminer la saisie

5.3.6.2 Cotation de la vue de face

Contrairement à l'esprit général de la cotation, en génie civil, elle est surabondante car indiquée plusieurs fois. Comme la dimension des ouvrages impose des grands plans ou une feuille pour la vue en plan et une feuille pour l'élévation, Il faut éviter d'avoir à chercher ou à calculer les cotes sur le chantier.

Aux cotations déjà citées s'ajoute la cotation des niveaux ou des altitudes selon le plan de référence.

C'est une cote verticale précédée d'un signe + ou − selon qu'elle est au dessus ou au dessous du niveau 0. Ce niveau 0.000 peut être local ou NGF pour niveau général de la France. Dans cet exemple, les niveaux sont NGF.

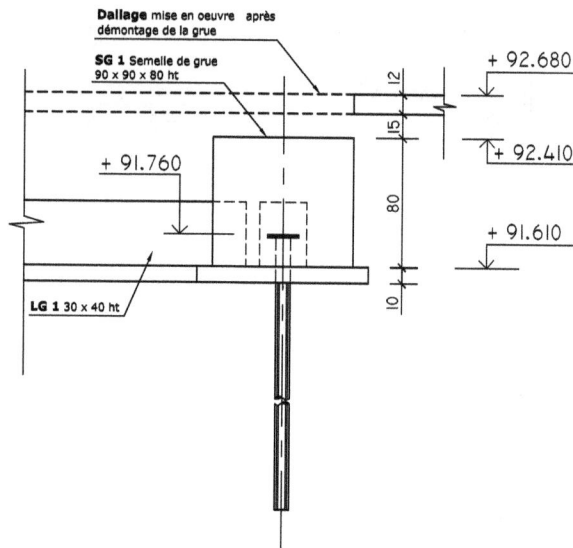

Dallage mise en oeuvre après
démontage de la grue

SG 1 Semelle de grue
90 x 90 x 80 ht

+ 92.680

+ 91.760

+ 92.410

+ 91.610

LG 1 30 x 40 ht

*fig. 33 détail inclus dans la vue en plan des fondations
de l'ouvrage*

5.3.7 IMPRIMER LE DESSIN

Selon le périphérique de sortie disponible, l'impression est possible : sur format A4 (210 mm par 297 mm), surface utile 190 mm par 277 mm avec un cadre à 10 mm, à l'échelle 1/50ᵉ.

Elle peut se faire directement à partir de l'espace **objet** avec 2 possibilités :

1 tracer un cadre qui défini les marges à 10 mm du format A4 et sert de calage lors de la saisie de la fenêtre d'impression (option 1)

2 imprimer sans cadre (option 2)

Elle peut aussi se faire à partir de l'espace **papier** (option 3).

Option 1 : espace objet en dessinant un cadre

Dimensions du cadre pour un A4 :

190 mm par 277 mm de surface utile

Pour une échelle 1/50 ou 0.02, ses dimensions dans l'espace objet deviennent :

190 mm × 50 = 9 500 mm = 950 cm (950 unité de travail)

277 mm × 50 = 13 850 mm = 1 385 cm

Rectangle à tracer : 1ᵉʳ point quelconque, 2ᵉ point de coordonnées @950,1385⏎ (éventuellement à déplacer avec la fonction ✛ pour encadrer les objets à imprimer).

▷ **POUR IMPRIMER**

1 🖨 ou menu « fichier, imprimer »

2 Onglet « Périphérique de traçage » permet de choisir le traceur ou l'imprimante, la table des styles de tracé pour les différentes épaisseurs de trait

3 Onglet « Paramètres du tracé »

Format du papier : A4, portrait, mm

Fenêtre : cliquer sur 2 sommets opposés du cadre (rectangle de 950 par 1 385)

Échelle du tracé : personnaliser 1 mm pour 5 unités de dessin (comme l'unité est en cm, 1 mm pour 5 cm soit 1 mm pour 50 mm = 1/50ᵉ)

Centrer le tracé

Aperçu total

⏎

4 OK pour commencer l'impression

Option 2 : espace objet sans cadre

Permet de passer directement à l'impression en suivant la procédure de l'option 1, mais comme il n'y a pas de guide pour définir la fenêtre d'impression, la fenêtre est quelconque. C'est plus d'approximatif et il est parfois nécessaire de recommencer la saisie de la fenêtre.

Échelle du tracé sur A4 : 1 mm pour 5 unités de dessin

Option 3 : espace papier

Le passage à l'espace papier s'effectue en cliquant sur l'onglet situé à droite de l'onglet objet.

Apparaît une fenêtre « configuration de tracé », également accessible par le menu « Fichier, Mise en page » qui permet de choisir :

• Onglet : périphérique de traçage

Le traceur ou l'imprimante installés

La table du style de tracé (couleurs et épaisseurs des traits)

• Onglet : mise en page

Format du papier : A4, mm

Orientation : portrait

Échelle : 1:1

Une fenêtre, ajustée au dessin, est automatiquement créée. Soit :

• la sélectionner et la modifier avec l'option « propriétés »

🖰 gauche sur la fenêtre pour la sélectionner

🖰 droit affiche un menu contextuel où l'option « propriétés » ouvre la fenêtre des propriétés permettant les modifications :

– dans la rubrique géométrie : hauteur 277 et largeur 190 pour un A4

– dans la rubrique divers : échelle personnalisée 0.2

• la sélectionner et la supprimer pour en créer une nouvelle.

▷ **POUR REDÉFINIR LA FENÊTRE**

5 Dans le menu « Affichage, Fenêtres, Nouvelles fenêtres » OK

6 0,0 ⏎

7 190,277 ⏎ pour un A4 vertical avec un cadre de 10 mm

Par défaut, l'échelle du dessin est calculée maximale en fonction des objets à représenter et du format de la sortie papier.

▷ **POUR INDIQUER L'ÉCHELLE PRÉCISE**

Méthode I

1 🖱 gauche sur la fenêtre pour la sélectionner

2 🖱 droit affiche un menu contextuel où l'option « propriétés »
ouvre la fenêtre des propriétés permettant les modifications :

   o dans la rubrique géométrie : hauteur 277 et largeur 190
   pour un A4

   o dans la rubrique divers : échelle personnalisée 0.2

Méthode 2

1 dans la barre d'état, un clic sur « papier », sans quitter l'onglet
« présentation », affiche « objet ».

2 Écrire dans la fenêtre de commande :

3 ZOOM ↵

4 E ↵ (comme échelle)

5 0.2xp ↵ trace 0.2 mm pour 1 unité de dessin (1cm) soit
0.2 mm pour 10 mm soit 2/100, soit 1/50^e

6 retour dans l'espace papier. Dans la barre d'état, clic
sur« objet » affiche « papier »

<u>REMARQUE</u> : la molette centrale de la souris appuyée permet un
déplacement de l'ensemble du dessin par rapport à la fenêtre.

▷ **POUR IMPRIMER**

1 🖨 ou menu « fichier, imprimer »

2 le bouton « fenêtre » permet de définir la zone de tracé à
caler sur les sommets de la fenêtre créée

3 Aperçu total

4 ↵

5 OK pour commencer l'impression

<u>REMARQUES</u> :

Dans l'espace papier, l'échelle est de 1 pour 1.

Cette solution, qui paraît plus compliquée est mise en place
une fois puis réutilisée. Elle permet aussi de créer plusieurs
fenêtre avec des échelles différentes.

5.4 Intégration du massif dans l'ouvrage

Le massif n'est qu'un élément de la vue en plan des fondations.

La grue à tour est située à l'intérieur de l'ouvrage. En conséquence, les planchers situés au-dessus du massif, ne sont réalisés qu'après
le démontage de la grue à tour.

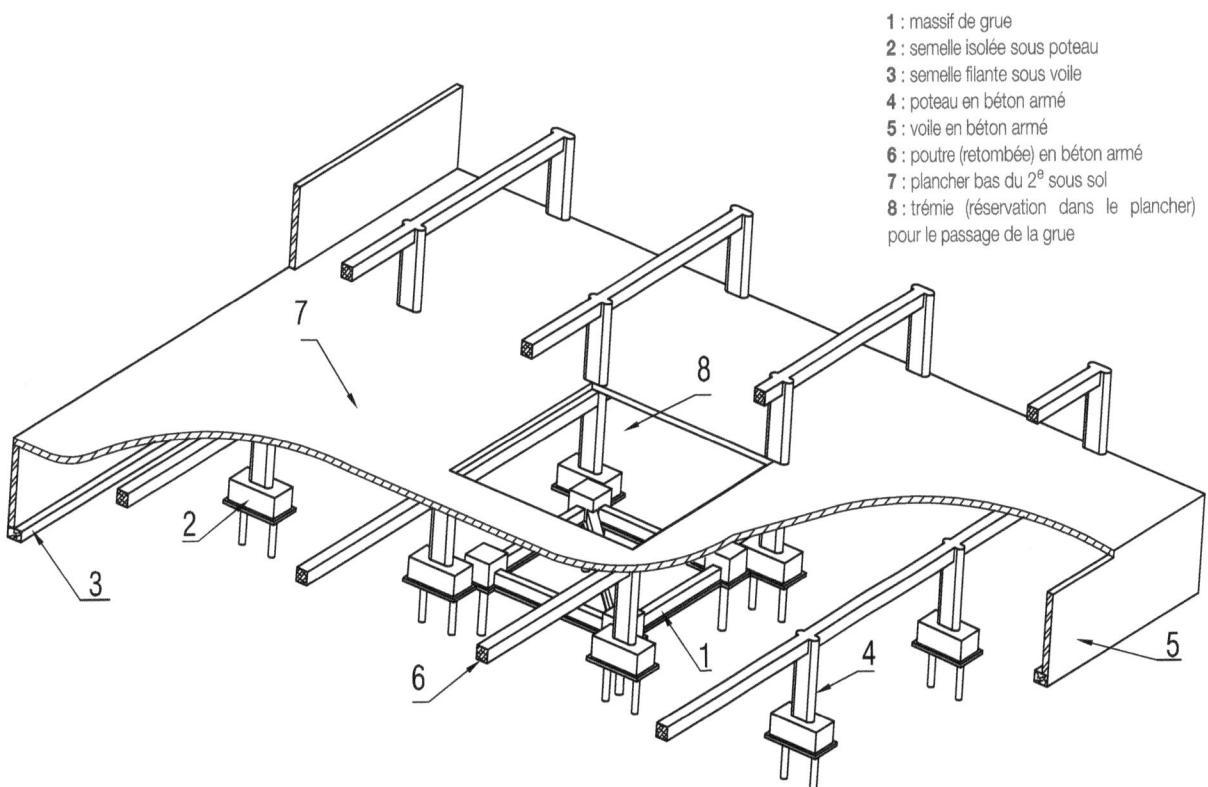

1 : massif de grue
2 : semelle isolée sous poteau
3 : semelle filante sous voile
4 : poteau en béton armé
5 : voile en béton armé
6 : poutre (retombée) en béton armé
7 : plancher bas du 2e sous sol
8 : trémie (réservation dans le plancher)
pour le passage de la grue

fig. 34 insertion du massif de grue dans la construction (dallage non représenté)

<u>REMARQUES</u> :

• Le dallage du 3e sous sol n'est pas représenté afin de visualiser les semelles de fondation.

• Les armatures en attente (trémie, poutres, dalle) ne sont pas représentées.

5.5 Dessin des armatures

Comme le massif de grue est en béton armé, le dessin de coffrage doit être complété par le dessin des armatures.

Elles sont cotées soit :

• directement sur leur représentation,
• dans une nomenclature.

5.5.1 PRINCIPE DES ARMATURES

5.5.1.1 Armatures d'une semelle

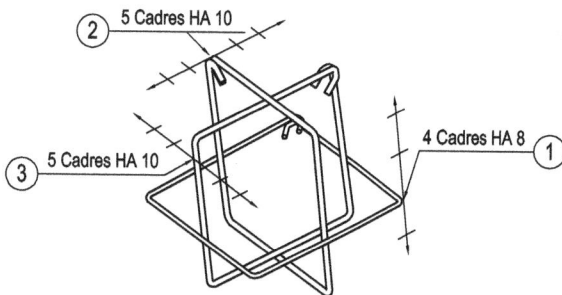

fig. 35 schématisation des cadres composant la cage d'armature d'une semelle

5.5.1.2 Armatures d'une longrine

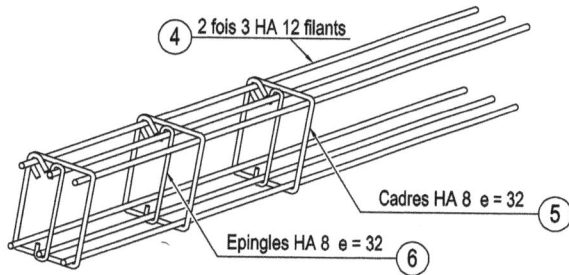

fig. 36 perspective des armatures des longrines

4, **5**, **6** : repères du plan d'armatures de la longrine

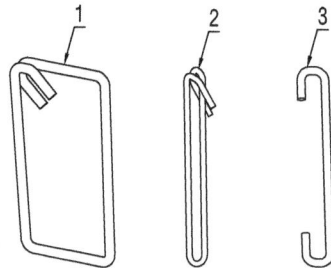

fig. 37 les armatures transversales

1 : cadre, **2** : étrier, **3** : épingle

REMARQUE : l'espacement des cadres est constant car les longrines sont calculées à la traction (alors qu'il est variable lorsqu'elles sont soumises à la flexion).

5.5.2 COTATION DIRECTE DES ARMATURES

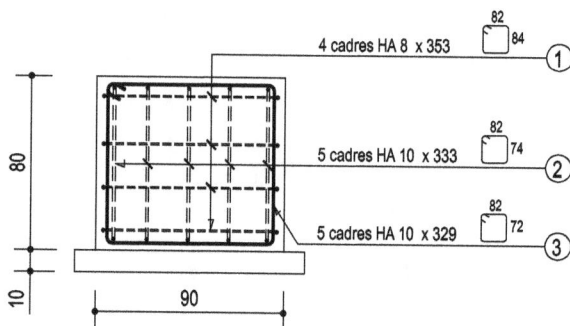

fig. 38 armatures pour une semelle

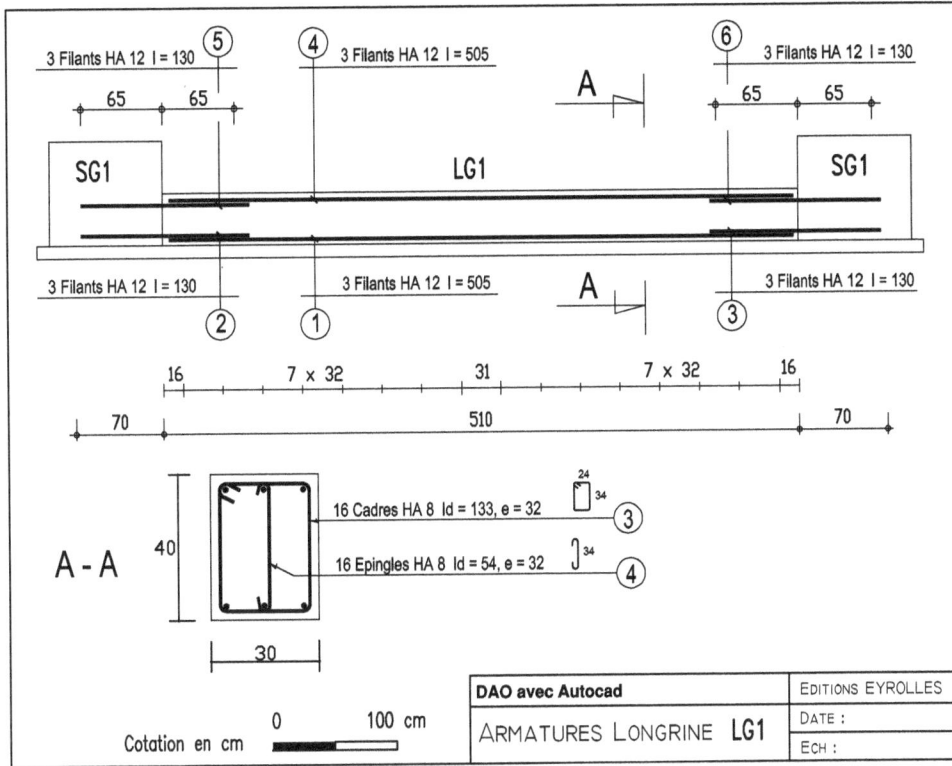

fig. 39 armatures
des longrines
périmétriques

REMARQUE : pour faciliter la mise en œuvre, la conception des armatures permet la pose des armatures des longrines entre les cages d'armatures des semelles. La liaison semelles-longrines est assurée par des filants (sans crosse, car la longueur d'ancrage est suffisante : 50 fois le ø) rapportés (repères 2, 3, 5, 6) du plan-ci dessus.

5.5.3 Cotation des armatures dans un tableau (nomenclature)

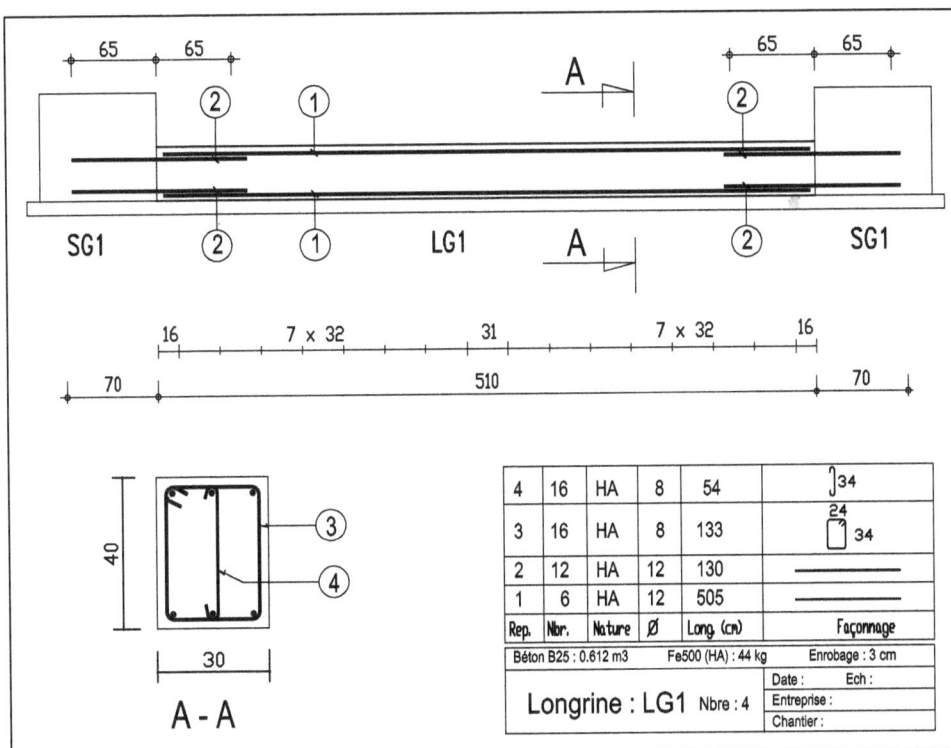

fig. 40 dessin
des armatures
de la longrine LG1

Rep.	Type	Ø	Long. unitaire	Façonnage	Nbr. par éléments	Nbr. d'éléments	Nbr. total	Long. totale	Poids total
1	HA	12	5.05	————	6	4	24	80.80	71.76
2	HA	12	1.30	————	12	4	48	62.40	55.41
3	HA	8	1.33	⌷ 24 34	16	4	64	85.12	33.71
4	HA	8	0.54	⌐ 34	16	4	64	34.56	13.69

Ratio d'acier pour une longrine : 72 kg / m^3

174.56

fig. 41 tableau récapitulatif des aciers pour les 4 longrines LG1

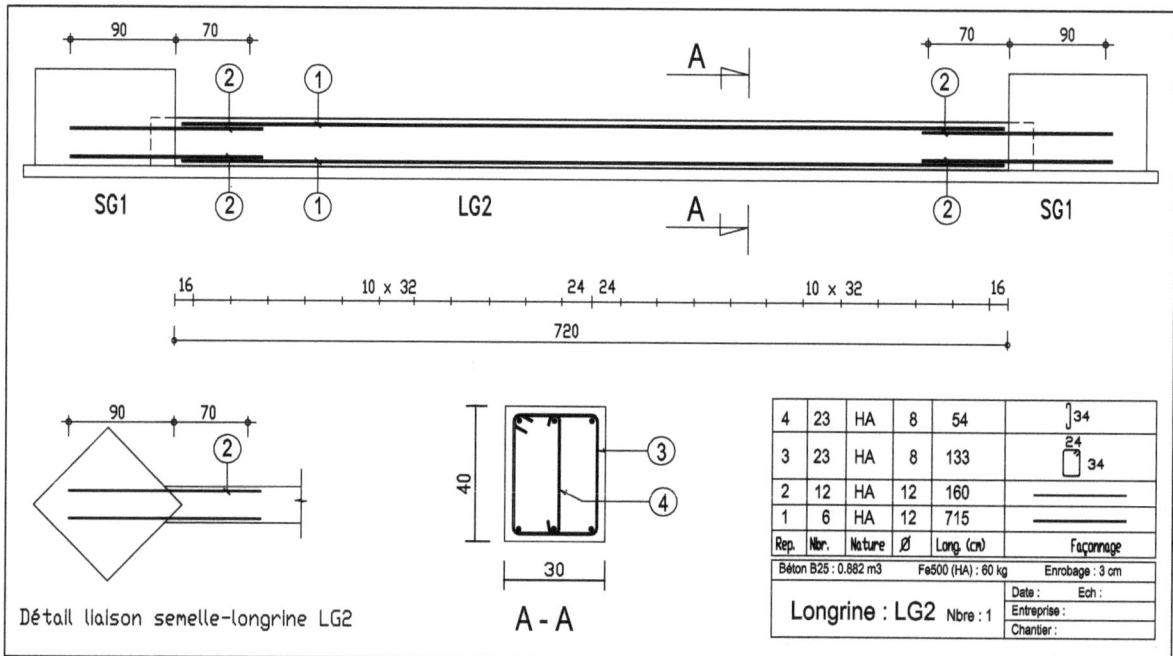

fig. 42 dessin des armatures de la longrine LG2

5.6 Principe des projections orthogonales

Pour des éléments simples, une vue en perspective peut convenir mais elle les déforme et la cotation est difficile à mettre en œuvre. Pour des objets plus complexes, la lisibilité et la cotation deviennent problématiques. La technique des projections orthogonales associée à une codification (normes de représentation, de cotation…) résout ces problèmes mais oblige une gymnastique intellectuelle : le passage de l'espace (3D) au plan (2D) et réciproquement. Cette aptitude de conversion entre plan et espace est indispensable en phase de conception (les logiciels ne font que traduire des idées) comme en phase de réalisation (définition des ouvrages à réaliser). Dans le quotidien des métiers, 3D et 2D sont indispensables et complémentaires.

L'objet du § suivant est d'expliquer cette transition.

5.6.1 CUBE DE PROJECTION

L'objet à représenter est placé à l'intérieur d'un cube de projection.

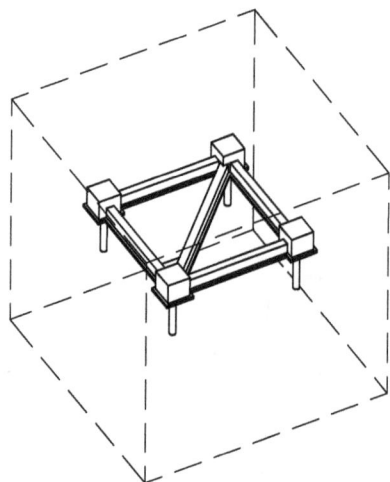

fig. 43 position du massif dans le cube de projection

L'objet est toujours situé entre l'observateur et une face du cube qui sert de plan de projection. Après avoir défini la vue de face, **le nom des autres vues indique la position de l'observateur par rapport l'objet**.

L'observateur est situé au-dessus de l'objet, la projection s'effectue sur le plan « vue de dessus » situé sous l'objet.

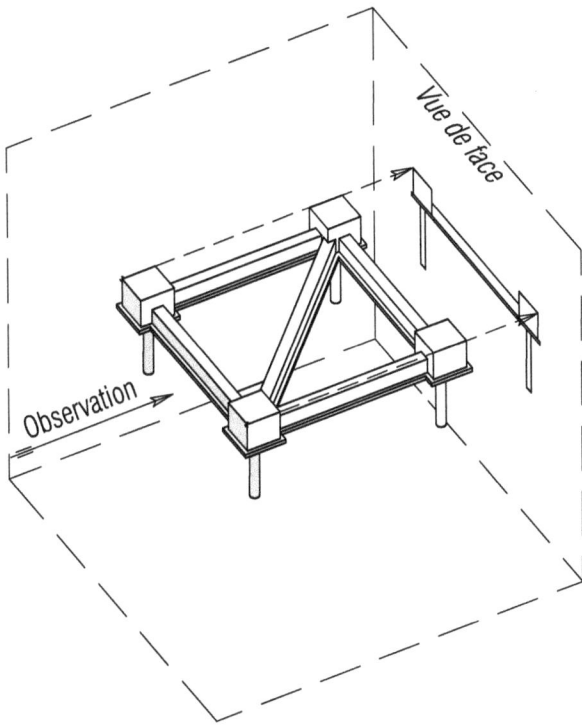

fig. 44 vue de face

L'observateur projette les arêtes (ou les points) sur le plan « vue de face » en commençant par les arêtes vues en traits continus, en finissant par les arêtes cachées en traits interrompus.

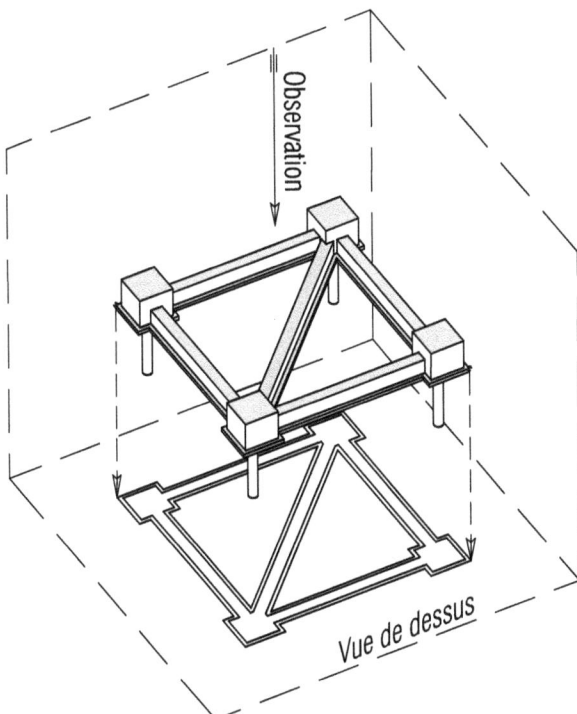

fig. 46 vue de droite
(située à gauche de l'objet)

L'observateur se positionne à droite de l'objet (définition par rapport à la vue de face) et projette sur le plan « vue de droite » situé à gauche de l'objet.

REMARQUE : dans un premier temps, pour une meilleure lisibilité, les arêtes cachées ne sont pas représentées.

Le principe est identique pour les autres vues.

5.6.2 CORRESPONDANCES DES REPRÉSENTATIONS

Comme c'est toujours le même objet qui est représenté, ses dimensions ne varient pas et il a y a **correspondances entre les vues** :

• correspondances des positions ;

• correspondances des dimensions.

REMARQUE : par la suite les arêtes cachées ne sont pas représentées.

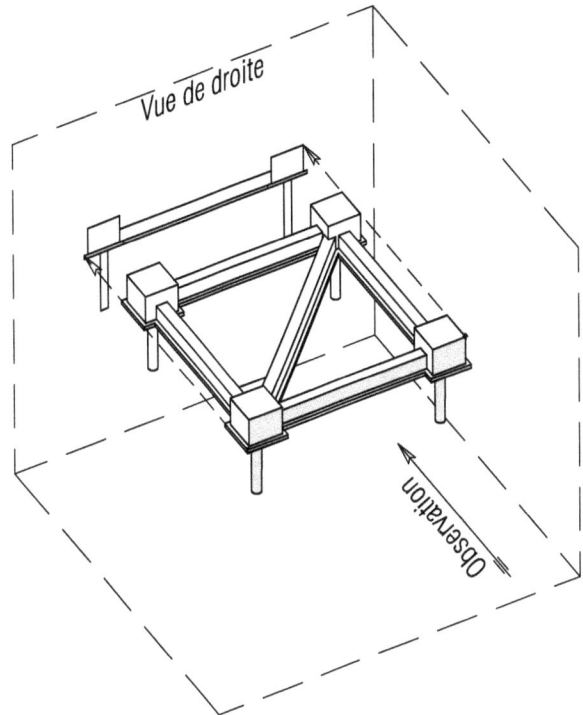

fig. 45 vue de dessus

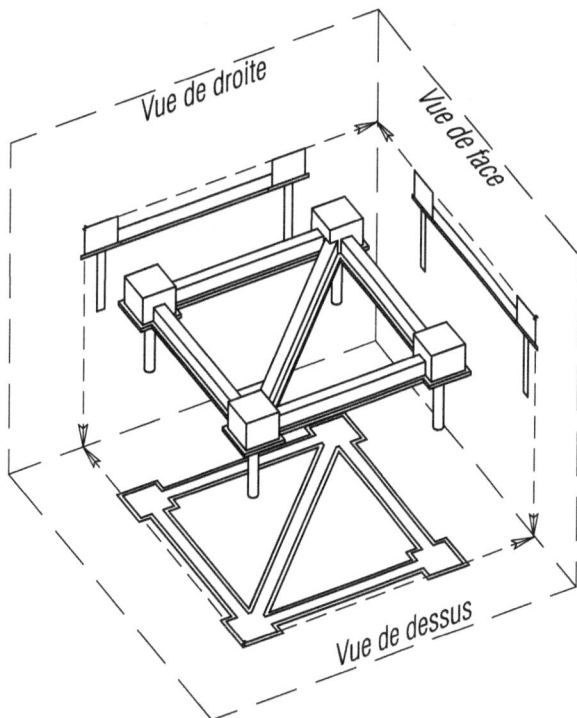

fig. 47 correspondance des positions

Elle est pas toujours respectée compte tenu de la dimension des ouvrages à représenter.

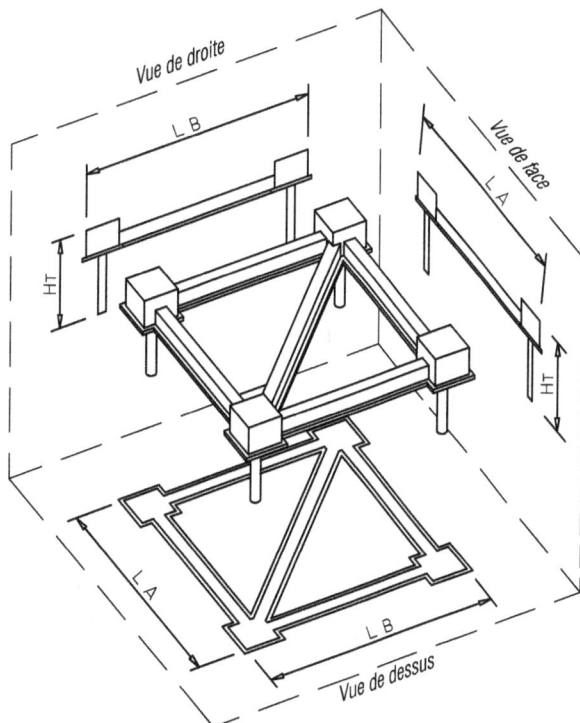

fig. 48 correspondance des dimensions

5.6.3 DÉVELOPPEMENT DU CUBE

Pour l'impression du dessin sur une même feuille, les 6 faces du cube sont rabattues dans un même plan : celui de la vue de face pour donner les 6 projections orthogonales de l'objet.

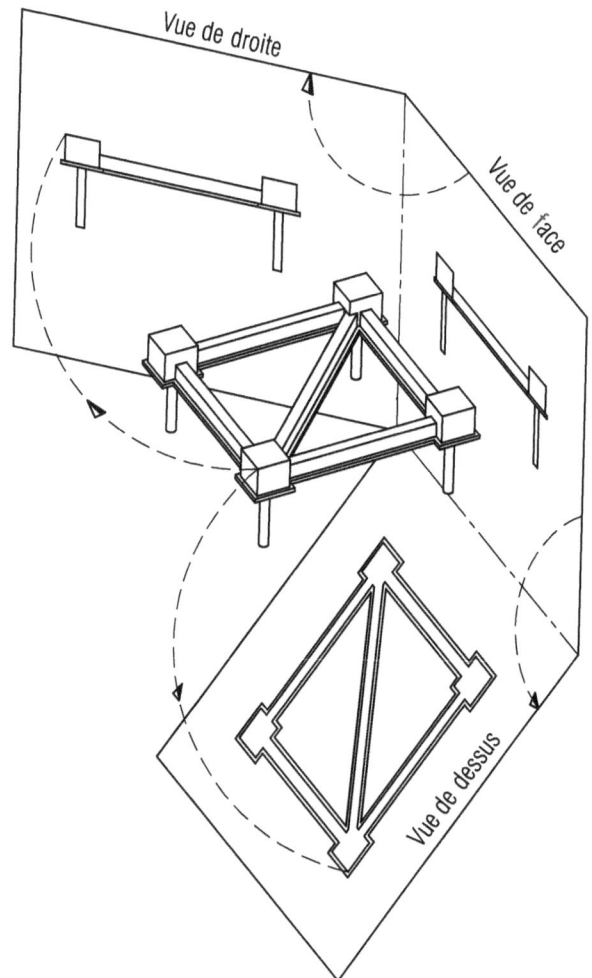

fig. 49 rabattement partiel de 2 plans de projection

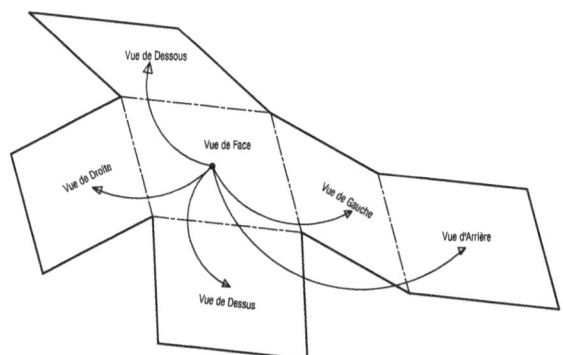

fig. 50 cube de projection en cours de développement

En règle générale, 2 vues (sans tenir compte des coupes et détails abordés dans la partie suivante) suffisent pour définir convenablement un objet.

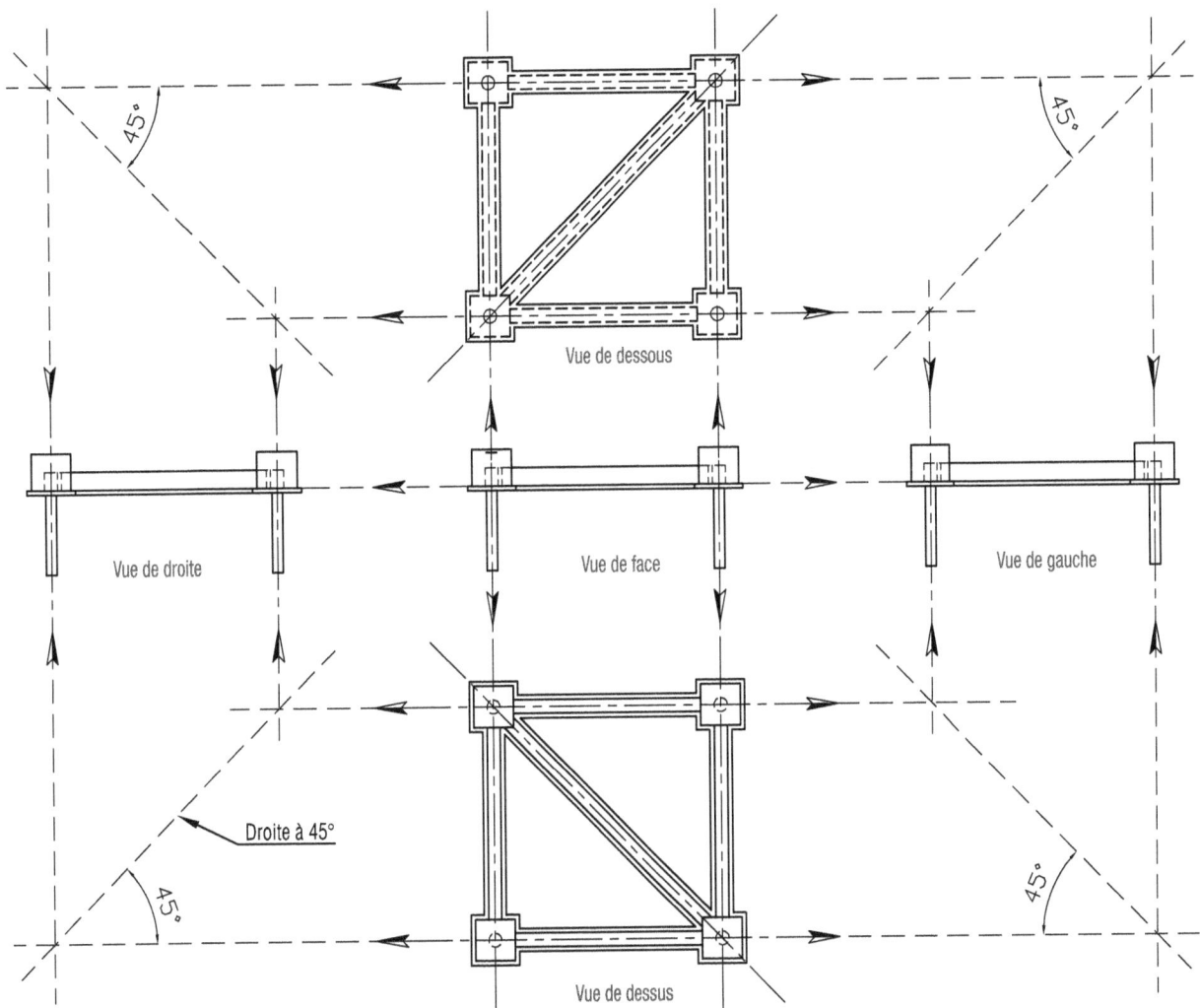

45°

45°

Vue de dessous

Vue de droite

Vue de face

Vue de gauche

Droite à 45°

45°

45°

Vue de dessus

fig. 51 disposition des vues (la vue d'arrière, 6ᵉ vue, n'est pas représentée)

Les arêtes vues sont représentées en traits continus, les arêtes cachées en traits interrompus.

REMARQUES :

- Les arêtes cachées du béton de propreté ne figurent pas sur les vues de face et de droite, de gauche.

- Pour cet objet, les vues de droite, de dessous, d'arrière ne sont pas nécessaires. Elles sont représentées pour visualiser les correspondances et la droite à 45°.

- Si, dans la mise en page, l'espacement « vue de face, vue de dessus » est égal à l'espacement « vue de face, vue de droite » alors seulement cette droite passe par l'intersection des lignes de correspondance sur la vue de face.

- la cotation (toujours cotes réelles) complète le dessin des projections.

5.7 Plan d'installation de chantier

Lors de la réalisation d'un ouvrage, il faut déplacer :

- du matériel : éléments de coffrage, échafaudages, compresseur… ;

- des matériaux : béton, armatures ;

- des éléments préfabriqués : poutres, pré-dalles, charpente bois ou métallique ;

entre le lieu de livraison sur le chantier, le lieu de stockage, le lieu de mise en œuvre.

Pour chaque chantier, une étude technique et économique détermine le type du moyen de levage :

- grue mobile (sur roues ou sur chenilles) ;

- grues à tour, fixes ou sur rails, classées par familles (rotation par le haut, par le bas, à montage rapide, avec flèche relevable…).

La réalisation du parking souterrain nécessite 2 grues à tour :

- Grue 1 : H 30/30, flèche 55 m, hauteur sous crochet (HSC) 55 m, charge utile en bout de flèche : 3,8 T ;

- Grue 2 : MD 185 AH10, flèche 45 m, hauteur sous crochet (HSC) 45 m, charge utile en bout de flèche : 3,5 T.

5.7.1 REPRÉSENTATION GRAPHIQUE

Elle est composée :

- d'une vue en plan (vue de dessus) ;
- d'une élévation vue de face ou coupe verticale) ;

- d'une légende.

Pour respecter l'esprit du dessin, la vue en plan est située sous l'élévation.

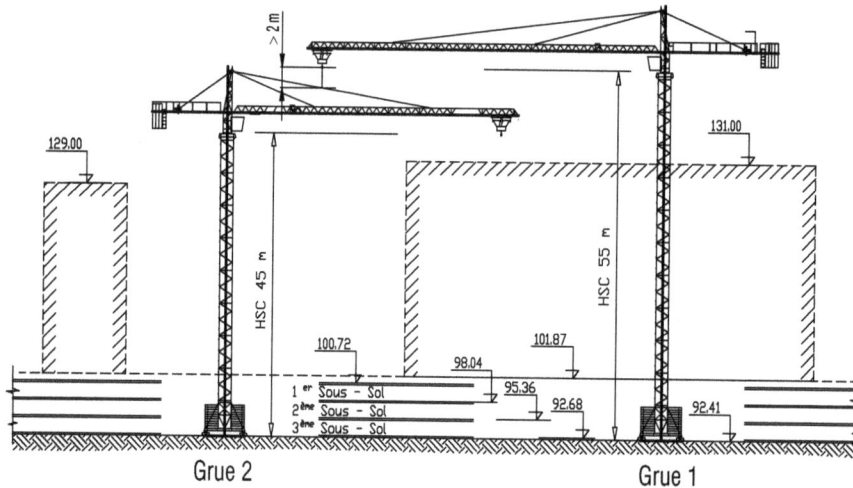

fig. 52 coupe verticale (parking à réaliser et bâtiments existants concernés par le survol de la grue)

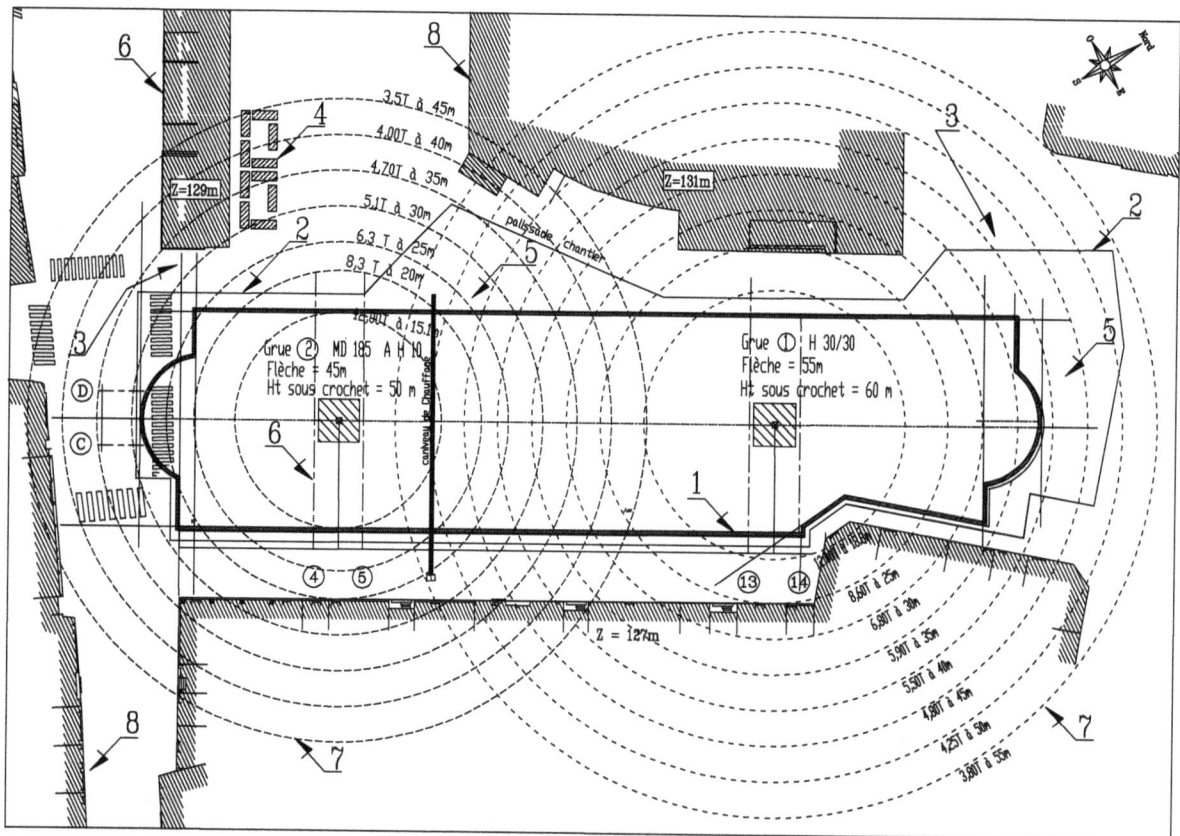

fig. 53 vue en plan de l'installation de chantier avec les 2 grues à tour

1 : Limites du parking souterrain à réaliser.
2 : Clôture de chantier.
3 : Accès chantier.
4 : Cantonnements (sanitaires, vestiaires, bureaux...).

5 : Aires : préfabrication, stockage des armatures, des éléments préfabriqués, de matériel (banches,...).
6 : Axes des files d'implantation des poteaux.
7 : Charge utile maximale en fonction de la portée.
8 : Bâtiments existants

REMARQUE : la centrale à béton ne figure pas sur le plan, le béton est livré prêt à l'emploi (BPE).

Les contraintes du chantier : emplacement de la grue (accessibilité, nature et configuration du terrain, montage et démontage), charge maximale, longueur de la flèche et charge en bout de flèche, hauteur sous crochet, cadence… permettent de choisir le modèle le plus adapté.

5.7.2 CARACTÉRISTIQUES D'UNE GRUE À TOUR

Ces caractéristiques sont indiquées dans des fiches techniques appelées « data » (documentation Potain).

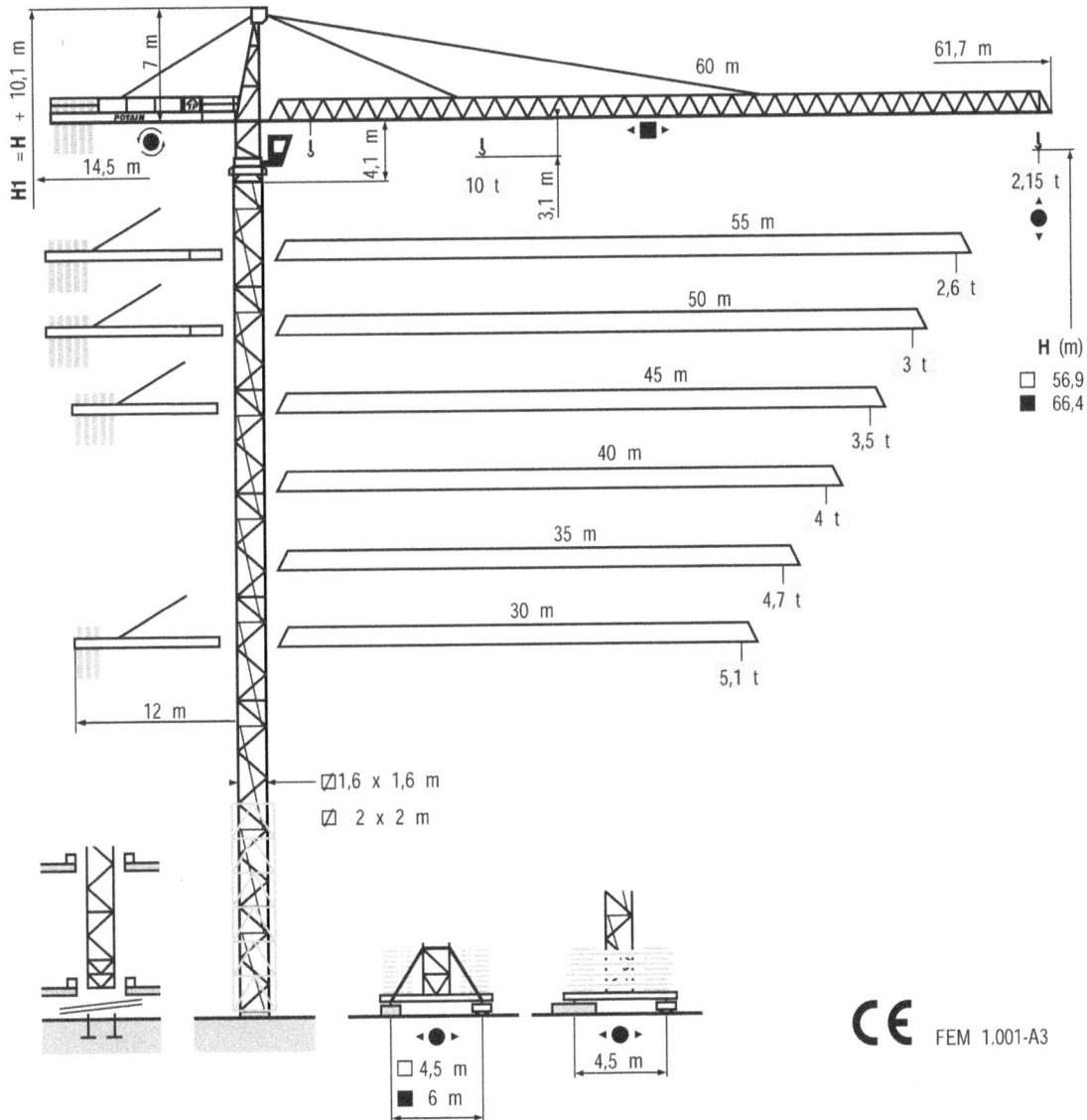

fig. 54 grue à tour Potain Topkit MD 185 A H10

Schéma donnant :

La portée et la charge utile maximale en bout de flèche avec correspondance des longueurs des contre-flèches.

La fixation :

- télescopage sur dalle ou hissable (monte avec le bâtiment) ;
- pieds scellés dans un massif en béton qui sert de lest de base ;
- sur châssis fixe ou sur voie de grue (châssis monté sur boggies).

Tableau de signification des icônes

■ □	Empattement de la grue (4.5 m ou 6 m selon la hauteur)
▱	Section du mât (1.6 m ou 2 m selon la hauteur)
◄●►	Translation de la grue sur une voie
▲●▼	Levage de la charge (H : hauteur maxi sous crochet)
◄■►	Distribution (Déplacement du chariot sous la flèche)
◉	Rotation du haut (flèche et contre-flèche sur couronne d'orientation)

113

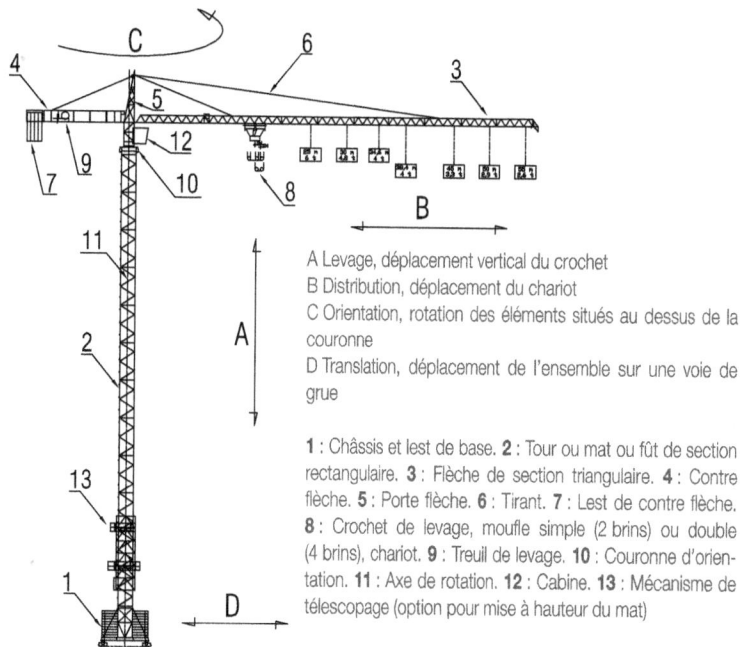

A Levage, déplacement vertical du crochet
B Distribution, déplacement du chariot
C Orientation, rotation des éléments situés au dessus de la couronne
D Translation, déplacement de l'ensemble sur une voie de grue

1 : Châssis et lest de base. **2** : Tour ou mat ou fût de section rectangulaire. **3** : Flèche de section triangulaire. **4** : Contre flèche. **5** : Porte flèche. **6** : Tirant. **7** : Lest de contre flèche. **8** : Crochet de levage, moufle simple (2 brins) ou double (4 brins), chariot. **9** : Treuil de levage. **10** : Couronne d'orientation. **11** : Axe de rotation. **12** : Cabine. **13** : Mécanisme de télescopage (option pour mise à hauteur du mat)

fig. 55 terminologie d'une grue à tour

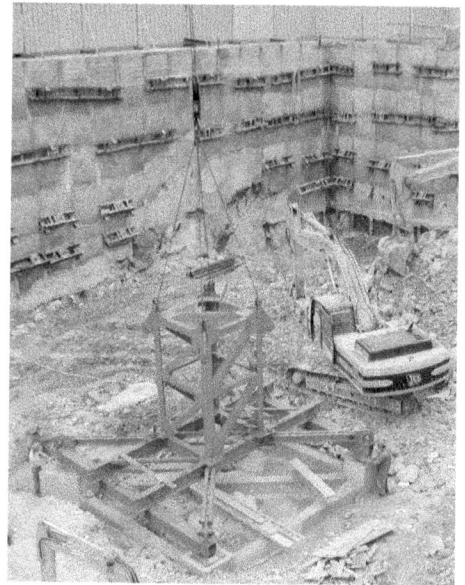

fig. 56 positionnement du châssis de la grue sur le massif en béton armé

La grue à tour choisie est implantée sur un massif, à l'intérieur du bâtiment à réaliser.

Le massif est dimensionné en tenant compte des efforts à reprendre lorsque la grue est en service et hors service.

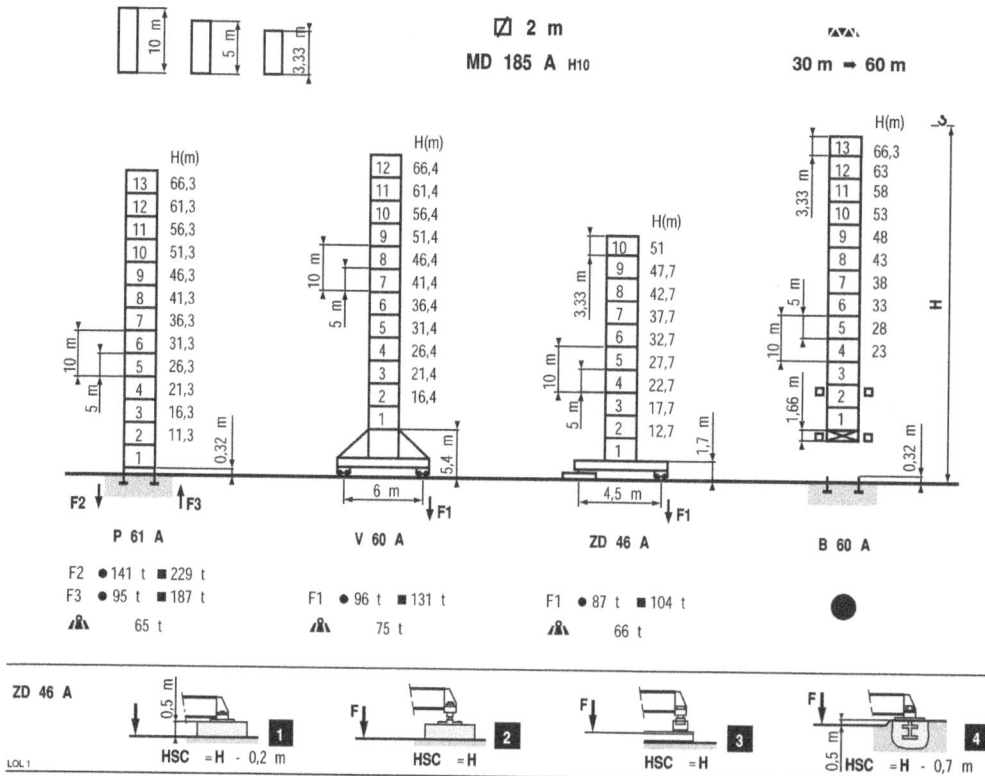

fig. 57 tableau d'assemblage des éléments du fût pour obtenir la hauteur sous crochet H
(Source Potain)

	Réactions en service (vent < à 72 km/h)
	Réactions hors service (vent > à 72 km/h)
	Poids à vide (sans lest pour une flèche et une hauteur maximum)

☑ 1,6 m S 40 A -•-	H (m)	51,9	48,5	45,2	40,2	35,2	30,2	25,2	20,2	15,2	
	⚠ (t)	84	66	54	54	54	54	54	54	54	
☑ 1,6 m S 41 A -•-	H (m)	56,9	53,6	50,2	45,2	40,2	35,2	30,2	25,2	20,2	15,2
	⚠ (t)	114	90	78	54	54	54	54	54	54	54
☑ 1,6 m ZD 46 A-•-	H (m)	54,4	51	47,7	42,7	37,2	32,7	27,7	22,7	17,7	12,7
	⚠ (t)	95	75	65	50	50	50	50	50	50	50
☑ 2 m V 60 A -•-	H (m)	66,4	61,4	56,4	51,4	46,4	41,4	36,4	31,4	26,4	21,4 16,4
	⚠ (t)	120	96	72	60	24	24	24	24	24	24 24
☑ 2 m ZD 46 A-•-	H (m)	51	47,7	42,7	37,7	32,7	27,7	22,7	17,7	12,7	
	⚠ (t)	95	80	50	50	50	50	50	50	50	

fig. 58 tableau donnant le lest de base selon la section du mat, le type d'implantation et la hauteur sous crochet H (Source Potain)

		4 600 - 4 200 - 3 400 - 2 300 kg				4 200 - 700 kg		
	⬛⬛⬛		33 PC/33 LVF	55 RCS/50 LVF	⬛⬛⬛		33 PC/33 LVF	55 RCS/50 LVF
			⚠ (kg)				⚠ (kg)	
60 m	14,5 m		18 400	17 600	14,5 m		18 200	17 500
55 m	14,5 m		16 800	15 700	14,5 m		16 800	15 400
50 m	14,5 m		15 600	14 900	14,5 m		15 400	14 700
45 m	12 m		18 000	17 200	12 m		17 500	16 800
40 m	12 m		15 600	14 900	12 m		15 400	14 700
35 m	12 m		13 800	13 000	12 m		14 000	12 600
30 m	12 m		11 800	11 100	12 m		11 900	11 200

fig. 59 tableau donnant le lest de contre-flèche
(Source Potain)

5.7.3 IMPLANTATION DES GRUES À TOUR

Les grues sont munies de dispositifs de sécurité :
- Fin de course de levage du crochet
- Fin de course du chariot
- Limiteur d'orientation
- Limiteur de charge
- Détecteur d'interférence
- Avertisseur sonore
- Anémomètre

Leur installation est soumise à autorisation avec des règles d'implantation (distance aux bâtiments, ligne électrique 3 m si la tension < 50 000 V et 5 m si la tension > 50 000 V...) et contrôles obligatoires avant mise en service puis pendant les travaux selon la durée.

Lorsque plus de 2 grues se trouvent à proximité, des dispositions précises doivent être mise en œuvre pour éviter les heurts entre parties fixes et mobiles.

1 : Extrémité de la flèche de la grue 1 : 46.70 m
2 : Portée maxi de la grue 1 : 45 m
3 : Aire balayée par la contre flèche de la grue 1 : 13 m
4 : Extrémité de la flèche de la grue 2 : 56.70 m
5 : Portée maxi de la grue 2 : 55 m
6 : Zone d'interférence

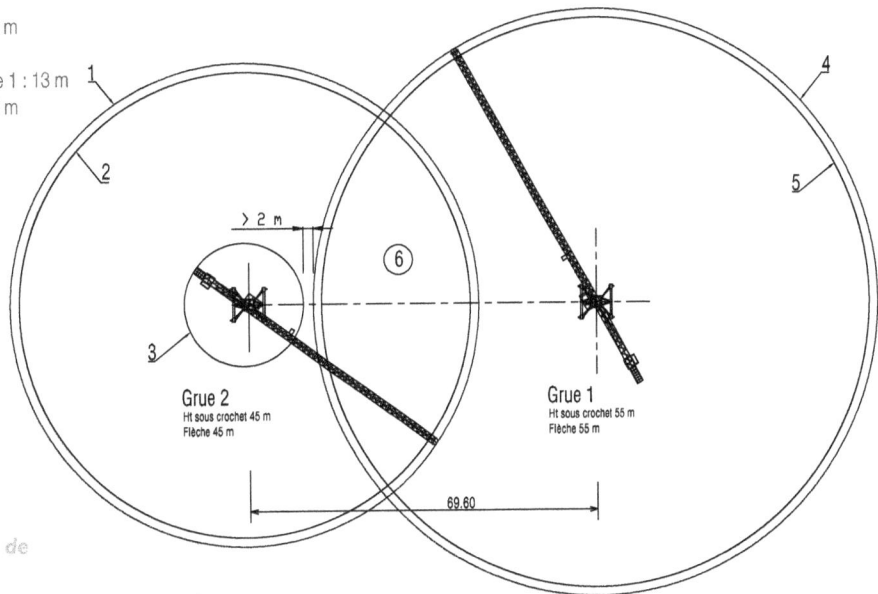

fig. 60 nomenclature et distance de sécurité en plan

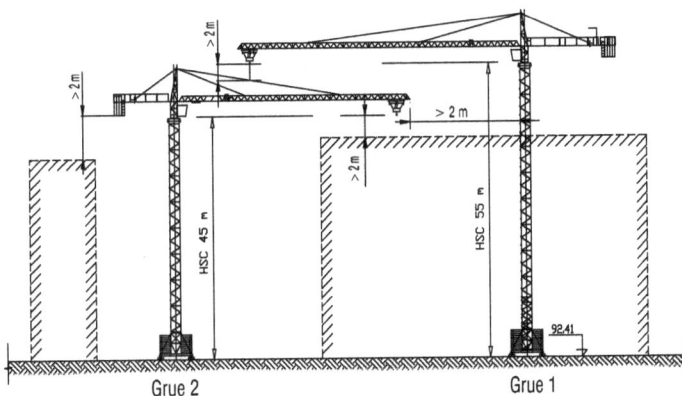

fig. 61 implantation et distances de sécurité en élévation

5.8 Avant-métré du massif en béton armé

5.8.1 INTRODUCTION

La manière de métrer les ouvrages élémentaires peut être abordée :

- de manière globale :
  - Béton de propreté B16 (béton centrale) au m^2 en précisant l'épaisseur
  - Semelles à l'unité en précisant les dimensions
  - Longrines compris béton, coffrage et armatures, au m (ou ml selon l'usage) en précisant la section

- de manière détaillée, option 1 :
  - Béton de propreté B16 au m^2 en précisant l'épaisseur
  - Semelles : béton B30 au m^3, coffrage au m^2, armatures au kg
  - Longrines béton B30 au m^3, coffrage au m^2, armatures au kg

- de manière détaillée, option 2 :
  - Béton de propreté B16 au m^2
  - Béton B30 au m^3, pour semelles et longrines
  - Coffrage ordinaire au m^2 pour semelles et longrines
  - Armatures HA S500 au kg pour semelles et longrines

5.8.2 LISTE DES OUVRAGES ÉLÉMENTAIRES

Code	Désignation	U
1	Béton de propreté	m^2
2	Béton B30	
2- 1	Semelles	m^3
2- 2	Longrines	m^3
3	Coffrage ordinaire	
3- 1	Semelles	m^2
3- 2	Longrines	m^2
4	Armatures HA S500	
4- 1	Semelles	kg
4- 2	Longrines	kg

Cette dernière manière, plus développée, est choisie même si dans l'entreprise, par soucis d'efficacité, la 1re solution est tout à fait satisfaisante au regard de l'ensemble des travaux à réaliser.

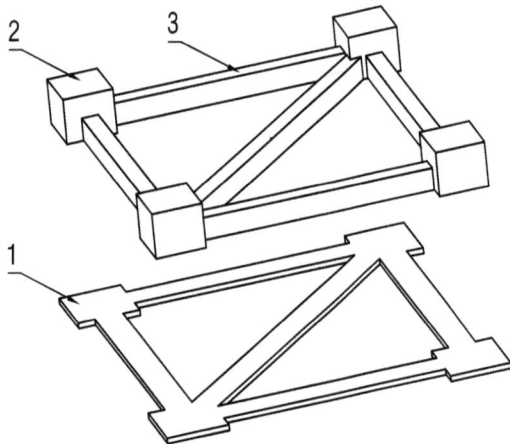

fig. 62 repérage des ouvrages élémentaires à métrer.

1 : béton de propreté. **2** : semelles (béton, coffrage, armatures). **3** : longrines (béton, coffrage, armatures)

5.8.3 BÉTON DE PROPRETÉ B16

Mode de métré : Au mètre carré réellement mis en œuvre en précisant l'épaisseur.

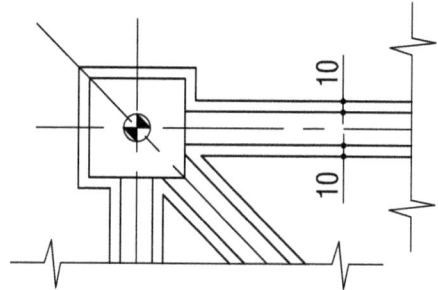

fig. 63 débord de 10 cm du béton de propreté par rapport aux ouvrages en béton armé

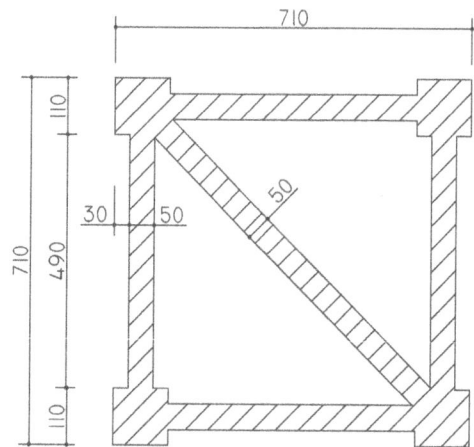

fig. 64 surface à calculer pour le béton de propreté

Code	Désignation	U	Qté
1	Béton de propreté B16, ep. moyenne 10 cm		

fig. 65 décomposition

Pour les semelles isolées

Surf 4 fois 1.10^2 = 4.84

Pour les longrines

Lin. 4 fois 4.90 = 19.60

Pour la longrine en diagonale

Linéaire * 1 fois 4.90 $\sqrt{2}$ = 6.93

Ens lin : 26.53

x larg.0.50

= surf : 13.26

	Ensemble surface	m^2	18.10

* ce n'est pas le linéaire exact mais cela permet d'assimiler la surface calculée à un rectangle de même largeur que les autres, donc de mettre en facteur les largeurs.

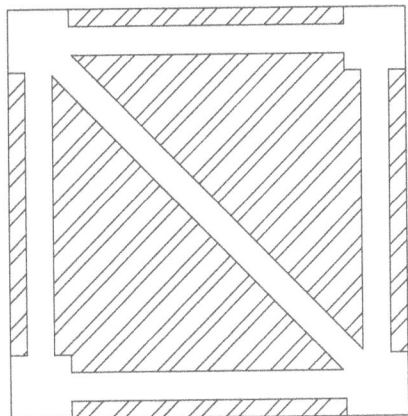

fig. 66 autre décomposition possible

Calcul du carré puis déduire 4 rectangles identiques et 2 triangles identiques (simplifications identiques au calcul précédent).

5.8.4 BÉTON B30

Mode de métré : Au mètre cube réellement mis en œuvre en précisant ses caractéristiques (composition, résistance minimale à la compression à j jours).

Bien que l'on puisse additionner le béton des semelles et des longrines, un sous § permet de les distinguer pour déduire le poids d'armatures.

Code	Désignation	U	Qté
2	Béton B30		
2 1	Semelles		
	cube : 0.90×0.90×0.80 = 0.648		
	4 fois	m³	2.592
2 2	Longrines		
	périmétriques		
	Lin : 4f × 5.10 = 20.40		
	diagonale		
	Lin : 1 f 5.10 $\sqrt{2}$ = 7.36		
	Ens. lin. : 27.76		
	× section 0.30×0.40	m³	3.330

REMARQUE : le volume exact de la longrine selon la diagonale est simplifié.

Pour un calcul précis, injustifié dans ce cas, il faut calculer : surface de base × hauteur.

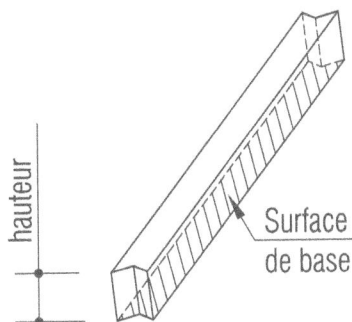

fig. 67 volume réel de la longrine selon la diagonale

5.8.5 COFFRAGE ORDINAIRE

fig. 68 coffrage des semelles et des longrines

Mode de métré : Au mètre carré de surface en contact avec le béton en précisant le type de coffrage (ordinaire, perdu, à parement soigné, circulaire…).

Les coffrages perdus, à parements soignés, circulaires sont comptés à part soit :

- en totalité et ils n'apparaissent pas dans les coffrages ordinaires ;
- dans un article à part , en majoration, et alors ils sont aussi comptés dans les coffrages ordinaires.

En fonction de la solution choisie, il faut adapter le PVU HT (prix de vente unitaire hors taxe).

Les surfaces ≤ à 0.25 m² ne sont pas déduites.

REMARQUE : il arrive même, c'est le cas présent, qu'il revienne moins cher de coffrer une plus grande surface. Il faut effectuer des découpes qui augmentent le temps unitaire de mise en œuvre et ces découpes deviennent des chutes.

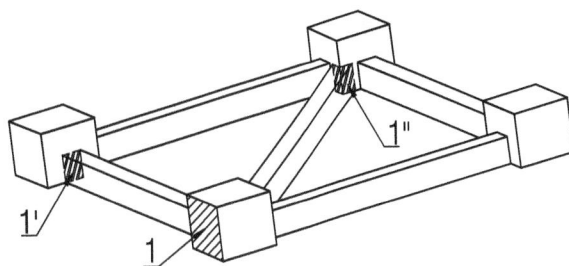

fig. 69 coffrage des semelles

1 : surfaces calculées (surfaces 1' et 1" négligées, voir remarque ci-dessus)

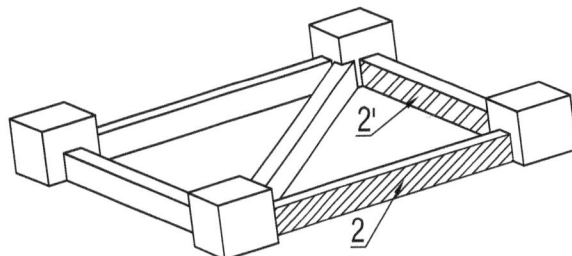

fig. 70 coffrage des longrines

Pour chaque longrine, il y a un coffrage extérieur (2) et un coffrage intérieur (2'). La surface est obtenue en reprenant 2 fois le linéaire calculé précédemment multiplié par la hauteur des longrines

REMARQUE : dans ce cas le linéaire intérieur est égal au linéaire extérieur et la méthode est bonne mais très souvent, le linéaire intérieur est < au linéaire extérieur et cette méthode devient approximative. Reste à décider si elle est acceptable. Si elle ne l'est pas, au lieu de calculer le linéaire intérieur + le linéaire extérieur, il est préférable de calculer le linéaire dans l'axe 2 fois.

Voir annexe 3.

Code	Désignation	U	Qté
3	Coffrage ordinaire		
3-1	Semelles		
	Surf. pour 1 semelle		
	4f 0.90x0.90 = 3.24		
	Pour 4 semelles		
	4 fois : 12.96		
3-2	Longrines		
	Lin : 2f × 27.76 = 55.51		
	× ht 0.40		
	= surf : 22.20		
	Ens. surf.	m²	35.16

5.8.6 ARMATURES FE E500

fig. 71 armatures avec cales en plastic pour garantir l'enrobage des aciers

Mode de métré : Au kg en précisant la nature (acier doux, haute adhérence), la nuance, le Ø moyen.

Dans la pratique le terme de poids est utilisé alors que l'unité (kg) désigne une masse.

À ce stade, les quantités réelles d'armatures ne sont pas déterminées, l'expérience donne une quantité d'acier par m^3 de béton appelée ratio.

Code	Désignation	U	Qté
4	Armatures S500 HA 10 moyen		
4-1	Semelles		
	Rep. Volume : 2.592		
	× ratio 50 kg/m³	kg	129.60
4-2	Longrines		
	Rep. Volume : 3.330		
	× ratio 80 kg/m³	kg	266.40

REMARQUE :

- les décimales n'ont que peu de sens, les quantités seront arrondies à 130 et 270 kg ;
- le ratio réel donne 72 kg/m³ d'où 240 kg d'acier pour 267 kg comptés dans l'avant-métré.

5.9 Avant-métré avec un tableur

5.9.1 CRÉATION DU TABLEAU

Dans les chapitres précédents, les calculs se sont limités aux linéaires et surfaces.

Pour le calcul des volumes, la troisième dimension représentant la hauteur (ou épaisseur) intervient. Le tableau déjà créé peut être repris en insérant une colonne entre « larg. » et « sous total ».

	A	B	C	D	E	F	G	H	I	J	K	L
5	Code	Désignation		Nb	Long	Larg	Haut	Sous total	U	Qté	P.U.	P.T.
6	1	Béton de propreté B16, ep. moyenne 10 cm,										
7		débord 10 cm										
8		pour semelles										
9				4	1.10	1.10		Form. A				
10		pour longrines										
11		périmétriques		4	5.10	0.50		Form. A'				
12		diagonale		1	6.93	0.50		Form. A				
13			Ensemble surface						m²	Form. B		

	A	B	C	D	E	F	G	H	I	J	K	L
5	Code	Désignation		Nb	Long	Larg	Haut	Sous total	U	Qté	P.U.	P.T.
14												
15	2	Béton armé B30										
16	2.1	Semelle										
17		Cube		4	0.90	0.90	0.80	Form. C				

5.9.2 ÉCRITURE DES FORMULES

Formule A : dans la cellule H9 ou dans la barre des formules
=D9*E9*F9↵

REMARQUES : D9, E9, F9, s'inscrivent automatiquement en cliquant dans la cellule après chaque signe = ou *.

Le signe * indique une multiplication à effectuer entre les 2 cellules.

Formule A' : elle est du même type que la formule A, seule la ligne change (11 au lieu de 9).

Il suffit de copier la cellule H9 en H11 et H12 soit :
- par CTRL+C et CTRL+V
- par glisser déplacer avec la touche CTRL appuyée
  en glissant vers le bas la poignée (petit carré affiché en bas et à gauche de la cellule sélectionnée) jusqu'en H12 puis d'effacer H10.

REMARQUE : il y a adaptation du numéro de ligne à la position de la cellule de calcul car les références des cellules sont relatives. Pour une référence absolue (une série de nombre multiplié par un coefficient), ce coefficient doit être en position absolue, en insérant le signe $, D4 par exemple.

Formule B : 2 solutions

Solution 1 : = H9+H11+H12↵

Solution 2 : = somme(H9:H12)↵ en utilisant une des nombreuses fonctions incluses dans le logiciel. La fonction somme à écrire en toute lettre ou en cliquant sur le symbole affiché dans la barre des formules.

Formule C : dans la cellule H17 ou dans la barre des formules
=D17*E17*F17*G17↵

REMARQUE : le calcul de la longueur de la longrine en diagonale peut être confiée au tableur.

Dans la cellule E12 : = 4.9*racine(2)↵ ou =4.9*2^0.5↵

5.10 Étude de prix –
Déboursé horaire de main-d'œuvre

Afin d'établir le DS d'un massif de grue il nous faut calculer le déboursé horaire moyen d'ouvrier (DHMO).

5.10.1 LE TEMPS TOTAL PRODUCTIF

Les temps unitaires d'exécution sont donnés en heures décimales sans pertes de temps, ni aléas divers. Afin de calculer combien « coûte un ouvrier à l'heure », il y a lieu de savoir son coût à l'année et combien il travaille effectivement, pour en faire le rapport.

soit une année ....365 jours

les congés de 5 semaines soit.............................35 jours

les repos hebdomadaires....................................104 jours

jours ouvrés bruts............................. 226 jours

jours fériés (suivant calendrier de l'année) ....× jours

jours ouvrés 226 – X.............................y jours

EXEMPLE D'APPLICATION :

jours ouvrés (pour 10,84 * mois sur l'année)............................224

absences exceptionnelles 2

pont rémunéré par l'entreprise 1

temps improductifs ....45 mn par jour

* 12 mois – les congés payés rémunérés par la caisse des CP et inclus dans le % des charges salariales traité ultérieurement.

Calcul du TTP (temps total productif)
ouvrabilité........224 jours à 35 heures / 5 :........ 1 568,00 heures

Déduire
AE ....2 jours à 7 heures : .... 14,00 heures
Pont.......................1 jour à 7 heures...................7,00 heures
Repos compensateurs...sans objet
Temps de présence.............................. 1 547,00 heures
Temps improductifs
(224 – 2 – 1) × 45/60 :...................................... 165,75 heures
Temps total productif TTP............................... 1 381,25 heures

5.10.2 LE DÉBOURSÉ HORAIRE D'OUVRIER

CP III/2 Coef 230

Salaire mensuel passé à 35 h par semaines,
151,67 h par mois : 1481,1 €

Prime de rendement 50,00 € par mois payée 11 mois par an.

Indemnités conventionnelles globalisées (repas, transport, trajet)
12,00 € par jour dont 80 % exonérés de charges salariales.

Charges salariales 69 % des éléments assujétis (ce taux tient compte des congés payés et des réductions des charges pour passage aux 35 h).

CP III/2			
salaire mensuel	SM		1 481,10
taux horaire de base (35 h)	thb		9,77
salaire	SM x 10,84 mois		16 055,12
heures supplémentaires			0,00
prime de rendement	50,00 x 11 mois		550,00
indemnités assujéties 12,00 x 20 % x 221 jours			530,40
	sous total		**17 135,52**
	charges sociales	69 %	11 823,51
	sous total		**28 959,03**
indemnités non assujéties	12,00 x 80 % x 221 jours		2 121,60
	total		31 080,63
DH d'ouvrier : total/TTP	€		**22,50**

5.10.3 LES DÉBOURSÉS HORAIRES D'ÉQUIPE ET D'OUVRIER MOYEN

Soit une équipe composée d'un CP III/2 ET DE 2 OE I/2

Le DH d'équipe est de :

CP	I	22,50	22,50
OE	2	18,46	36,92
Total			59,42 €

Le DHMO, déboursé horaire moyen d'ouvrier est de DH équipe / 3   19,81 €

5.10.4 CONCLUSION

Chaque entreprise doit adapter les calculs à ses particularités et ses choix de gestion.

Il faut bien noter que les valeurs obtenues s'appliquent à des TTP et non à des temps de présence.

Pour raisonner avec des temps de présence il faudra multiplier le résultats obtenus par le rapport :

- heures productives/heures de présence pour obtenir le prix de l'heure de présence ;
- heures de présence/heures productives pour obtenir des temps de présence.

THÈME 6

Série de murs de soutènement préfabriqués

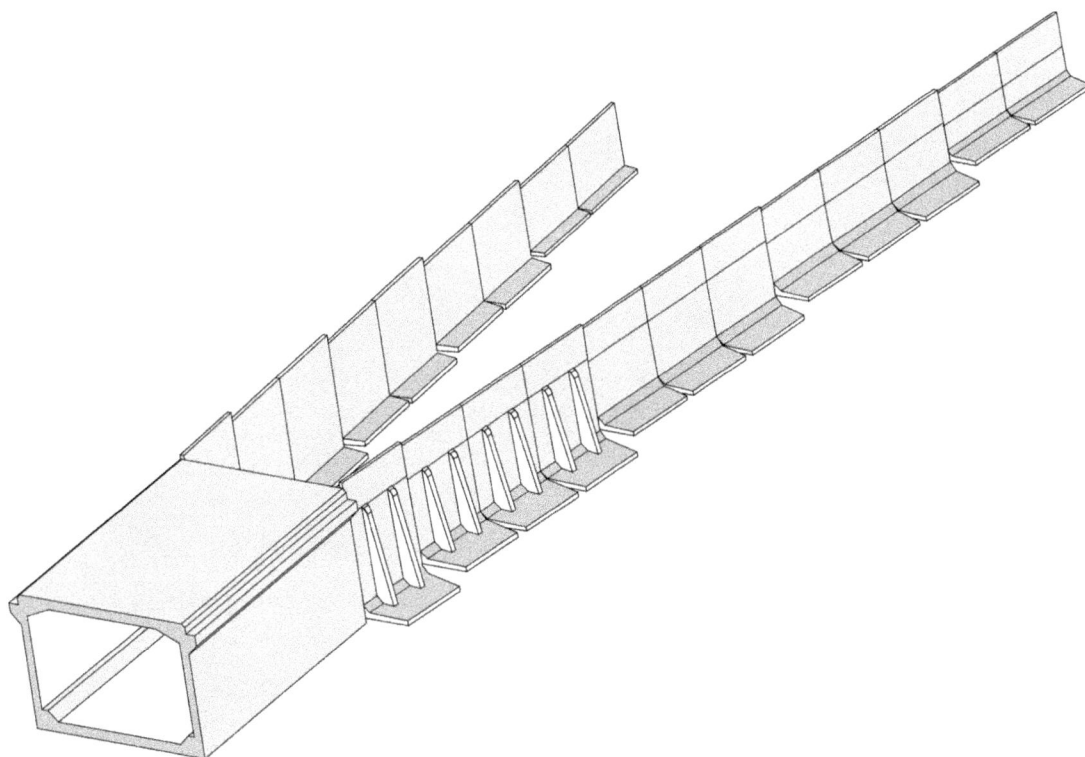

ACTIVITÉS

1. Dessin assisté par ordinateur

Objectif : Réaliser le dessin de définition d'un mur soutènement préfabriqué avec Autocad

Contenus : Dessin du mur de soutènement d'une hauteur de 2.00 m (sans nervure) • Dessin du mur de soutènement d'une hauteur de 3.50 m (avec nervures) • Conception du modèle volumique (3D) • Chronologie de l'exécution du dessin d'un mur d'une hauteur de 2.00 m • Dessin de calepinage en plan et en élévation • Quelques techniques de maintien des terres

2. Avant-métré

Objectif : Calculer le volume et le poids des murs de différentes hauteurs

Contenus : Décompositions • Calcul des différents volumes • Calculs avec un tableur : mise en place d'un tableau paramétré pour un calcul automatisé

3. Caractéristiques des sections

Objectif : Calculer la position du centre de gravité des murs de différentes hauteurs

Contenus : Décompositions • Calcul des xg et zg des différents murs • Calculs avec un tableur : mise en place d'un tableau paramétré pour un calcul automatisé

4. Étude de prix

Objectif : Déterminer le prix de vente d'un ouvrage sous traité

Contenus : Le coefficient de sous traitance • Le prix de vente de l'entreprise principale • Conclusion

6.1 Dessins de définition des murs de soutènement

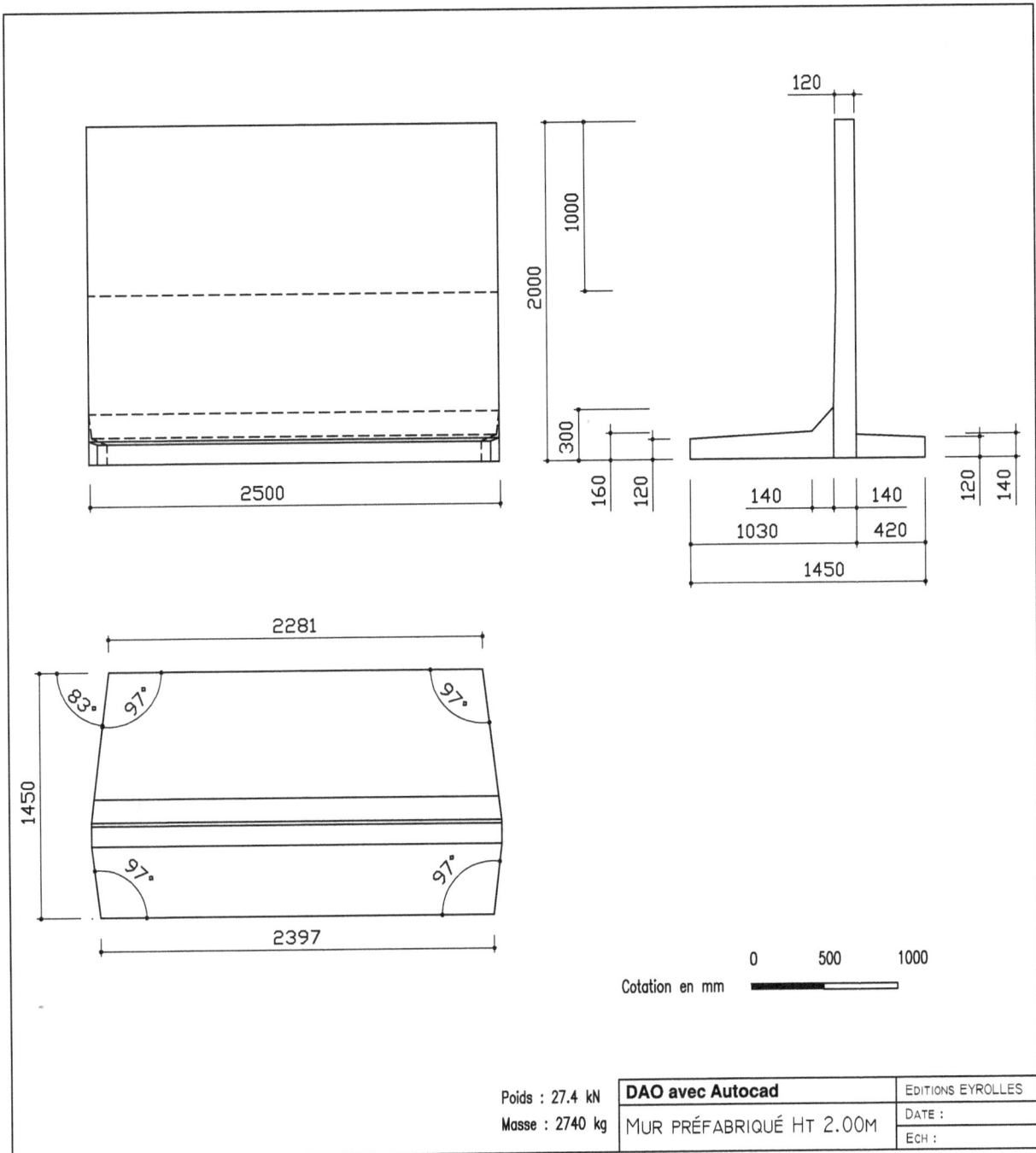

Poids : 27.4 kN · Masse : 2740 kg · DAO avec Autocad · ÉDITIONS EYROLLES · MUR PRÉFABRIQUÉ HT 2.00M

fig. 1 mur d'une hauteur de 2.00 m

REMARQUE : pour respecter les conventions du Système international :

- le poids s'exprime en newton (N) ou un multiple kN (10^3 N) MN (10^6 N) ;
- la masse s'exprime en kilogramme (kg, 10^3 g) ou un multiple comme la tonne T (1 000 kg ou 10^3 kg).

Mais fréquemment, les plans indiquent un poids exprimé en kg ou en tonne.

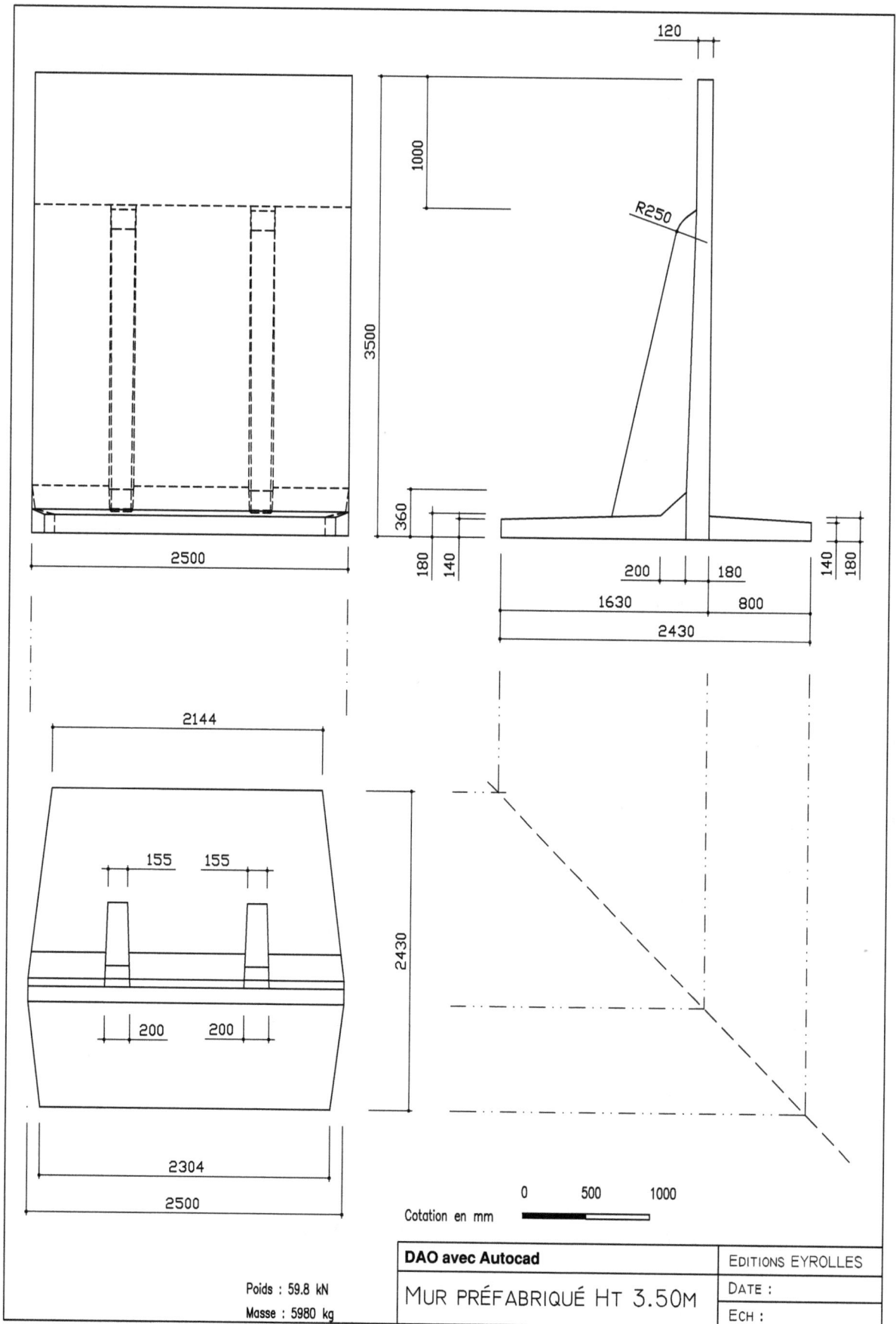

120	
1000	
3500	
R250	
360	
180	140
2500	
200	180
1630	800
2430	
140	180

2144	
155	155
2430	
200	200
2304	
2500	

0   500   1000

Cotation en mm

DAO avec Autocad	EDITIONS EYROLLES
Poids : 59.8 kN	DATE :
Masse : 5980 kg	ECH :

MUR PRÉFABRIQUÉ HT 3.50M

fig. 2 mur d'une hauteur de 3.50 m, avec nervures

6.2 Conception du modèle volumique

6.2.1 MUR D'UNE HAUTEUR DE 2.00 M

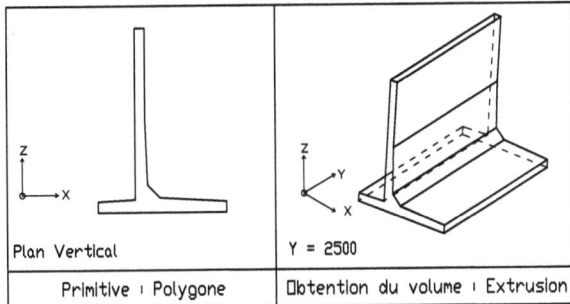

fig. 3 construction du volume primaire rendu

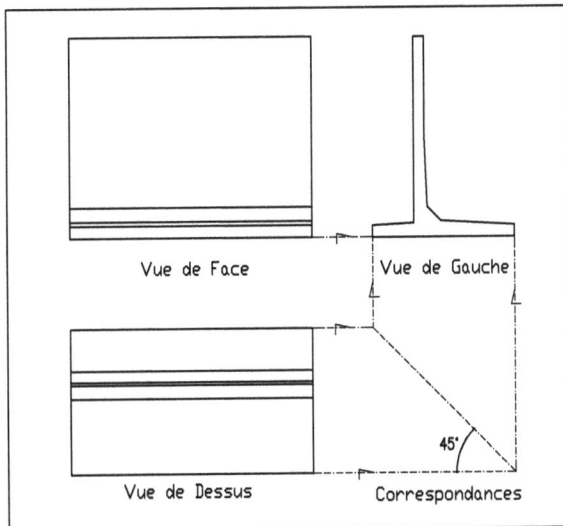

fig. 4 volume en projections orthogonales, arêtes cachées non représentées

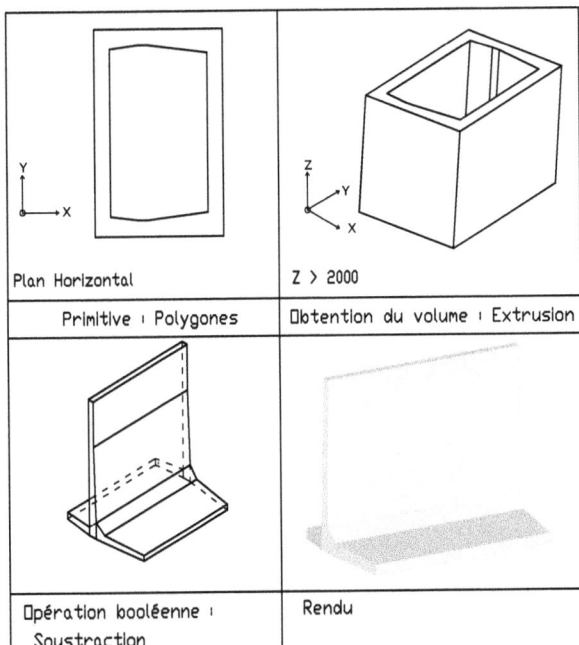

fig. 5 modifications de la semelle

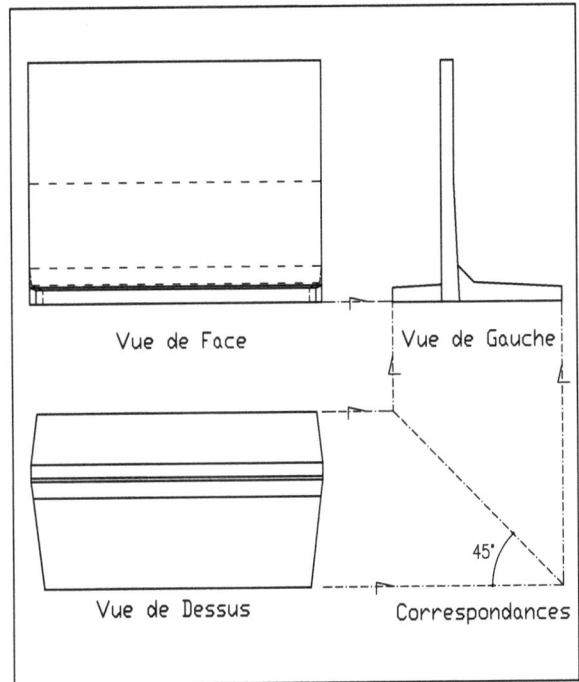

fig. 6 mur en projections orthogonales

6.2.2 MUR D'UNE HAUTEUR DE 3.50 M AVEC NERVURES

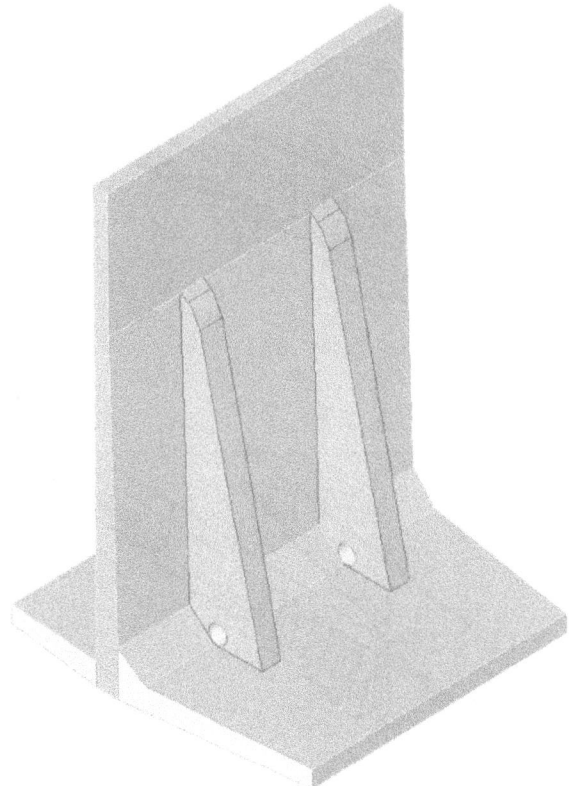

fig. 7 mur coté remblai

125

6.3 Chronologie d'exécution des murs de soutènement avec Autocad

6.3.1 INTRODUCTION

OBJECTIFS :
▶ réaliser le dessin de définition du mur préfabriqué d'une hauteur de 2 m selon 3 vues
▶ création de fichiers à insérer dans un dessin d'ensemble
▶ réaliser le plan de calepinage, en plan et en élévation, à partir des blocs crées précédemment
▶ imprimer

6.3.1.1 Projet

La réalisation d'un mur de soutènement permet l'aménagement d'un parking et d'une voie de circulation avec un dénivelé variable.

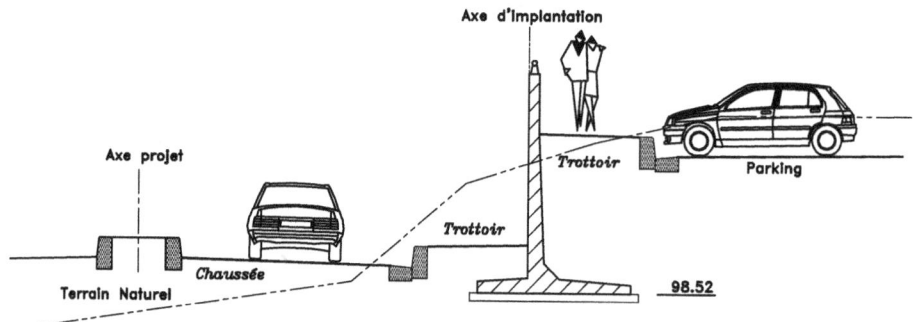
fig. 8 schéma de principe

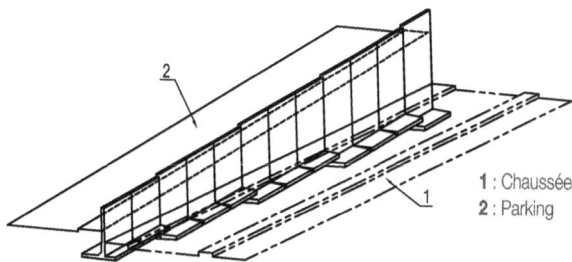
fig. 9 perspective vue coté chaussée

1 : Chaussée
2 : Parking

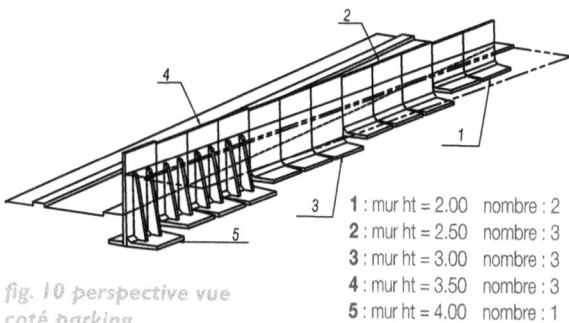
fig. 10 perspective vue coté parking

1 : mur ht = 2.00   nombre : 2
2 : mur ht = 2.50   nombre : 3
3 : mur ht = 3.00   nombre : 3
4 : mur ht = 3.50   nombre : 3
5 : mur ht = 4.00   nombre : 1

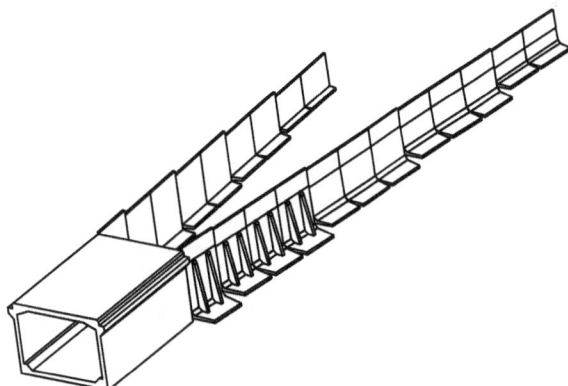
fig. 11 représentation partielle du passage inférieur en continuité des murs de soutènement

6.3.1.2 Nomenclature

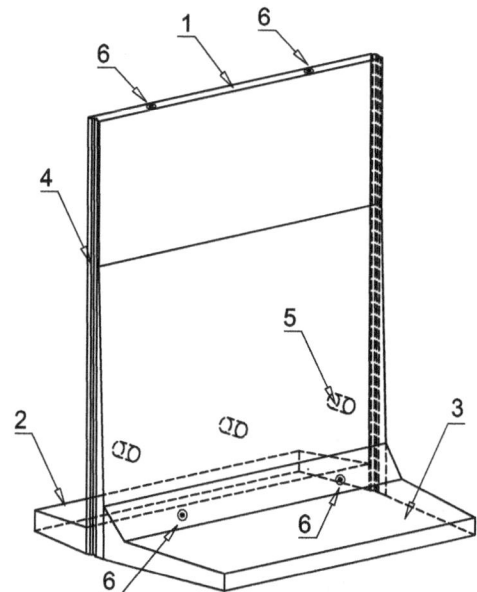
fig. 12 détails d'un mur

1 : voile
2 : patin
3 : talon
4 : rainure
5 : barbacanes
6 : ancre ou douille de levage pour la manutention du mur avec des élingues

Les murs peuvent être munis de :

• barbacanes (trous de Ø 50 mm situés en partie basse du terrain fini afin d'évacuer l'eau contenue dans les remblais) ;

• rainure et bossage (complémentaire de la rainure) situés sur la tranche des voiles pour éviter les défauts d'alignement lors du tassement des remblais.

Ces détails ne seront pas pris en compte par la suite.

6.3.1.3 Mur d'une hauteur de 2.00 m

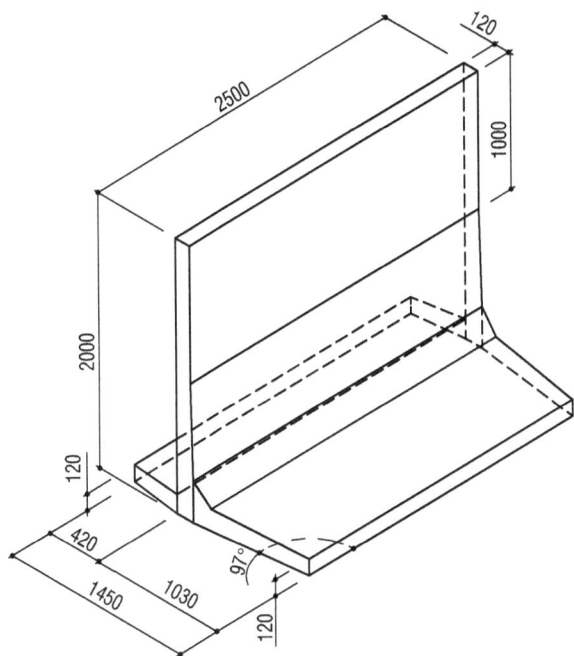

fig. 13 dimensions du mur de 2.00 m

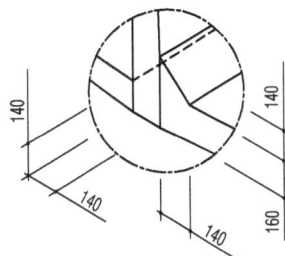

fig. 14 détail jonction voile-semelle

6.3.1.4 Mur d'une hauteur de 2.50 m

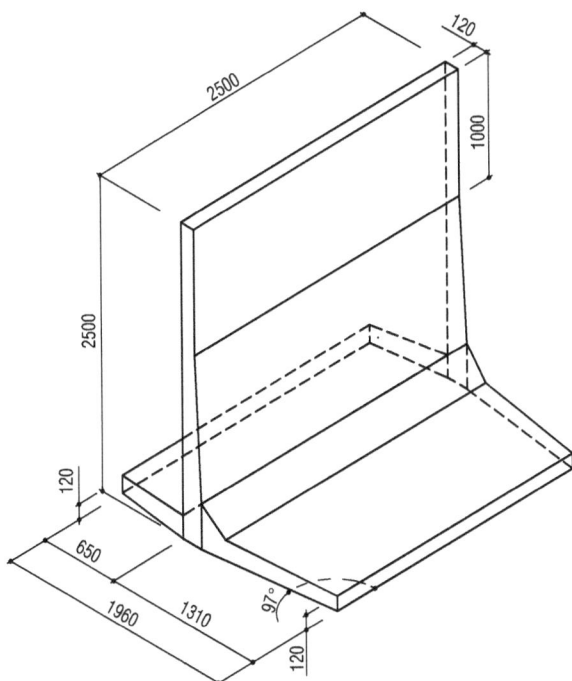

fig. 15 dimensions du mur de 2.50 m

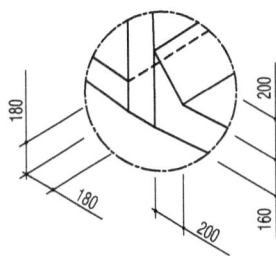

fig. 16 détail jonction voile-semelle

6.3.1.5 Mur d'une hauteur de 3.00 m

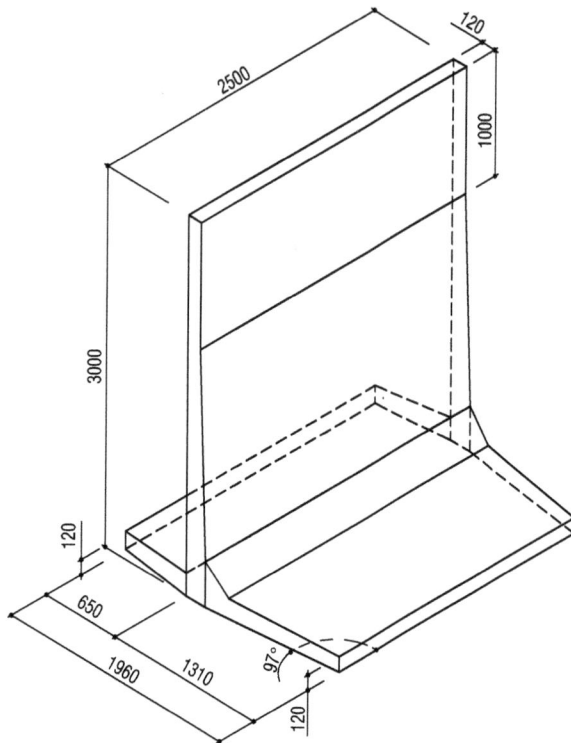

fig. 18 détail jonction voile-semelle

fig. 17 dimensions du mur de 3.00 m

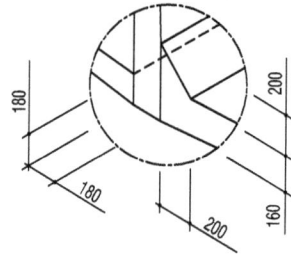

6.3.1.6 Mur d'une hauteur de 3.50 m

À partir de cette hauteur, des nervures sont nécessaires pour assurer la rigidité de la liaison entre le voile et la semelle.

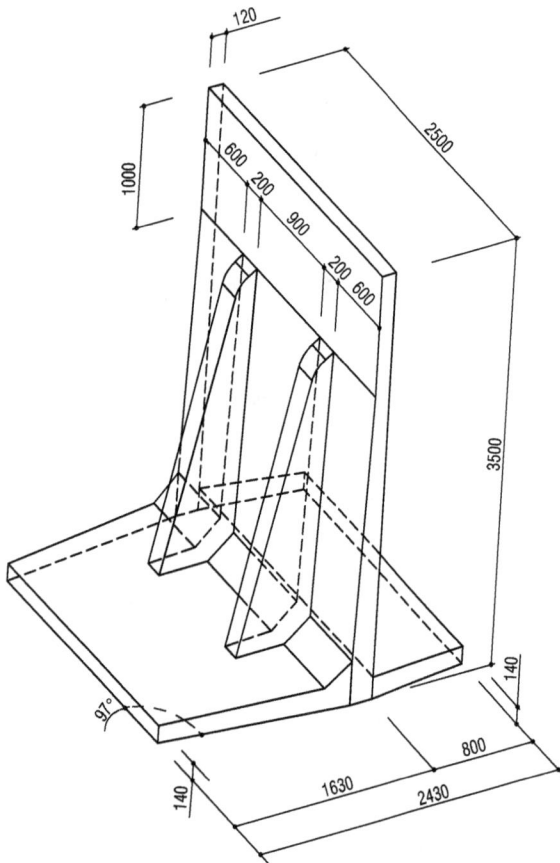

fig. 20 détail jonction voile-semelle

fig. 19 dimensions du mur de 3.50 m

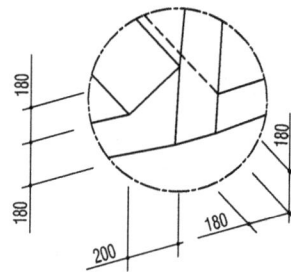

6.3.1.8 Fichier téléchargeable

Fichier de base téléchargeable : mur.dwg à l'adresse internet : www.editions-eyrolles.com contenant les origines des 3 vues dans le calque esquisse.

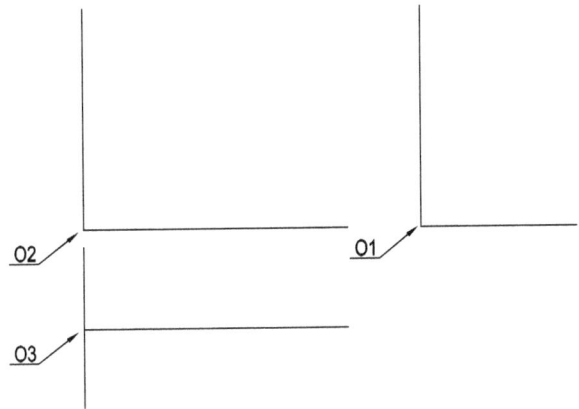

fig. 23 aperçu du fichier

O1 : origine de la vue de gauche. **O2** : origine de la vue de face. **O3** : origine de la vue de dessus

Les dimensions seront exprimées en mm.

Selon la destination, fabrication à l'usine ou pose sur le chantier, la représentation est différente. Tous les détails sont indispensables à l'atelier mais certains inutiles voire source d'erreur lors de la pose. Ce § respectera les projections orthogonales en omettant :

- les rainures et bossages latéraux ;
- les barbacanes ;
- les chanfreins qui cassent les arêtes vives.

6.3.2 LES ÉTAPES DE LA REPRÉSENTATION

Mur préfabriqué de 2 m

- Projections orthogonales (3 vues)
- Cotation
- Impression

Création de fichiers à insérer dans les plans d'ensemble

- En élévation
- En plan

Plan d'ensemble ou calepinage

- En élévation
- En plan

Plan d'armature

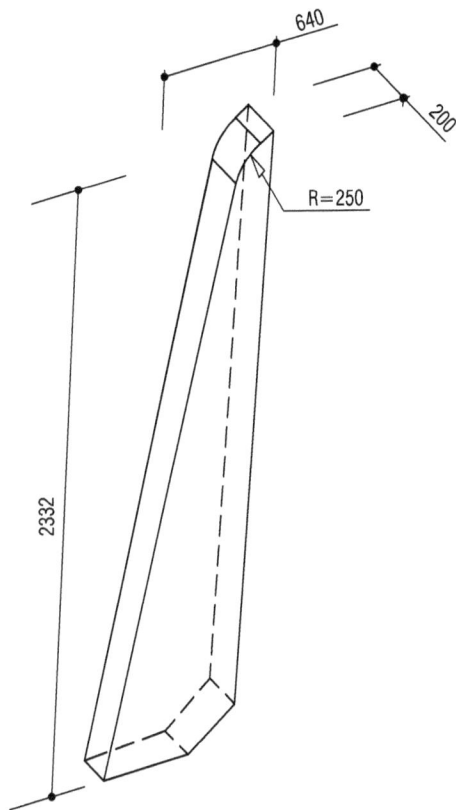

fig. 21 détail d'une nervure

6.3.1.7 Mur d'une hauteur de 4.00 m

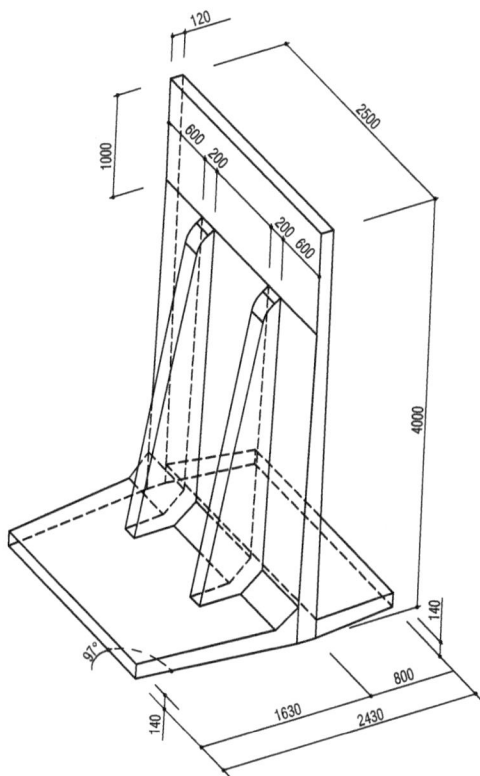

fig. 22 dimensions du mur de 4.00 m

6.3.3 MUR PRÉFABRIQUÉ D'UNE HAUTEUR DE 2.00 M

Pour respecter un des grands principes du dessin technique, il faudrait construire les 3 vues en même temps. Pour cet ouvrage, la vue de gauche va guider les autres vues.

6.3.3.1 Vue de gauche

Son contour est une suite de segments définis soit :

- par une direction et une distance ;
- par 2 points où le 2e est positionné en coordonnées relatives par rapport au précédent.

La commande polyligne n'est pas justifié (pas de décalage) et il faudra la décomposer pour prolonger certains segments.

▷ **POUR TRACER LE CONTOUR**

(calage inactif, mode ortho (F8) actif ou non selon le segment)

1   ✏ Ligne, 1er point O1
2   2e point, déplacement vers la droite, 1450 ↵
3   3e point, déplacement vers le haut, 120 ↵
4   4e point, ortho inactif, @-140,20 ↵ ...

Tableau récapitulatif

Points	Ortho	Distance	Coordonnées relatives
P1	Position calée sur O1		
P2	oui	1450↵	
P3	oui	120↵	
P4	non		@-420,20↵
P5	oui	1 860↵	
P6	oui	120↵	
P7	oui	1 000↵	
P8	non		@-20,-700↵
Jusqu'à revenir à P1			

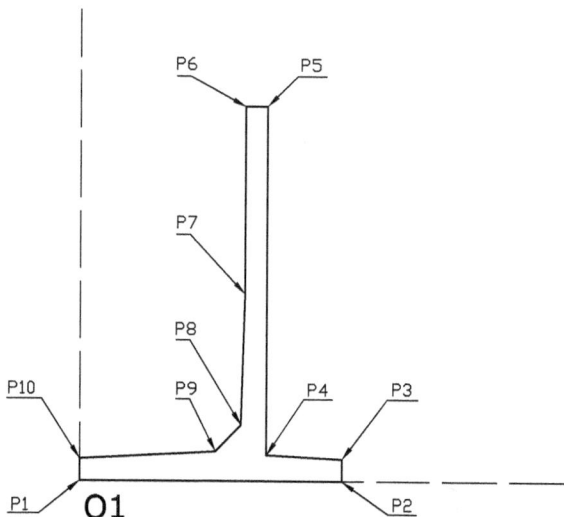

fig. 24 repérage des points sur la vue de gauche

6.3.3.2 Vue de face, étape 1

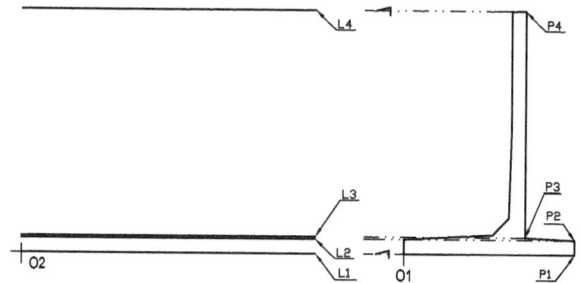

fig. 25 ébauche de la vue de face en correspondance de la vue de gauche

1   ✏ Ligne L1 (en mode ortho) 1er point O2, 2e point déplacement vers la droite, 2 500 ↵

2   🔷 Décaler, 120 ↵, sélection de L1↵, point quelconque au dessus, ⇒ ligne L2

3   même principe pour L3 et L4 avec des distances de décalage différentes. Il faut resélectionner la commande pour indiquer un décalage différent.

6.3.3.3 Vue de dessus, étape 1

Pour faciliter la mise en œuvre sur le chantier, la semelle n'est pas rectangulaire, et tous les segments n'ont pas la même longueur. Ils seront tracés égaux par décalage (étape 1) puis ajustés aux variations de longueur de la semelle (étape 2).

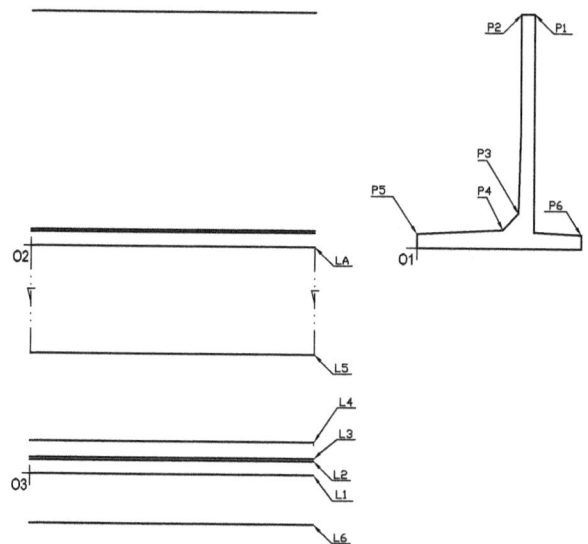

fig. 26 ébauche de la vue de dessus

1   🔷 Copier, sélection de la ligne LA ↵ 1er point O2, 2e point O3 ↵

2   🔷 Décaler, la ligne L1 pour obtenir L2, L3... selon les distances des points de la vue de gauche.

6.3.3.4 Vue de dessus, étape 2

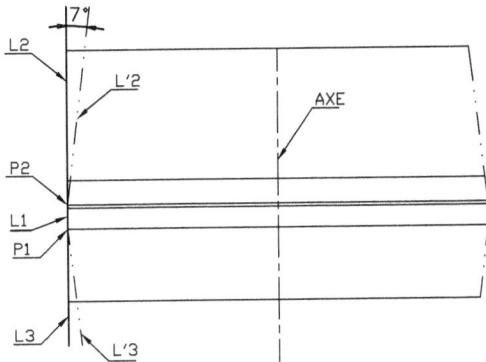

fig. 27 tracé des lignes L1, L2, L3 puis rotations et ajustements

1 ✏ Ligne L1 (en mode ortho) du point P1 à P2 puis lignes L2 et L3 (de longueur suffisante pour être ajustée après la rotation)

2 ↻ Rotation, sélection L2 ↵, point de base ou centre de rotation P2, angle de rotation –7 ↵ pour tourner de 7° dans le sens contraire du sens trigonométrique

3 Même procédé pour L3 de centre P1 et d'angle 7°

4 ⏸ Miroir (ou symétrie), sélection de L'1 et L'2 ↵, 1er point : milieu de la longueur de la semelle, 2e point : quelconque mais sur une verticale, ↵ pour ne pas effacer les objets sources

5 ✂ Ajuster, 🖱 droit sur rien, 🖱 gauche sur les extrémités des segments à couper

6 ou ⌐ Raccord, r ↵ 0 ↵ en cliquant les segments (en un point situé sur la partie à conserver et proche de l'intersection)

6.3.3.5 Vue de face, étape 2

Il faut reporter les longueurs des segments de la vue de dessus et de la vue de gauche sur le vue de face. Des lignes de rappel fixent la correspondance entre ces 2 vues. Ces lignes seront tracées en mode ortho puis ajustées ou raccordées.

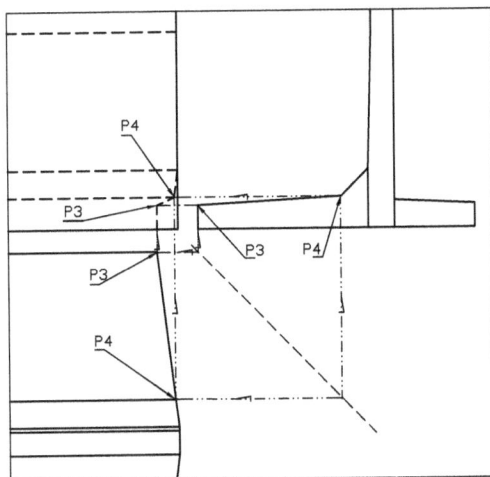

fig. 28 correspondances de 2 points du talon

6.3.3.6 Cotation

Se reporter à la cotation du massif de grue pour définir des styles de cote et effectuer la cotation

Exemples de valeurs à renseigner, en unité de dessin, dans les différents onglets lors de la création d'un style de cote (menu cotation, style) :

- onglet lignes et flèches :
  Ligne d'attache : Étendre 50, Décalage 150,
  Pointe de flèches : Petit point
  Taille 100
- onglet texte :
  Aspect : Hauteur 75
  Position : Vertical au dessus, Horizontal centré, Décalage 25
- onglet unités principales :
  Précision 0, Échelle de mesure 1

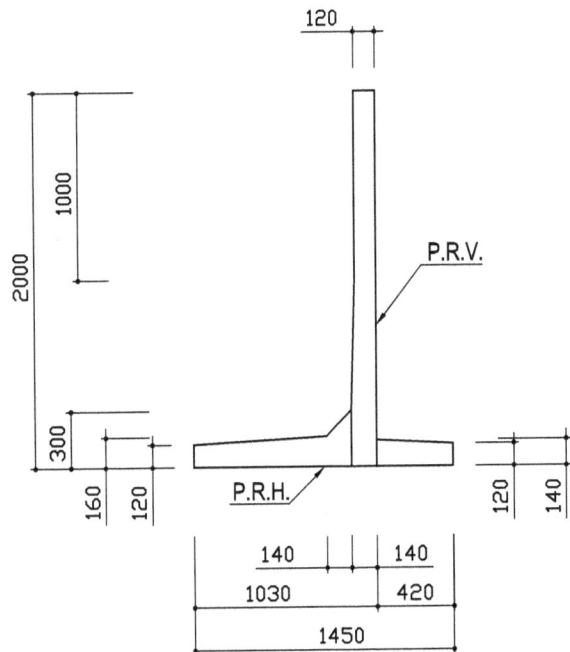

fig. 29 exemple de cotation de la vue de gauche

P.R.H. : plan de référence horizontal
P.R.V. : plan de référence vertical

6.3.3.7 Impression

Elle est possible sur un A4 horizontal à l'échelle 1/25e (1 mm sur le papier représente 25 unités de dessin soit 25 mm) en utilisant l'espace objet ou de l'espace papier.

Option 1 : espace **objet** en dessinant un cadre

Comme les dimensions du dessin ne changent pas, il faut adapter la taille du papier pour une impression directe.

Dimensions du cadre :

Sur format A4 H (297 mm par 210 mm), la surface utile est de 277 mm par 190 mm (cadre à 10 mm du bord de la feuille). À l'échelle 1/25e, la dimension du rectangle à tracer est de :

277 × 25 = 6 925 mm (6 925 unités de dessin)

190 × 25 = 4 750 mm

d'où le tracé d'un rectangle :

1er sommet quelconque et 2e sommet @6925,4750 ↵.

Ce rectangle définit la fenêtre d'impression par calage sur ses sommets (éventuellement à déplacer avec la fonction ✥ pour encadrer les objets à imprimer).

▷ **POUR IMPRIMER**

1   🖨 ou menu « fichier, imprimer »

2   Onglet « Périphérique de traçage » permet de choisir :

– le traceur ou l'imprimante installés ;

– la table des styles de tracé pour les différentes épaisseurs de trait sauf si elles ont été définies lors de la création des calques.

3   Onglet « Paramètres du tracé »

Format du papier : A4, paysage, mm

Fenêtre : clic sur 2 sommets opposés du rectangle de 6 925 par 4 750

Échelle du tracé : personnaliser 1 mm pour 25 unités de dessin (comme l'unité est en mm, 1 mm pour 25 mm = 1/25e)

Centrer le tracé

Aperçu total

4   OK

Option 2 : espace **papier**

Le passage à l'espace papier s'effectue en cliquant sur l'onglet situé à droite de l'onglet objet.

Apparaît une fenêtre « configuration de tracé », également accessible par le menu « Fichier, Mise en page » qui permet de choisir :

• Onglet : périphérique de traçage

Le traceur ou l'imprimante installés

La table du style de tracé (couleurs et épaisseurs des traits

• Onglet : mise en page

Format du papier : A4, mm

Orientation : paysage

Échelle : 1 :1

Une fenêtre, ajustée au dessin, est automatiquement créée :

• Soit la sélectionner et la modifier avec l'option propriétés

5   🖰 gauche sur la fenêtre pour la sélectionner

6   🖰 droit affiche un menu contextuel où l'option « propriétés » ouvre la fenêtre des propriétés permettant les modifications :

– dans la rubrique géométrie : hauteur 190 et largeur 277 pour un A4

– dans la rubrique divers : échelle personnalisée 0.04

• Soit la sélectionner et la supprimer pour en créer une nouvelle.

▷ **POUR REDÉFINIR LA FENÊTRE :**

Dans le menu « Affichage, Fenêtres, Nouvelles fenêtres » OK 0,0 ↵

277, 190↵ pour un A4 horizontal avec un cadre de 10 mm

Par défaut, l'échelle du dessin est calculée maximale en fonction des objets à représenter et du format de la sortie papier.

▷ **POUR INDIQUER L'ÉCHELLE PRÉCISE**

1   dans la barre d'état, un clic sur « papier », sans quitter l'onglet « présentation », affiche « objet ».

2   Écrire dans la fenêtre de commande :

3   ZOOM ↵

4   E ↵ (comme échelle)

5   0.04xp ↵ trace 0.04 mm pour 1 unité de dessin (1 mm) soit 0.04 mm pour 1 mm soit 4/100, soit 1/25^e

6   retour à l'espace papier par un clic sur « objet « dans **la barre d'état** qui affiche « papier ».

<u>REMARQUE</u> : la molette centrale de la souris permet un déplacement de l'ensemble du dessin par rapport à la fenêtre.

▷ **POUR IMPRIMER**

7   🖨 ou menu « fichier, imprimer »

8   le bouton « fenêtre » permet de définir la zone de tracé, calée sur les sommets de la fenêtre créée

<u>REMARQUE</u> :

Dans l'espace papier, l'échelle est de 1 pour 1.

Se reporter à l'impression du massif de grue (thème 5) pour adopter une autre technique de mise en page et effectuer l'impression.

6.3.4 CRÉATIONS DE FICHIERS À INSÉRER DANS LES PLANS D'ENSEMBLE

Il faut 2 fichiers (plan et élévation) pour chaque hauteur de mur. C'est plus pratique que de mettre les 2 vues dans le même fichier car, pour un même mur, les écartements sur la vue en élévation et sur la vue en plan sont différents et, lors de l'insertion il faudrait les décomposer.

▷ **POUR CRÉER UN BLOC,**
COMME UN FICHIER DE DESSIN, À PARTIR D'OBJETS DU DESSIN COURANT

1   wbloc ↵ au clavier avec pour options :

• Source : objets

• Point de base : spécifier un point, Pi

• Objets :

Choix des objets, (seuls les segments significatifs lors du dessin à produire) ↵, avec l'option « conserver »

• Destination :

Nom du fichier : mur2melevation

Emplacement : répertoire actuel ou un autre

Unités d'insertion : sans

• OK

REMARQUE : si les objets du bloc créé appartiennent au « calque 0 », lors de son insertion, les propriétés du bloc (calque, couleur…) prennent les propriétés du calque dans lequel il est inséré. Sinon l'insertion du bloc crée le calque dans lequel il a été créé.

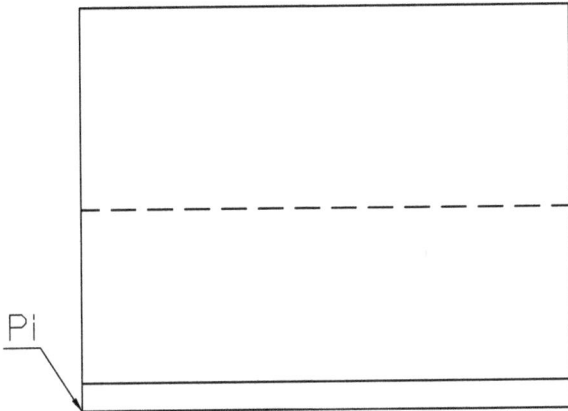

fig. 30 fichier « mur2melevation.dwg »

Même procédure pour les autres fichiers à créer.

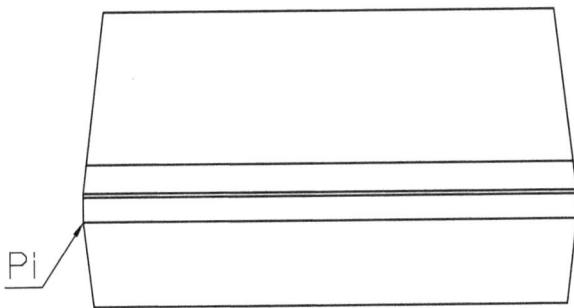

fig. 31 fichier « mur2mplan.dwg »

Les blocs d'une hauteur de 2.50 m, 3 m, 3.50 m, 4 m sont créés selon le même principe.

6.3.5 PLAN D'ENSEMBLE OU CALEPINAGE

6.3.5.1 Calepinage en plan

1 Créer un nouveau fichier

2 ou menu « Insertion, Bloc » et bouton parcourir pour choisir dans la liste l'un des fichiers créés précédemment

3 le positionner, à la souris, en un point quelconque. Les options ne sont pas nécessaires.

REMARQUES :

- Le curseur représente le point de base spécifié lors de la création du fichier.
- Le premier mur d'une série est à insérer, les autres du même type sont copiés.
- Le choix du point d'insertion permet un alignement automatique.

6.3.5.2 Calepinage en élévation

Le plan de comparaison sert de référence à la position en Z, différente pour chacun des murs à insérer.

Il est préférable de représenter les 2 vues en correspondance.

Plusieurs techniques permettent d'obtenir ce résultat :

1 Des lignes de construction, dans le calque esquisse, pour un positionnement à l'intersection des lignes.

2 Les murs sont tous insérés à la même altitude puis déplacés de la hauteur voulue.

3 Les murs à insérer sont positionnés au fur et à mesure grâce au calage « depuis » accessible à tout moment

EXEMPLE : , choisir le fichier, OK, touche CTRL+ droit, depuis dans le menu contextuel, point de base : choisir un point connu, suivi du décalage relatif en x et y @0,-600 pour un positionnement sur la même verticale et 600 mm au-dessous du point de base.

Représentation de l'ensemble des murs préfabriqués juxtaposés (calepinage)

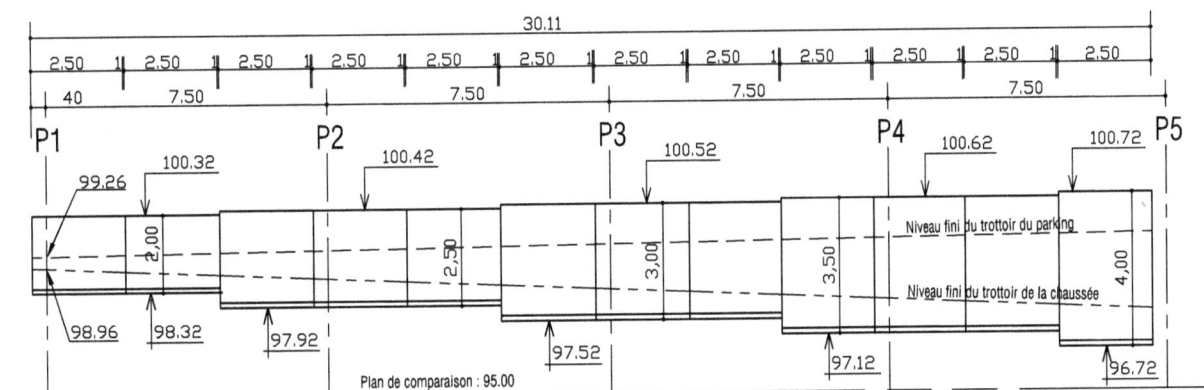

fig. 32 en élévation (vue de face coté chaussée)

REMARQUES :

- La pose des murs préfabriqués nécessite un jeu d'1 cm entre ces éléments.

  Alors 2 solutions :

  – Solution 1 : soit la cote du projet est imposé et la fabrication en tient compte avec 2 possibilités :

  1re possibilité : la longueur de tous les murs est de 2.49 m sauf 2.50 m à une extrémité

  2e possibilité : tous les murs restent à 2.50 m sauf un à 2.39 m

  – Solution 2 : soit le projet peut absorber ce jeu et la longueur augmente comme ci dessus.

- Il est préférable que ce jeu soit inclus lors de l'insertion des blocs afin de ne pas avoir à la modifier à chaque fois. Une des solutions consiste à définir le point d'insertion Pi à 1 cm de l'arête du mur. Une autre solution est d'insérer les éléments préfabriqués avec le calage « depuis » (CTRL+🖱 droit) et un déplacement relatif de @10,0 par rapport au dernier élément inséré.

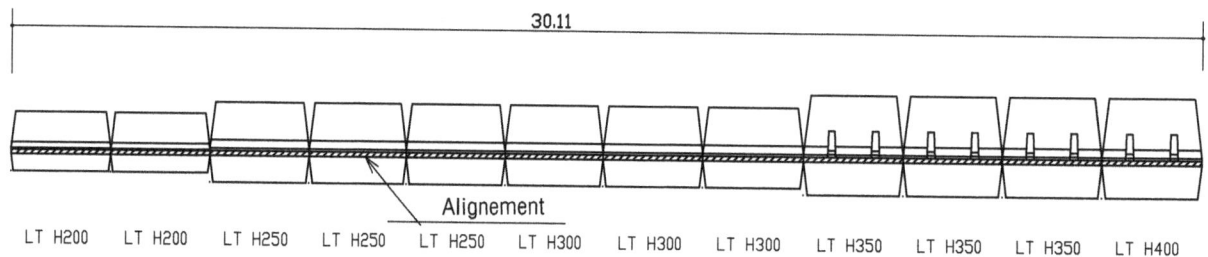

30.11

Alignement

| LT H200 | LT H200 | LT H250 | LT H250 | LT H250 | LT H300 | LT H300 | LT H300 | LT H350 | LT H350 | LT H350 | LT H400 |

fig. 33 en plan (vue de dessus)

6.3.6 PLAN D'ARMATURES

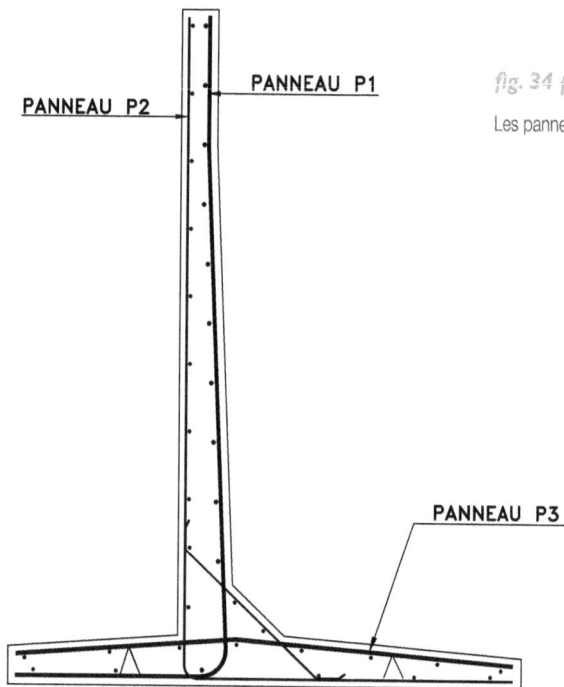

PANNEAU P2 — PANNEAU P1

PANNEAU P3

fig. 34 principe général

Les panneaux sont réalisés en usine, préfabriqués à la demande.

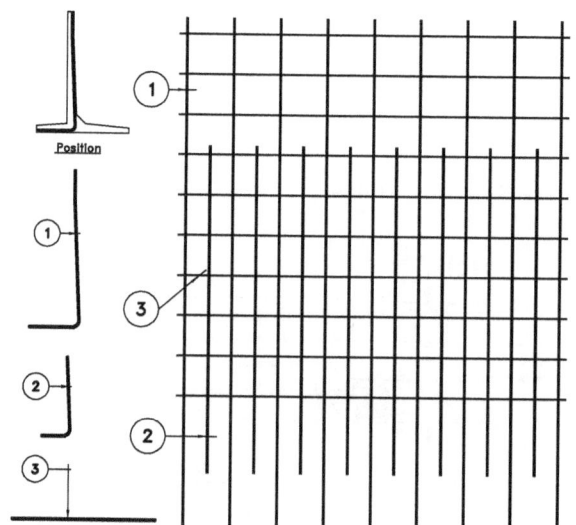

fig. 35 élévation du panneau P1, vue développée

Détail du panneau P1, composé :
- d'aciers principaux repérés 1 et 2
- d'aciers de répartition, filants repérés 3

Position

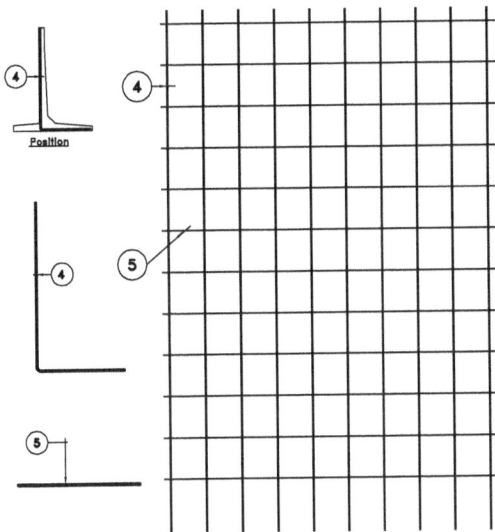

fig. 36 élévation du panneau P2, vue développée

Détail du panneau P2, composé :
• d'aciers principaux repérés 4
• d'aciers de répartition, filants repérés 5

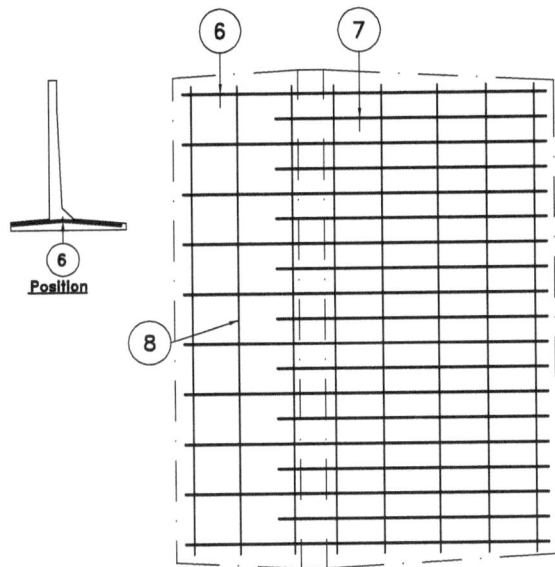

fig. 37 panneau P3 déplié, vue en plan

Détail du panneau P3, composé :
• d'aciers principaux repérés 6 et 7
• d'aciers de répartition, filants repérés 8

6.4 Projections orthogonales, lignes non parallèles aux plans de projection

Dans le dessin du massif de grue, la longrine selon la diagonale n'est pas représentée en vraie grandeur sur la vue en élévation car elle n'est pas parallèle au plan de projection. Pour ces murs, les arêtes des intersections des faces supérieures du talon et du patin ne sont en vraie grandeur dans aucune des vues pour la même raison.

Pour les tracer il faut faire appel aux lignes de correspondance entre les 3 vues.

6.4.1 MUR DE 2.00 À 3.00 M DE HAUTEUR

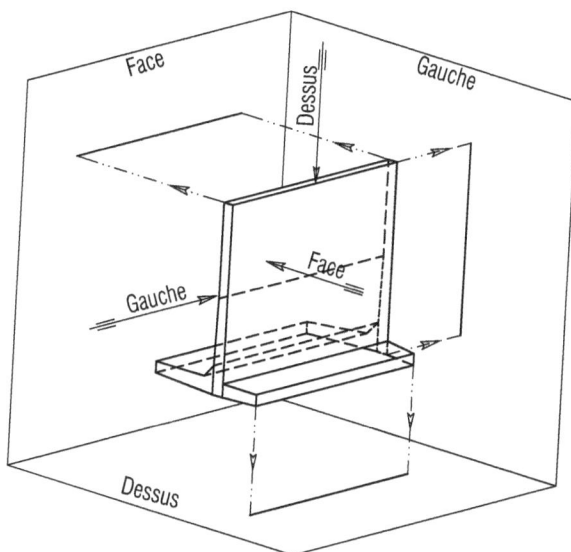

fig. 38 définition des vues

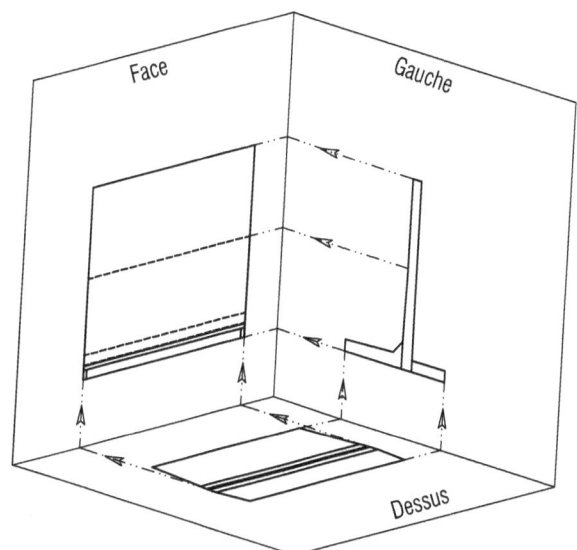

fig. 39 projections sur les faces du cube

Le cube est déplié afin que toutes ses faces appartiennent a un même plan : celui de la vue de face.

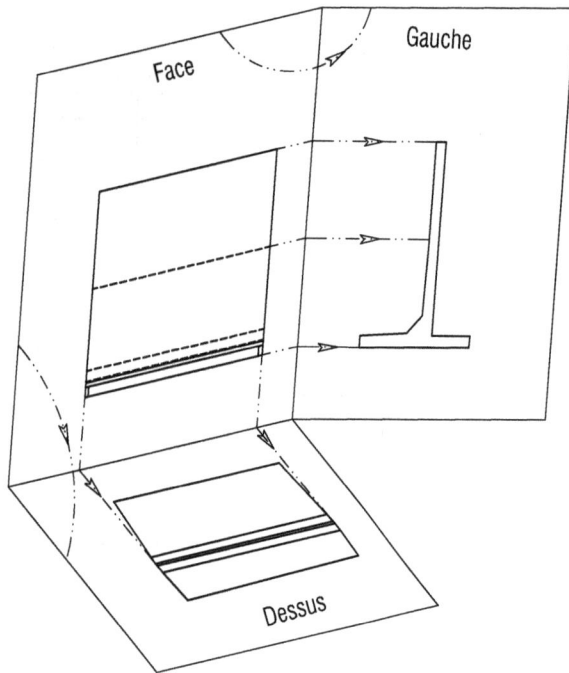

fig. 40 développement du cube

Résultat

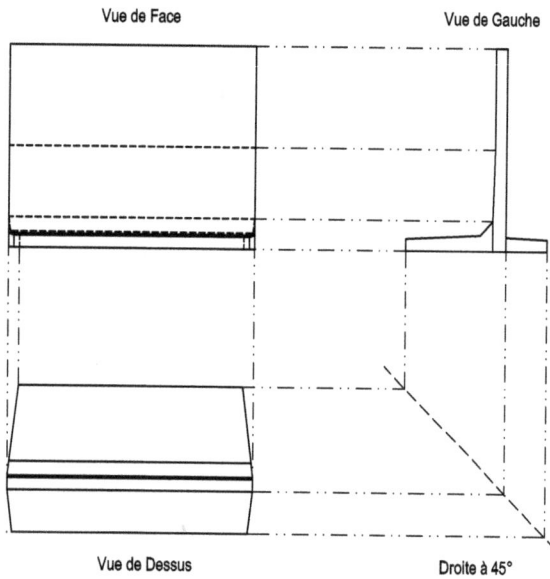

fig. 41 représentation et correspondance entre les 3 vues

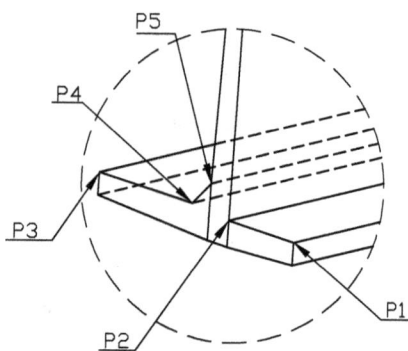

fig. 42 détail des correspondances à la liaison semelle-voile

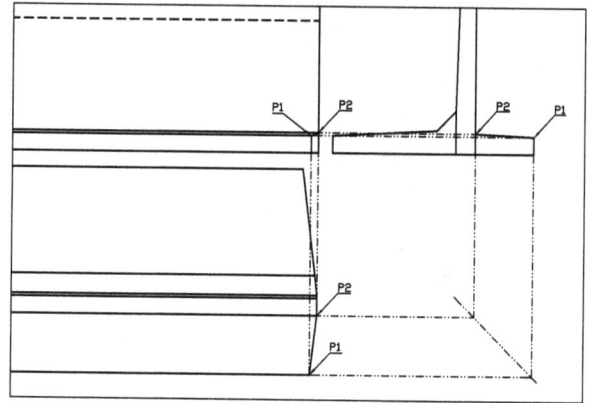

fig. 43 correspondance du patin

6.4.1.1 Mur 3.50 à 4.00 m de hauteur

Définition des vues

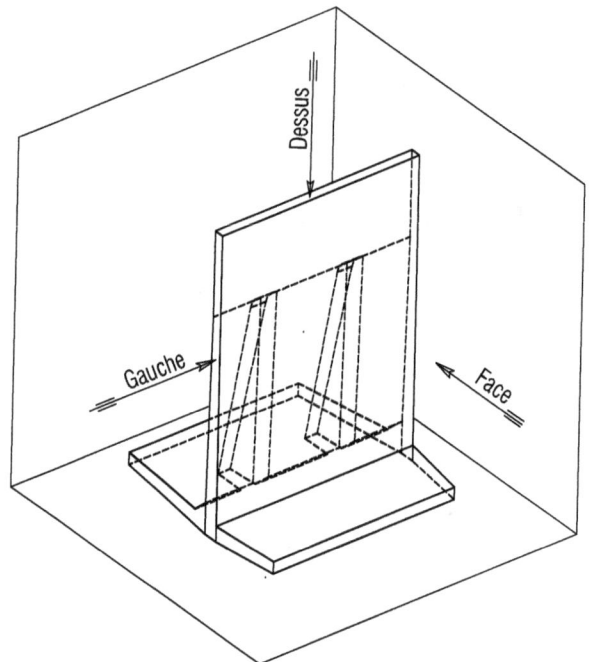

fig. 44 position du mur dans le cube

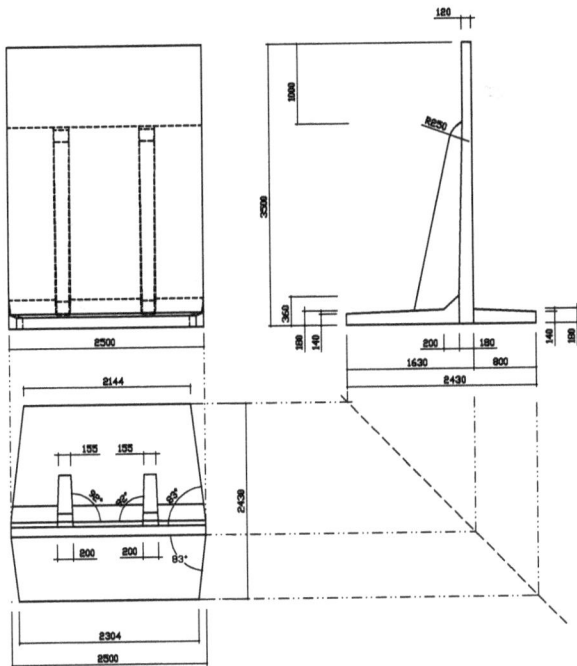

fig. 45 résultat en projection

6.5 Quelques techniques de maintien des terres

Un talus permet la transition entre des points d'altitudes différentes.

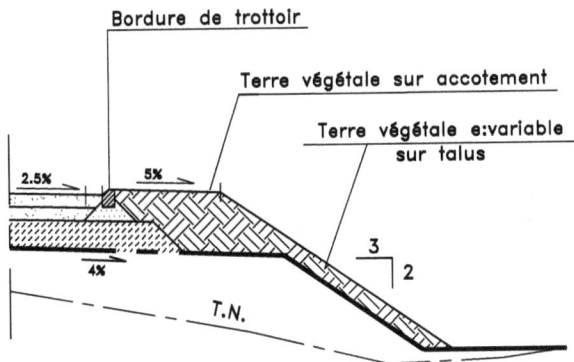

Fig. 46 talus en remblai

Mais si la différence de niveaux est brutale ou si la cohésion du sol et les charges appliquées l'imposent, il faut réaliser un écran, définitif ou provisoire, qui sera caché ou restera apparent. Ce rôle est assuré par :

6.5.1 UN MUR DE SOUTÈNEMENT

De nature et forme très diverses, lorsque le terrassement est possible de part et d'autre de l'ouvrage :

6.5.1.1 Murs en béton armé préfabriqué ou coulé en place

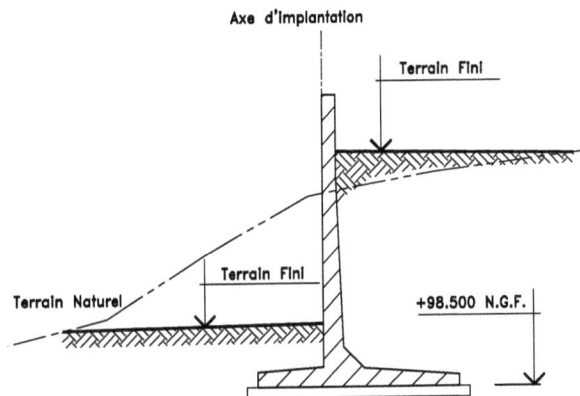

fig. 47 schéma de principe

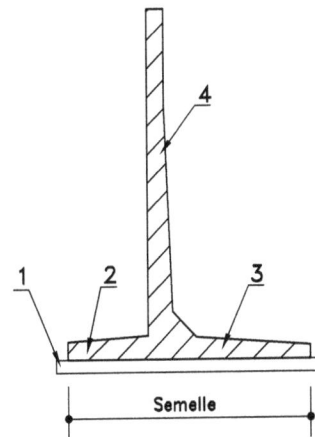

fig. 48 terminologie

1 : Béton de propreté. **2** : Patin. **3** : Talon. **4** : Voile

Ils sont dimensionnés pour être stables :

• au glissement ;
• au renversement ;
• au tassement, au poinçonnement.

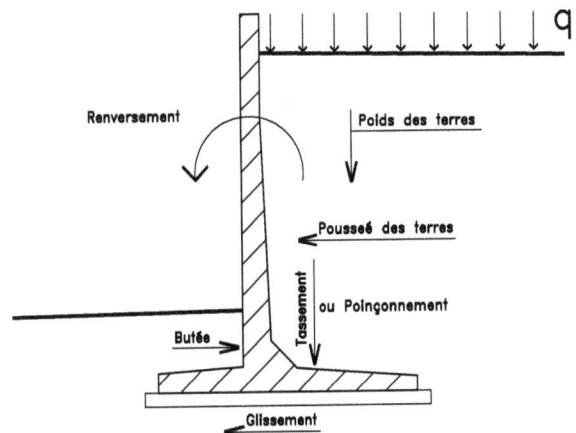

fig. 49 équilibre du mur de soutènement

Remblai caractérisé par :

- angle de frottement interne : $\varphi = 30°$ ou $\varphi = 35°$
- masse volumique $\gamma = 10$ à 20 kN/m^3

Sol d'assise :

- coefficient de frottement $\sigma = 0.6$
- pression limite pl = 0.5 MPa

Charge d'exploitation q en kN/m^2

6.5.1.2 Mur en petits éléments décoratifs, préfabriqués puis empilés

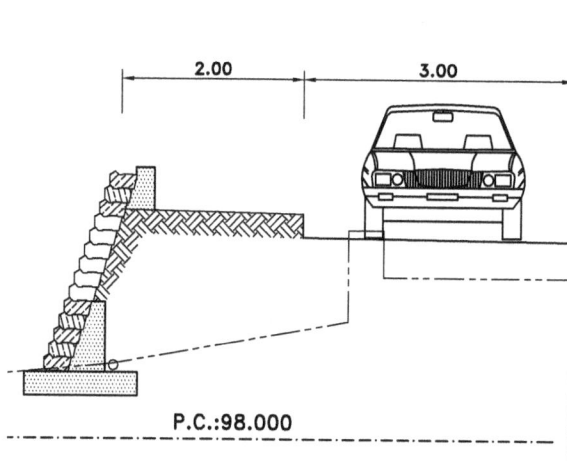

fig. 50 mur en petits éléments pour élargissement de chaussée

6.5.1.3 Mur en terre armée constitué d'écailles

Elles sont planes ou ouvragées (béton architectonique), munies d'épaulements et de goujons qui assurent leurs liaisons. Des plats crantés en acier galvanisé boulonnés aux écailles, d'une longueur calculée en fonction de la nature du sol, des charges, de la hauteur du mur, sont noyés dans le remblai, compacté à 95 % de l'optimum Proctor, par couches de 37.5 cm. L'étanchéité est assurée par des joints en élastomère et en mousse.

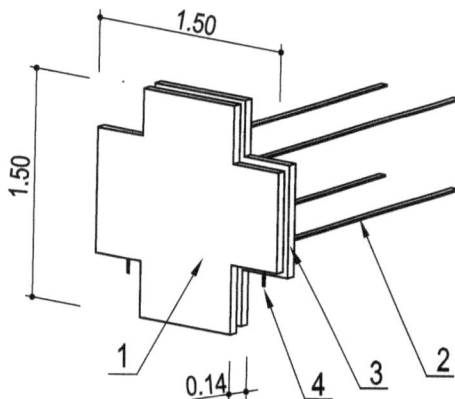

fig. 51 nomenclature du procédé

1 : Écaille. 2 : Plat cranté. 3 : Épaulement (simplifié). 4 : Goujons

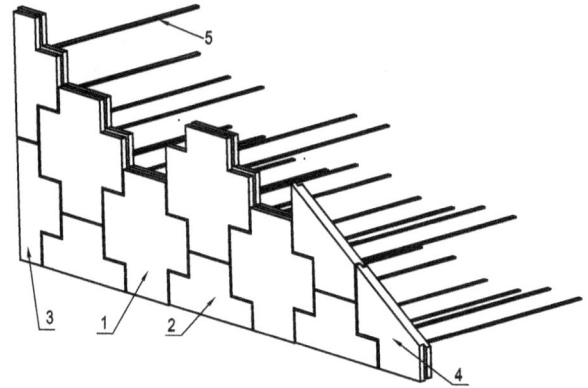

fig. 52 assemblage d'écailles

1 : Écaille entière. 2 : Demi écaille horizontale. 3 : Demi écaille verticale. 4 : Écaille tronquée pour suivre une pente (parfois coiffée d'une corniche). 5 : Tirant

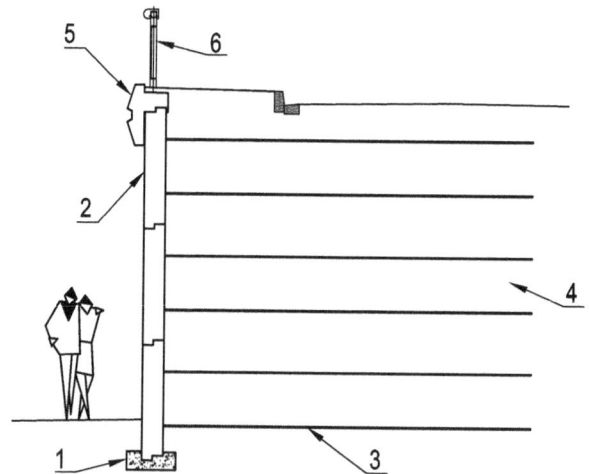

fig. 53 coupe de principe d'un mur en terre armée

1 : Semelle en gros béton. 2 : Écaille. 3 : Tirant. 4 : Remblais soigneusement compactés. 5 : Corniche. 6 : garde-corps

fig. 54 écailles du mur en terre armée

6.5.2 UNE PAROI BERLINOISE

C'est une paroi mixte, béton armé et profilés métalliques, maintenue par des butons ou des tirants.

fig. 55 plan d'ensemble d'une paroi berlinoise

Des profilés métalliques sont battus en limite de la zone à excaver. Au fur et à mesure de l'excavation, la mise en œuvre de tirants et de liernes maintiennent ces profilés métalliques. L'excavation est réalisée par couches de hauteurs de plus en plus faibles lorsque la profondeur, et par conséquent la poussée des terres, augmentent.

Entre chaque profilé, mise en place d'un treillis soudé et d'un béton projeté

fig. 56 détail d'une lierne et d'un tirant

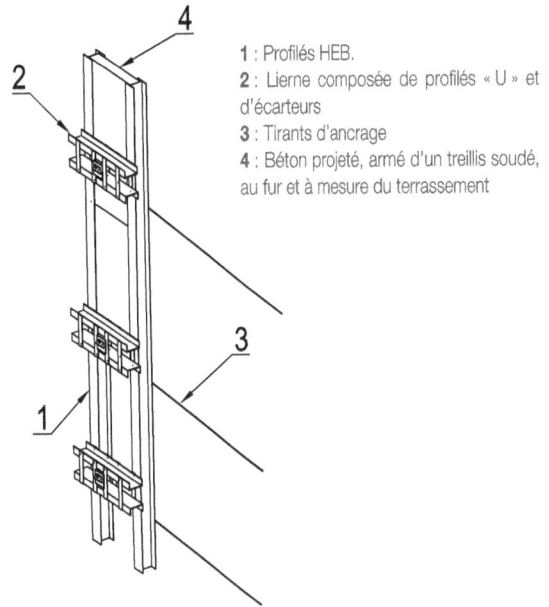

1 : Profilés HEB.
2 : Lierne composée de profilés « U » et d'écarteurs
3 : Tirants d'ancrage
4 : Béton projeté, armé d'un treillis soudé, au fur et à mesure du terrassement

fig. 57 éléments d'une paroi berlinoise

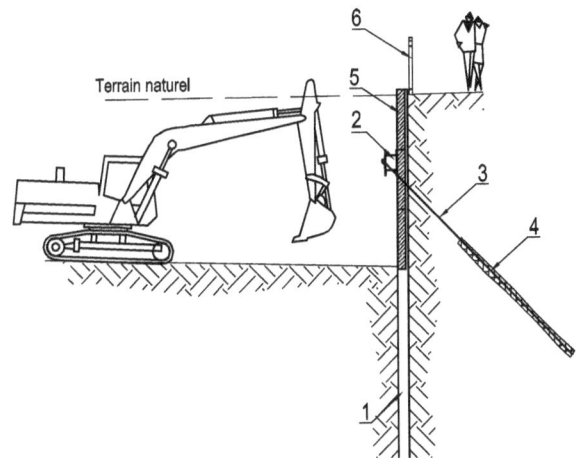

fig. 58 coupe de principe, 1re phase d'excavation

1 : Profilés HEB foncés avant le début des terrassements. 2 : Lierne composée de profilés « U » et d'écarteurs. 3 : Tirants. 4 : Bulbe d'ancrage du tirant. 5 : Béton projeté, armé d'un treillis soudé, au fur et à mesure du terrassement. 6 : Garde-corps ou palissade

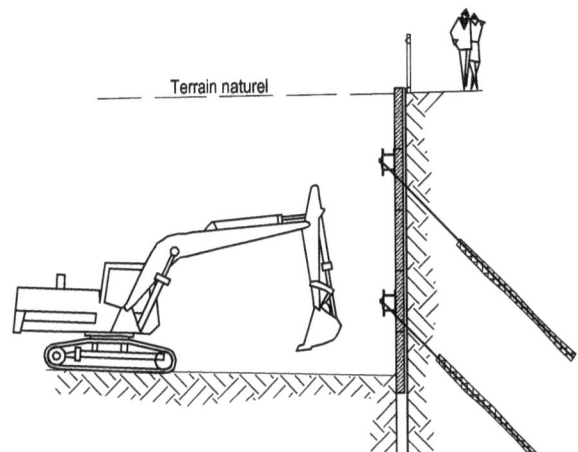

fig. 59 coupe de principe, 2e phase d'excavation

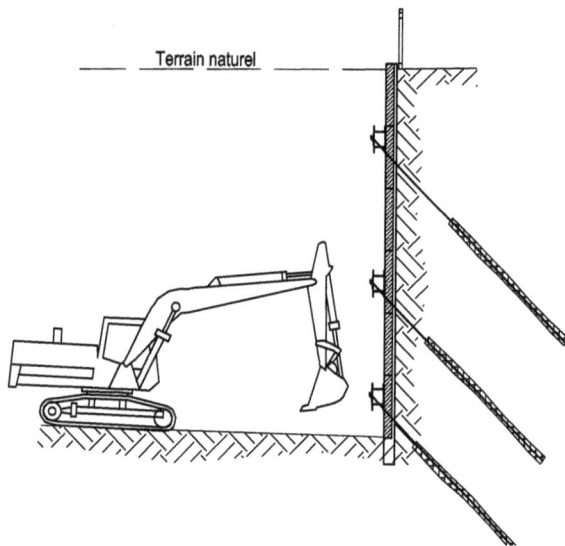

fig. 60 coupe de principe, 3e phase d'excavation

6.5.3 UNE PAROI MOULÉE

C'est un mur en béton armé réalisé dans une tranchée discontinue remplie de boue au fur et à mesure de son forage. La

boue, mélange d'eau et de bentonite, qui assure le maintien des parois, est chassée lors du bétonnage.

Les parois moulées ont une épaisseur variant de 0.50 m à plus d'un mètre pour des profondeurs courantes de 30 à 50 m.

fig. 61 benne preneuse et silos pour fabriquer la boue

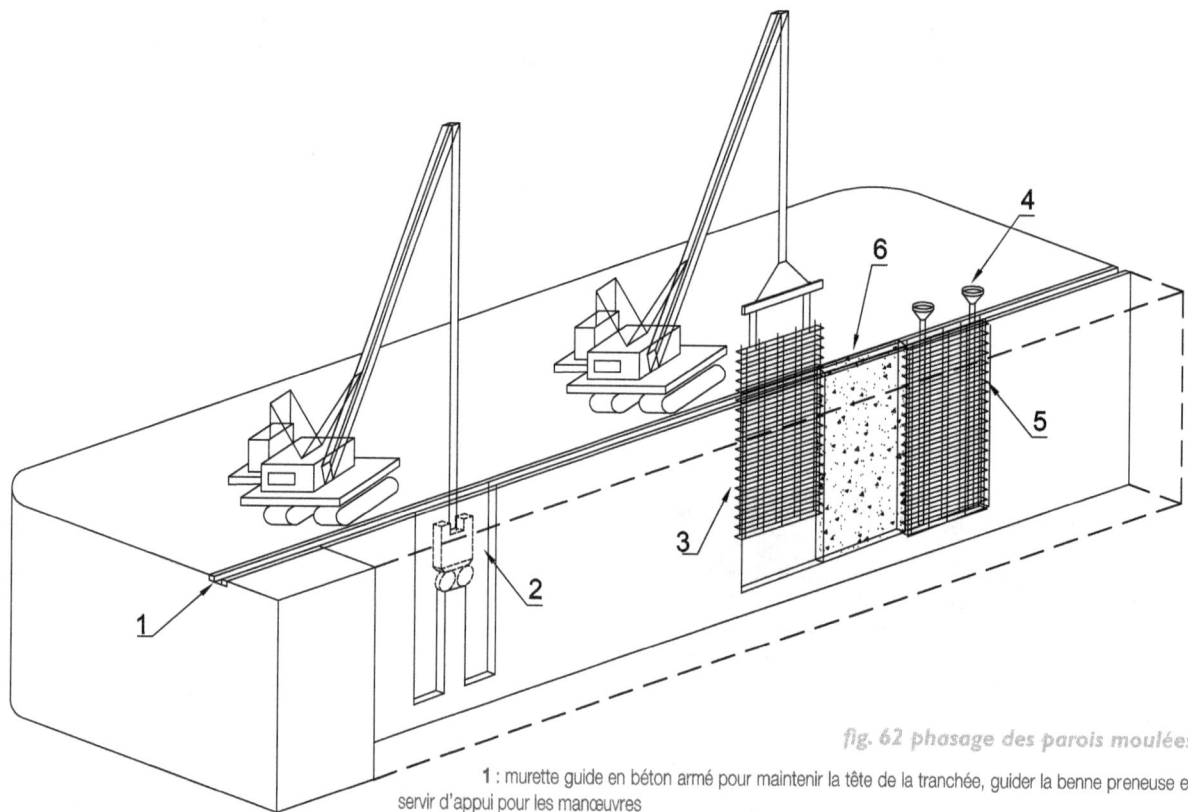

fig. 62 phasage des parois moulées

1 : murette guide en béton armé pour maintenir la tête de la tranchée, guider la benne preneuse et servir d'appui pour les manœuvres

2 : forage d'un tronçon à la benne preneuse, boue non représentée

3 : descente de la cage d'armatures

4 : tubes plongeur utilisés simultanément pour une cadence de bétonnage élevée. Sont également introduits des tubes d'auscultation pour contrôler la qualité du béton

5 : bétonnage non vibré et effectué sans reprise

6 : tronçon déjà réalisé. Ses extrémités sont moulées, pour assurer la continuité mécanique, et munies de bandes joint pour l'étanchéité

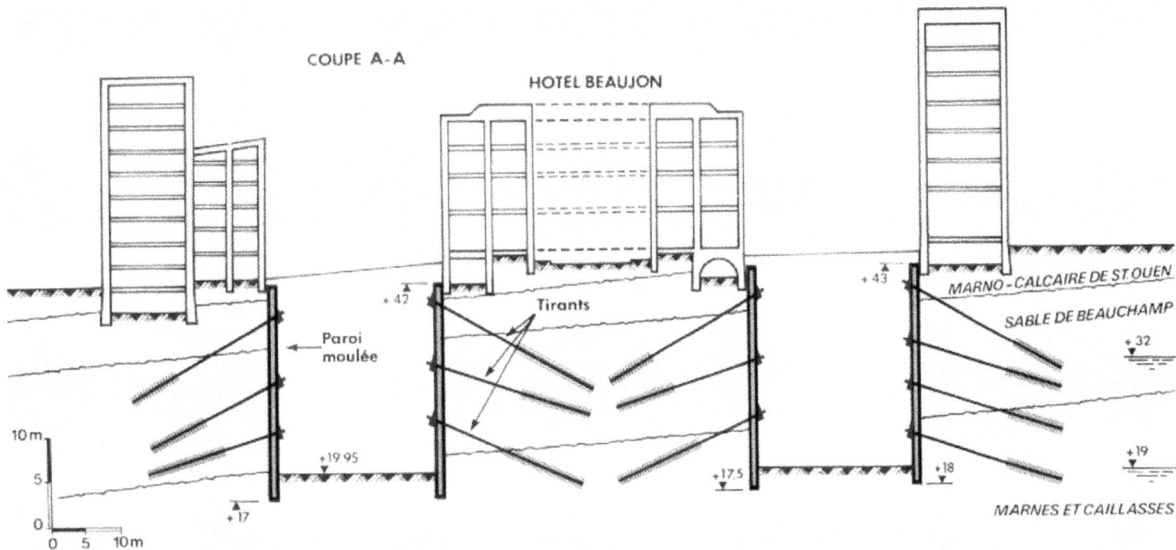

fig. 63 parois moulées après terrassements, Doc. : Solétanche Bachy

6.5.4 Un rideau de palplanche

Ce sont profilés métalliques enfoncés par battage, vibrofon-çage ou vérinage.

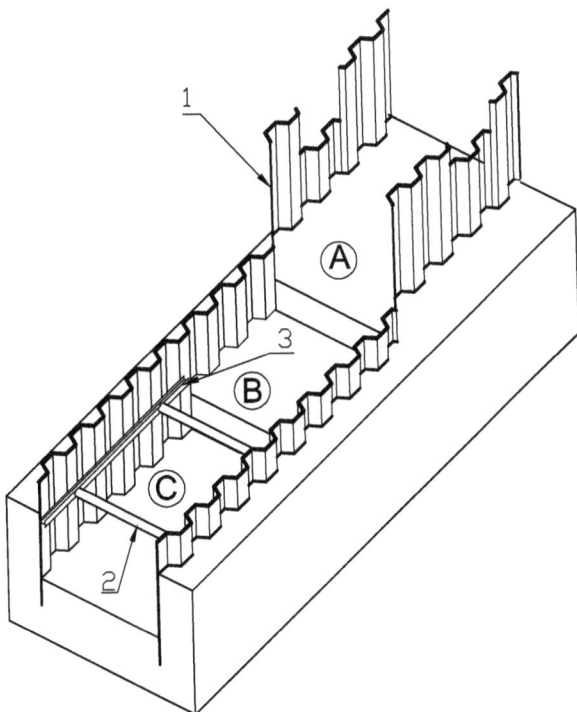

fig. 64 tranchée ouverte

1 : Palplanches

2 : Butons

3 : Lisse (profilés « H » ou « I »

Phasage :

A : en foncement des palplanches

B : terrassement superficiel, la poussée en tête est équilibrée par les efforts de la partie enterrée

C : terrassement en profondeur, tête des palplanches butonnées

6.6 Avant-métré des murs de soutènement en béton armé

6.6.1 Introduction

Ce chapitre se limitera au calcul du volume des murs de sou-tènement préfabriqués de différentes hauteurs.

Le poids des murs sera déduit de son volume.

Poids volumique du béton : 25 kN/m^3 (couramment, la nuance entre poids et masse n'est pas faite : valeur utilisée : 2.5 T/m^3).

Poids = Volume × 25 pour obtenir un poids en kN

Masse ($\approx$ poids) = Volume × 2.5 pour obtenir une masse en Tonne

3 approches seront développées pour le calcul de ces volumes :

• calcul rapide mais approché qui donne un résultat très satisfaisant ;

• calcul plus précis utilisant la formule des 3 niveaux ;

• calcul avec un tableur dont l'avantage est de calculer, avec un seul tableau, tous les murs de même forme mais de dimen-sions différentes en utilisant des paramètres et en formulant des relations qui déterminent les longueurs et volumes cher-chés.

REMARQUE : la cotation est indiquée en mm mais dans l'avant-métré, les surfaces doivent être en m^2 et les volumes en m^3.

6.6.2 Méthode approchée

6.6.2.1 Mur d'une hauteur de 2.00 m

Le mur est décomposé en 4 volumes élémentaires.

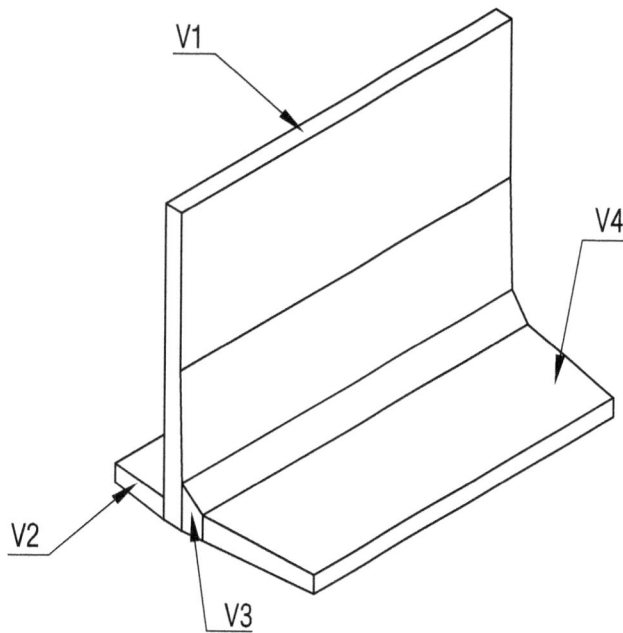

fig. 65 décomposition en volumes élémentaires

V1 : volume du voile.
V2 : volume du patin .
V3 + V4 : volume du talon

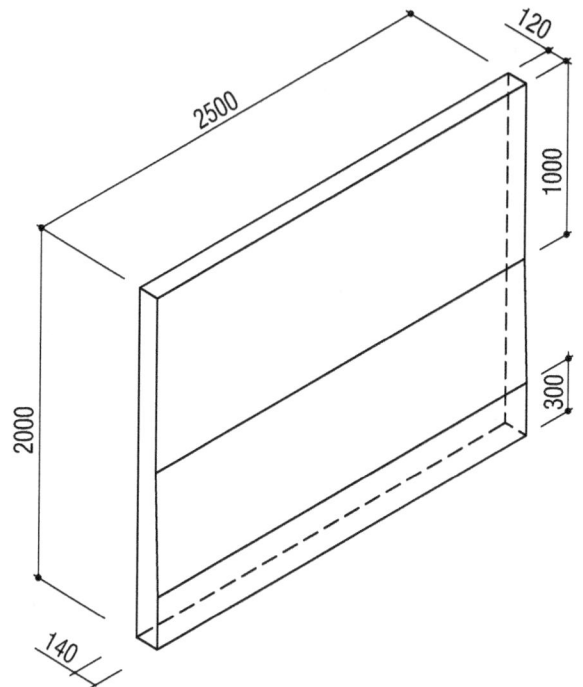

fig. 67 cotation du volume V1

▷ CALCUL DE V1

V1 (volume du voile) = S × h

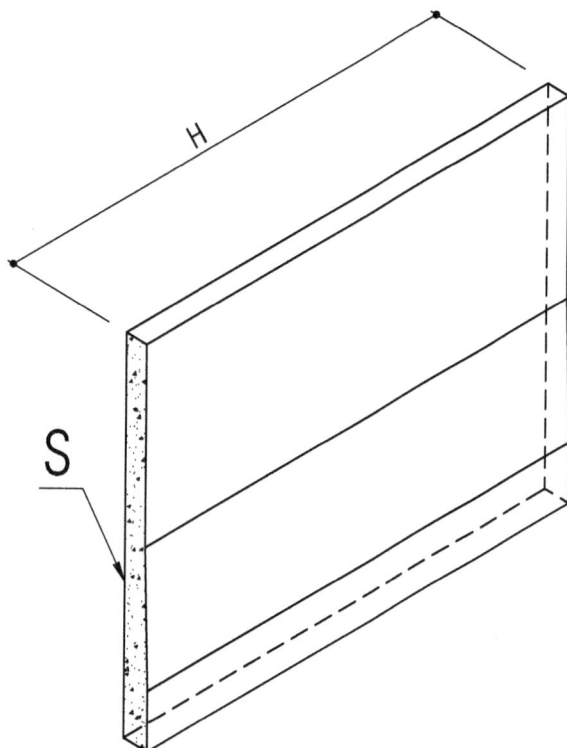

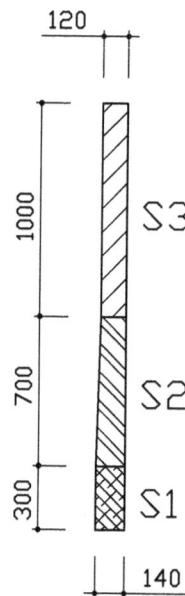

fig. 68 décomposition de S

S = S1 + S2 + S3
S2 est un trapèze, S1 et S3
sont des rectangles.

Code	Désignation	U	Qté
1	Volume de béton pour le mur d'une hauteur de 2.00 m		
1 1	Volume V1		
	S1 : 0.14×0.30 = 0.04		
	S2 : (0.14+0.12)×0.70/2 = 0.09		
	S3 : 0.12×1.00 = 0.12		
	Ensemble surface = 0.25		
	× ht (ou profondeur) 2.50 = 0.633		

REMARQUE : les résultats sont arrondis mais les décimales sont conservées lors des calculs ce qui explique :
$V1 = 0.633 \neq 0.25 \times 2.50$

fig. 66 perspective du voile

▷ Calcul de V2

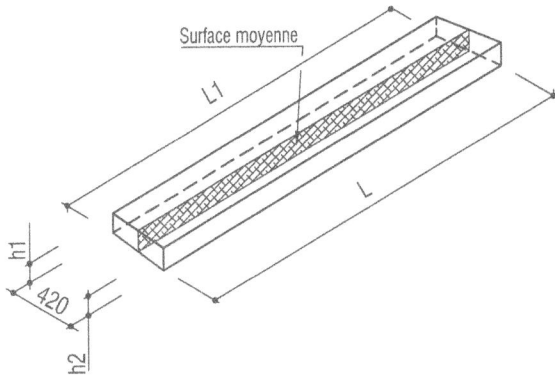

fig. 69 mode de calcul du volume du talon V2

Le volume est assimilé à un parallépipède rectangle avec une surface moyenne $= \dfrac{L + Ll}{2} \times \dfrac{hl + h2}{2}$

Comme L est connue (2.50 m), Ll peut être est calculée.

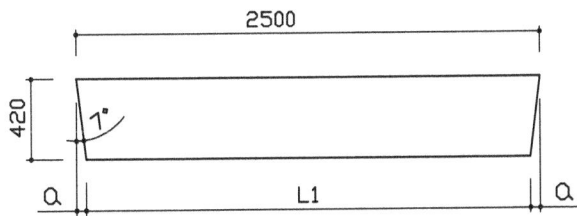

fig. 70 croquis pour le calcul de Ll

L1 = 2.50 – 2a. Avec a = 0.42 tan (7°). a = 0.05 d'où L1 = 2.40

REMARQUE : valeur identique trouvée lors de la cotation. Pour le calcul du volume, les valeurs sont arrondies : 2 397 mm donne 2.40 m.

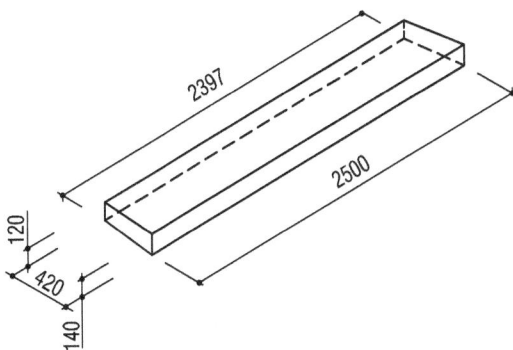

fig. 71 dimensions de V2

Code	Désignation	U	Qté
1 2	Volume V2 Surface moyenne (2.40+2.50)×(0.12+0.14)/4=0.32 × ht 0.42 = 0.134		

▷ Calcul de V3

Procédure identique au calcul de V2

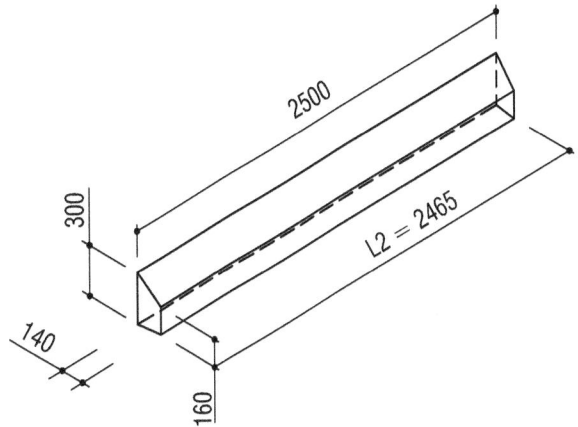

fig. 72 dimensions de V3

Code	Désignation	U	Qté
1 3	Volume V3 Surface moyenne (2.47+2.50)×(0.30+0.16)/4=0.57 × ht 0.14 = 0.080		

▷ Calcul de V4

Procédure identique an calcul de V2

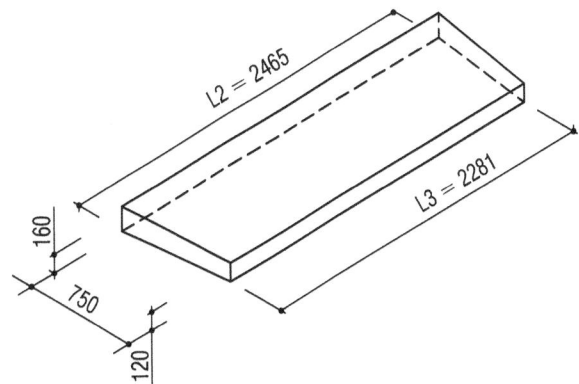

fig. 73 dimensions de V4

REMARQUE : la largeur du volume est de 0.75 m mais pour le calcul de L3, il faut utiliser 0.89 m, point de départ de la dépouille et déduire de 2 500 ou utiliser 0.75 m et déduire de 2 485.

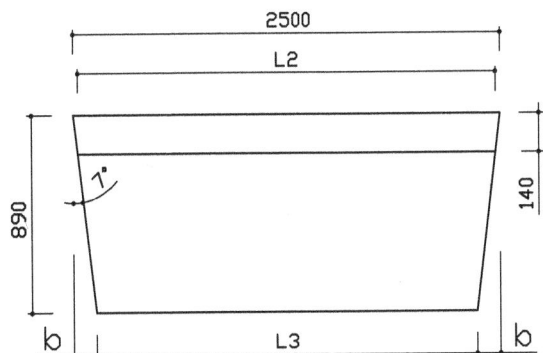

fig. 74 croquis pour le calcul de L3

L3 = 2.50-2b avec b=0.89tan(7°)

Code	Désignation	U	Qté
1 4	Volume V4 Surface moyenne (2.47+2.28)×(0.16+0.12)/4=0.33 × ht 0.75 = 0.249 Ens. volume V1+V2+V3+V4	m³	1.095

▷ **TOTAL VOLUME**

Code	Désignation	U	Qté
	Ens. volume V1+V2+V3+V4	m³	1.095

6.6.2.2 Mur d'une hauteur de 2.50 m

Procédure identique au calcul du mur d'une hauteur de 2.00 m, seules les dimensions sont différentes.

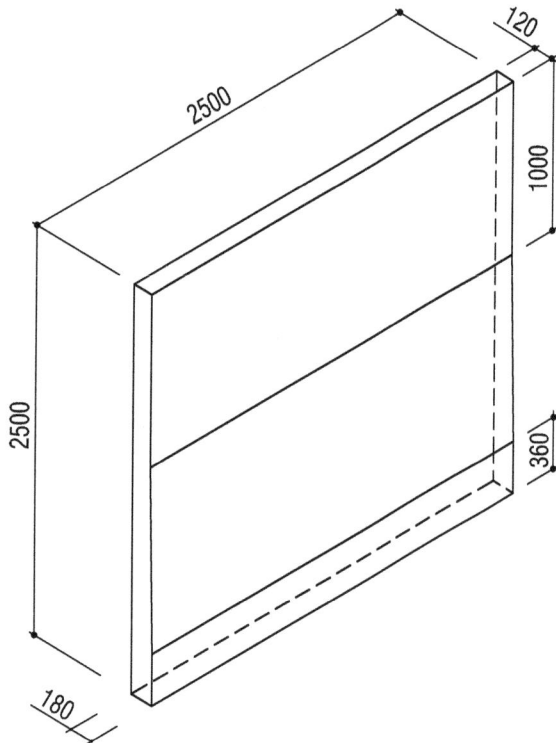

fig. 77 1er volume du talon V3

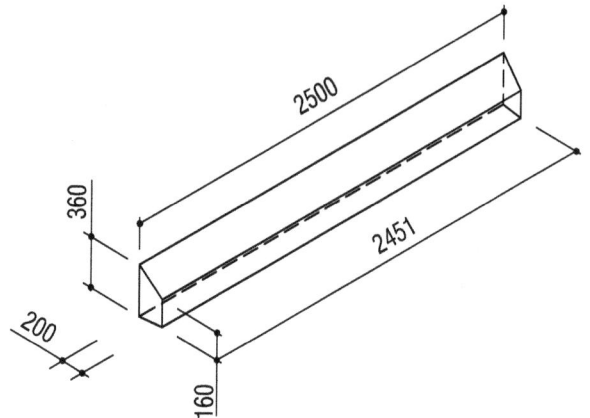

fig. 78 2e volume du talon V4

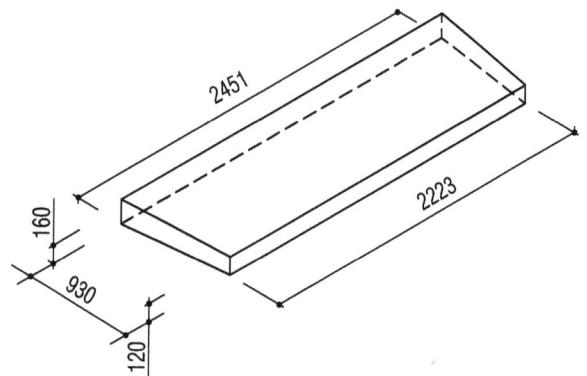

fig. 75 volume du voile V1

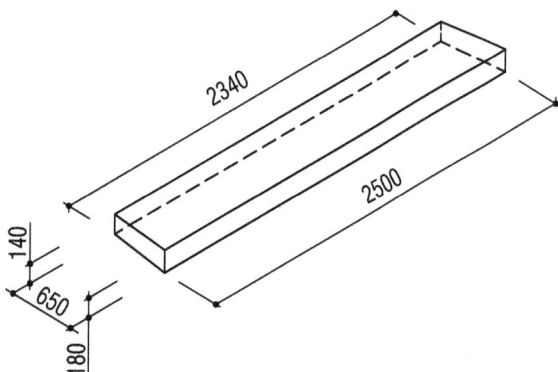

fig. 76 volume du patin V2

Code	Désignation	U	Qté
2	Volume de béton pour le mur d'une hauteur de 2.50 m		
2 1	Volume V1 S1 : 0.18×0.36 = 0.06 S2 : (0.18+0.12)×1.14/2 = 0.17 S3 : 0.12×1.00 = 0.12 Ensemble surface = 0.36 × ht 2.50 = 0.890		
2 2	Volume V2 Surface moyenne (2.34+2.50)×(0.12+0.18)/4 = 0.39 × ht 0.65 = 0.252		
2 3	Volume V3 Surface moyenne (2.45+2.50)×(0.36+0.16)/4= 0.64 × ht 0.20 = 0.129		
2 4	Volume V4 Surface moyenne (2.45+2.22)×(0.16+0.12)/4 = 0.33 × ht 0.93 = 0.304 Ens. volume	m³	1.574

6.6.2.3 Mur d'une hauteur de 3.00 m

Procédure identique au calcul du mur d'une hauteur de 2.00 m

Code	Désignation	U	Qté
3	Volume de béton pour le mur d'une hauteur de 3.00 m		
3 1	Volume V1		
	Ensemble surface = 0.43		
	× ht 2.50 = 1.077		
3 2	Volume V2		
	Surface moyenne 0.39		
	× ht 0.65 = 0.252		
3 3	Volume V3		
	Surface moyenne 0.64		
	× ht 0.2 = 0.129		
3 4	Volume V4		
	Surface moyenne 0.33		
	× ht 0.93 = 0.304		
	Ens. volume	m³	1.762

6.6.2.4 Mur d'une hauteur de 3.50 m

Procédure identique à la précédente avec addition des nervures

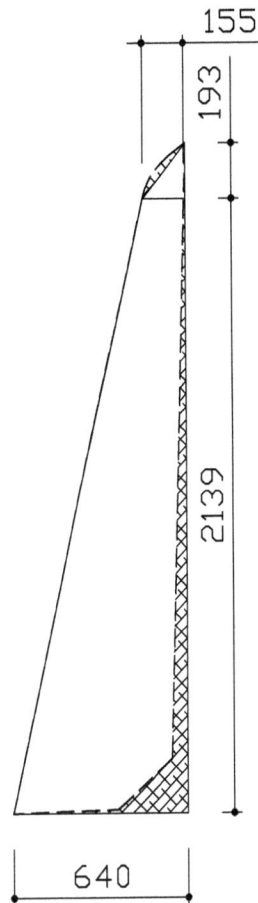

fig. 79 perspective des nervures

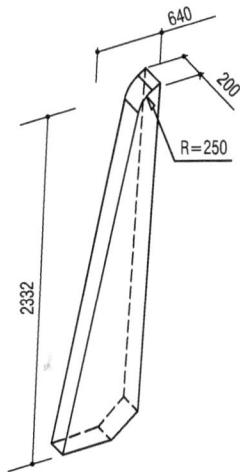

fig. 80 projection des nervures

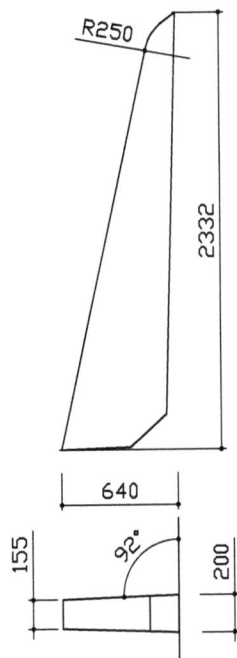

fig. 81 décomposition pour le calcul de la surface d'une nervure

Code	Désignation	U	Qté
3	Volume de béton pour le mur d'une hauteur de 3.00 m		
3 1	Volume V1		
			1.265
3 2	Volume V2		
			0.307
3 3	Volume V3		
			0.129
3 4	Volume V4		
			0.402
3 5	Nervures		
	Surface 0.78		
	× ep moyenne		
	(0.16+2×0.20)/3 = 0.145		
	2 fois 0.289		
	Ens. volume	m³	2.392

6.6.2.5 Mur d'une hauteur de 4.00 m

Volume : 2.646 m³ en utilisant la méthode ci dessus et 2.700 m³ en réalité.

6.6.3 MÉTHODE AVEC LA FORMULE DES 3 NIVEAUX

RAPPEL DE LA FORMULE

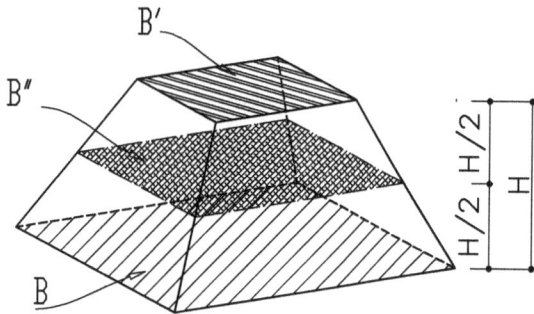

fig. 82 représentation du volume à calculer

$$V = \frac{H}{6} (B + B' + 4B'')$$

Pour appliquer la formule, les surfaces B et B' doivent être parallèles.

Une autre formule permet de faire un calcul approché :

$$V = \frac{H}{3} (B + B' + \sqrt{BB'})$$

6.6.3.1 Mur d'une hauteur de 2.00 m

La décomposition est identique au § 6.6.2.1., mais méthode de calcul utilisée diffère pour les volumes V2, V3, V4.

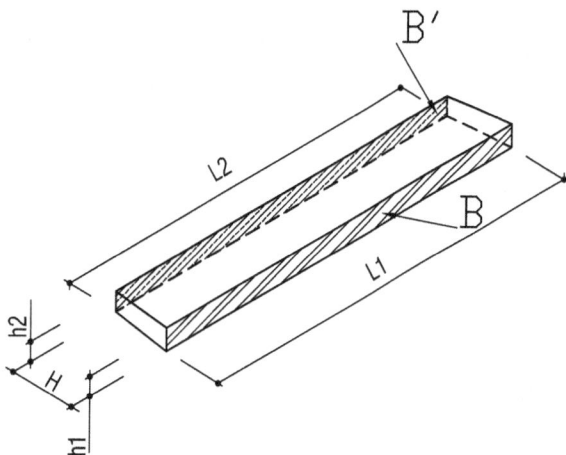

fig. 83 définition des surfaces B et B'

Comme les surfaces à utiliser dans la formule des 3 niveaux doivent être parallèles, elles sont verticales pour les volumes V2, V3, V4 et, la hauteur H, mesurée perpendiculairement aux surfaces B et B', est horizontale.

Surface B = L1 × h1

Surface B' = L2 × h2

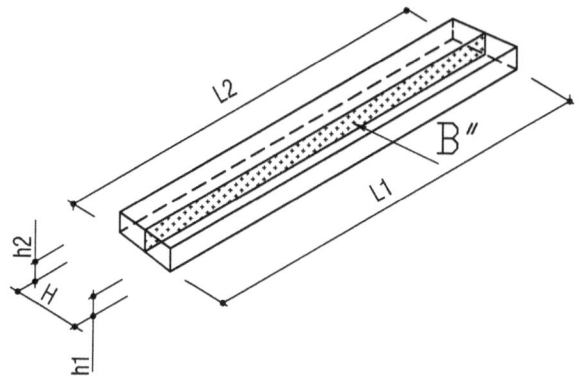

fig. 84 définition de la surfaces B''

B'' est un rectangle dont les cotés sont la moyenne des cotés définissant les rectangles B et B'.

D'où $B'' = \dfrac{L1 + L2}{2} \times \dfrac{h1 + h2}{2}$

Application au volume du talon : V2

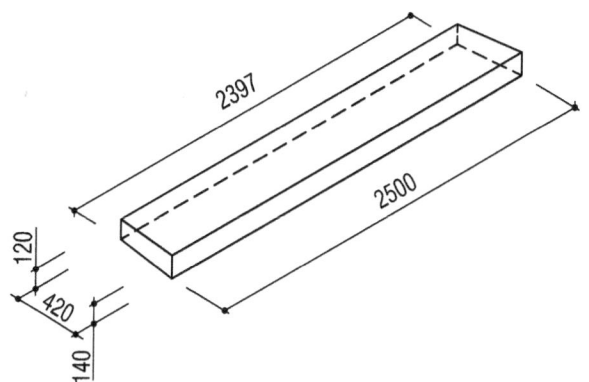

fig. 85 cotes permettant le calcul de V2

$$V2 = \frac{0.42}{6}\left(2.50 \times 0.14 + 2.40 \times 0.12 + 4 \times \frac{2.50 + 2.40}{2} \times \frac{0.12 + 0.14}{2}\right)$$

V2 = 0.134 m³

La différence avec la méthode utilisée au § 6.6.2.1. n'est perceptible qu'à partir de la 4e décimale.

Application au 1er volume du patin : V3.

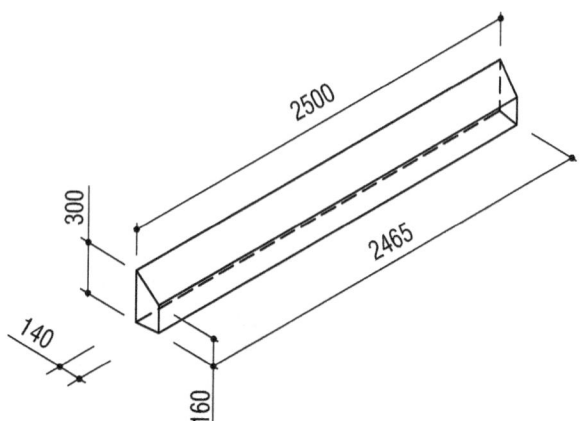

fig. 86 cotes permettant le calcul de V3

$$V3 = \frac{0.14}{6}\left(2.50 \times 0.30 + 2.47 \times 0.16 + 4 \times \frac{2.50 + 2.47}{2} \times \frac{0.30 + 0.16}{2}\right)$$

V3 = 0.080 m^3

Application au 2^e volume du patin : V4.

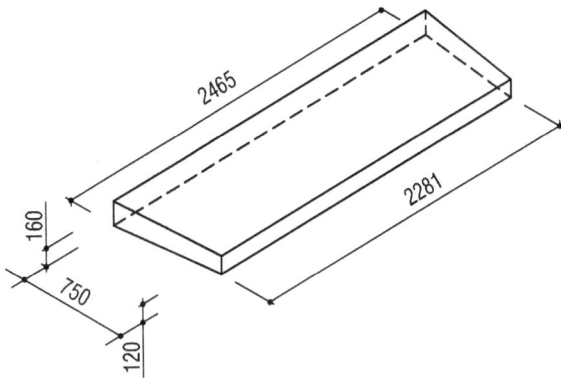

fig. 87 cotes permettant le calcul de V4

$$V4 = \frac{0.75}{6}\left(2.47 \times 0.16 + 2.28 \times 0.12 + 4 \times \frac{2.47 + 2.28}{2} \times \frac{0.16 + 0.12}{2}\right)$$

V4 = 0.250 m^3

REMARQUE : en conservant les décimales l'écart entre les deux méthodes est de l'ordre de 0.001 m^3 soit 1 litre pour 1 m^3 (1/1 000).

6.6.4 MÉTHODE AVEC UN TABLEUR

6.6.4.1 Introduction

L'objectif est de réaliser un tableau qui, après saisie des cotes d'équarrissage du mur, donne automatiquement les longueurs, surfaces, volumes de chacun des murs. Contrairement au § précédent, les calculs ne sont pas à refaire et les formules littérales remplacent les expressions numériques.

6.6.4.2 Chronologie de la méthode

- Construire un tableau contenant les cotes définissant le mur
- Écrire les formules des cotes résultantes
- Écrire les formules du calcul des volumes selon la décomposition précédente
- Écrire la formule de la somme des volumes élémentaires

6.6.4.3 Cotes d'équarrissage

Les calculs de stabilité et de résistance imposent les dimensions du mur mais les formules de calcul (aire du rectangle, du trapèze) du voile, du patin, du talon restent les mêmes. Seules les valeurs changent avec certaines d'entre elles résultant des dimensions initiales.

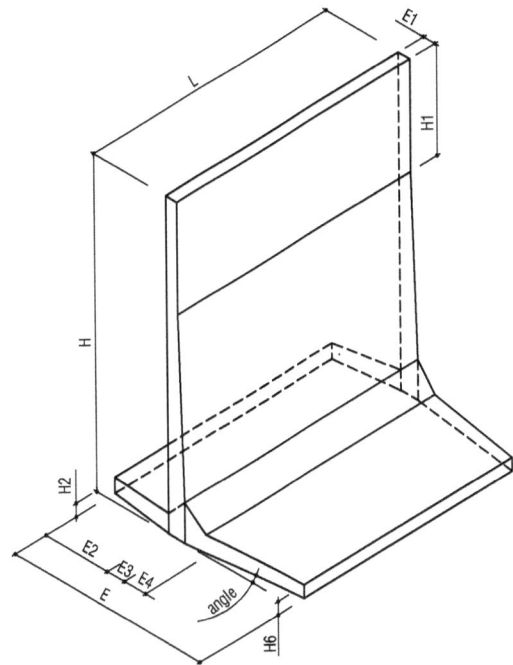

fig. 88 désignation des cotes de définition du mur

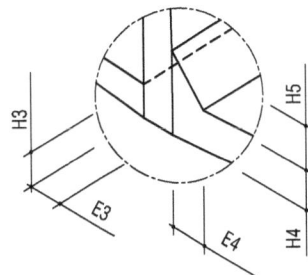

fig. 89 détail de la liaison voile semelle

6.6.4.4 Cotes à calculer

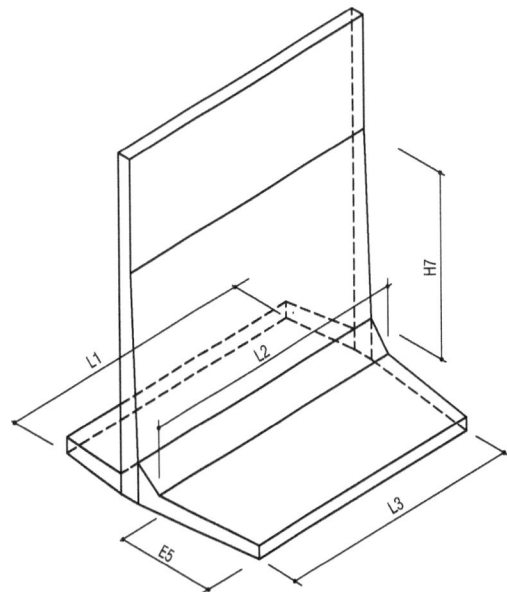

fig. 90 désignation des cotes à calculer à partir des cotes imposées fig. 13

6.6.4.5 Relations entre les cotes

H7 = H-(H1+H4+H5)
E5 = E-(E2+E3+E4)

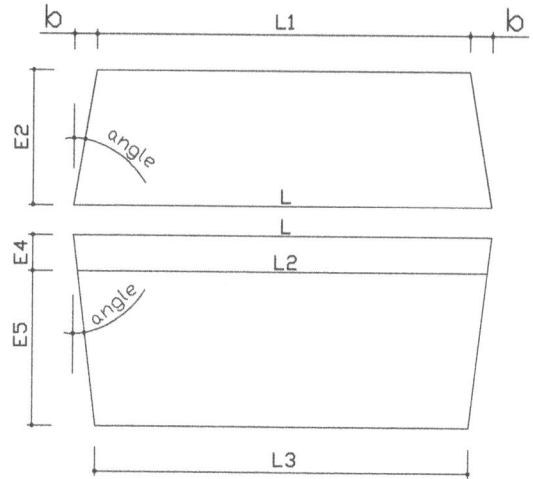

fig. 91 calcul des longueurs en fonction de l'angle et de la profondeur

b = E2xtan(angle).
L1 = L- 2(E2xtan(angle)).
L2 = L- 2(E4xtan(angle)).
L3 = L- 2((E4+E5)xtan(angle))
ou L3 = L2-2(E5xtan(angle))

6.6.4.6 Tableau à construire

Cellules pour les dimensions caractéristiques du mur H,H1…
de la figure 88.

Cellules pour le calcul des cotes liées L1,L2… de la figure 90.

Notation : Texte normal : cote du mur
Texte en gras : référence de la cellule
B3 : référence relative de la cellule
B3 : référence absolue de la cellule
L1 : dimension du mur

▷ **COMPOSITION DU TABLEAU**

	A	B	C	D	E	F	G	H
1	Mur de soutènement							
2		H		L		E		
3	Hauteur		Longueur		Épaisseur		Angle en °	
4	H1		L1		E1		Angle en rd	
5	H2		L2		E2			
6	H3		L3		E3			
7	H4				E4			
8	H5				E5			
9	H6							
10	H7							

Les cellules tramées (**B3**, **B4**, **B5**,…) contiennent les cotes d'équarrissage du mur

Les cellules entourées d'un double filet (**H10**, **D4**, **D5**,…) contiennent les formules des relations entre les cotes d'équarrissage du mur

Application au mur d'une hauteur de 2.00 m

▷ **RENSEIGNEMENT DU TABLEAU**

	A	B	C	D	E	F	G	H
1	Mur de soutènement							
2		H		L		E		
3	Hauteur	2.00	Longueur	2.50	Épaisseur	1.45	Angle en °	7
4	H1	1.00	L1	Formule 4	E1	0.12	Angle en rd	Formule 3
5	H2	0.12	L2	Formule 5	E2	0.42		
6	H3	0.14	L3	Formule 6	E3	0.14		
7	H4	0.16			E4	0.14		
8	H5	0.14			E5	Formule 2		
9	H6	0.12						
10	H7	Formule 1						

▷ **ÉCRITURE DES FORMULES**

L'angle est exprimé en degré sur le dessin mais doit être transformé en radian pour les formules dans le tableur. Comme $180° = \pi$ radian, α (rd) $= \alpha° \, \pi/180$. Dans le tableur, π s'écrit PI().

	Formule littérale	Relation entre les cellules
Formule 1	H7 = H-(H1+H4+H5)	=**B3**-(**B4**+**B7**+**B8**)
Formule 2	E5 = E-(E2+E3+E4)	=**F3**-(**F5**+**F6**+**F7**)
Formule 3	Angle en radian = angle en degré × π / 180	=**H3***PI()/180
Formule 4	L1 = L - 2(E2xtan(angle))	=**D3**-2*(**F5***tan(**H4**))
Formule 5	L2 = L - 2(E4xtan(angle))	=**D3**-2*(**F7***tan(**H4**))
Formule 6	L3 = L2 - 2(E5xtan(angle))	=**D5**-2*(**F8***tan(**H4**))

<u>REMARQUES</u> : le seul fait de cliquer dans la cellule inscrit son adresse dans la formule en cours.

Le changement du contenu d'une cellule est répercuté sur toute les cellules qui contiennent son adresse.

Le signe * signifie une multiplication.

6.6.4.7 Calcul des volumes du mur d'une hauteur de 2 m ; calcul approché

▷ **CALCUL DU VOILE : V1**

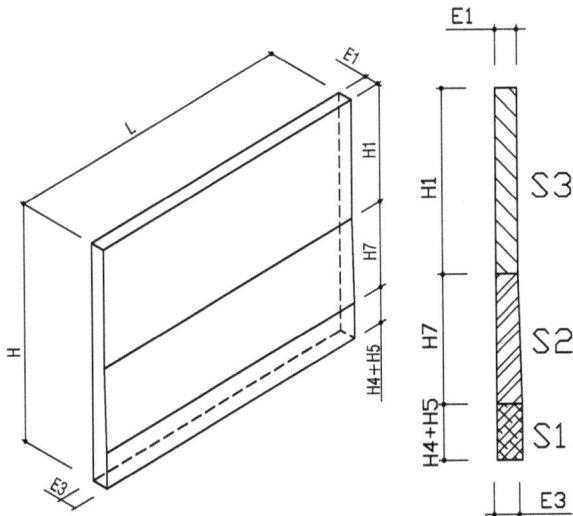

fig. 92 paramètres du voile   fig. 93 section du voile

▷ **COMPOSITION DU TABLEAU**

	A	B	C	D
11	Volume du voile (V1)			
12	Surface			Volume
13	S1			
14	S2			
15	S3			
16	Total surf.			
17		× ep.		

Cellules hachurées à renseigner

▷ **RENSEIGNEMENT DU TABLEAU**

Cellule	Formule littérale	Relation entre les cellules
B13	S1 = E3 × (H4+H5)	=**F6***(**B7**+**B8**)
B14	S2 = (E1 + E3) × H7 /2	=(**F4**+**F6**)***B10**/2
B15	S3 = E1 × H1	=**F4*****B4**
B16	Total surf = S1 +S2 + S3	=**B13**+**B14**+**B15** ou =somme(**B13**:**B15**)
C17	Ep. = L	=**D3**
D17	Volume = Total surf × Ep.	=**C17*****B16**

▷ **CALCUL DU PATIN : V2**

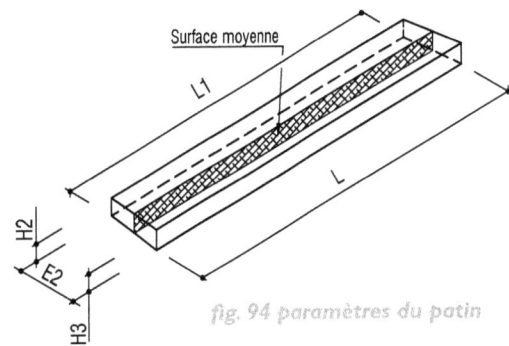

fig. 94 paramètres du patin

▷ **COMPOSITION DU TABLEAU**

	A	B	C	D
18	Volume du patin (V2)			
19	Surf. moy.			Volume
20		× ep.		

▷ **RENSEIGNEMENT DU TABLEAU**

Cellule	Formule littérale	Relation entre les cellules
B19	Surf.moy.= (L+L1)×(H2+H3)/4	=(**D3**+**D4**)*(**B5**+**B6**)/4
C20	Ep. = E2	=**F5**
D20	Volume = Surf.moy. × Ep.	=**B19*****C20**

▷ **CALCUL DU TALON : V3 ET V4**

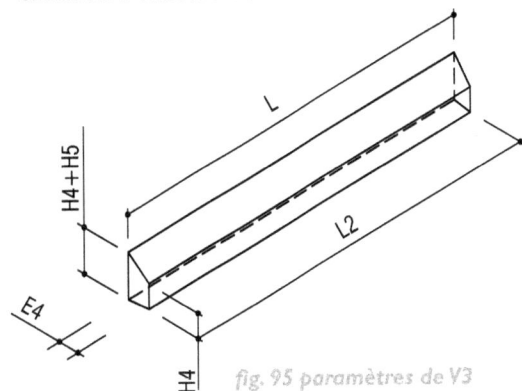

fig. 95 paramètres de V3

Tableau identique au tableau du calcul de V2

	A	B	C	D
21	**Volume du talon (V3)**			
22	Surf. moy.			Volume
23		× ep.		
24	**Volume du talon (V4)**			
25	Surf. moy.			Volume
26		× ep.		

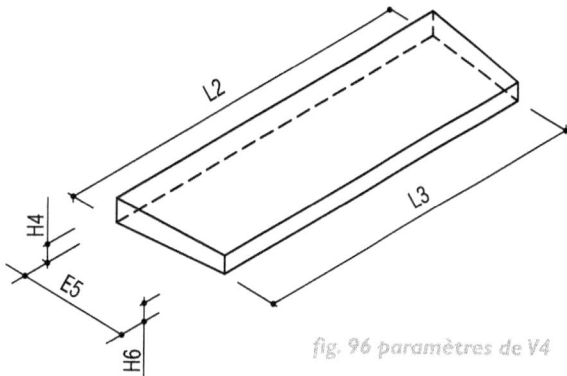

fig. 96 paramètres de V4

Le volume total s'obtient en additionnant les cellules **D17 + D20 + D23 + D26**

	A	B	C	D	E	F	G	H
1				Mur de soutènement hauteur 2,00 m				
2		H		L		E		
3	Hauteur	2,00	Longueur	2,50	Épaisseur	1,45	Angle en °	7,00
4	H1	1,00	L1	2,40	E1	0,12	Angle en rd	0,12217
5	H2	0,12	L2	2,47	E2	0,42		
6	H3	0,14	L3	2,28	E3	0,14		
7	H4	0,16			E4	0,14		
8	H5	0,14			E5	0,75		
9	H6	0,12						
10	H7	0,70						
11		Volume de voile V1						
12	Surface			Volume				
13	S1	0,04						
14	S2	0,09						
15	S3	0,12						
16	Total surf.	0,25						
17		× ép.	2,50	0,633				
18		Volume du patin V2						
19	Surface moy.	0,32		Volume				
20		× ép.	0,42	0,134				
21		Volume du talon V3						
22	Surface moy.	0,57		Volume				
23		× ép.	0,14	0,080				
24		Volume du talon V4						
25	Surface moy.	0,33		Volume				
26		× ép.	0,75	0,249				
27			Total vol.	1,095				

Tableau des résultats obtenus avec le tableur
– cotes résultantes du mur
– volumes partiels V1, V2, V3
– volume total (identique au § 6.6.2.1)

6.6.4.8 Volume avec la formule des 3 niveaux

V1 est inchangé, il faut recalculer V2, V3, V4

▷ **COMPOSITION DU TABLEAU**

	E	F	G	H
18	Volume du patin avec la formule des 3 niveaux (V2)			
19	Surfaces		Volume	
20	B			
21	B'			
22	B"			
23	ep.			

▷ **RENSEIGNEMENT DU TABLEAU**

Cellule	Formule littérale	Relation entre les cellules
F20	B = L × H3	=D3*B6
F21	B' = L1 × H2	=D4*B5
F22	B" = (L+L1) × (H2+H3)/4	=(D3+D4)*(B5+B6)/4
F23	Ep. = E2	=F5
G23	Volume = E2 × (B+B'+4B")/6	=F23*(F20+F21+4*F22)/6

Procédure identique pour le calcul de V3 et V4

REMARQUE : pour ne pas perdre les valeurs et les calculs effectués par un mur, il suffit de sélectionner l'ensemble des cellules puis de « copier coller » (CTRL+C puis CTRL+V) vers un autre emplacement. Les formules sont conservées.

6.7 Centre de gravité

Pour la manutention des murs préfabriqués (déchargement, mise en place), les boucles de levage sont positionnées en fonction du centre de gravité G du mur.

fig. 98 position de l'origine du repère

Le plan OXZ est un plan de symétrie pour le mur, G appartient à ce plan. Il reste à calculer Xg et Zg.

6.7.1 CENTRE DE GRAVITÉ DES SURFACES ÉLÉMENTAIRES

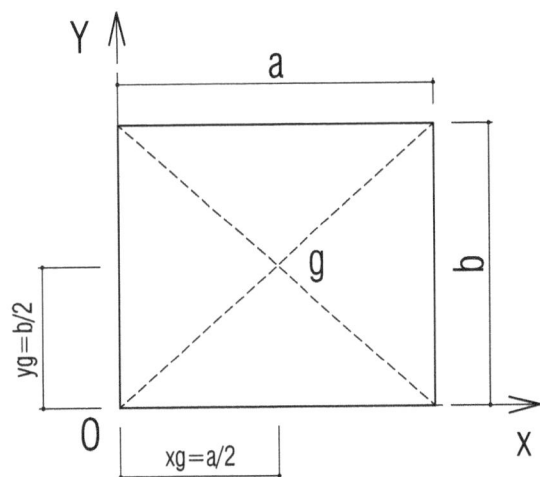

fig. 97 retournement des murs vers une position verticale (doc. Bonna Sabla)

<u>REMARQUES SUR LA FIGURE 97</u> :

• utilisation des boucles de levage en acier doux pour le retournement ;

• utilisation des douilles de levage pour la mise en place du mur préfabriqué.

G est le point d'application du poids du mur. Simplifions en considérant comme négligeable la différence entre la masse volumique du béton et de l'acier. Avec cette hypothèse (proche de la réalité car l'acier est réparti dans le béton) le mur est homogène et G est confondu avec le centre géométrique du mur(aussi appelé barycentre).

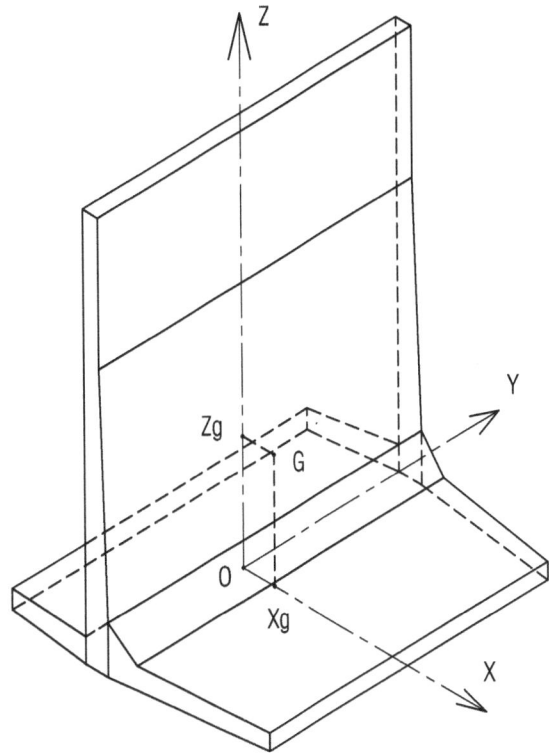

fig. 99 rectangle

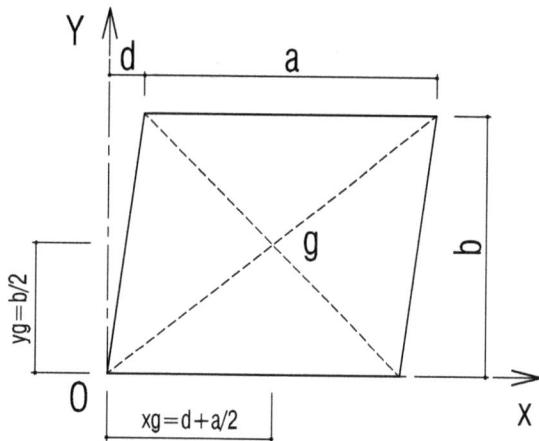

fig. 100 parallélogramme

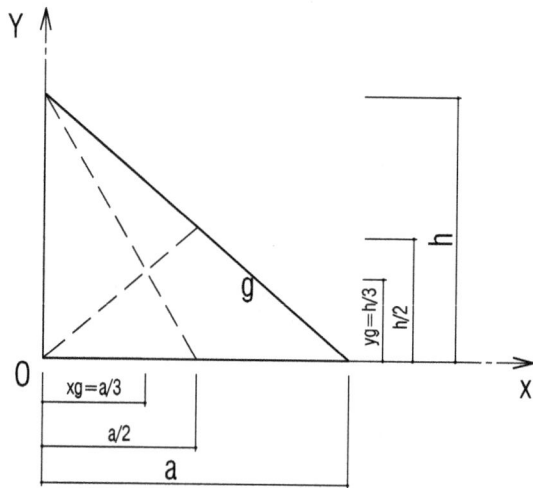

fig. 101 triangle rectangle

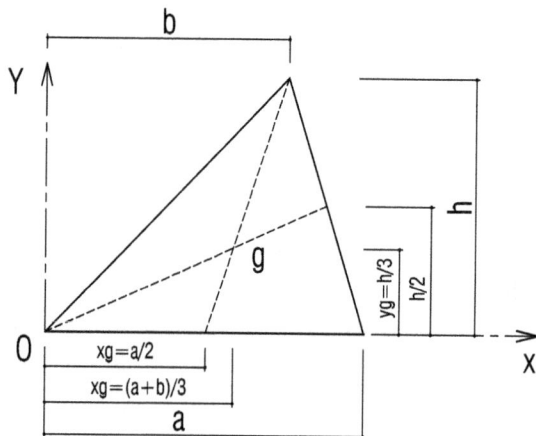

fig. 102 triangle quelconque

REMARQUE : le trapèze peut être considéré comme une surface composée d'un parallélogramme et d'un triangle ou de 2 triangles.

6.7.2 RAPPEL DE LA MÉTHODE POUR UNE SURFACE COMPOSÉE

Déterminer les coordonnées du centre de gravité G d'une prédalle d'épaisseur constante

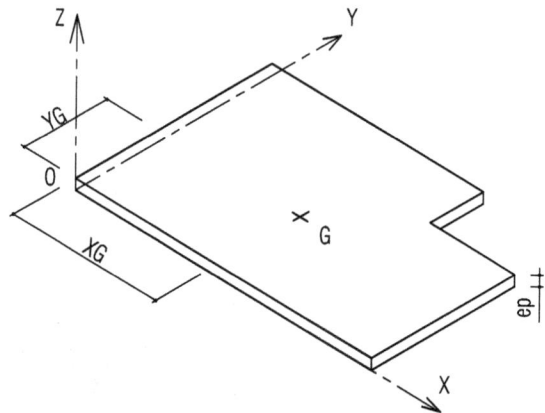

fig. 103 caractéristiques de la surface

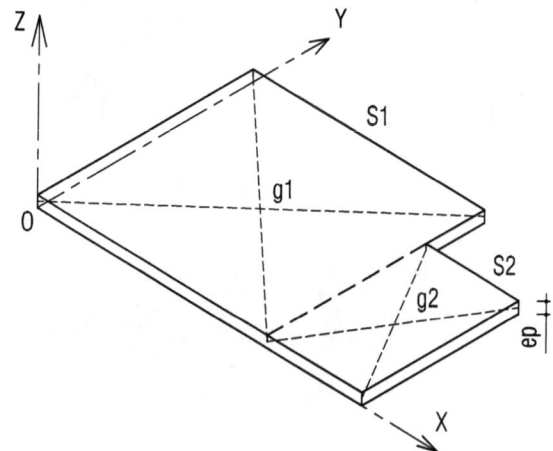

fig. 104 décomposition de la surface

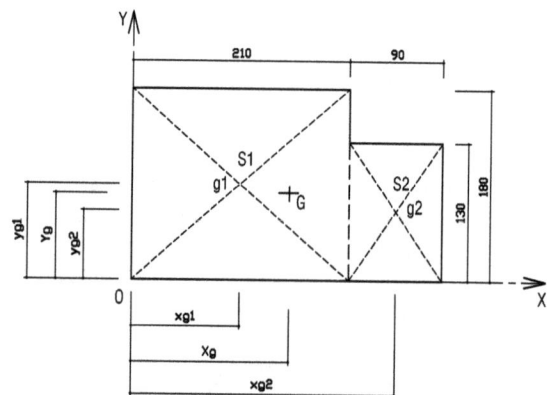

fig. 105 décomposition de la surface

$$X_G = \frac{S_1 x g_1 + S_2 x g_2 \cdots}{S_1 + S_2 + \ldots} \quad \text{et} \quad Y_G = \frac{S_1 y g_1 + S_2 y g_2 \cdots}{S_1 + S_2 + \ldots}$$

$$X_G = \frac{210 \times 180 \times 105 + 90 \times 130 \times 255}{210 \times 180 + 90 \times 130} \text{ et}$$

$$Y_G = \frac{210 \times 180 \times 90 + 90 \times 130 \times 65}{210 \times 180 + 90 \times 130}$$

$X_G = 140$ cm $Y_G = 84$ cm

et plus généralement :

$$X_G = \frac{\sum S_j x g_j}{\sum S_i}, \qquad Y_G = \frac{\sum S_i y g_j}{\sum S_i}$$

Sx est le moment statique de la surface S par rapport à l'axe OY

Lorsque l'épaisseur est variable, la surface est remplacée par le volume

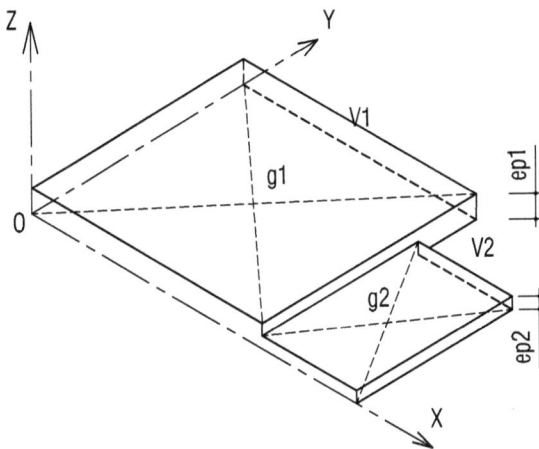

fig. 106 décomposition d'un volume composée avec 2 épaisseurs différentes

$$X_G = \frac{\sum V_j x g_j}{\sum V_i}, \qquad Y_G = \frac{\sum V_j y g_j}{\sum V_i}, \qquad Z_G = \frac{\sum V_j z g_j}{\sum V_i}$$

6.7.3 APPLICATION AU MUR DE SOUTÈNEMENT

La démarche du tableur est reprise car, si elle est plus longue à mettre en œuvre, le gain de temps est appréciable pour le calcul des autres murs.

Comme pour le métré, le mur est décomposé en surfaces élémentaires constitués de rectangles et de triangles.

REMARQUES :

- La méthode développée ci-dessous ne donne pas un résultat exact car la semelle et le talon du mur du soutènement sont des trapèzes dans la projection mais ils sont tronqués dans la 3e direction. Cela modifie sensiblement la position du CDG, environ 1 cm sur le résultat final.
- L'utilisation de trapèzes ne simplifie pas les calculs.

6.7.3.1 Décomposition du mur en rectangles et triangles

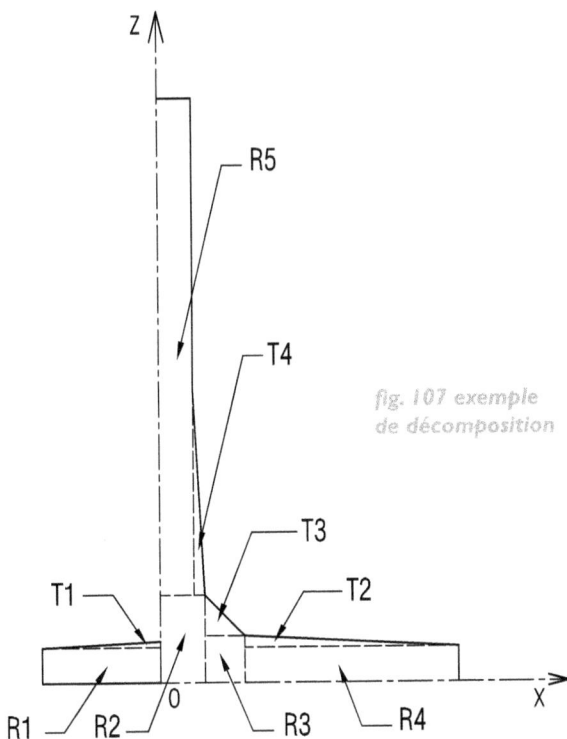

fig. 107 exemple de décomposition

Composition du tableau

	K	L	M	N	O	P
12			Centre de gravité			
13	Figure	Surface	xg	Surf. × xg	zg	Surf. × zg
14	R1					
15	R2					
16	R3					
17	R4					
18	R5					
19	T1					
20	T2					
21	T3					
22	T4					
23	Somme	Formule 1		Formule 2		Formule 3
24		XG	Formule 4	ZG	Formule 5	

6.7.3.2 Application aux rectangles

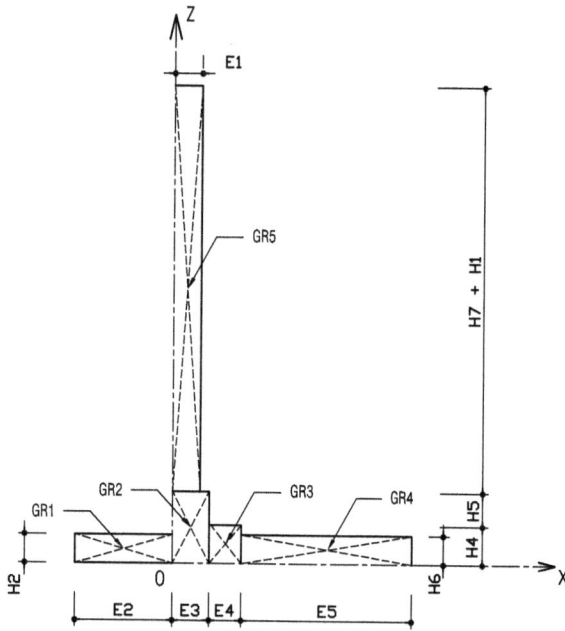

fig. 108 définition des rectangles

• **Moment statique des rectangles**

	K	L	M	N	O	P
12	Centre de gravité					
13	Figure	Surface	xg	Surf. × xg	zg	Surf. × zg
14	R1					
15	R2					
16	R3					
17	R4					
18	R5					

• **Exemple pour le rectangle R1 (ligne 14)**

Cellule	Formule littérale	Relation entre les cellules
L14	E2 × H2	=F5*B5
M14	– E2 /2	=-F5/2
N14	Calcul du moment statique	=L14*M14
O14	H2 /2	=H2/2
P14	Calcul du moment statique	=O14*L14

Méthode identique pour les autres rectangles

6.7.3.3 Application aux triangles

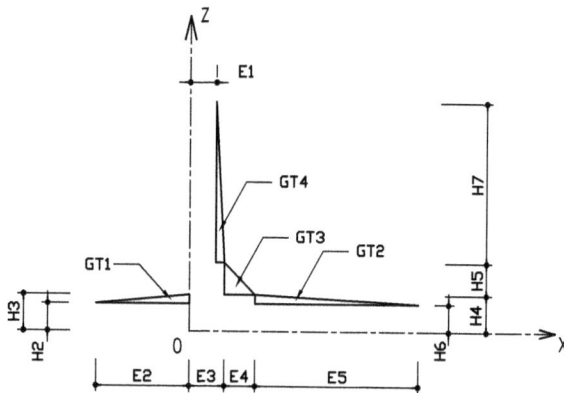

fig. 109 définition des triangles

• **Moment statique des triangles**

	K	L	M	N	O	P
12	Centre de gravité					
13	Figure	Surface	xg	Surf. × xg	yg	Surf. × yg
19	T1					
20	T2					
21	T3					
22	T4					

• **Exemple pour le triangle T2 (ligne 20)**

Cellule	Formule littérale	Relation entre les cellules
L20	E5 × (H4 – H6) /2	=F8*(B7-B9)/2
M20	E3 + E4 + E5 /3	=F6+F7+F8/3
N20	Calcul du moment statique	=L20*M20
O20	H6 + (H4 – H6) /3	=B9+(B7-B9)/3
P20	Calcul du moment statique	=O20*P20

6.7.3.4 Calcul de XG et ZG

	Relation entre les cellules
Formule 1	=somme (L14:L22)
Formule 2	=somme (N14:N22)
Formule 3	=somme (P14:P22)
Formule 4	=N23/L23
Formule 5	=P23/L23

	K	L	M	N	O	P
12	Centre de gravité					
13	Figure	Surface	xg	Surf. × xg	zg	Surf. × zg
14	R1	0.050	-0.210	-0.011	0.060	0.003
15	R2	0.042	0.070	0.003	0.150	0.006
16	R3	0.022	0.210	0.005	0.080	0.002
17	R4	0.090	0.655	0.059	0.060	0.005
18	R5	0.204	0.060	0.012	1.150	0.235
19	T1	0.004	-0.140	-0.001	0.127	0.001
20	T2	0.015	0.530	0.008	0.133	0.002
21	T3	0.010	0.187	0.002	0.207	0.002
22	T4	0.007	0.127	0.001	0.533	0.004
23	Somme	0.445		0.078		0.259
24		Xg=	0.176	Zg=	0.583	

Résultat pour un mur de 2.00 m de hauteur : Total surface : 0.445 m², XG = 0.176 m, ZG = 0.583 m

REMARQUES :

- Les sommes de la ligne 23 sont des totaux des résultats réels or les résultats affichés des lignes 13 à 22 sont arrondis à la 3ᵉ décimale. Cela explique des variations à 60.001.

- Comme pour le tableau du métré, « copier coller » (CTRL+C puis CTRL+V) l'ensemble des cellules vers un autre emplacement permet un autre calcul sans effacer le précédent.

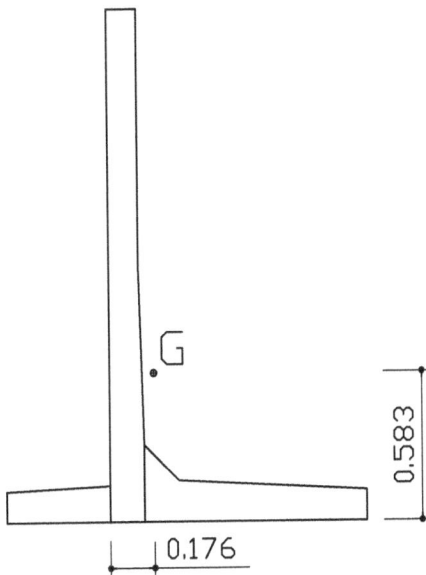

fig. 112 mise en place du mur (doc. Bonna Sabla)

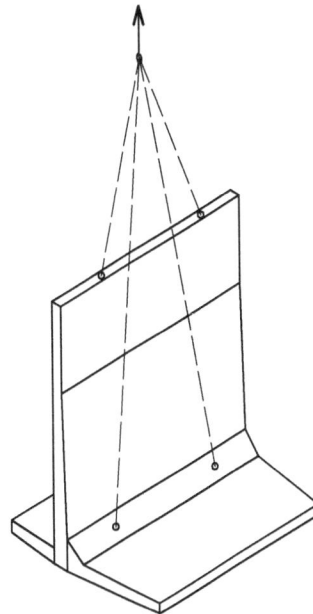

fig. 110 position du centre de gravité du mur de 2 m

fig. 111 schématisation de l'élinguage

6.8 Étude de prix – Déterminer le prix de vente d'un ouvrage sous-traité

fig. 113 transport des murs (doc. Bonna Sabla)

fig. 114 ensemble de murs à des altitudes variables (doc. Bonna Sabla)

6.8.1 LE COEFFICIENT DE SOUS-TRAITANCE

Lorsqu'une entreprise (principale) fait exécuter pour son propre compte des travaux (sous-traitance partielle ou totale) par une autre entreprise (sous-traitante), elle doit appliquer sur le prix de vente de cette dernière un coefficient, dit de sous-traitante qui tient compte des frais engagés par l'entreprise principale.

Le prix du sous-traitant est considéré comme un DS pour l'entreprise principale, il faudra tenir compte :

• des frais de chantier ;

• des frais d'opération ;

• du bénéfice prévisionnel et des aléas.

NOTE : si les frais généraux de l'entreprise sont calculés par rapport à des éléments globaux (travaux propres et travaux sous traités) il y aura lieu d'en tenir compte.

Soit une entreprise appliquant le FG sur sa propre part de travaux ;

FC = 10 % de DS, Fop = 1 % de DS, B = 6 % de PV

DS + FC + Fop + B = PV

DS + 0,10 DS + 0,01 DS + 0,06 PV = PV

1,11 DS = 0,94 PV

PV = 1,18 DS   Le coefficient de sous traitance est de 1,18.

6.8.2 PRIX DE VENTE DE L'ENTREPRISE PRINCIPALE

Le devis du sous traitant qui fabrique et pose les éléments préfabriqués fait apparaître un prix par élément de 9 530,00 €. Le prix de vente de l'entreprise principale sera de :

9 530 × 1,18   soit   11 245.40 € ht

6.8.3 CONCLUSION

Il y a lieu de bien déterminer les charges et bénéfices prévisionnels de l'entreprise principale, pour les appliquer dans le coefficient multiplicateur de sous traitance.

Intersections de plans, vraies grandeurs

ACTIVITÉS

I. Dessin assisté par ordinateur

Objectif : Réaliser le plan de couverture, tracer les vraies grandeurs avec Autocad

Contenus : Plan de couverture et rabattements . • Chronologie de l'exécution du plan de couverture et des rabattements, compris quantités déduites du tracé (linéaires et surfaces) • Couverture avec croupe redressée et coyaux • Intersections de plans • Vraie grandeur par rabattements • Géométrie descriptive

2. Avant-métré

Objectif : Établir l'avant-métré de couverture

Contenus : Technique du métré • Décompositions • Calcul des quantités avec la trigonométrie

3. Étude de prix

Objectif : Déterminer le coût d'utilisation d'un matériel par rapport à une unité d'œuvre

Contenus : « amortissement » en étude de prix d'un monte matériaux • La location du matériel • Choix de la solution la plus économique : achat ou location du monte matériaux • Conclusion

7.1 Plan de couverture, 4 pentes avec lucarnes

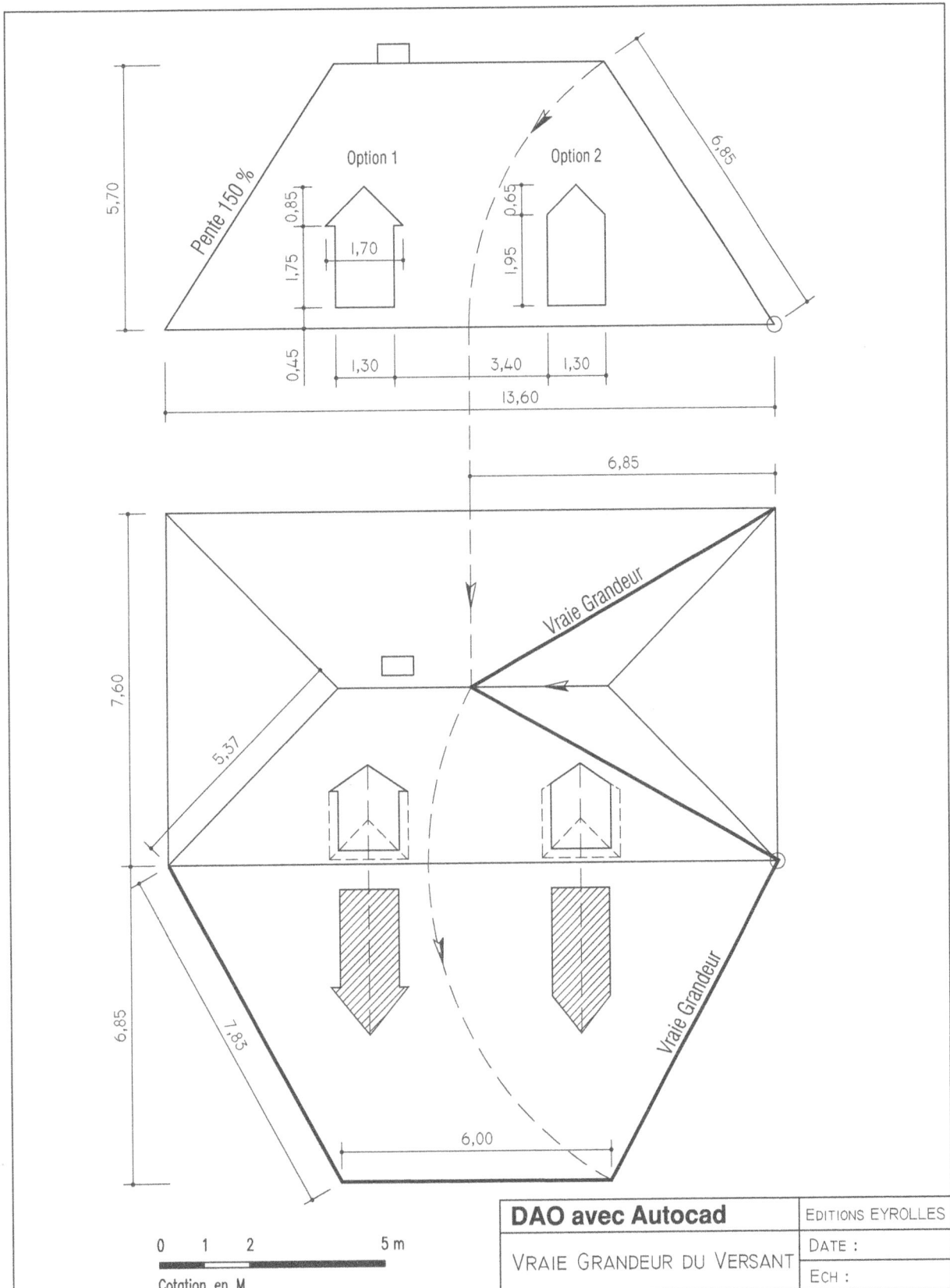

fig. 1 élévation, vue en plan et vraies grandeurs par rabattement

Option 1 ou 2 selon l'habillage et le détail des lucarnes. Une 3e option est proposée dans la chronologie d'exécution.

7.2 Chronologie d'exécution du plan de couverture et des rabattements avec Autocad

7.2.1 INTRODUCTION

OBJECTIF :

► réaliser le plan de couverture en plan et en élévation
► tracer les rabattements
► obtenir les linéaires et surfaces à partir du tracé

7.2.1.1 Projet

Bâti : 13 m par 7 m

Couverture du plain carré (ou plan carré) : pente 150 %, débord 0.30 m

Couverture des lucarnes : pente 100 %, débord 0.20 m

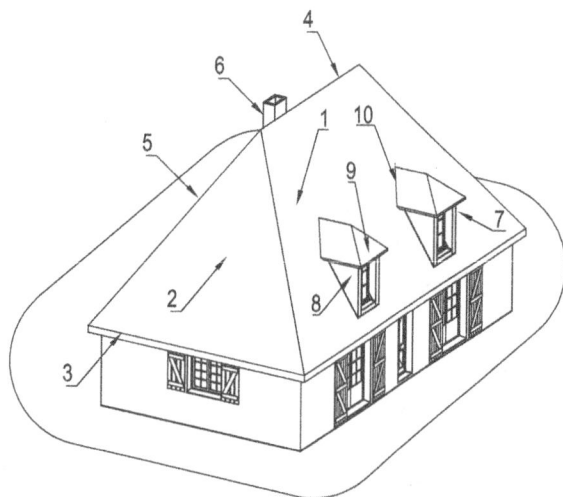

fig. 2 nomenclature

1 : Versant de long-pan	6 : Souche de cheminée
2 : Versant de croupe	7 : Lucarne (dite capucine)
3 : Égout ou rive d'égout (ou bandeau)	8 : Jouée de lucarne
4 : Faîtage	9 : Croupe de la lucarne ou croupette
5 : Arêtier	10 : Noue ou noulet

7.2.1.2 Fichier téléchargeable

couverture.dwg à l'adresse internet : www.editions-eyrolles.com, incluant un style de cote, un style de texte et les calques :

– plan ;
– cotation ;
– élévation ;
– esquisse ;
– lignes de rappel ;
– pente ;
– rabattement ;
– texte.

Les autres calques peuvent être créés selon les besoins (annexe 1).

Les dimensions seront exprimées en mètre.

7.2.2 LES ÉTAPES DE LA REPRÉSENTATION

• Bâti en plan, élévation et vue de gauche
• Pente
• Intersections de plans : plain carré et lucarnes
• Vraies grandeurs : plain carré et lucarnes
• Renseignements : linéaires et surfaces
• Finitions : cotation, impression

REMARQUE : la vue de gauche n'est pas indispensable mais facilite l'explication des intersections des versants et des lucarnes. La hauteur du faîtage peut être trouvée par le calcul.

7.2.3 BÂTI

Calque plan

1 ☐ Rectangle,

2 1er sommet quelconque

3 2e sommet @13.6,7.6↵ pour 13.60 m en x (longueur du rectangle) et 7.60m en y ⇒ rectangle 1

4 ⁄ Ligne, (ortho actif F8) matérialisant l'égout, position quelconque (mais donne l'espace entre les vues) ↵ (↵ ou Echap pour terminer la commande) ⇒ ligne 2

Calque esquisse

5 ⁄ Ligne, (ortho et calage F3 actifs) matérialisant la correspondance entre le plan et l'élévation ↵ ⇒ ligne 3

6 ligne de rappel obtenue comme la ligne 3 ou par copie de la ligne 3 ⇒ ligne 4

7 ⁰⁄ Copier, sélection ligne 4 ↵ 1er point : B, 2e point quelconque sur la même horizontale ⇒ ligne 5

8 ⌂ Décaler : 7.60 ↵ la ligne 5, vers la droite ⇒ ligne 6

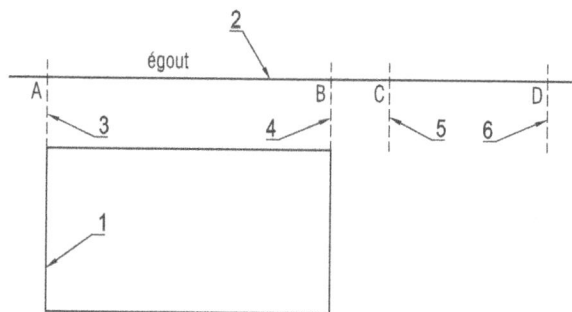

Fig. 3 repères des étapes du tracé du bâti

1 : limite couverture en plan, 2 : ligne d'égoût, 3 et 4 : correspondances vue en plan et vue en élévation, 5 et 6 : vue de gauche

7.2.4 PENTE

Calque élévation

1 ⌐ Polyligne ou ⁄ ligne du point A (déplacement horizontal du curseur) et 1 ↵ (au clavier pour 1 m) puis (déplacement vertical du curseur) et 1.5 ↵ (au clavier) pour 1,5 m ↵ pour terminer la polyligne (tracé de la pente 150 %).

2 🖊 Ligne (ortho inactif et calage F3 actif) du point A à l'extrémité de la polyligne ↵ (pente 150 %) ⇒ ligne 8

REMARQUE : les étapes 1 et 2 peuvent être remplacées par une seule ligne en utilisant les coordonnées relatives. Le 1er point est le point A et pour le 2e point : @1,1.5 ↵ ↵.

3 🖊 Ligne 1er point en E et 2e point @10,-10 ↵ (tracé de la diagonale d'un carré) pour la droite à 45°

La pente (ligne 8) doit être élevée en B, C et D

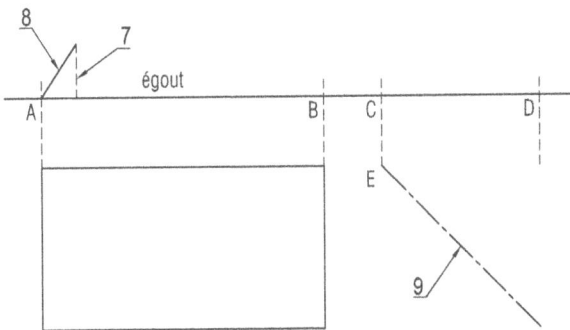

fig. 4 tracé de la pente et de la droite à 45°

4 🔳 Symétrie, clic sur ligne 8 ↵, 1er point milieu de la longueur du rectangle (🔳 pour activer calage milieu s'il n'est pas sélectionné par défaut ou clic droit sur le bouton ACCROBJ et dans paramètres du menu contextuel, sélectionnez l'option) et 2e point quelconque selon la verticale (ortho actif)

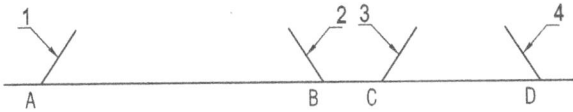

fig. 5 repères des pentes

5 🔳 Copier, clic sur ligne 1 ↵ du point A au point C ↵ ↵
6 procédure identique pour le segment 2 de B vers D

7.2.5 INTERSECTIONS DE PLANS

7.2.5.1 Plain carré

1 🔳 Raccord, r ↵ 0 ↵ en cliquant l'extrémité des segments 3 et 4 pour obtenir le sommet S

Plusieurs solutions pour obtenir le faîtage en élévation :

Construire une ligne horizontale issue de S puis fonction raccord pour ajuster les segment 1, 2, 5

Ou copier les segments DS vers B et CS vers A

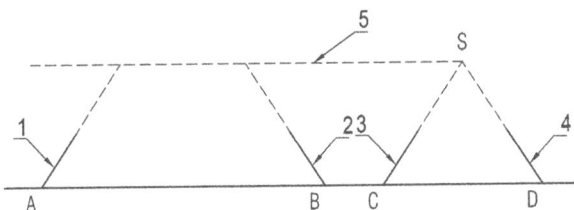

fig. 6 tracé du faîtage

L'intersection des lignes de rappel détermine faîtage et les arêtiers en plan

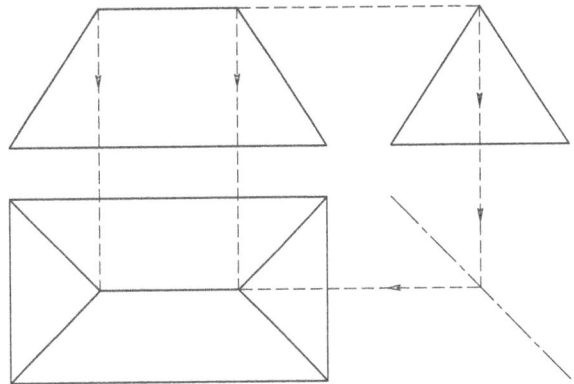

fig. 7 lignes du plain carré

REMARQUE : comme les pentes sont égales, les arêtiers sont les bissectrices des angles. Ils peuvent être tracés comme des diagonales d'un carré de 1m par 1m issues des sommets du rectangle puis raccordées (étape 1 du § 7.2.5.1) ou en utilisant le mode polaire (F10) avec pour paramètre un angle d'incrémentation multiple de 45° (ou 15°).

7.2.5.2 Lucarnes

Pente 100 %, débord 0.20 selon 3 options

1 🔳 Décaler, 0.45 ↵ sélection de la ligne d'égout, vers le haut, pour obtenir la base de la lucarne (ligne 1 de la fig 8)

2 🖊 Ligne verticale issue A

3 🔳 Décaler, 4.45 ↵, sélection de la ligne verticale issue de A↵, vers la droite, pour obtenir l'axe de la lucarne (ligne 2 de la figure 8)

REMARQUE : une seule commande suffit au tracé de cet axe : 🖊 Ligne, CTRL+🖱 droit, « depuis » dans le menu contextuel ou icône 📐, point de base : point A, suivi du décalage relatif en x et y @4.45,-1↵ pour un positionnement à 4.45 m en x et -1 m en y.

REMARQUE : l'intersection entre les couvertures de la lucarne et du plain carré dépendent de l'habillage des saillies de lucarne, du type de noue ouverte ou fermée, des particularités régionales.

Option 1

4 🔳 Polyligne (ou ligne), du point 3 (déplacement horizontal du curseur), 0.65 ↵ (au clavier), déplacement vertical, 1.75 ↵, déplacement horizontal, 0.2 ↵, @-0.85,0.85 ↵, ↵ pour terminer la polyligne (ou Echap)

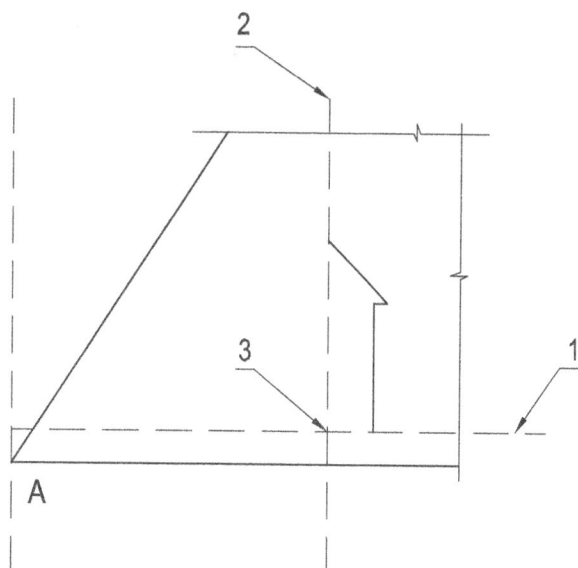

fig. 8 tracé d'une demi lucarne option 1

Option 2

5 Polyligne (ou ligne), du point 3 (déplacement horizontal du curseur), distance 0.65 (au clavier) ↵, vertical, 1.95 ↵, @-0.65,0.65 ↵, ↵ pour terminer la polyligne

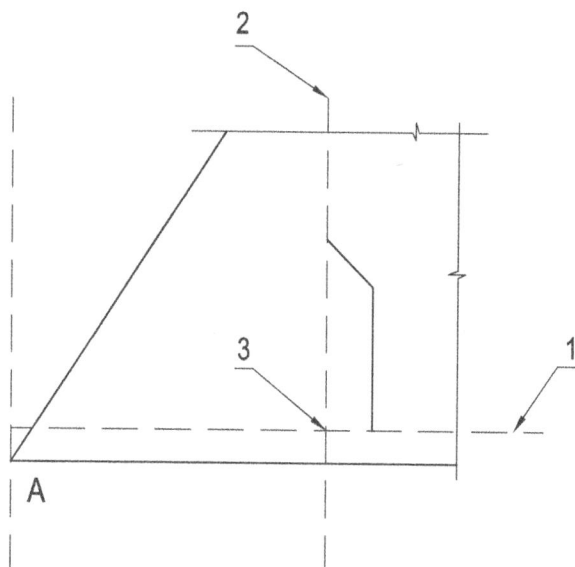

fig. 9 tracé d'une demi lucarne option 2

Option 3

6 Polyligne (ou ligne), du point 3 (déplacement horizontal du curseur), distance 0.65 (au clavier) ↵, vertical, 1.65 ↵, horizontal, 0.2 ↵, vertical, 0.1 ↵, @-0.85,0.85 ↵, ↵ pour terminer la polyligne

REMARQUE : selon l'option choisie, la pente de la lucarne est donnée par un segment d'extrémité @-0.85,0.85 ou de @-0.65,0.65 car la largeur est de 1.70 ou de 1.30 mais la pente est toujours de 100 %.

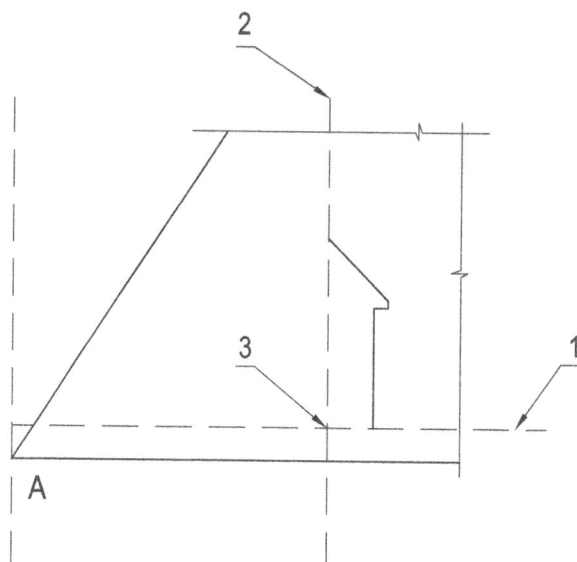

fig. 10 tracé d'une demi lucarne option 3

7 Miroir (ou symétrie), sélection de cette polyligne ↵, 1er point : 3, 2e point : 2, ↵ pour conserver la sélection initiale et obtenir la lucarne complète

8 Miroir de cette lucarne par rapport à une verticale passant par le milieu de AB pour obtenir la deuxième (ou à n'exécuter qu'après la représentation en plan pour ne faire qu'une symétrie).

9 Lignes de rappel pour obtenir les lucarnes dans les 3 vues

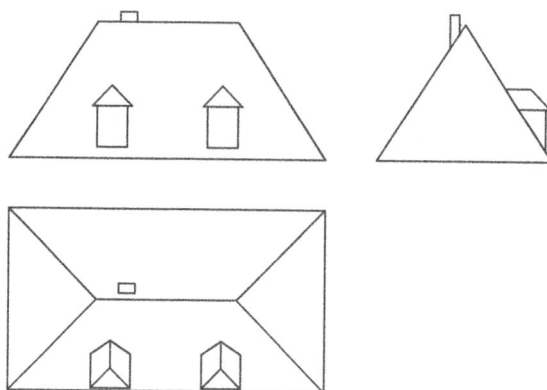

fig. 11 représentation complète des lucarnes option 1

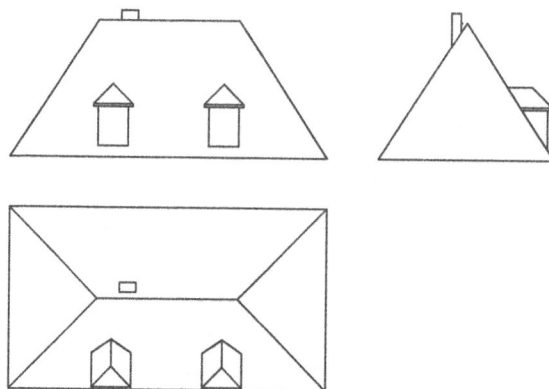

fig. 12 représentation complète des lucarnes option 3

7.2.6 VRAIES GRANDEURS

I Désactiver le calque vue de coté

2 [/] Lignes, issues des extrémités du faîtage (ortho et calage actifs), de longueurs quelconques, repérées 1, 2, 3 pour trouver les intersections avec les arcs de cercle lors des étapes suivantes

3 [⊘] Cercle C1, centre O1, rayon R1, coupe la ligne d'égout en I1

4 [⊘] Cercle C2, centre O2, de rayon R2, coupe la ligne de rappel en I2

5 [⊙] Copier, sélection du faîtage ⏎, 1er point : E, 2e point : I2

6 [↩] Polyligne passant par les 3 sommets du triangle de la vraie grandeur du versant de croupe, ⏎ pour terminer ou c au clavier (c comme clore)

7 [↪] Polyligne pour le trapèze de la vraie grandeur du versant de long-pan

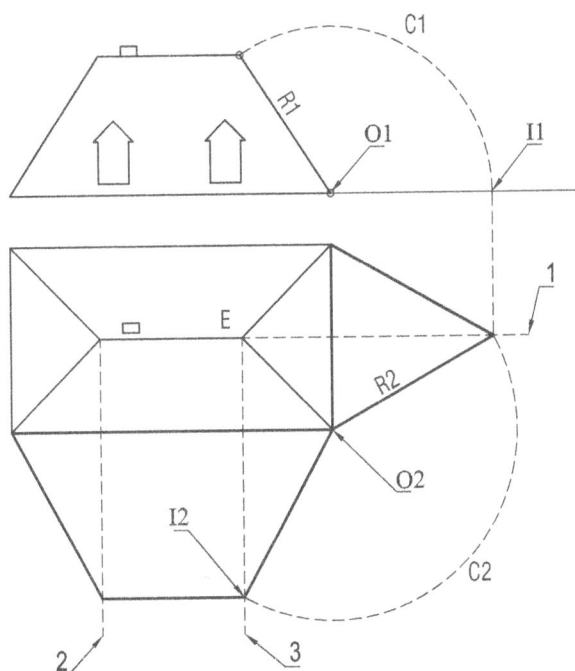

fig. 14 rabattements du versant de croupe vers l'intérieur et du versant de long pan vers l'extérieur

La vraie grandeur des lucarnes, obtenue par rabattement, suit la même procédure (tracé de cercles ou d'arcs de cercle).

L'intersection entre les couvertures de la lucarne et du plain carré dépendent de l'habillage des saillies de lucarne, du type de noue ouverte ou fermée, des particularités régionales.

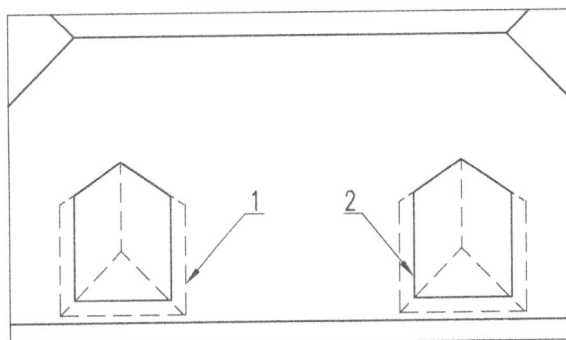

fig. 13 rabattement vers l'extérieur des versants du plain carré

Pour différencier les rabattements obtenus, leurs contours sont représentés en traits renforcés soit :

1. en définissant l'épaisseur des trais à 0,5 mm lors de la création du calque ;

2. dans le menu « Modification, Objet, Polyligne », après sélection d'une ou plusieurs polylignes (M comme multiple), des options sont offertes comme l'option E ⏎ pour épaisseur qui attend une valeur à renseigner au clavier ;

3. en choisissant une couleur affecté de l'épaisseur de 0.5 mm dans la table des styles de tracé (accessible dans l'onglet « Périphérique de traçage de la fonction imprimer) ».

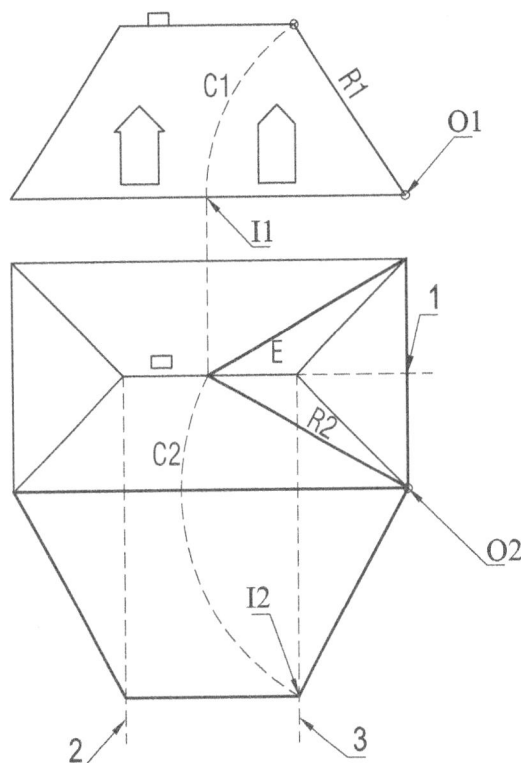

fig. 15 différence des lignes à prendre en compte selon le rabattement à effectuer

1 : couverture de la lucarne.

2 : emprise de la lucarne sur le versant de long pan

<u>REMARQUE</u> : pour trouver la vraie grandeur des surfaces de lucarne à déduire du versant de long pan , il faut considérer les jouées (en retrait de 0.20 m des rives) et non la couverture de la lucarne (plus grande).

7.2.7 RENSEIGNEMENTS

Cette fonction donne les périmètres et surfaces des objets, en particulier les vraies grandeurs des surfaces. Pour les arêtiers, il est aussi simple d'utiliser la cotation.

7.2.7.1 Vraie grandeur des surfaces

1   ▦ menu « Outils, Renseignements, Aires »
2   puis O ↵ comme objet au clavier
3   sélection de la polyligne ↵
4   l'aire et le périmètre s'affichent dans la fenêtre des commandes.

7.2.8 FINITIONS

7.2.8.1 Cotation

Il est préférable de créer un ou plusieurs styles de cote pour modifications et adaptation automatiques au dessin à réaliser.

1   ▨ ou menu « Format, style de cotes » pour créer un style de cotes (donner un nom) sur la base ou non d'un style existant avec en particulier les onglets :
  • lignes et flèches
    extrémité : petit point de 0.35
    extrémité ligne d'attache : 0.2
    décalage : 0.5
  • texte
    hauteur : 0.25
    décalage : 0.1
  • unités principales
    précision : 0.00
2   ⊢⊣ ou menu « cotation, linéaire » pour les segments isolés horizontaux ou verticaux
3   ⬉ ou menu « cotation alignée » pour les arêtiers

voir thème massif de grue à tour pour plus de détails

7.2.8.2 Impression

Elle est possible sur un A4 vertical à l'échelle 1/100e (1 mm sur le papier représente 100 mm réels) en utilisant l'espace objet ou de l'espace papier.

Option 1 : espace **objet** en dessinant un cadre

Dimensions du cadre :

Pour un A4 210 × 297, la surface utile est de 190 mm par 277 mm.

À une échelle de 1/100e ou 0.01, ses dimensions dans l'espace objet (transposition en dimensions réelles) deviennent :

190 mm × 100 = 19000 mm = 19 m (unité de travail)

277 mm × 100 = 27700 mm = 27.7 m

D'où le rectangle à tracer : 1er point quelconque, 2e point de coordonnées @19,27.7↵

Ce rectangle défini la fenêtre d'impression par calage sur ses sommets (éventuellement à déplacer avec la fonction ✛ pour encadrer les objets à imprimer).

▷ **POUR IMPRIMER**

1   🖶 ou menu « fichier, imprimer »
2   Onglet « Périphérique de traçage » permet de choisir :
    Le traceur ou l'imprimante installés
    La table des styles de tracé pour les différentes épaisseurs de trait sauf si elles ont été définies lors de la création des calques
3   Onglet « Paramètres du tracé »
    Format du papier : A4, portrait, mm
    Fenêtre : clic sur 2 les sommets opposés du cadre
    Échelle du tracé : personnaliser 1 mm pour 0.1 unités de dessin (comme l'unité est en m, 1 mm pour 0.1 Unité signifie 1 mm pour 0.1 m, soit 1 mm pour 100 mm) d'où une échelle de 1/100^e
    Centrer le tracé
    Aperçu total
4   OK

Option 2 : espace **papier**

Pour passer à l'espace papier, cliquer sur l'onglet situé à droite de l'onglet objet.

Apparaît la fenêtre « configuration de tracé », également accessible par le menu « Fichier, Mise en page » pour définir :

• Onglet : périphérique de traçage
  Le traceur ou l'imprimante installés
  La table du style de tracé (couleurs et épaisseurs des traits
• Onglet : mise en page
  Format du papier : A4, mm
  Orientation : portrait
  Échelle : 1:1

Une fenêtre, ajustée au dessin, est automatiquement créée :

• Soit la sélectionner et la modifier avec l'option propriétés
1   🖑 gauche sur la fenêtre pour la sélectionner
2   🖑 droit affiche un menu contextuel où l'option « propriétés » ouvre la fenêtre des propriétés permettant les modifications :
    – dans la rubrique géométrie : hauteur 277 et largeur 190 pour un A4
    – dans la rubrique divers : échelle personnalisée 10
• Soit la sélectionner et la supprimer pour en créer une nouvelle.

▷ **POUR REDÉFINIR LA FENÊTRE**

Dans le menu « Affichage, Fenêtres, Nouvelles fenêtres » OK

1er coin : 0,0 ↵

2e coin : 190,277 ↵ pour un A4 vertical avec un cadre de 10 mm

Par défaut, l'échelle du dessin est calculée maximale en fonction des objets à représenter et du format de la sortie papier.

▷ **POUR INDIQUER L'ÉCHELLE PRÉCISE**

1 dans la **barre d'état**, un clic sur « papier », sans quitter l'onglet « présentation », affiche « objet ».

2 Écrire dans la fenêtre de commande :

3 ZOOM ⏎

4 E ⏎ (comme échelle)

5 10xp ⏎ trace 10 mm pour 1 unité de dessin (1 m) soit 10 mm pour 1 m soit 10/1 000, soit 1/100ᵉ

6 dans la **barre d'état**, clic sur « objet » affiche « papier »

REMARQUE : la molette centrale de la souris permet un déplacement de l'ensemble du dessin par rapport à la fenêtre.

▷ **POUR IMPRIMER**

7 🖨 ou menu « fichier, imprimer »

8 le bouton fenêtre permet de définir la zone de tracé calée sur les sommets de la fenêtre créée

REMARQUES :

Dans l'espace papier, l'échelle est de 1 pour 1.

Cette solution, qui paraît plus compliquée est mise en place une fois puis réutilisée. Elle permet aussi de créer plusieurs fenêtre avec des échelles différentes.

Se reporter à l'impression du massif de grue pour plus de détails sur les paramètres d'impression.

7.3 Couverture avec croupe redressée et coyaux

Projet proposé pour prolonger l'application précédente avec même surface en plan mais modification des pentes de la couverture

Croupe redressée

Coyaux

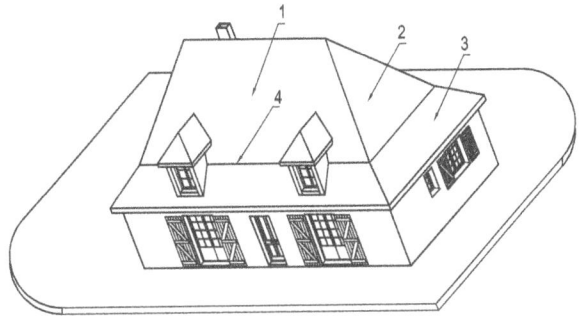

fig. 16 couverture avec coyaux

1 : Versant de long-pan pente 150 %. **2** : Versant de croupe (redressée) : pente 180 %. **3** : Coyaux : pente 100 % sur 1 m de long. **4** : Ligne de brisure : intersection des 2 pentes de 150 % et de 100 %

REMARQUE : les coyaux peuvent aussi être appliqués aux lucarnes.

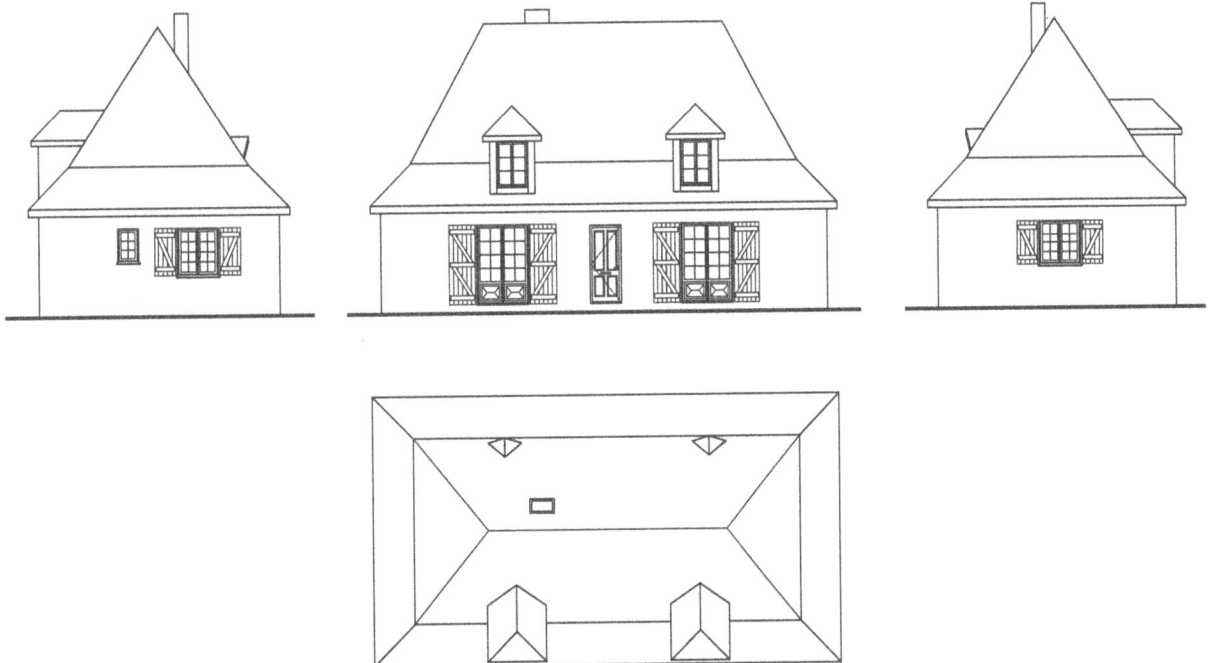

fig. 17 projections orthogonales : 3 façades et plan de couverture

7.4 Intersection de plans

7.4.1 Introduction

Les vues extérieures de ce pavillon, à fournir dans le dossier de permis de construire, ne donnent pas les vraies grandeurs de la couverture qui permettent d'établir l'avant-métré puis le devis quantitatif et estimatif.

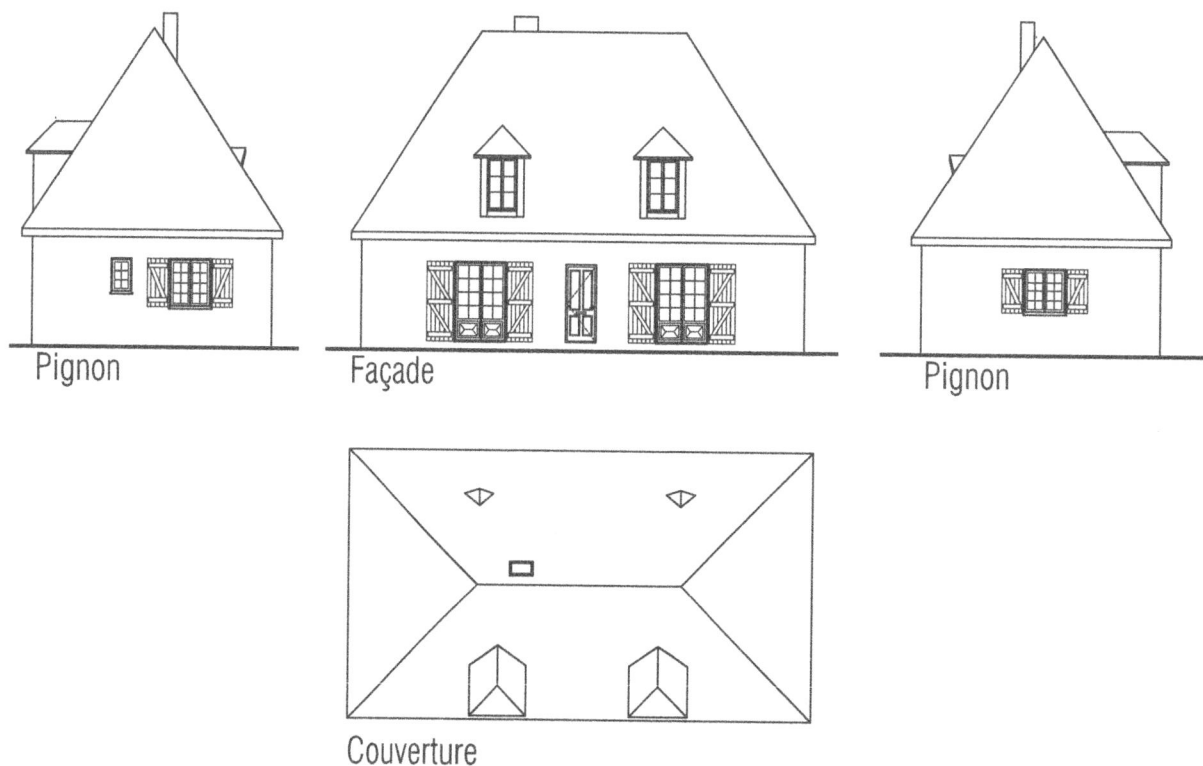

Pignon   Façade   Pignon

Couverture

fig. 18 projections orthogonales

REMARQUE : les lucarnes ne peuvent être situées qu'entre les fermes afin de pouvoir ouvrir les fenêtres et la position des axes des fermes est liée aux points d'intersection de la couverture. Les croupes redressées (fig. 16 et fig. 17) permettent d'espacer les lucarnes.

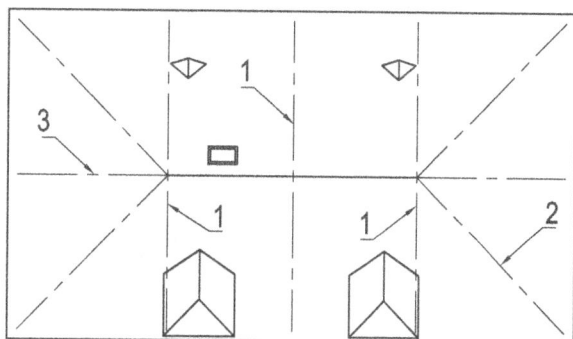

fig. 19 position des fermes

1 : ferme entière. **2** : 1/2 ferme d'arêtier. **3** : 1/2 ferme de croupe

7.4.2 Pente du toit

Elle est définie comme le rapport entre la hauteur et la longueur prise à l'horizontale.

7.4.2.1 Tracé de la pente

Pente de 150 % : pour 100 cm (1 m) selon l'horizontale, la hauteur (mesurée selon la verticale) est de 150 cm (1.50 m).

$$p = 150/100 = 150 \text{ pour } 100 = 150\,\%$$

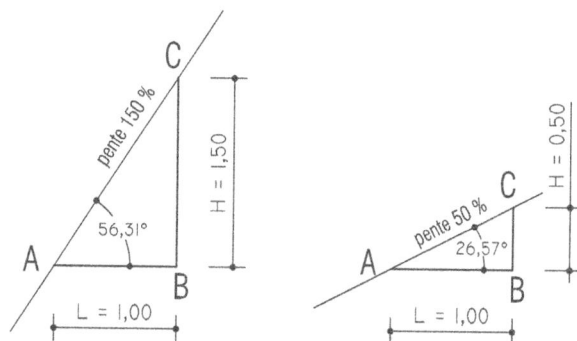

fig. 20 pente exprimée en % et en degré décimaux

7.4.2.2 Relation entre pente et lignes trigonométriques

La définition de la tangente tan Â = coté opposé/coté adjacent = H/L correspond à la formule de la pente.

La connaissance de la pente en % permet le calcul de l'angle et réciproquement.

Pour la pente de 150 % ,tan Â = 1.50
d'où Â = tan^{-1}(1.50) = 56.31°.

or $\cos Â = \dfrac{AB}{AC}$ (a)

d'où le calcul de AC (longueur suivant la pente) à partir de la valeur de l'angle et de la longueur en plan.

$$AC = \frac{AB}{\cos Â} = \frac{1}{\cos Â} \times AB$$

avec $Â = 56.31°$, $\dfrac{1}{\cos 56.31°} = 1.803$

AC = 1.803 × 1.00 = 1.803 m

En application du théorème de Thalès ou des triangles semblables, toutes les longueurs parallèles à la pente sont obtenues en multipliant la longueur en plan par 1.803.

L'utilisation de ce coefficient, variable selon la pente, est utilisé pour calculer les longueurs et surfaces sans construction géométrique (voir l'avant-métré)

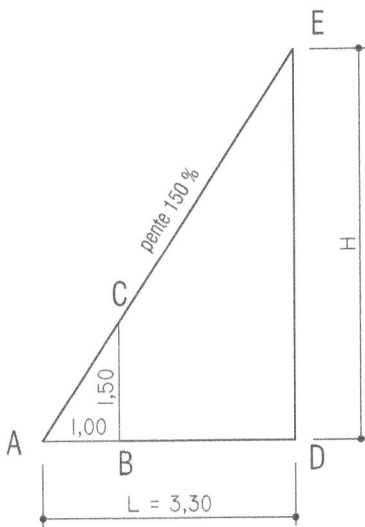

Les triangles sont semblables lorsque leur cotés sont parallèles (ou leurs angles égaux). Dans ce cas, les cotés correspondants sont proportionnels. Par exemple :

$$\frac{AE}{AD} = \frac{AC}{AB}$$

d'où $AE = \dfrac{AC}{AB} \times AD$ (b)

mais la formule (a) $\cos Â = \dfrac{AB}{AC}$ est équivalente à $\dfrac{AC}{AB} = \dfrac{1}{\cos Â}$

après remplacement dans la formule (b)

$$AE = \frac{1}{\cos Â} \times AD$$

AE = 1.803 × 3.30 = 5.95 m

$\dfrac{1}{\cos Â}$ est le coefficient de pente

REMARQUE : le théorème de Pythagore permet aussi le calcul de AE.

$AE = \sqrt{AD^2 + DE^2}$ avec AD = 3.30 m et DE = 3.30 × 1.5 = 4.95 m

fig. 21 proportionnalité des triangles semblables

7.4.3 VERSANTS DE MÊME PENTE

La couverture du bâtiment rectangulaire de 13 m × 7 m est du type 4 pentes identiques avec un avant toit (appelé débord ou saillie) de 30 cm.

L'épaisseur de la couverture n'est pas pris en compte. La surface de lattis (plan des fixation des lattes ou liteaux sur les chevrons) sert de référence.

REMARQUE : comme les rives d'égout sont au même niveau et les pentes égales, le faîtage est au milieu et les arêtiers selon la bissectrice des angles en plan soit à 45°.

La résolution de ce cas simple permet la transposition au tracé des lucarnes, des croupes redressées (pentes différentes), des coyaux (brisure dans la couverture) abordé plus loin.

Le prolongement des pentes et la correspondance des lignes de rappel se coupent selon des points remarquables sur les 3 vues.

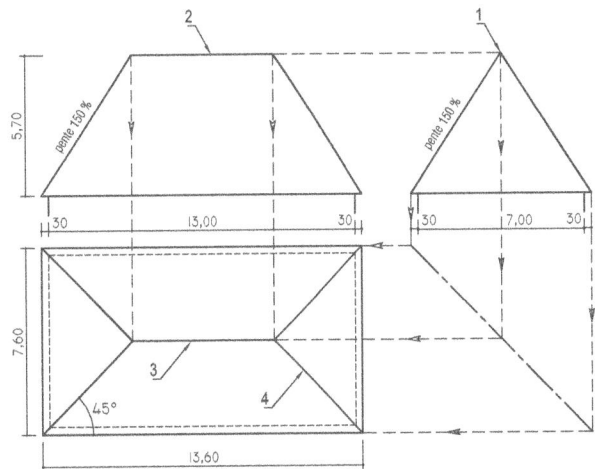

fig. 23 arêtes du plan carré

1 : Intersection des pentes ⇒ position du faîtage. **2** : Intersection des pentes et de la position du faîtage ⇒ longueur du faîtage. **3** : Report longueur et position du faîtage. **4** : Tracé des arêtiers

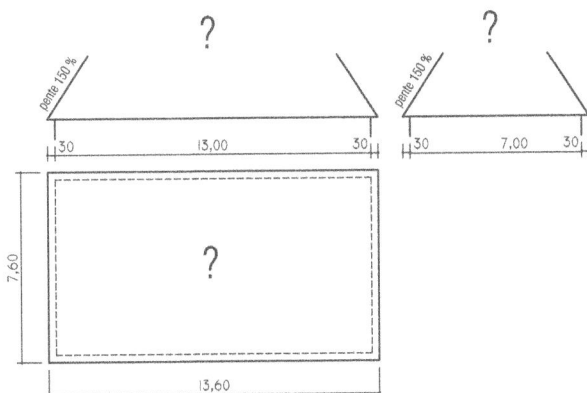

fig. 22 tracé des éléments de base : bâti, débord, pente

La hauteur de la couverture cotée en élévation est retrouvée par le calcul.

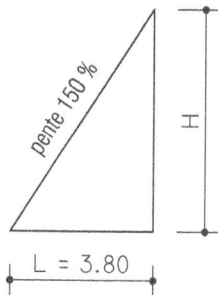

fig. 24 croupe en élévation

$$p = 1.50 = \frac{H}{L}, \text{ d'où } H = L \times 1.50 = 3.80 \times 1.50 = 5.70 \text{ m}$$

7.4.4 Versants de pentes différentes (croupe redressée)

Lorsque la croupe est redressée (180 % au lieu de 150 %), le faîtage est toujours au même niveau mais plus long.

Les intersections des versants de long-pan et des versants de croupe ne sont plus à 45°, les arêtiers (ou noues) sont dévoyés. Avec un débord de couverture identique, ces arêtes ne passent plus dans l'angle des murs.

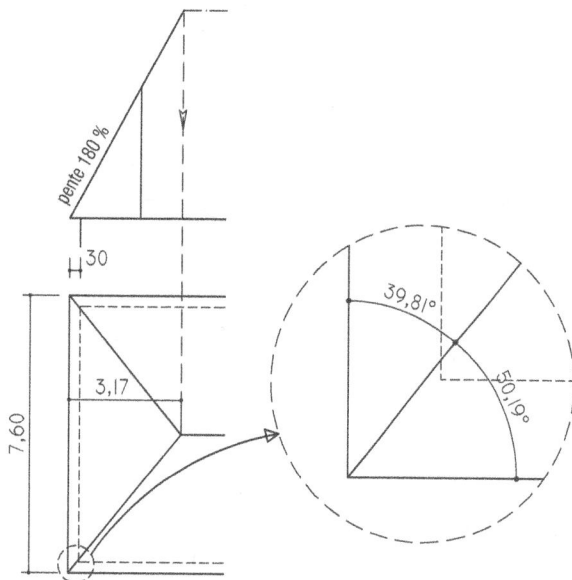

fig. 25 tracé de la croupe redressée

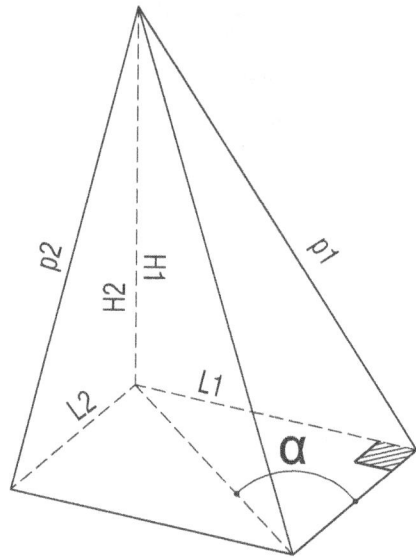

fig. 26 calcul de l'angle en plan de l'arêtier dévoyé

Les pentes p1 150 % et p2 180 % définissent l'angle de l'arêtier dévoyé : α. Par définition

$$p1 = \frac{H1}{L1} \text{ et } p2 = \frac{H2}{L2}$$

or H1 = H2 (hauteur du comble)
donc p1 × L1 = p2 × L2
L1 = 7.60/2 et L2, inconnue, est déterminée par la relation :

$$L2 = \frac{p1}{p2} \times L1 \text{ d'où } L2 = 3.17 \text{ m}$$

L1, coté opposé à l'angle α, et L2, coté adjacent à l'angle α, définissent la tangente de l'angle α.

$$\tan(\alpha) = \frac{L1}{L2} = \frac{3.80}{3.17} = 1.20$$

et plus rapidement, la tangente de l'angle α est égal au rapport des pentes des 2 versants.

$$\tan(\alpha) = \frac{p2}{p1} = \frac{1.80}{1.50} = 1.20$$

$\tan^{-1}(1.20) = 50.19°$
α = 50.19°, valeur identique à celle obtenue par le tracé de la fig. 25.

7.4.5 LUCARNES

fig. 27 intersection des couvertures de la lucarne et du versant de long-pan

L'emprise des lucarnes sur le versant de long-pan, l'habillage de l'avant de toit... sont variables selon les régions. L'exemple présenté peut être assimilée au croquis ci-dessous.

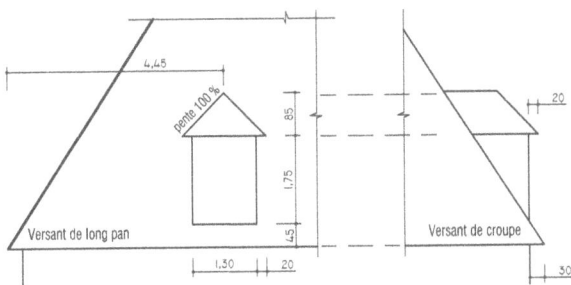

fig. 28 dessin de définition des lucarnes

Comme pour les arêtes du plain carré, les points et segments cherchés se situent à l'intersection des lignes de rappel entre les différentes vues.

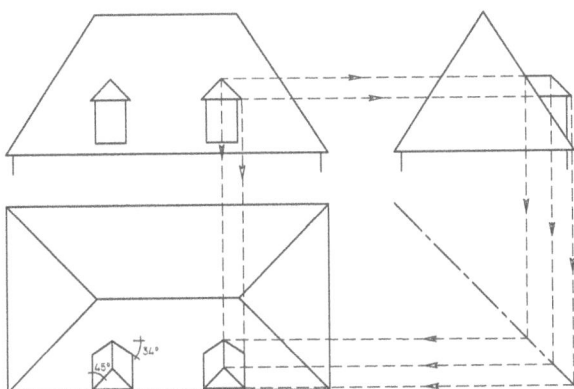

fig. 29 résultat du tracé des lucarnes (sans les arêtes cachées)

<u>REMARQUE</u> : comme prévu l'angle (en plan) d'intersection entre couverture de la lucarne et couverture du versant de long-pan est ≠ de 45° car les pentes sont inégales.

Le plan de couverture est complété par l'intersection avec la souche de cheminée.

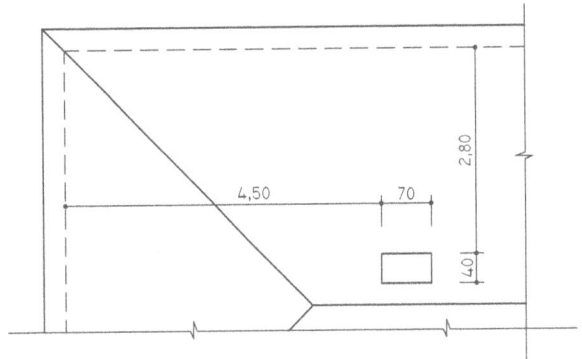

fig. 30 position de la souche de cheminée

7.5 Vraies grandeurs

7.5.1 INTRODUCTION

Les 2 chapitres précédents, consacrés aux projections orthogonales sur les 6 faces du cube, doivent être complétés par des projections sur des plans auxiliaires. En effet, les segments, et par conséquent les surfaces, ne sont représentés en vraie grandeur que lorsqu'ils sont parallèles aux plans de projection.

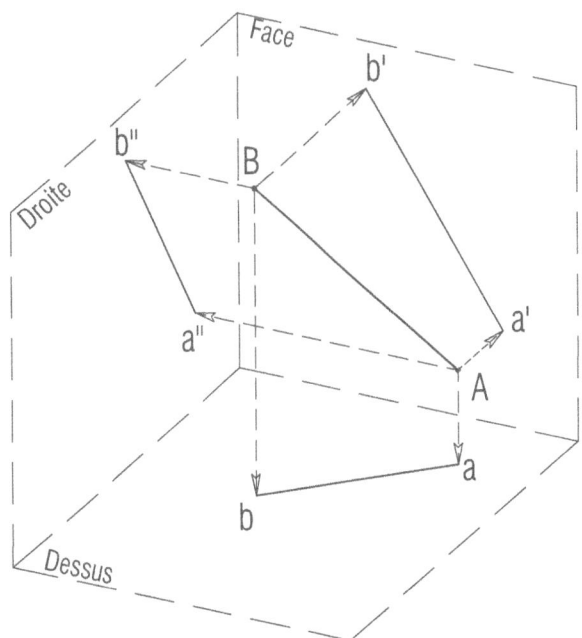

fig. 31 projection d'un segment non parallèle aux plans de projection

Pour trouver les intersections et vraies grandeurs, indispensables à la fabrication de ces ouvrages, diverses techniques rendent parallèles objets et plans de projection.

7.5.2 LIGNE DE PLUS GRANDE PENTE LGP

La ligne de plus grande pente, direction suivie lors de l'écoulement de l'eau sur un plan incliné, est perpendiculaire à l'horizontale.

Lorsque la ligne d'égout n'est pas horizontale, sur plan comme sur le chantier, il convient de tracer une horizontale nommée ligne ou égout de dégauchissement.

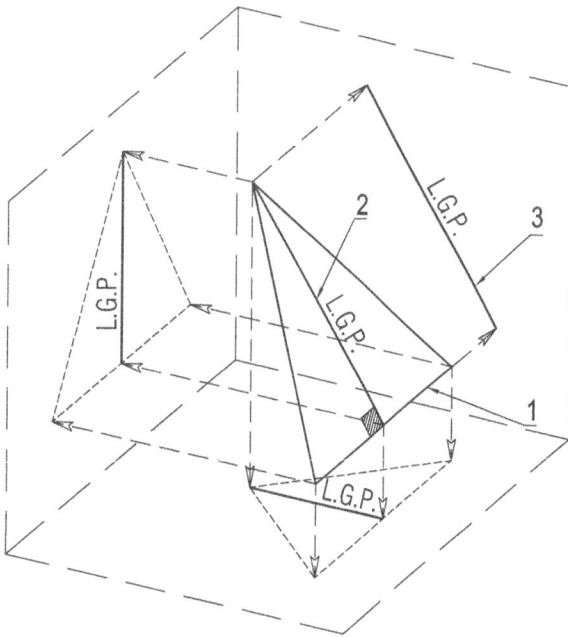

fig. 32 tracé de la ligne de plus grande pente sur le versant de croupe

1 : horizontale.
2 : ligne de plus grande pente.
3 : projection de LGP sur le plan vertical

Lorsque les pentes sont égales, les lignes de plus grande pente sont identiques, ce qui simplifie le tracé des vraies grandeurs.

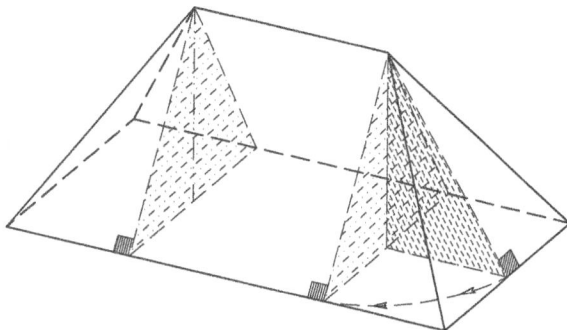

fig. 33 lignes de plus grande pente particulières

7.5.3 RABATTEMENT DU PLAIN CARRÉ

7.5.3.1 Pentes identiques

La vraie grandeur du versant de croupe est obtenue par rotation autour d'un axe horizontal. Le plan de croupe est défini par 3 points, il suffit de rabattre le sommet, l'axe est invariant.

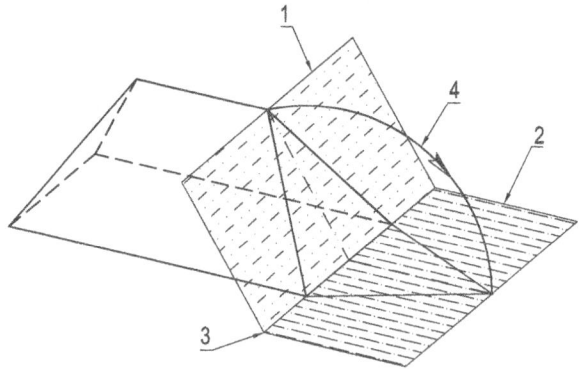

fig. 34 rabattement du versant de croupe

1 : Plan du versant de croupe. **2** : Plan horizontal. **3** : Axe de rotation (ligne d'égout ou autre). **4** : Arc de cercle, R = LGP

Le procédé est identique pour le versant de long-pan.

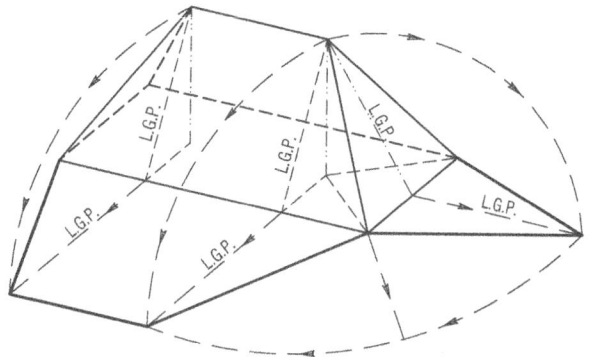

fig. 35 rabattement des versants

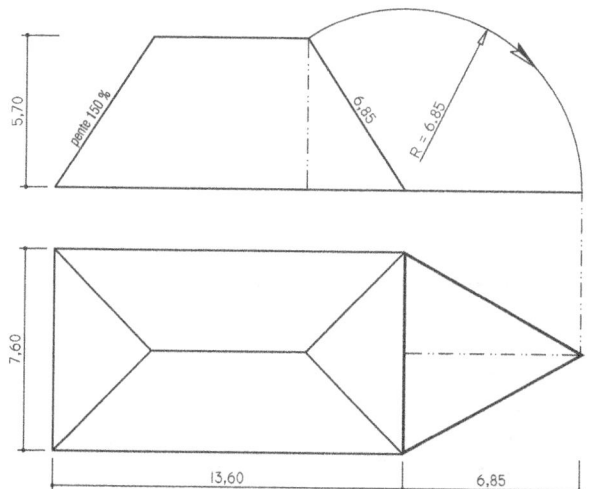

fig. 36 principe du rabattement de la croupe en plan

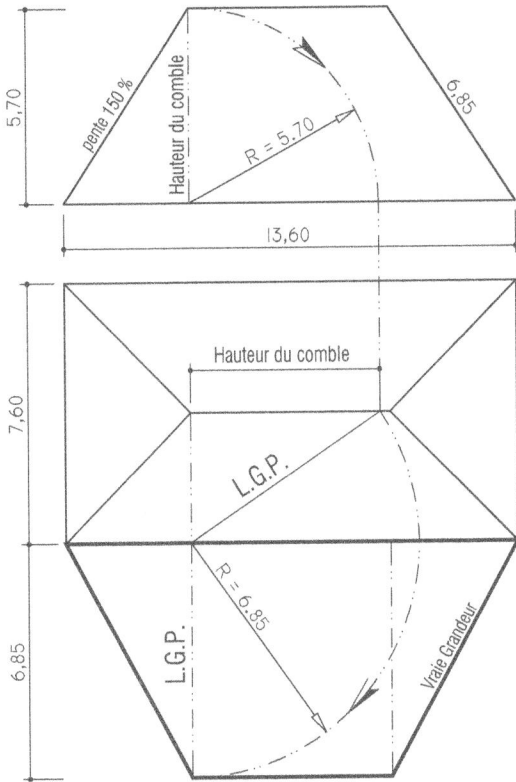

fig. 37 principe du rabattement du versant de long-pan en plan

Ici, la ligne de plus grande pente est tracée après rabattement de la hauteur du comble sur la vue en plan. Cette méthode n'est justifiée que lorsque les pentes sont inégales car dans ce cas, la LGP est représentée par la projection de la croupe.

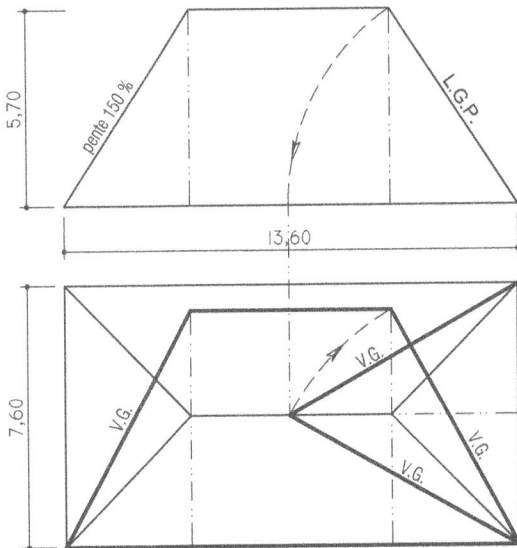

fig. 38 rabattement des versants en superposition de la vue en plan

La ligne de plus grande pente, rabattue une seule fois, sert aux 2 versants.

REMARQUE : le rabattement peut s'effectuer sur la vue en élévation.

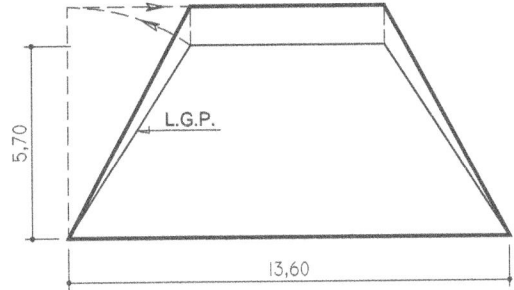

fig. 39 rabattement de la ligne de plus grande pente dans le plan vertical (vue en élévation)

7.5.3.2 Pentes différentes

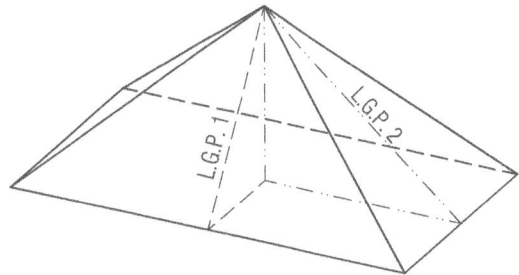

fig. 40 2 pentes différentes d'où 2 lignes de plus grande pente

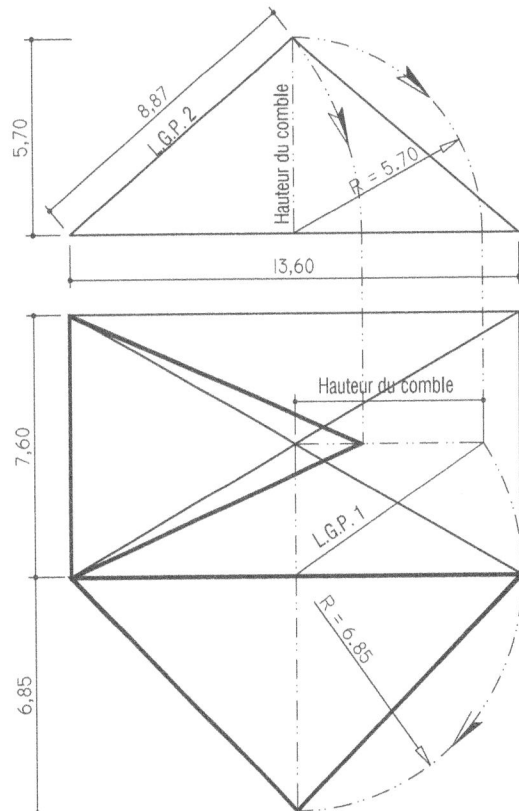

fig. 41 LGP1 = 6.85 m, LGP2 = 8.87 m

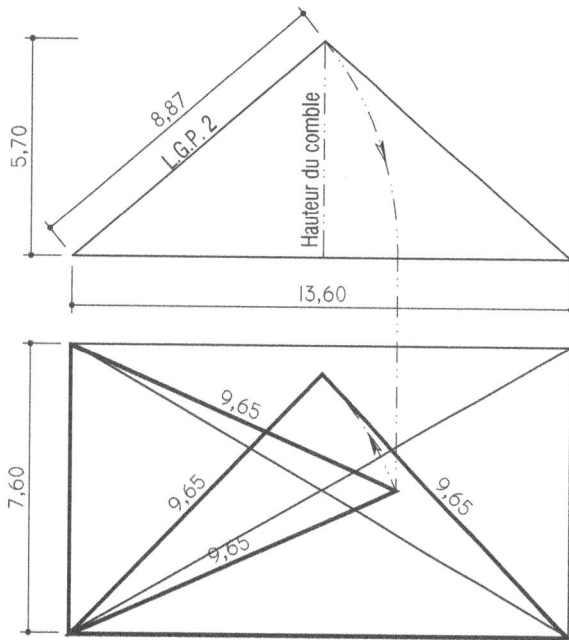

fig. 42 rabattement des 2 versants en superposition

REMARQUE : les arêtiers sont de même longeur.

7.5.4 RABATTEMENT DES LUCARNES

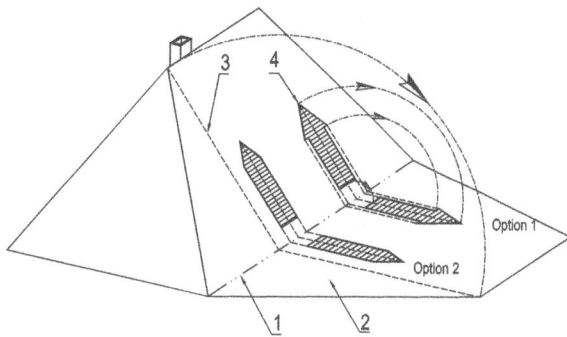

fig. 43 perspective du rabattement de la lucarne

1 : Axe de rotation. **2** : Plan horizontal. **3** : Ligne de plus grande pente. **4** : Points remarquables à rabattre

La procédure est décomposée en 2 étapes :

• Étape 1 : lignes de rappel entre élévation, vue en plan et vue de gauche

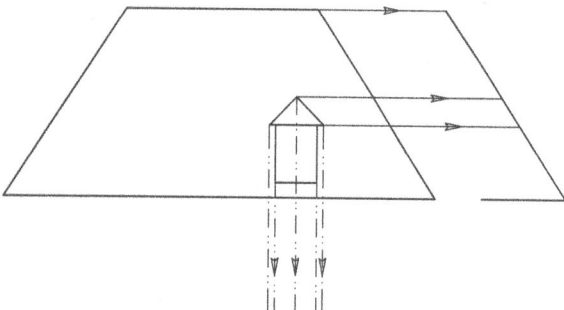

fig. 44 projection de la lucarne en élévation et vue de coté

• Étape 2 : rabattement de la vue de gauche sur un plan horizontal puis correspondance avec la vue en plan par l'intermédiaire de la droite à 45°.

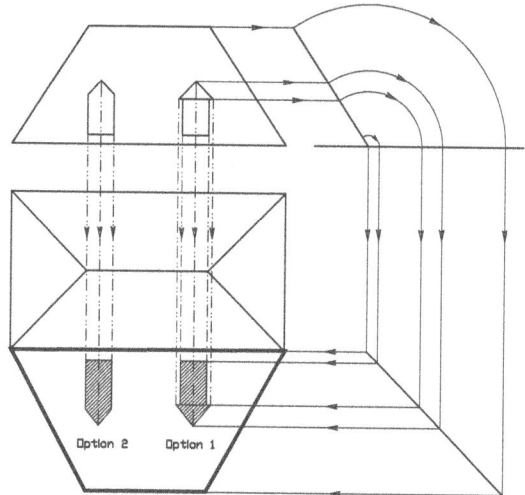

fig. 45 rabattement avec lignes de rappel

REMARQUES :

• La vue de côté est écartée de la vue en élévation pour une meilleure lisibilité.

• La représentation de la pénétration de la lucarne sur le versant de long pan est variable selon le type et l'habillage de la lucarne, selon la région…

7.6 Géométrie descriptive

7.6.1 INTRODUCTION

La géométrie descriptive est une méthode de représentation plane des figures de l'espace inventée par Gaspard Monge (1746-1818) et publiée dans un ouvrage paru en 1800.

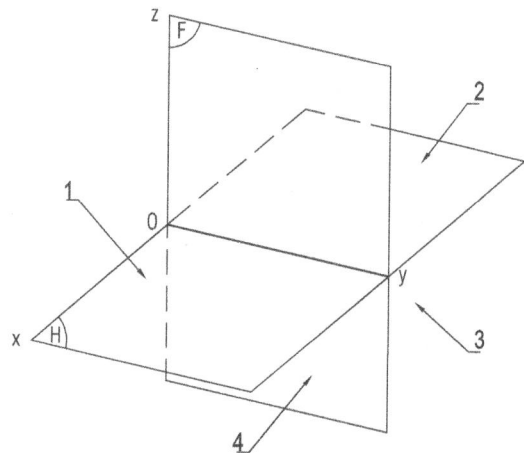

fig. 46 les 4 dièdres de l'espace

Toutes les constructions s'effectuent dans le 1er dièdre, en translatant la position du repère si nécessaire.

7.6.2 ÉPURE

La figure est projetée orthogonalement sur deux plans (le 3ᵉ n'est pas utile) puis le plan horizontal est rabattu afin qu'il se retrouve dans le prolongement du plan vertical (analogie avec le cube de projection). Le résultat porte le nom d'épure.

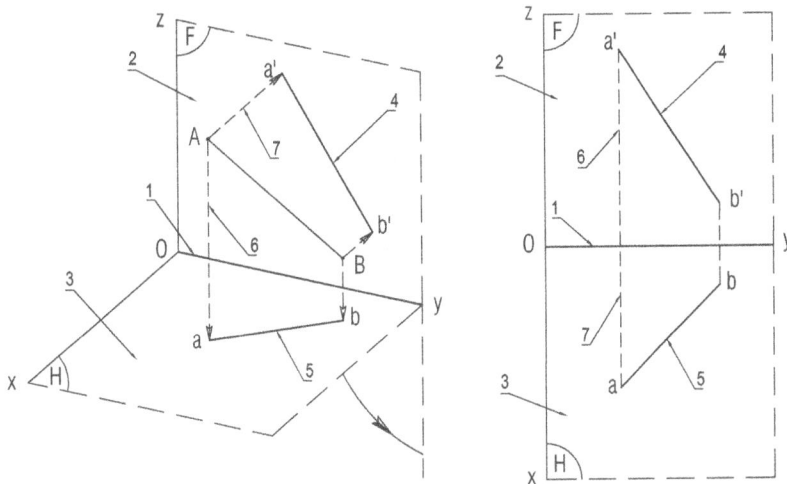

Terminologie de l'épure :
1 : Ligne de terre (intersection des 2 plans) aussi notée xy
2 : Plan frontal (ou vertical)
3 : Plan horizontal
4 : Projection frontale du segment AB
5 : Projection horizontale du segment AB
6 : Cote du point A
7 : Éloignement du point A

Conventions de notation
A : point de l'espace
a : projection horizontale du point A
a' : projection frontale du point A

fig. 47 épure du segment AB

7.6.3 DROITES REMARQUABLES

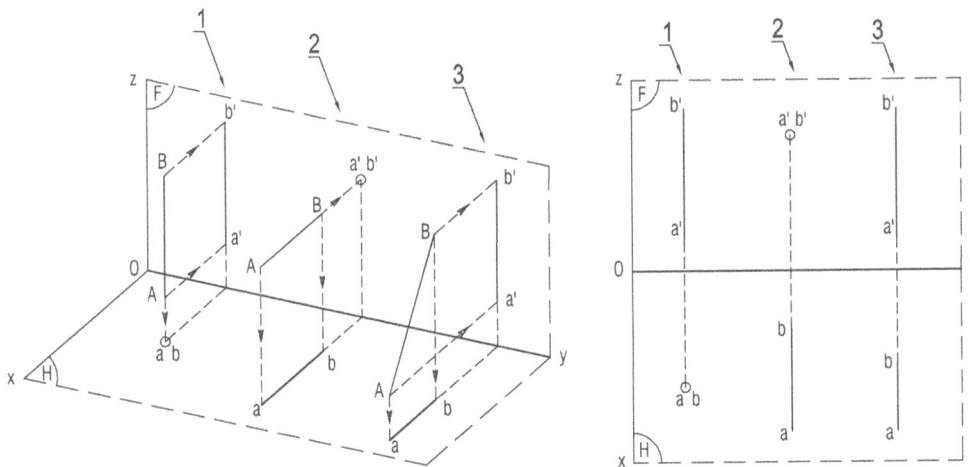

1 : droite verticale
2 : droite de bout
3 : droite de profil

fig. 48 droites parallèles au plan Oxz

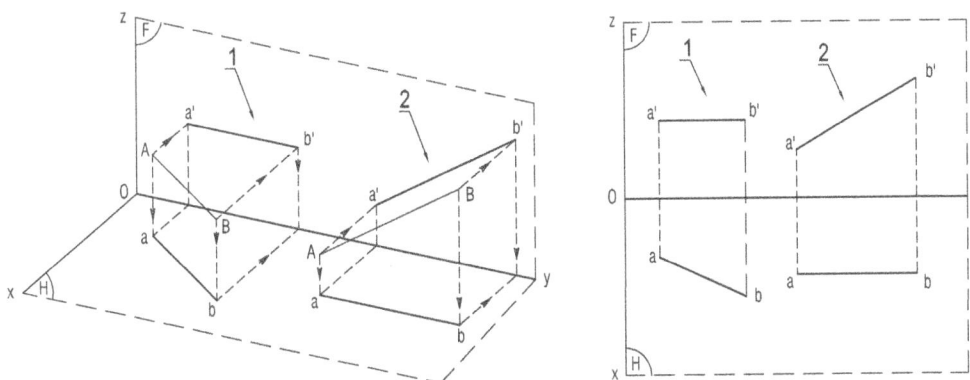

fig. 49 droites parallèles à l'un des plans de projection

1 : droite horizontale : sa projection frontale est parallèle à la ligne de terre. **2** : droite frontale : sa projection horizontale est parallèle à la ligne de terre.

La droite fronto-horizontale est parallèle au plan frontal et au plan horizontal, elle est parallèle à la ligne de terre.

Le point d'intersection de la droite et d'un plan de projection définit la trace de la droite.

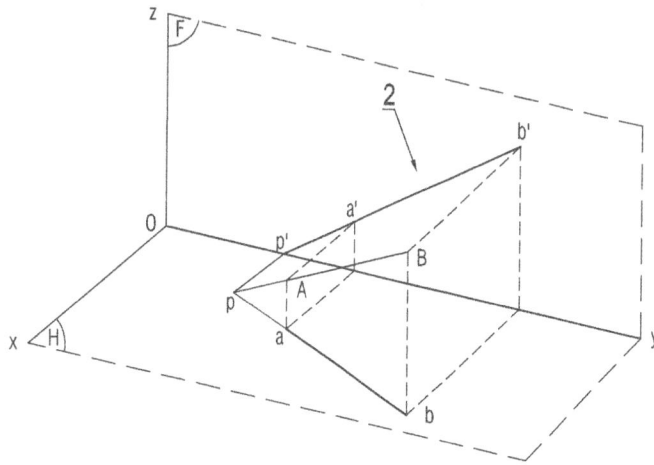

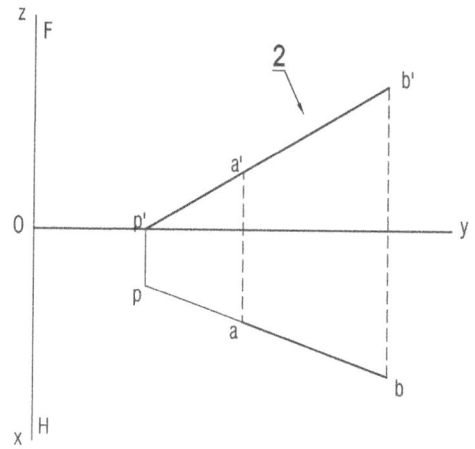

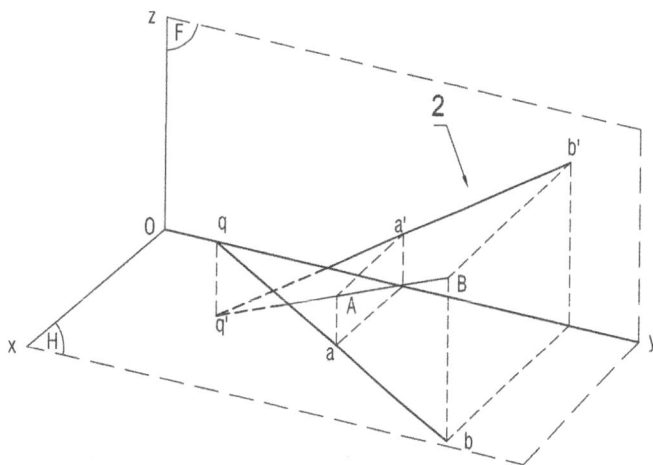

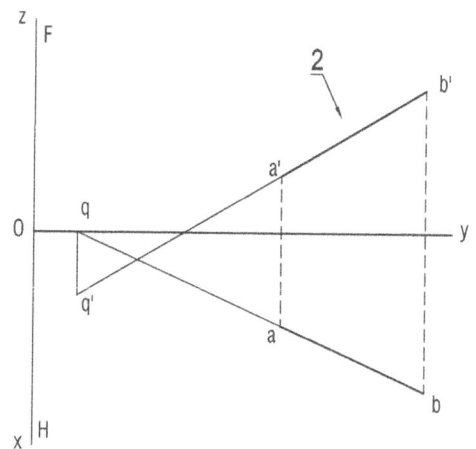

fig. 50 traces d'un droite

7.6.4 APPLICATIONS DES DROITES

2 droites concourantes dans l'espace ont leur intersection sur la même ligne de rappel

4 points A, B, C, D sont coplanaires (dans le même plan) si les droites AC et BD sont concourantes. Dans l'autre cas, la surface est gauche et la réalisation de la pièce (en tôlerie par exemple) est différente.

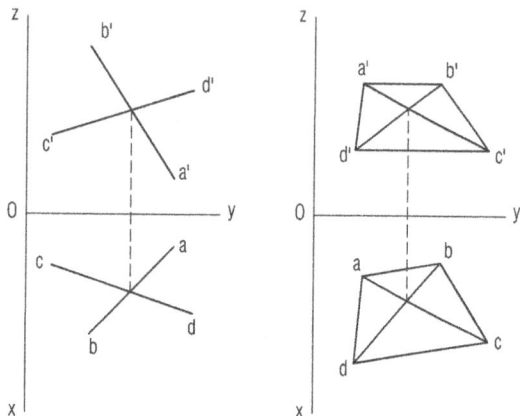

fig. 51 droites concourantes et surface plane

7.6.5 VRAIE GRANDEUR D'UN SEGMENT

7.6.5.1 Par rabattement

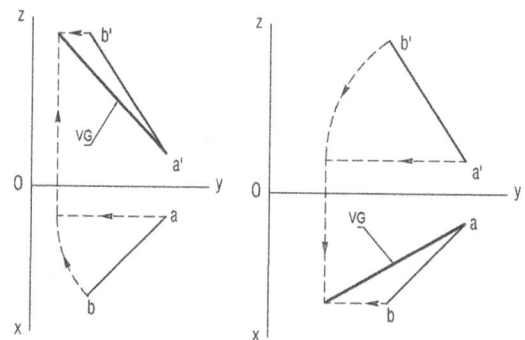

fig. 52 rabattement sur le plan frontal et sur le plan horizontal

7.6.5.2 Par changement de plan

La ligne de terre devient parallèle à la projection horizontale du segment AB. Les cotes ne changent pas.

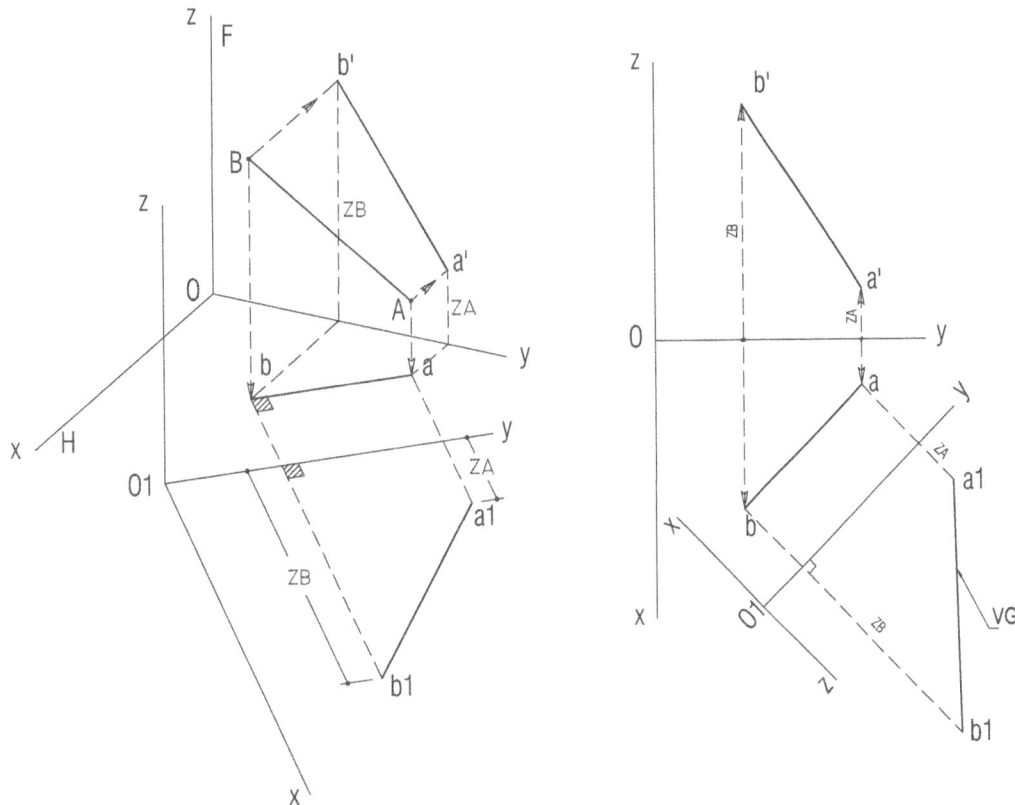

La ligne de terre devient parallèle à la projection frontale du segment AB. Les éloignements ne changent pas.

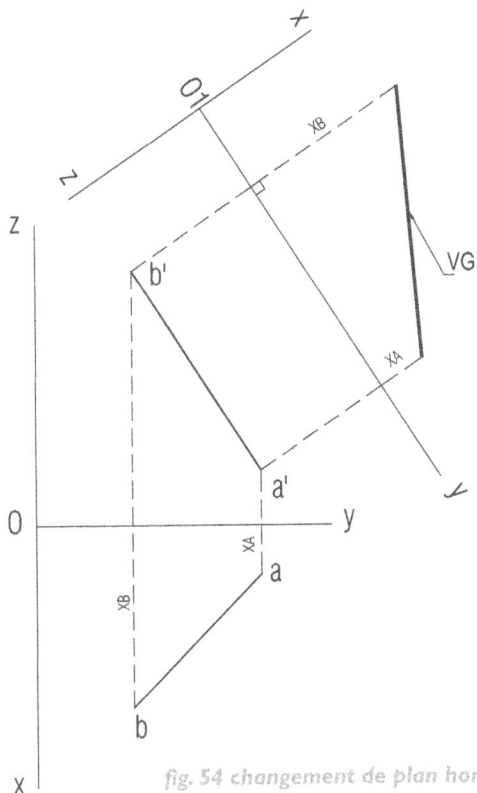

7.6.6 VRAIE GRANDEUR D'UNE SURFACE

7.6.6.1 Par rabattement

Comme pour les droites, certains plans sont remarquables. La croupe est un plan de bout, il est perpendiculaire au plan frontal. Sa projection sur le plan frontal est un segment (ligne de plus grande pente).

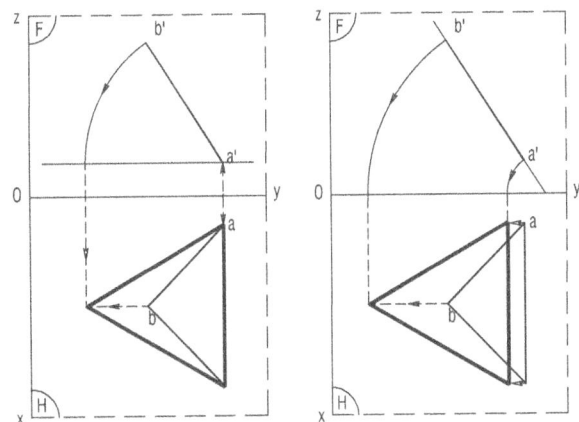

7.6.6.2 Par changement de plan

Comme le plan est défini par 3 points ou 2 segments, il suffit de répéter la méthode présentée au § 9.1.4.6.

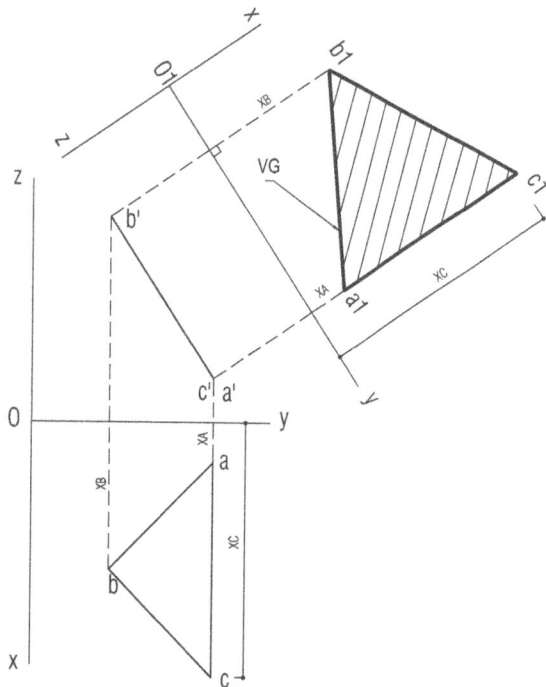

fig. 56 changement de plan horizontal

7.7 Avant-métré de couverture

fig. 57 couverture en tuiles plates avec génoise

7.7.1 INTRODUCTION

Il est limité aux linéaires et surfaces de la couverture sans libellé détaillé ni ouvrages élémentaires spécifiques aux matériaux utilisés (ardoises, tuiles…). Comme les valeurs ont été obtenues graphiquement dans les § précédents, elles seront calculées dans cette partie.

7.7.2 LISTE DES OUVRAGES ÉLÉMENTAIRES

Plain carré et lucarnes sont différenciés car mettre en œuvre une fois 200 m^2 de tuile ou 20 fois 10 m^2 de tuile ne représente pas le même travail et n'aboutit pas au même prix de vente

Code	Désignation	U
1	Plain carré	
1- 1	Surface	m^2
1- 2	Faîtage	m
1- 3	Arêtiers	m
1- 4	Rives d'égout	m
2	Lucarnes	
2- 1	Surface	m^2
2- 2	Jouées (ou bardage)	m^2
2- 3	Faîtage	m
2- 4	Arêtiers	m
2- 5	Noulets	m
2- 6	Rives d'égout	m
3	Outeau	u

7.7.3 PLAIN CARRÉ

Technique du métré : au m^2 réellement mise en œuvre, les ventilations, ouvrages élémentaires de moins de 0.20 m^2 non déduits.

La surface est calculée en plan puis multipliée par le coefficient de pente $\dfrac{1}{\cos 56.31°} = 1.803$ (voir fig. 21, p. 167).

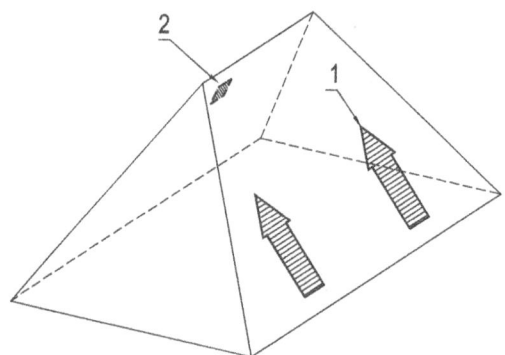

fig. 58 surfaces réelles

La surface en plan est un rectangle auquel il faut déduire :

1. la surface des lucarnes en plan (les options d'intersection 1, 2, ou 3 n'ont pratiquement aucune incidence sur le résultat final)

2. la surface de la souche en plan (omis dans la pratique)

REMARQUE : la surface des outeaux est négligée.

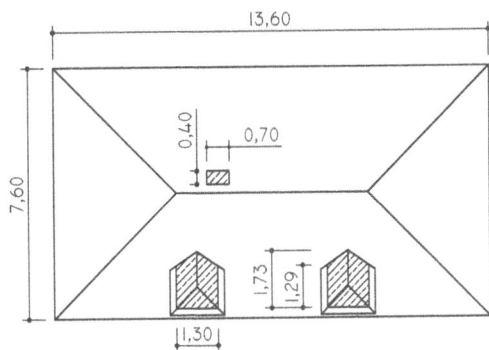

fig. 59 surfaces en plan des lucarnes

<u>REMARQUES</u> :

1. La surface de l'emprise des lucarnes sur le long pan est différente de la surface des lucarnes sur le plan de la couverture (recouvrement des surfaces dues au débord de toit des lucarnes).

2. Dans le cas d'une fenêtre de toit, la surface à déduire ne doit pas être multipliée par le coefficient de pente car les cotes indiquées sont des cotes nominales, qui représentent déjà les cotes réelles.

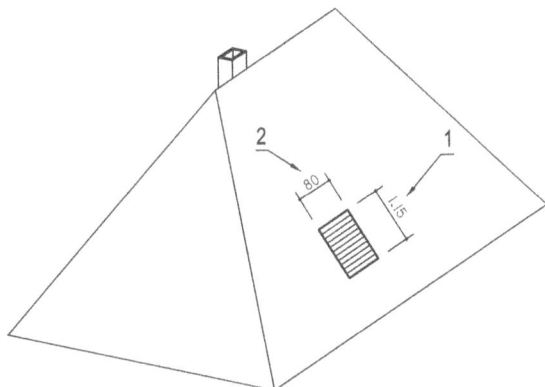

fig. 60 cotes nominales d'une fenêtre de toit

1 : hauteur nominale. **2** : largeur nominale

d'où la surface à déduire : 0.80 × 1.15

Code	Désignation	U	Qté
1	Plain carré		
1- 1	Surface		
	Rectangle 13.60x7.60=103.36		
	déduire		
	Lucarnes		
	(1.73+1.29)*1.30/2=1.96		
	2 fois 3.93		
	souche		
	0.70x0.40=0.28		
	Ensemble à déduire 4.21		
	Reste 99.15		
	× par le coef. de pente 1.803	m²	178.75
1- 2	Faîtage		
	13.60-7.60	m	6.00
1- 3	Arêtiers		
	Linéaire $\sqrt{3.80^2 + 6.85^2}$ = 7.83		
	4 fois	m	31.34
1- 4	Rives d'égout		
	Linéaire 2f (13.60+7.60)	m	42.40

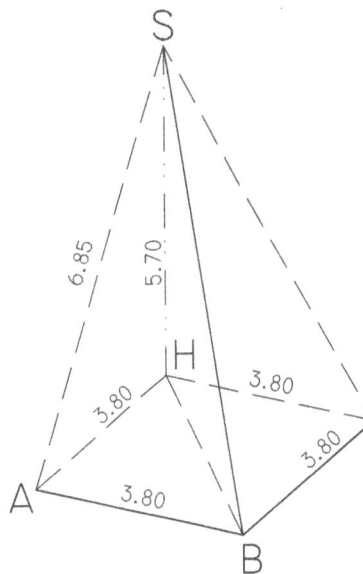

fig. 61 calcul de l'arêtier SB

SB est l'hypoténuse :

du triangle rectangle SAB d'où

$$SB = \sqrt{3.80^2 + 6.85^2} = 7.83 \text{ m}$$

ou du triangle rectangle SHB, d'où

$$SB = \sqrt{(3.80\sqrt{2})^2 + 5.70^2} = 7.83 \text{ m}$$

<u>REMARQUE</u> : le linéaire de l'arêtier ne doit pas être calculé avec le coefficient de pente. Puisqu'il est plus long (en plan) que la ligne de plus grande pente pour une hauteur identique, sa pente est plus faible (sinon la LGP porterait mal son nom).

7.7.4 LUCARNES

La pente est de 100 % (ou 45°), ce qui correspond à la diagonale du carré.

Le coefficient de pente est égal à $\sqrt{2}$ = 1.414, $\dfrac{1}{\cos 45°}$

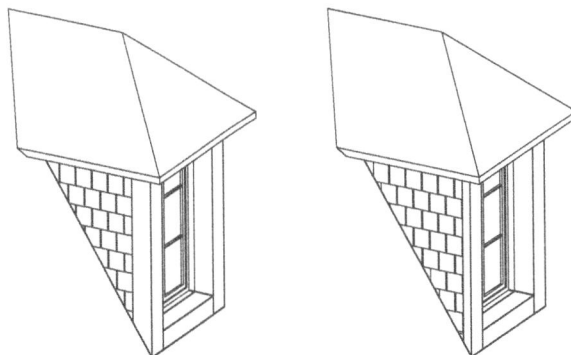

fig. 62 habillage des jouées

La section du poteau et la technique d'avant toit modifient sensiblement la quantité à mettre en œuvre.

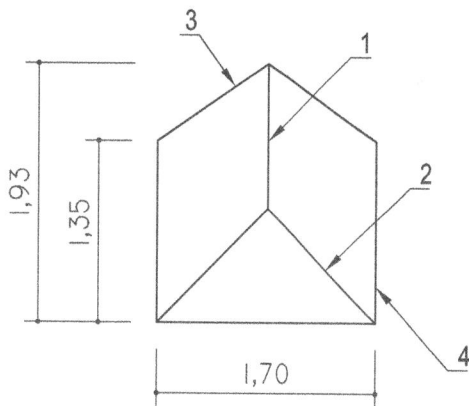

fig. 63 linéaires pour couverture de lucarne

1 : faîtage
2 : arêtier
3 : noulet
4 : rive d'égout

Code	Désignation	U	Qté
2	Lucarnes		
2-1	Surface		
	Lucarnes		
	(1.93+1.35)*1.70/2=2.79		
	2 fois 5.58		
	× par le coef. de pente 1.414	m²	7.89
2-2	Jouées		
	Triangles 1.20*1.80/2=1.08		
	4 fois	m²	4.32
2-3	Faîtage		
	2f (1.93-0.85)	m	1.16
2-4	Arêtiers		
	Linéaire $\sqrt{1.20^2 + 0.85^2}$ =1.47		
	4 fois	m	5.89
2-5	Noulets		
	Linéaire $\sqrt{1.03^2 + 0.85^2}$ =1.33		
	4 fois	m	5.34
2-6	Rives d'égout		
	Linéaire 2f (2×1.35+1.70)	m	8.80

REMARQUES :

- Pour les lucarnes, le linéaire des noulets est inférieur au linéaire des arêtiers car les arêtiers sont à l'intersection de plans de même pente donc à 45° en plan alors que les noulets sont à l'intersection de plans de pentes différentes.

- Les jouées sont des triangles de dimensions variant de 1.10×1.65/2=0.91 m² à 1.30×1.95/2=1.27 m² selon leur aspect.

- Ce n'est pas sur ces détails que se mesure la pertinence d'un estimatif mais plus sur les temps de mise en œuvre.... D'ailleurs, bien souvent, les lucarnes sont comptées à l'unité mais il est nécessaire de faire une analyse de sa composition pour proposer un prix de vente valable.

7.7.5 OUTEAU

Code	Désignation	U	Qté
3	Outeau	U	2

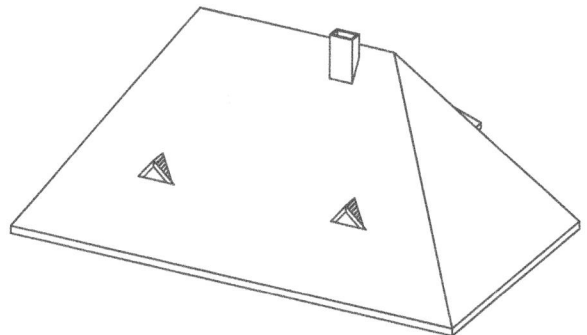

fig. 64 outeau sur façade arrière

7.8 Déterminer le coût d'utilisation d'un matériel par rapport à une unité d'œuvre

7.8.1 L'AMORTISSEMENT EN ÉTUDE DE PRIX D'UN MONTE-MATÉRIAUX

Une entreprise artisanale de couverture réalise 6 500,00 m² de couverture en moyenne par an.

Elle décide d'investir dans un monte-matériaux d'une valeur d'achat de 16 140,00 € ht.

Le mode de financement qu'elle choisit lui fait envisager une dépense globale sur 4 ans de 29 052,00 € ht.

L'entretien prévisionnel est de 500,00 € par an, avec un changement de pièces de l'ordre de 400,00 € ht par an. La consomation électrique fait partie des frais de chantier.

Il est envisagé de changer le matériel au bout de 8 ans.

Valeur déboursée sur 8 ans :

achat		29 052,00
entretien	8 ans à 500,00	4 000,00
pièces	8 ans à 400,00	3 200,00
total		**36 252,00 € ht**

Travaux envisagés sur 8 ans (production) :

8 fois 6 500,00 m²	soit	52 000 m²

« amortissement » étude de prix

36 252,00/52 000,00   0,70 € ht/m²*

7.8.2 CHOIX DE LA SOLUTION LA PLUS ÉCONOMIQUE : ACHAT OU LOCATION

La valeur de location constatée en moyenne (à la journée ou à la semaine), est de 150,00 € ht par jour. Les cahiers de chantier font apparaître la nécesité de louer le matériel 80 jours par an environ.

Soit sur 8 ans   8 fois 150,00 € 80 jours 96 000,00 € ht

pour la même production donc :   1,85 € ht/m^2 *

* Valeur à intégrer dans les DS de couverture (surface plain carré), ou dans les frais de chantier.

L'investissement par l'entreprise est la solution la plus intéressante.

7.8.3 CONCLUSION

Si cette solution est la plus intéressante dans notre cas, il ne faut pas généraliser mais étudier au cas par cas. Cela dépend principalement du temps d'utilisation du matériel. Une analyse plus fine peut être réalisée en tenant compte de l'inflation et de la part d'incidence dans les frais généraux.

THÈME 8

Intersections de surfaces de révolution, développements

ACTIVITÉS

Dessin assisté par ordinateur

Objectifs : Réaliser le plan d'un coude cylindrique et le développement d'un élément avec Autocad • Réaliser le développement d'un cône tronqué avec Autocad

Contenus : Coude cylindrique à 4 éléments, développement d'un élément • Chronologie de l'exécution du coude et du développement • Principe des intersections et développements : Plan et cylindre. Plan et cône. Cylindres et cylindres de même diamètre et de diamètres différents. Plan et cône. Cylindre et cône

8.1 Coude cylindrique à 4 éléments, développement d'un élément

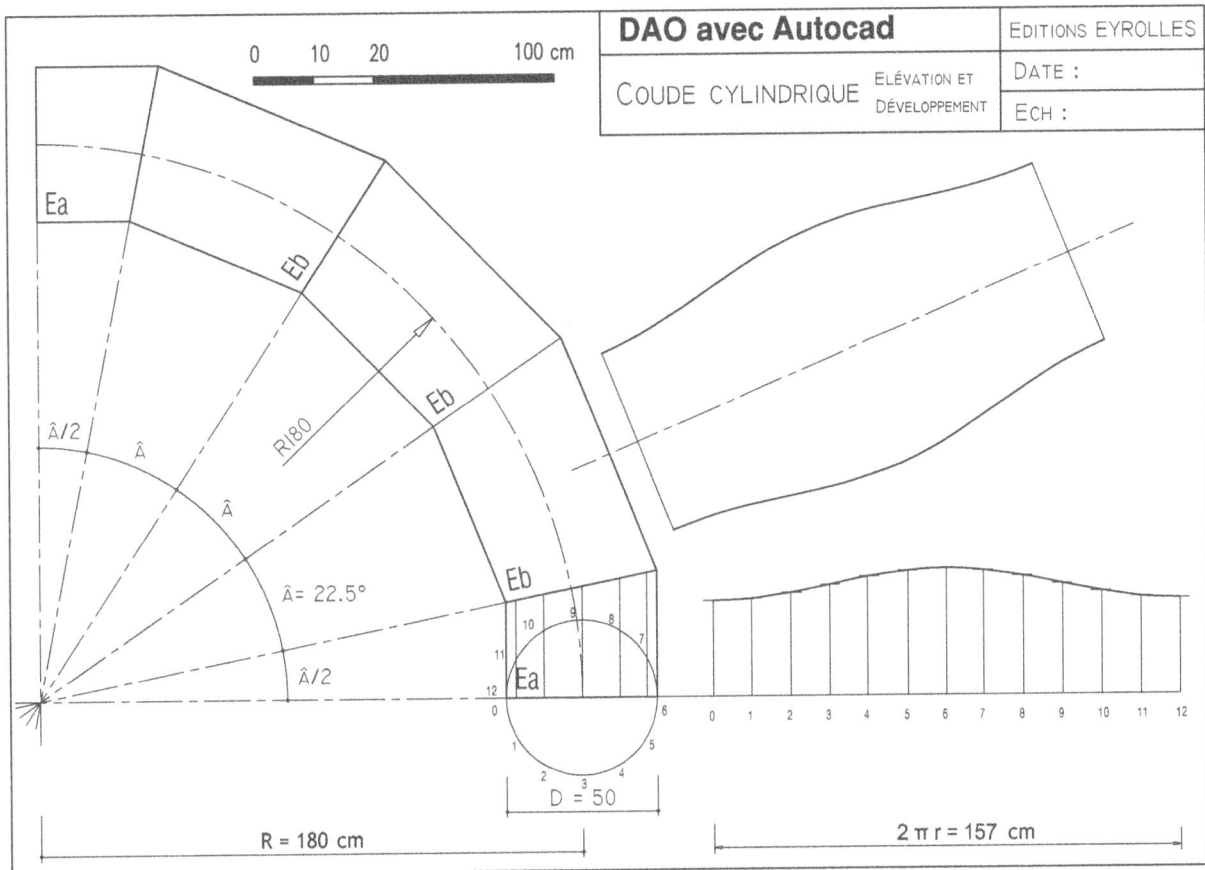

DAO avec Autocad		EDITIONS EYROLLES
COUDE CYLINDRIQUE	ÉLÉVATION ET DÉVELOPPEMENT	DATE :
		ECH :

Éléments visibles sur le dessin : Ea, Eb, Â/2, Â, Â = 22.5°, R180, D = 50, R = 180 cm, 2 π r = 157 cm

fig. 1 Dessin à réaliser

8.2 Chronologie d'exécution du tracé d'un coude et de son développement avec Autocad

8.2.1 INTRODUCTION

OBJECTIFS :

▶ Tracer le coude en élévation

▶ Tracer le développement d'un élément

8.2.1.1 Caractéristiques du coude cylindrique

Le coude cylindrique, pour un raccordement à 90° de 2 tuyaux de même diamètre, est composé de 4 éléments (3 entiers et 2 1/2 aux extrémités).

Diamètre du tuyau : 50

Rayon de courbure : 180

8.2.1.2 Fichier téléchargeable

coude.dwg à l'adresse internet : www.editions-eyrolles.com, incluant les types de lignes de la figure, un style de texte et les calques :

– Axe
– Cotation
– Élévation
– Esquisse
– Génératrices
– Lignes de rappel
– Texte

Les dimensions sont exprimées en cm.

8.2.2 LES ÉTAPES DE LA REPRÉSENTATION

- Tracé du coude en élévation : lignes de base, rotation avec répétition (fonction réseau polaire), raccordements
- Développement d'un élément cylindrique
- Impression du dessin

8.2.3 TRACÉ DU COUDE

8.2.3.1 Lignes de base

Dans le calque : « Axe » (ortho actif F8) :

I ⬚ Ligne 1er point quelconque

2 2e point : déplacement horizontal de la souris et distance 180 ↵

3 déplacement vertical de la souris et distance 25 ↵ ↵ (2 fois ou la touche « Echap » pour terminer la commande)

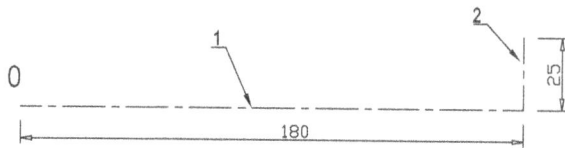

fig. 2 rayon du coude et axe du Ier cylindre

8.2.3.2 Génératrices

Dans le calque : « Génératrices »

4 ☁ Décaler : 25 ↵, sélection ligne (2), clic point quelconque à gauche de cette ligne ⟹ ligne (3),

5 sélection ligne (2), clic point quelconque à droite de la ligne (2) ⟹ ligne (4), ↵, pour terminer la représentation des génératrices du cylindre de 25 de rayon.

6 Sélection des lignes (3) et (4), et dans la zone de liste du contrôle des calques, choisir le calque « Génératrices » pour affecter les lignes 3 et 4 à ce calque.

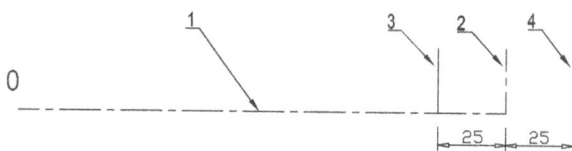

fig. 3 axe et génératrices du Ier cylindre

7 ⊞ réseau ou menu « modification, réseau », et dans la fenêtre :

– choix : réseau polaire

– centre : sur le bouton « choisir le point central », clic sur le point O pour indiquer le centre de rotation

– méthode : nombre total d'éléments et angle à décrire

– nombre : 5 (compris l'élément initial)

– angle : 22.5 (soit 90°/4)

– choix des objets : sélection des lignes 1, 2, 3, 4 puis ↵ pour le retour à la fenêtre

– aperçu : pour accepter ou modifier

REMARQUE : case « faire pivoter les éléments » cochée.

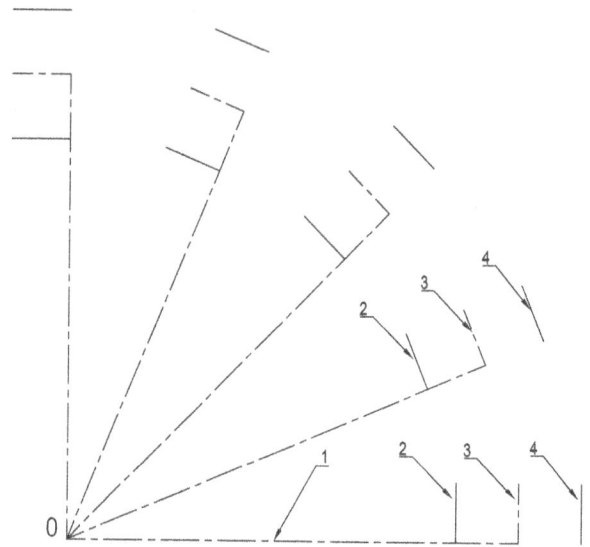

fig. 4 rotation avec répétition des lignes de base

8.2.3.3 Raccordements

I ⌐ Raccord : r ↵, 0 ↵ en cliquant 2 à 2 les extrémités des segments repérés (2) puis (3) et (4) pour obtenir le point de concours des génératrices

REMARQUE : (barre d'espace ou ↵ pour rappeler la fonction, r ↵, 0 ↵ ne sont plus utiles puisque définis par défaut).

2 ⬚ Ligne (ortho inactif et calage F3 actif) des extrémités des lignes (1) à (3) pour obtenir les lignes (4), lignes d'intersection et d'assemblage des éléments

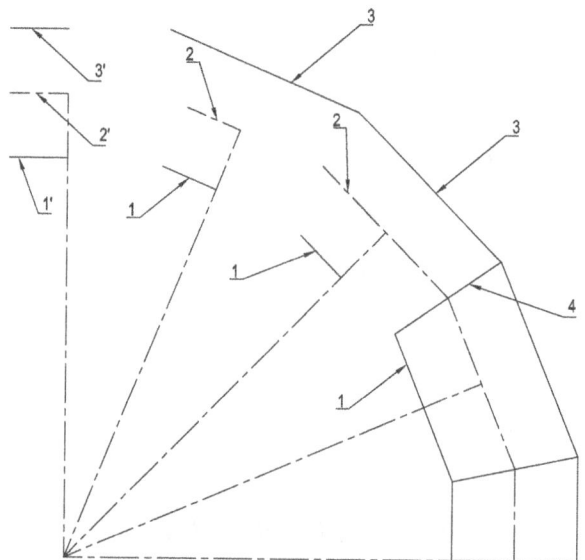

fig. 5 repères des lignes en cours de raccordement

Les segments I', 2', 3', doivent être ajustés sur un segment vertical pour terminer le 2e élément Ea du coude.

Une solution parmi plusieurs :

3 ⌐ raccord, r↵, 0↵, clic en 3', clic en 4'.

4 ✏ ajuster, 🖱 droit endroit quelconque (ou sur 4', ↵) 🖱 gauche en 1' et 2'

5 ✏ ligne verticale pour terminer le coude

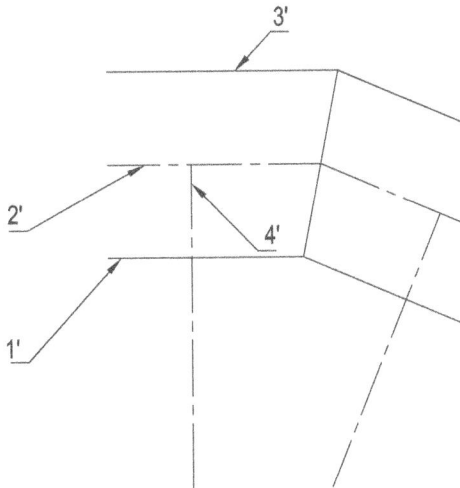

fig. 6 segments 3' et 4' à raccorder, 1' et 2' à ajuster pour représenter l'élément Ea

<u>REMARQUES</u> :

- Dans cette méthode, il faut effectuer tous les ajustements mais la commande réseau trace toutes les portions d'éléments en une fois. Une autre solution consiste à utiliser la commande réseau pour un élément, à les ajuster pour obtenir un élément Eb puis à reprendre la commande réseau pour obtenir les autres éléments Eb.

- Le 2e élément Ea peut être obtenu par symétrie du 1e élément Ea par rapport à l'axe à 45°.

- La commande réseau peut être remplacée par des symétries successives. Le nombre de manipulations sont sensiblement équivalentes dans les 3 cas.

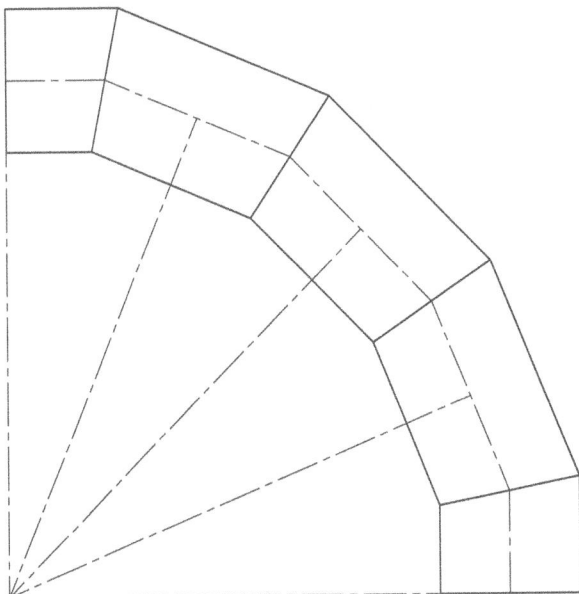

fig. 7 résultat final

8.2.4 TRACÉ DU DÉVELOPPEMENT DU 1er 1/2 ÉLÉMENT

8.2.4.1 Rabattement du cercle et développement

1 ⊙ Cercle de centre O et de rayon : calage sur le point A.

La longueur du rectangle (représentation du cylindre développé) est donnée par la circonférence du cercle.

2 🖱 gauche sur le cercle puis 🖱 droit, choisir « propriétés » dans le menu contextuel qui ouvre la fenêtre des propriétés de l'objet sélectionné avec en particulier la circonférence : 157.08 unités de dessin (soit $2\pi R$, $2\pi \times 25$ ou πD, $\pi \times 50$)

3 ✏ Ligne (ortho et calage actifs) 1er point A, 2e point : déplacement horizontal de la souris et distance 157.08 ↵ ↵

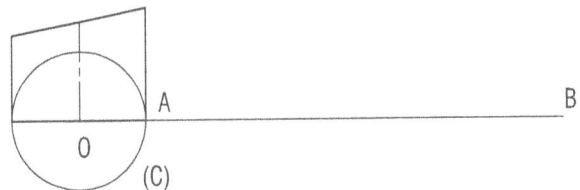

fig. 8 cercle rabattu (C) puis développé de la circonférence : segment AB

4 ✛ déplacer, sélection du segment AB ↵, et 2 points quelconques sur une horizontale afin de séparer le segment AB du cercle rabattu pour une meilleure lisibilité mais ce n'est pas indispensable.

8.2.4.2 Division de la circonférence et du segment en 12 parties

5 ✐_n divide ou menu « dessin, point, diviser » avec :
- choix de l'objet : sélection du cercle
- nombre de segments : 12

6 répéter la fonction pour le segment AB

<u>REMARQUES</u> :

La taille et la symbolisation des points peuvent être modifiés dans le menu « Format, Style des points » pour une visibilité adaptée à la taille du dessin.

Repérer ces points, commande **A** ou **A**, par un nombre sur la circonférence et sur le segment pour faciliter la correspondance des longueurs des génératrices entre la circonférence et le développement.

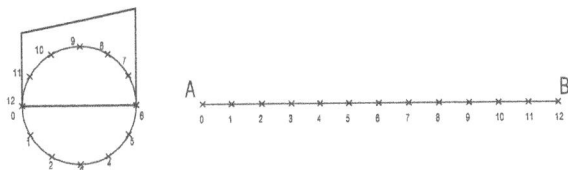

fig. 9 repérage des points de division

8.2.4.3 Tracé des génératrices

Dans le calque : « Lignes_de_rappel »

1 ![icon] ligne verticale, 1ᵉʳ point A, longueur quelconque ↵ (mais > à la plus longue des génératrices)

2 ![icon] réseau ou menu « modification, réseau », et dans la fenêtre :

   – choix : réseau rectangulaire

   – choix des objets : sélection de la génératrice issue de A ↵ pour le retour à la fenêtre

   – rangée : 1

   – colonne : 13 (une à chaque extrémité)

   – décalage rangée et colonne : bouton pour accéder à un dessin et sélectionner 2 points successifs appartenant au segment AB (points 0 et 1 par exemple)

   – angle : 0

   – aperçu : pour accepter ou modifier

3 ![icon] Copier, sélection de la génératrice issue de A ↵, m (comme multiple dans la fenêtre des commandes) ↵, du point A aux points 7, 8, 9, 10,11 du cercle rabattu ↵.

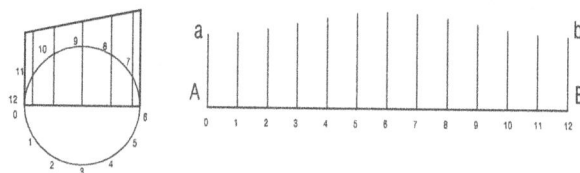

fig. 10 report des génératrices sur le segment et sur le cercle

8.2.4.4 Report des longueurs des génératrices

Le report des longueurs des génératrices du cylindre tronqué vers le cylindre développé peut se faire de 3 manières :

Méthode 1 : Soit par copie des génératrices du cylindre tronqué vers le cylindre développé

1 ![icon] ajuster, droit endroit quelconque, gauche en partie supérieure des génératrices

2 prolonger, droit endroit quelconque, gauche en partie inférieure des génératrices

3 ![icon] Copier, (calage actif), génératrice 0↵, 1ᵉʳ point : 0 du cercle, 2ᵉ point : 0 du segment AB.

4 Même procédure jusqu'au 6ᵉ segment puis faire une symétrie (![icon] miroir), sélection des génératrices de 0 à 5↵, 2 points de la génératric 6, ↵

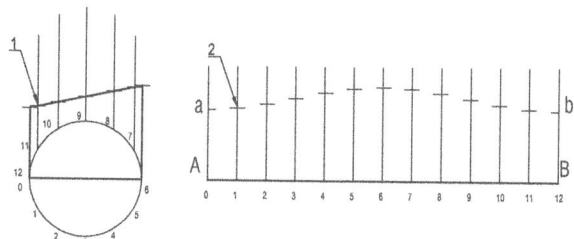

fig. 11 ajustement, prolongement et copie des génératrices

Méthode 2 : Soit par des lignes de rappel entre les 2 figures

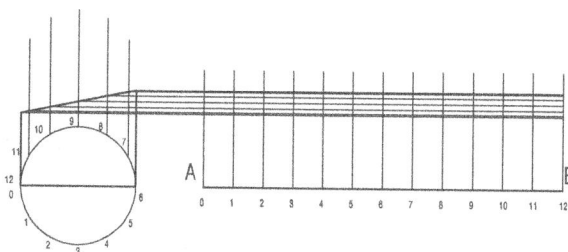

fig. 12 lignes de rappel continues (peu lisible)

Méthode 3 : Soit par des petits segments (1) tracés sur le cylindre tronqué puis copiés vers le cylindre développé (2)

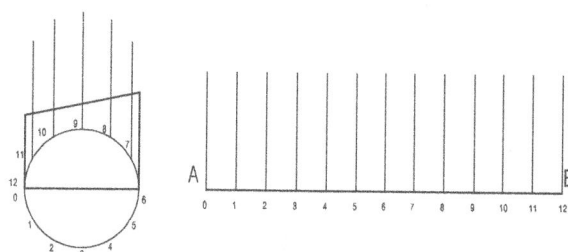

fig. 13 report du longueur des génératrices et tracé de la courbe

8.2.4.5 Tracé de la courbe

1 ![icon] spline du point a, jusqu'au point b, en passant par tous les points intermédiaires et ↵ ↵ ↵ sur le point b pour terminer la courbe.

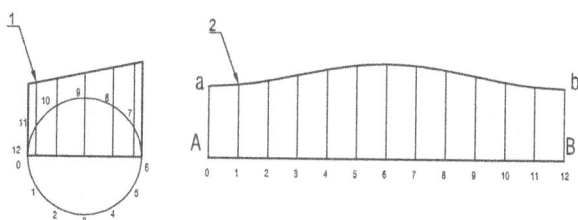

fig. 14 cylindre tronqué et cylindre développé

Le développement d'un élément complet s'obtient par symétrie du 1/2 élément par rapport à AB.

<u>REMARQUE</u> : le développement est souvent prolongé par une languette coté Aa ou Bb afin d'assembler les génératrices 0 et 12.

8.2.5 IMPRESSION

Elle est possible :

- sur un A4 horizontal à l'échelle 1/20e (1 cm sur le papier représente 20 unités de dessin soit 20 cm) ;
- sur un A3 horizontal à l'échelle 1/10e (1 mm sur le papier représente 10 unités de dessin soit 10 cm).

Option 1 : espace **objet** en dessinant un cadre

Comme les dimensions du dessin ne changent pas, il faut adapter la taille du papier pour une impression directe.

Dimensions du cadre :

Sur format A4 (297 mm par 210 mm), la surface utile est de 277 mm par 190 mm (cadre à 10 mm du bord de la feuille). À l'échelle 1/20e, ses dimensions dans l'espace objet (transposition en dimensions réelles) deviennent :

$277 \times 20 = 5\,540$ mm soit 554 cm (554 unités de dessin)

$190 \times 20 = 3\,800$ mm soit 380 cm

d'où le tracer d'un rectangle :

1er sommet quelconque et 2e sommet @554,380 ↵.

Ce rectangle défini la fenêtre d'impression par calage sur ses sommets (éventuellement à déplacer avec la fonction ⊕ pour encadrer les objets à imprimer).

Sur format A3 (420 mm par 297 mm), la surface utile est de 400 mm par 277 mm.

À l'échelle 1/10e :

$400 \times 10 = 4\,000$ mm soit 400 cm

$277 \times 10 = 2\,770$ mm soit 277 cm

d'où le tracer d'un rectangle :

1er sommet quelconque et 2e sommet @400,277 ↵.

2 🖨 ou menu « fichier, imprimer »
3 Onglet « Périphérique de traçage » permet de choisir :
   Le traceur ou l'imprimante installés
   La table des styles de tracé pour les différentes épaisseurs de trait sauf si elles ont été définies lors de la création des calques
4 Onglet « Paramètres du tracé »
   Format du papier : A4, paysage, mm
   Fenêtre : clic sur 2 sommets opposés du rectangle de 554 par 380
   Échelle du tracé : personnaliser 1 mm pour 2 unités de dessin (comme l'unité est en cm, 1 mm pour 2 cm, soit 1 mm pour 20 mm = 1/20e)
   Centrer le tracé
   Aperçu total
5 OK

Option 2 : espace **papier**

Le passage à l'espace papier s'effectue en cliquant sur l'onglet situé à droite de l'onglet objet.

Apparaît un cadre horizontal ou vertical dont les propriétés sont gérées par le menu « Fichier, Mise en page » qui permet de choisir :

– Onglet : périphérique de traçage
   Le traceur ou l'imprimante installés
   La table du style de tracé (couleurs et épaisseurs des traits)

– Onglet : mise en page
   Format du papier : A4, mm
   Orientation : paysage
   Échelle : 1:1

Une fenêtre, ajustée au dessin, est automatiquement créée :

- Soit la sélectionner et la modifier avec l'option propriétés
1 ⌐ gauche sur la fenêtre pour la sélectionner
2 ⌐ droit affiche un menu contextuel où l'option « propriétés » ouvre la fenêtre des propriétés permettant les modifications :
   – dans la rubrique géométrie : hauteur 190 et largeur 277 pour un A4
   – dans la rubrique divers : échelle personnalisée 0.05 (0.05=5/100=1/20)

- Soit la sélectionner et la supprimer pour en créer une nouvelle.

▷ **POUR REDÉFINIR LA FENÊTRE**

Dans le menu « Affichage, Fenêtres, Nouvelles fenêtres » OK

0,0 ↵

277, 190 ↵ pour un A4 horizontal avec un cadre de 10 mm

Par défaut, l'échelle du dessin est calculée maximale en fonction des objets à représenter et du format de la sortie papier.

▷ **POUR INDIQUER L'ÉCHELLE PRÉCISE**

1 dans la **barre d'état**, un clic sur « papier », sans quitter l'onglet « présentation », affiche « objet ».
2 Écrire dans la fenêtre de commande :
3 ZOOM ↵
4 E ↵ (comme échelle)
5 0.05xp ↵ trace 0.05 mm pour 1 unité de dessin (1 mm) soit 0.05 mm pour 1 mm soit 5/100, soit 1/20^e
6 Dans la **barre d'état**, clic sur« objet » affiche « papier »
7 🖨 ou menu « fichier, imprimer »
8 le bouton « fenêtre » permet de définir la zone de tracé, calée sur les sommets de la fenêtre créée

<u>REMARQUE</u> : Dans l'espace papier, l'échelle est de 1 pour 1.

8.3 Plan et cylindre, intersections et développements

Exemple du coude cylindrique

8.3.1 CARACTÉRISTIQUES DU COUDE

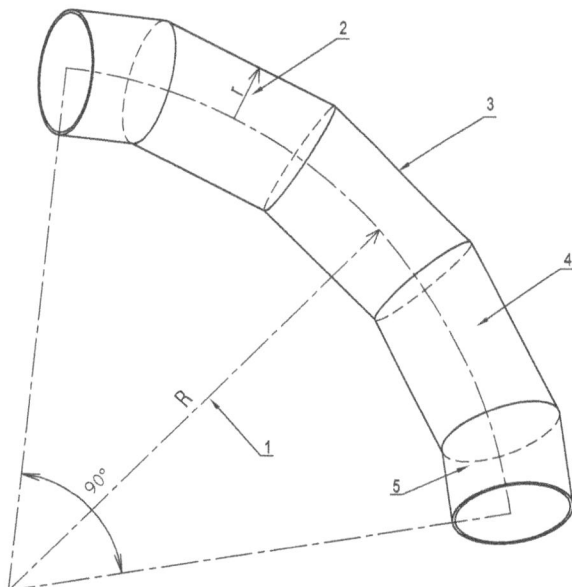

fig. 15 nomenclature

1 : rayon de raccordement R.
2 : rayon du cylindre r.
3 : génératrice du cylindre.
4 : élément du coude (3 entiers et 2 demis).
5 : plan de raccordement entre 2 éléments

REMARQUE : épaisseur cachée non représentée.

8.3.2 ÉLÉVATION DU COUDE

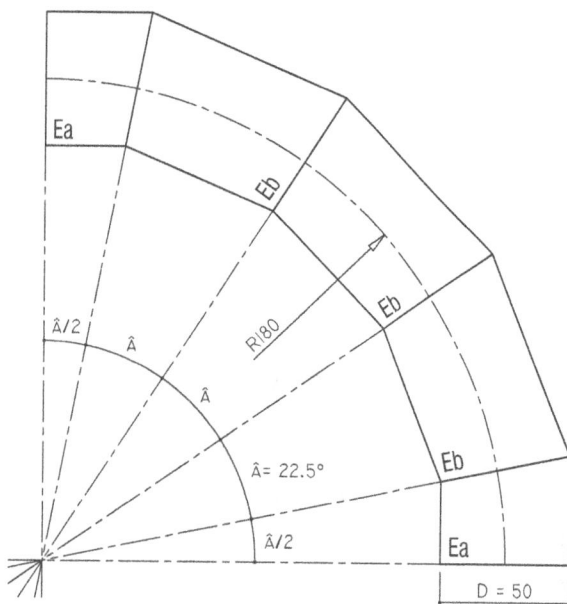

fig. 16 dessin de définition

Données : R=180, D=50, angle=90°
4 éléments complets (3 éléments Ea et 2 fois l'élément Eb qui correspond à la moitié de l'élément Ea)
Le nombre d'éléments du coude détermine l'angle entre chaque intersection.
Â = 90/4 = 22.5°
La 1re intersection est à 22.5°/2 = 11.25°

REMARQUE : les angles sont exprimés en degrés décimaux.

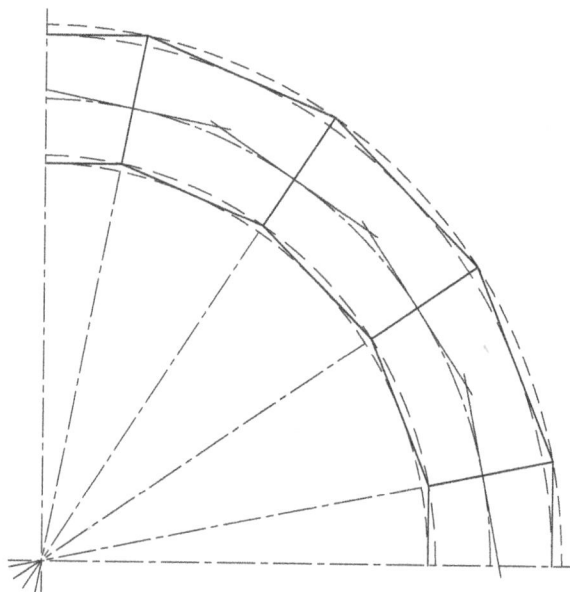

fig. 17 position des génératrices

Les génératrices sont tangentes aux cercles intérieurs. Les génératrices se coupent sur les cercles extérieurs.

8.3.3 DÉVELOPPEMENT D'UN 1/2 ÉLÉMENT Ea

Les éléments, après traçage, sont découpés dans une tôle qui est enroulée puis assemblée par soudage le long d'une génératrice. C'est pourquoi la génératrice la plus courte est choisie comme génératrice de base du développement. La procédure de développement suit le cheminement inverse de la fabrication.

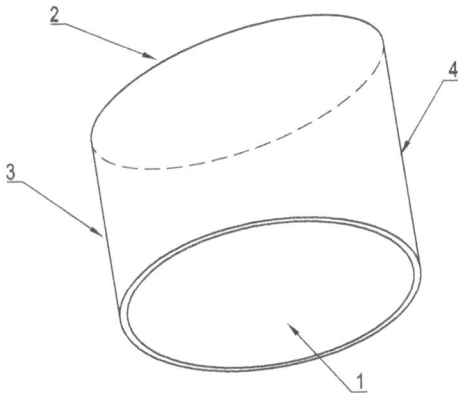

fig. 18 perspective du 1/2 élément Ea

1 : plan horizontal

2 : plan incliné à 11.25°

3 : génératrice la plus courte (repère 0 dans le développement), sert de base du développement

4 : génératrice la plus longue (repère 6 dans le développement)

Méthode de développement en 4 étapes

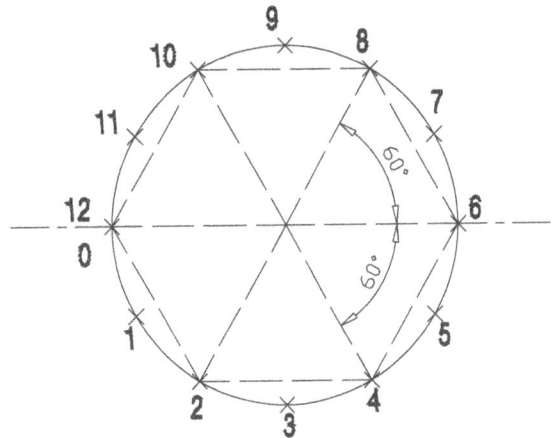

fig. 20 triangles équilatéraux : 1ʳᵉ division en 6

En règle générale, pour une raison pratique, le cercle est divisé en 12 parties égales en utilisant le rayon du cercle.

<u>EXPLICATIONS</u> :

En partant de la génératrice 0 et en conservant le rayon du cercle, la génératrice 2 est à un rayon de la génératrice 0 et ainsi de suite. Cela correspond au tracé d'un triangle équilatéral (3 côtés égaux et 3 angles égaux de 60°)

or $6 \times 60° = 360°$ le parcours de la circonférence du cercle.

La bissectrice de 60° donne 30° et $12 \times 30° = 360°$.

Pratiquement, la division du cercle en 12 parties s'effectue au compas d'ouverture le rayon du cercle.

Pour augmenter la précision du développement, il suffit d'augmenter le nombre de génératrices.

8.3.3.1 Section rabattue et division du cercle

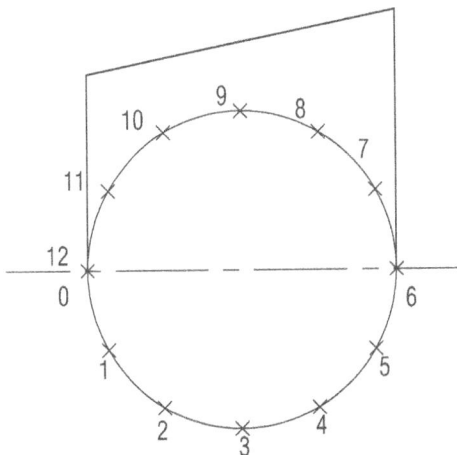

fig. 19 division de la section rabattue

Selon le rapport entre l'épaisseur de la tôle et le diamètre du cylindre, le diamètre à rabattre est le diamètre extérieur du cylindre ou le diamètre de la fibre neutre. Pour certaines épaisseurs, la tôle est chanfreinée pour la soudure.

8.3.3.2 Longueur des génératrices

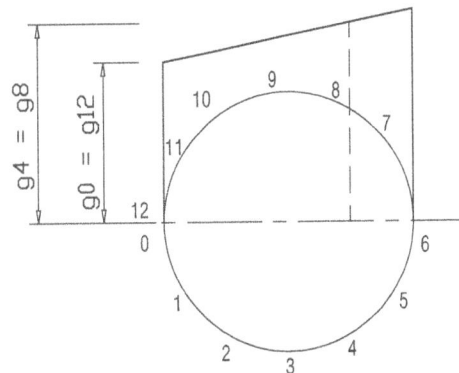

fig. 21 longueur des génératrices

La longueur des génératrices est obtenue en correspondance avec la division du cercle.

Elles sont égales 2 à 2.

Il suffit de développer la moitié de l'élément, l'autre moitié est obtenue par symétrie.

8.3.3.3 Report des génératrices

Le développement d'un cylindre est un rectangle. Une de ces dimensions correspond à la circonférence du cercle de base. Cette longueur de $2\pi r$ est divisée en 12 parties égales, comme pour la circonférence.

La longueur des génératrices, définie sur le 1er 1/2 élément Ea, est reportée sur le segment 0-12 en respectant l'ordre sur les 2 figures.

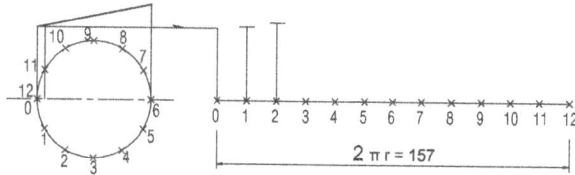

fig. 22 cercle développé et principe du report

REMARQUE : à l'atelier, la construction géométrique utilisant la propriété des triangles semblables, ou théorème de Thalès, permet la décomposition de segment 0-12 en 12 parties égales sans aucun calcul.

MÉTHODE :

Tracer un segment AB' de direction et de longueur quelconques ayant la même origine que le segment à décomposer AB.

Sur ce segment AB', reporter au compas 12 fois une longueur quelconque.

Tracer le segment qui joint les points 12 et 12'.

Les parallèles à ce segment issues des points 11', 10'… déterminent les points 11, 10…

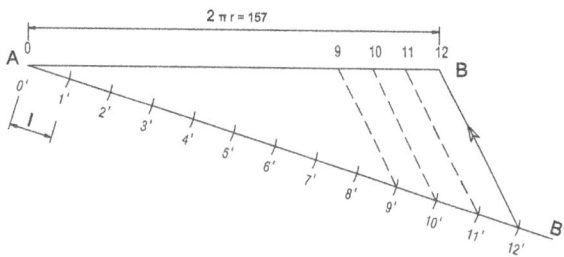

fig. 23 décomposition du segment AB en 12 parties égales

8.3.3.4 Tracé de la courbe

La courbe qui joint les sommets des génératrices délimite le développement de l'intersection.

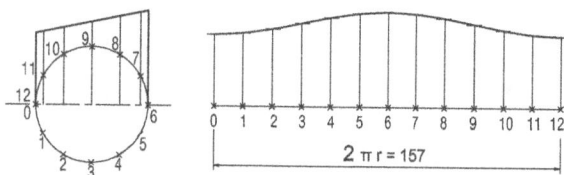

fig. 24 développé en correspondance avec la pièce

8.4 Plan et cône, intersections et développements

8.4.1 CARACTÉRISTIQUES DU CÔNE

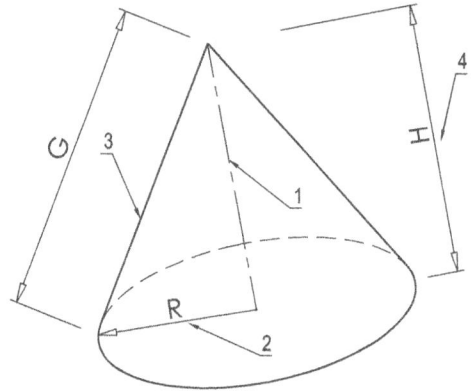

fig. 25 nomenclature du cône

1 : axe. **2** : rayon du cercle de base. **3** : génératrice. **4** : hauteur

Relation entre la génératrice, le rayon du cercle et la hauteur : théorème de Pythagore

$$G = \sqrt{H^2 + R^2}$$

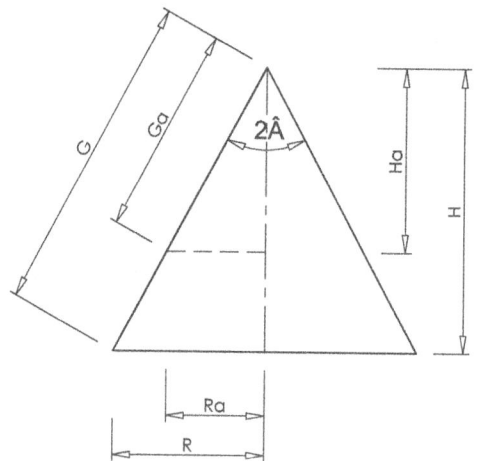

fig. 26 proportionnalités

La projection du cône sur le plan vertical est un triangle isocèle de hauteur H et de base 2R

L'angle Â est calculé à partir H et R

$$\tan\hat{A} = \frac{R}{H} \text{ d'où } \hat{A} = \tan^{-1}\left(\frac{R}{H}\right)$$

À une distance Ha du sommet, le rayon Ra est tel que :

$$\frac{Ra}{R} = \frac{Ha}{H}$$

d'où $Ra = \dfrac{Ha}{H} \times R$

Ce résultat, calculé ou obtenu graphiquement, détermine les rayons à prendre en compte lors de la recherche des intersections.

8.4.2 INTERSECTIONS DE PLAN ET DE CÔNE

8.4.2.1 Le plan est parallèle à l'axe du cône

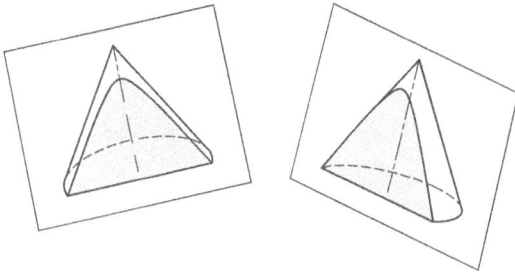

fig. 27 perspectives de l'intersection

Principe général de la recherche des points appartenant à l'intersection

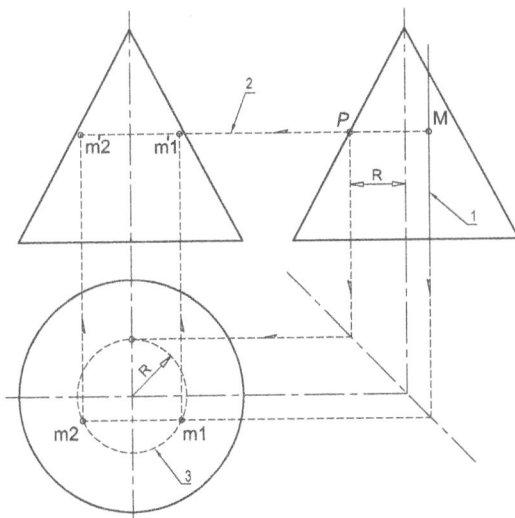

fig. 28 m'1 et m'2 appartiennent à l'intersection

Nomenclature :

1 : plan d'intersection avec le cône.

2 : plan horizontal quelconque.

3 : section circulaire du cône de rayon R définie par l'intersection de la génératrice et du plan horizontal

MÉTHODE :

Choisir un plan horizontal quelconque (2).

Sur la vue de gauche, il coupe :

le plan vertical (1) en M

la génératrice en P, définissant la section circulaire de rayon R.

Ce rayon est reporté sur la vue de dessus.

Les points cherchés appartiennent à l'intersection du plan vertical (1) et de la section circulaire (3) :

- m1 et m2 sur la vue de dessus
- m'1 et m'2 sur la vue de face

Pour tracer la courbe avec suffisamment de précision, il faut trouver d'autres points à l'aide de plans auxiliaires parallèles au plan (2), selon la même méthode.

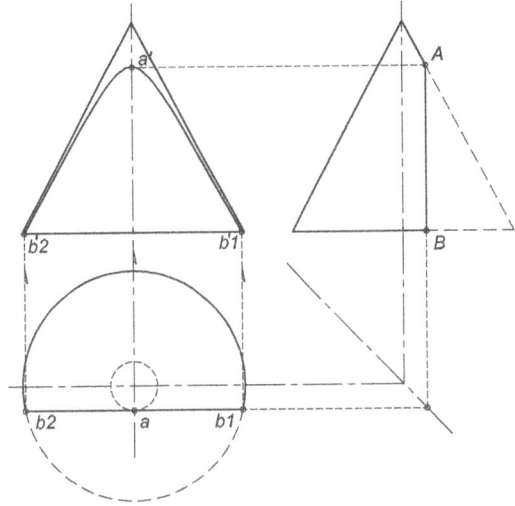

fig. 29 points remarquables et tracé de l'intersection

L'intersection est une hyperbole ayant pour asymptote les 2 génératrices du cône.

En A, sommet de l'hyperbole, la tangente à la courbe est horizontale.

En B, la section circulaire est la base du cône.

REMARQUE : la vue de gauche n'est pas indispensable, le rayon peut être trouvé sur la vue en élévation ou sur la vue de dessus, mais elle simplifie l'explication.

8.4.2.2 Le plan est parallèle à une génératrice du cône

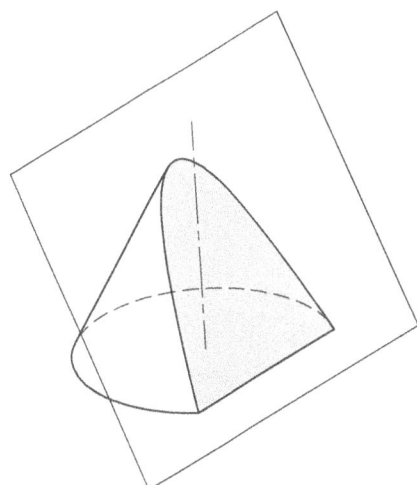

fig. 30 perspective de l'intersection

Principe général de la recherche des points appartenant à l'intersection

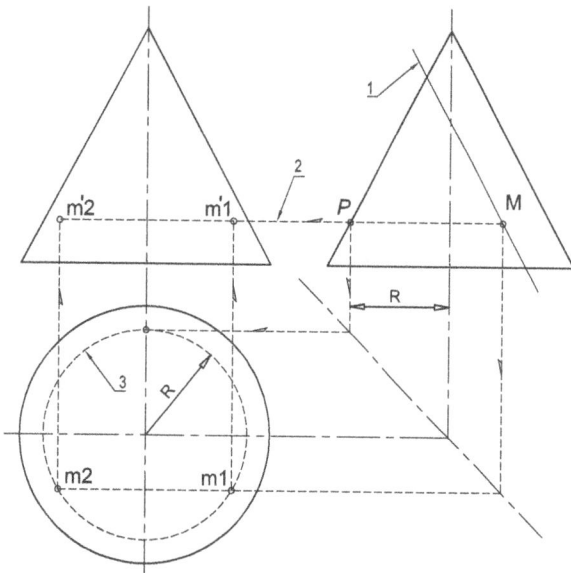

fig. 31 m'1 et m'2 appartiennent à l'intersection

Nomenclature :

1 : plan d'intersection avec le cône.

2 : plan horizontal quelconque.

3 : section circulaire du cône de rayon R définie par l'intersection de la génératrice et du plan horizontal

MÉTHODE :

Choisir un plan horizontal quelconque.

Sur la vue de gauche, il coupe :

• en M, le plan incliné repéré (1)

• en P, la génératrice, définissant la section circulaire de rayon R.

Ce rayon est reporté sur la vue de dessus.

Les points cherchés appartiennent à l'intersection du plan incliné (1) et de la section circulaire (3) :

• m1 et m2 sur la vue de dessus

• m'1 et m'2 sur la vue de face

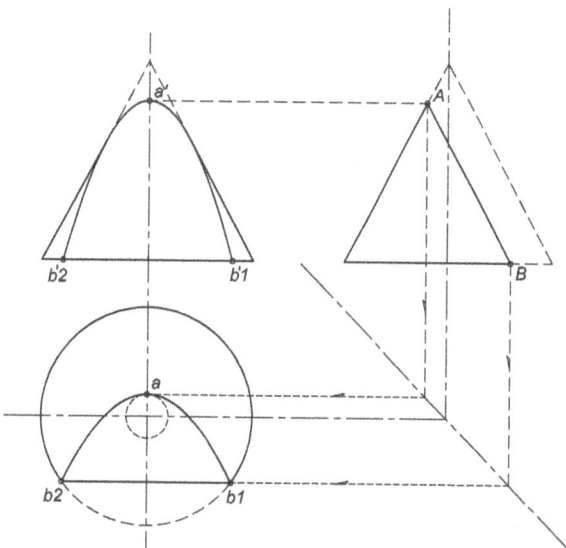

fig. 32 points remarquables et tracé de l'intersection

L'intersection est une parabole ayant pour axe de symétrie l'axe du cône.

En A, sommet de la parabole, la tangente à la courbe est horizontale.

En B, la section circulaire est la base du cône.

8.4.2.3 Le plan est quelconque mais ni parallèle à une génératrice, ni parallèle à l'axe du cône

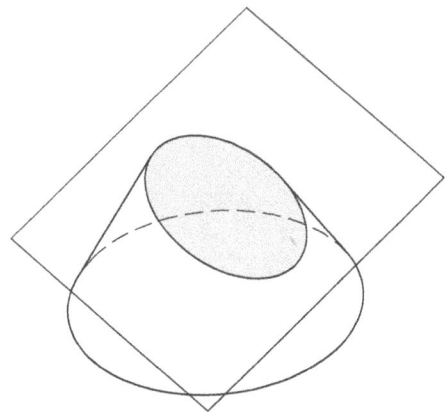

fig. 33 perspective de l'intersection

Principe général de la recherche des points appartenant à l'intersection

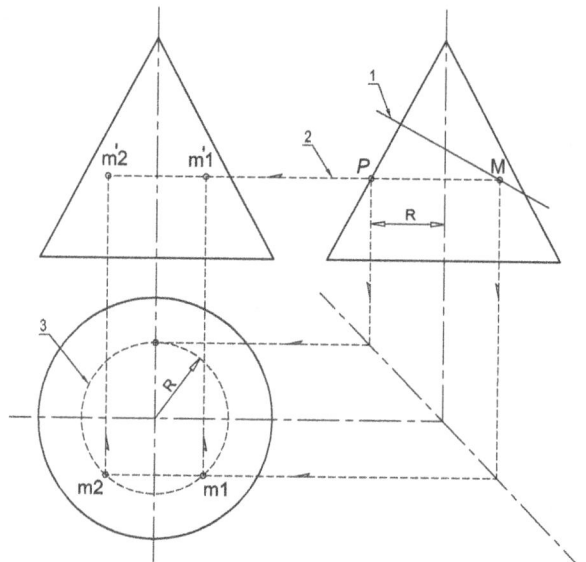

fig. 34 m'1 et m'2 appartiennent à l'intersection

Nomenclature :

1 : plan d'intersection avec le cône.

2 : plan horizontal quelconque.

3 : section circulaire du cône de rayon R définie par l'intersection de la génératrice et du plan horizontal

MÉTHODE :

Choisir un plan horizontal quelconque.

Sur la vue de gauche, il coupe :

• en M, le plan incliné (1)

• en P, la génératrice définissant la section circulaire de rayon R.

Ce rayon est reporté sur la vue de dessus.

Les points cherchés appartiennent à l'intersection du plan incliné (1) et de la section circulaire (3) :

• m1 et m2 sur la vue de dessus

• m'1 et m'2 sur la vue de face

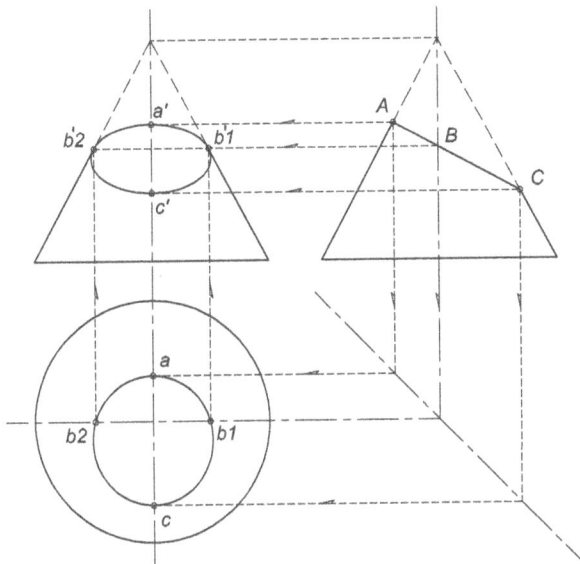

fig. 35 points remarquables et tracé de l'intersection

L'intersection est une ellipse.

8.4.3 DÉVELOPPEMENT DU CÔNE

8.4.3.1 Cône entier

Le développement est un secteur circulaire avec :

Pour rayon : la longueur de la génératrice du cône G

Pour angle : Â

La longueur de l'arc intercepté par l'angle Â (L) est égale au périmètre du cercle de base du cône.

— Périmètre du cercle de base du cône de rayon R : $2\pi R$.

— Longueur (L) de l'arc du cône développé de rayon G

pour un cercle entier : $360° \rightarrow 2\pi G$

portion de cercle d'angle : $Â \rightarrow L$

$$\frac{360°}{Â} = \frac{2\pi G}{L} \Rightarrow L = 2\pi G \, \frac{Â}{360°}$$

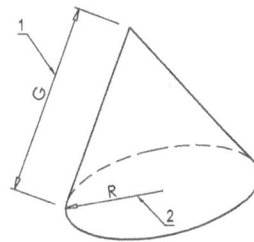

D'où l'égalité :

$$2\pi G \frac{Â}{360°} = 2\pi R$$

$$Â = \frac{2\pi R}{2\pi G} \times 360°$$

$$Â = \frac{R}{G} \times 360°$$

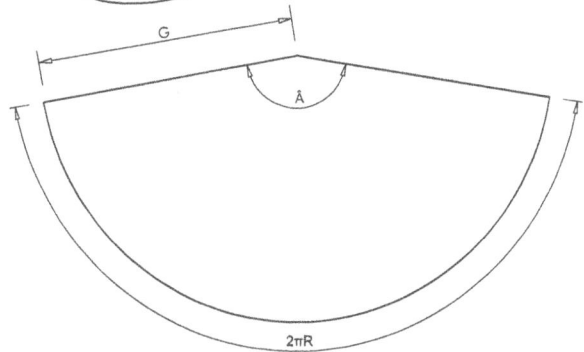

fig. 36 développement du cône

8.4.3.2 Cône tronqué

Lorsque le cône est coupé par un plan, la base du développement est conservée mais toutes les génératrices n'ont pas la même longueur et elles ne sont pas représentées en vraie grandeur sur les vues en projection.

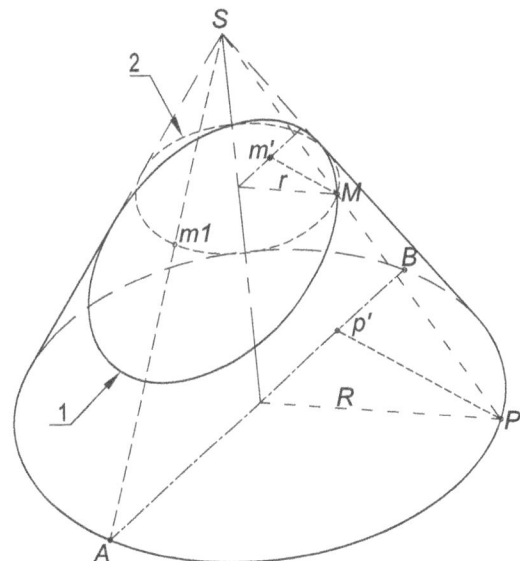

fig. 37 génératrice quelconque SP en perspective

PRINCIPE :

Le plan SAB est choisi comme plan de projection frontal ou élévation. Les points singuliers M et P sont projetés sur ce plan en m' et p'.

La génératrice quelconque SP coupe le plan incliné du cône (1) en M et la base du cône en P.

m' : projection du point M sur le plan SAB

p' : projection du point P sur le plan SAB

m1 : intersection du cercle de rayon r (2) et de la génératrice SA.

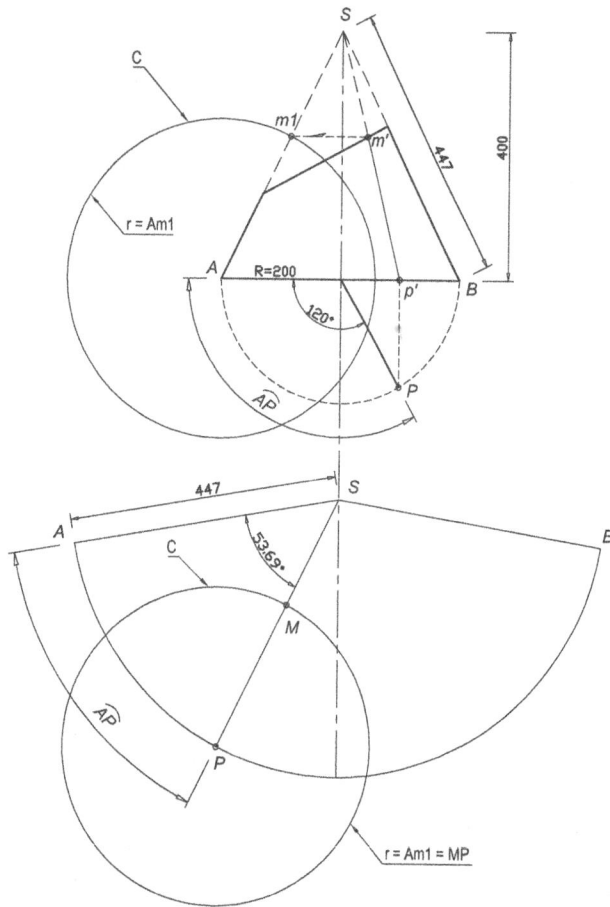

fig. 38 principe de report de la génératrice quelconque
SP sur le développement du cône

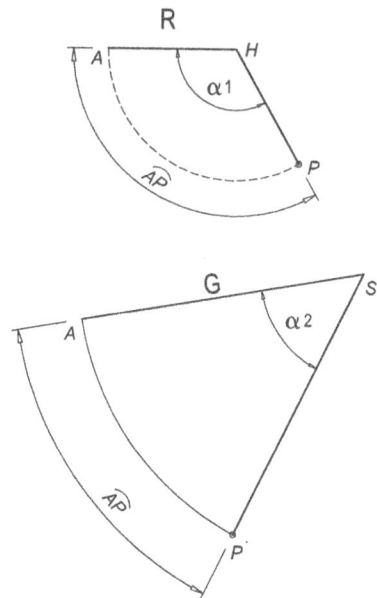

fig. 39 report des angles par le calcul

L'arc $\widehat{AP}$ est de même longueur sur les 2 secteurs

$$\widehat{AP} = 2\pi R \frac{\alpha 1}{360°} = 2\pi G \frac{\alpha 2}{360°} \text{ d'ou } \alpha 2 = \alpha 1 \frac{R}{G}$$

Seules les génératrices SA et SB sont vues en vraies grandeurs.

SA est choisie comme base du développement.

La vraie grandeur de m'p', Am1, est obtenue par projection de m' sur SA.

L'arc $\widehat{AP}$, appartenant au rabattement de la base du cône de diamètre AB, donne la position de la génératrice quelconque SP.

Cet arc $\widehat{AP}$, et non la corde, reporté sur le secteur de rayon SA positionne la génératrice SP sur le développement.

Le cercle C de rayon Am1 permet le report de la génératrice coupée MP (de longueur Am1 sur la vue en élévation) sur le développement du cône.

<u>REMARQUE</u> : le report de l'arc $\widehat{AP}$, de la vue en élévation sur le développement, n'est pas immédiat graphiquement, 2 solutions :

Soit par la mesure directe en utilisant un réglet

Soit par le calcul, la mesure (cotation) et le report des angles au centre avec un logiciel :

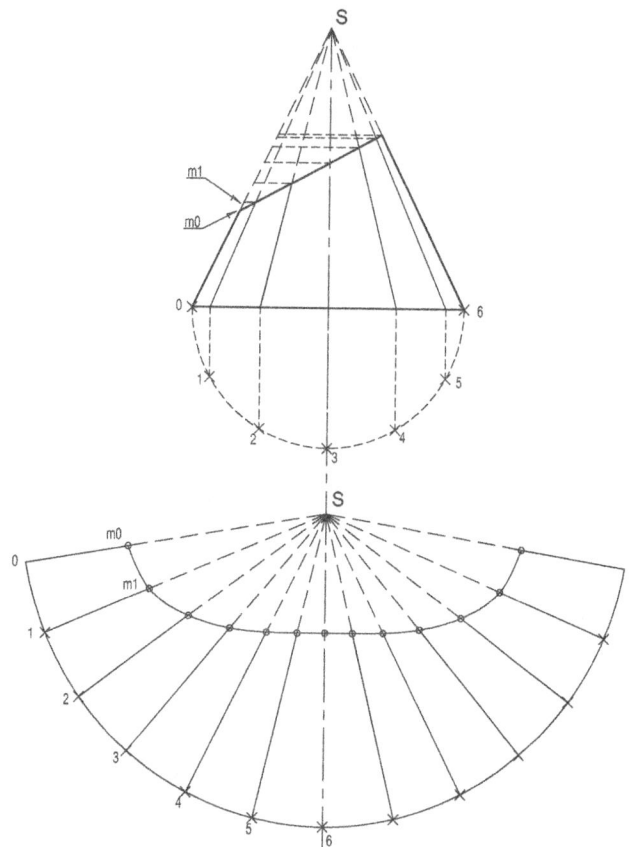

fig. 40 développement du cône tronqué

Pour le développement complet du cône, le problème du report de l'angle est supprimé.

Les génératrices sont espacées régulièrement :

- sur la vue en élévation en utilisant la section rabattue de la base du cône.
- sur le développement en divisant l'arc

Pour une raison de symétrie, la 1/2 section, divisée en 6, suffit.

Toutes les vraies grandeurs des génératrices sont obtenues par projection sur SA puis reportées sur le développement.

La courbe reliant toutes ces extrémités complète le développement.

<u>REMARQUE</u> : le report de la vraie longueur des génératrices peut s'effectuer à partir du pied ou à partir du sommet des génératrices.

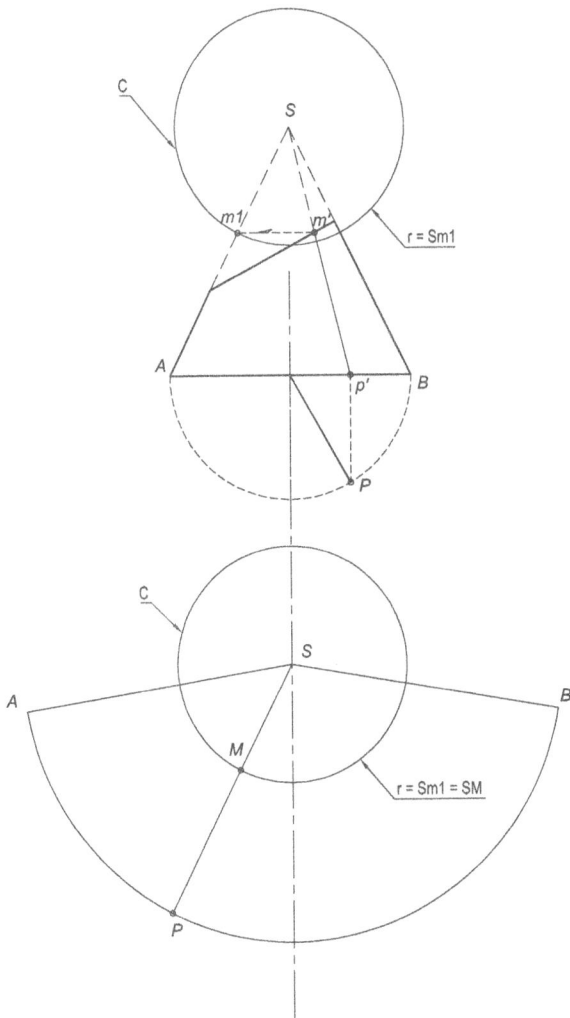

fig. 41 report à partir du sommet

8.5 Cylindres, intersections et développements

8.5.1 CYLINDRES DE MÊME DIAMÈTRE

8.5.1.1 Intersections

Principe général de la recherche des points appartenant à l'intersection

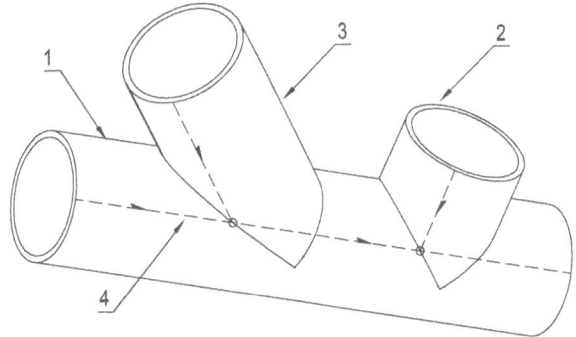

fig. 42 intersection des génératrices en perspective

1 : cylindre horizontal.
2 : cylindre vertical pour un té à 90°.
3 : cylindre incliné à 45° pour un té à 45°.
4 : génératrices

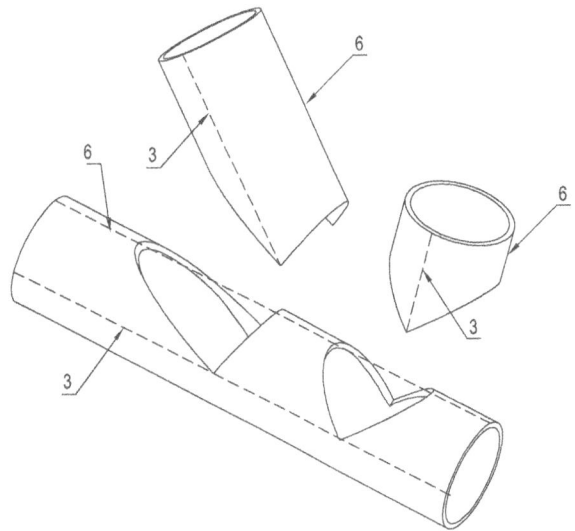

fig. 43 perspective éclatée et repérage des génératrices dans les figures suivantes

Intersection du té à 90°

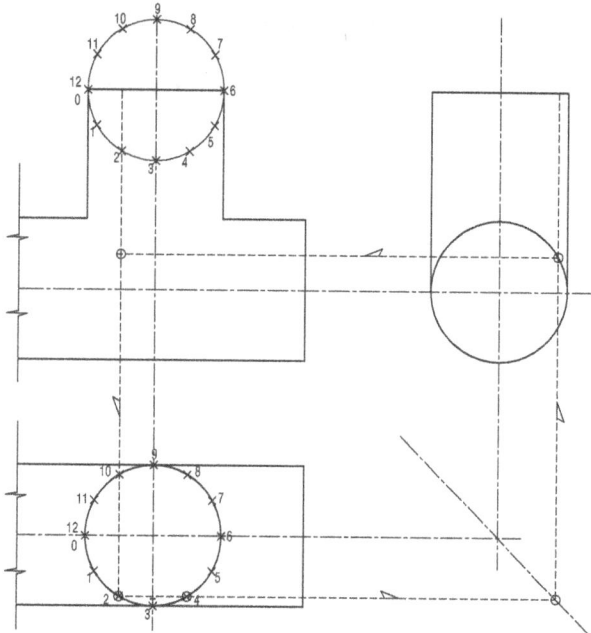

fig. 44 lignes de rappel de la génératrice 2

La section du cylindre vertical, représentée en projection sur la vue de dessus, est rabattue sur la vue en élévation.

Elle est divisée en 12 parties égales par la méthode exposée pour le coude cylindrique.

En prenant pour exemple la génératrice 2 : sa position sur la vue en élévation coupe la section sur la vue de dessus. La droite à 45° assure la correspondance avec la vue de gauche pour déterminer la longueur de cette génératrice, intersection du cercle horizontal et de la ligne de rappel. Ce point d'intersection, trouvé sur la vue de gauche est reportée sur la vue en élévation.

Il suffit de reproduire l'opération pour la génératrice 1 car les points des génératrices 4 et 6 sont obtenus par symétrie et les points des génératrices 0, 3 et 6 sont déjà marqués.

Intersection du té à 45

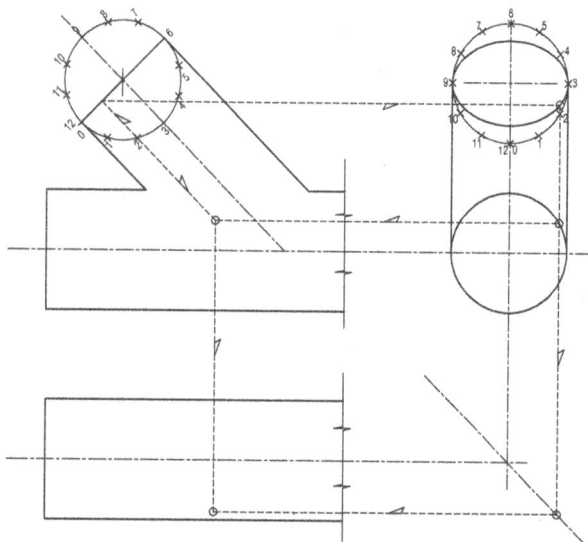

fig. 45 lignes de rappel de la génératrice 2

Les sections des cylindres sont rabattues et divisées en 12 parties égales.

Les intersections des lignes de rappel entre les différentes vues déterminent :

- L'intersection en élévation

- L'intersection en plan

- Le tracé de l'ellipse sur la vue de gauche

- Le tracé de l'ellipse sur la vue de dessus

REMARQUE : la numérotation des génératrices sur la vue en élévation et sur la vue de gauche subit une rotation provenant du rabattement du plan de projection.

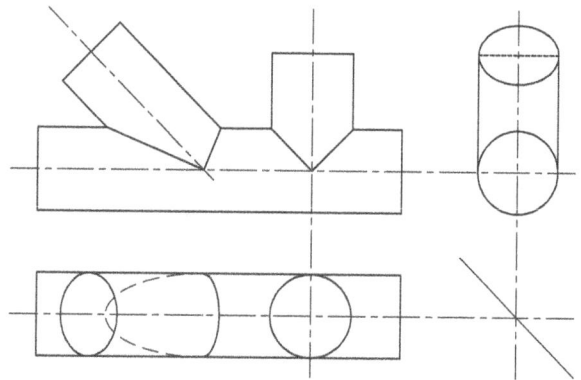

fig. 46 résultat de l'intersection des 2 tés sur les 3 vues

8.5.1.2 Développements

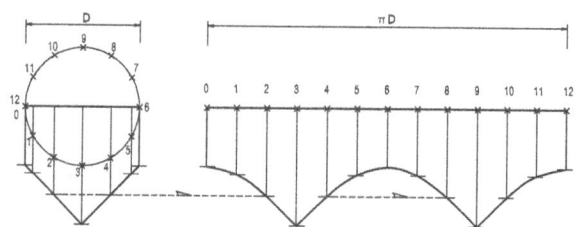

fig. 47 développement du cylindre vertical

Il suffit de reporter les génératrices 0, 1, 2, 3. Toutes les autres sont obtenues par symétrie :

- 4, 5 ,6 symétriques de 0, 1, 2 par rapport à 3

- 7, 8, 9, 10, 11, 12 symétriques de 0 à 5 par rapport à 6

liser un SCU (système de coordonnées) lié à une génératrice ou à une lignes de rappel

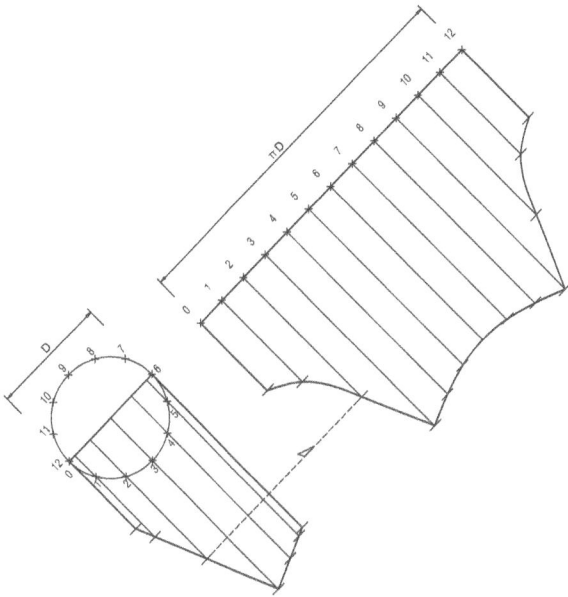

fig. 48 développement du cylindre incliné à 45°

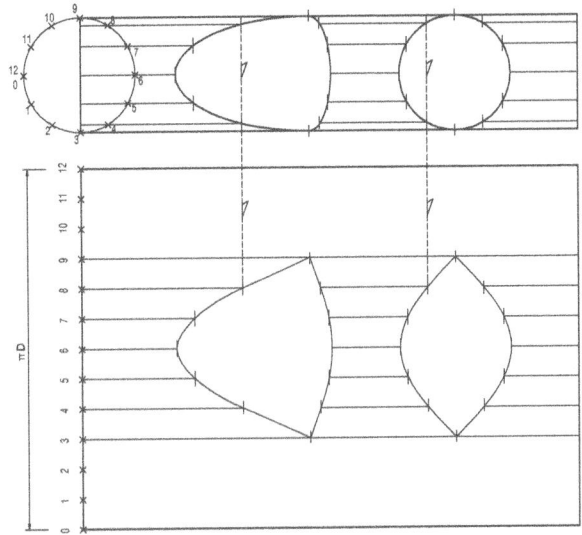

fig. 49 développement du cylindre horizontal

Principe identique au cylindre vertical mais la direction du développement est perpendiculaire à l'axe du cylindre, à 45° par rapport à l'horizontale

Les génératrices et lignes de rappel sont tracées en mode polaire pour un Té à 45°. Pour un angle quelconque, il faut uti-

Seules les génératrices 4, 5, 6, 7, 8 sont interrompues.

Les développements sont symétriques par rapport à la génératrice 6.

8.5.2 CYLINDRES DE DIAMÈTRES DIFFÉRENTS

8.5.2.1 Intersections

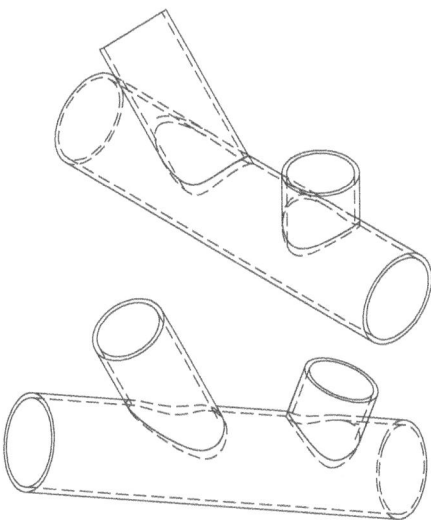

fig. 50 perspective des intersections

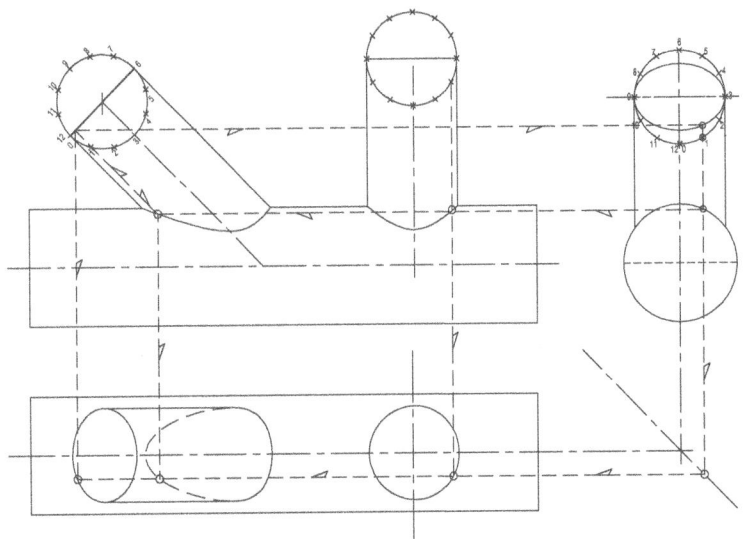

fig. 51 représentation des intersections selon 3 vues

REMARQUE : pour éviter quelques confusions, les sections rabattues du piquage à 45° et du piquage à 90° sont décalées sur la vue en élévation.

8.5.2.2 Développements

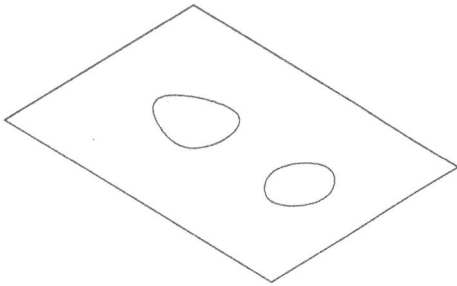

fig. 52 perspective du cylindre horizontal déplié

8.6 Cylindre et cône

8.6.1 LE CÔNE INTERCEPTE LE CYLINDRE

La génératrice MB du cylindre, à une distance Sh du sommet du cône, défini une section circulaire du cône de rayon Rm. La

reproduction de cette méthode sur les vues en projection, autant de fois que la précision le nécessite, donne l'intersection cherchée.

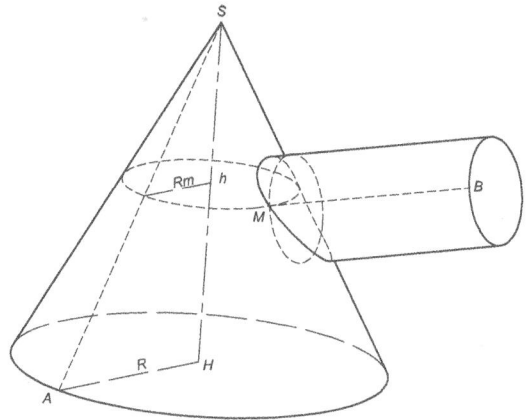

fig. 53 perspective du principe de l'intersection

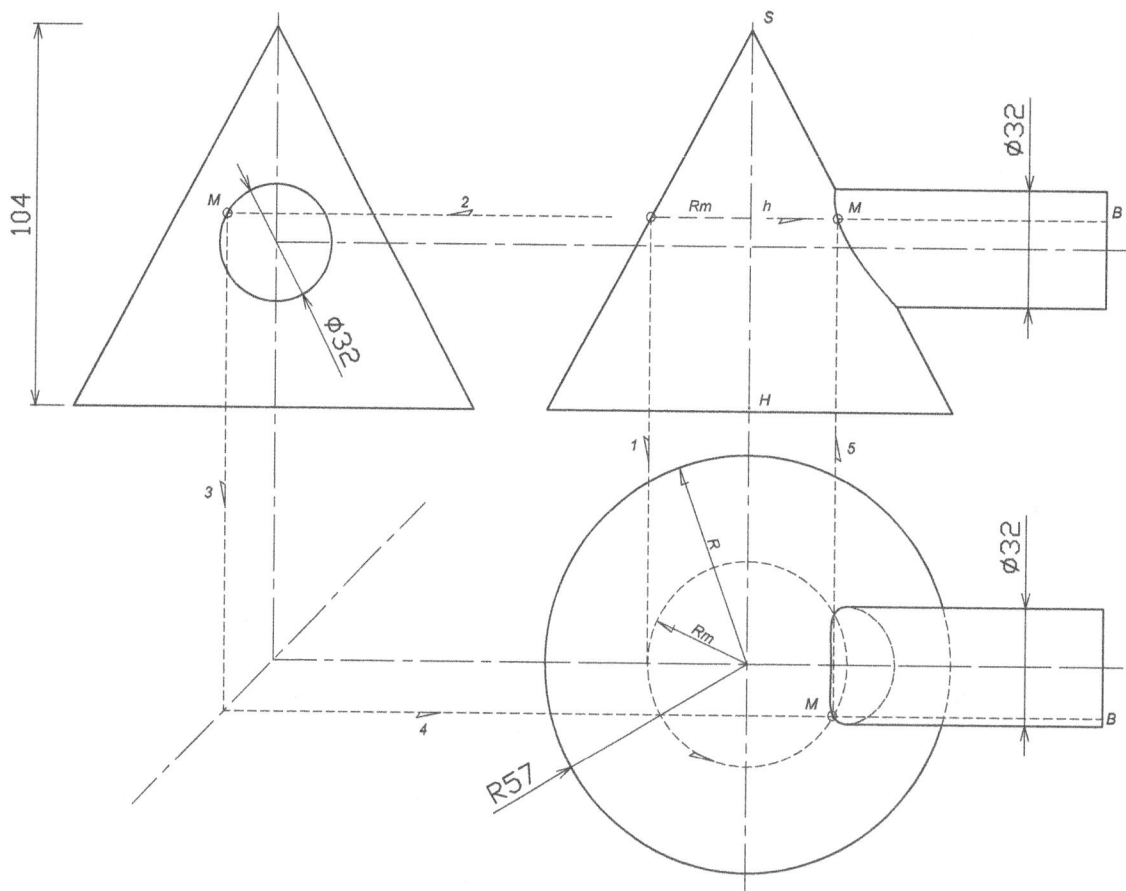

fig. 54 principe et résultat de l'intersection en projections orthogonales

Dans le plan horizontal passant par h, la section circulaire du cône a pour rayon Rm ce qui permet de la reporter sur la vue de dessus (**1**) mais la longueur de la génératrice MB du cylindre est inconnue. Le point M, appartenant au plan horizontal et au cylindre, est rappelé sur la vue de droite (**2**). Il est aussi rappelé de la vue de droite sur la vue de dessus à l'aide de la droite à 45° (**3** et **4**). Comme il appartient aussi à la section circulaire du cône, il est à l'intersection du cercle et de la ligne de rappel (**4**). La longueur de la génératrice MB, trouvée sur la vue de dessus, est reportée sur la vue de face (**5**). La reproduction de cette procédure détermine l'intersection sur les 2 vues.

REMARQUE : dans ce cas, les point sont trouvés 2 par 2 sur la vue de dessus.

8.6.2 Le cylindre intercepte le cône

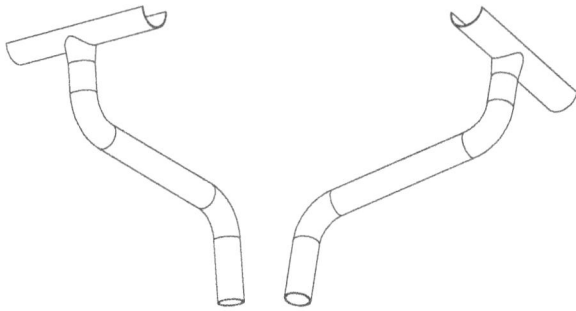

fig. 55 exemple du moignon de descente d'eau pluviale

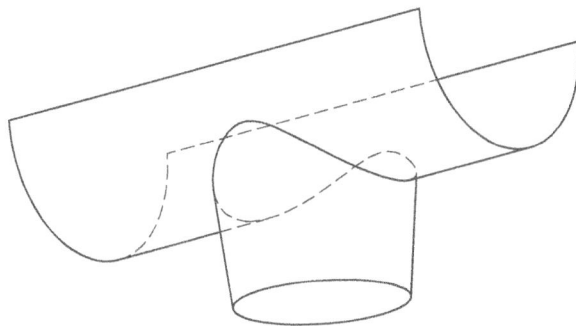

fig. 56 détail de l'intersection

8.6.2.1 Intersection

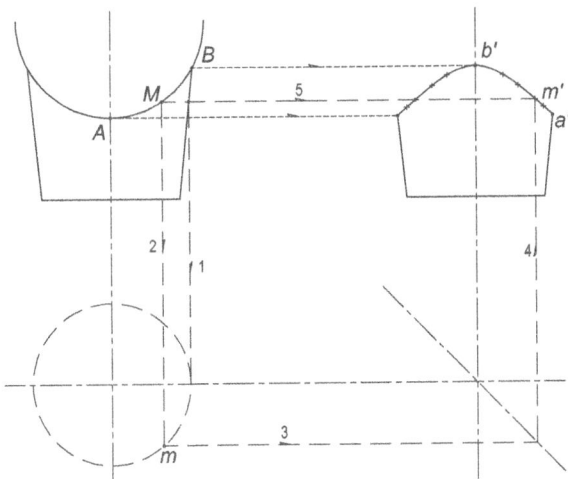

fig. 57 principe et résultat de l'intersection en projections orthogonales

Le plan horizontal passant par M, point d'intersection d'une génératrice du cylindre et d'une génératrice du cône, détermine la section circulaire du cône et la position du point m à reporter sur la vue de dessus (1 et 2).

Le point m est aussi rappelé de la vue de dessus sur la vue de gauche à l'aide de la droite à 45° (3 et 4).

L'intersection des 2 lignes de rappel (4 et 5) détermine le point cherché m'.

La reproduction de cette procédure détermine l'intersection.

<u>REMARQUE</u> : les point sont trouvés 2 par 2 sur la vue de gauche ou procéder par symétrie à partir d'une 1/2 vue.

8.6.2.2 Développement du moignon

Il est décomposé en 2 phases :

- Phase 1 : développement du cône tronqué avant intersection

- Phase 2 : report de l'intersection de la vue en projection sur le développé

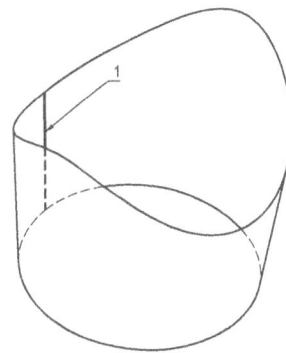

fig. 58 perspective du moignon à développer sur la base de la génératrice 1

Phase 1 : développement du cône tronqué (fig. 59)

Le cône tronqué est limité par 2 sections circulaires, l'une de R=100 mm, l'autre de R= 120 mm distantes de 180 mm.

D'où la longueur d'une génératrice :

$$L = \sqrt{180^2 + (120 - 100)^2} \approx 181 \text{ mm}$$

L'arc A2 appartient au secteur circulaire caractérisé par son rayon R2 et son angle au centre $\alpha2$.

Le calcul de R2 impose le calcul de la hauteur du cône

$$\frac{20}{180} = \frac{120}{H} \text{ d'où } H = \frac{120 \times 180}{20} = 1\,080 \text{ mm}$$

$$R2 = \sqrt{1\,080^2 + 120^2} \approx 1\,087 \text{ mm}$$

$$\alpha2 = \frac{120}{1\,087} = 0.110 \text{ rd} = 6.33°$$

Ces 2 résultats permettent de tracer l'arc A2. Pour l'arc A1, l'angle au centre est le même et le calcul de R1 est identique au calcul de R2.

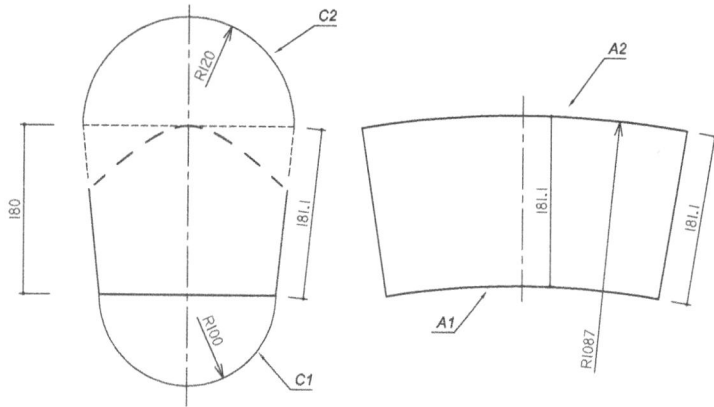

fig. 59 rabattement et développement des 2 sections circulaires

<u>REMARQUE</u> : il ne peut y avoir de correspondance horizontale entre ces 2 vues.

Les 1/2 sections circulaires rabattues C1 et C2 sont divisées en 6. cela détermine la positon des génératrices en projection. Les arcs A1 et A2 sont divisés en 12 (ils sont complets).

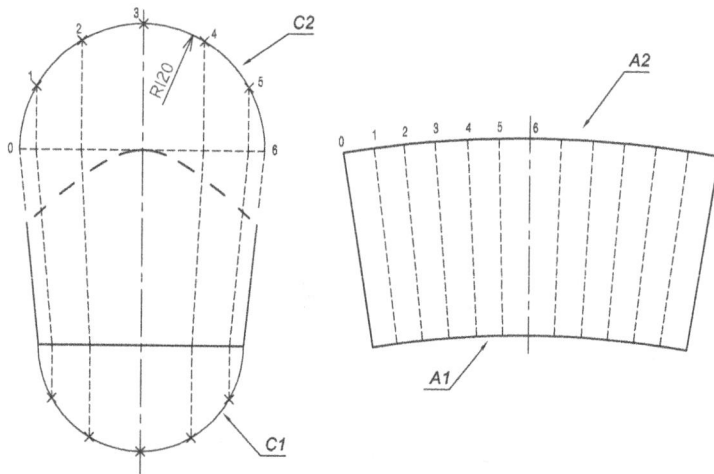

fig. 60 tracé des génératrices

Phase 2 : report des longueurs des génératrices

Sur la vue de face, les génératrices sont projetées sur un plan vertical, elles ne sont donc pas en vraie grandeur sauf les génératrices 0 et 6 car parallèles au plan de projection ab=a'b'.

Pour la génératrice 2, de longueur a2b2 en projection, sa vraie longueur est obtenue par projection (a'b'2) puis reportée (cercle ou arc de cercle) sur le développé.

a2b2 ≠ ab'2 car les segments ne sont pas parallèles.

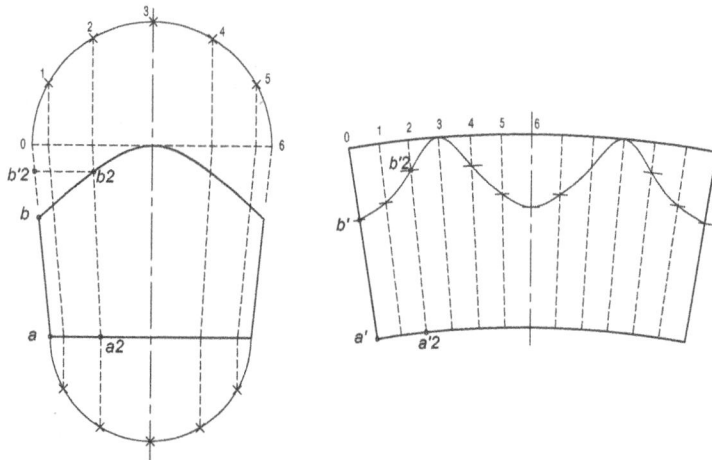

fig. 61 vraie longueur des génératrices et report sur le développement

<u>REMARQUE</u> : il suffit de reporter les longueurs des génératrices de 0 à 3. Les autres sont obtenues par symétrie, d'abord par rapport à la génératrice 3 puis par rapport à la génératrice 6.

THÈME 9

Tête d'ouvrage hydraulique

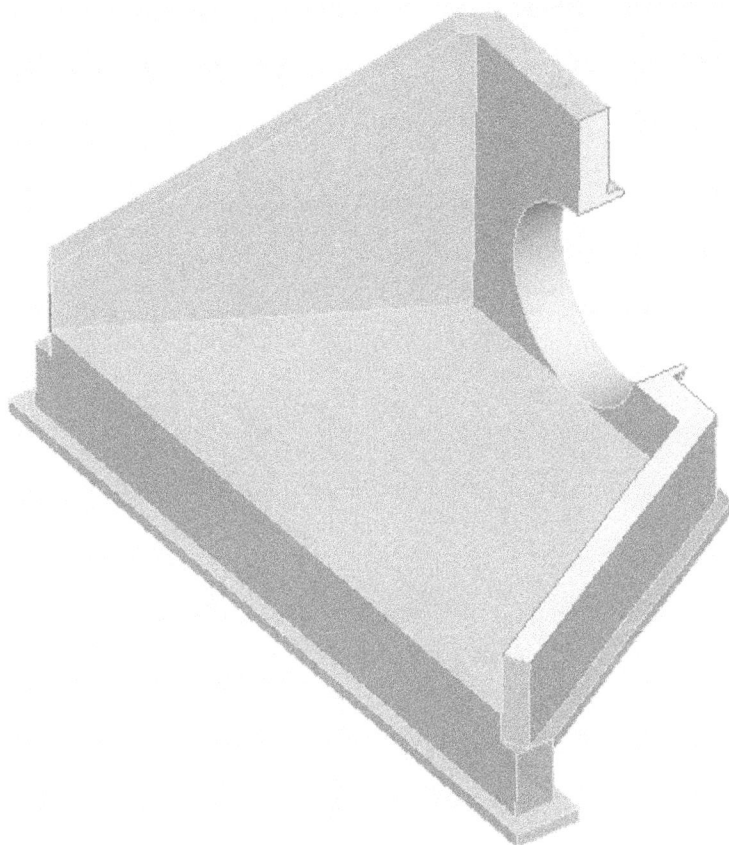

ACTIVITÉS

1. Dessin assisté par ordinateur

Objectif : Réaliser le dessin de définition de la tête d'ouvrage hydraulique avec Autocad

Contenus : Dessin de définition de la tête d'ouvrage hydraulique • Conception du modèle volumique (3D) • Chronologie de l'exécution du dessin de définition • Intégration de la tête dans l'ouvrage hydraulique • Coupes longitudinales, profil, sections transversales • Tête d'ouvrage hydraulique double • Principe des sections et des coupes • Analyse d'un ouvrage hydraulique autoroutier

2. Avant-métré

Objectif : Établir le devis quantitatif de la tête d'ouvrage hydraulique (béton, coffrage, armatures)

Contenus : Technique du métré • Décompositions • Calcul des quantités

3. Étude de prix

Objectif : Déterminer la solution la plus économique pour réaliser l'ouvrage

Contenus : Calcul du prix de vente de la tête d'ouvrage hydraulique selon les 2 options : Entièrement réalisée sur le chantier • Pour partie préfabriquée, pour partie réalisée sur le chantier • Conclusion

9.1 Dessin de définition de la tête d'ouvrage hydraulique

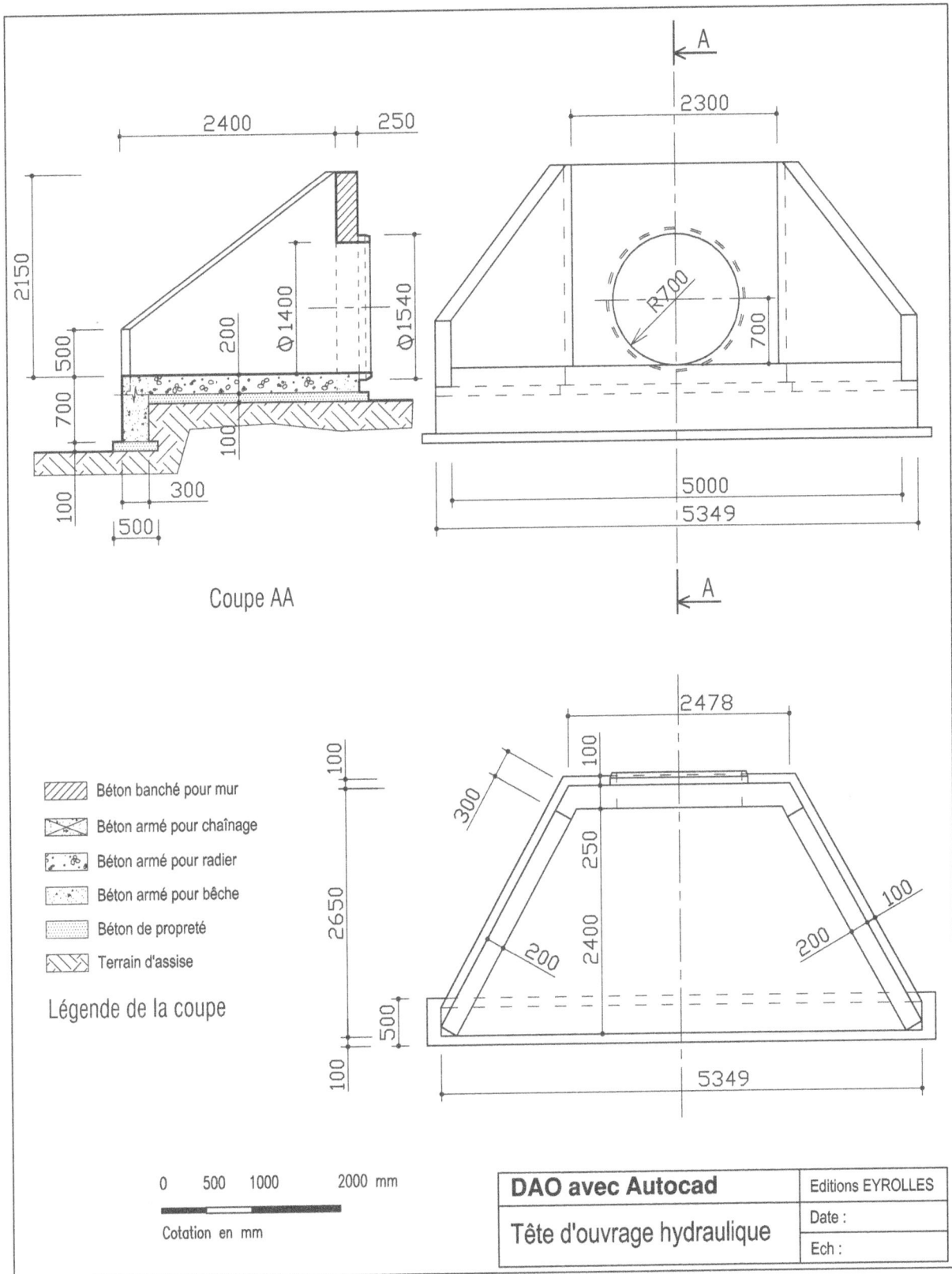

Coupe AA

Béton banché pour mur

Béton armé pour chaînage

Béton armé pour radier

Béton armé pour bêche

Béton de propreté

Terrain d'assise

Légende de la coupe

0   500   1000   2000 mm

Cotation en mm

DAO avec Autocad	Editions EYROLLES
Tête d'ouvrage hydraulique	Date :
	Ech :

fig. I Dessin à réaliser

9.2 Conception du modèle volumique

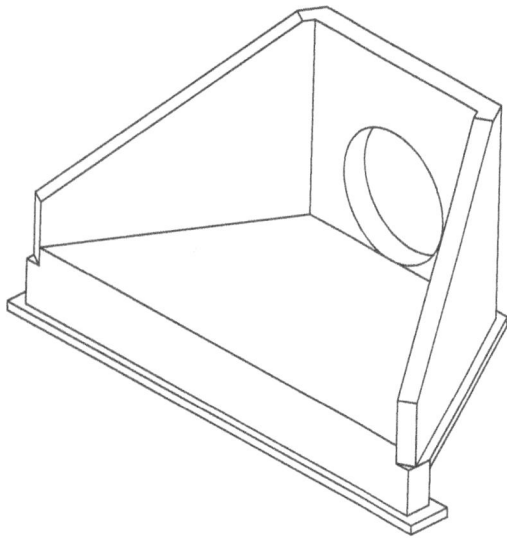

fig. 2 modèle volumique à obtenir

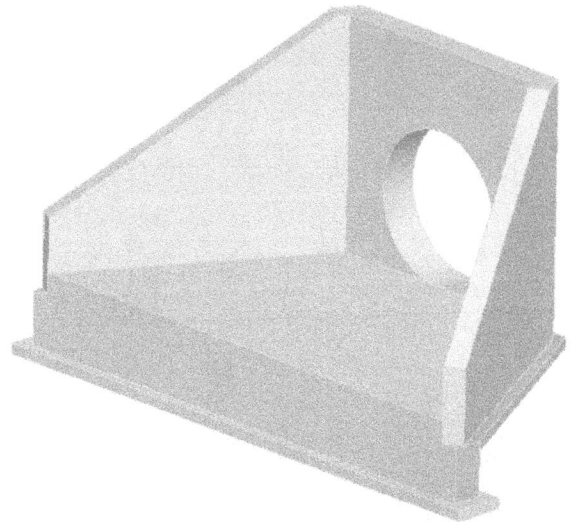

fig.2a rendu du modèle volumique

9.2.1 RADIER

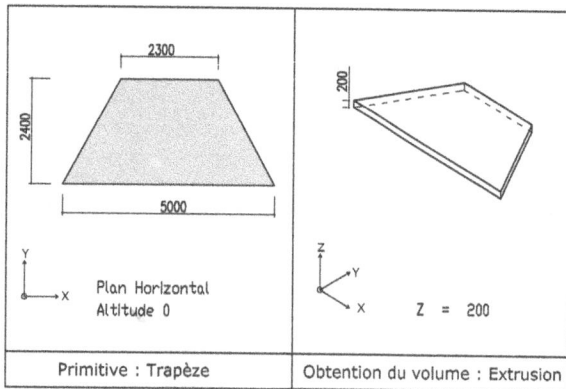

fig. 3 modèle volumique

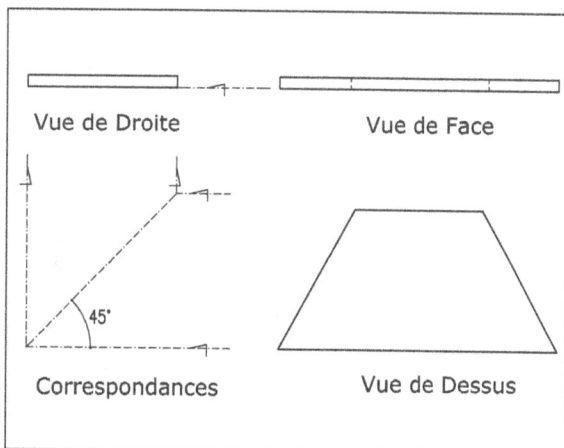

fig. 4 projections orthogonales

9.2.2 VOILES

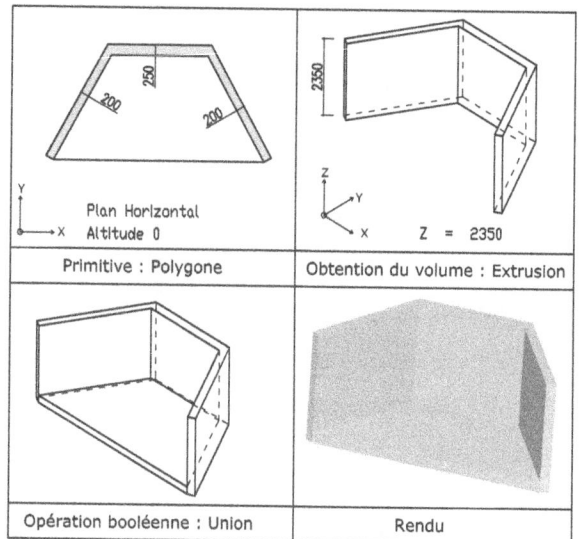

fig. 5 modèle volumique

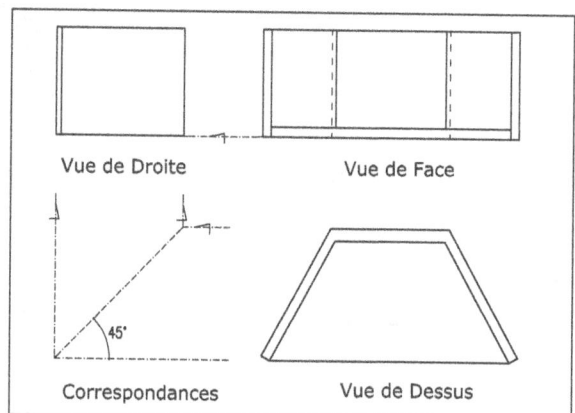

fig. 6 projections orthogonales

9.2.3 BÊCHE

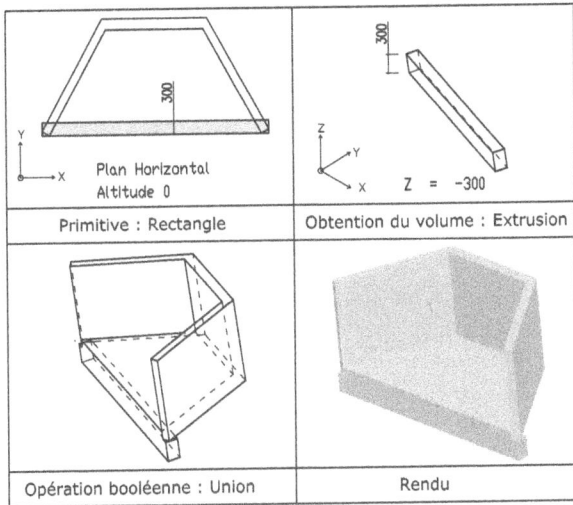

fig. 7 modèle volumique

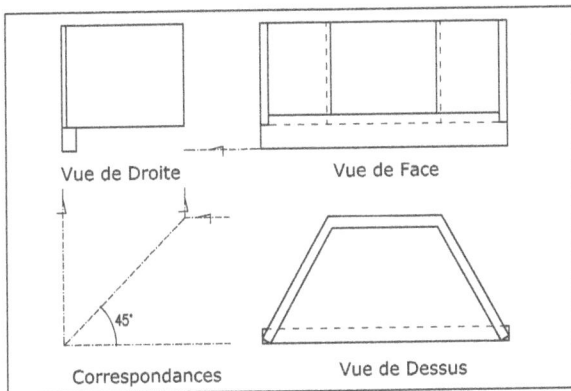

fig. 8 projections orthogonales

9.2.4 MUR EN RETOUR, CÔTÉ DROIT

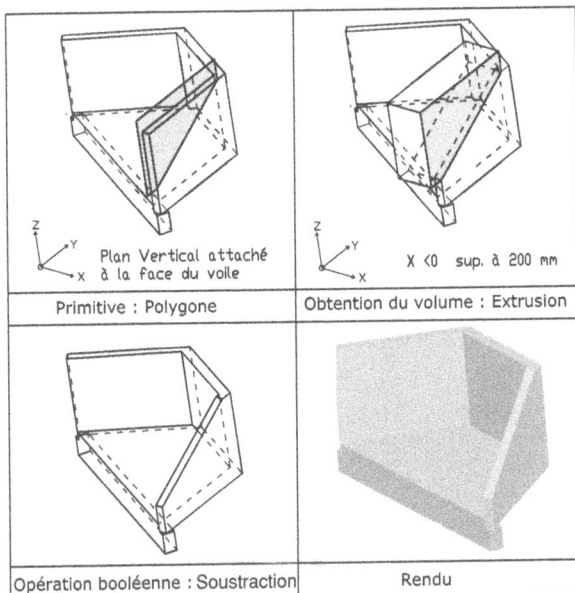

fig. 9 modèle volumique

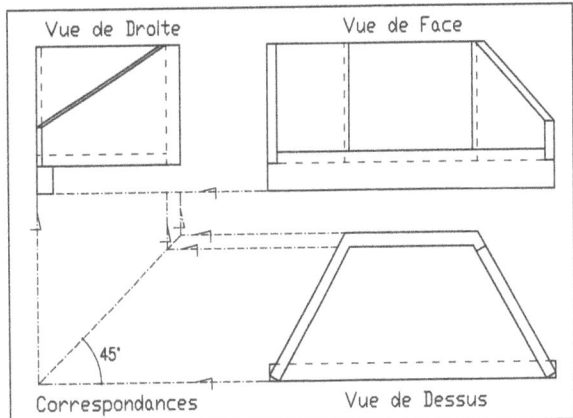

fig. 10 projections orthogonales

9.2.5 MUR EN RETOUR, CÔTÉ GAUCHE

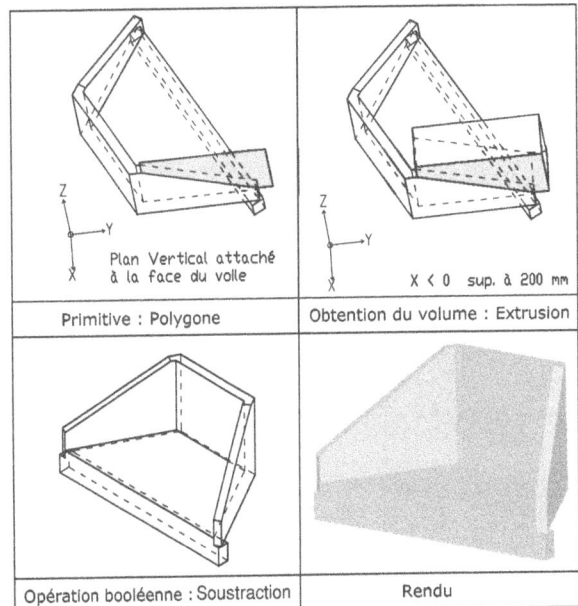

fig. 11 modèle volumique

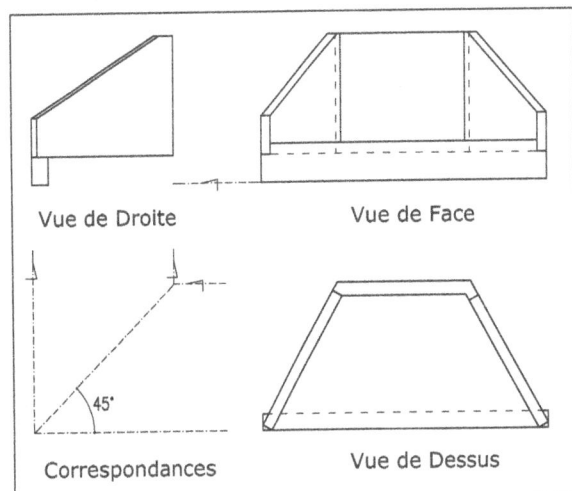

fig. 12 projections orthogonales

9.2.6 RÉSERVATION

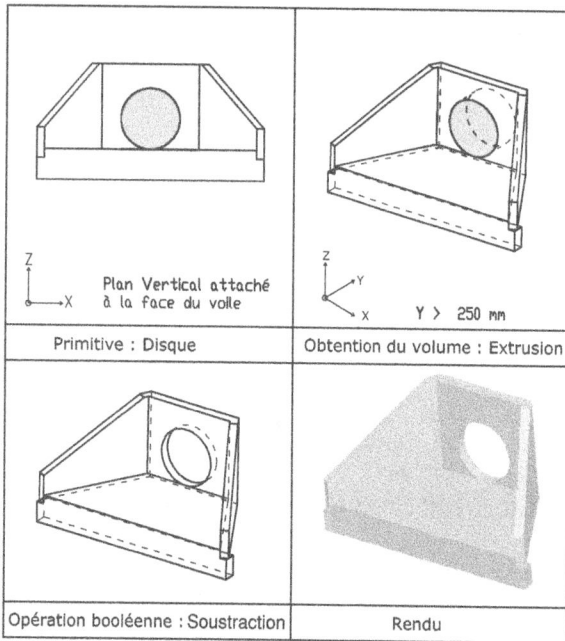

Primitive : Disque	Obtention du volume : Extrusion

Plan Vertical attaché à la face du voile

Y > 250 mm

Opération booléenne : Soustraction	Rendu

fig. 13 modèle volumique

9.2.7 BOSSAGE

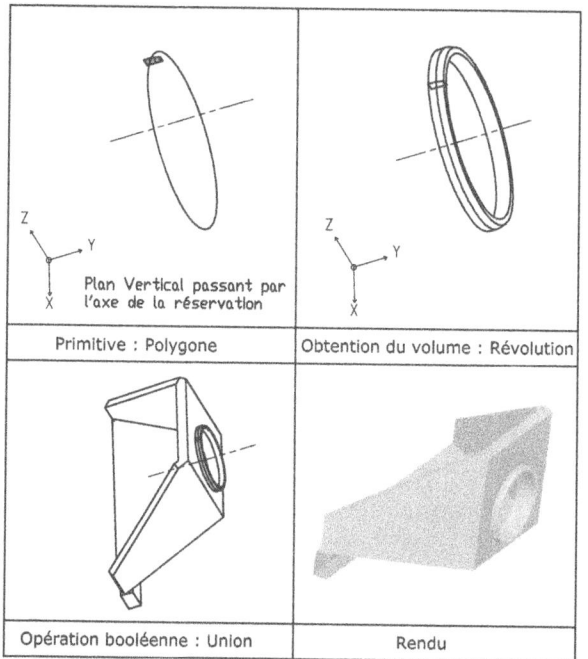

Plan Vertical passant par l'axe de la réservation

Primitive : Polygone	Obtention du volume : Révolution

Opération booléenne : Union	Rendu

fig. 15 modèle volumique

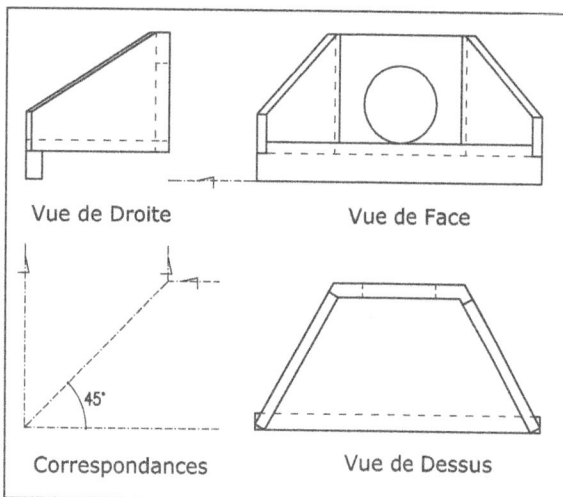

Vue de Droite — Vue de Face

Correspondances — Vue de Dessus

45°

fig. 14 projections orthogonales

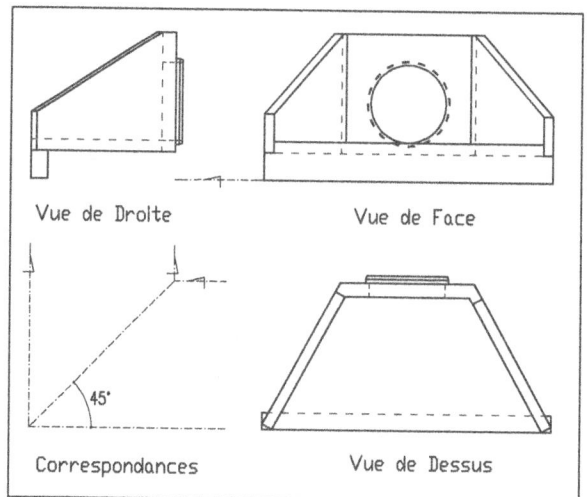

Vue de Droite — Vue de Face

Correspondances — Vue de Dessus

45°

fig. 16 projections orthogonales

NOTE : Toutes les arêtes cachées ne sont pas représentées sur la vue de droite.

9.3 Chronologie d'exécution du dessin de la tête d'ouvrage hydraulique avec Autocad

9.3.1 INTRODUCTION

Objectif : réaliser le dessin de définition de la tête d'ouvrage hydraulique selon 3 vues :
► élévation (ou vue de face)
► vue en plan (ou vue de dessus)
► coupe verticale AA

Ces 3 vues, représentées en correspondance, seront construites en parallèle.

9.3.1.1 Nomenclature

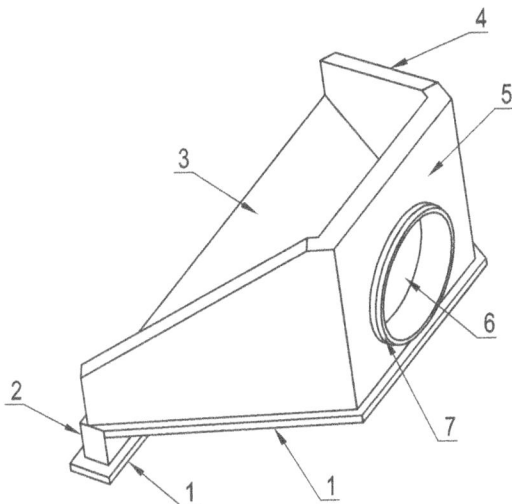

fig. 17 repérage des éléments

1 : Béton de propreté. **2** : Bêche ou écran parafouille. **3** : Radier. **4** : Mur en aile ou en retour. **5** : Mur de front ou de tête. **6** : Réservation pour passage du tuyau. **7** : Bossage chanfreiné

9.3.1.2 Dimensions de l'ouvrage

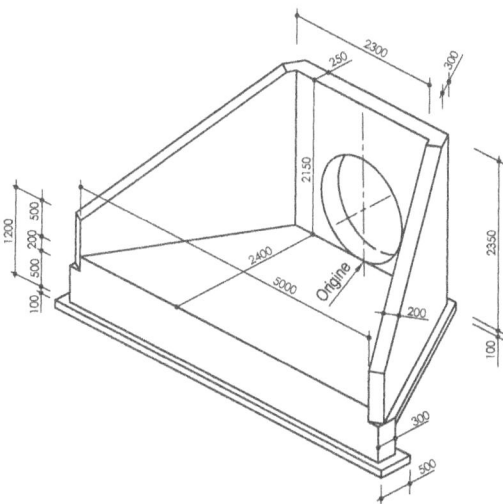

fig. 18 perspective cotée en mm

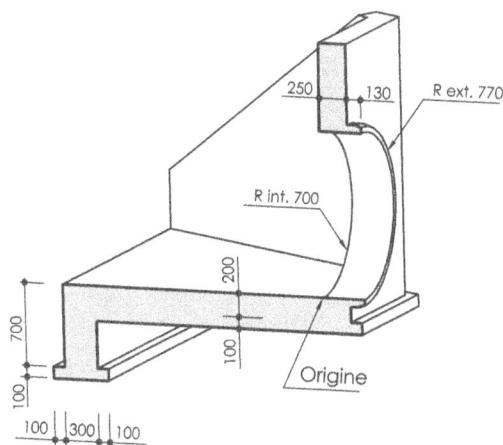

fig. 19 perspective selon un plan de coupe vertical

9.3.1.3 Fichier téléchargeable

tete_ouvrage_hydraulique.dwg à l'adresse internet : www.eyrolles.com contenant les origines des 3 vues correspondant à l'origine d'implantation de l'ouvrage avec les calques :

– esquisse ;
– lignes de rappel ;
– texte.

Les autres calques peuvent être créés au début du dessin ou selon les besoins.

Les dimensions seront exprimées mm.

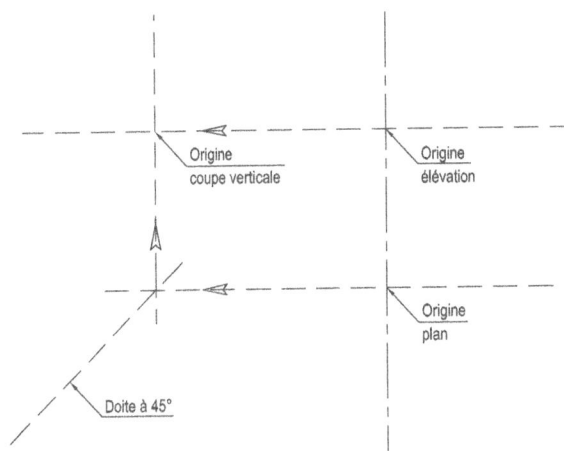

fig. 20 aperçu du fichier téléchargé

9.3.2 LES ÉTAPES DE LA REPRÉSENTATION

- Radier
- Murs ou voiles
- Réservation et emboîture
- Spécificité de la coupe
- Finitions (cotation, hachures, impression)

9.3.3 RADIER

La base du radier en plan est un trapèze défini par des cotes intérieures. Il y a plusieurs manières de la tracer. 2 méthodes seront exposées (calque « radier » à créer) :

Méthode 1

Par direction, distance et coordonnées avec comme point de départ Origine plan puis les points p1, p2, p3, p4.

1   Ligne (calage point F3 et ortho F8 actifs) de l'origine en plan au point p1, déplacement horizontal de la souris et distance 1150↵ au clavier (2300/2)

2   au point p2 (ortho inactif) @-1350,-2400 ↵

3   au point p3 (méthode identique à p1) et distance 5000 ↵

4   au point p4 @-1350,2400 ↵ ↵ pour terminer la fonction ligne

5   prolonger le segment p1 O jusqu'en p4 avec la commande prolonger ou à l'aide des poignées.

207

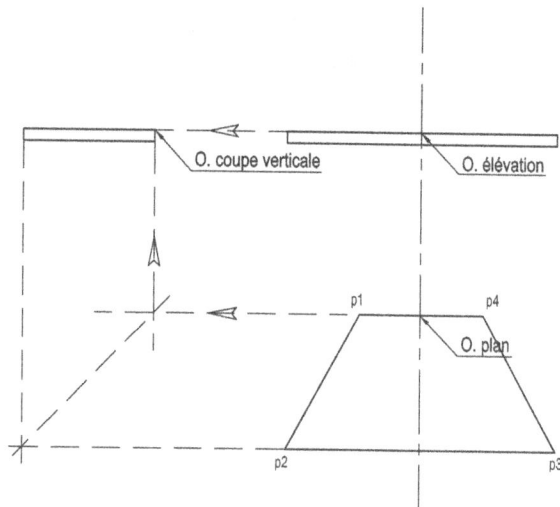

fig. 21 tracé du trapèze à l'aide de distances et de coordonnées

REMARQUE : la commande ligne est utilisée à la place de la commande polyligne car l'épaisseur des voiles est différente, ce qui implique des décalages différents. Mais c'est aussi rapide de choisir une polyligne, de décaler 1 fois de 0.20 puis une fois de 0.25 puis de supprimer les segments en trop.

Méthode 2

Par deux rectangles dans le calque esquisse

1 ☐ Rectangle R1 : 1er sommet quelconque, 2e @5000,2400↵
2 ☐ Rectangle R2 : 1er sommet quelconque, 2e @2300,2400↵
3 ✛ Déplacer,
4 sélection du rectangle R1↵
5 1er point : M1
6 2e point : origine en plan
7 de même, déplacement pour R2 de telle sorte que le milieu de leur longueur coïncident avec l'origine en plan
8 ╱ Ligne joignant les sommets des rectangles p1, p2, p3, p4

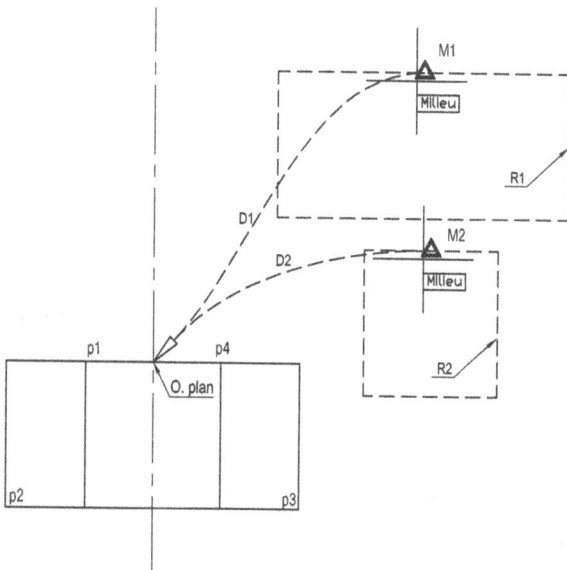

fig. 22 tracé du trapèze à l'aide de rectangles

Les représentations des rectangles matérialisant les projections du radier en plan et coupe peuvent utiliser cette même technique.

9.3.4 MURS OU VOILES

1. En plan

1 ☁ Décaler, 200 ↵, pour les murs en aile (rep.1)
2 ☁ Décaler de 250 ↵ pour le mur de front (rep.2)
3 ⌐ Raccord r=0 ↵ en sélectionnant l'extrémité des lignes 1 et 2
4 ╱ Ligne de p1 à p2
5 ⚙ Copier la ligne 4 du point p2 au point p3
6 ✛ Déplacer cette ligne de 300 dans la direction p3, p2

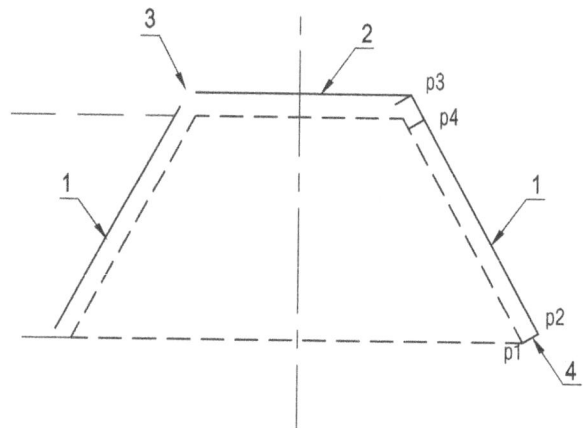

fig. 23 repérage des lignes et des points en plan

2. En élévation dans le calque esquisse

Les segments peuvent être tracés selon la longueur indiquée sur la perspective, mais pour tous ceux qui ne sont pas parallèles aux plans de projection (longueur projetée différente de leur vraie longueur), il convient de tracer les lignes de rappel. Leurs intersections définissent les points cherchés.

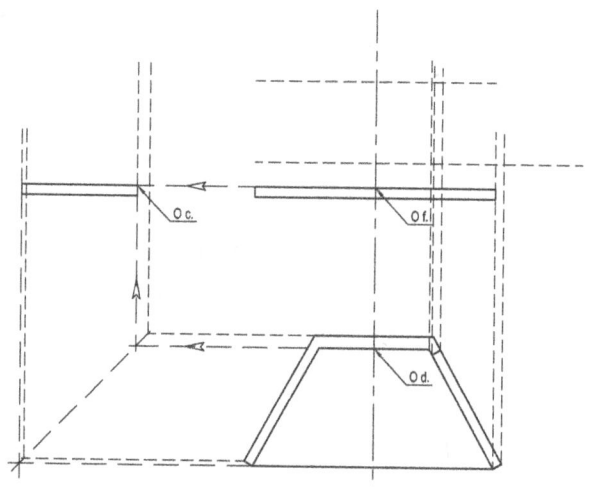

fig. 24 lignes de rappel entre les 3 vues

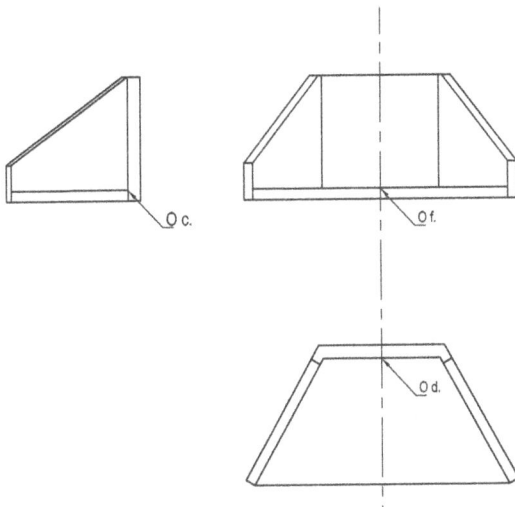

fig. 25 lignes résultantes des intersections des lignes de rappel pour le tracé des murs après symétrie

9.3.5 RÉSERVATION ET EMBOÎTURE

1   Décaler de 700 la ligne supérieure du radier en élévation pour obtenir la position de l'axe horizontal de la réservation

2   Copier les propriétés de l'axe horizontal Od Of au segment créé par le décalage puis l'étirer jusqu'à la vue de droite

3   Cercle r = 700 centré sur l'intersection des axes pour le rayon intérieur et r = 770 pour le rayon extérieur

4   les génératrices des autres vues sont obtenues par décalage ou lignes de rappel

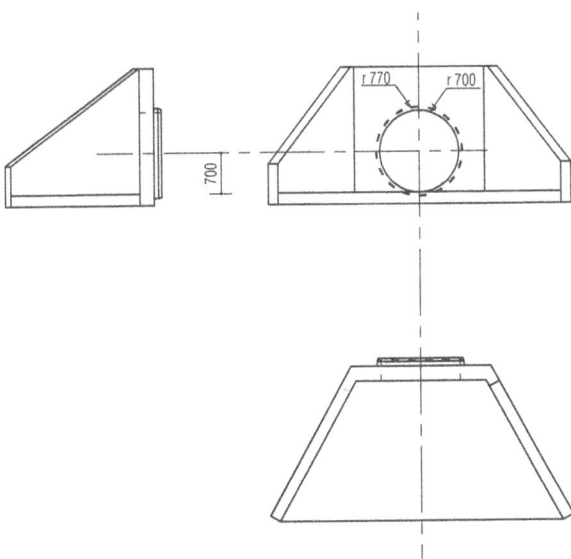

fig. 26 tracé de la réservation et de l'emboîture pour la jonction avec le tuyau

Ces représentations doivent être complétées par la bêche et le béton de propreté selon la dimension de l'ouvrage.

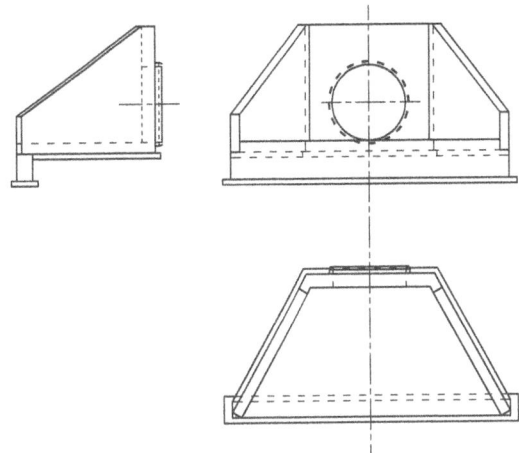

fig. 27 les 3 vues à obtenir

9.3.6 SPÉCIFICITÉS DE LA COUPE

Elles se résument à 3 opérations :

1. **Repérage du plan de coupe** sur la vue en élévation par :

- un trait mixte fin renforcé aux extrémités
- des flèches pour le sens d'observation
- des lettres ou des chiffres pour nommer le plan de coupe

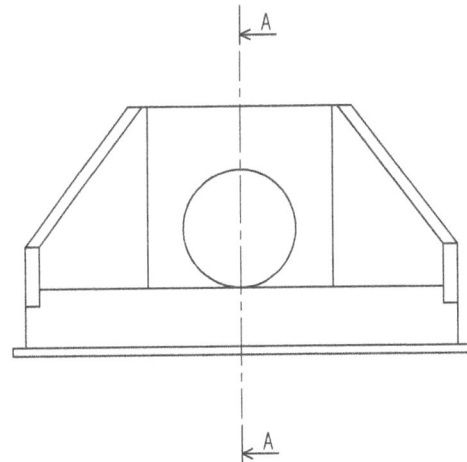

fig. 28 repérage du plan de coupe en élévation

2. **Contour des zones coupées** en traits renforcés

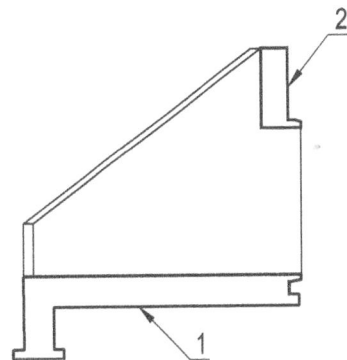

fig. 29 limites des zones coupées

Pour tracer les contours 1 et 2, les traits renforcés peuvent être obtenus de 3 façons :

1. Définir l'épaisseur des trais à 0,5 ou 0,7 mm lors de la création du calque

2. Choisir une couleur affectée de l'épaisseur de 0.5 mm dans la table des styles de tracé (accessible dans l'onglet « Périphérique de traçage, table des styles de tracé » de la fonction 🖨)

3. Dans le menu « Modification, Objet, Polyligne », après sélection d'une ou plusieurs polylignes (M comme multiple), des options sont offertes comme l'option E pour épaisseur qui attend une valeur à renseigner au clavier (exemple : 0.1 pour une épaisseur égale à 0.1 unité de dessin)

   ↩ polyligne accrochée aux points et C comme clore pour fermer la polyligne (ce qui permet un hachurage de l'objet)

3 Hachurage des zones coupées

Dans le calque « hachures »

1. 🔳 ou menu « Dessin, Hachures », dans la boite de dialogue
2. choisir le motif
3. l'option « Sélection des objets » fait apparaître le dessin afin de sélectionner les polylignes repérées 1 et 2
4. 🖱 clic droit ou ↩ pour revenir à la boîte de dialogue
5. le bouton Aperçu des hachures permet de savoir s'il faut modifier l'échelle pour une densité correcte des hachures.

REMARQUES :

• l'option « Choix des points » impose au logiciel de trouver un contour fermé pour limiter les hachures (les segments doivent être ajustés) ;

• l'option « composition associative » établit un lien entre les hachures et leur contour, si le contour est modifié ultérieurement, les hachures suivent ce contour.

9.3.7 FINITIONS

1. Tracé des lignes cachées dans un calque paramétré avec des lignes du type « INTERROMPU ». S'il y a lieu modifier l'échelle afin qu'elles apparaissent correctement avec « 🖱 clic droit » puis « propriétés » dans le menu contextuel ou, dans la fenêtre des commandes, ECHLTP ↩ 5 ↩ au clavier.

2. Cotation : voir § du massif de grue pour le paramétrage

REMARQUE : comme pour les murs de soutènement, la cotation est différente selon l'objectif du dessin, préfabrication en usine, pose ou mise en œuvre sur le chantier.

3. Impression :

La sortie papier peut s'effectuer sur un A4 vertical ou horizontal à l'echelle 1/50e.

Option 1 : espace **objet** en dessinant un cadre

Dimensions du cadre :

Pour un A4 vertical : 190 mm par 277 mm de surface utile.

Pour une échelle 1/50e ou 0.02, ses dimensions dans l'espace objet deviennent :

190 mm × 50 = 9 500 mm

277 mm × 50 = 13 850 mm

Rectangle à tracer : 1er point quelconque, 2e point de coordonnées @9500,13850↩

Ce rectangle défini la fenêtre d'impression par calage sur ses sommets (éventuellement à déplacer avec la fonction ✥ pour encadrer les objets à imprimer).

▷ **POUR IMPRIMER**

1. 🖨 ou menu « fichier, imprimer »
2. Onglet « Périphérique de traçage » : choix du traceur ou de l'imprimante, de la table des styles de tracé pour les différentes épaisseurs de trait
3. Onglet « Paramètres du tracé »
   Format du papier : A4, portrait, mm
   Fenêtre : cliquer sur 2 sommets opposés du cadre (rectangle de 9 500 par 13 850)
   Échelle du tracé : personnaliser 1 mm pour 50 unités de dessin (comme l'unité est en mm, 1 mm pour 50 mm soit 1/50e)
   Centrer le tracé
   Aperçu total
   ↩
4. OK pour commencer l'impression

Option 2 : espace **papier**

Voir thème du massif de grue pour créer la fenêtre de tracé.

Pour la modifier

1. 🖱 gauche sur la fenêtre pour la sélectionner
2. 🖱 droit affiche un menu contextuel où l'option « propriétés » ouvre la fenêtre des propriétés permettant les modifications :
   • dans la rubrique géométrie : hauteur 277 et largeur 190 pour un A4
   • dans la rubrique divers : échelle personnalisée 0.02

▷ **POUR INDIQUER L'ÉCHELLE PRÉCISE**

1. dans la **barre d'état**, un clic sur « papier », sans quitter l'onglet « présentation », affiche « objet ».
2. Écrire dans la fenêtre de commande :
3. ZOOM ↩
4. E ↩ (comme échelle)
5. 0.02xp ↩ pour 0.02 mm tracé pour 1 unité de dessin (1 mm) soit 0.02 mm pour 1 mm soit 2/100, soit 1/50^e
6. un clic sur « objet » dans la **barre d'état** affiche « papier »

▷ **POUR IMPRIMER**

1. 🖨 ou menu « fichier, imprimer »
2. Onglet « Paramètres du tracé »
   Format du papier : A4, portrait, mm
   Fenêtre : cliquer sur 2 sommets opposés du cadre (rectagle de 9 500 par 13 850)
   Échelle du tracé : 1 mm pour 1 unité de dessin
   Centrer le tracé
   Aperçu total
   ↩
3. OK pour commencer l'impression

REMARQUE : dans l'espace papier, l'échelle est de 1 pour 1.

9.4 Intégration de la tête d'ouvrage hydraulique dans l'ouvrage hydraulique

Pour définir :

• l'assemblage, entre la tête d'ouvrage hydraulique et les tuyaux

• la mise en œuvre de l'ouvrage sur le chantier

le dessin précédent est complété par des coupes longitudinales et transversales.

9.4.1 COUPES LONGITUDINALES

9.4.1.1 Détail

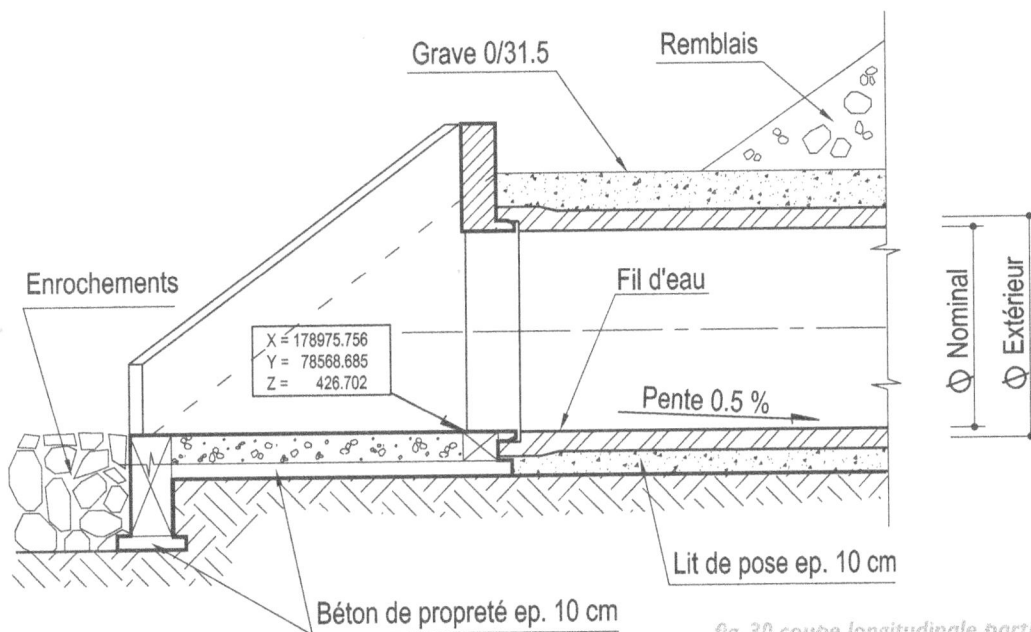

Grave 0/31.5

Remblais

Enrochements

X = 178975.756
Y = 78568.685
Z = 426.702

Fil d'eau

Ø Nominal

Ø Extérieur

Pente 0.5 %

Lit de pose ep. 10 cm

Béton de propreté ep. 10 cm

fig. 30 coupe longitudinale partielle

9.4.1.2 Profil

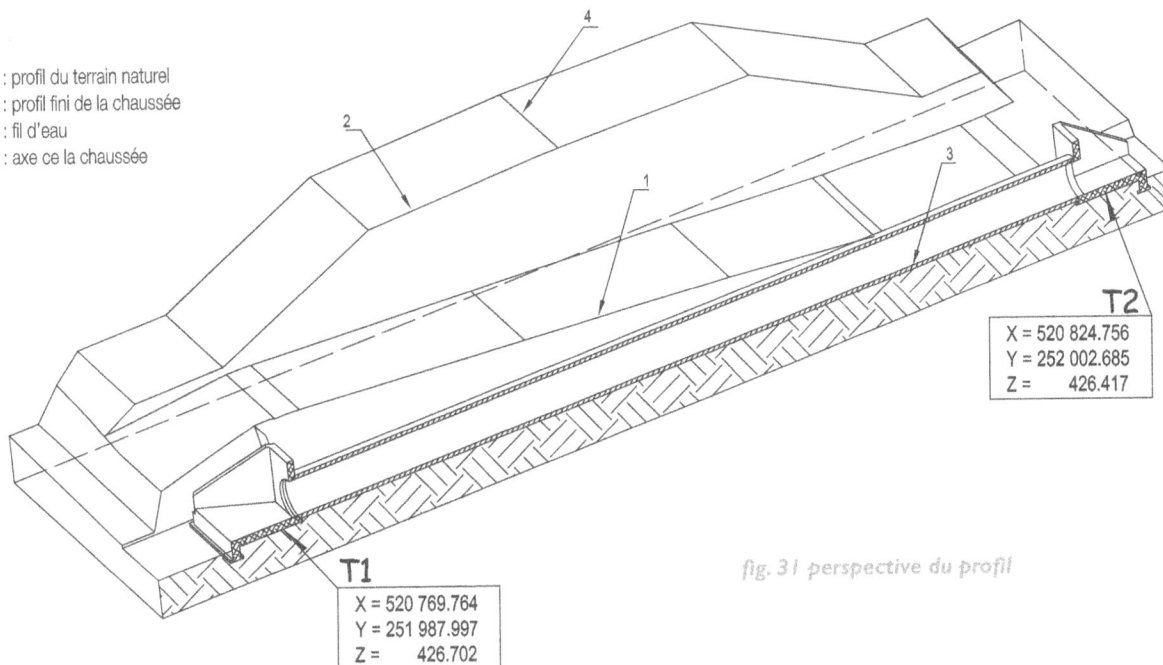

1 : profil du terrain naturel
2 : profil fini de la chaussée
3 : fil d'eau
4 : axe ce la chaussée

T2
X = 520 824.756
Y = 252 002.685
Z = 426.417

T1
X = 520 769.764
Y = 251 987.997
Z = 426.702

fig. 31 perspective du profil

<u>REMARQUE</u> : pour une lecture plus facile des profils, les dénivelés sont accentués en choisissant un facteur d'échelle des altitudes (selon l'axe des Z) plus petit que l'échelle des longueurs.

Si le facteur d'échelle en Z est de 0.05, 1 m est représenté par 1 m × 0.05 = 0.05 m = 5 cm. Si le facteur d'échelle en X est de 0.01, 1 m est représenté par 1 m × 0.01 = 0.01 m = 1 cm.

La pente de 1/1 n'est pas représentée par une droite à 45°.

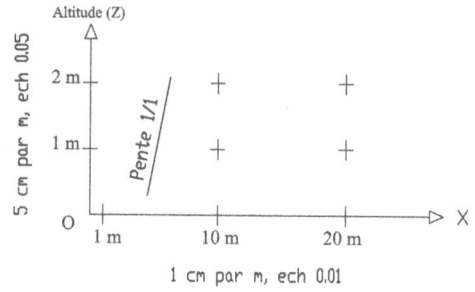

fig. 32 facteurs d'échelle différents selon X et Z

AXE
PK 118+985 A89

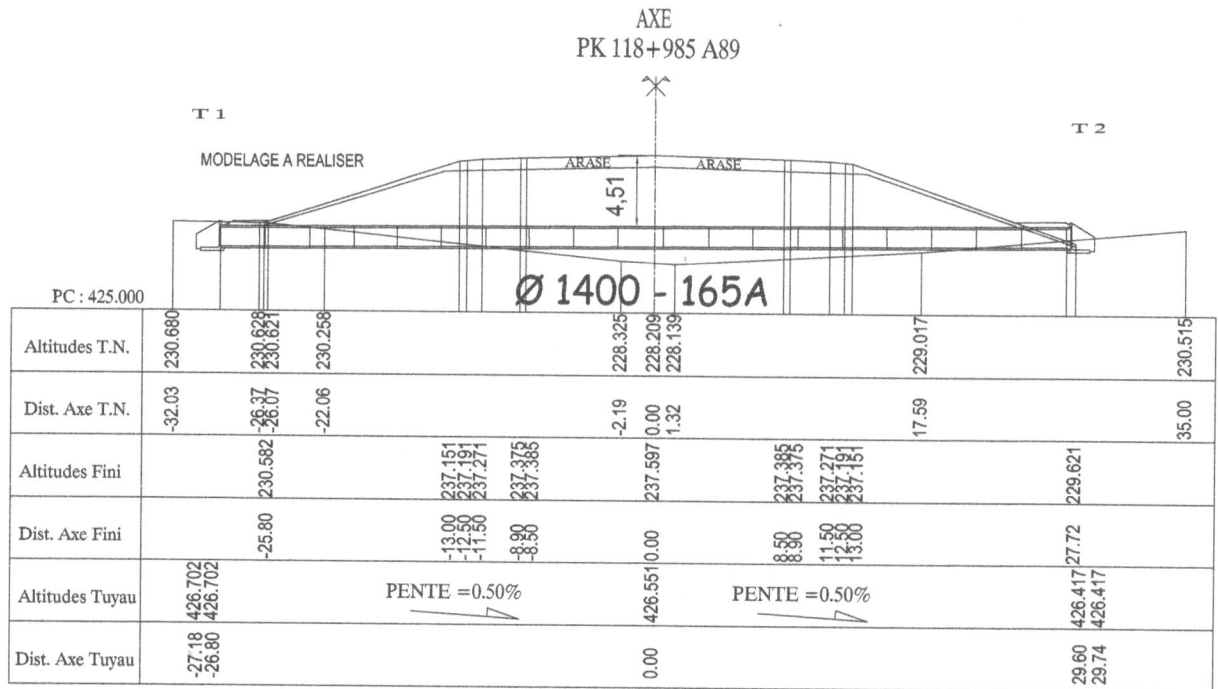

Ø 1400 - 165A

Altitudes T.N.	230.680	230.628 / 230.621	230.258		228.325	228.209 / 228.139			229.017		230.515
Dist. Axe T.N.	-32.03	-26.37 / -26.07	-22.06		-2.19	0.00 / 1.32			17.59		35.00
Altitudes Fini		230.582		237.151 / 237.191 / 237.271	237.385	237.597		237.395 / 237.375	237.271 / 237.151		229.621	
Dist. Axe Fini		-25.80		-13.00 / -12.50 / -11.50	-8.90 / -8.50	0.00		8.50 / 8.90	11.50 / 13.00		27.72	
Altitudes Tuyau	426.702 / 426.702		PENTE =0.50%			426.551	PENTE =0.50%			426.417 / 426.417		
Dist. Axe Tuyau	-27.18 / -26.80					0.00				29.60 / 29.74		

PC : 425.000

L = 56.92 m

fig. 33 profil en long de l'ouvrage

9.4.2 SECTIONS TRANSVERSALES

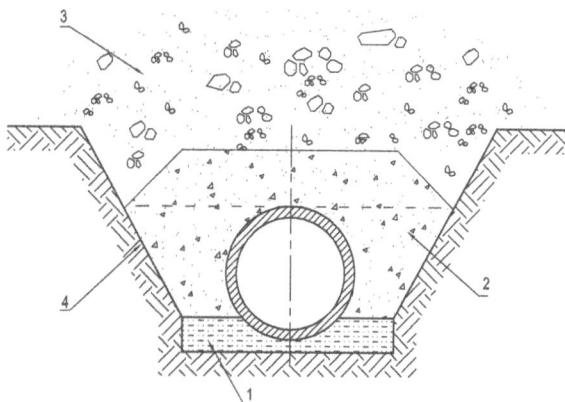

fig. 34 collecteur posé en tranchée, section de principe

1 : lit de pose, **2** : grave compactée par couches de 20 cm, **3** : remblais,
4 : tranchée dans terrain naturel

fig. 35 mise en place de la grave compactée par couches de 20 cm

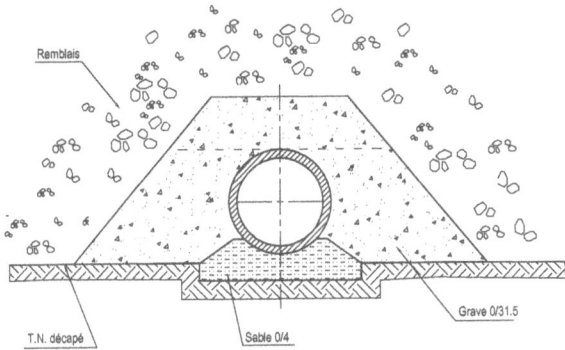

fig. 36 collecteur posé en remblai

Remblais

T.N. décapé

Sable 0/4

Grave 0/31.5

9.4.3 OUVRAGE HYDRAULIQUE DOUBLE

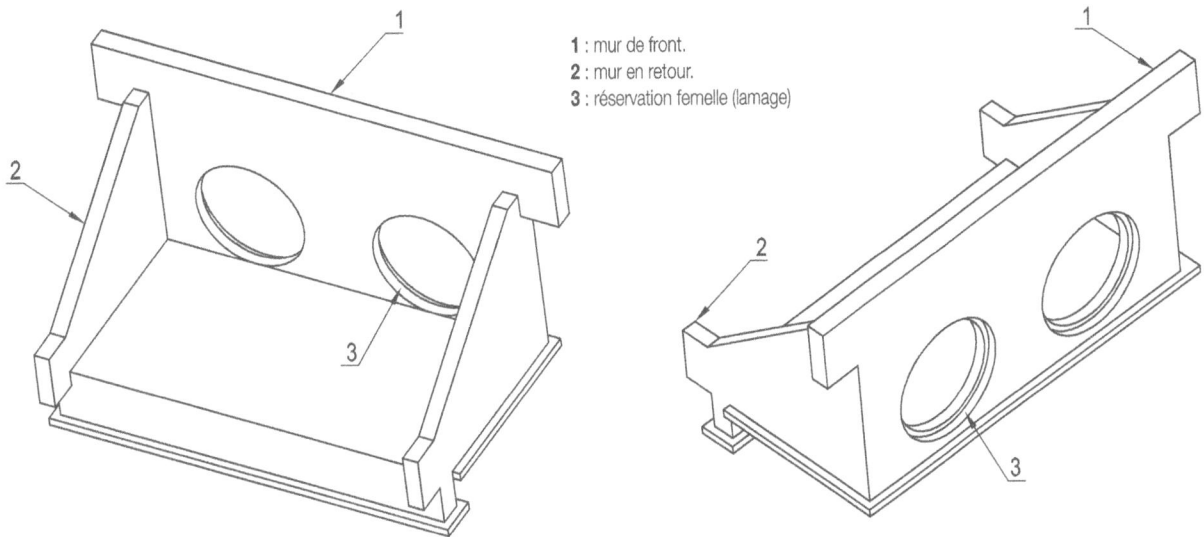

1 : mur de front.
2 : mur en retour.
3 : réservation femelle (lamage)

Fig. 37 tête d'ouvrage hydraulique double avec débord du mur de front et des murs en retour

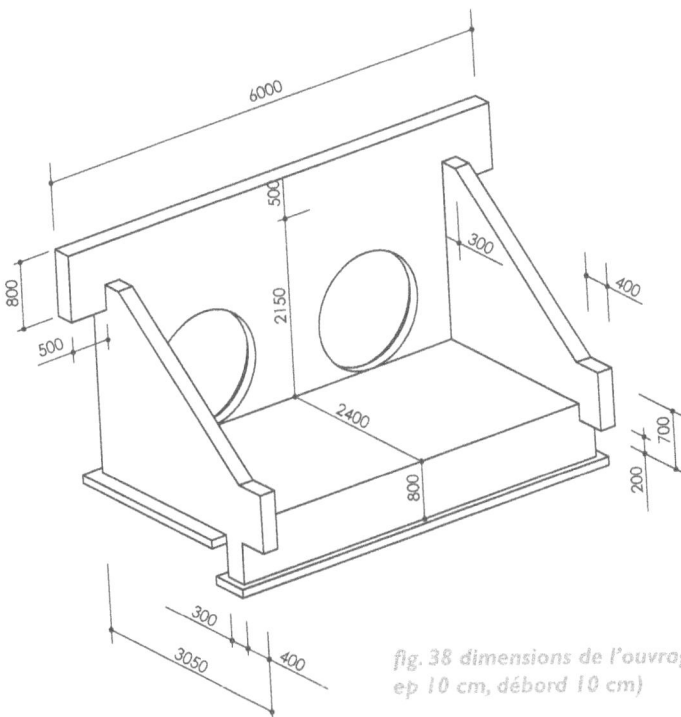

fig. 39 avant la mise en place de la tête d'ouvrage hydraulique

fig. 38 dimensions de l'ouvrage (béton de propreté ep 10 cm, débord 10 cm)

9.5 Principe des sections et des coupes : tête d'ouvrage hydraulique

9.5.1 INTRODUCTION

Les ouvrages sont schématisés sur les plans mais les cotes de référence s'appuient sur des lignes intérieures cachées : fil d'eau, mur de tête. La représentation en coupe permet la mise en évidence de ces lignes, améliore la compréhension des formes intérieures et des épaisseurs, supprime des arêtes cachées.

9.5.2 NOMENCLATURE

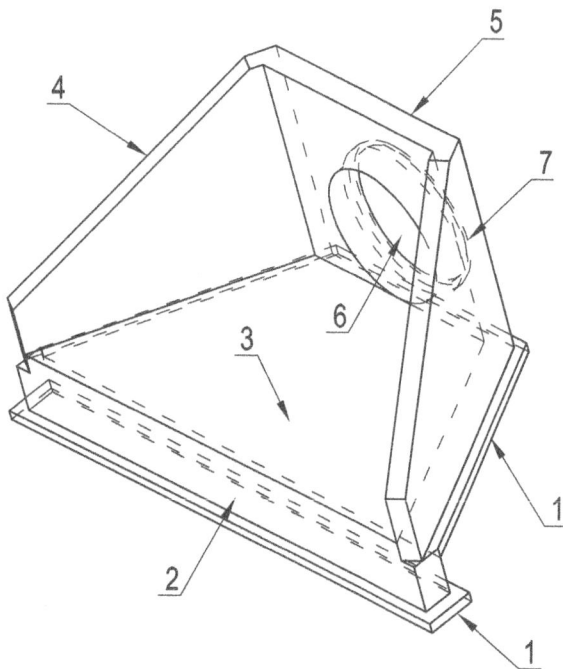

fig. 40 perspective avec arêtes cachées

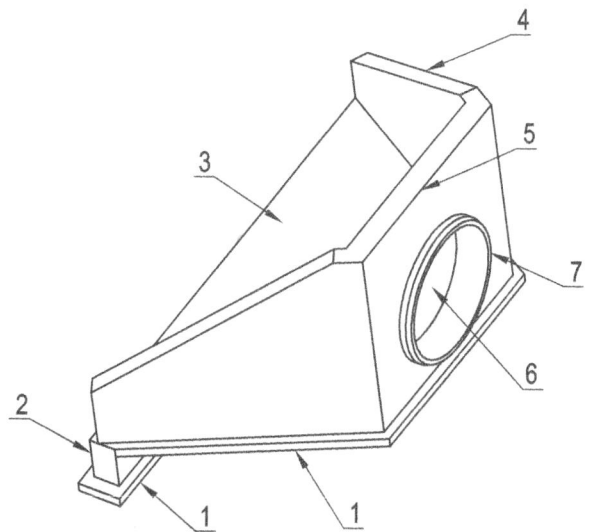

fig. 41 perspective sans arêtes cachées

1 : Béton de propreté. **2** : Bêche ou écran parafouille. **3** : Radier. **4** : Mur en aile ou en retour. **5** : Mur de front ou de tête. **6** : Réservation pour tuyau. **7** : Bossage chanfreiné

9.5.3 PRINCIPE D'UNE COUPE

Il se décompose en 6 étapes :

1. Définir un plan de coupe qui donnera une vue « parlante » de l'objet
2. Définir un sens d'observation
3. Enlever la matière située entre l'observateur et le plan de coupe
4. Représenter la partie coupée en traits renforcés (avec un minimum d'arêtes cachées)
5. Représenter la partie située en arrière de plan de coupe en traits forts
6. Hachurer les zones coupées

REMARQUE : les hachures ne coupent jamais un trait renforcé.

9.5.4 PLAN DE COUPE

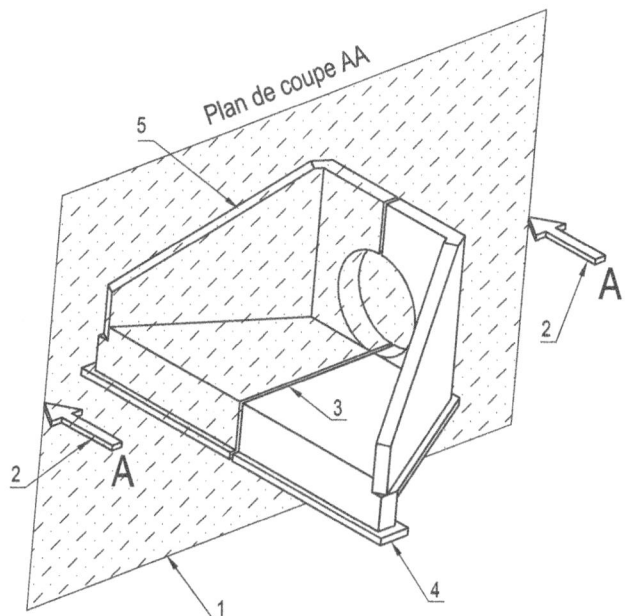

9.5.5 ENLÈVEMENT DE MATIÈRE

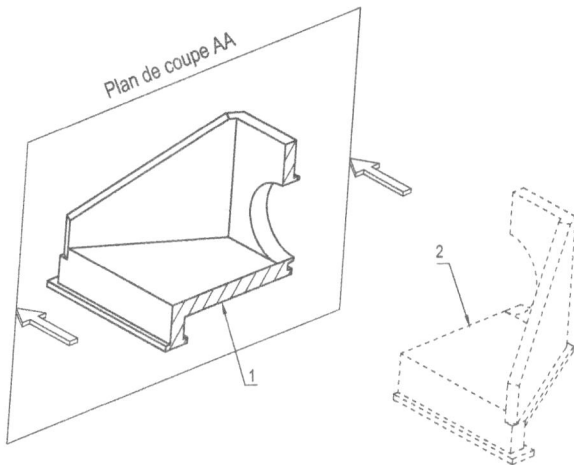

fig. 43 désolidarisation des 2 zones

1 : zone à représenter (située en avant du plan de coupe).
2 : zone à ne pas représenter (située entre l'observateur et le plan de coupe)

9.5.6 ÉLÉMENTS À REPRÉSENTER

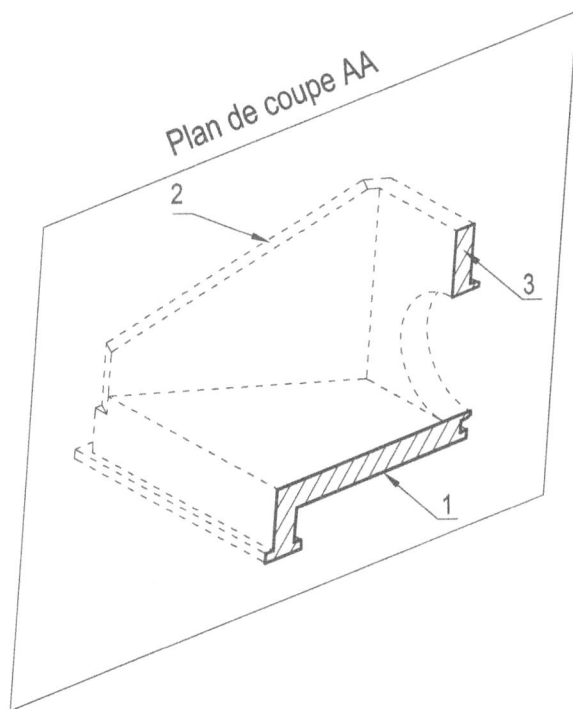

fig. 44 arêtes à représenter

1 : contour des zones coupées (appelé section).
2 : arêtes situées en arrière du plan de coupe.
3 : hachurage des zones coupées

9.5.7 RÉSULTATS

Dans une section, seules les parties coupées sont représentées.

Pour une coupe, il faut ajouter les arêtes situées en arrière du plan de coupe (parfois, seules les arêtes vues sont représentées).

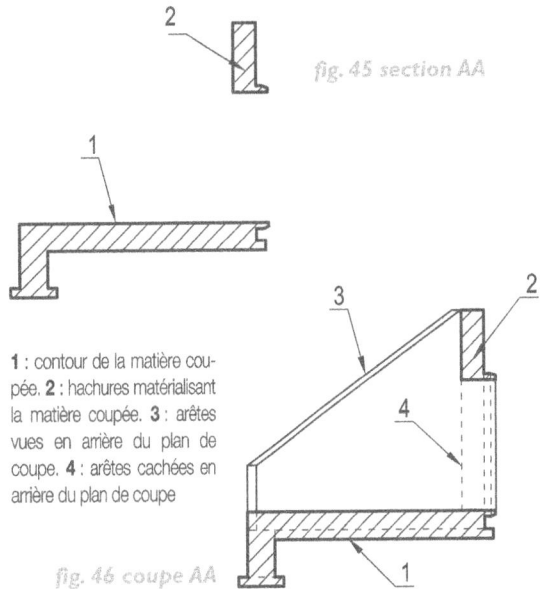

fig. 45 section AA

1 : contour de la matière coupée. **2** : hachures matérialisant la matière coupée. **3** : arêtes vues en arrière du plan de coupe. **4** : arêtes cachées en arrière du plan de coupe

fig. 46 coupe AA

9.5.8 SECTIONS ET COUPES PARTICULIÈRES

I. **Section rabattue :** la section est superposée à la vue normale au plan de coupe. Elle dispense d'une autre vue et permet une visualisation immédiate du profil utilisé

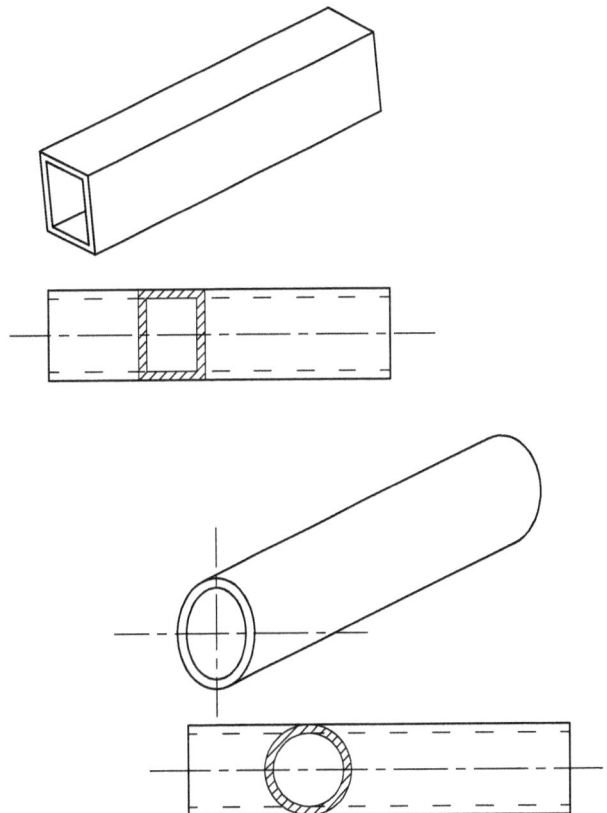

fig. 47 tube rectangulaire et tube circulaire

fig. 48 principe de la coupe brisée, coupe à plans parallèles

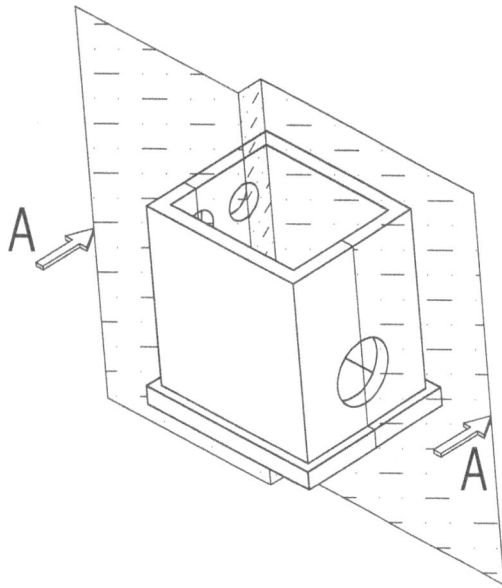

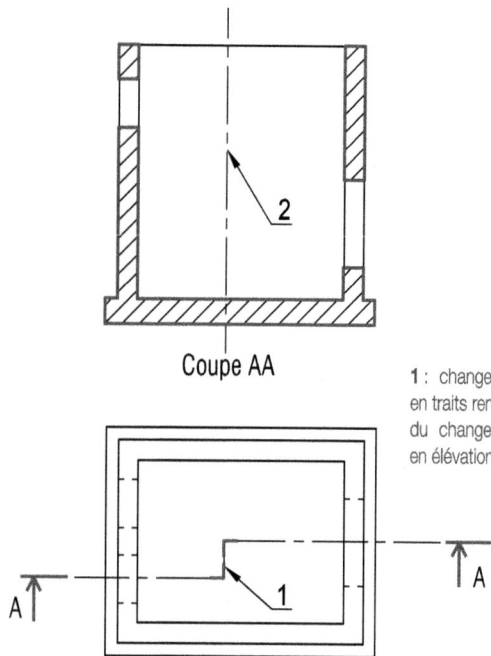

2 Coupe brisée à plans parallèles : l'objet est coupé par 2 plans parallèles. Elle permet la représentation de détails situés sur des plans différents et diminue le nombre de section ou de coupe.

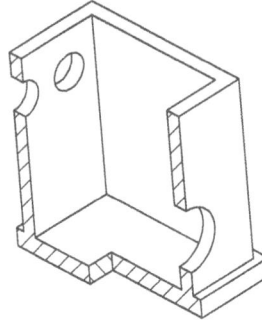

Coupe AA

1 : changement de plans en traits renforcés. **2** : trace du changement de plans en élévation

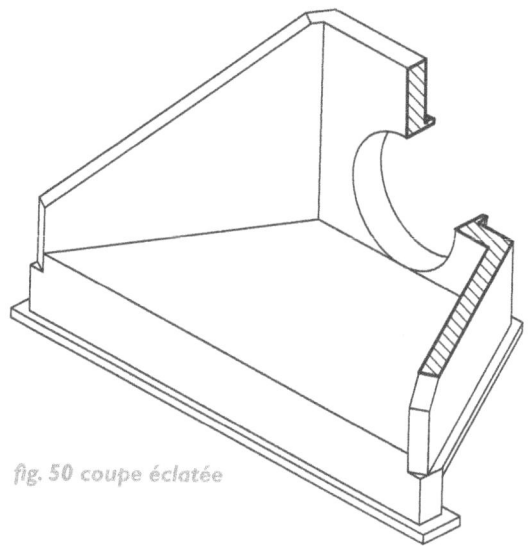

fig. 49 résultat avec correspondance entre plan et élévation

fig. 50 coupe éclatée

9.5.9 ADAPTATIONS AU BTP

1 Matériaux de nature différente

Lorsque le plan de coupe traverse des matériaux de nature différente (béton de propreté, chaînage), il y a lieu de les différencier par un changement du type de hachures limité par des traits fins.

2 Reprises de bétonnage

1 : Hachures du sol. **2** : Béton de propreté (en général non hachuré car faible épaisseur). **3** : Hachures du béton armé pour la bêche. **4** : Hachures du béton armé pour le radier. **5** : Hachures du béton armé pour le chaînage. **6** : Hachures du béton banché pour les murs (ou voiles). **7** : trait fin matérialisant la reprise de bétonnage. **8** : trait fin matérialisant une différence de matériaux

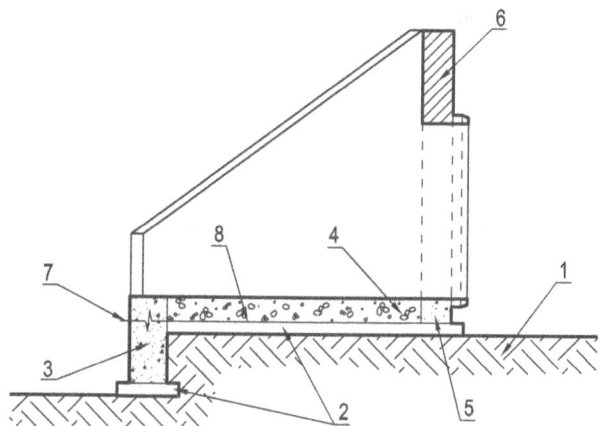

fig. 51 coupe complétée

3 Éléments situés entre le plan de coupe et l'observateur

Ils ne doivent pas être représentés selon le principe des coupes mais ils figurent quand même sur les plans pour améliorer leur compréhension : poutre ou conduit de fumée en plafond, couverture sur une vue en plan.

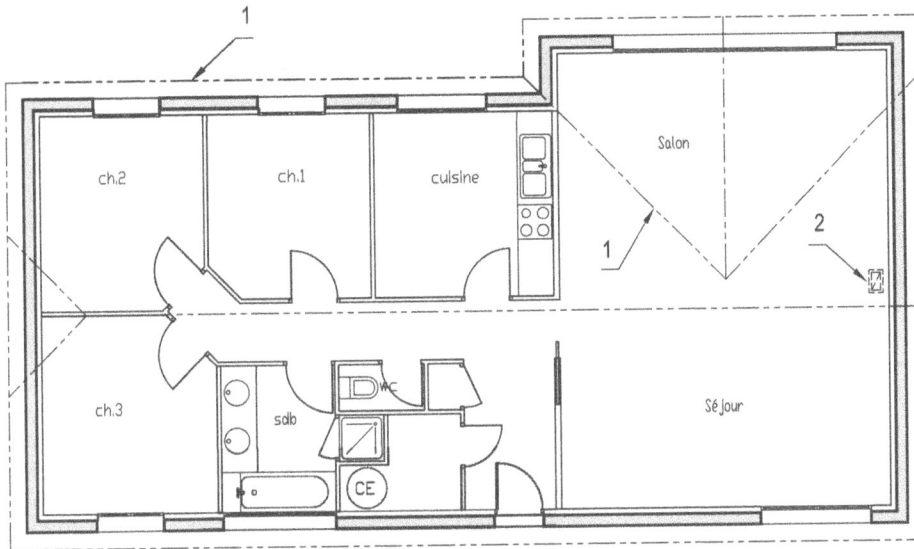

fig. 52 arêtes situées au dessus du plan de coupe (type de ligne spécifique)

1 : couverture
2 : conduit de fumée, départ en plafond

9.6 Analyse d'un ouvrage hydraulique autoroutier (OHA)

9.6.1 INTRODUCTION

La stabilité et la conservation des ouvrages (routes, autoroutes,…) sont dépendants du contrôle de la circulation de l'eau présente en surface ou dans le sol.

Les eaux de ruissellement, qui ravinent et diminuent la portance des sols, doivent être collectées puis acheminées par des fossés et des cunettes en béton vers des exutoires naturels – cours d'eau… – ou artificiels – bassin de rétention, d'écrêtage…

Les eaux souterraines sont collectées par drainage.

Pour les eaux de ruissellement provenant du réseau routier (plate-formes, autoroutes) la réglementation impose de les recueillir, les stocker et les assainir pour éviter toute pollution accidentelle de la nappe phréatique(produits toxiques).

L'OHA (ouvrage hydraulique autoroutier) permet aux eaux de ruissellement de traverser l'autoroute.

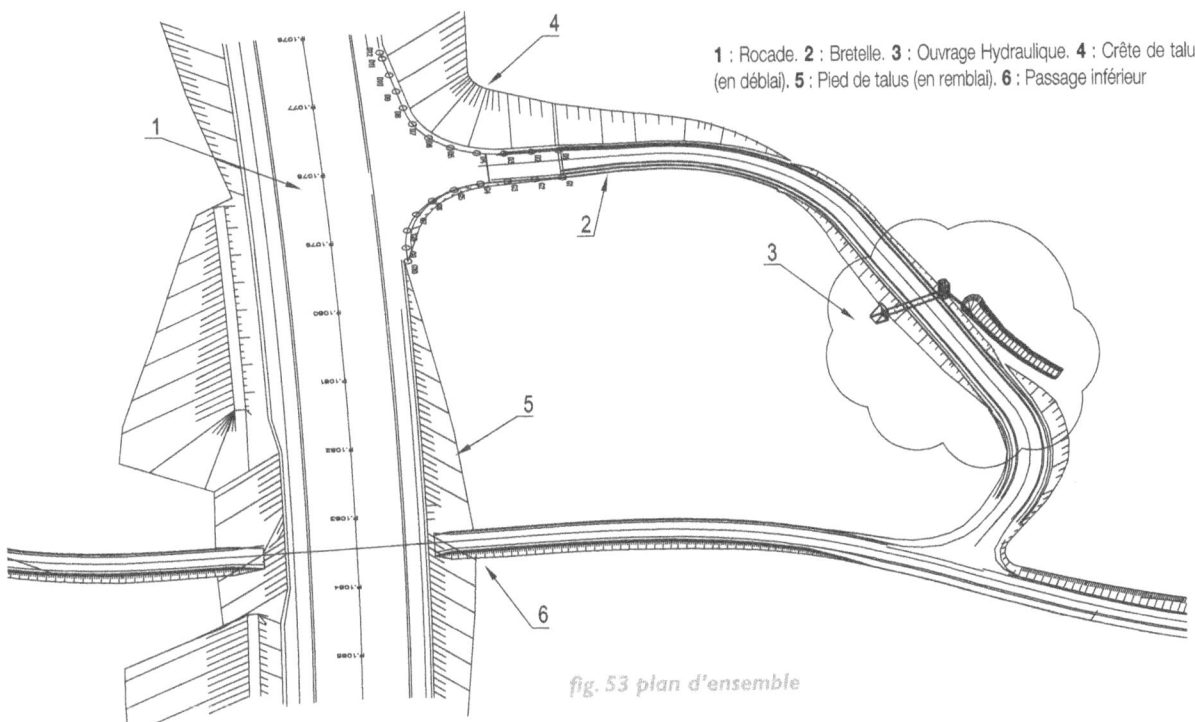

1 : Rocade. **2** : Bretelle. **3** : Ouvrage Hydraulique. **4** : Crête de talus (en déblai). **5** : Pied de talus (en remblai). **6** : Passage inférieur

fig. 53 plan d'ensemble

fig. 54 détail d'ouvrage hydraulique routier (OHR)

1 : Bassin de rétention.
2 : Canalisation Ø 400.
3 : Regard.
4 : Canalisation Ø 1000.
5 : Tête d'ouvrage hydraulique.
6 : Chaussée en remblai

Les tuyaux sont remplacés par des dalots (cadres rectangulaires) lorsque l'épaisseur possible de remblai est insuffisante.

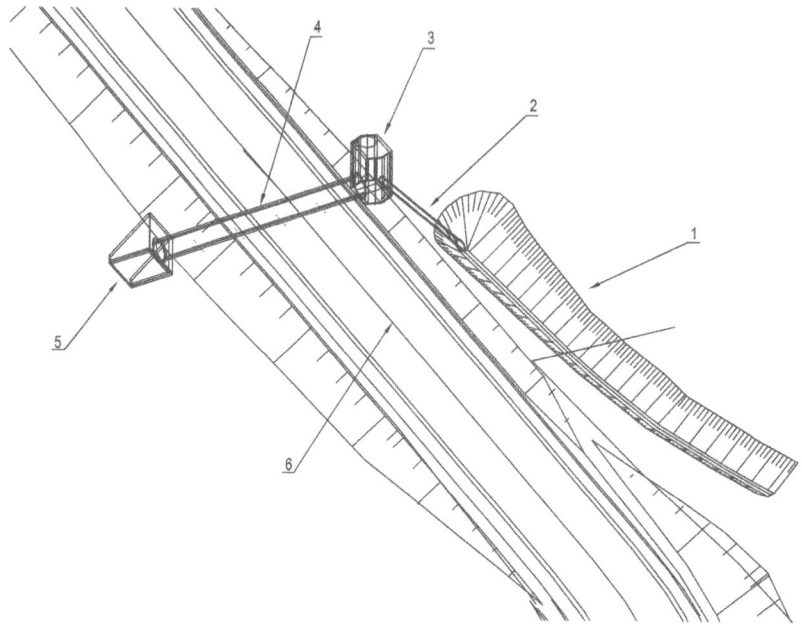

REMARQUE : le débit équivalent à un cadre fermé de 2.00 m × 1.00 m (hauteur) est obtenu par un Ø 1.60 m.

fig. 55 ouvrage hydraulique constitué de cadres ou dalots

1 : Talus de la tranchée
2 : Béton d'assise
3 : Cadre ou dalot
4 : Hauteur du remblai (recouvrement)

fig. 56 compactage des remblais autour des dalots

9.6.2 NOMENCLATURE

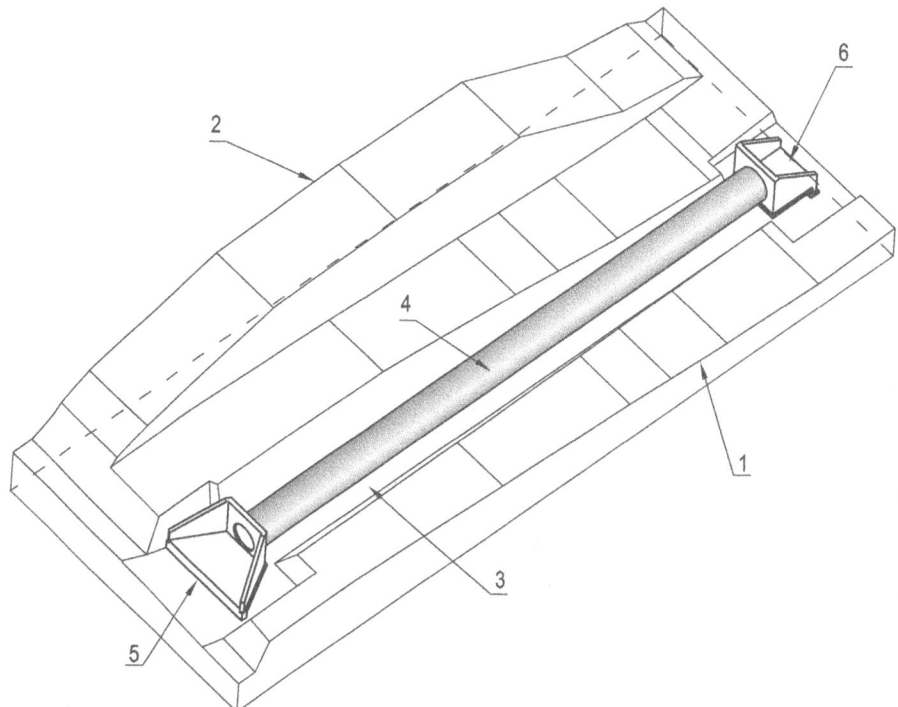

9.6.3 Cotes d'implantation

Les têtes d'ouvrage hydraulique sont implantées en coordonnées absolues X,Y,Z inscrites sur la vue en plan (fig. 6). Après réalisation de l'ouvrage, une fiche de récolement consigne les valeurs X,Y,Z relevées sur le terrain qui sont comparées aux valeurs théoriques du plan.

Les tolérances admises sont de ± 5 cm en plan et ± I cm en altitude .

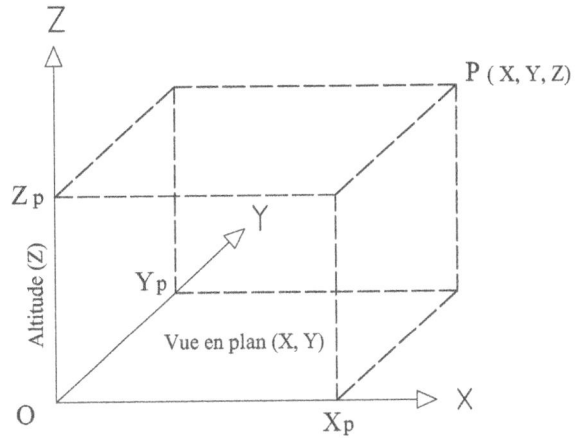

fig. 58 position d'un point en coordonnées cartésiennes

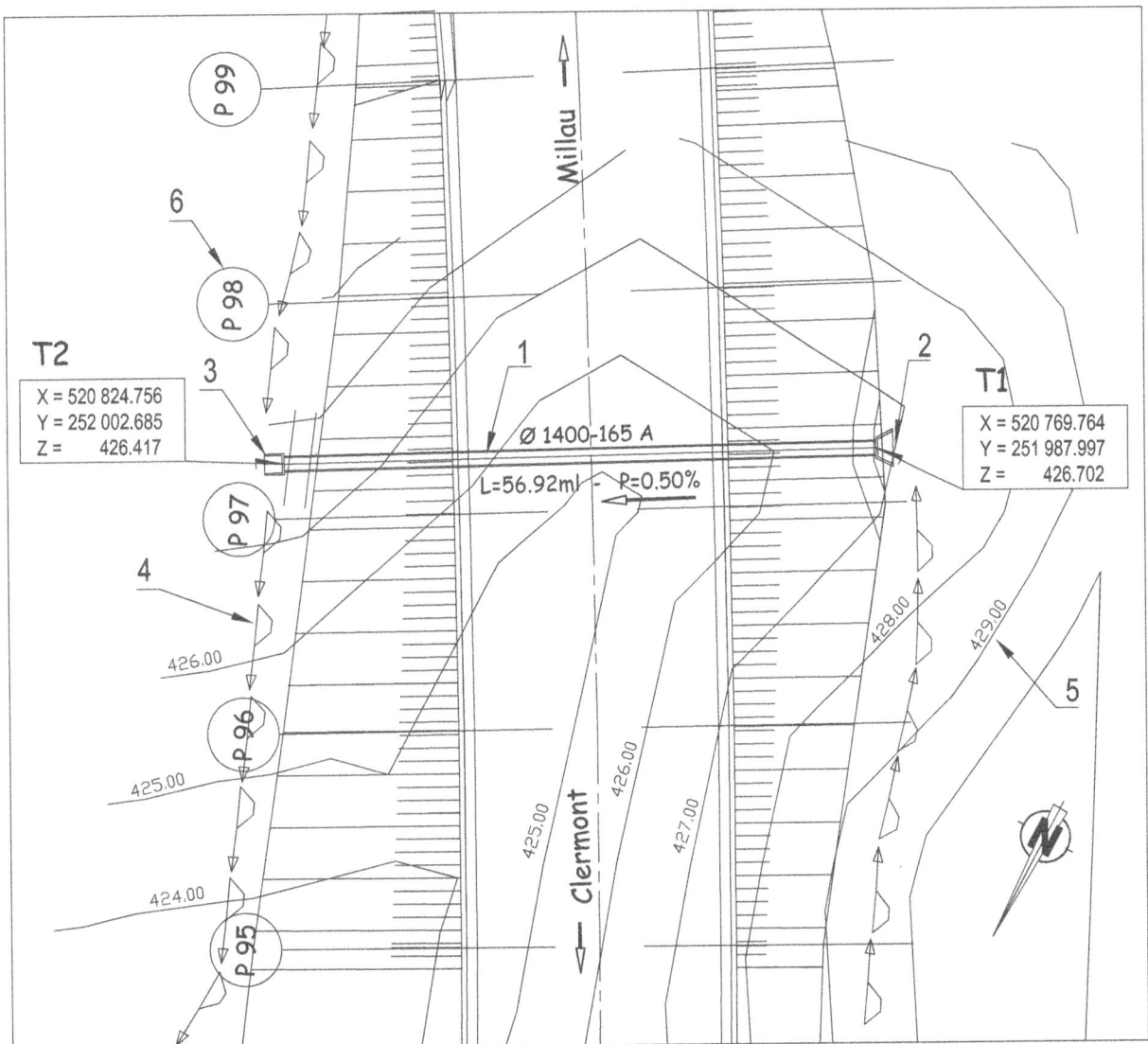

T2

X = 520 824.756
Y = 252 002.685
Z =   426.417

T1

X = 520 769.764
Y = 251 987.997
Z =   426.702

Ø 1400-165 A
L=56.92ml - P=0.50%

fig. 59 vue en plan

1 : Canalisation (diamètre, classe de résistance, longueur et pente).
2 : Tête amont d'ouvrage hydraulique T1 avec tableau de coordonnées X, Y, Z.
3 : Tête aval d'ouvrage hydraulique T2 avec tableau de coordonnées X, Y, Z.

4 : Caniveau en béton et sens d'écoulement.
5 : Courbes de niveau (ensemble des points de même altitude).
6 : Repérage des profils en travers de l'autoroute

219

9.6.4 Détails des assemblages

9.6.4.1 Extrémités

Les différents éléments de l'ouvrage (têtes de d'ouvrage hydraulique, tuyaux) sont emboîtés pour :

- assurer l'étanchéité ;
- la résistance mécaniques aux différentes charges (compactage, remblais, charges roulantes) et conditions particulières (nappe phréatique).

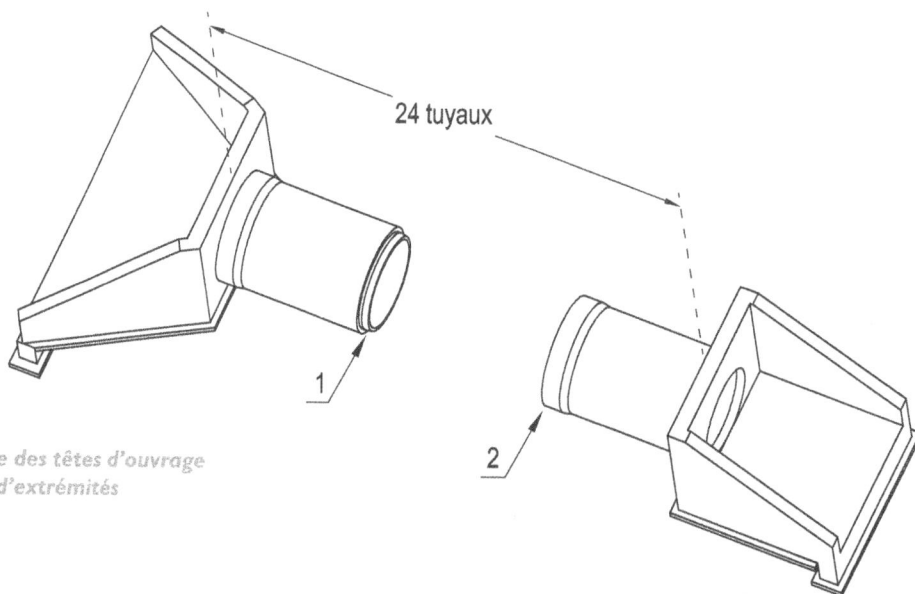

fig. 60 schéma d'assemblage des têtes d'ouvrage hydraulique et des tuyaux d'extrémités

1 : Emboîture mâle
2 : Emboîture femelle

9.6.4.2 Tuyaux

Pour être emboîtés, les tuyaux sont fabriqués avec une partie mâle chanfreinées (arête vive remplacée par un quart de rond, variation progressive du ø) et une partie femelle (collet ou tulipe) munie d'un joint d'étanchéité. Pour les gros ø > 2 000, le collet n'est pas utile car l'emboîture s'effectue dans l'épaisseur.

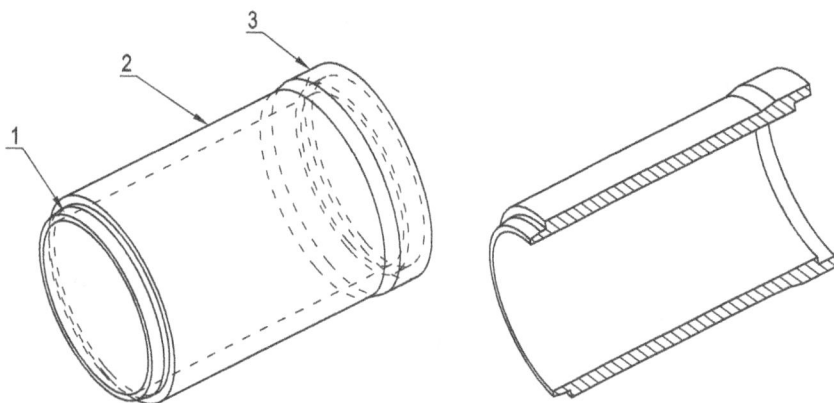

fig. 61 nomenclature d'un tuyau en perspective (vue extérieure et coupe)

1 : Partie mâle chanfreinée munie d'une gorge pour le joint d'étanchéité
2 : Fût
3 : Partie femelle ou collet

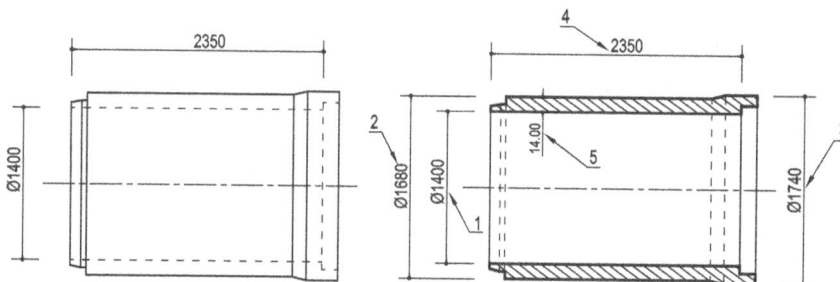

fig. 62 dimensions du tuyau (vue extérieure et coupe longitudinale)

1 : ø nominal : 1 400 mm
2 : ø du fût = 1 400 + 2 × 1 400/10 = 1 680 mm
3 : ø du collet : 1 740 mm
4 : Long. Utile Lu = 2 350 mm
5 : épaisseur = ø nominal / 10 = 140 mm

fig. 63 mise en œuvre d'un ø 2 000

9.6.5 COTATION

9.6.5.1 Repères du projet

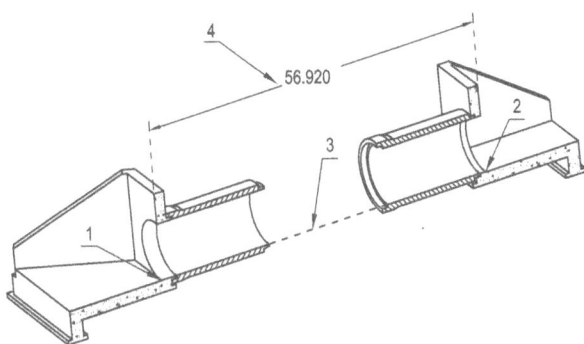

fig. 64 définition des cotes du projet

1 : Point d'implantation de T1. **2** : Point d'implantation de T2. **3** : Ligne du fil d'eau. **4** : Longueur du projet 56.92 m

La longueur du projet comprend :

- 24 tuyaux de 2.35 m = 56.40 m
- épaisseur du mur de tête mâle = 0.38 m
- épaisseur du mur de tête femelle = 0.14 m
- longueur = 56.40 + 0.38 + 0.14 = 56.92 m

REMARQUE : les épaisseurs de mur de tête à prendre en compte sont fonction du ø nominal du tuyau.

9.6.5.2 Cotation en plan (X,Y)

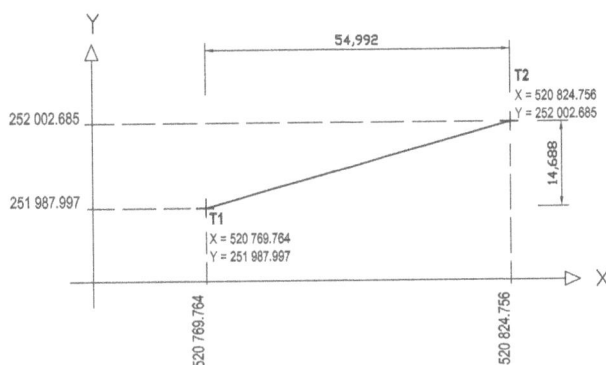

fig. 65 coordonnées X et Y des têtes d'ouvrage hydraulique T1 et T2

$\Delta X = 520\,824.756 - 520\,769.764 = 54.992$ m

$\Delta Y = 252\,002.685 - 251\,987.997 = 14.668$ m

long. du projet $= \sqrt{54.992^2 + 14.668^2} = 56.920$ m

La longueur selon la pente est légèrement supérieure. Voir remarque suivante.

9.6.5.3 Altitude (Z)

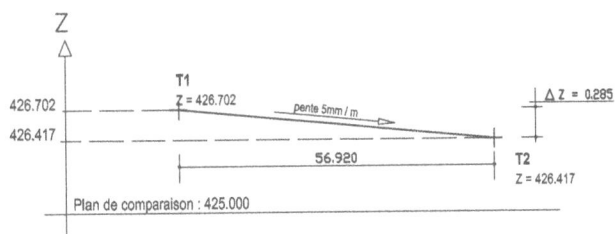

fig. 66 calcul de Z

Calcul de l'altitude du fil d'eau de la tête d'ouvrage hydraulique aval ZT2 connaissant l'altitude du fil d'eau de la tête d'ouvrage hydraulique amont ZT1 = 426.702

La pente est le rapport de la hauteur sur la distance horizontale.

Pour 1 m

Pente 5 mm/m = 5 mm pour 1 000 mm = 5/1000 = 0.005

Pente exprimée en % : 5/1 000 = 0.5/100 = 0.5 %

$\Delta Z = 56.920 \times 0.005 = 0.285$

$\Delta Z = ZT1 - ZT2$

$ZT2 = ZT1 - 0.285 = 426.702 - 0.285 = 426.417$

REMARQUES : 1 % = 1 cm pour 100 cm = 1 cm pour 1 m. 56.920 est la longueur ramenée à l'horizontale. La longueur selon la pente implique une variation inférieure à 5 mm.

9.7 Avant-métré de la tête d'ouvrage hydraulique

9.7.1 INTRODUCTION

Comme pour le massif de grue, l'avant-métré peut être succinct ou détaillé. L'entreprise chargée de la réalisation envisage plusieurs solutions pour retenir la plus rentable :

- Réalisation entièrement traditionnelle, *in situ* ;

- Réalisation entièrement préfabriquée, l'entreprise n'assure que la pose ;

- Réalisation mixte : certaines parties coulées en place, d'autres préfabriquées.

Pour comparer ces différentes options, une étude détaillée, fractionnée en ouvrages élémentaires, est nécessaire.

9.7.2 LISTE DES POSTES

Code	Désignation	U
1	Béton de propreté B16, ep. moyenne 10 cm	m²
2	Bêche	
2- 1	Béton B 25	m³
2- 2	Coffrage ordinaire	m²
2- 3	Armatures S 500	kg
3	Chaînage	
3- 1	Béton B 25	m³
3- 2	Coffrage ordinaire	m²
3- 3	Armatures S 500	kg
4	Radier	
4- 1	Béton B 25 épaisseur 20 cm	m²
4- 2	Armatures treillis soudé ST 40C	m²
5	Mur ou voile	
5- 1	Béton B 25	m³
5- 2	Coffrage ordinaire	m²
5- 3	Majoration pour coffrage parement soigné	m²
5- 4	Majoration pour coffrage circulaire	U
5- 5	Armatures treillis soudé ST 25C	m²
6	Réservation et bossage pour emboîture mâle Ø intérieur 1.40 m, Ø extérieur 1.60 m, long 0.13 m compris quart de rond et gorge pour emplacement du joint d'étanchéité	U

Code	Désignation
1	Béton de propreté B 16
2	Bêche ou écran para fouille
3	Chaînage
4	Radier
5	Murs ou voiles en béton banché
6	Réservation et bossage pour emboîture mâle

REMARQUE : seul le mode de métré ne figurant pas aux thèmes précédents sera précisé.

9.7.3 BÉTON DE PROPRETÉ B16

Réalisé sous la bêche et le radier avec un débord de 0.10 m

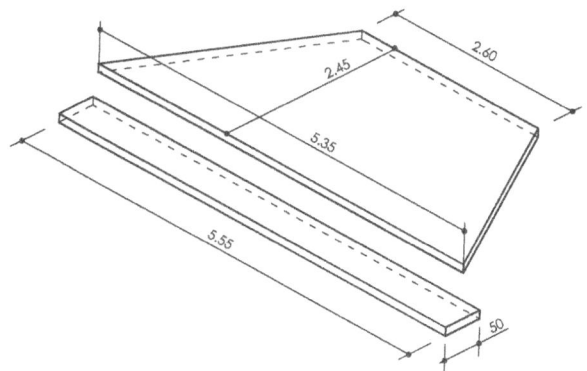

fig. 68 cotes du béton de propreté

Code	Désignation	U	Qté
1	Béton de propreté B16, ep. moyenne 10 cm		
	Sous bêche		
	Rectangle		
	5.55 × 0.50 = 2.78		
	Sous radier		
	Trapèze		
	(5.35 + 2.60) × 2.45 /2 = 9.74		
	Ensemble surface	m²	12.51

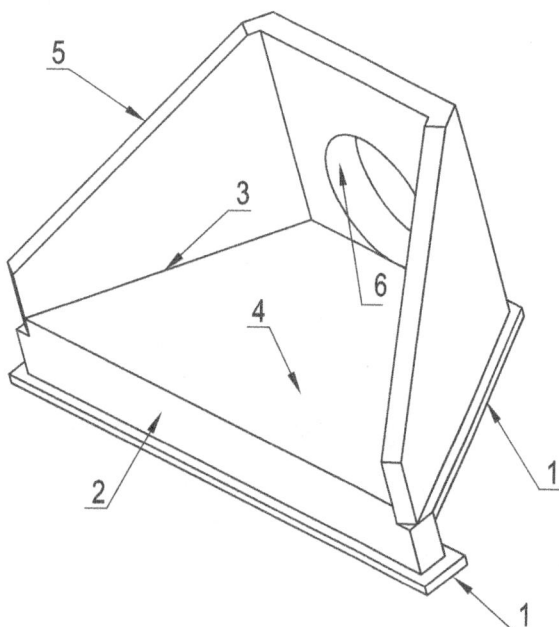

fig. 67 ouvrages élémentaires à quantifier

9.7.4 BÊCHE OU ÉCRAN PARAFOUILLE

La base de l'ouvrage est constituée de 3 ouvrages élémentaires imbriqués : la bêche, le chaînage et le radier. Pour une appréhension de la technique de calcul, chaque élément doit être décomposé de telle sorte qu'il n'y ai ni oubli ni recoupement. La technique du métré apporte une réponse justifiée tant au point de vue technologique qu'économique.

PRINCIPE : les planchers au sens large (compris radier, dallage) sont comptés dans œuvre DO (à l'intérieur) des poutres, chaînages, bêches.

Les armatures des poutres, chaînages, bêches sont un assemblage de cadres et de filants, les planchers sont armés de treillis soudé.

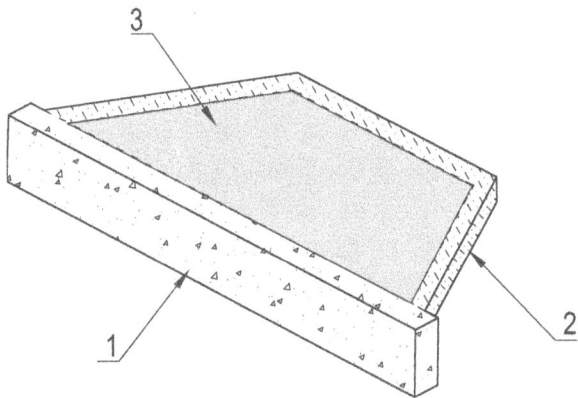

fig. 71 cotes de la bêche

fig. 69 représentation de la décomposition

1 : bêche.
2 : chaînage péri métrique.
3 : radier

REMARQUE : d'un point de vue strictement géométrique, la bêche n'est pas un parallélépipède complet. Par la suite, ce volume sera négligé.

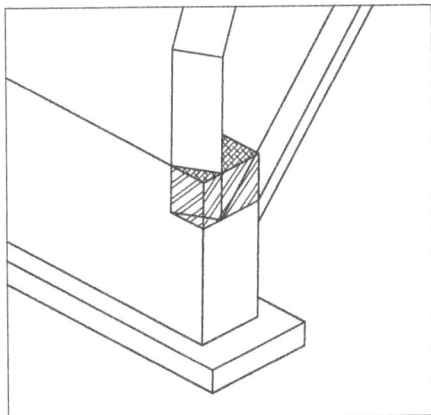

Code	Désignation	U	Qté
2	Bêche		
2 1	Béton B 25		
	Lin 5.35		
	× sect : 0.30 × 0.70		
	= Vol	m³	1.120
2 2	Coffrage ordinaire		
	extérieur		
	Lin 5.35		
	× ht 0.70		
	= Surf : 3.75		
	intérieur		
	Lin 5.35		
	× ht 0.50		
	= Surf : 2.68		
	abouts		
	Surf : 2f 0.30 × 0.70 = 0 42		
	Ens. surf.	m²	6.84
2- 3	Armatures S 500		
	Rep. Volume V2-1 : 1.120		
	× ratio 70 kg/m³	kg	78.650

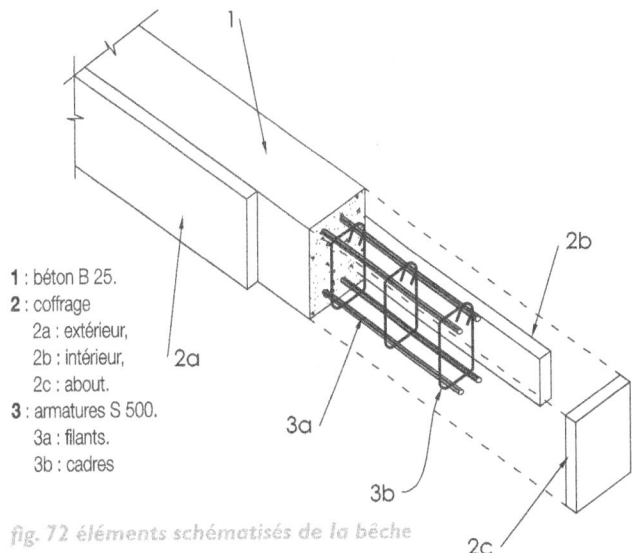

fig. 70 détail du volume négligé

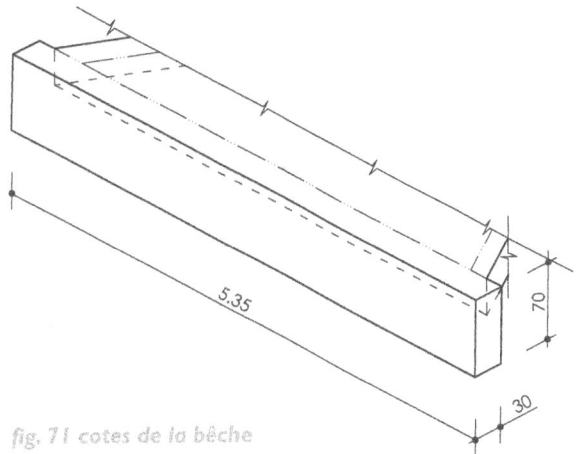

1 : béton B 25.
2 : coffrage
  2a : extérieur,
  2b : intérieur,
  2c : about.
3 : armatures S 500.
  3a : filants.
  3b : cadres

fig. 72 éléments schématisés de la bêche

RAPPEL : le coffrage est compté « surface en contact avec le béton ». Sur le chantier la surface à mettre en œuvre est supérieure. Cette différence, ainsi que l'amortissement pour réemploi sont prises en compte dans l'étude de prix.

9.7.5 CHAÎNAGE

Comme il est situé à l'intersection des murs et du radier, sa section est attachée aux dimensions de ces ouvrages :

Largeur du chaînage = épaisseur des murs

Hauteur du chaînage = épaisseur du radier

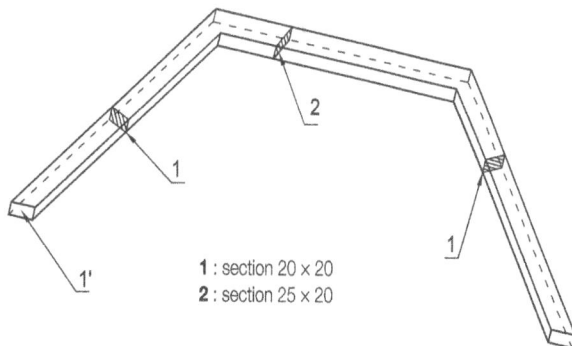

fig. 73 perspective des chaînages

1 : section 20 × 20
2 : section 25 × 20

REMARQUES :

- La 1re dimension indique la largeur et la 2e la hauteur.

- La section 1' n'est pas une section carrée car le chaînage n'est pas perpendiculaire à la bêche.

De cette dernière remarque résulte 3 façons de calculer le volume de béton du chaînage.

Méthode exacte (mathématique) :

Volume = surface de base × épaisseur

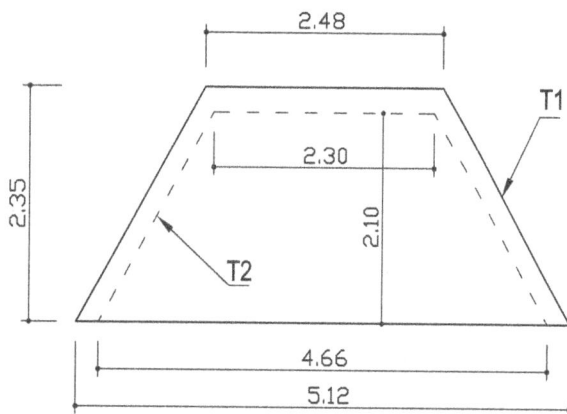

fig. 74 cotation des trapèzes

Trapèze T1 = (5.12+2.48)/2 × 2.35 = 8.93 m^2
Trapèze T2 = (4.66 + 2.30)/2 × 2.10 = 7.31 m^2
V = (T1 − T2) × 0.20 = 0.324 m^3

Méthode « métré »

Volume = linéaire 1 × section 1 + linéaire 2 × section 2

Avec les linéaires pris selon l'axe du chaînage
    linéaire 1 = 2 × 2.55 ; section 1 = 0.20 × 0.20
    linéaire 2 =   2.39 ; section 2 = 0.25 × 0.20

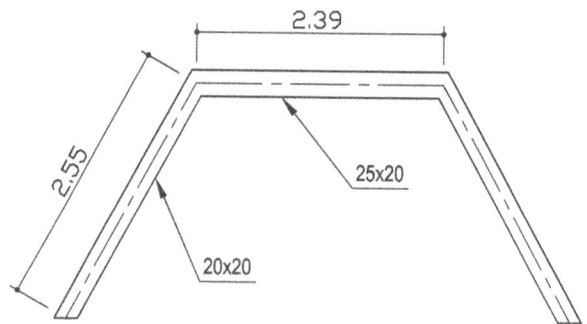

fig. 75 cotation entre axes

V = 2 × 2.55 × 0.20 × 0.20 + 2.39 × 0.25 × 0.20
V = 0.324 m^3

Méthode « rapide »

Volume = linéaire 1 × section 1 + linéaire2 × section 2

Avec les linéaires pris à l'extérieur du chaînage,
linéaire 1 = 2 × 2.70 ; linéaire 2 = 2.48

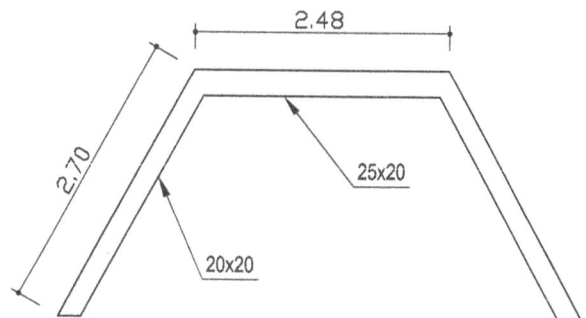

fig. 76 cotation extérieure

V = 2 × 2.70 × 0.20 × 0.20 + 2.48 × 0.25 × 0.20
V = (T1 −T2) × 0.20 = 0.340 m^3

Conclusions

La différence obtenue est, au maximum, de 16 litres pour 324 litres réels.

La méthode exacte requiert le calcul de 6 cotes alors que 2 cotes suffisent pour la méthode métré. Les méthodes « métré » ou « rapide » sont justifiées compte tenu de la précision et de la rapidité.

Code	Désignation	U	Qté
3	Chaînage		
3 1	Béton B 25		
	Section 20 × 20		
	Linéaire 2f 2.55 = 5.10		
	× sect. 0.20 × 0.20		
	= Vol. 0.204		
	Section 25 × 20		
	Linéaire 2.39		
	× sect. 0.25 × 0.20		
	= Vol. 0.120		
	Ens. vol	m^3	0.324

Code	Désignation	U	Qté
3 2	Coffrage ordinaire extérieur Linéaire 2f 2.70 + 2.48 = 7.88 × ht. 0.20 = surf	m²	1.58
3- 3	Armatures S 500 Rep. Volume V 3-1 : 0.324 × ratio 50 kg/m³	kg	16.220

<u>REMARQUE</u> : seul, le coté extérieur du chaînage doit être coffré. Les autres faces sont limitées par le béton de propreté, le radier et la bêche.

9.7.6 RADIER

Mode de métré : Au mètre carré réellement mis en œuvre en précisant son épaisseur, les caractéristiques des matériaux employés (composition, résistance minimale à la compression à j jours…).

Les armatures (treillis soudé au m²) peuvent être incluses ou comptées séparément (les surfaces sont identiques). Mais dans tous les cas, ne pas oublier de multiplier par 2 pour la nappe inférieure et la nappe supérieure lors du sous-détail et de l'approvisionnement.

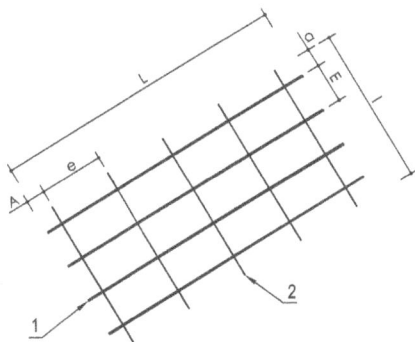

fig. 77 caractéristiques des treillis soudés

1 : Fils de chaîne ou fils porteurs de Ø D, espacement E, longueur L, about A
2 : fils de trame ou fils de répartition Ø d, espacement e, largeur unique l = 2.40 m, about a,
E × e : maille du TS

Les treillis soudés sont utilisés comme :

- **treillis anti-fissuration** (NF A 35024) en rouleaux ou en panneaux (repères RAF pour rouleaux ou PAF pour panneaux suivis d'une lettre R C ou V)
  exemple PAF C pour panneaux d'une section de 0.8 cm²/m, une maille E × e de 200 × 200, D × d 4,5 × 4,5 et L × l 3.60 × 2.40, masse du panneau 10.80 kg.

- **treillis de structure** (NF A 35016) en panneaux (repère ST suivi d'un nombre 10, 20, 25… indiquant la section d'acier et parfois d'une lettre C pour maille carrée)
  exemple ST 45 pour panneaux d'une section de 4.24 cm²/m, une maille E × e de 150 × 300, D × d 9 × 8 et L × l 6.00 × 2.40, masse du panneau 66.66 kg.

<u>REMARQUE</u> : comme le radier est en béton armé, le mode de métré, béton au m³ et armatures au kg, est possible.

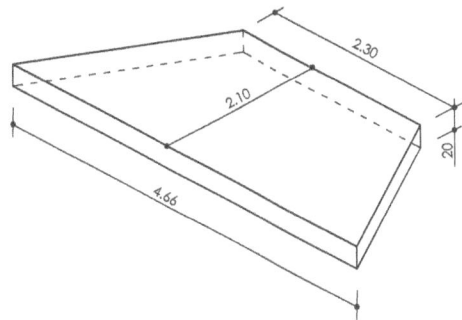

*fig. 78 cotes du radier
(prises DO du chaînage et de la bêche)*

Code	Désignation	U	Qté
4	Radier		
4- 1	Béton B 25 épaisseur 20 cm Surf. (4.66+2.30) × 2.10/2	m²	7.31
4- 2	Armatures treillis soudé ST 40C Rep. Surf.7.31 2 fois	m²	14.62

9.7.7 MURS OU VOILES

L'avant-métré peut être global (voiles au m², vides < à 0.25 m² non déduits, en précisant l'épaisseur compris béton, coffrage et armatures). Dans cet exemple, les postes seront détaillés comme indiqué dans l'introduction.

Pour le calcul du volume du béton, la méthode « entre axes » est reprise mais, pour les murs en retour, les linéaires du chaînage ne peuvent pas être repris (alignement différent en plan).

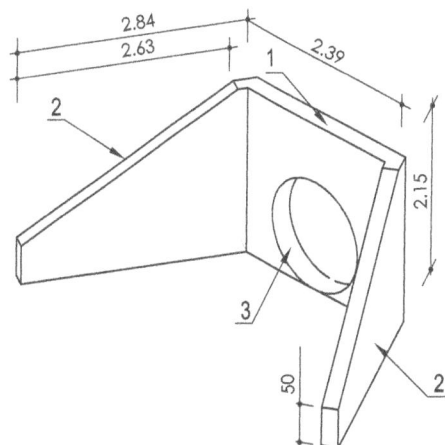

fig. 79 cotes des murs

1 : mur de front.
2 : mur en retour.
3 : réservation cylindrique

Code	Désignation	U	Qté
5	Mur ou voile		
5 1	Béton B 25		
	Mur de front, ep 0.25		
	Surf 2.39 × 2.15 = 5.14		
	Déduire disque		
	Surf π × 0.70² = 1.54		
	Reste surf = 3.60		
	× ep 0.25		
	= Vol. 0.900		
	Mur en retour, ep 0.20		
	Surface		
	Rectangle 2.84 × 2.15 = 6.11		
	Déduire triangle		
	2.63 × 1.65/2 = 2.17		
	Reste surf : 3.94		
	2 fois = 7.87		
	× ep 0.20		
	= Vol. 1.575		
	Ens. cube	m³	2.474
5 2	Coffrage ordinaire		
5-2-1	Extérieur sur une ht de 2.15 m		
	Linéaire 2f 2.93 + 2.48 = 8.34		
	× ht 2.15		
	= Surf. 17.93		
	Déduire triangles		
	2f 2.63 × 1.65/2 = 4.34		
	Reste surf. extérieure	m²	13.59
5-2-2	Intérieur sur une ht de 2.15 m		
	Linéaire 2f 2.75 + 2.30 = 7.80		
	× ht 2.15		
	= Surf. 16.77		
	Déduire triangles		
	2f 2.63 × 1.65/2 = 4.34		
	Reste surf. intérieure	m²	12.43
	Remarque : le disque peut ne pas être pas déduit		
	Aire du disque : π × 0.70² = 1.54		
5-3	Majoration pour coffrage parement soigné (face vue)		
	Reprendre surf. du coffrage intérieur 5-2-2	m²	12.43
5-4	Majoration pour coffrage circulaire		
	Évalué à l'unité	U	1
5-5	Armatures treillis soudé ST 25C		
	Rep. Surf coffrage ext. : 13.59		
	Rep. Surf coffrage int. : 12.43		
	Ens surf.	m²	26.02
	Pour mémoire, si déduction du disque : π × 0.70² = 1.54 m²		

La surface de treillis soudé pour les voiles armés de 2 nappes est approchée. Elle correspond sensiblement à la somme du coffrage extérieur et du coffrage intérieur.

9.7.8 Bossage pour emboîture mâle

Cette pièce, trop délicate pour être coffrée et bétonnée sur l'ouvrage, est préfabriquée. Le volume de béton, la surface de coffrage et le poids d'acier n'ont que peu de sens au regard du temps de fabrication.

Évaluation à l'unité

Code	Désignation	U	Qté
6	Bossage pour emboîture mâle Ø intérieur 1.40 m, Ø extérieur 1.60 m, long 0.13 m compris quart de rond et gorge pour emplacement du joint d'étanchéité	U	1

9.7.9 Sur le chantier

Pratiquement, l'étude économique aboutit :

- à une réalisation sur place du radier et de la bêche :
- à une préfabrication des murs têtes.

Pour des raisons de manutention, la tête d'ouvrage hydraulique est un élément monobloc pour les Ø de tuyau ≤ 1 m et livré en plusieurs parties pour les Ø de tuyau > 1 m.

Dans cet exemple, le béton de propreté, la bêche et le radier sont coulés sur place, les murs sont préfabriqués.

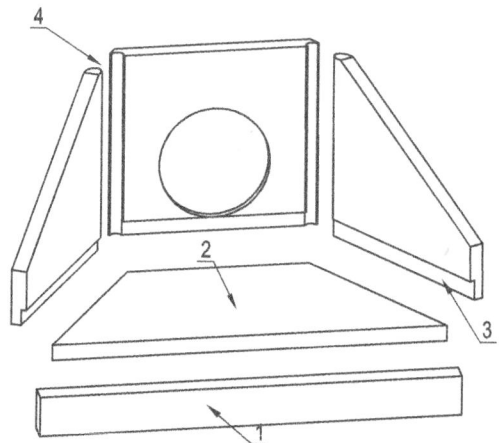

fig. 80 représentation éclatée

1 : bêche. **2** : radier. **3** : réservation avec armatures en attente pour liaison avec le radier coulé sur place. **4** : assemblage

Les murs sont fabriqués avec 2 particularités :

1. en pied : le chaînage péri métrique est intégré. Une réservation avec des armatures en attente assure la liaison avec le radier. Sa conception élimine le coffrage extérieur.

2. la jonction entre mur de front et mur de tête composée de deux demis cylindres, du type pivot glissant (2 degrés de liberté), permet un libre choix de l'angle d'ouverture.

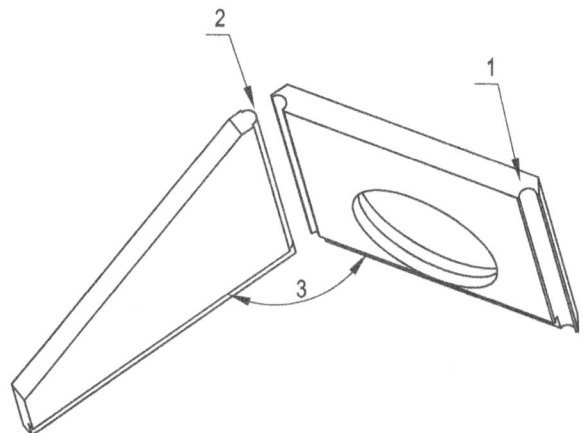

fig. 81 détail d'assemblage des murs préfabriqués

1 : demi cylindre femelle. **2** : demi cylindre male. **3** : angle d'ouverture variable

9.7.10 QUANTITATIF DE LA TÊTE D'OUVRAGE HYDRAULIQUE

Code	Désignation	U	Qté
1	Béton de propreté B16, ep. moyenne 10 cm	m²	12.51
2	Bêche		
2-1	Béton B 25	m³	11.20
2-2	Coffrage ordinaire	m²	6.84
2-3	Armatures S 500	kg	78.650
3	Mur ou voile		
3-1	Fourniture et pose du mur de front, ep 0.25 m, masse (≈ poids) 2 500 kg	U	1
3-3	Fourniture et pose des murs en retour, ep 0.20 m, masse (≈ poids) poids 2 000 kg	U	2
4	Radier compris clavetage des pieds des murs de front et de tête		
4-1	Béton B 25 épaisseur 20cm	m²	8.10
4-2	Armatures treillis soudé ST 40C	m²	16.20

REMARQUES :

La masse des murs est légèrement supérieure à celle qui pourrait être calculée à partir des volumes trouvés à l'article 5-1 car leur hauteur prend en compte une partie du chaînage.

De par la forme des pieds des murs préfabriqués la surface du radier à mettre en œuvre est légèrement supérieure à celle trouvée l'article 4-1

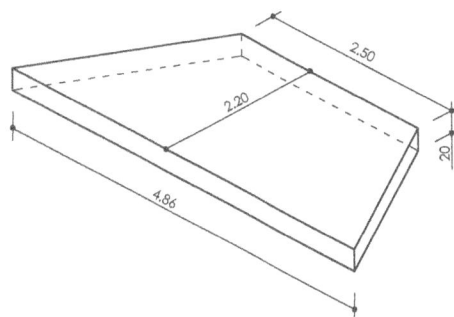

fig. 82 cotation du radier compris clavetage des pieds des murs (profondeur 10 cm)

9.8 Déterminer la solution la plus économique pour réaliser l'ouvrage

9.8.1 CALCUL DU PRIX DE VENTE SELON LES DEUX OPTIONS

DS option entièrement réalisée sur le chantier

Les travaux de terrassement sont réalisés à l'engin avec l'aide d'un ouvrier pour les travaux de finition manuels. L'engin servira également à la manutention des matériaux et du matériel.

Désignation	U	Q	p	Q+p	PU	MO	MX/ML
béton de propreté B 16	m³	1,251	2%		82,50		105,27
bêches							
béton B 25	m³	1,120	2%		85,00		97,10
coffrage ordinaire	m²	6,84			17,32		118,47
armatures	kg	78,650	4%		1,56		127,60
chainage							
béton B 25	m³	0,324	2%		85,00		28,09
coffrage ordinaire	m²	1,58			17,32		27,37
armatures	kg	16,220	4%		1,56		26,32
radier							
béton B 25	m³	1,462	2%		85,00		126,76
armatures	m²	7,31	4%		3,12		23,72
murs ou voiles							
béton B 25	m³	2,474	2%		85,00		214,50
coffrage ordinaire parois	m²	26,02			32,60		848,25
plus value peau finition soignée	m²	12,43			12,60		156,62
plus value cof. circulaire	U	1			51,00		51,00
armatures	m²	12,05	4%		3,12		39,10
bossage préfabriqué	U	1			200,00		200,00
location engin	H	8			29,73		237,84
conducteur engin, CE	H	8			22,50	180,00	
ouvrier d'exécution	H	8			19,81	158,48	
					Totaux	338,48	2 428,00
					TOTAL DS		**2 766,48 €**

DS option radier et bêche coulés sur place

Les travaux de terrassement sont réalisés à l'engin avec l'aide d'un ouvrier pour les travaux de finition manuels. L'engin servira également à la manutention des matériaux et du matériel.

Les éléments préfabriqués (tête d'ouvrage hydraulique) sont comptés rendus chantier.

Désignation	U	Q	p	Q + p	PU	MO	MX/ML
béton de propreté B 16	m³	1,251	2 %		82,50		105,27
bêches							
béton B 25	m³	1,120	2 %		85,00		97,10
coffrage ordinaire	m²	6,84			17,32		118,47
armatures	kg	78,650	4 %		1,56		127,60
murs ou voiles							
élément préfa mur de front	U	1			700,00		700,00
éléments préfa murs de tête	U	2			400,00		800,00
radier							
béton B 25	m³	1,620	2 %		85,00		140,45
armatures	m²	16,20	4 %		3,12		52,57
location engin	H	4			29,73		118,92
conducteur engin, CE	H	4			22,50	90,00	
ouvrier d'exécution	H	4			19,81	79,24	
					Totaux	169,24	2 260,39
					TOTAL DS	2 429,63 €	

Analyse et prix de vente

L'entreprise retiendra la solution la plus économique afin de se « placer » sur le marché. Le prix de vente sera obtenu en multipliant le DS intéressant par le coefficient multiplicateur d'entreprise.

PV = **2 429,63** multiplié par 1,34 soit : **3 255,70 €** ht

Conclusion

Pour un ouvrage déterminé l'entreprise est amenée à faire des études préalables comparatives afin d'optimiser ses prix et augmenter sa productivité. Cela permet d'obtenir des marchés par rapport à la concurrence.

THÈME 10

Piscine

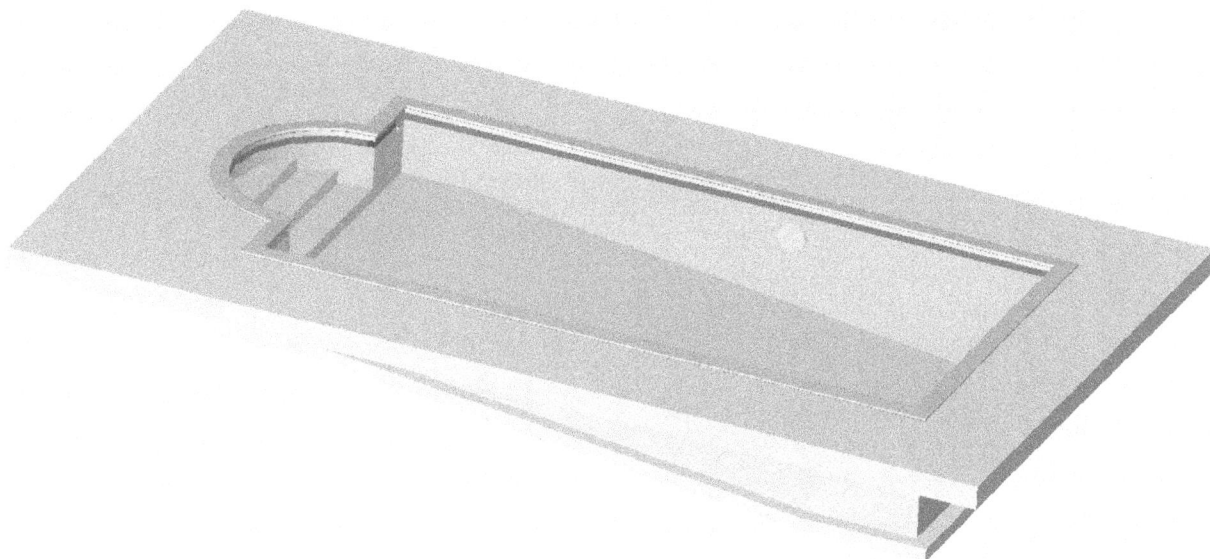

ACTIVITÉS

1. Dessin assisté par ordinateur

Objectif : Réaliser le dessin de définition de la piscine avec Autocad

Contenus : Dessin de définition de la piscine • Conception du modèle volumique (3D) • Chronologie de l'exécution du dessin de définition

2. Avant-métré terrassements

Objectif : Établir le devis quantitatif de la piscine • Avant-métré terrassements et maçonnerie

Contenus : Technique du métré • Décompositions • Calcul des quantités

3. Étude de prix

Objectif : Bilan de l'opération : comparatif prix prévisionnel et prix réel

Contenus : Au stade de l'étude – Bordereau de prix entreprise. Réalisation du devis quantitatif estimatif • Au stade de l'analyse – Recollement des documents. Évaluation des frais constatés. analyse • Conclusion

10.1 Dessin de définition de la piscine

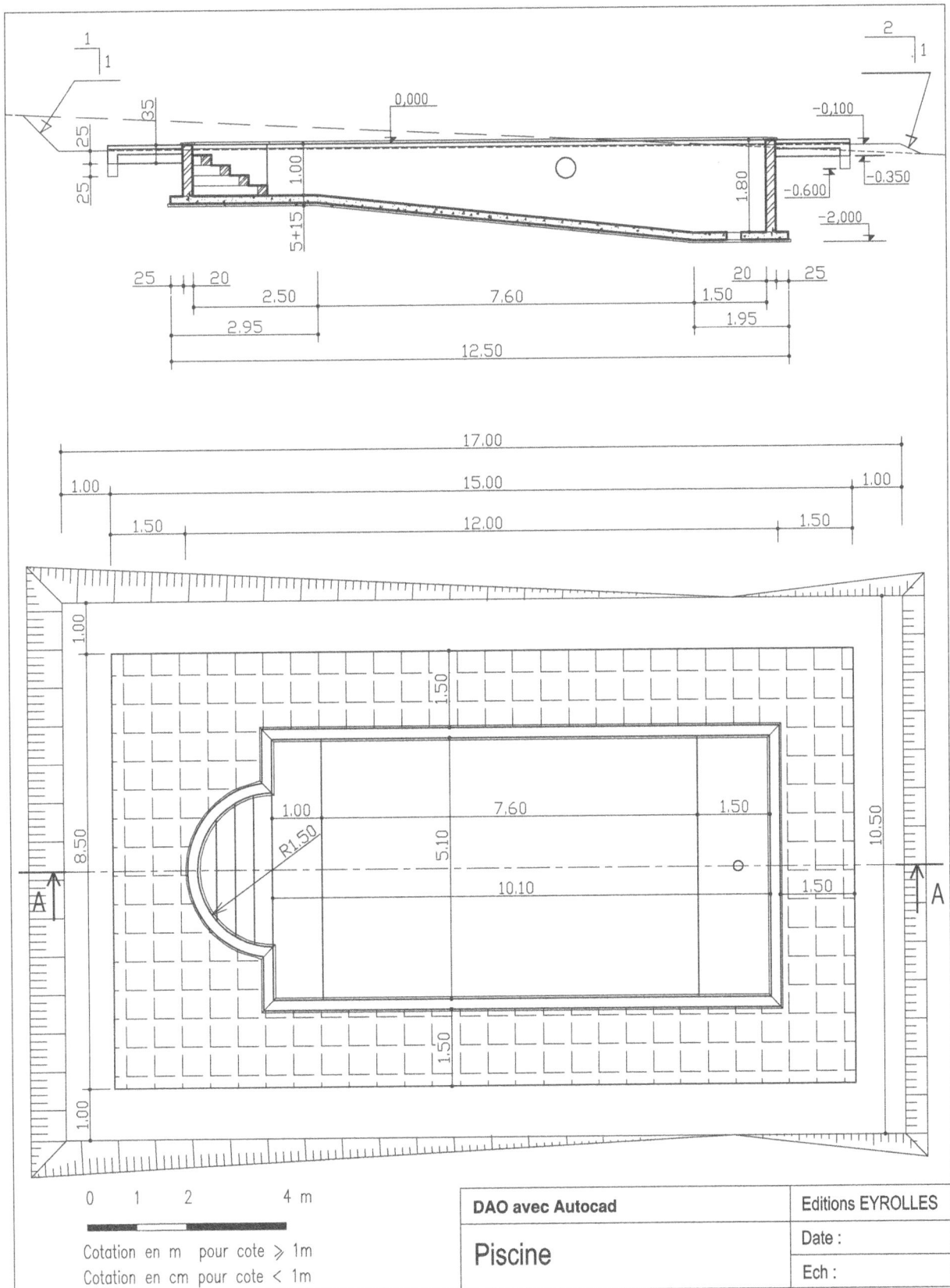

DAO avec Autocad	Editions EYROLLES
Piscine	Date :
	Ech :

0   1   2   4 m

Cotation en m   pour cote ⩾ 1m
Cotation en cm pour cote < 1m

fig. 1 dessin à réaliser

NOTE : le choix des dimensions intérieures de la piscine (10.10 m par 5.10 m) élimine les coupes de dalles de 50 × 50 lorsque l'épaisseur des murs est de 20 cm avec une pose des margelles qui recouvrent la plage.

10.2 Conception du modèle volumique

10.2.1 TERRASSEMENTS

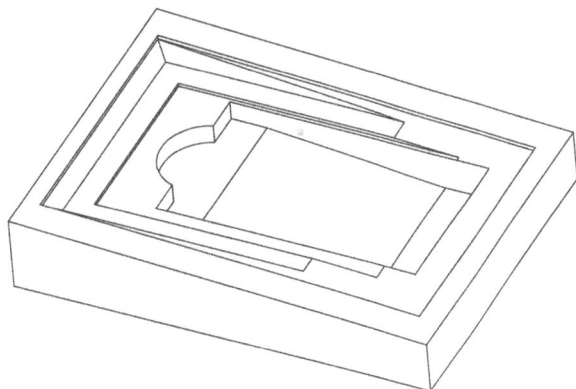

fig. 2 modèle volumique des fouilles

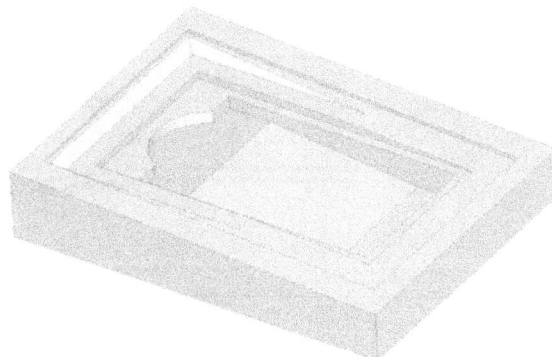

10.2.1.1 Modélisation du terrain naturel, pente moyenne 5 %

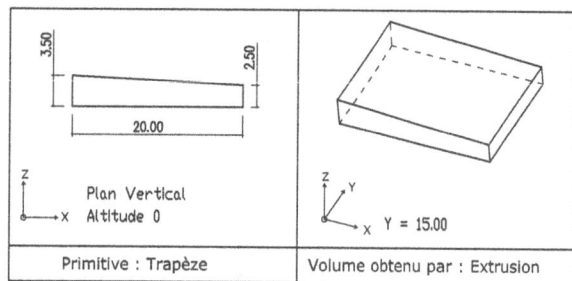

fig. 3 modèle volumique

fig. 4 projections orthogonales

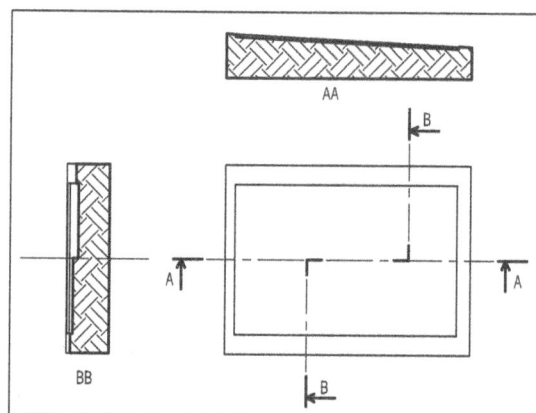

10.2.1.2 Décapage de la terre végétale, épaisseur moyenne 20 cm

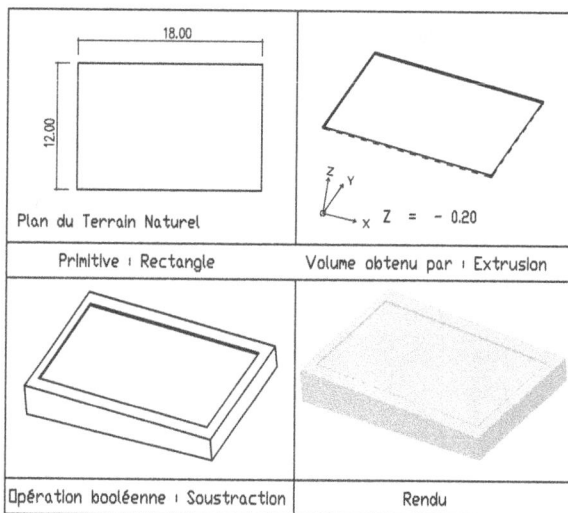

fig. 5 modèle volumique

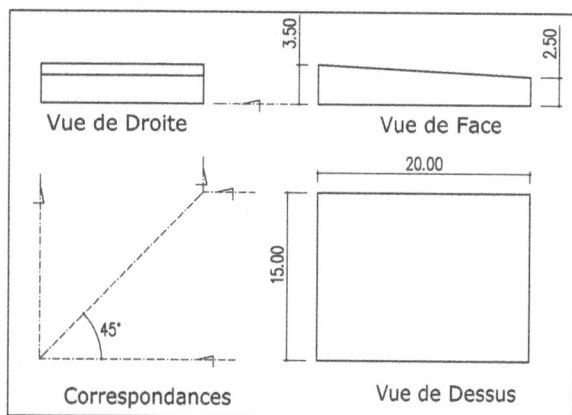

fig. 6 projections orthogonales, plan et coupes

10.2.1.3 Fouilles en pleine masse (ou en excavation)

Étape 1 : pour la plate forme utilisée comme dégagement autour de la plage

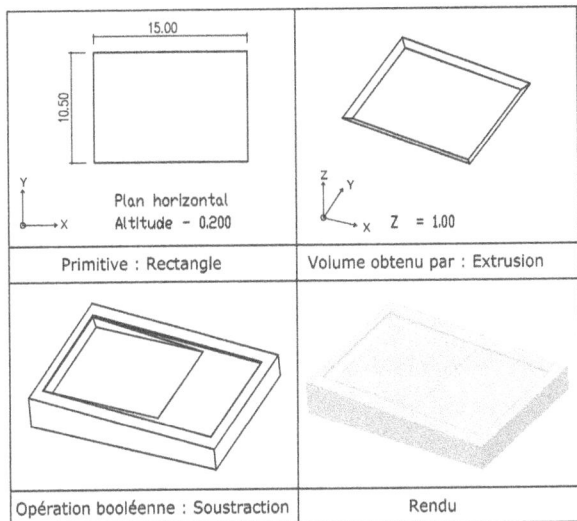

fig. 7 modèle volumique

REMARQUES :

1. La longueur du rectangle (primitive) est fixée à 15.00 m mais la longueur de l'intersection trouvée après soustraction est plus courte : 12.00 m. La plateforme est horizontale alors que le décapage suit la pente du terrain naturel. Après 12.00 m, la plateforme est au dessus du décapage et il n'y a plus d'intersection.

2. L'altitude du terrassement est à –0.200 pour une altitude finie à –0.100 afin de prévoir une finition par un régalage de 10 cm de terre végétale suivi d'un engazonnement.

3. Extrusion avec fruit ou dépouille de 1/1 ce qui signifie qu'à partir du rectangle de base de 15.00 par 10.50, pour une extrusion de 1.00 m selon z, le rectangle obtenu 1.00 m plus haut a pour dimension 17.00 par 12.50 (ou 13.00 par 8.50 selon l'orientation de la dépouille).

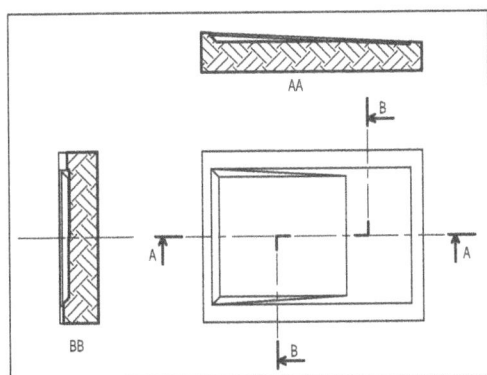

fig. 8 projections orthogonales, plan et coupes

Étape 2 : pour la plage composée du dallage et du revêtement

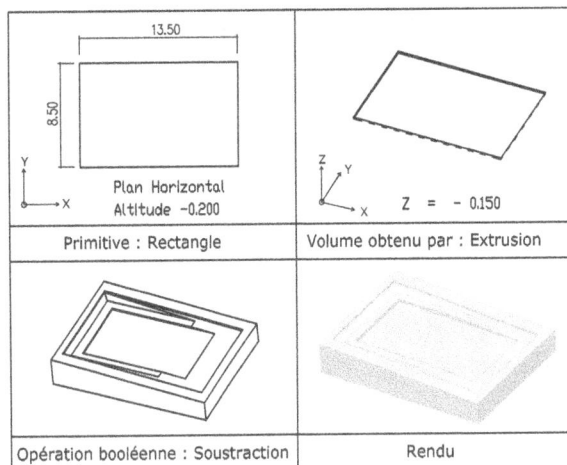

fig. 9 modèle volumique

Les dimensions du terrassement sont celles de la plage augmentées de 50 cm (2 fois 25 cm) nécessaires au coffrage extérieur de la bêche (ouvrage en béton armé ceinturant le dallage).

REMARQUE : comme pour la plateforme, la longueur du rectangle (primitive) est fixée à 15.50 m mais la longueur de l'intersection trouvée n'est que de 13.50 m.

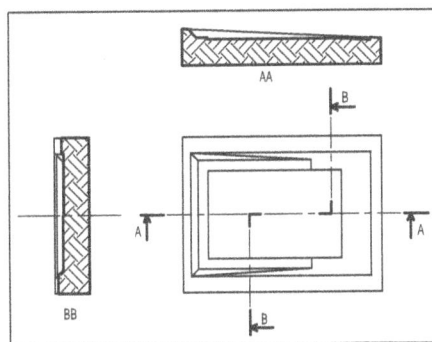

fig. 10 projections orthogonales, plan et coupes

Étape 3 : pour le bassin composé de 2 primitives

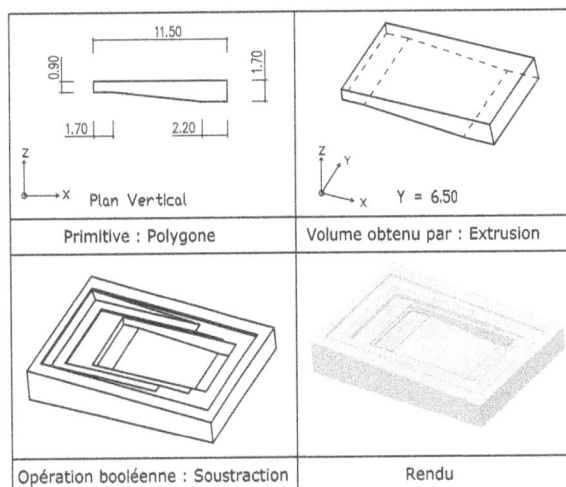

fig. 11 primitive dans le plan vertical

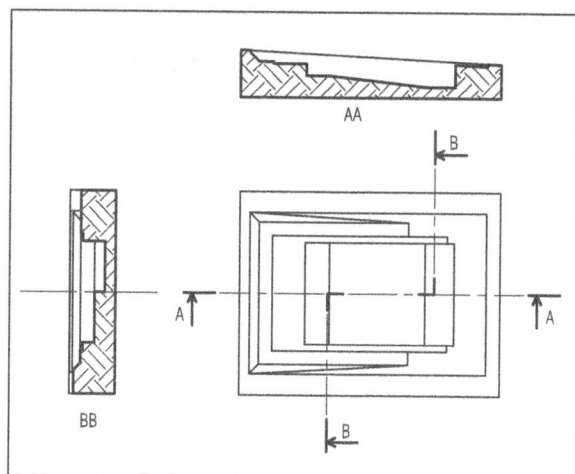

fig. 12 projections orthogonales, plan et coupes

10.2.1.4 Remblais et talutage

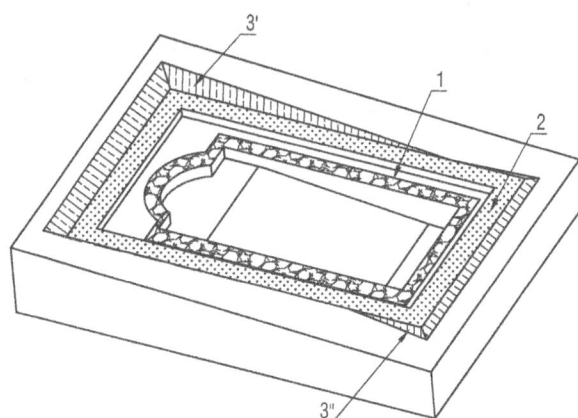

fig. 15 repérage des différents remblais

1 : remblais autour des murs. **2** : régalage de la terre végétale autour de la plage. **3'** : talutage. **3"** : remblais et talutage pour raccordement avec le terrain naturel

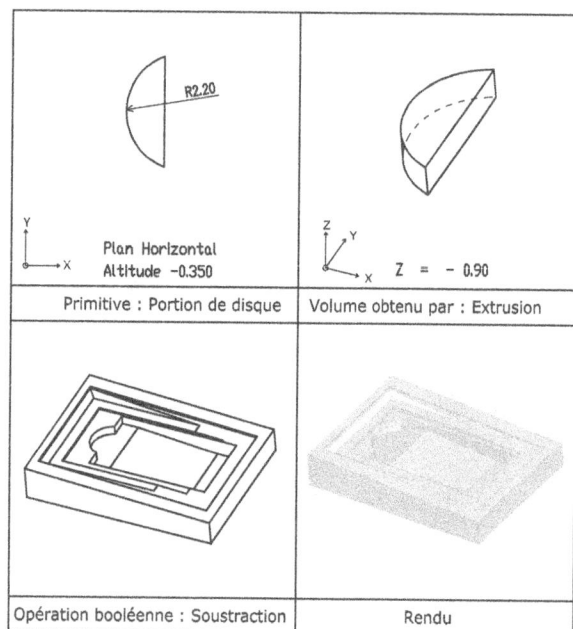

fig. 13 primitive dans le plan horizontal

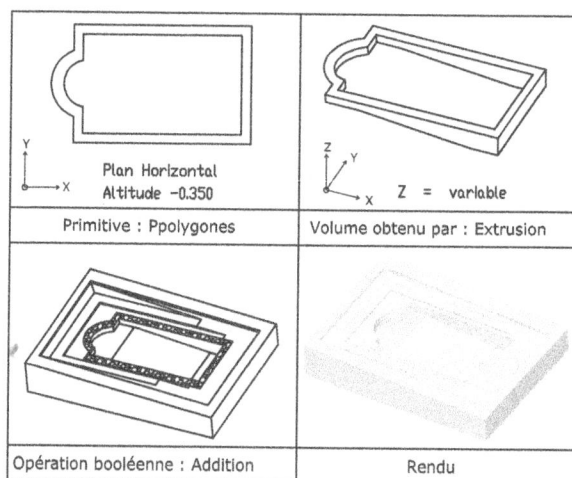

fig. 16 modèle volumique

<u>REMARQUE</u> : ce volume est simplifié car il ne tient pas compte du débord du béton de propreté par rapport au radier.

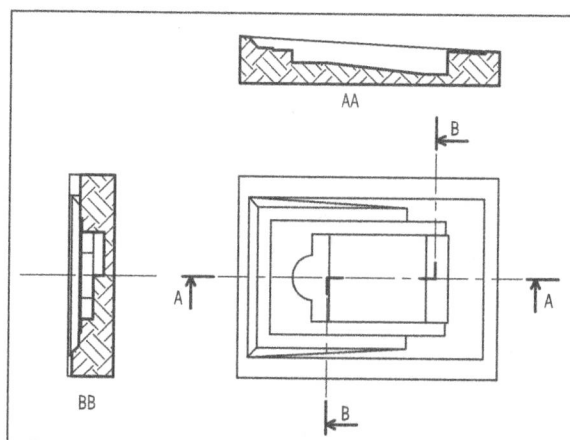

fig. 14 projections orthogonales, plan et coupes

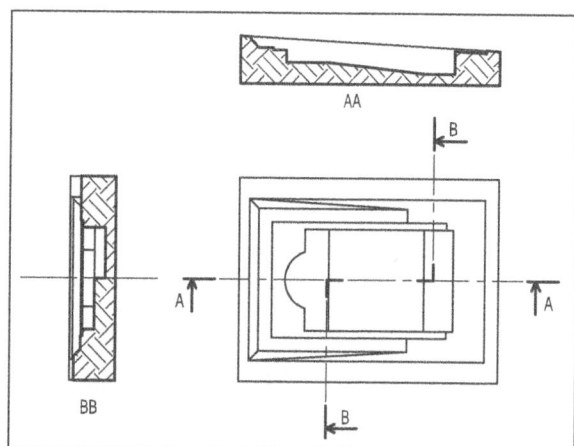

fig. 17 projections orthogonales, plan et coupes

REMARQUES :

- Les autres remblais ne sont mis en œuvre qu'après la réalisation de la maçonnerie et le raccordement des canalisations.

- La coupe transversale BB est brisée (plan de coupe constitué de 2 plans parallèles). AA est une section longitudinale (ce qui est en arrière du plan de coupe n'est pas représenté, sauf le terrain naturel).

10.2.2 MAÇONNERIE

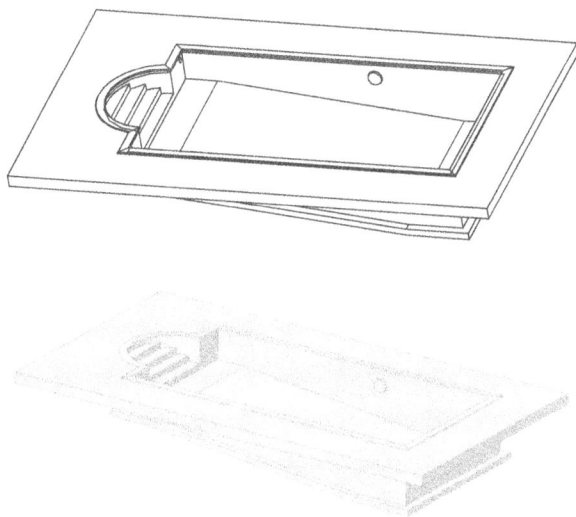

fig. 18 modèle volumique de la maçonnerie

10.2.2.1 Radier

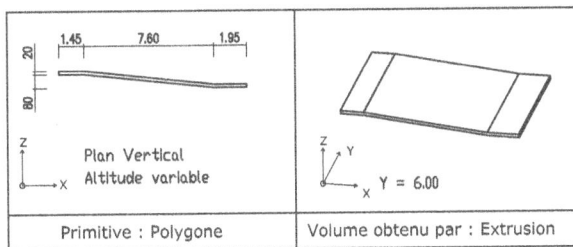

fig. 19 primitive dans le plan vertical

REMARQUES :

- pour simplifier, l'épaisseur du radier est prise pour 20 cm (5 cm de béton de propreté BP et 15 cm de béton armé BA) alors que la surface du BP déborde de 10 cm la surface du BA ;

- les réservations dans les éléments (radier, murs) sont réalisés au fur et à mesure de la mise en œuvre mais pour la construction du modèle et pour la représentation au trait (perspective, projections et coupes) la soustraction est effectuée à la fin ;

- pour le rendu, les réservations sont intégrées au fur et à mesure.

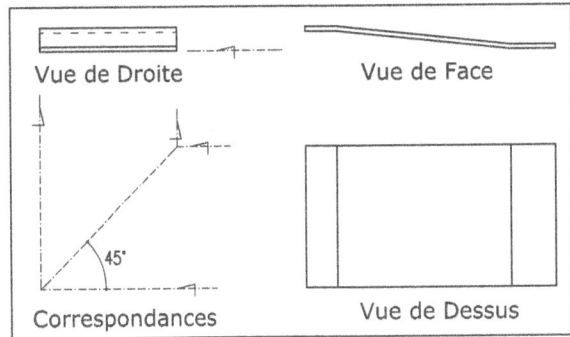

fig. 20 projections orthogonales

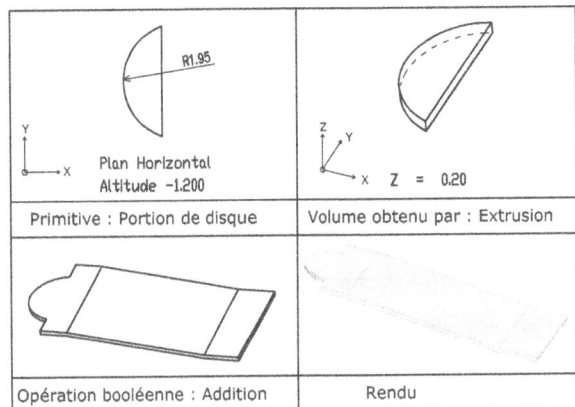

fig. 21 primitive dans le plan horizontal

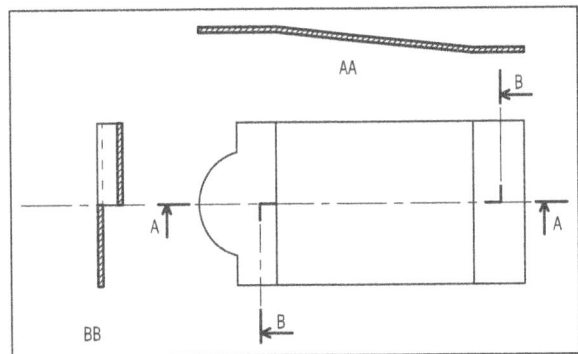

fig. 22 projections orthogonales, plan et coupes

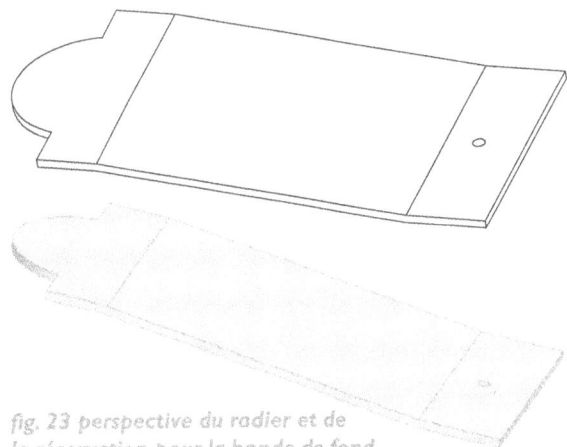

fig. 23 perspective du radier et de la réservation pour la bonde de fond

10.2.2.2 Murs

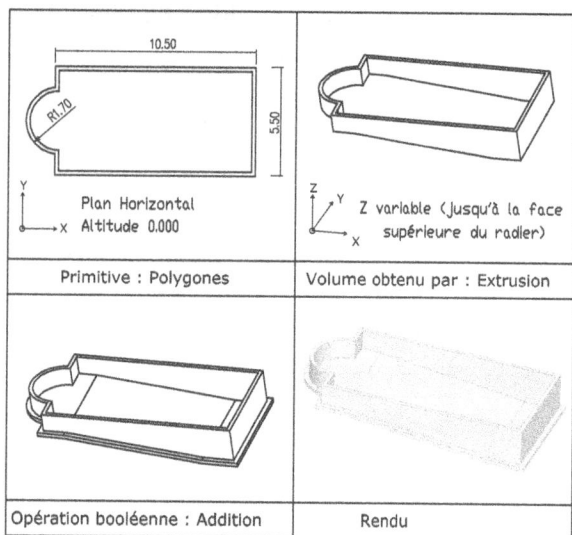

fig. 24 modèle volumique

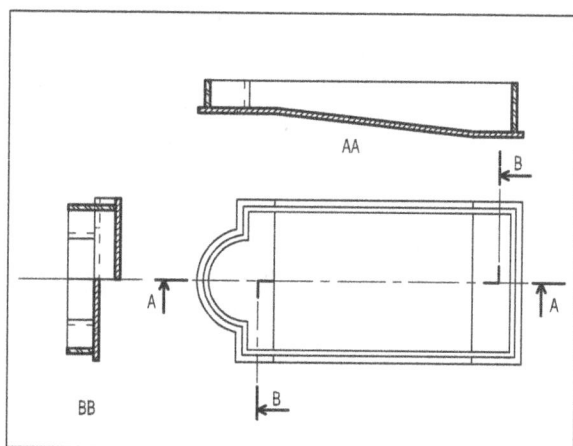

fig. 25 projections orthogonales, plan et coupes

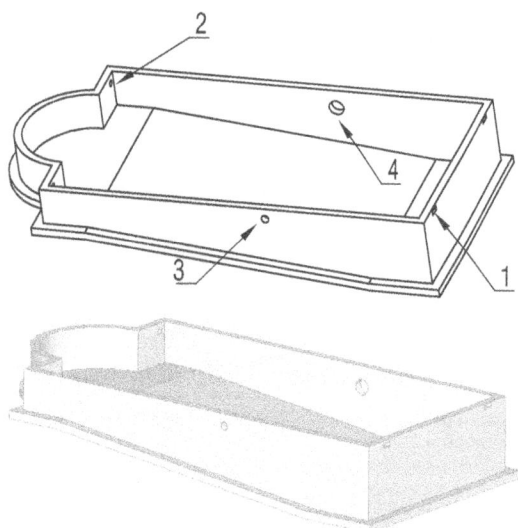

fig. 26 nomenclature des réservations

1 : skimmer. **2** : bouche de refoulement. **3** : prise balai. **4** : projecteur

10.2.2.3 Escalier

Pour la 1re marche

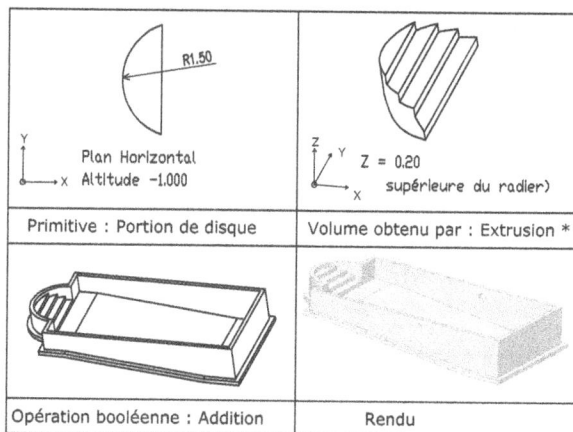

fig. 27 escalier composé de 4 marches (soit 5 hauteurs avec le mur circulaire)

* Pour les autres marches :

1. hauteur d'une marche 20 cm : 4 hauteurs pour l'escalier et une au niveau du mur soit 5 fois 20 cm = 1.00 m

2. giron : 4 girons de 37.5 cm soit 1.50 m, le rayon du cercle intérieur de l'escalier.

Les autres marches sont empilées.

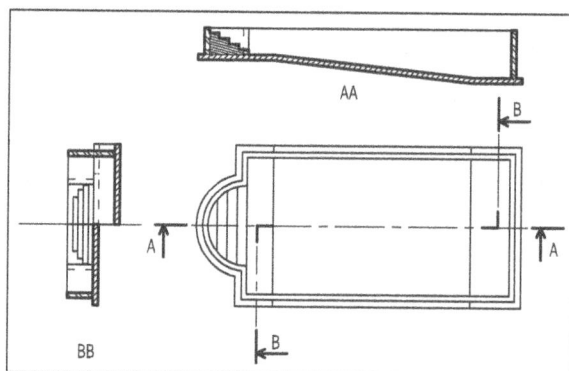

fig. 28 projections orthogonales, plan et coupes

10.2.2.4 Plage

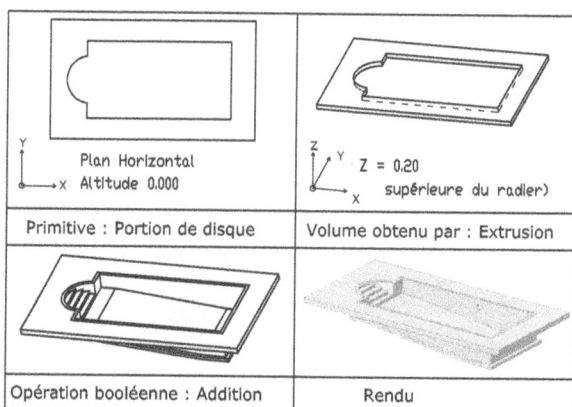

fig. 29 modèle volumique

10.2.2.5 Margelle

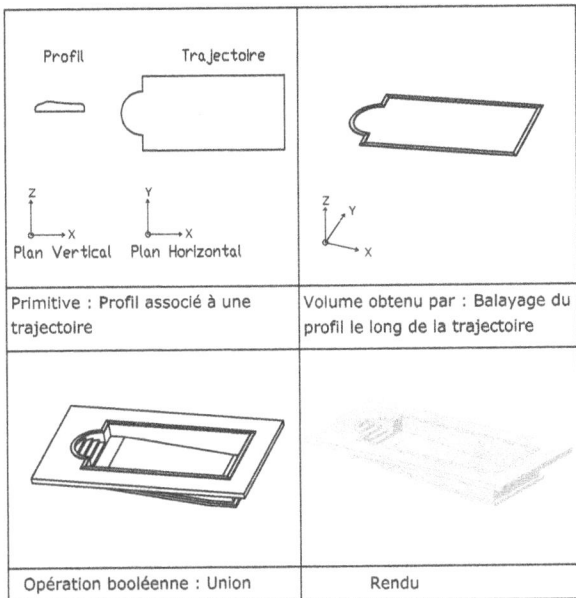

Profil Trajectoire	
Plan Vertical Plan Horizontal	
Primitive : Profil associé à une trajectoire	Volume obtenu par : Balayage du profil le long de la trajectoire
Opération booléenne : Union	Rendu

fig. 30 modèle volumique

10.2.2.6 Ensemble : terrassements et maçonnerie

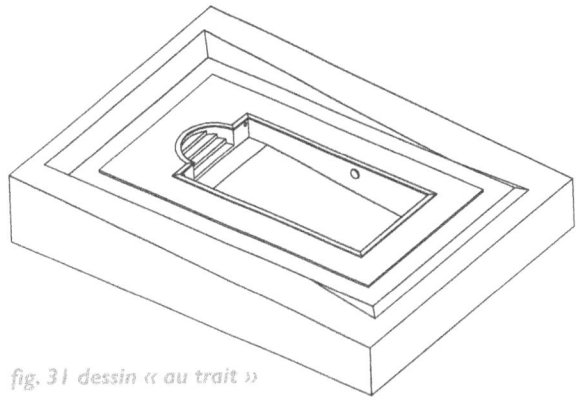

fig. 31 dessin « au trait »

fig. 32 rendu « image »

10.2.2.7 Raccordements et système de filtration

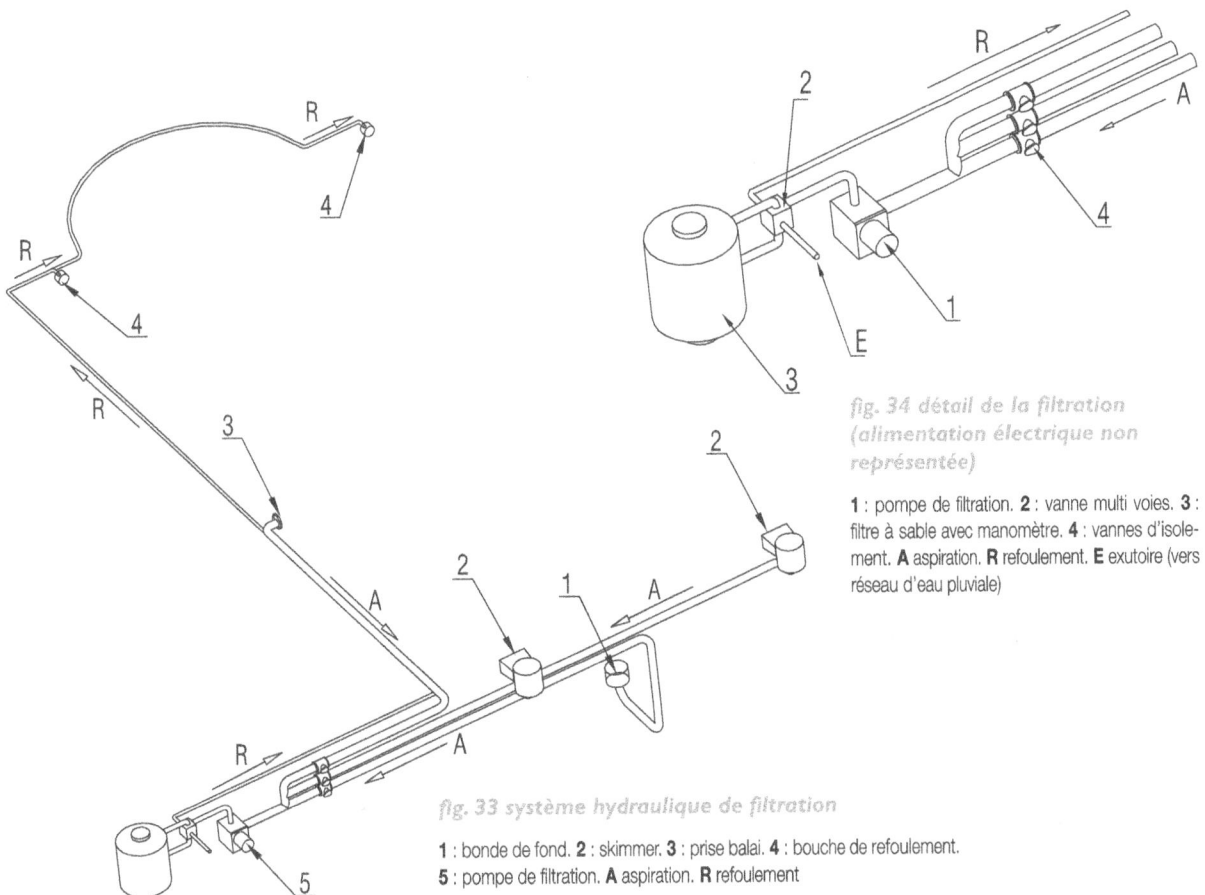

fig. 33 système hydraulique de filtration

1 : bonde de fond. **2** : skimmer. **3** : prise balai. **4** : bouche de refoulement. **5** : pompe de filtration. **A** aspiration. **R** refoulement

fig. 34 détail de la filtration (alimentation électrique non représentée)

1 : pompe de filtration. **2** : vanne multi voies. **3** : filtre à sable avec manomètre. **4** : vannes d'isolement. **A** aspiration. **R** refoulement. **E** exutoire (vers réseau d'eau pluviale)

10.3 Chronologie d'exécution du dessin de la piscine avec Autocad

10.3.1 INTRODUCTION

OBJECTIF : réaliser le dessin de définition de la piscine :
▶ vue en plan (ou vue de dessus)
▶ coupe longitudinale AA

Ces 2 vues seront construites en correspondance.

10.3.1.1 Nomenclature

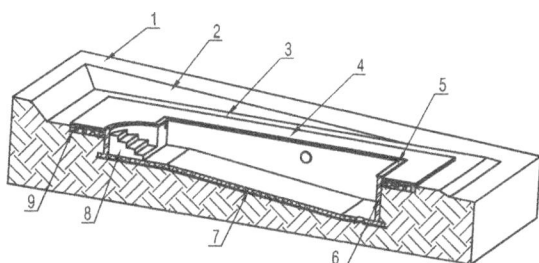

fig. 35 coupe longitudinale

1 : Terrain naturel. **2** : Talus. **3** : Dégagement engazonné. **4** : Plage. **5** : Margelle.
6 : Murs. **7** : Radier. **8** : Escalier. **9** : Bêche

NOTE : les arêtes cachées, les équipements techniques ne seront pas représentés

10.3.1.2 Dimensions de l'ouvrage

Maçonnerie :

Bassin de 10.10 par 5.10

Profondeurs :
• de 1.00 m pendant 1.00 m
• pente régulière jusqu'à une profondeur de 1.80 m
• profondeur constante de 1.80 m pendant 1.50 m

Radier en béton armé de 15 cm, débord de 0.25 m au delà des murs, sur un béton de propreté de 5 cm, débord 10 cm par rapport au radier

Murs en blocs à bancher en béton de gravillons de 20×20×50

Plage, niveau fini 0.000, constituée :
• d'un dallage : blocage de 16.5 cm (pour arriver à une épaisseur finie de 35 cm avec le revêtement), forme en béton de 10 cm armée d'un treillis soudé
• d'un revêtement : chape de 5 cm et dalles 50×50 en pierre reconstituée de 3.5 cm d'épaisseur

Bêche en béton armé de 20×26.5 en périphérie de la plage sur un gros béton pour une profondeur hors gel.

Terrain naturel

Pente moyenne 5 %

Talus de raccordement pente1/1 en déblais et 1/2 en remblais

Dégagement de 1 m entre plage et talus

10.3.1.3 Fichier téléchargeable

piscine.dwg à l'adresse internet : www.editions-eyrolles.com contenant :
• 5 calques :
  – esquisse
  – lignes de rappel
  – murs en plan
  – murs en élévation
  – texte
• un style de cote
• un style de texte

REMARQUES :
• Les murs sont divisés en 2 calques (car les murs en élévation sont coupés donc en traits renforcés et les murs en plan ne sont pas coupés donc en traits forts). Pour ce cas simple, une autre solution est de mettre tous les murs dans un même calque et de différencier par une couleur et (ou) une épaisseur ces 2 entités.
• Les autres calques peuvent être créés au début ou selon les besoins.

Les dimensions seront exprimées en m.

10.3.2 LES ÉTAPES DE LA REPRÉSENTATION

• Les murs
• Le radier
• L'escalier
• La terrasse (plage)
• Le terrain fini, les talus
• Cotation
• Impression

10.3.3 LES MURS

10.3.3.1 En plan

1 ▭ Rectangle : 1er sommet : point quelconque, 2e sommet : @10.10,5.10 ↵ au clavier pour l'intérieur du bassin

2 ⊙ Cercle centre : milieu de la largeur du rectangle (CTRL+🖱 droit, milieu si l'accrochage n'est pas actif), 1.5 ↵ pour le rayon.

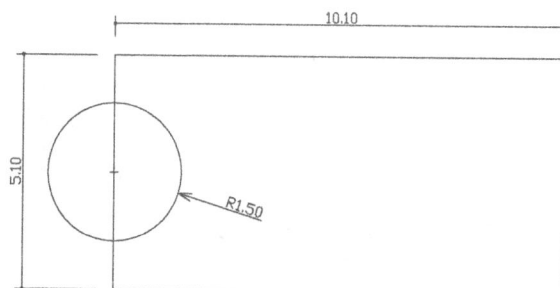

fig. 36 tracé de base du bassin

À ce stade, 2 options :

Option 1

3 ⌐ Ajuster, 🖱 droit sur rien, 🖱 gauche sur les extrémités des segments à supprimer.

Option 2

Dans le calque « murs en plan »,

4 🔄 Polyligne calée sur les points existants pour définir le contour intérieur de la piscine (avec les options « a » ↵ pour arc, « di » ↵ pour changer la direction de la tangente de l'arc, « li » ↵ pour revenir en mode ligne, « cl » ↵ pour clore la polyligne.

5 📎 Décaler, 0.20↵ sélection du contour, point quelconque à l'intérieur du bassin

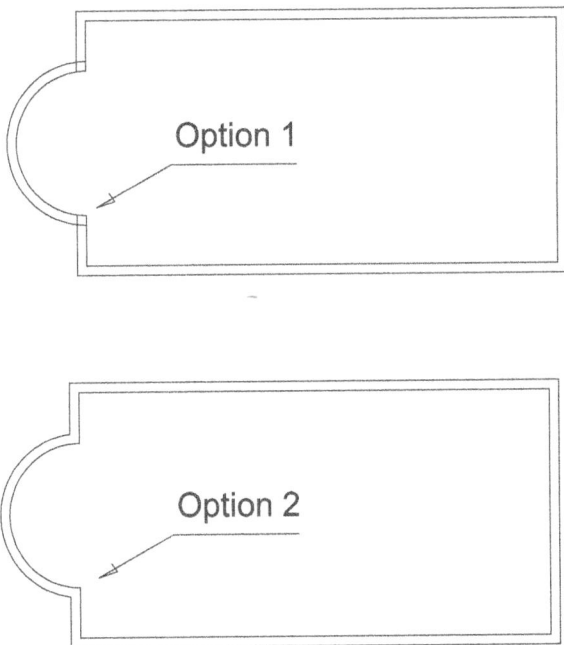

fig. 37 différence du décalage des options 1 et 2

<u>REMARQUE</u> : dans un premier temps, l'option 1 est plus rapide mais après décalage (pour le rectangle et le cercle), il faut réajuster les traits ce qui n'est pas nécessaire avec l'option 2 où une seule opération suffit.

10.3.3.2 En élévation

1 ✏ Ligne, pour le niveau 0.000, (en mode ortho) d'une longueur quelconque à une distance quelconque de la vue en plan mais suffisamment éloignée pour représenter la profondeur de la piscine, la plage et la cotation.

2 ✏ Ligne, accrochée (CTRL+🖱 droit, quadrant du 1/2 cercle si l'aimantation n'est pas active), verticale de longueur quelconque pour la ligne de rappel 2

3 idem pour la ligne de rappel 3

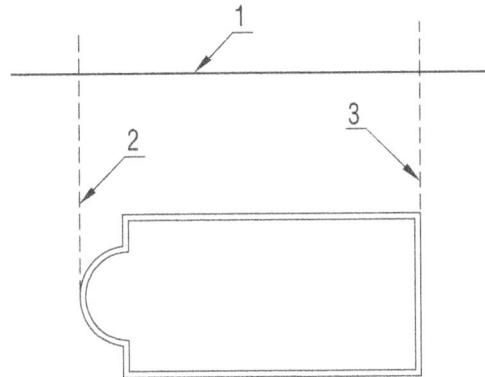

fig. 38 lignes de base de la coupe longitudinale

1 : niveau 0.000, **2** : lignes de rappel entre la vue en plan et la coupe longitudinale

4 📎 Décaler, 1 ↵, la ligne de niveau 0.000, point quelconque au dessous, pour la profondeur de 1 m

5 📎 Décaler, 1.8 ↵, la ligne de niveau 0.000, point quelconque au dessous, pour la profondeur de 1.80 m

<u>REMARQUE</u> : ces lignes sont rendues plus courtes à l'aide des poignées (apparition de carrés lors de la sélection) en mode ortho pour plus de clarté lors des prochains décalages.

6 ✏ Ligne, accrochage actif, de la hauteur des murs (3 et 4).

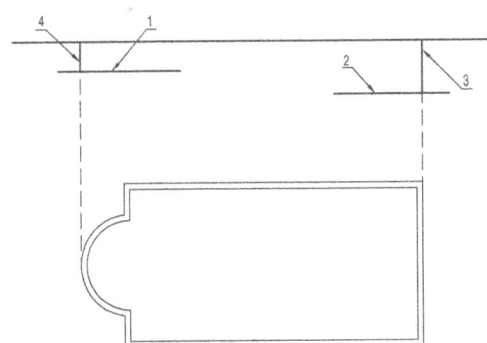

fig. 39 tracé de la profondeur et amorce du radier

ligne 1 : profondeur 1 m, ligne 2 : profondeur 1.8 m

7 📎 Décaler, 0.20 ↵, ligne 3, vers l'intérieur, et ligne 4, vers l'intérieur pour l'épaisseur des murs.

10.3.4 LE RADIER

10.3.4.1 En élévation

Toutes les lignes (sauf la 5) sont obtenues par décalage d'une ligne existante.

1 Décaler, 0.45 ↵, de la ligne 1 ⇒ ligne 2 (0,45 pour 0.20 épaisseur du mur et 0.25, débord du radier)

2 Décaler, 2.5 ↵, de la ligne 1 ⇒ ligne 3

3 Décaler, 1.5 ↵, de la ligne 1 ⇒ ligne 4

4 ✏ Ligne, de l'extrémité de la ligne 3 à l'extrémité de la ligne 4 ⇒ ligne 5

5 Décaler, 0.15 ↵, la face supérieure du radier ⇒ lignes 6

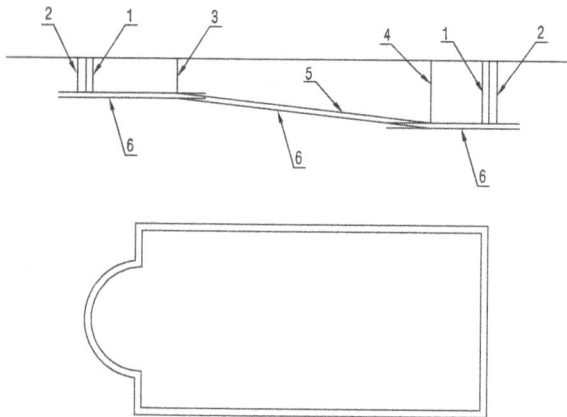

fig. 40 esquisse du radier en coupe

REMARQUE : le béton de propreté, caché par la plage sur la vue en plan, donc en traits interrompus, n'est pas représenté pour améliorer la lisibilité du dessin. Cette remarque ne sera plus mentionnée pour bien d'autres arêtes dans ce cas.

10.3.5 L'ESCALIER

10.3.5.1 En plan

1   Ligne, d'une extrémité à l'autre des murs en plan ⇒ ligne 1, 1er nez de marche

2   Décaler, 0.375 ↵, la ligne 1, ⇒ les 3 autres nez de marche

10.3.4.2 En plan

1   Copier, sélection lignes 1 et 2 ↵ en mode ortho, point quelconque de la coupe vers point quelconque de la vue en élévation

2   Prolonger, ↻ droit sur rien, ↻ gauche sur les extrémités des segments 1' et 2'

3   Effacer les segments 1 et 2 (utilisés pour le rappel)

10.3.5.2 En élévation

3   Décaler, 0.375 ↵, la ligne 2, ⇒ les 3 autres nez de marche

4   Décaler, 0.2 ↵, la ligne 3, ⇒ les 3 autres nez de marche

5   Ajuster ou raccord, ↵, 0↵, les segments concernés

REMARQUE : pour éviter d'ajuster ou de raccorder tous les segments, il suffit de représenter une marche puis d'utiliser la commande Copier, sélection de la marche (hauteur + giron) ↵, m ↵ (comme multiple au clavier) du bas de la marche à l'extrémité du giron (en diagonale, équivalente à la pente de l'escalier).

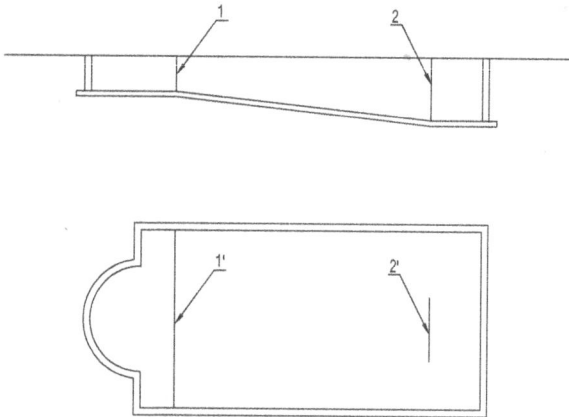

fig. 41 après raccord (ou ajustement) des lignes du radier

Le béton de propreté est obtenu par décalage de 0.05 m (lignes 2 et 2') pour son épaisseur et, en principe, de 0.10 m pour son débord (lignes 1 et 1').

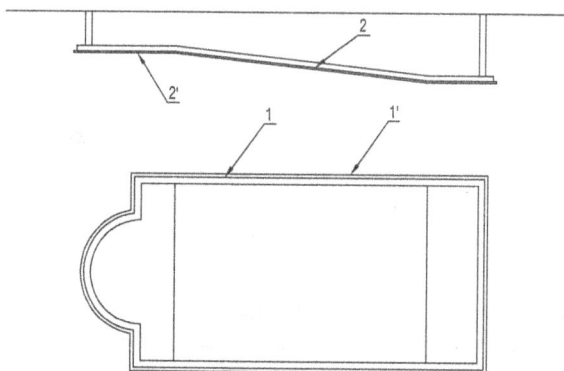

fig. 43 escalier en plan et en élévation

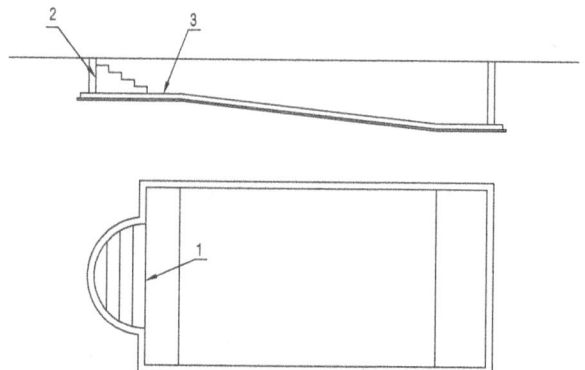

fig. 42 tracé du béton de propreté

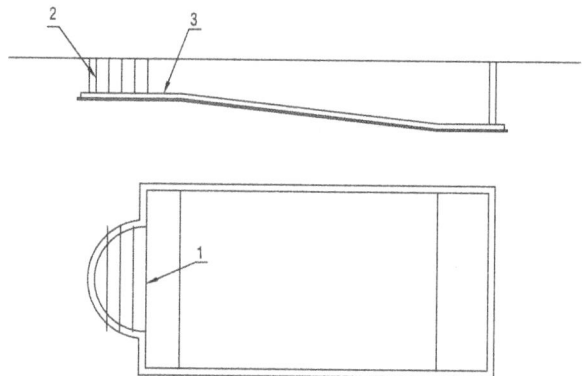

fig. 44 escalier après ajustement des segments

10.3.6 LA TERRASSE

10.3.6.1 En plan

I ⬜ Rectangle : 1er sommet : CTRL+🖱 droit, « depuis » (ou cet icône 📷), point de base : point A , décalage : @1.5,-1.5↵, 2ᵉ sommet : @-15,8.5↵,

EXPLICATION : l'accrochage « depuis » demande un décalage en X et en Y à partir du point de base choisi vers le point souhaité. Ici, le décalage entre le point A et le point B est de 1.50 m en X et −1.50 m en Y (fig. 45). La terrasse est un rectangle de 15 m par 8.50 m, mais tracé à partir du point B d'où le signe négatif selon l'axe des X.

10.3.6.2 En élévation

Les éléments de la terrasse sont tracés une fois (2), puis dupliquer par symétrie

2 ◫. Miroir (ou symétrie), sélection des objets ↵, 1ᵉʳ point : milieu de la longueur du rectangle de la terrasse en plan, 2ᵉ point : quelconque mais sur une verticale, ↵ pour ne pas effacer les objets sources

La bêche est complétée par un rectangle 0.20 × 0.25 pour sa mise hors gel (3).

Le radier est séparé du mur par une ligne de brisure (4) pour indiquer des matériaux de nature différente.

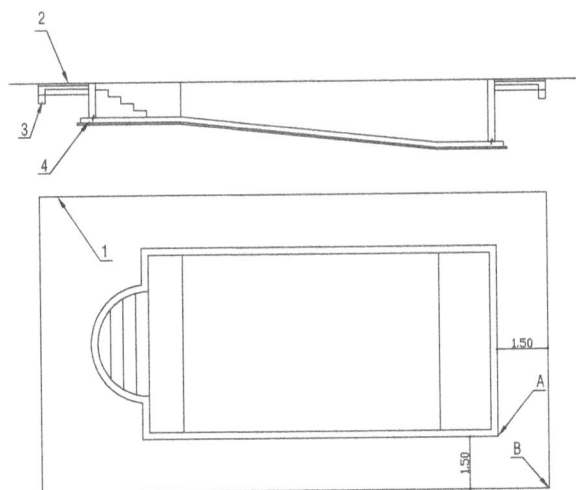

fig. 45 représentation de la terrasse

10.3.7 LE TERRAIN FINI, LES TALUS

En plan, la limite du dégagement (1) est un rectangle de 17 m par 10.50 m à tracer selon la même technique que la terrasse (accrochage depuis).

En élévation, le niveau −0.100 est obtenu par décalage du niveau 0.000.

La ligne (fictive) de séparation entre remblais et déblais (A) est positionnée sur la vue en plan puis rappelée sur la coupe.

Son intersection avec la ligne de niveau −0.100 donne le point de départ du tracé de la pente (coordonnées du 2ᵉ point : @10,-0.5↵ ou @-10,0.5↵),... ⇒ ligne 3

La dénivelée produite par une pente de 5 % pendant 10 m :

$$10 \times 5/100 = 0.5 \text{ m}$$

les lignes 4 et 5 sont des pentes, tracées de la même manière puis ajustées au terrain naturel et à la ligne de niveau −0.100.

Les correspondances avec la vue en plan définissent les talus (4' et 5') terminés par des droites à 45° (intersection de plans de même pente). Le mode polaire F10 permet un calage à 45°.

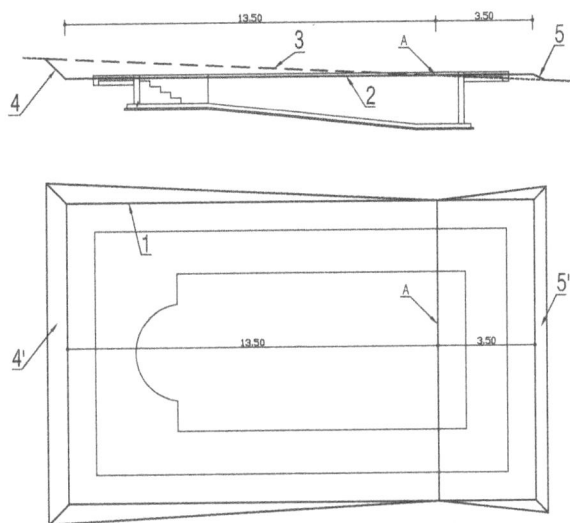

fig. 46 tracé des talus

10.3.8 COTATION

10.3.8.1 Des longueurs, profondeurs, épaisseurs

10.3.8.2 Des niveaux

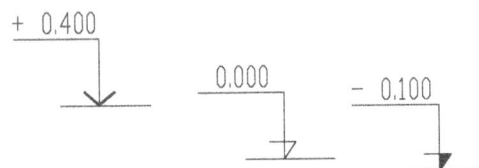

fig. 47 exemple de repérage des niveaux

10.3.8.3 Plan de coupe

Il est composé :

- d'un trait mixte fin (symbolisation de la trace du plan de coupe)
- 2 traits renforcés aux extrémités
- 2 flèches pour le sens d'observation
- 2 lettres ou 2 chiffres pour le nommer

fig. 48 repérage du plan de coupe AA

10.3.9 IMPRESSION

Elle est possible sur un A4 vertical à l'échelle 1/100ᵉ (1 mm sur le papier représente 100 mm réels ou 1 cm pour 1 m) en utilisant l'espace objet ou de l'espace papier.

Option 1 : espace **objet** en dessinant un cadre

Dimensions du cadre :

Pour un A4 210×297, de surface utile 190 mm par 277 mm, à l'échelle de 1/100ᵉ ou 0.01, ses dimensions dans l'espace objet (transposition en dimensions réelles) deviennent :

- 277 mm × 100 = 27 700 mm = 27.70 m (27.7 unité de travail)

- 190 mm × 100 = 19 000 mm = 19 m

D'où le rectangle à tracer : 1ᵉʳ point quelconque, 2ᵉ point de coordonnées @19,27.7↵

Ce rectangle défini la fenêtre d'impression par calage sur ses sommets (éventuellement à déplacer avec la fonction ⊕ pour encadrer les objets à imprimer).

▷ **POUR IMPRIMER**

1 🖨 ou menu « fichier, imprimer »

2 Onglet « Périphérique de traçage » permet de choisir :
   Le traceur ou l'imprimante installés
   La table des styles de tracé pour les différentes épaisseurs de trait sauf si elles ont été définies lors de la création des calques

3 Onglet « Paramètres du tracé »
   Format du papier : A4, portrait, mm
   Fenêtre : clic sur 2 les sommets opposés du cadre de 27.7 par 19
   Échelle du tracé : personnaliser 1 mm pour 0.1 unités de dessin (comme l'unité est en m, 1 mm pour 0.1 Unité signifie 1 mm pour 0.1 m, soit 1 mm pour 100 mm) d'où une échelle de 1/100ᵉ
   Centrer le tracé
   Aperçu total

4 OK

Option 2 : espace **papier**

Pour passer à l'espace papier, cliquer sur l'onglet situé à droite de l'onglet objet.

Apparaît la fenêtre « configuration de tracé », également accessible par le menu « Fichier, Mise en page » pour définir :

- Onglet : périphérique de traçage
  Le traceur ou l'imprimante installés
  La table du style de tracé (couleurs et épaisseurs des traits)

- Onglet : mise en page
  Format du papier : A4, mm
  Orientation : portrait
  Échelle : 1 :1

Une fenêtre, ajustée au dessin, est automatiquement créée.

- Soit la sélectionner et la modifier avec l'option propriétés

1 ⌐ gauche sur la fenêtre pour la sélectionner

2 ⌐ droit affiche un menu contextuel où l'option « propriétés » ouvre la fenêtre des propriétés permettant les modifications :
   – dans la rubrique géométrie : hauteur 277 et largeur 190 pour un A4
   – dans la rubrique divers : échelle personnalisée 10

- Soit la sélectionner et la supprimer pour en créer une nouvelle.

▷ **POUR REDÉFINIR LA FENÊTRE**

Dans le menu « Affichage, Fenêtres, Nouvelles fenêtres » OK

   1ᵉʳ coin : 0,0 ↵

   2ᵉ coin : 190,277↵ pour un A4 vertical avec un cadre de 10 mm

Par défaut, l'échelle du dessin est calculée maximale en fonction des objets à représenter et du format de la sortie papier

▷ **POUR INDIQUER L'ÉCHELLE PRÉCISE**

3 dans la **barre d'état**, un clic sur « papier », sans quitter l'onglet « présentation », affiche « objet ».

4 Écrire dans la fenêtre de commande :

5 ZOOM ↵

6 E ↵ (comme échelle)

7 10xp ↵ trace 10 mm pour 1 unité de dessin (1 m) soit 10 mm pour 1 m soit 10/1 000, soit 1/100ᵉ

REMARQUE : en laissant la molette centrale de la souris enfoncée, l'ensemble du dessin est déplacé rapport à la fenêtre.

8 dans la **barre d'état**, clic sur« objet » affiche « papier» pour un retour dans l'espace papier

▷ **POUR IMPRIMER**

1 🖨 ou menu « fichier, imprimer »

2 le bouton fenêtre permet de définir la zone de tracé calée sur les sommets de la fenêtre créée

REMARQUES :

- Dans l'espace papier, l'échelle est de 1 pour 1.

- Cette solution, qui paraît plus compliquée est mise en place une fois puis réutilisée. Elle permet aussi de créer plusieurs fenêtre avec des échelles différentes ou plusieurs présentations différentes prédéfinies (des mises en page à d'autres échelles…).

10.3.10 ARMATURES, LIAISON RADIER ET MUR

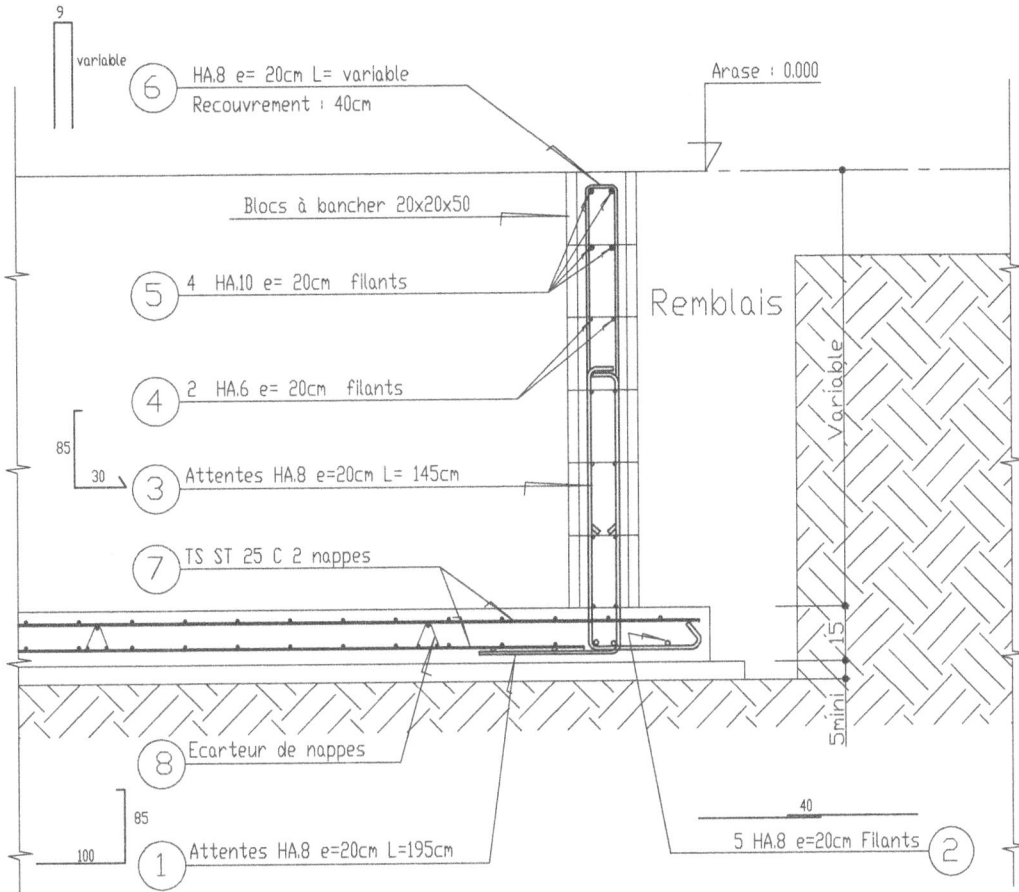

fig. 49 schéma de principe des armatures

REMARQUES :

- Les armatures de ce schéma ne peuvent pas être reprises pour un autre projet. Dans tous les cas, les armatures à mettre en œuvre (diamètres, longueurs, répartition) sont justifiées par des calculs conformes à la réglementation en vigueur.

- Les attentes supérieures des aciers 1 et 3 sont recourbées pour la sécurité des ouvriers (autre option avec des cabochons plastic) et non pour l'ancrage.

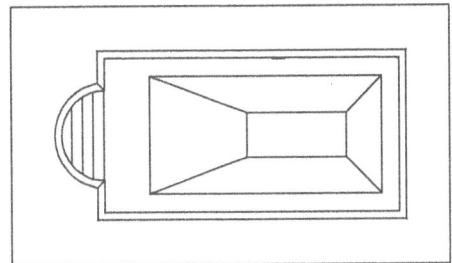

10.3.11 PISCINE AVEC FOSSE À PLONGER

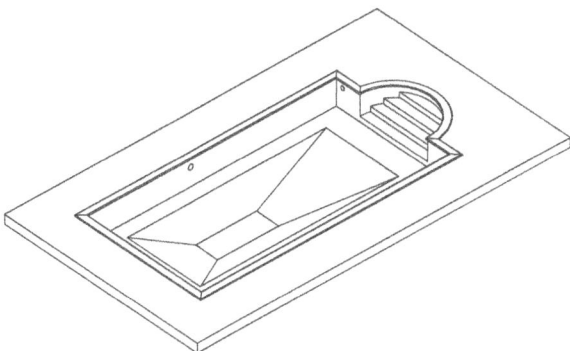

fig. 50 perspective

fig. 51 représentation selon 3 vues

10.4 Avant-métré de la piscine

10.4.1 INTRODUCTION

L'altitude 0.000 correspond au niveau fini de la plage qui est aussi l'arase supérieure des murs en blocs à bancher.

Dans ce cas, les margelles recouvrent la plage.

L'autre possibilité est de poser les margelles et les dalles de 50 × 50 au même niveau.

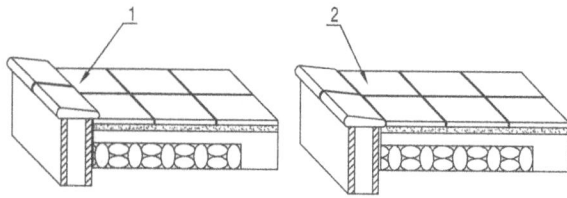

fig. 52 pose relative des margelles et des dalles 50x50

1 : margelles au dessus des dalles 50 × 50

2 : margelles au même niveau que les dalles 50 × 50

10.4.2 LISTE DES OUVRAGES ÉLÉMENTAIRES

Code	Désignation	U	Qté
1	**Terrassements**		
1-1	Décapage de la terre végétale ep. moyenne 20 cm	m²	
1-2	Fouilles en pleine masse en terrain de classe B		
1-2-1	Plate-forme	m³	
1-2-2	Plage	m³	
1-2-3	Bassin	m³	
	Ensemble	m³	
1-3	Remblais		
1-3-1	En périphérie des murs	m³	
1-3-2	Régalage de la terre végétale	m²	
1-4	Talutage pour raccordements au terrain naturel	m²	
1-5	Évacuation des terres en excédent	m³	
2	**Maçonnerie**		
2-1	Béton de propreté de 5 cm, débord de 10 cm	m²	
2-2	Radier		
2 2 1	Dalle en béton B 25, ep. 15 cm	m²	
2 2 2	Coffrage ordinaire en périphérie	m²	
2 2 3	Armatures treillis soudé ST 25 C	m²	
2 2 4	Armatures S 500	kg	
2 3	Murs en blocs à bancher		
2 3-1	Murs en blocs à bancher compris réservations pour pièces à sceller	m²	
2 3-2	Majoration pour zone circulaire	m²	
2 3-3	Armatures	kg	
2 4	Escalier	U	
2 5	Finitions intérieures de la maçonnerie		
2-5-1	Ragréage du radier	m²	
2-5-2	Enduit intérieur sur murs	m²	
2 6	Bêche		
2 6 1	Mise hors gel	m	
2 6 2	Béton B 25	m³	
2 6 3	Coffrage ordinaire	m²	
2 6 4	Armatures S 500	kg	
2-7	Plage compris forme de pente 0.5 cm/m		
2 7 1	Hérisson de pierres sèches ep. 0.165 m (pour obtenir 0.35 m au total)	m²	
2 7 2	Forme en béton B 25 ep. 0.10 m	m²	
2 7 3	Armatures treillis soudé PAF C	m²	
2 7 4	Chape mortier maigre de 5 cm	m²	
2 7 5	Dalle 50×50×3,5 en pierre reconstituée	m²	
2 8	Margelles		
2 8 1	Droites	m	
2 8-2	Courbes	m	
2 8-3	Majoration pour angles	U	

Code	Désignation	U	Qté
3	**Équipements**		
	Bonde de fond		
	Skimmers		
	Bouches de refoulement		
	Préparation des supports pour pose du liner (par exemple : ponçage et traitement antifongique de la maçonnerie		
	Fourniture et pose d'un liner 75/100ᵉ compris rail d'accrochage		
	Vannes d'isolement		
	Vanne multi-voies		
	Tuyau d'aspiration compris raccords et coudes		
	Tuyau de refoulement compris raccords et coudes		
	Raccord réseau Ep pour exutoire		
	Projecteur avec lampe 300W 12V		
	Local technique avec coffret électrique, pilote de filtration, pompe, système de filtration…		
	Option : chauffage de l'eau de la piscine		

NOTE : les travaux préparatoires (installation de chantier...) ne sont pas mentionnés.

Seules les 2 premières parties, terrassements et maçonnerie seront développées.

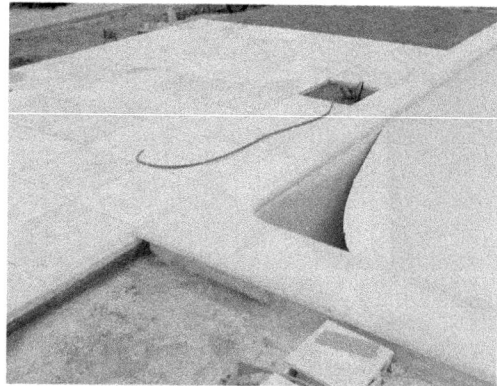

fig. 53 détail de la plage et de la margelle

dalles de 50 × 50 scellées sur une chape, liner en cours de pose

10.4.3 TERRASSEMENTS

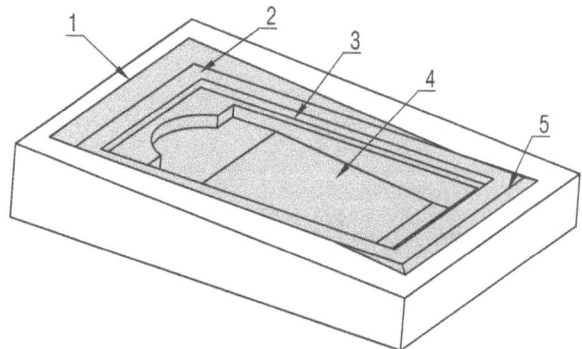

fig. 54 ouvrages élémentaires à métrer

1 : Décapage. **2** : Fouille en pleine masse pour la plate-forme. **3** : Fouille en pleine masse pour la plage. **4** : Fouille en pleine masse pour le bassin. **5** : remblais et talutage. **6** : évacuation des terres en excès (non figuré sur le schéma)

<u>REMARQUES</u> :

1. les volumes à terrasser et les méthodes sont différentes selon nature du sol (talus ou blindage, présence de nappe phréatique …) ;

2. les dimensions sont arrondies ;

3. dans l'entreprise, les calculs ne sont pas aussi détaillés et la technique consiste à prendre des valeurs moyennes qui permettent d'obtenir un résultat proche de la réalité. Mais avant d'en arriver à cette maîtrise, il faut être capable de différencier les approximations possibles de celles qui ne le sont pas.

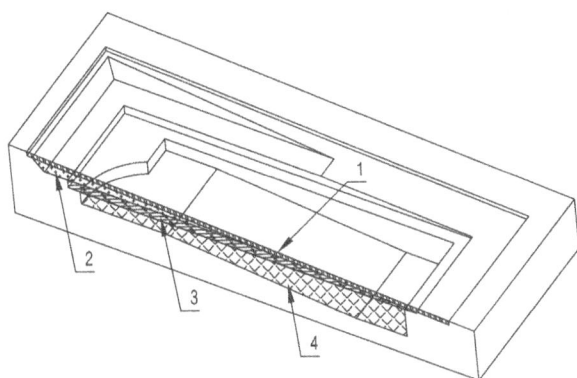

fig. 55 fouilles en coupe longitudinale

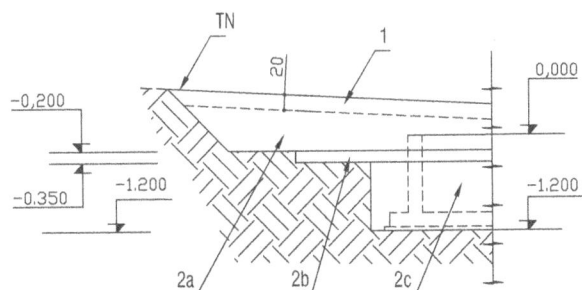

fig. 56 fouilles, coupe de principe coté escalier

TN : terrain naturel pente moyenne 5 %

1 : Décapage épaisseur 20 cm

2a : Fouille en pleine masse pour la plate-forme jusqu'à – 0.200 car le niveau du terrain fini est de – 0.100 mais il faut prévoir 10 cm pour un régalage de terre végétale suivi d'un engazonnement en périphérie de la plage.

2b : Fouille en pleine masse pour le terrassement de la plage de – 0.200 jusqu'à – 0.350 (correspond au niveau inférieur du dallage : 35 cm d'épaisseur totale sous le niveau fini situé à 0.000) Les dimensions des fouilles en plan sont comptées HO (hors œuvre) de la plage augmentées de 25 cm de chaque coté pour le coffrage de la bêche.

2c : Fouille en pleine masse pour le terrassement du bassin du niveau – 0.350 jusqu'à – 1.200 pour le moins profond et à – 2.000 pour le plus profond. Ces niveaux correspondent aux altitudes du dessin de définition de la coupe longitudinale, compris les 5cm pour le béton de propreté. Les dimensions des fouilles en plan sont comptées HO (hors œuvre) des murs augmentées de 50 cm : 25 cm pour le débord du radier et 25 cm pour la mise en œuvre.

10.4.3.1 Décapage de la terre végétale

Évalué au m^2 en précisant l'épaisseur

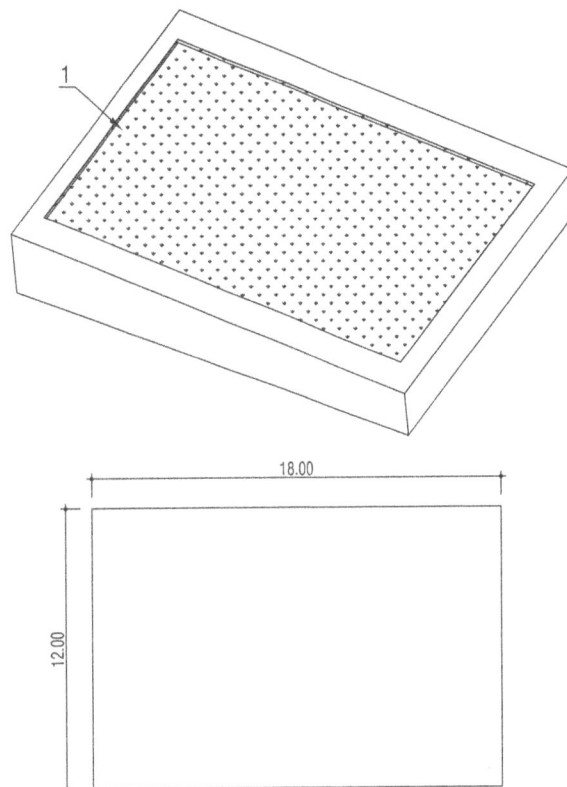

fig. 57 surface à décaper

Code	Désignation	U	Qté
1-1	Décapage de la terre végétale sur une ep moyenne de 20 cm compris mise en dépôt pour réemploi Rectangle 18.00x12.00	m²	216.00

<u>NOTE</u> : pour simplifier, la surface est calculée en plan et non selon la pente (variation négligeable : 5 cm pour 18 m).

10.4.3.2 Fouilles en pleine masse

Elles sont exécutées pour réaliser :

La plate-forme (dégagement autour de la plage)

Le dallage supportant la plage

Le bassin (cotes différentes du plan de définition de l'ouvrage car il faut ajouter la place nécessaire au radier, à son coffrage, aux canalisations et équipements).

Évaluées au m^3 en précisant la nature du terrain et le mode d'exécution

Note sur les terrassements à effectuer : compte tenu de la profondeur et de la nature du sol, ni talus ni blindage sont nécessaires.

1 plate-forme

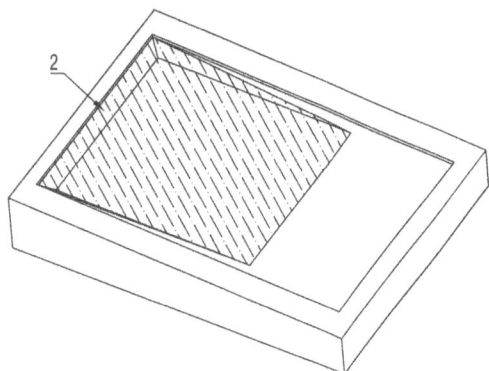

fig 58 terrassement de la plate-forme (après décapage)

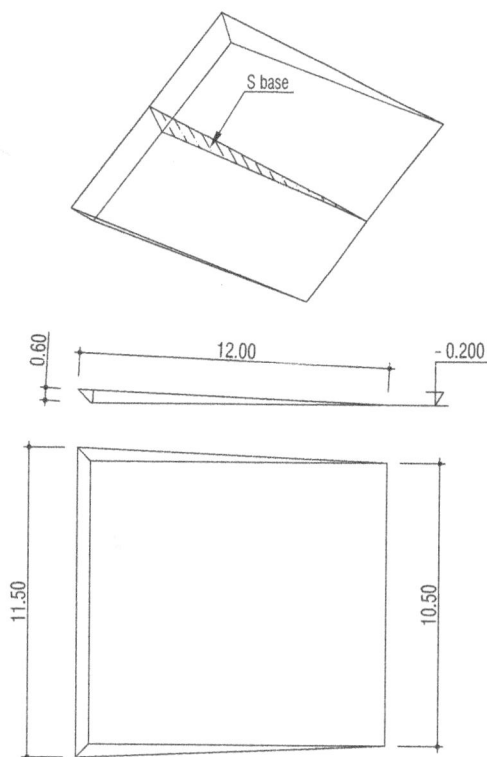

fig. 59 perspective et projections cotées du terrassement de la plate-forme

NOTE : cette surface ne correspond pas à la plage réalisée en maçonnerie car :

1. le terrain naturel est en pente et sa longueur est limitée par l'intersection du décapage et du plan horizontal ;

2. sa largeur correspond à la largeur de la plage (8.50 m) augmentée de 2 fois 0.25 m pour le coffrage de la bêche soit 9.00 m.

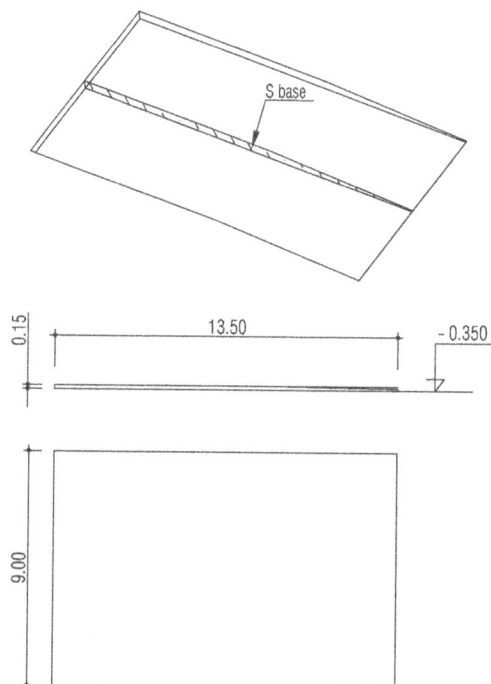

fig. 61 perspective et projections cotées du terrassement de la plage

NOTES :

• la surface de base sera assimilée à un rectangle ;

• sa longueur est déterminée sur la coupe longitudinale par l'intersection du plan incliné du décapage et du plan horizontal de la plateforme.

2 plage

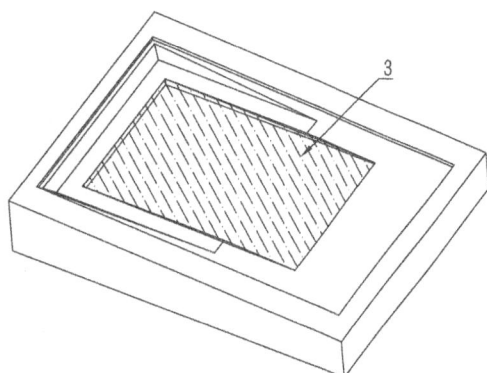

fig. 60 terrassement pour la plage

3 bassin

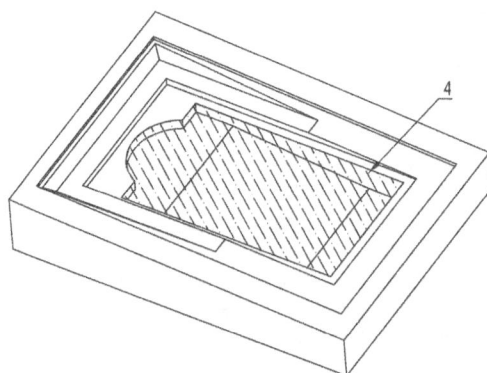

fig. 62 terrassement pour le bassin

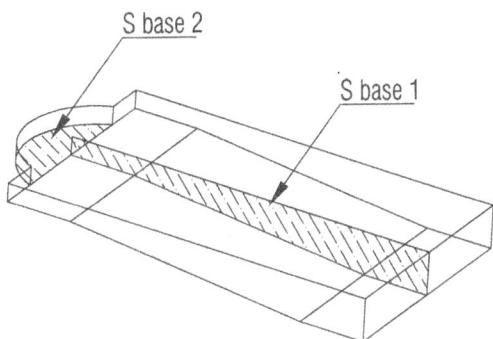

fig. 63 décomposition du volume de terrassement

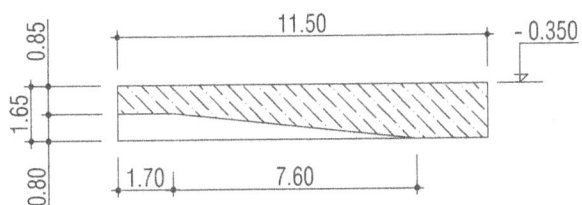

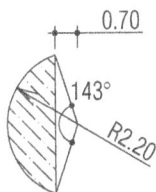

fig. 64 projections cotées pour le terrassement du bassin

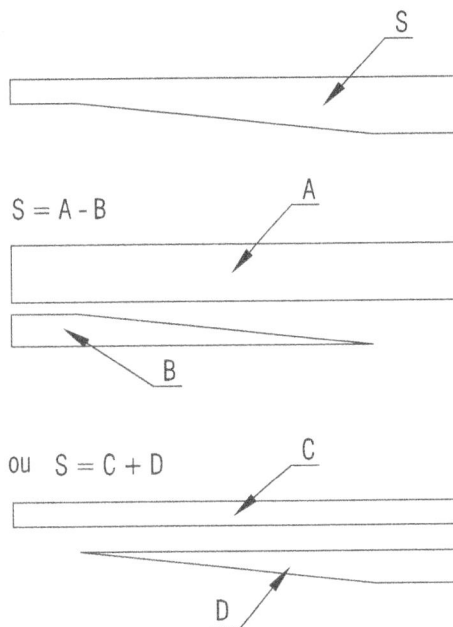

$S = A - B$

ou $\quad S = C + D$

fig. 65 décompositions de la surface de base 1

10.4.3.3 Remblais

Après les fouilles, vient l'exécution de la maçonnerie pendant laquelle des terrassements (remblais) sont effectués. Ils sont de plusieurs types.

fig. 66 nomenclature des différents remblais

1 : remblais autour des murs
2 : régalage de terre végétale, ep moyenne 10 cm autour de la plage
3' : raccordement au TN et talutage
3" : talutage

Dans cet exemple, les remblais soigneusement compactés autour des murs de la piscine seront comptés à part.

Code	Désignation	U	Qté
1-2	Fouilles en pleine masse compris mise en dépôt pour réemploi		
1-2-1	Pour plate-forme triangle 12.00x0.60/2=3.60 x larg. Moyenne (11.50+2x10.50)/3= 10.83 = Vol : 39.000		
1-2-2	Pour plage rectangle 13.50x0.15=2.03 x larg. 9.00 = Vol : 18.225		
1-2-3	Pour bassin Volume à base prismatique rectangle 11.50x1.65= 18.98 Déduire le trapèze (1.70+9.30)*0.80/2= 4.40 Reste 14.58 x larg. 6.50 = Vol : 94.738 Volume à base circulaire Secteur circulaire $\frac{2.20^2}{2}\left(\frac{\pi \times 143°}{180} \sin 143°\right) = \quad 4.58$ x par la Ht 0.85 = Vol : 3.896 Ens. volume des fouilles en pleine masse	m3	155.858

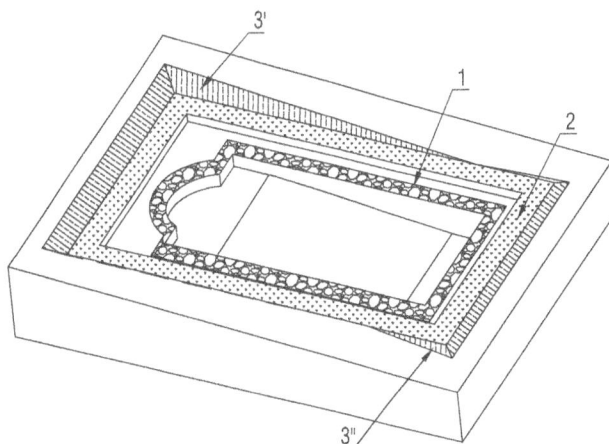

1 Remblais autour des murs de la piscine

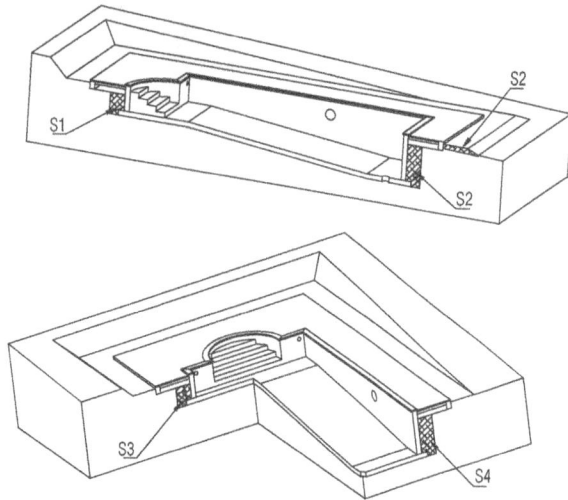

fig. 67 sections variables du volume de remblais

Au lieu de calculer ce volume en multipliant les différentes sections par un linéaire, il est plus judicieux de faire un calcul par soustraction :

- calcul du volume du terrassement pour le bassin
- puis déduire
- les volumes qui ne sont pas remblayés (radier + murs + intérieur de la piscine).

Cette solution est possible car les niveaux sont communs.

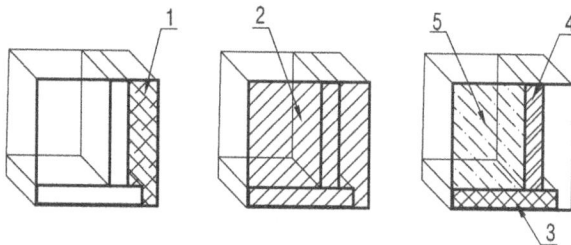

fig. 68 illustration de la méthode

1 : remblais : V1 volume à calculer). **2** : fouilles pour le bassin : V2 (déjà calculé : code 1-2-3) à déduire. **3** : radier : V3. **4** : mur : V4. **5** : intérieur de la piscine : V5.
V1 = V2 −(V3 + V4 + V5)

Code	Désignation	U	Qté
1-3 1-3-1	Remblais Remblais soigneusement compactés par couche de 20 cm en périphérie des murs de la piscine Rep vol du bassin V 1-2-3 94.738+3.896= 98.633 (A) Déduire **1** Vol du radier (compris le béton de propreté qui devrait être différencié car plus large que le BA du radier)		

Code	Désignation	U	Qté
	1a Partie rectangulaire (variation de long entre la mesure selon la pente et selon l'horizontale négligée (4 cm pour 7.6 0m) Surf 11.00×6.00 = 66.00 **1b** Partie circulaire $\dfrac{1.95^2}{2}\dfrac{\pi \times 153°}{180} - \sin153° = 4.21$ Ens surf 70.21 × ep. 0.20 = Vol 14.043 **2** Vol des murs et de l'intérieur de la piscine (le calcul est plus simple en une seule fois)		

Code	Désignation	U	Qté
	2a Volume à base prismatique rectangle 10.50×1.50 =15.23 Déduire le trapèze (1.20+8.80)*0.80/2 = 4.00 Reste 11.23 × larg. 5.50 = Vol 61.738 **2b** Volume à base circulaire La surface de base est assimilée à un 1/2 disque (alors qu'il n'est pas complet) 1/2 disque $\pi \times 1.70^2/2 = 4.54$ × par la Ht 0.65 = Vol 2.951 Ens volumes à déduire 78.731 (B) reste volume (A − B)	m³	19.902

2 Régalage de la terre végétale

Évaluation au m²

Cette surface peut être calculée de 2 manières :

1. par soustraction des 2 rectangles
2. par calcul d'un linéaire multiplié par une largeur

Code	Désignation	U	Qté
1-3-2	Régalage de la terre végétale, épaisseur 10 cm entre la plage et les talus de raccordement Linéaire		

HO 2 fois 17.00 = 34.00
DO 2 fois 8.50 = 17.00
Ens. Lin. 51.00
× larg 1.00

Code	Désignation	U	Qté
	= surface	m²	51.00

10.4.3.4 Talutage

Évaluation au m²

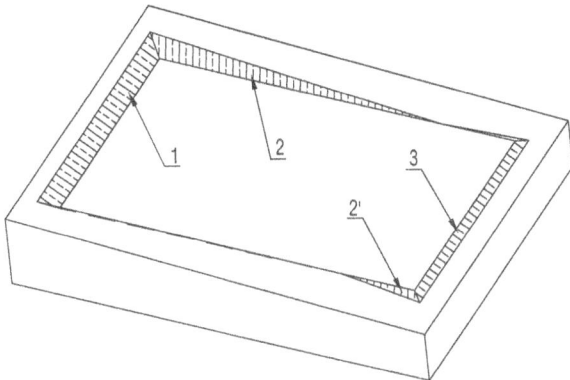

fig. 69 décomposition du talutage

Pour simplifier, la surface totale est calculée comme une somme de linéaires (cotes HO DO) multipliée par une largeur soit comme un rectangle alors que ce sont des trapèzes.

Même si dans la réalité les largeurs sont inégales, la largeur des surfaces repérées 1 et 3 sont prises pour 1.00 m. Les surfaces 2 et 2' sont des triangles mais comme ils y sont 2 fois, cela revient à un rectangle.

Code	Désignation	U	Qté
1-4	Talutage pour raccordements Linéaire 2 fois 11.50 = 23.00 1 fois 17.00 Ens lin 40.00 × larg. moy 1.00 = surface	m²	40.00

10.4.3.5 Évacuation des terres en excès

Les terres en excès sont évacuées à la décharge publique

Évaluation au m³ foisonné en précisant la distance

Le volume des terres à évacuer correspond à la différence entre le volume des fouilles et le volume des terres utilisées comme remblais, multipliée par un coefficient de foisonnement qui tient compte de l'augmentation du volume de terre lors du creusement des fouilles.

Code	Désignation	U	Qté
1-5	Évacuation des terres en excédent Total des fouilles Rep décapage 216.00 × épaisseur 0.20 = vol 43.200 Rep fouilles en pleine masse 155.858 Ens fouilles 199.058 Déduire les terres utilisés comme remblais Rep V 1-3-1 19.902 Rep S 1-3-2 51.00 × épaisseur 0.10 = vol 5.100		

Code	Désignation	U	Qté
	Rep S 1-4 40.00 × épaisseur 0.10 = vol 4.000 Ens remblais à déduire 29.002 Reste vol 170.056 × coef de foisonnement 1.35 = volume	m³	229.576

10.4.4 Maçonnerie

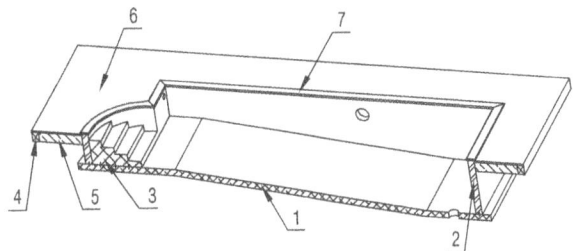

fig. 70 ouvrages élémentaires à métrer vus en coupe longitudinale

1 : radier. **2** : murs en blocs à bancher. **3** : escalier (coulé en place ou préfabriqué en acrylique). **4** : bêche compris mise hors gel. **5** : dallage. **6** : chape et revêtement. **7** : margelle

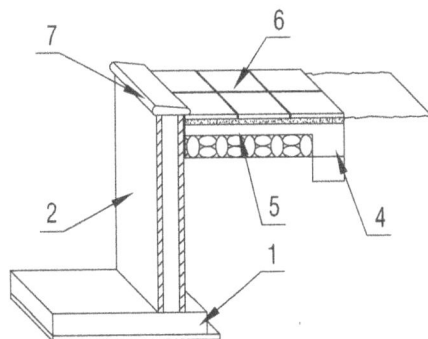

fig. 71 détails de certains ouvrages

10.4.4.1 Radier sur un béton de propreté de 5 cm

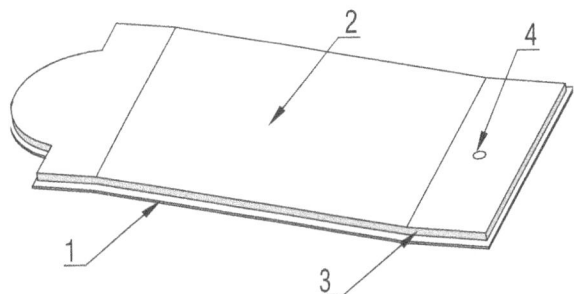

fig. 72 nomenclature des éléments du radier

1 : béton de propreté. **2** : béton armé pour radier. **3** : coffrage extérieur. **4** : réservation pour bonde de fond

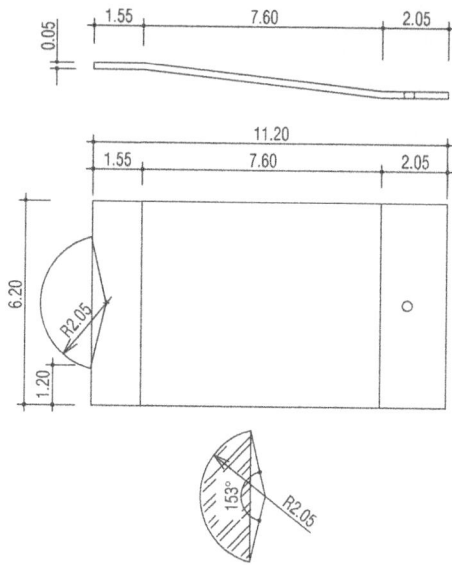

fig. 73 cotation du béton de propreté

Pour le radier en béton armé, l'évaluation est soit globale soit détaillé : béton, coffrage, armatures

Code	Désignation	U	Qté
2-1	Béton de propreté ep 5 cm , débord 10 cm pour radier		
	1a Partie rectangulaire (variation de long entre la mesure selon la pente et selon l'horizontale négligée (4 cm pour 7.60 m)		
	Surf 11.20×6.20 = 69.44		
	1b Partie circulaire		
	$\dfrac{2.05^2}{2}\left(\dfrac{\pi \times 153°}{180} - \sin 153°\right) = 4.66$		
	Ens surf	m²	74.10

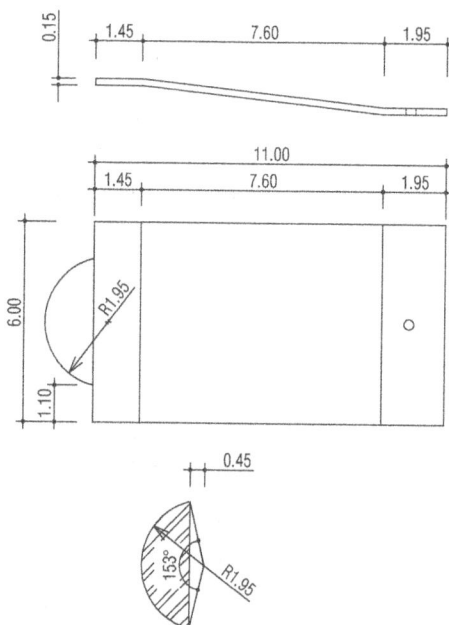

fig. 74 cotation du béton pour le radier

Code	Désignation	U	Qté
2-2	Radier en béton armé		
2-2-1	Béton pour radier ep 15 cm		
	Rep S1-3-1	m²	70.21
2-2-2	Coffrage ordinaire		
	Linéaire		
	2 fois 11.00 = 22.00		
	1 fois 6.00 = 6.00		
	2 fois 1.10 = 2.20		
	1 fois $2\pi \times 1.95 \times \dfrac{153}{360} = 5.21$		
	Ens linéaire = 35.41		
	× par ht 0.15		
	= surf	m²	5.33
2-2-3	Armatures treillis soudé 2 nappes de ST 25 C compris écarteurs de nappes		
	Rep S1-3-1 : 70.21		
	2 fois	m²	140.42
2-2-4	Armature S 500 HA 8 moyen pour renforts sous murs périmétriques 5kg/m		
	Ens linéaire = 35.00 *		
	× par ratio 5	kg	175.000

* pour un calcul plus rigoureux, le linéaire devrait être calculé dans l'axe des murs (33 m pour 35 m)

10.4.4.2 Murs

La surface totale est la somme de rectangles, de trapèzes et de la surface latérale d'un cylindre

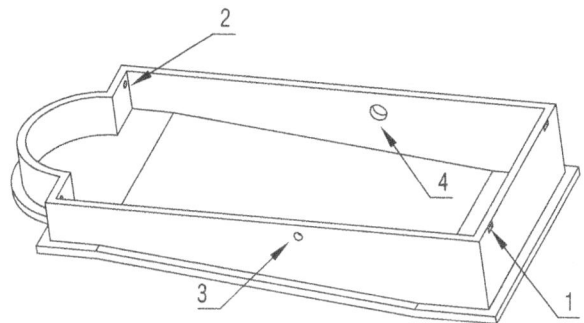

fig. 75 réservation dans les murs

1 : pour skimmers. **2** : pour bouches de refoulement. **3** : pour prise balai.
4 : pour projecteur

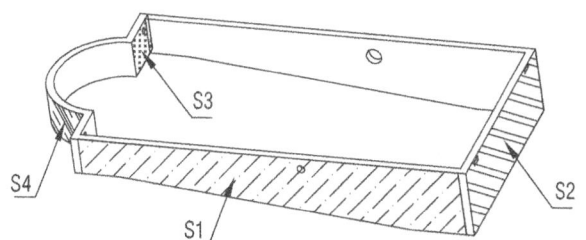

fig. 76 décomposition en perspective

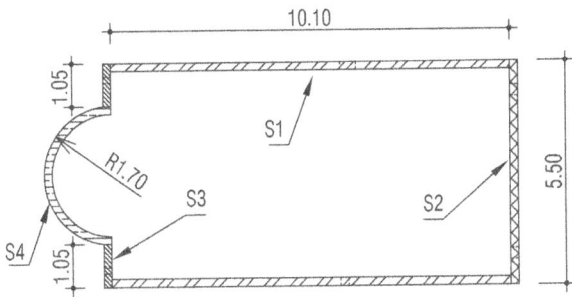

fig. 77 décomposition en plan

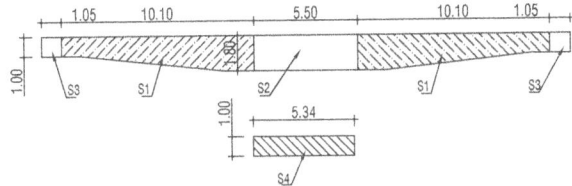

fig. 78 développé des murs en blocs à bancher

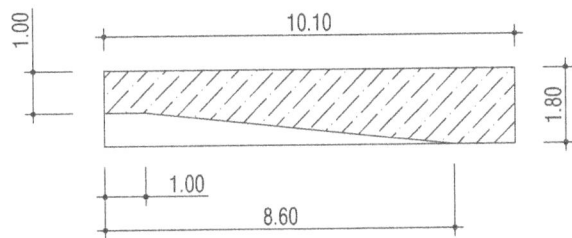

fig. 79 cotation de la surface S1

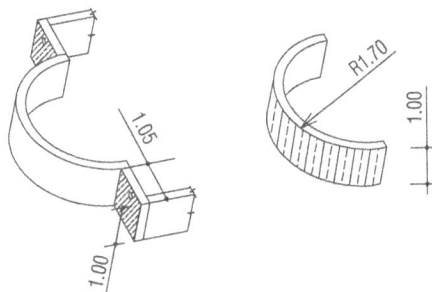

fig. 80 détails des murs en retour et de la partie cylindrique

NOTE : le rayon peut être pris dans l'axe du mur soit 1.60 m

Code	Désignation	U	Qté
2-3	Murs		
2-3-1	Murs en blocs à bancher		
	S1 (comptée DO)		
	rectangle		
	10.10x1.80=18.18		
	Déduire le trapèze		
	(1.00+8.60)*0.80/2=3.84		
	reste surf 14.34		
	2 fois 28.68		
	S2 (comptée HO)		
	rectangle		
	5.50x1.80=9.90		
	S3		
	rectangle 1.05x1.00=1.05		
	2 fois 2.10		

Code	Désignation	U	Qté
	S4		
	Linéaire πx1.70= 5.34		
	x par ht 1.00		
	=surf 5.34		
	Ens surface	m²	46.02
2-3-2	Majoration pour partie circulaire		
	Rep S4	m²	5.34
2-3-3	Armatures HA 8, ratio 6 kg/m²		
	Rep S2-3-1 : 46.02		
	x ratio 6	kg	276.12

EXEMPLE DE MÉTHODE SIMPLIFIÉE

Calcul de la surface des murs :

linéaire 2 fois (10.00 + 5.50) = 31.00
x hauteur moyenne 1.50 = 46.50 m²

10.4.4.3 Escalier

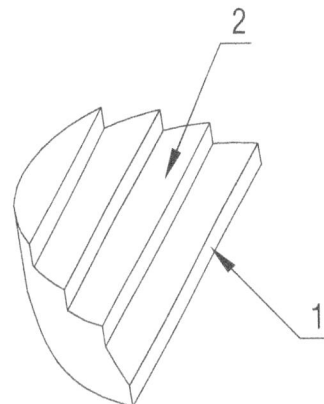

fig. 81 escalier coulé en place

1 : contremarche.
2 : giron

Code	Désignation	U	Qté
2-4	Escalier, rayon 1.50 m, composé de 4 marches, suivant plan, coulé sur place	U	1

10.4.4.4 Finitions intérieures de la maçonnerie

REMARQUE : la nature de l'escalier modifie l'avant-métré de cet article.

S'il est en béton coulé sur place, il faut prévoir un ragréage sur les girons, un enduit sur les contre marches, sur la partie vue du mur circulaire et une façon d'arête à l'intersection des contre marches et des girons.

S'il est préfabriqué, il ne reste que des enduits sur la partie vue du mur circulaire.

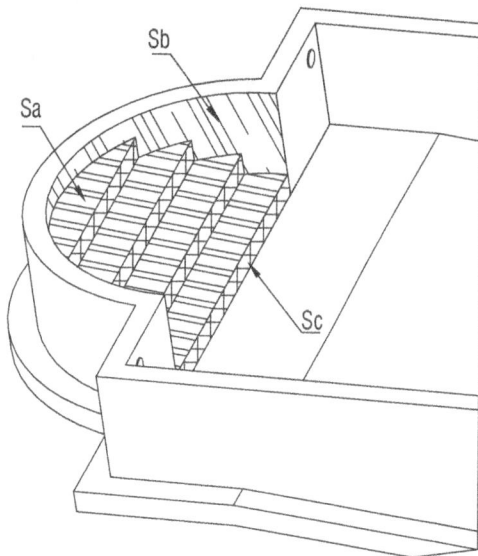

fig. 82 surfaces à calculer selon la nature de l'escalier

Pour un escalier coulé en place, compter Sa+Sb+Sc

Pour un escalier préfabriqué, ne compter que Sb

Ragréage du radier (Sa, ragréage horizontal de l'escalier est compris dans ce poste)

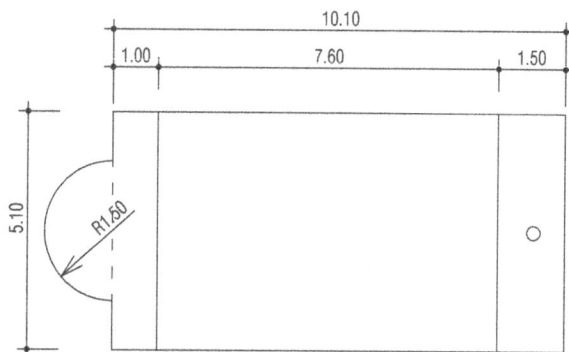

fig. 83 cotation du ragréage du radier

<u>REMARQUE</u> : il n'est pas tenu compte de la variation de longueur due à la pente(7.60 m pour 7.64 m).

Enduits sur parois verticales

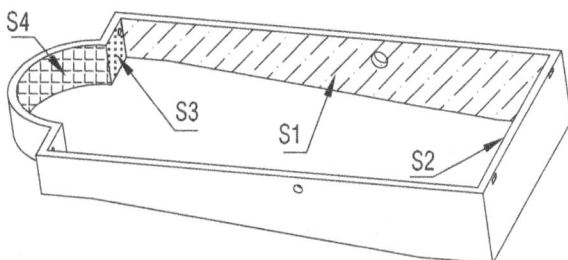

fig. 84 enduit intérieur sur murs

<u>REMARQUES</u> :

Pour simplifier, S4 est assimilée à Sb+Sc.

De plus, en toute rigueur, il faudrait dissocier Sc qui est un enduit dit « faible largeur » à compter séparément.

Code	Désignation	U	Qté
2-5	Finitions intérieures de la maçonnerie		
2-5-1	Ragréage du radier		
	Rectangle		
	$10.10 \times 5.10 = 51.51$		
	1/2 disque		
	$\pi \times 1.50^2/2 = 3.53$ Ens surface	m²	55.04
2-5-2	Enduit intérieur sur murs		
	S1		
	rep S1 du § 2-3-1 : 28.68		
	rectangle		
	S2 rectangle		
	$5.10 \times 1.80 = 9.18$		
	S3		
	rep S3 du § 2-3-1 : 2.10		
	S4		
	Linéaire $\pi \times 1.50 = 4.71$		
	$\times$ par ht 1.00		
	=surf 4.71		
	Ens surface	m²	44.67

10.4.4.5 Plage

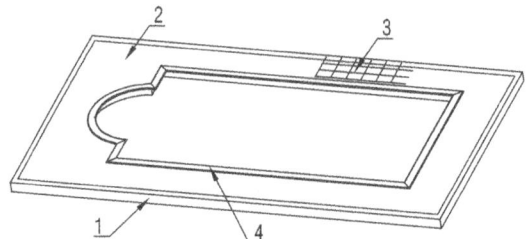

fig. 85 nomenclature des OE (ouvrages élémentaires)

1 : bêche pour maintien du dallage. **2** : dallage
3 : revêtement (chape et dalles 50×50 en pierres reconstituées). **4** : margelle

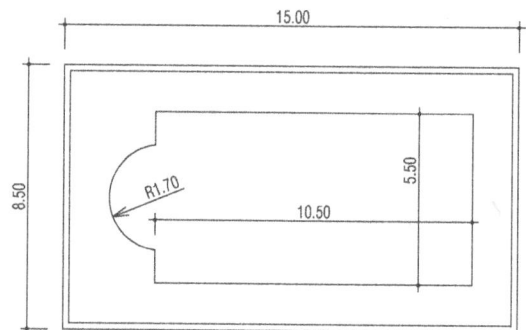

fig. 86 cotation des OE en plan

Bêche

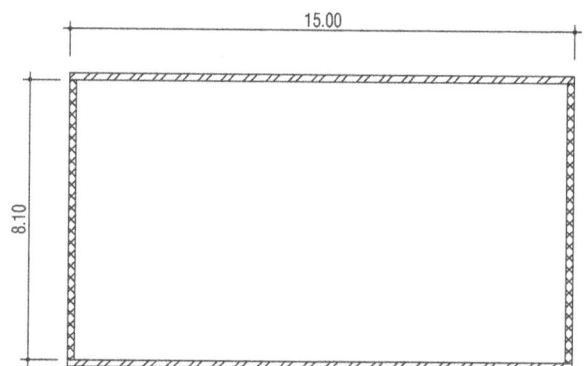

fig. 87 décomposition de la bêche (HO, DO)

HO : cote hors œuvre 15.00.
DO : cote dans œuvre 8.10 (soit 8.50 moins 2 fois 0.20)

Code	Désignation	U	Qté
2-6	Bêche en BA section 20×35		
2-6-1	Mise hors gel, compris fouille et gros béton Linéaire HO 2f 15.00 = 30.00 DO 2f 8.10 = 16.20 Ens linéaire	m	46.20
2-6-2	Béton B25 Linéaire Rep linéaire L 2-6-1 : 46.20 × section 0.20×0.35 = volume	m³	3.234
2-6-2	Coffrage ordinaire Linéaire HO 2f 15.00 = 30.00 DO 2f 8.50 = 17.00 Ens linéaire =	m	47.00
2-6-3	Armatures S 500, HA 8 moyen, ratio 50 kg/m³ Rep V 2-6-1 : 3.234 × 50	kg	161.70

Dallage

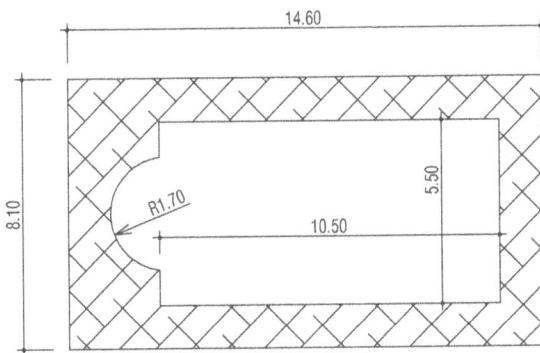

fig. 88 cotation du dallage

Il est compté DO des bêches jusqu'au nu extérieur des murs.

Code	Désignation	U	Qté
2-7-	Dallage compris forme de pente 0.5 cm/m pour écoulement de l'eau		
2-7-1	Blocage de 15 cm en calcaire 0/30 soigneusement compacté rectangle 14.60×8.10=118.26 Déduire la surface intérieure : le rectangle 10.50×5.50=57.75 le 1/2 disque (en simplifiant) π×1.70²/2=4.54 Ens à déduire 62.29 reste	m²	55.97
2-7-2	Forme en béton de 10 cm Rep S 2-7-1	m²	55.97
2-7-3	Treillis soudé PAF C Rep S 2-7-1	m²	55.97

Revêtement

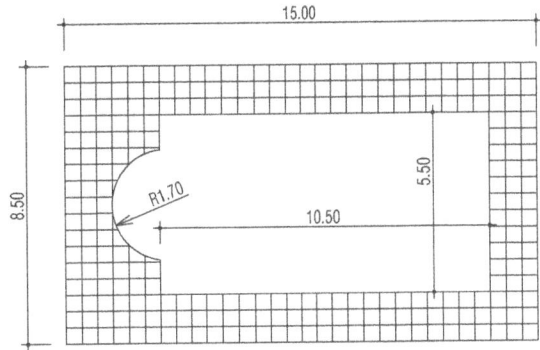

fig. 89 cotation du revêtement de la plage (chape et dalles 50 × 50)

Code	Désignation	U	Qté
2-7-5	Dalles 50×50 scellées sur chape en mortier maigre compris façon de joints rectangle 15.00×8.50=127.50 Déduire la surface intérieure Rep 62.29 reste	m²	65.21

REMARQUE : comme le revêtement recouvre aussi la bêche, la surface trouvée (S 2-7-5) est supérieure à la surface du dallage (S 2-7-1).

10.4.4.6 Margelle

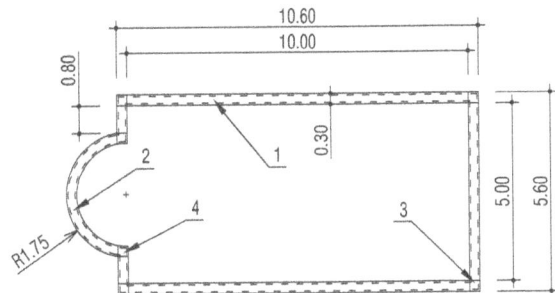

fig. 90 décomposition des margelles

1 : margelle droite. **2** : margelle courbe. **3** : margelle d'angle intérieur.
4 : margelle d'angle extérieur

Code	Désignation	U	Qté
2-8	Margelles		
2-8-1	Margelle galbée droite 50×33 Linéaire DO 2f 10.00 = 20.00 DO 1f 5.00 = 5.00 2f 0.80 = 1.60 Ens linéaire	m	26.60
2-8-2	Margelle galbée courbe 50×33 π × 1.75 - 2f 0.25	m	5.00
2-8-3	Margelles d'angle	U	6

REMARQUE : pour le calcul, la largeur de la margelle est arrondie à 30 cm (5 cm de débord de part et d'autre du mur).

10.5 Étude de prix – Bilan de l'opération : comparatif prix prévisionnel et réel

10.5.1 AU STADE DE L'ÉTUDE

10.5.1.1 Bordereau de prix entreprise

Le bordereau de prix interne à l'entreprise comprend des prix de vente, calculés à partir de Déboursés Secs d'unités d'œuvre sur lesquels sont appliqués un coefficient multiplicateur de 1,36.

N		U	PU
1	TERRASSEMENTS		
1.1	décapage mécanique terre végétale ép. 10 cm	m²	0,61
1.2	décapage mécanique terre végétale ép. 20 cm	m²	0,76
1.3	plus value pour tranches de 5 cm supplémentaire	m²	0,08
1.4	fouilles en excavation		
	en terrain de classe A	m³	12,20
	en terrain de classe B	m³	13,72
	en terrain de classe C	m³	15,24
	autres terrains	m³	18,29
1.5	plus value pour présence d'eau		
	pompage	h	30,49
	rabattement de nappe		
	installation repliement	m	182,94
	maintenance et surveillance	h	38,11
1.6	remblais		
	avec terres provenant des fouilles	m³	6,10
	avec apport extérieur	m³	12,20
1.7	régalage de la terre végétale	m²	0,46
	talutage	m²	0,61
	évacuation des terres à la décharge	m³	12,20
	foisonnement classe A 1,20		
	foisonnement classe B 1,35		
	foisonnement classe C 1,40		
	foisonnement autre 1,30		
2	BÉTON ARMÉ		
2.1	béton de propreté	m³	144,83
2.2	béton B 25	m³	152,45
2.3	béton B 30	m³	167,69
2.4	coffrage ordinaire	m²	30,49
2.5	coffrage courant	m²	38,11
2.6	coffrage soigné	m²	45,73
2.7	armatures TS		
	P 283 R	m²	5,49
	P 99 V	m²	5,79
2.8	armatures HA	kg	2,74
2.9	escalier BA	U	762,25
3	MAÇONNERIES		
3.1	élévation BBM creux de 20 cm	m²	38,11
3.2	élévation BBM semi alégés de 20 cm	m²	45,73
3.3	élévation blocs à bancher	m²	60,98
3.4	plus values parties circulaires	m²	7,62

N		U	PU
4	OUVRAGES DIVERS		
4.1	ragréage de radier	m²	9,15
4.2	enduit finition taloché	m²	18,29
4.3	hérisson pour support de plage ép. 30 cm	m²	6,10
4.4	forme pour plage ép. 10 cm	m²	18,29
4.5	chape mortier de pose ép. 2 cm	m²	12,20
	plus value par cm supplémentaire	m²	1,52
4.6	dalles en pierre reconstituée 50 x 50 x 3,5 cm	m²	53,36
4.7	margelles		
	droites	m	38,11
	courbes	m	45,73
	d'angles	U	27,44
5	ÉQUIPEMENT		
	consultation d'un équipementier avec application d'un coefficient de sous traitance de 1,14	F	7 068,00

10.5.1.2 Devis quantitatif estimatif

N	Désignation		U	Q	PU	PT
1	TERRASSEMENTS					
1.1	décapage de la terre végétale ép. moyenne 20 cm		m²	216,00	0,76	164,16
1.2	fouilles en pleine masse en terrain de classe B					
1.2.1	plateforme	39,000				
1.2.2	plage	18,225				
1.2.3	bassin	98,634	m³	155,859	13,72	2 138,39
1.3	remblais		m³	19,902	6,10	121,40
1.3.1	en périphérie des murs		m²	51,00	0,46	23,46
1.3.2	régalage de la terre végétale		m²	40,00	0,61	24,40
1.4	talutage pour raccordement au TN					
1.5	évacuation des terres en excédent		m³	229,576	12,20	2 800,83
2	MAÇONNERIE					
2.1	béton de propreté ép. 5 cm		m²	74,10	7,24	536,48
2.2	radier					
2.2.1	dalle en béto B 25, ép. 15 cm		m²	70,21	22,87	1 605,70
2.2.2	coffrage ordinaire périphérique		m²	5,31	30,49	161,90
2.2.3	armatures TS P 283 R		m²	140,42	5,49	770,91
2.2.4	armatures		kg	175,000	2,74	479,50
2.3	murs en blocs à bancher					
2.3.1	murs en blocs à bancher		m²	46,02	60,98	2 806,30
2.3.2	majoration pour zone circulaire		m²	5,34	7,62	40,69
2.3.3	armatures		kg	276,120	2,74	756,57
2.4	escalier		U	1	762,25	762,25
2.5	finition intérieure de la maçonnerie					
2.5.1	ragréage radier		m²	55,04	9,15	503,62
2.5.2	enduit intérieur des murs		m²	44,67	18,29	817,01
2.6	bêches					
2.6.1	béton B 25		m³	3,234	152,45	493,02
2.6.2	coffrage ordinaire		m²	47,00	30,49	1 433,03
2.6.3	armatures		kg	161,700	2,74	443,06
2.7	plages compris forme de pente de 1 cm/m					
2.7.1	hérisson pierres sèches ép. 30 cm		m²	55,97	6,10	341,42
2.7.2	forme béton B 25 ép. 10 cm		m²	55,97	18,29	1 023,69
2.7.3	armatures TS P 99 V		m²	55,97	5,79	324,07
2.7.4	chape ép. 5 cm		m²	65,21	16,76	1 092,92
2.7.5	dalles 50x50x3,5 pierres reconstituées		m²	65,21	53,36	3 479,61
2.8	margelles					
2.8.1	droites		m	26,60	38,11	1 013,73
2.8.2	courbes		m	5,00	45,73	228,55
2.8.3	majoration pour angles		U	6	27,44	164,64
3	ÉQUIPEMENT					
	équipement filtration		F	1	7 068,00	7 068,00
	total HT					31 619,29
	TVA 19,6 %					6 197,38
	total TTC en €					37 816,68

10.5.2 AU STADE DE L'ANALYSE

10.5.2.1 Recollement des documents

Le cahier de chantier fait apparaître un temps de présence de l'équipe de deux ouvriers de 15 jours.

coût : 15 jours × 7 h × 33,72 €   3 540,60 €

Les frais de location du tractopelle se sont élevés à ....   765,00 €

La valeur constatée des matériaux, le paiement du sous-traitant, à partir des bons de livraison contrôlés par le chef d'équipe, de la facture du sous-traitant vérifiée par le comptable de l'entreprise s'élèvent à ....   20 714,81 €

Les frais de chantier (implantation, bungalow, clôture), se sont élevés à ....   890,00 €

total coût direct (Cd)...........................   25 910,41 €

10.5.2.2 Analyse

La part de frais généraux à amortir prévisionnellement sur ce chantier est de.. 4 490,00 €

La marge brute (Mb) est égale à PV − Cd   soit :

31 619,29 moins 25 910,41 .... 5 708,78 €

Le résultat brut (Rb) est de

5 708,88 moins 4 490,00...................................... 1 218,88 €

10.5.3 CONCLUSION

Ce résultat brut étant positif il s'agit d'un bénéfice brut (le bénéfice net étant obtenu après déduction des impôts sur la société).

Si le résultat avait été négatif, il y aurait eu perte.

THÈME 11

Giratoire

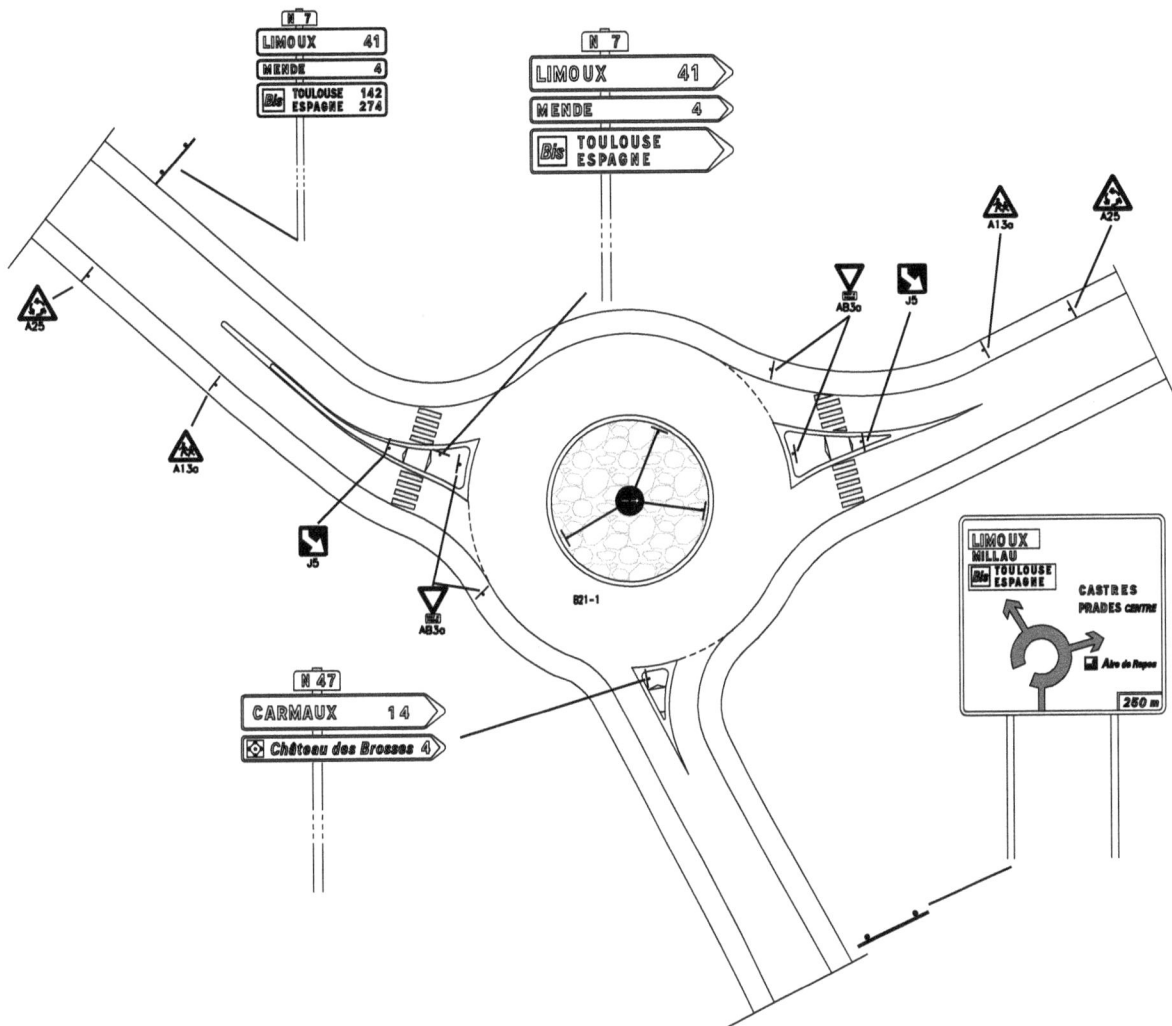

ACTIVITÉS

1. Dessin assisté par ordinateur

Objectif : réaliser le tracé d'un giratoire composé d'un anneau central et de branches avec îlots séparateurs

Contenus : Tracer l'îlot central et l'anneau • Raccorder les branches 1, 2, 3 à l'anneau • Tracer les îlots séparateurs • Coter • Imprimer sur un A4 horizontal

2. Avant-métré

Objectif : établir l'avant-métré des linéaires et des surfaces en utilisant des commandes spécifiques (contours et propriétés)

Contenus : Linéaires de bordures de l'anneau, des branches, des îlots • Surfaces d'enrobé de l'anneau, des branches, des îlots

11.1 Dessin du giratoire

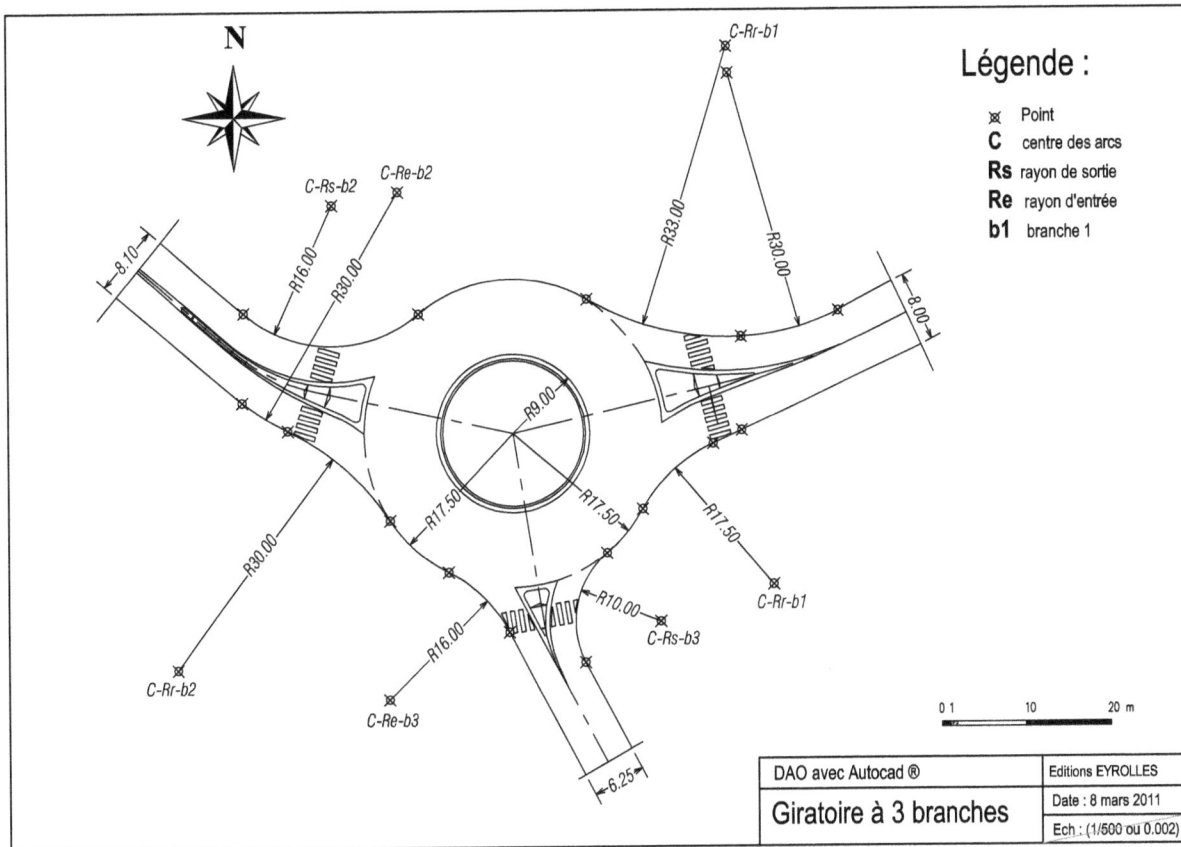

fig.1 dessin à réaliser

REMARQUE : l'échelle du cartouche correspond au fichier à imprimer, sur un A4 horizontal, à partir du téléchargement. Mais comme la largeur d'une page du livre ne peut dépasser 18cm, cette figure est nécessairement réduite pour s'y adapter. En conséquence, son échelle est différente de celle du cartouche.

11.2 Analyse d'un giratoire

11.2.1 INTRODUCTION

Un giratoire est un carrefour aménagé pour réduire la violence des collisions, qui réduit les vitesses de croisement et donne la priorité à l'usager circulant dans l'anneau.

Cet exemple est proposé parce que c'est à la fois un ouvrage très courant et un support intéressant pour le tracé géométrique (arcs de cercle et raccordements) et le calcul de linéaires et surfaces déduits du tracé.

Seules des notions de base utiles à l'activité proposée sont décrites, car le giratoire dans son ensemble est un ouvrage relativement complexe pour lequel il faut gérer son insertion dans l'existant avec des réseaux, des murs, des talus, des profils en long, des profils en travers, des signalisations...

11.2.2 TERMINOLOGIE

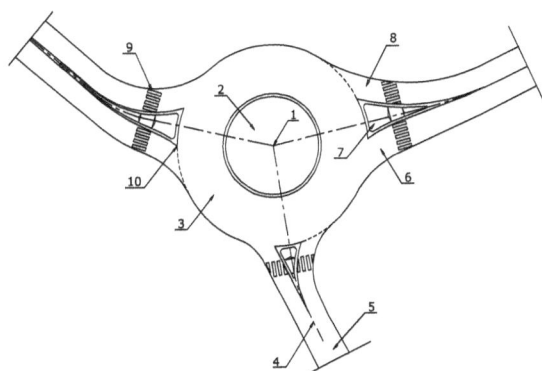

Fig. 2 terminologie de base

1 : centre de l'anneau (situé, en règle générale, à l'intersection des axes des branches. **2** : îlot central. **3** : anneau ou chaussée annulaire. **4** : axe d'une voie à raccorder. **5** : branche. **6** : voie sortante (du giratoire). **7** : îlot séparateur.
8 : voie entrante (dans le giratoire). **9** : passage piéton. **10** : marquage au sol

259

11.2.3 Dimensions d'un giratoire

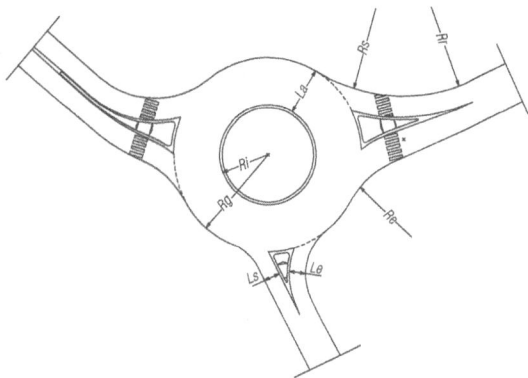

Fig. 3 les rayons et largeurs d'un giratoire

Rg rayon du giratoire
La largeur de l'anneau
Rs rayon de la voie sortante
Le largeur de la voie entrante

Ri rayon intérieur
Re rayon de la voie entrante
Rr rayon de raccordement
Ls de la voie sortante

11.3 Chronologie d'exécution du dessin du giratoire

11.3.1 Introduction

OBJECTIFS : à partir des fichiers téléchargeables
► réaliser le tracé du giratoire de la fig.1
► coter
► imprimer

11.3.2 Fichiers téléchargeables

Le fichier giratoire.pdf est téléchargeable à l'adresse internet : www.editions-eyrolles.com pour être imprimé, afin de pouvoir suivre le déroulement de la chronologie (cotes et dessin fini à produire)

Le fichier giratoire.dwg est paramétré afin de pouvoir commencer directement le dessin avec un logiciel de DAO. Il est également téléchargeable à l'adresse internet : www.editions-eyrolles.com

Il contient une structure en 3 parties

1 Les calques de départ, les autres seront créés à partir de l'icône « nouveau calque » ![icône] du gestionnaire des propriétés des calques (accès par la commande « format>calque »)

2 Les styles :
– de cotation prédéfini : « cotation », adapté à la taille du giratoire
– de texte pour les annotations diverses et le cartouche
3 La présentation :
– Un cadre et un cartouche pour l'impression à l'échelle 0.002 (ou 1/500ᵉ) sur un A4 horizontal, soit à partir de l'espace objet ╲ Objet ╱ imprimer ech 0.002 ╱ soit à partir de

l'espace papier ╲ Objet ▬ imprimer ech 0.002 ▬ ╱. Cette échelle est modifiable afin de s'adapter au périphérique de sortie.

Les cotes sont exprimées en mètre

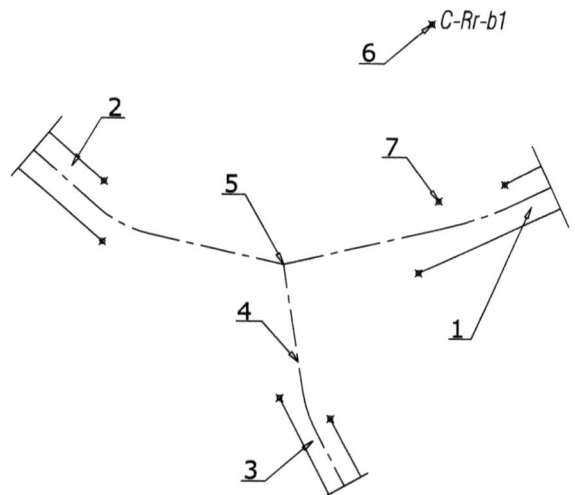

Fig.4 Lignes et points inclus dans le fichier giratoire.dwg

1 : branche 1. **2** : branche 2. **3** : branche 3. **4** : axe des voies. **5** : point de concours des axes des voies et du centre de l'îlot. **6** : centre du 1ᵉʳ arc à tracer, désigné ainsi C-Rr-b1 avec C pour centre, Rr pour rayon de raccordement et b1 pour branche 1. **7** : point de raccordement des voies existantes au giratoire

REMARQUE : le point 6 est donné pour simplifier le démarrage. Il est situé à l'intersection de la perpendiculaire à la bordure droite de la branche 1 (issue de son extrémité) et du cercle de 30m de rayon, issu du même point.

11.3.3 Configuration des paramètres de dessin de la barre d'état

Ces options de paramétrages, relativement discrets dans l'interface, sont essentiels pour un tracé précis et adapté au dessin à réaliser

Fig. barre d'état des outils de dessin

Un ⌐🖰 gauche active ou désactive la fonction, un ⌐🖰 droit sur chacun des ces icones (sauf le 3ᵉ et le 7ᵉ) affiche un menu contextuel avec une option « paramètres » qui ouvre une fenêtre afin d'effectuer les réglages souhaités. En fait, c'est toujours la même fenêtre où l'onglet ouvert correspond à l'icône cliqué.

![icône] paramétrage d'une grille définie par un ensemble de points espacés et orientés selon des pas et une direction

![icône] mode ortho ou polaire F10 pour un déplacement du curseur selon des directions souhaités (les directions sont assujettis au repère Oxy en cours).

![icône] accrochage F3 et chemins d'alignement F11

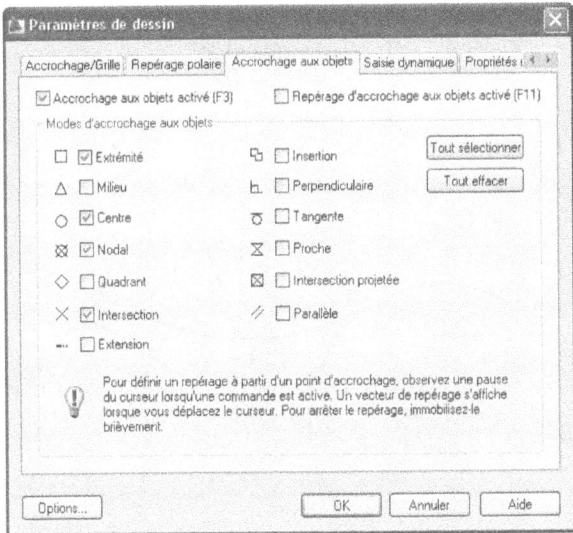

Fig. 6 options d'accrochage aux objets

[icons] icones de saisie dynamique afin d'afficher et saisir des valeurs en alignement avec des points et des directions en laissant le curseur quelques instants sur les points choisis (sans cliquer)

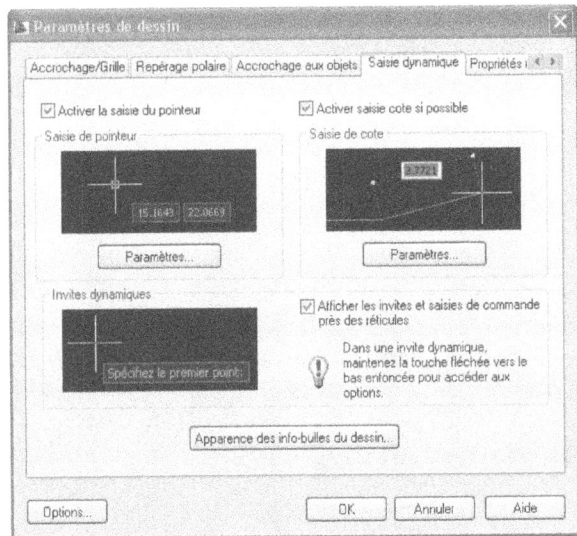

Fig. 7 options de saisie dynamique

[icons] options d'affichage des épaisseurs des traits et des propriétés rapides des objets

11.3.4 LES ÉTAPES DE LA REPRÉSENTATION

- L'îlot central et l'anneau
- Le raccordement des branches 1, 2, 3 à l'anneau
- Le tracé des îlots séparateurs
- La cotation
- L'impression sur A4 horizontal

IMPORTANT : il faut utiliser le point du clavier comme séparateur des décimales et la virgule comme séparateur des coordonnées (abscisses et ordonnées).

Exemple : si x=2.50m et y=6.80, alors syntaxe : 2.5,6.8↲

Au démarrage d'Autocad, choisir l'option « ouvrir un dessin » [icon] en sélectionnant giratoire.dwg (bouton parcourir pour accéder au répertoire du fichier téléchargé).

11.3.4.1 L'îlot central et l'anneau

Dans le calque « anneau »

1. dans l'onglet « début>dessin » [icon] ▾ « cercle par centre et rayon »
2. Centre : point de concours des axes des voies
3. 17.5 ↲ pour le rayon du giratoire

Reprendre la commande avec R = 9 pour le rayon de l'îlot

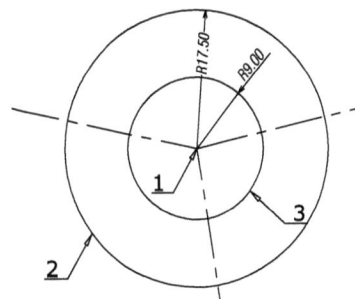

Fig. 8 cercles de l'anneau et de l'îlot central

1 : point de concours des axes des voies. **2** : giratoire de 17.50 m de rayon. **3** : îlot central de 9 m de rayon.

11.3.4.2 Raccordement de la voie existante de la branche 1 au rayon de sortie

Pour ce 1er raccordement, les 3 points de l'arc (centre, début et fin sont donnés)

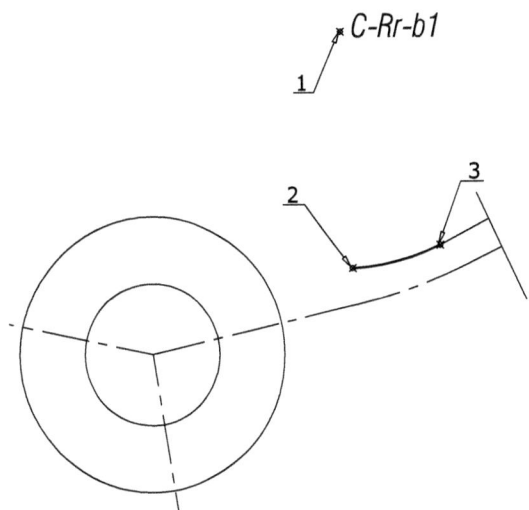

Fig. 9 Raccordement de la branche 1

1 : centre de l'arc à tracer C-Re-b1 (Centre, Rayon d'entrée, branche 1).
2 : début de l'arc. **3** : fin de l'arc.

Dans le calque « rayons de raccordement »

1. dans l'onglet « début>dessin » [icon] ▾ « arc par centre début et fin »[1]

---

1. La flèche de l'icône « arc de cercle » permet de choisir les différentes méthodes de tracé d'un arc

2 Centre : point C-Re-b1

3 début : point 2 et fin : point 3, dans cet ordre pour respecter le sens de rotation trigonométrique (et pas horaire)

11.3.4.3 Raccordement du rayon d'entrée de la branche 1 à l'anneau

Pour cet arc de 30.50m de rayon, 1 seul point de raccordement est connu. Il faut déterminer son centre de telle sorte qu'il soit tangent à l'anneau. Selon le principe de raccordement de 2 cercles par un cercle tangent, le centre cherché est à l'intersection de 2 cercles, l'un de 50.50m de rayon (17.50m pour l'anneau + 33.00m pour le rayon de raccordement), l'autre de 33.00m pour le rayon de raccordement

1 〈⊙〉 ▼ cercle de centre A et de rayon 33 ↵

2 〈⊙〉 ▼ cercle de centre O et de rayon 50.5 ↵

3 ⁄ segment de O à C-Re-b1 qui coupe le cercle de l'anneau en B : 2ᵉ point de tangence de l'arc

4 ⌒ ▼ arc de centre C-Re-b1, début : point B et fin : point A

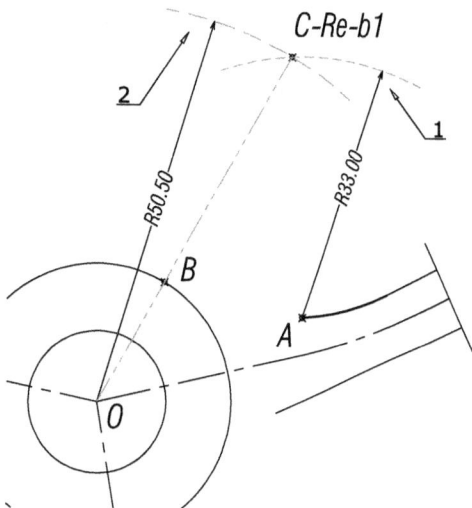

1 : cercle de centre A et de rayon 33m.
2 : cercle de centre O et de rayon 50.50m.
C-Re-b1 : intersection des 2 cercles et centre de l'arc cherché.
B : point de départ de l'arc à construire.
A : point de fin de l'arc à construire.

Une autre solution consiste à ne tracer que le cercle 1 et le segment 2 qui joint le point A au point C-Rr-b1 connu. Le prolongement de ce segment coupe le cercle 1 en 3. C'est le point cherché (C-Rs-b1) centre de l'arc à tracer.

1 〈⊙〉 ▼ cercle de centre A et de rayon 30 ↵

2 ⁄ segment de O à C-Rr-b1

3 ⁄ prolonger, ↱ gauche sur le cercle 1, ↵,↱ gauche sur le segment 2 (proche de C-Rr-b1), donne le point 3 : C-Re-b1

4 ⁄ segment de O à C-Re-b1 coupe le cercle de l'anneau en B : le 2ᵉ point de tangence de l'arc

5 ⌒ ▼ arc de centre C-Re-b1, début : point B et fin : point A

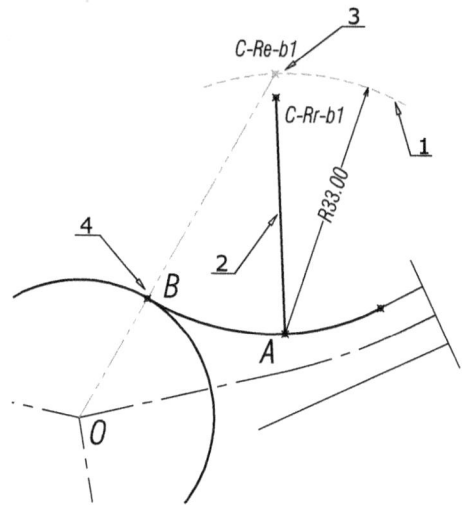

1 : cercle de centre A et de rayon 33m.
2 : segment de A à C-Rr-b1, à prolonger jusqu'au cercle 1.
3 : intersection du segment 2 et du cercle 1 et centre de l'arc à construire (point C-Re-b1).
4 : intersection du segment [O, C-Re-b1] et du cercle de l'anneau.
B : point de départ de l'arc à construire.
A : point de fin de l'arc à construire.

11.3.4.4 Raccordement de l'anneau à la voie existante de la branche 1

La procédure est identique à celle de la figure 10. Comme le rayon de raccordement est de 17.50m, le centre de l'arc cherché C-Rs-b1 est situé à l'intersection des 2 cercles 1 et 2, respectivement de centre A et O et de rayon 17.50m et 35m. L'intersection du segment [O, C-Rs-b1] avec le cercle 1 donne le point de tangence B.

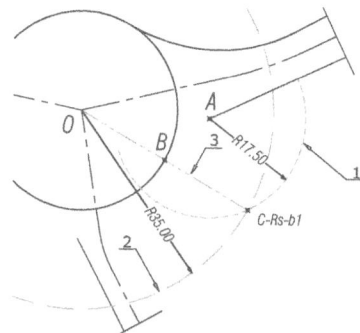

1 : cercle de centre A et de rayon 17.50m.
2 : cercle de centre O et de rayon 35.00m.
C-Rs-b1 : intersection des 2 cercles et centre de l'arc cherché.
B : point de départ de l'arc à construire.
A : point de fin de l'arc à construire

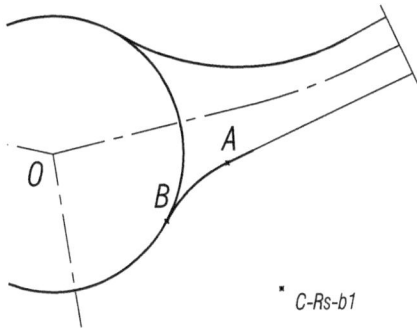

Fig. 13 raccordements de la branche 1 terminés

11.3.4.5 Raccordement de la voie de sortie de la branche 2 au cercle de l'anneau

Le raccordement de la branche 2 se réalise selon le principe identique à la fig.10. Le centre de l'arc cherché se situe à l'intersection de 2 cercles, le cercle 1 de centre O avec un rayon de 33.50m (17.50m pour l'anneau + 16.00m pour le rayon de sortie), l'autre de centre A avec un rayon de 16.00m (rayon de sortie de la branche 2). Cette intersection donne à la fois le centre de l'arc (C-Rs-b2) et le point B, position de fin de l'arc, en joignant C-Rs-b2 à O, origine de l'anneau.

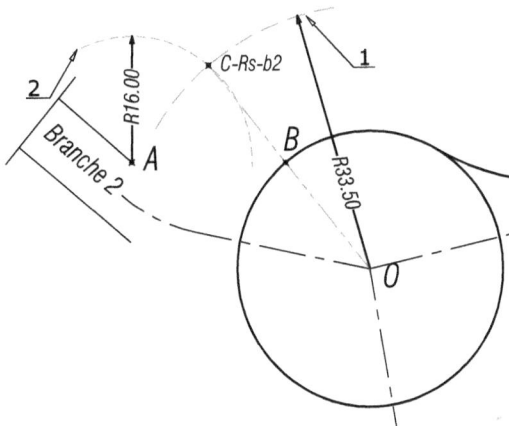

Fig. 14 points de raccordement de la voie de sortie de la branche 2 avec l'anneau

1 : cercle de centre O et de rayon 33.50 m. **2** : cercle de centre A et de rayon 16 m. **C-Rs-b2** : point d'intersection des cercles et centre de l'arc à construire. **A** : point de départ de l'arc à construire. **B** : point de fin de l'arc à construire

11.3.4.6 Raccordement de la voie d'entrée de la branche 2 au cercle de l'anneau

Ce tracé est peu plus complexe que les précédents dans la mesure où le raccordement nécessite 2 cercles dont on ne connaît que les rayons mais ni les centres, ni les points de tangence

Pour que le 1er arc soit tangent à la bordure existante, son centre doit être situé sur une perpendiculaire, à une distance égale au rayon de 30m. Ce point est simplement trouvé par un décalage de la ligne de base

1 dans l'onglet « début>modification » 🔲 commande décaler

2 Valeur à saisir : 30 ↵ (égale au rayon de l'arc tangent)

3 ⌐ gauche **sur** la ligne 1, ⌐ gauche sur un point quelconque **au dessus** de la ligne 1

4 L'extrémité droite de la ligne décalée correspond au centre de l'arc C-Rr-b2

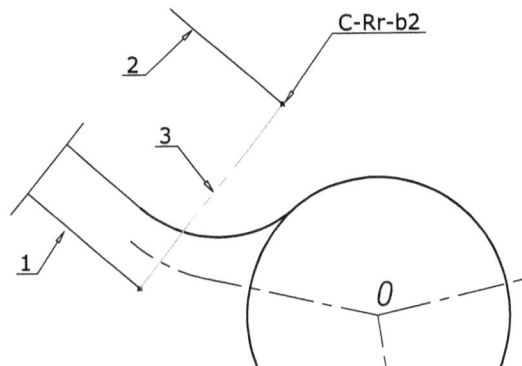

Fig. 15 position du centre du 1er arc de raccordement

1 : ligne de base de la voie d'entrée de la branche 2, à décaler de 30m. **2** : ligne 1 obtenue après décalage de la ligne de base de 30 m. **C-Rr-b2** : centre de l'arc cherché. **3** : ligne qu'il est inutile de construire mais qui est représentée afin de montrer l'action de la commande « décaler ». Le segment repéré 3 est perpendiculaire aux segments 1 et 2

Le 2e arc doit être tangent à la fois au 1er arc et à l'anneau

Il suffit de tracer les cercles 1 et 2, respectivement de centre O et C-Rr-b2 et de rayon 47.50m (17.50+30) et 60m (30+30). L'intersection des cercles donne le centre C-Re-b2. Les segments [O, C-Re-b2] et [C-Re-b2, C-Rr-b2], en coupant les cercles définissent les points de tangence.

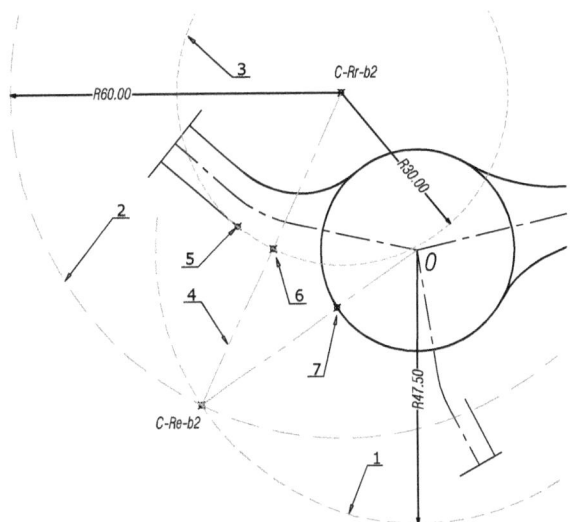

Fig. 16 position du centre du 2e arc de raccordement et des points de tangence

1 : cercle de centre O et de rayon 47.50 m. **2** : cercle de centre C-Rr-b2 et de rayon 60 m. **3** : cercle de centre C-Rr-b2 et de rayon 30 m. **C-Re-b2** : point d'intersection des cercles et centre d'un arc à construire. **5** : début du 1er arc de centre C-Rr-b2. **6** : fin du 1er arc de centre C-Rr-b2 et début du 2e arc de centre C-Re-b2. **7** : fin de l'arc de centre C-Re-b2.

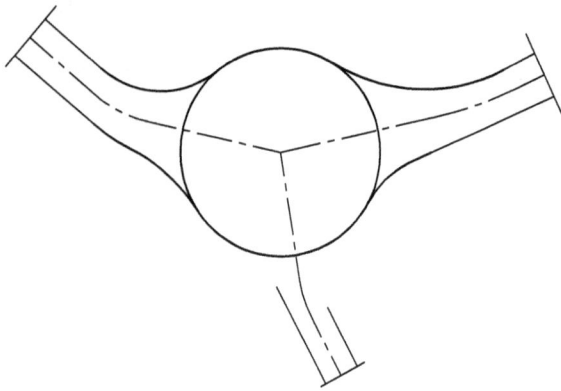

Fig. 17 tracé des raccordements de la branche 2 à l'anneau

11.3.4.7 Raccordement de la branche 3 au cercle de l'anneau

Ces tracés répètent les principes des tracés précédents, pour déterminer le centre des arcs et les points de tangence.

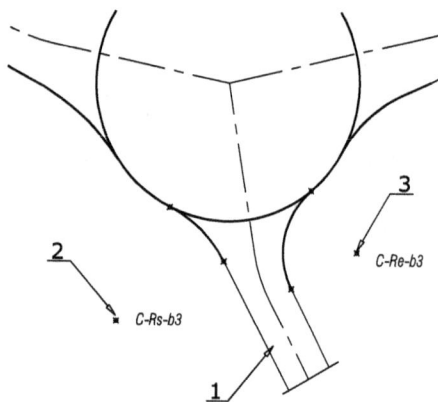

Fig. 18 raccordements de la branche 3

1 : branche 3. 2 : centre de l'arc de la voie de sortie (r=16m). 3 : centre de l'arc de la voie d'entrée (r=10m)

11.3.5 TRACÉ DES ÎLOTS SÉPARATEURS

11.3.5.1 Îlot séparateur de la branche 1

En réalité, le tracé doit respecter des règles fonction du rayon du giratoire… Pour simplifier, il sera ici décomposé en 2 étapes, d'abord les lignes de marquage au sol en décalage des voies d'entrée et de sortie, puis le fil d'eau des bordures qui sont raccordées par des arcs de cercle à chaque extrémité.

Le calque des axes des voies est désactivé

1 dans l'onglet « début>modification » 🔲 commande décaler : 4 ↵ (pour la largeur de la 1/2 de la branche 1)

2 pour chacune des lignes de cette branche ⟲ gauche sur une ligne puis ⟲ gauche sur un point quelconque vers l'intérieur de la branche

3 rendre le calque contour courant ✔ contour

4 dans l'onglet « début>dessin » 🔲 la commande[1] « contour » ouvre une fenêtre avec un bouton 🔲 Choisir des points qui crée une polyligne à partir de la zone fermée délimitée par les décalages

5 ⟲ gauche à l'intérieur de la zone puis ↵

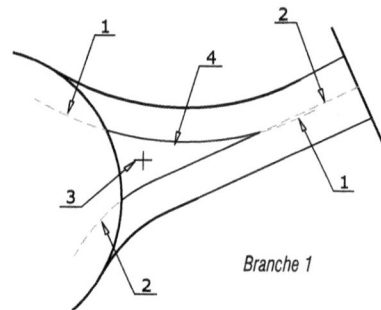

Fig. 19 polyligne fermée de la zone de marquage au sol

1 : décalages des lignes de la voie entrante. 2 : décalages des lignes de la voie sortante. 3 : point à cliquer pour définir le contour. 4 : polyligne des lignes de marquage, créées après validation.

L'étape suivante consiste à créer les bordures de trottoir de l'îlot qui sont décalées de 0.50m à l'intérieur des lignes de marquage, puis raccordées dans chaque angle

1 🔲 décaler : 0.5 ↵ (pour la distance entre la ligne de marquage et le fil d'eau de la bordure)

2 ⟲ gauche sur la polyligne précédente puis ⟲ gauche sur un point quelconque vers l'intérieur

3 dans l'onglet « début>modification » 🔲 commande « décomposer » afin de pouvoir raccorder[2] les pointes

4 dans l'onglet « début>modification » 🔲 la commande « raccord » saisir « r » et valider au clavier puis 0.5 ↵ pour définir un rayon de 0.5m de raccordement

5 ⟲ gauche sur les 2 bords d'une pointe puis ↵ ou espace pour réactiver la commande (ne plus saisir ni r ni 0.5 car ils sont conservés par défaut)

6 🔲 la commande « contour » pour créer une polyligne[3] qui rassemble toutes les bordures de cet îlot

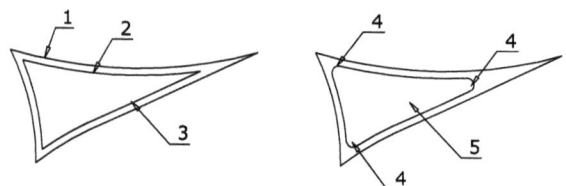

Fig. 20 tracé de l'îlot I

1 : polyligne de la zone de marquage au sol. 2 : polyligne bordures de trottoir de l'îlot. 3 : polyligne à décomposer (devient une suite d'arcs et de segments. 4 : raccordement des pointes. 5 : point à cliquer pour définir le contour des bordures de trottoir.

---

1. Si la commande contour affiche un message d'erreur, c'est qu'il est ouvert.
2. La décomposition est nécessaire lorsque la polyligne est composée d'arcs à raccorder
3. L'idéal est de créer un calque « bordure des îlots » qui va rassembler les polylignes des 3 îlots

11.3.5.2 Îlot séparateur des branches 2 et 3

Il suffit de procéder de même pour créer les 2 autres îlots, avec un décalage de 3.80m pour la branche 2 et 3.15m pour la branche 3.

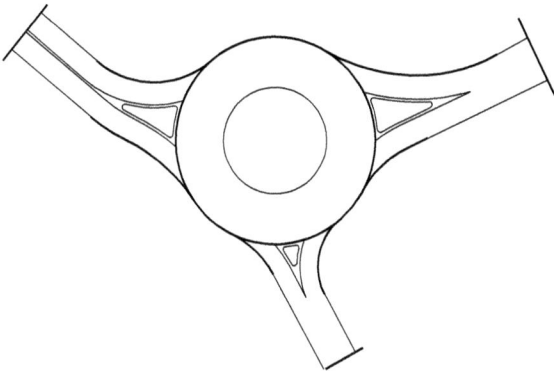

Fig. 21 représentation du giratoire et des 3 îlots

Pour plus de détail les îlots peuvent être décalés de 0.25 pour représenter l'encombrement des bordures de trottoir de type l2

11.3.6 HABILLAGE ET IMPRESSION

11.3.6.1 Cotations

Il s'agit de coter essentiellement des rayons de cercles ou d'arcs de cercles et les largeurs des branches

1 dans l'onglet « début>Annotation » le style [cotation], créé pour ce projet est le style de cote par défaut (modifiable par la commande styles de cotes

2 cette flèche donne accès à d'autres types de cotation comme cotation des cercles ⊙ en sélection un arc puis en positionnant le rayon de cotation ou cotation alignée pour l'écartement des branches ou cotation angulaire pour les angles des voies

3 dans l'onglet « début>Annotation » des style de texte Style de texte permettent les écritures souhaitées. Les modifications se font par un double ↺ gauche sur le texte. Après sélection d'un texte, un ↺ droit affiche d'autres paramètres pour des modifications ponctuelles

11.3.6.2 Impression espace objet, espace papier

Pour ce projet, l'impression est paramétrée dans ces 2 options

1 Avec l'onglet objet actif, la commande « tracer » ouvre cette boite dialogue avec les options prédéfinies.

Avant cette fenêtre, le logiciel peut afficher une alerte car l'imprimante par défaut n'est pas trouvée. Il suffit de choisir une imprimante installée sur votre poste à l'aide du menu déroulant en sur brillance dans la fenêtre.

2 Avec cet onglet actif, imprimer ech 0.002 la commande « tracer » ouvre cette boite dialogue

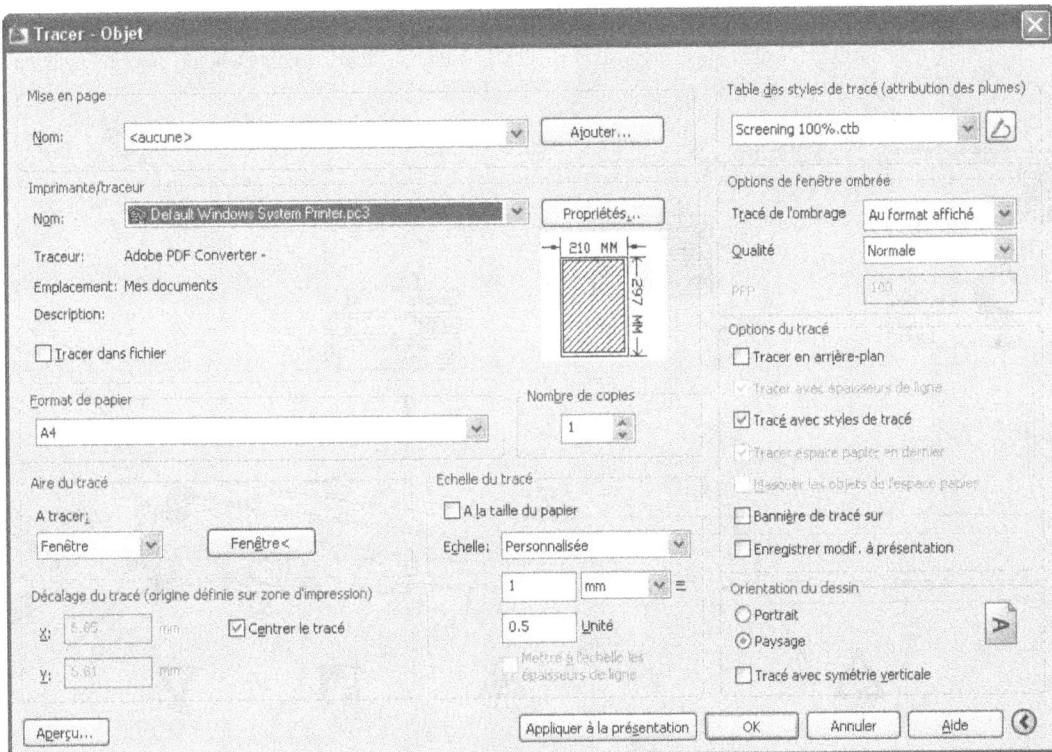

Fig. 22 boite dialogue de la commande « tracer » dans l'espace objet

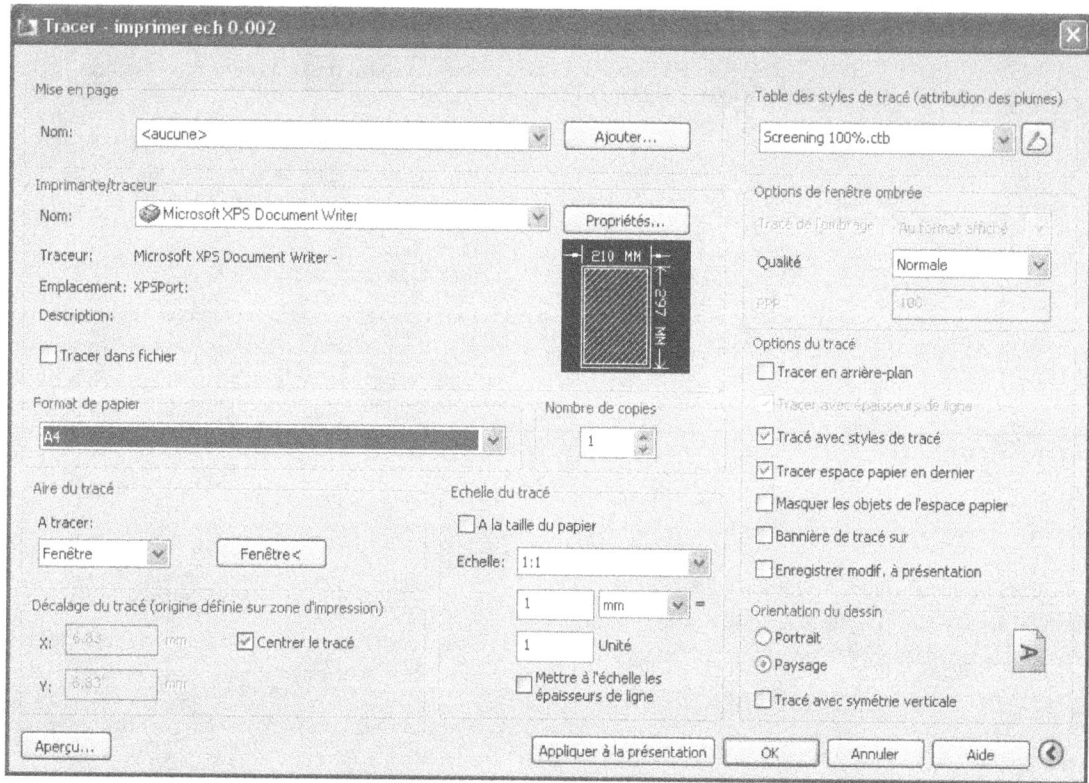

Fig. 23 boîte dialogue de la commande « tracer » dans l'espace papier

Ces 2 boîtes de dialogue sont pratiquement identiques mais dans la 1re, l'échelle est en rapport avec la dimension du dessin 1mm pour 0.5 m alors que dans la seconde, l'échelle est adaptée à l'échelle du papier : 1/1

11.3.6.3 Passage piéton

Ce sont des rectangles de 2.50m par 0.50m, espacés de 0.50 m et orientés perpendiculairement à l'axe de la voie.

11.3.6.4 Panneaux de signalisation

Ils sont de 2types : panneaux de priorité et panneaux de direction

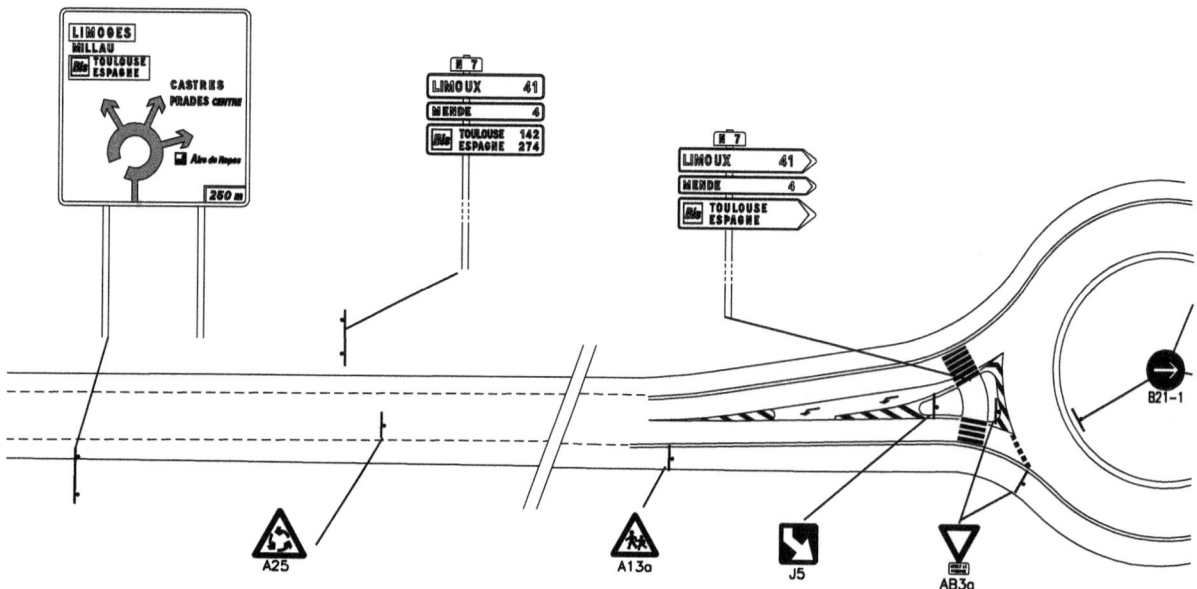

Fig. 24 exemples de positionnement des panneaux de signalisation

11.4 Avant métré

11.4.1 INTRODUCTION

L'avant métré d'un giratoire est décomposé en 5 parties :

I - TRAVAUX PREPARATOIRES

II - TERRASSEMENTS

III - CHAUSSEES, ÎLOTS et TROTTOIRS

IV - ASSAINISSEMENT - RESEAUX

V - DIVERS ET AMENAGEMENTS PAYSAGERS

Les quelques lignes qui suivent ont pour seul objectif de montrer l'utilisation de fonctions qui facilitent le calcul de certaines quantités contenues dans un plan.

Au-delà, des logiciels spécifiques, d'une certaine complexité, calculent par exemple les cubes de terrassement à partir des profils en long et des profils en travers, les linéaires des réseaux...

De plus, si les logiciels sont capables de calculer des linéaires, surfaces et volumes complexes avec rapidité et précision, les valeurs trouvées ne correspondent pas obligatoirement aux quantités de l'avant métré à réaliser (surfaces dessinées différentes des surfaces réellement mise en œuvre[1]...).

À ces précautions, il faut ajouter les connaissances de la réalisation qui listent et évaluent les ouvrages élémentaires à réaliser (entrées d'égouts, bouture d'avaloir; bordure de protection, glissière de sécurité, entourage d'arbre, borne...)

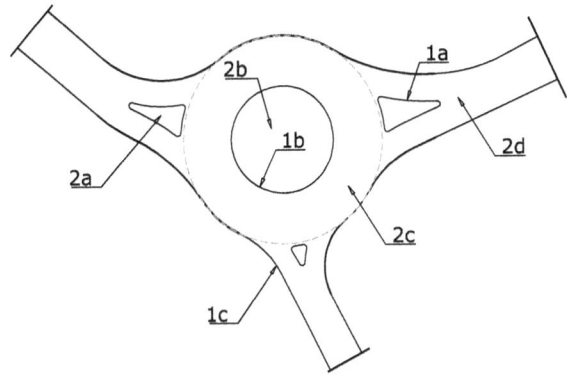

Fig. 25 Quantités étudiées, extraites du dessin

1 : linéaires	**2** : surfaces
1a : des bordures I1	**2a** : des îlots des branches
1b : des bordures I2	**2b** : de l'îlot central
1c : des bordures T2.	**2c** : de la voie de l'anneau
	2d : des voies des branches.

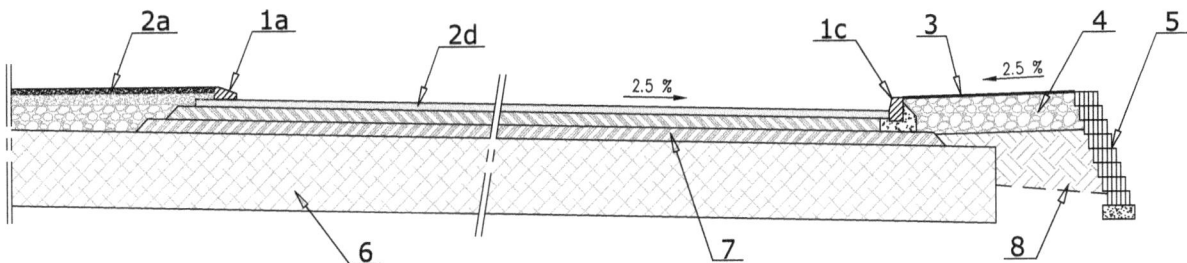

Fig. 26 profil type de la chaussée d'une branche

1a : bordures I1. **1c** : bordures T2. **2a** : béton désactivé des îlots des branches. **2d** : béton bitumineux de la voie des branches. **3** : enduit bicouche. **4** : calcaire 0/31.5 ep. 0.40. **5** : mur de soutènement. **6** : calcaire 0/31.5 ep. 0.80. **7** : grave bitume en 2 couches de 0.15. **8** : remblai.

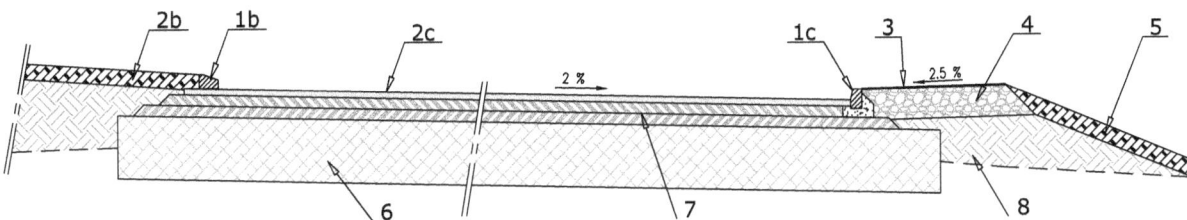

Fig. 27 profil type de la chaussée de l'anneau

1b : bordures I2. **1c** : bordures T2. **2b** : îlot central. **2c** : béton bitumineux de la voie de l'anneau. **3** : enduit bicouche. **4** : calcaire 0/31.5 ep. 0.40. **5** : terre végétale. **6** : calcaire 0/31.5 ep. 0.80. **7** : grave bitume en 2 couches de 0.15. **8** : remblai

---

1. L'exemple des bordures I1 qui peuvent être posées sur le béton bitumineux. Dans ce cas la quantité de béton bitumineux est supérieure à la quantité représentée sur le dessin du giratoire.

11.4.2 LINÉAIRES

11.4.2.1 Bordures I1 en bordure intérieure des branches

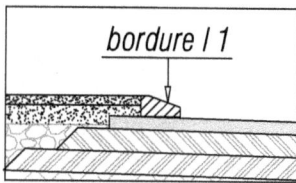

Fig. 28 détail d'une bordure type I1

La commande « contour » utilisée en fig.20, crée une polyligne pour chaque îlot. Le linéaire et la surface de cette polyligne sont obtenus par un ⌐ gauche sur la polyligne, puis ⌐ droit qui ouvre un menu contextuel avec la commande « propriétés », rubrique géométrie qui contient ces valeurs.

Pour l'îlot 1 :

Aire	33.0151
Longueur	27.6123

Autrement, la commande « Outils>palettes>Propriétés » ou plus simplement le raccourci « CTRL+1 » affiche cette palette en permanence avec deux options : ouverte au survol de la souris ◄▌ ou toujours visible ◄▌► .

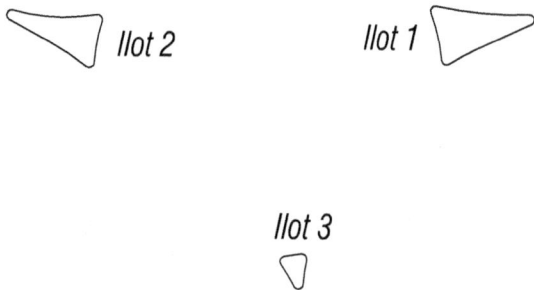

Fig. 29 représentation du linéaire de bordure type I1

Ainsi les linéaires des îlots sont affichés. Ces linéaires sont différents s'il y a des passages pour piétons. Pour leurs surfaces (béton désactive…) il faut tenir compte de la largeur de la bordure. Elle est par conséquent différente (Cf. § suivant)

11.4.2.2 Bordures I2 en bordure intérieure de l'anneau

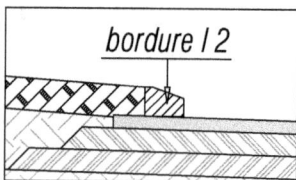

Fig. 30 détail d'une bordure type I2

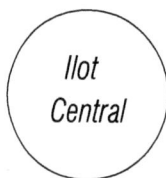

Fig. 31 représentation du linéaire de bordure type I2

11.4.2.3 Bordures T2 en bordure extérieure de l'anneau et des branches

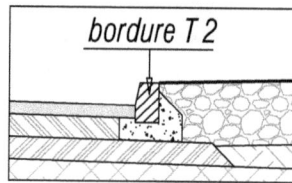

Fig. 32 détail d'une bordure type T2

En ne laissant visible que le calque des bordures T2, la commande ▯ « contour » crée[1] la polyligne de gauche de la fig. 33. Comme il n'y a pas de bordure au milieu des voies, il faut supprimer ces lignes par la commande « ajuster » -/-- ⌐ droit sur rien, ⌐ gauche sur les 3 segments à supprimer pour obtenir le dessin de droite (surtout ne pas décomposer 🖼 sinon toutes les propriétés de la polyligne seraient perdues)

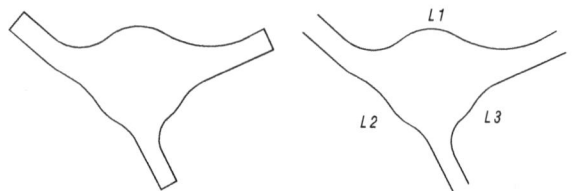

Fig. 33 transformation du contour extérieur en linéaire de bordure type T2

Code	Désignation		U	Qté
1	**Linéaires de bordures de trottoir**			
1- 1	Profil I.1 en bordure intérieure des branches			
	îlot 1	27.61		
	îlot 2	25.66		
	îlot 3	10.05		
	Ensemble profil I.1		m	63.32
1- 2	Profil I.2 en bordure intérieur de l'anneau		m	56.55
	Note : correspond au périmètre du cercle : $2\pi R = 2\pi \times 9.00 = 56.55$ m			
1- 3	Profil T.2 en bordure extérieur de l'anneau et des branches			
	Ligne 1	93.72		
	Ligne 2	78.81		
	Ligne 3	69.63		
	Ensemble profil T.2		m	242,16

11.4.3 SURFACES

Les surfaces sont réparties selon la nature de leur revêtement

11.4.3.1 Surfaces des îlots des branches

En tenant compte de la largeur des bordures de .025, il faut effectuer un décalage 🔲 de 0.25 pour obtenir la surface réelle. Cette surface est encore différente s'il y a un passage piéton.

---

1. Si la commande contour affiche un message d'erreur, alors le contour n'est pas fermé. Le dessin réalisé n'est pas précis.

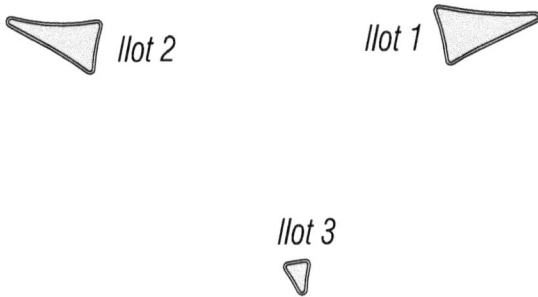

fig. 34 surfaces des îlots, compte tenu de la largeur des bordures

Code	Désignation		U	Qté
1	**Béton désactivé sur îlots, ep 0.06**			
	îlot 1	26.31		
	îlot 2	20.56		
	îlot 3	3.85		
	Ensemble surfaces		m²	50.72

En règle générale le béton est compté au m³, dans ce cas il est au m² en précisant l'épaisseur

11.4.3.2 Surface de l'îlot de l'anneau

Fig. 35 surface de l'îlot central, 240.53 m², compte tenu de la largeur de la bordure

11.4.3.3 Surface de béton bitumineux pour les voies

Dans cet exemple, les bordures I1 et I2 sont posées sur cette surface de béton bitumineux. Donc la surface mise en œuvre est supérieure à la surface initialement dessinée. Il faut décaler les surfaces des fils d'eau des bordures I1 et I2 de 0.50m (0.25 pour l'épaisseur des bordures et 0.25 pour le débord) vers l'intérieur des îlots.

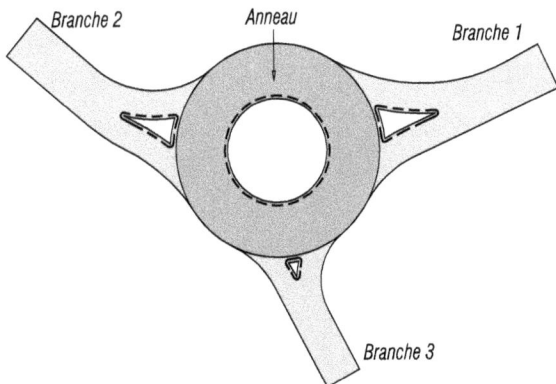

fig. 36 surface totale de béton bitumineux

Le calcul le plus rapide consiste à prendre la surface du contour extérieur et déduire les îlots

Code	Désignation		U	Qté
2	**Béton bitumineux pour les voies, ep 0.08**			
	Contour extérieur	1756.61		
	Déduire l'îlot central	226.98		
	Déduire l'îlot 1	19.99		
	Déduire l'îlot 2	14.74		
	Déduire l'îlot 3	1.93		
	Ensemble à déduire	263.64		
	Reste		m²	1492.96

11.4.3.4 Surfaces de phasages

Mais pour la planification des travaux, l'approvisionnement en matériaux, l'ouvrage est décomposé en zones. Chacune de ces zones peuvent être quantifiées avec la même méthode. Le résultat est identique, avec une présentation différente du tableau.

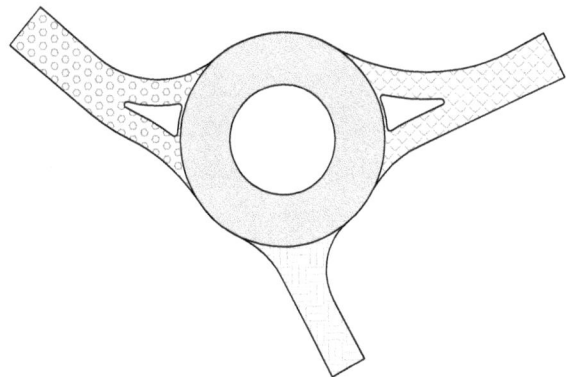

fig. 37 surfaces décomposées (anneau + branches)

Code	Désignation			U	Qté
2	**Béton bitumineux pour les voies, ep 0.08**				
	Anneau	962.11			
	Déduire l'îlot central	226.98			
	Reste		765.13		
	Branche 1	319.17			
	Déduire l'îlot	19.99			
	Reste		299.18		
	Branche 2	310.94			
	Déduire l'îlot	14.74			
	Reste		296.20		
	Branche 3	164.38			
	Déduire l'îlot	1.93			
	Reste		162.45		
	Ensemble anneau et branches			m²	1492.96

ANNEXE 1

Débuter avec Autocad

Pour dessiner, il faut connaître les commandes à utiliser mais, pour choisir une commande, il faut connaître son action (création d'un objet, modification…) et sa procédure d'utilisation (à quel moment saisir les valeurs, à quel moment valider…)

Ainsi, au lieu de détailler les commandes avec un petit exemple à chaque fois, je propose de traiter des ensembles concrets, de complexité croissante, du 1er trait à l'impression.

Au fur et à mesure des thèmes, les commandes sont présentées, avec des variantes liées aux thèmes. De cette manière, l'utilisateur perçoit la « philosophie » d'utilisation du logiciel en découvrant les commandes essentielles pour devenir autonome avec les nouvelles commandes moins usitées.

1.1 Interfaces Autocad©

À partir de la version 2009, l'interface par défaut est relativement différente, avec la présence d'un ruban[1] réduit ou développé et des miniatures pour afficher les fichiers récemment ouverts, les présentations (passage de l'espace objet dans les espaces papiers).

Cette interface par défaut est personnalisable, sous différents aspects, avec des sauvegardes pour chacune d'elle, qui seront détaillés après la définition des zones de l'interface par défaut.

1.1.1 INTERFACE PAR DÉFAUT

1	Navigateur de menus
2	Barre d'outils d'accès rapide (personnalisable par simple glisser déposer de l'icône souhaité)
3	Ruban avec des onglets pour les titres des groupes des fonctions
4	Bouton pour les différentes manières d'afficher le ruban
5	Chemin et nom du fichier en cours
6	titres des groupes de fonction selon le titre sélectionné du repère 3
7	Repère 0xy de l'espace objet
8	Fenêtre des commandes[2] (affichage optionnel par CTRL+9 ou par >Outils>Ligne de commande
9	Barre d'état de l'application (coordonnées du curseur, outils de dessin, les propriétés rapides, les outils de navigation, les outils d'annotations.
10	Poignée affichée lors de la sélection d'un objet. Elle permet sa modification par
11	Fenêtre (personnalisable par un clic droit) des propriétés rapides de l'objet sélectionné)
12	Palette (repliable automatiquement) des propriétés complètes de l'objet sélectionné

Fig. 1 interface par défaut avec ruban réduit

---

1. Visible selon 3 modes : réduit en onglet, titres seuls des groupes de fonction, groupes de fonction développés
2. Dans cette nouvelle version, le dialogue entre l'utilisateur et le logiciel est lié au curseur

Fig. 2 ruban développé de l'onglet « début »

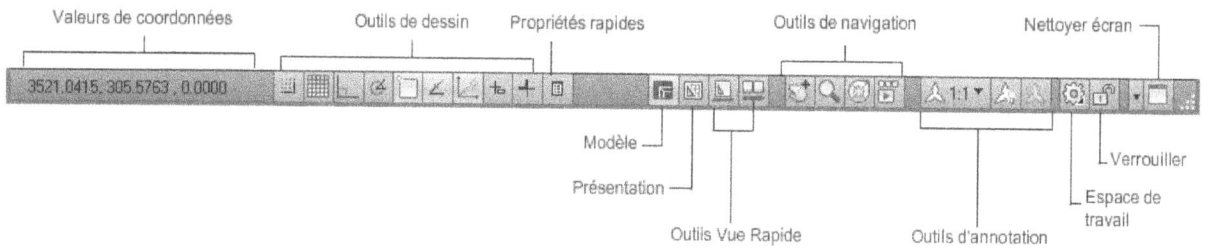

Fig. 3 détails de la barre d'état[1]

Dans cette barre d'état l'icône ⚙ « espace de travail » déroulé offre à la fois le choix d'une autre interface ou d'enregistrer l'interface en cours.

La saisie de la commande « **esptravail** » au clavier permet la gestion des différentes interfaces enregistrées.

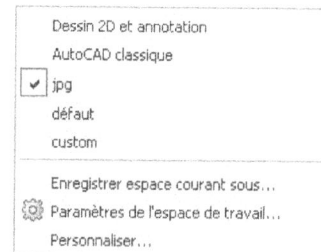

Fig. 4 options de l'icône « espace de travail »

1.1.2 INTERFACE AUTOCAD CLASSIQUE

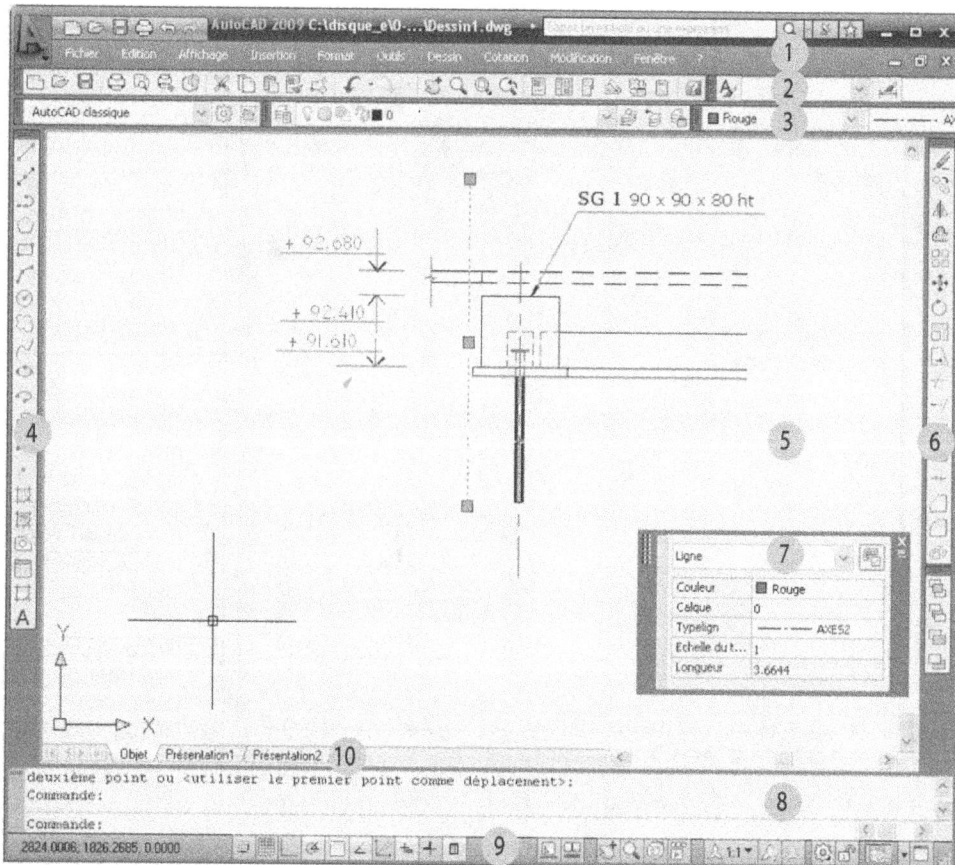

Fig. 5 interface Autocad classique

---

1. Extrait de l'aide d'autocad 2009

1	Barre des menus d'accès aux commandes
2	Barre des icônes des outils standards et des outils de style
3	Barre des outils des propriétés des objets : gestion des calques, des couleurs, des types de traits... compris menu déroulant pour un choix des options
4	Barre des icônes des outils de dessin : ligne, droite, polyligne, polygone, rectangle, cercle
5	Zone de dessin. La taille du dessin affiché est variable avec les fonctions »zoom« (à l'aide des icônes ou du menu affichage > zoom ou molette centrale de la souris))
6	Barre des icônes des outils de modification : effacer, copier des objets, miroir ou symétrie...
7	Fenêtre des propriétés rapides de l'objet sélectionné
8	Fenêtre des commandes (par défaut, la saisie au clavier s'effectue dans cette fenêtre). Il n'est pas nécessaire d'y positionner le curseur)
9	Barre d'état des modes : • résolution ou non (F9) • grille ou non (F7) • orthogonal ou non (F8) • polaire ou non (F10) • accrochage ou non à des points particuliers (F3) • repérage par accrochage aux objets(F11) • épaisseurs des lignes • objet : bascule entre l'espace objet (zone du dessin des éléments du projet) et l'espace papier (mise en page pour imprimer ou tracer) • Lors du survol de ces boutons de la barre d'état par ⊕ clic droit, l'option « paramètres » ouvre une fenêtre avec toutes les options modifiables
10	Onglets « objet » et « présentation » pour des variantes de mise en page et de techniques d'impression

1.1.3 NAVIGATEUR DE MENUS

En une seule fenêtre, toutes les commandes sont accessibles, y compris les dessins récents affichés en mode miniature et le paramétrage de l'interface à l'aide du bouton « Options ».

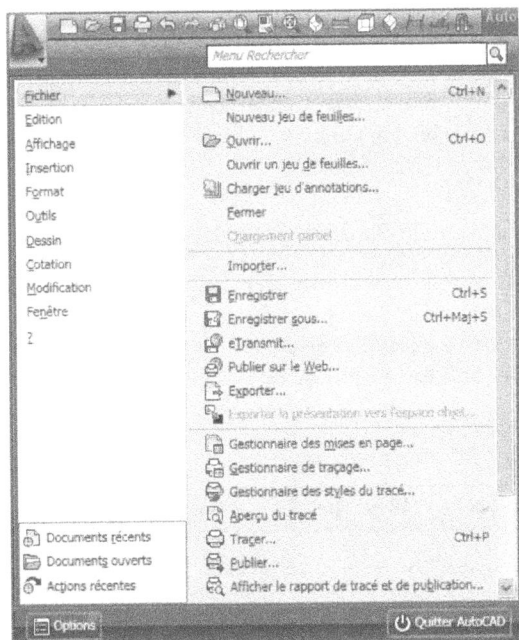

Fig. 6 aperçu du navigateur de menus par un clic sur ▲

1.2 Principes élémentaires

1.2.1 COMMANDES ESSENTIELLES DU CLAVIER

Touches	Commandes
Entrée ou ↵ ou ⊕ clic droit	Validation, fin de commande, réactive la fonction précédente
Espace	Validation, fin de commande, réactive la fonction précédente
ESC ou Echap	Interrompt la commande en cours
u↵	Annule la dernière opération
Suppr	Efface ou supprime les objets sélectionnés

Pour effacer un élément dessiné, le sélectionner (⊕ clic gauche ou avec une fenêtre de sélection puis touche « Suppr » du clavier

NOTES :

• plusieurs éléments peuvent être supprimés en une seule fois (sélection individuelle ou fenêtre de sélection de gauche à droite ou de droite à gauche)

• en maintenant la touche shfit appuyée, un objet déjà sélectionné est « désélectionné »

1.2.2 ZOOM

La molette centrale de la souris permet :

• Par rotation, le zoom avant et le zoom arrière

• En la maintenant appuyée, le zoom panoramique (curseur en forme de main) pour un déplacement de l'affichage (mais pas des objets)

Si le facteur de zoom est limité, « rg » et ↵ au clavier le réinitialise.

1.2.3 LA SÉLECTION DES OBJETS

1.2.3.1 Un à un par clic gauche sur les objets

1.2.3.2 Par une fenêtre de sélection

• de gauche à droite, uniquement les objets entièrement contenus dans la fenêtre

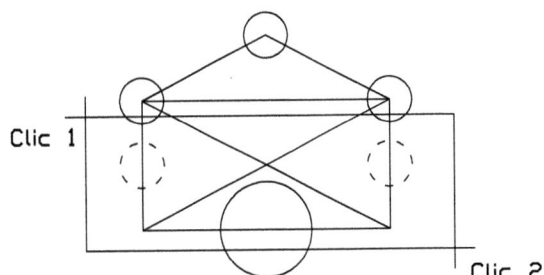

fig. 7 objets sélectionnés en traits interrompus
(si le rectangle est une polyligne)

- de droite à gauche tous les objets partiellement contenus dans la fenêtre

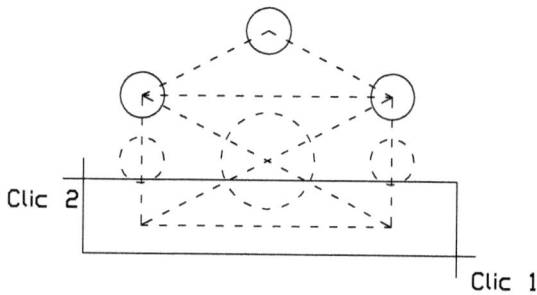

fig. 8 objets sélectionnés en traits interrompus

1.2.3.3 Par un filtre

Dans la fenêtre des propriétés l'icone 🔽 sélection rapide ouvre une boite de dialogue qui permet de sélectionner et de compter les objets ayant les caractéristiques précisées.

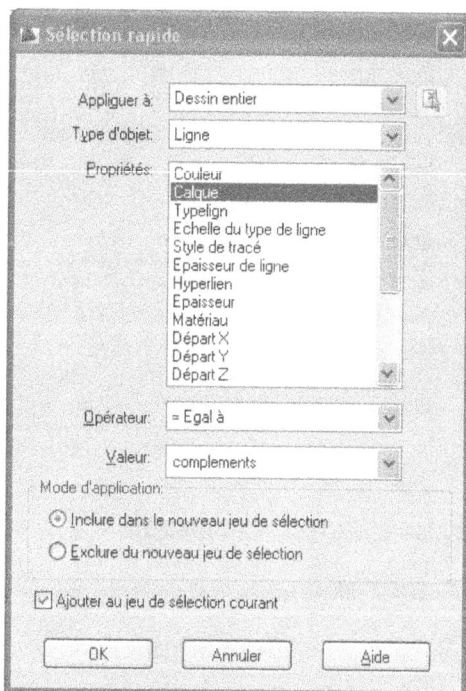

Fig. 9 boite de dialogue de la sélection rapide

1.2.4 ACCÈS À UN MENU CONTEXTUEL

La sélectionner d'un ou plusieurs objet(s) (🖰 gauche) puis un 🖰 clic droit affiche un menu contextuel qui affiche une liste de commande, copier, supprimer... avec entre autre, ouverture de la fenêtre des propriétés du ou des objets.

1.2.5 PROCÉDURE D'UNE COMMANDE

Se positionner dans le bon calque

Choisir la commande soit :

- dans la barre des menus
- par son icône dans une barre d'outils
- par son nom dans la fenêtre des commandes (« bloc » pour ouvrir la boite de dialogue de la définition des blocs, « SCU » pour définir un nouveau système de coordonnées...

Cette commande attend soit :

- une valeur (35 pour décalage) et **valide**r
- une option (m comme multiple dans la commande copier) et **valider**
- la sélection d'un ou de plusieurs objets (pour un déplacement, une symétrie...) et **valider**...

REMARQUE : certaines commandes restent actives (décalage), d'autres non (raccord,...).

1.2.6 AIDES AU DESSIN

1.2.6.1 Directions

- Mode ortho dans la barre d'état ou touche F8, actif ou inactif (peut changer d'état en cours d'utilisation d'une commande) pour tracer selon les axes du système de coordonnées en cours, horizontal et vertical dans le cas du SCG (système de coordonnées général)

  REMARQUE : en faisant subir une rotation au SCG, qui devient un SCU(système de coordonnées utilisateur), le mode ortho est attaché au nouveau SCU

- Mode polaire dans la barre d'état ou touche F10, même principe que le mode ortho mais l'angle est un multiple de 15° ou 30° ou tout autre. Modification du pas par un 🖰 **clic droit sur le bouton polaire de la barre d'état.**

1.2.6.2 Calage ou accrochage sur des points

- Mode accrobj dans la barre d'état 🔲 ou touche F3 ou pour être sur un point précis d'un objet existant. Modification du type d'accrochage par un 🖰 clic droit sur le bouton acrobj de la barre d'état ou dans le menu Outils, Aides au dessin.

Quelques accrochages (ou calages)

Extrémité	intersection	milieu	perpendiculaire
	✕	⟋	⊥

Tous les calages peuvent être actifs en même temps mais trop de calage peut nuire.

En cours de commande, il peut toujours être fait à un calage spécifique par CTRL+🖰 clic droit qui ouvre les différentes options.

Fig. 10 les différents calages possibles

1.3 Mon 1er dessin

1.3.1 NOUVEAU DESSIN OU OUVERTURE D'UN FICHIER EXISTANT

Au démarrage de l'application un fichier dessin1.dwg est ouvert. Sinon pour travailler avec un fichier différent il faut :

Soit lancer le logiciel puis ouvrir le fichier par la commande « ouvrir » du menu « Fichier »

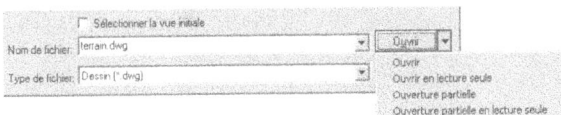

Fig. 11 boîte de dialogue de la commande ouvrir

Soit ouvrir le fichier à partir de l'explorateur qui lance l'application associée.

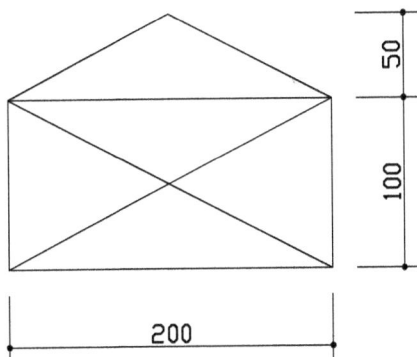

Fig. 12 dessin à réaliser

Toutes les dimensions sont saisies à l'échelle 1

Néanmoins la commande « Format>contrôle des unités » permet de choisir :

- l'unité de mise à l'échelle (dans le cas d'insertion de blocs ou d'objets de fichiers)
- la direction (sens trigonométrique ou sens horaire)
- l'unité et la précision des angles (degrés, grades, radians)

1.3.2 DESSIN DU RECTANGLE

<u>REMARQUES :</u> toute action en cours est interrompue par la touche Echap.

L'icône ↶ *annule la dernière action*

La barre d'espace, la touche entrée (↵) ou ↶ droit rappelle la dernière commande utilisée.

1   ☐ dans la barre des outils de dessin ou menu : « Dessin>rectangle »

2   premier sommet : 0,0↵ (valider ou entrée) pour indiquer l'origine du système de coordonnées général)

3   deuxième sommet : 200,100↵ (pour un rectangle de 200 de longueur et 100 de largeur)

<u>REMARQUES</u> :

- Penser à **valider (touche entrée)** chaque fin de saisie dans la fenêtre des commandes
- Si le 1er sommet est de coordonnées quelconques, alors il faut écrire @200,100↵ pour des dimensions à partir du dernier point cliqué (coordonnées relatives)

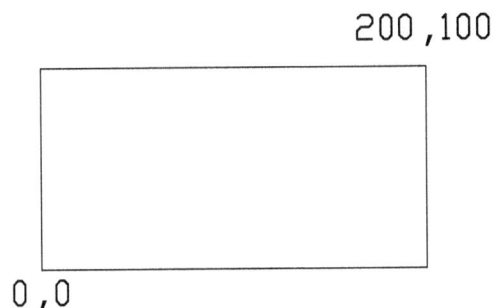

fig. 13 dessin du rectangle de 200 par 100

1.3.3 DESSIN DE LA LIGNE BRISÉE

1   Passer au mode accrochage aux objets (F3) afin que les points de la polyligne coïncident avec les sommets du rectangle

2   ↶ dans la barre des outils de dessin (repère 7 de l'interface) ou menu » Dessin>Polyligne

3   du 1er point : clic proche de P1 (affichage du calage d'extrémité)

4   au point suivant : : clic proche de P2

5 au point suivant P3 : @-100,50↵au clavier pour la position relative de P3 par rapport à P2 (-100 en X et 50 en Y. les coordonnées X et Y sont séparées par une virgule. Le point est utilisé pour indiquer les décimales.

6 au point suivant P4

7 au point suivant P5

8 echap pour arrêter la commande

REMARQUE : en cas d'erreur de manipulation, u ↵annule la dernière action ou touche « echap » pour arrêter la commande et se reporter aux § des commandes essentielles du clavier ou des fonctions assurées par la souris.

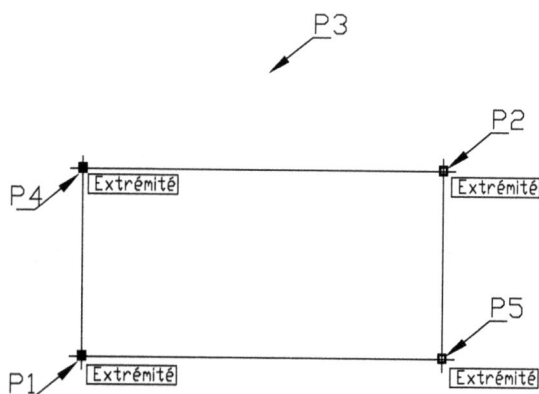

fig. 14 points de passage de la polyligne

1.3.4 ENREGISTRER

Dans la barre des menu : fichier>enregistrer sous : mondessin.

Remarque : si le dessin ou l'affichage ont été modifiés après la dernière sauvegarde, Autocad demande une nouvelle sauvegarde. En acceptant, le fichier précédent est conservé avec une extension « .bak » et récupérable en modifiant « .bak » en « .dwg » dans l'explorateur. L'autre option est d'utiliser la commande « enregistrer sous » pour garder l'ancien fichier intact

1.3.5 IMPRIMER

Sur format A4 H (277 mm par 210mm) ou mode paysage de surface utile 277 mm par 190 mm avec un cadre à 10 mm, à l'échelle 1/1

1 🖶 Dans la barre des outils standards ou barre des menu : « fichier>tracer » ouvre une fenêtre avec 2 onglets

2 Onglet « Périphérique de traçage » permet de choisir

   – le traceur ou l'imprimante installés

   – la table des styles de tracé (monochrome, couleur…) pour les différentes épaisseurs de trait

3 Onglet « Paramètres du tracé »

   – Format du papier : A4, paysage, mm

   – Fenêtre : cliquer sur 2 sommets opposés des objets à dessiner

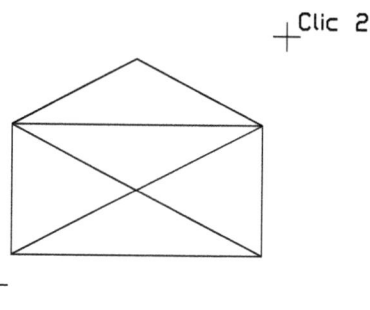

fig. 15 clics pour la fenêtre d'impression

   Échelle du tracé : ajuster au format ou personnaliser à 1 :1 (1 mm sur la feuille pour 1 unité de dessin)

   Centrer le tracé

   Aperçu total

   ↵ ou Echap pour revenir à la boîte de dialogue

4 OK pour commencer l'impression

REMARQUES :

- si à l'échelle 1 :1, tous les objets ne sont pas affichés, il faut réduire la fenêtre définie par les clics 1 et 2 à l'aide du bouton « fenêtre » de l'onglet « Paramètres du tracé »

- la commande rectangle permet de tracer le cadre de 277 par 190

1.3.6 TROIS TECHNIQUES DE MODIFICATION

1.3.6.1 Modification d'un segment à l'aide des poignées

1 Sélection de la polyligne en un point quelconque

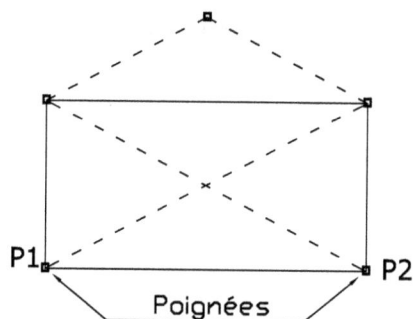

fig. 16 apparition des poignées en sélectionnant la polyligne

2 clic en P1 (modification de la couleur) et déplacement en un point souhaité (modes calage, ortho, polaire actifs ou non)

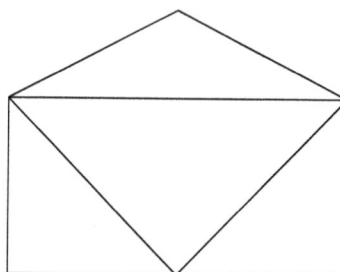

fig. 17 points P1 et P2 ramenés au milieu de P1P2

REMARQUE : l'objet sélectionné est une polyligne, les sommets sont liés (icône ⬛, sélection de la polyligne, ↵, pour la décomposer)

1.3.6.2 Modification de plusieurs segments à l'aide de la commande étirer

1 ⬛ dans la barre des outils de modification (repère 8 de l'interface) ou menu « Modification>Etirer »

2 fenêtre de sélection de la **droite vers la gauche**

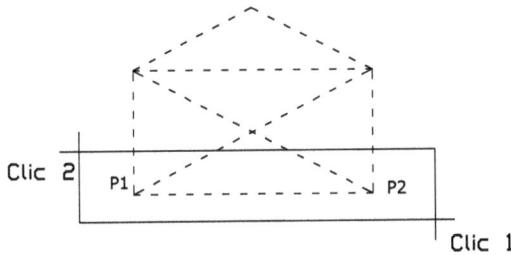

fig. 18 tous les objets ayant 1 point dans la fenêtre sont sélectionnés

3 ↵ valider (ou entrée)

4 point de base ou déplacement : clic en un point quelconque

5 déplacement du pointeur, sans clic, en mode polaire F10 ou ortho F8

6 deuxième point : 50↵

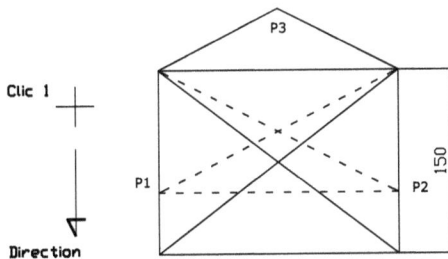

fig. 19 déplacement de 50 des points P1 et P2

1.3.6.3 Modification de plusieurs segments à l'aide de la commande échelle

1 ⬛ dans la barre des outils de modification (repère 8) ou menu « Modification>Echelle »

2 sélection objet par objet ou (et) avec une fenêtre de capture par 2 clics de la droite vers la gauche ou inversement ↵

3 point de base : clic point quelconque ou un des sommets

4 facteur d'échelle : 0.5 ↵ pour diviser par 2 (1/2) ou 2 pour multiplier par 2 ou l'option référence pour mettre à l'échelle d'une entité donnée

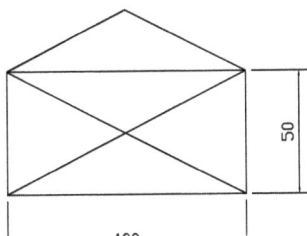

fig. 20 échelle 0.5 ou 1/2

1.4 Compléments

1.4.1 POSITIONNEMENT DES POINTS

1.4.1.1 Généralités

Le 1er point d'un nouveau dessin est souvent quelconque ou en cordonnées absolues. Le point **suivant** est positionné[1] :

- **1** Soit en indiquant une direction avec le pointeur **puis** une distance au clavier (ne pas oublier de valider avec la touche entrée du clavier ↵ ou le 🖱 clic droit).

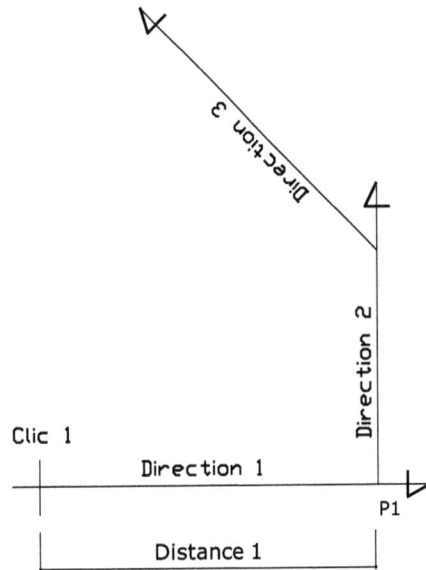

fig. 21 directions en mode ortho puis polaire

- **2** Soit de manière absolue : les valeurs indiquées font référence à l'origine du repère en cours.

- **3** Soit de manière relative : les valeurs indiquées font référence à la position du dernier point positionné (@ comme préfixe des coordonnées).

IMPORTANT : le séparateur des décimales est le **point** « . », le séparateur de coordonnées est la **virgule** « , » et le signe « < » est le séparateur des coordonnées polaires.

3.42 est une distance et 3,42 sont des coordonnées cartésiennes avec x=3 et y=42.

En plus d'être relatives ou absolues, les coordonnées sont cartésiennes (abscisse et ordonnée) ou polaires (distance et angle)

Un point de l'espace peut aussi être défini par des coordonnées, absolues ou relatives, cartésiennes (x,y,z) ou cylindriques, ou sphériques.

coordonnées cylindriques	coordonnées sphériques
x<angle par rapport à l'axe X,z	x<angle par rapport à l'axe x<angle par rapport au plan xy

1.4.1.2 La syntaxe des coordonnées absolues d'un point

Elle dépend du système de coordonnées : cartésiennes ou polaires.

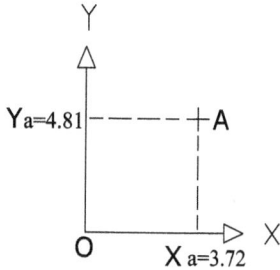

Fig. 22 coordonnées rectangulaires absolues : 1.73,2.86

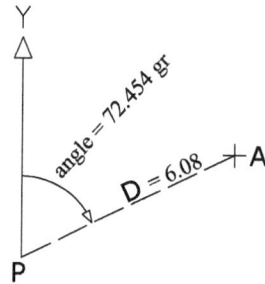

Fig. 23 coordonnées polaires absolues (en topographie) : 6.08<72.454 gr

Pour les coordonnées rectangulaires, le séparateur est la **virgule** « **,** » pour les coordonnées polaires, le séparateur est « **<** ».[1]

1.4.1.3 La syntaxe des coordonnées relatives d'un point

C'est la syntaxe des coordonnées absolues précédées du signe @

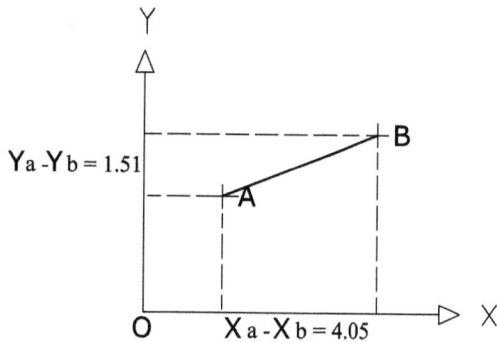

Fig. 24 coordonnées rectangulaires relatives du point B(par rapport à A, dernier point cliqué) : @4.05,1.51

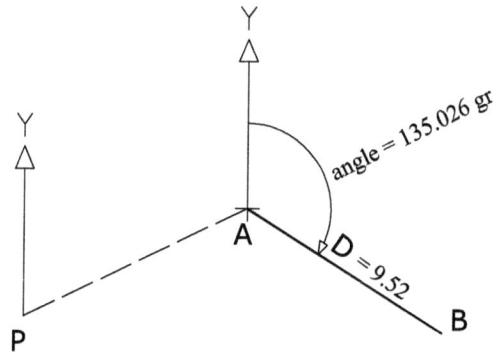

Fig. 25 coordonnées polaires relatives du point B (par rapport à A) 9.52<135.026 gr

1.4.1.4 Aperçus sur captures d'écran

REMARQUES : lorsque la saisie dynamique est activée ⊞ la touche TAB permet le passage d'une coordonnée à l'autre

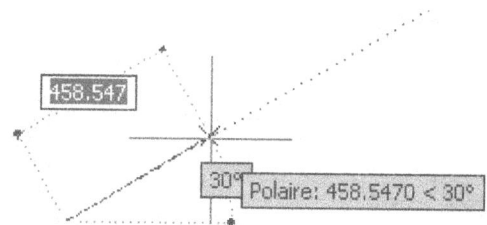

Fig. 26 cadre de saisie de la 1re coordonnée

---

1. La saisie dynamique permet l'alignement sur des points existants en laissant le curseur quelques instants (sans clic) sur un point.

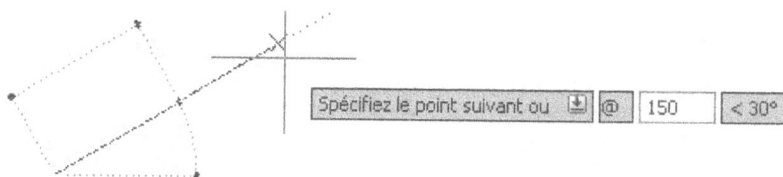

Fig. 27 saisie @ (pour des coordonnées relatives) suivi de 150

Par défaut, la coordonnée suivante correspond à un angle (coordonnée polaire) mais si ajoute une virgule, les coordonnées basculent en cartésiennes pour saisir y (an appuyant sur TAB, la valeur correspond à un angle).

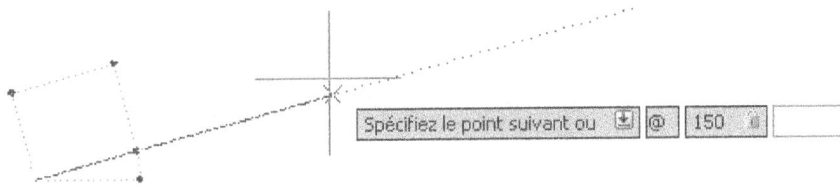

Fig. 28 abscisse verrouillée pour la saisie de y, la touche TAB revient sur x

1.4.2 OPTIONS DE DÉMARRAGE

Après le lancement d'Autocad©, 3 options sont proposées

I Ouvrir un dessin existant.

L'option parcourir ouvre une fenêtre de l'explorateur avec une miniature des fichiers existants dans le répertoire

2 Commencer avec un brouillon

Option 1 : système anglo-saxon (en pouces)

Option 2 : système métrique.

3 Utiliser un gabarit

C'est un fichier d'extension dwt, situé par défaut dans le répertoire \template qui, contrairement au précédent, n'est pas vide. Il peut contenir, à votre convenance, des calques, des styles de cotes, des styles de texte, des objets, des blocs, des présentations pour éviter de les recréer à chaque nouveau dessin. Tout fichier ordinaire devient un fichier gabarit lors de la commande : Fichier, Enregistrer sous, et dans type de fichier choisir : fichier de gabarit de dessin. Outre le fait qu'il conserve les éléments souhaités, la sauvegarde par défaut est avec une extension dwg, ce qui garde intact le fichier gabarit.

<u>REMARQUE</u> : l'apparence de la boite de dialogue de démarrage est modifiable par la commande : Outils>Options et onglet système, cadre options générales, démarrage.

1.4.3 QUELQUES EXTENSIONS DE FICHIERS

- **Dwg :** format propriétaire des fichiers de dessin Autocad©, **sauvegarde par défaut.**

  Une sauvegarde automatique est paramétrable par la commande outils>options avec :

  — l'onglet fichiers pour l'emplacement sur le disque

  — l'onglet ouvrir et enregistrer pour le temps entre 2 sauvegardes.

- **bak :** fichier de sauvegarde du fichier dwg lors de la commande enregistrer. Renommer son extension en dwg (et son nom car 2 fichiers ne peuvent avoir la même désignation dans un même répertoire) pour récupérer l'ancien fichier.

- **Dwt :** fichier gabarit, situé par défaut dans le répertoire \template qui, contient, à votre convenance, des calques....Voir § des options de démarrage. Des fichiers gabarit sont fournis avec le logiciel

- **Dwf :** fichier vectoriel inséré dans une page web (plug in Whip! ©) **avec possibilité des fonctions de zoom, de contrôle des calques.... Pour leur création passer** **, onglet« Périphérique de traçage, configuration du traceur, DWF »**

le traceur ou l'imprimante

ctb : style de tracé dépendant de la couleur, choisi et modifiable par , onglet« Périphérique de traçage, table des styles de tracé »

- **Stb :** style de tracé nommé indépendant de la couleur

- **lin et pat :** dans le répertoire support, ils définissent respectivement les types de lignes et le type de hachures

- **fichiers d'import et d'export en mode vectoriel : DXF** le plus connu pour l'échange entre les divers logiciels de DAO CAO mais avec quelques pertes d'informations (les hachures sont transformées en segments…), **IGES** et **SAT** pour la description des surfaces et des solides, **3DS**, **WMF** métafichier de Windows, **EPS** pour les fichiers Postcript.

- **BMP, TIF, JPG :** fichiers d'import et d'export en mode bipmat

ANNEXE 2

Icônes Autocad

Par défaut, toutes les barres d'outils ne sont pas affichées mais elles sont accessibles et paramétrables avec le menu « affichage>barre d'outils ». À partir de cette fenêtre, une icône est :

- ajoutée à une barre d'outils par « glisser déposer »
- supprimée en la déplaçant hors de la barre d'outils.

Lorsque qu'une commande n'a pas d'icône, sa création s'effectue par le menu « affichage>barre d'outils », onglet commande, choix de la commande, glisser-déposer à un endroit quelconque extérieur à cette fenêtre. Un clic sur le dessin de l'icône (carré gris) ouvre l'onglet propriétés du bouton avec ses caractéristiques et un bouton éditer personnalise l'icône.

Note : cette annexe ne présente que les icônes abordées dans l'ouvrage, sauf quelques exceptions.

Icône	Commande	Description et options éventuelles	Pages
		1 Barre des outils : standard	
	Nouveau	Créer un nouveau dessin • Options : commencer avec un brouillon, utiliser un gabarit (fichier dwt) ou un assistant	
	Ouvrir	Un dessin existant • Option : types de fichier dwg, dxf, dwt (gabarit)	20
	Enregistrer	Le dessin en cours (l'ancien fichier est sauvegardé avec l'extension .bak)	36
	Imprimer	Tout ou partie du dessin à partir de l'espace objet ou de l'espace papier	24, 26, 53, 73
	Couper	Copie dans la mémoire de l'ordinateur (presse papier) les objets sélectionnés et les supprime du dessin • Accessible par le raccourci clavier CTRL+X ou le ⟨clic droit	
	Copier	Copie dans la mémoire de l'ordinateur (presse papier) les objets sélectionnés sans les supprimer du dessin • Accessible par le raccourci clavier CTRL+C ou le ⟨clic droit • Option : avec point de base pour un positionnement précis	
	Coller	Insère dans le dessin les objets contenus dans le presse papier • Accessible par le raccourci clavier CTRL+V ou le ⟨clic droit • Option : coller en tant que bloc (changement du nom dans la fenêtre des propriétés)	
	Copier les propriétés	Applique les caractéristiques (calque, couleur, style...) de l'objet sélectionné à d'autres objets • Option : PA⏎ comme paramètres pour sélectionner les propriétés à copier	209
	Annuler	Annule la ou les dernières actions effectuées • Option : U⏎ comme annuler	258
	Rétablir	Rétabli la ou les dernières actions annulées	
	Icône déroulant accrochage aux objets	Choix des différents modes d'accrochage aux objets. Celui qui reste visible est le dernier activé • Option : modification du type d'accrochage par un ⟨clic droit sur le bouton acrobj de la barre d'état ou dans le menu Outils>Aides au dessin. F3 pour activer ou désactiver l' accrochage	
	Icône déroulant SCU	Choix des différents systèmes coordonnées • Option : modification du système des coordonnées dans le menu Outils>Nouveau SCU...	
	Icône déroulant Zoom	Choix des différents moyens d'agrandissement ou de réduction de l'affichage du dessin • Option : La molette centrale de la souris permet : – Par rotation, le zoom avant et le zoom arrière – En la maintenant appuyée, le zoom panoramique	
	Zoom	Zoom précédent	260
	Autocad DesignCenter	Explorateur du contenu des fichiers Autocad ouverts. Les blocs, les calques, les styles... peuvent être intégrés dans le fichier de travail par simple glisser-déposer.	263
	Propriétés des objets	Ouvre la fenêtre des propriétés, générales et liées à l'objet sélectionné, pour les lire et les modifier • Option : ouverture de la fenêtre par ⟨clic droit après sélection d'un ou plusieurs objets	261
	Aide	Affiche l'aide en ligne	

⬜	Purge	Supprime les objets inutilisés (calques vides, blocs, styles, lignes) Menu : Fichier>Utilitaires de dessin>Purger	
2 Barre des outils : propriétés des objets			
⬜	Calque objet courant	Le calque de l'objet sélectionné devient le calque courant	
⬜	Calque	Gère les calques : création, suppression (aux conditions d'être vide et de ne pas être le calque courant), couleur, type de ligne, épaisseur de ligne, style de tracé Important : choisir (ou créer le calque) avant de sélectionner une commande des barres d'outils dessiner ou cotation	26, 35, 51

🔆 ◯ 🔳 🔓 ■ 0 ▼	gestion du calque courant	
nom du calque (calque 0 existe par défaut, calque DEFPOINTS parfois créé par Autocad. Les objets appartenant à ce calque ne sont pas imprimés ou tracés) couleur du calque verrouillé/déverrouillé (objets du calque visibles mais non modifiables) gelé/non gelé dans la fenêtre courante gelé/non gelé dans toutes les fenêtres (objets du calque visibles ou non mais non régénérés) actif/inactif (objets du calque invisibles ou non mais régénérés) Remarque : la sélection d'objets, suivie de la sélection d'un calque transfère ces objets dans ce calque. Les autres propriétés (couleur, trait...) suivent si elles sont « du calque » Attention de ne pas quitter en cliquant involontairement sur un calque inactif, ou verrouillé		37

■ DuCalque ▼	gestion de la couleur des objets (du calque ou une autre)	
——— DuCalque ▼	gestion du type de trait des objets (du calque ou un autre).	
Si le type de ligne souhaité n'est pas disponible, choisir autres et l'option « charger » affiché dans la fenêtre. Les touches CTRL et SHIFT (Majuscules) permettent la sélection de plusieurs types. Les types de trait sont définis dans le fichier texte : acltiso.lin Options : par défaut, les différentes épaisseurs des traits ne sont pas affichées. Pour ce faire, aller dans le menu : Outils>Options>Onglet Préférence utilisateur>Paramètres d'épaisseur des lignes>Cocher Afficher l'épaisseur des lignes Les 2 boites suivantes contrôlent l'épaisseur des lignes et le style de tracé.		

3 Barre des outils : dessiner (menu Dessin)			
╱	Ligne	Crée des segments indépendants	21, 239
⤴	polyligne	Crée des segments et des arcs liés par leurs extrémités • Option : A↵ comme arc, R↵ comme rayon, C↵ ou CL↵ comme clore la polyligne	36, 47, 239
▭	Rectangle	Crée un rectangle défini par ses 2 sommets opposés • Options : C↵ comme chanfrein pour des angles coupés, R↵ comme raccord pour arcs de cercle à chaque sommets	20, 68, 238
◠	Arc	Crée un arc défini par 3 points Options : C↵ comme centre... les autres possibilités sont accessibles par le menu dessin>arc	21, 36
⊙	Cercle	Crée un cercle • Options : 3P↵ comme passage par 3 points... les autres possibilités sont accessibles par le menu dessin>cercle	22, 185, 239
∿	Spline	Crée une courbe B-spline passant par des points • Options : tangente de départ et tangente de fin	186
🔲	Insérer bloc	Insère un bloc interne au fichier de travail ou externe avec le bouton parcourir • Options : les coordonnées du point d'insertion, l'échelle, l'angle de rotation, la décomposition	51, 64
🔲	Créer bloc	Crée un bloc en sélectionnant des objets • Options : choix des coordonnées du point lors de l'insertion, des objets, de l'unité	50, 64, 132
▦	hachures	Applique un motif dans une zone	66, 210
A	Texte multiligne	Crée une zone de texte avec un éditeur de texte qui permet de varier la police, la taille, l'alignement...du texte à l'intérieur de ce bloc	73, 103
AI	Texte ligne	Crée le texte au fur et à mesure qu'il est saisi. Toute la ligne conserve le mêmes style (police, taille...)	69, 73, 103
▱	Contour	Crée une polyligne ou une région issue d'une zone fermée	26, 47
⤢	Mesurer	Place des points ou des blocs à des intervalles réguliers sur une ligne, une polyligne, une spline, un arc (menu dessin>point>mesurer) • Options : B↵ comme bloc pour insérer un bloc à chacun des points. La taille et l'allure des points sont modifiables par le menu format>style des points	

	Diviser	Divise la ligne, la polyligne, la spline, l'arc selon des intervalles réguliers sur la longueur de l'objet sélectionné	185
		• Options : B↵ comme bloc pour insérer un bloc à chacun des points	

4 Barre des outils : modifier (menu Modification)			
	Effacer	Supprime les objets sélectionnés du dessin (résultat identique avec la touche Suppr du clavier)	
	Copier	Copie le ou les objets sélectionnés	22, 186
		• Option : M↵ comme multiple pour copier plusieurs fois	
	Miroir	Symétrie par rapport à un axe des objets sélectionnés	22, 38, 241
		• Option : effacer les objets sources (Oui ou Non)	
	Décaler	Crée des objets parallèles à l'objet sélectionné à une distance donnée	47
	Réseau	Crée des copies des objets sélectionnés selon un réseau rectangulaire ou polaire	48, 184, 186
	Déplacer	Déplace les objets sélectionnés selon une direction et une distance	48, 208
		• Option : F3 pour un calage sur des points existants ou F8 ou F10 pour un calage angulaire	
	Rotation	Effectue une rotation des objets sélectionnés	38
		• Option : R↵ comme référence pour indiquer un angle par rapport à une direction donnée (segment existant)	
	Échelle	Agrandit ou réduit proportionnellement les objets sélectionnés	64, 259
		• Option : R↵ comme référence pour indiquer soit une valeur (2 ou...) soit une distance existante prise comme référence	
	Étirer	Déplace seulement les extrémités situées dans la fenêtre de capture (de la droite vers la gauche). Les sommets extérieurs à cette fenêtre sont fixes	259
	Modifier la longueur	Modifie la longueur d'un objet ou l'angle au centre d'un arc	36
		• Option : Di↵ comme différence pour indiquer une variation de longueur ou d'angle au centre (signe – pour réduire)	
	Ajuster	Étape 1 : sélection du ou des objets choisis comme limite des objets à couper et ↵	22, 72, 185
		Étape 2 : sélection de la partie des objets à supprimer	
		• Option : si aucune sélection lors de l'étape 1 (↵ ou clic droit juste après le choix de la commande) l'ajustement est effectué sur l'objet le plus proche	
	Prolonger	Étape 1 : sélection du ou des objets choisis comme limite des objets à prolonger et ↵	
		Étape 2 : sélection de la partie des objets à prolonger	
		• Option : si aucune sélection lors de l'étape 1 (↵ ou clic droit juste après le choix de la commande) le prolongement est effectué jusqu'à l'objet le plus proche	
	Chanfrein	Crée un segment incliné raccordant 2 lignes	
		• Option : AN↵ comme angle ou P↵ comme polyligne...	
	Raccord	Crée un arc raccordant 2 lignes	131, 161, 184
		• Option : R↵ comme rayon et 0↵ pour un rayon=0 crée un raccordement en L	
	Décomposer	Transforme	259
		• une polyligne en lignes (les sommets deviennent indépendants)	
		• un texte multiple en lignes de texte	
		• un bloc en éléments de niveau inférieur (cas de blocs imbriqués)	
		Remarque : les références externes ne peuvent pas être décomposées	

5 Barre des outils : cotation (menu Cotation)			
	Cotation linéaire	Crée une cote en 3 points (2 points pour les extrémités du segment et le 3e pour la position)	23, 103, 134
		• Option : par défaut la ligne de cote est parallèle aux axes X ou Y en cours. H↵ comme Horizontal, V↵ comme Vertical ou R↵ comme rotation fixent une orientation	
	Cotation alignée	Crée une cote parallèle aux 2 points de départ de la ligne d'attache	164
	Cotation ordonnée	Crée une cote d'origine 0,0 du système de coordonnées en vigueur pour une cotation en cumulé (impose de créer un système de coordonnées au point origine souhaité s'il est différent du SCG). 1er point : point à coter, 2e point : position de la ligne de cote (horizontale pour l'abscisse et vertical pour l'ordonnée dans le cas du SCG)	
		• Option : A↵ comme Abscisse ou O↵ comme Ordonnée (de préférence modes polaire (F10) ou ortho (F8) actifs.	
	Cote de rayon	Crée une cote précédée du symbole R pour le rayon d'un cercle ou d'un arc de cercle	23
	Cotation angulaire	Crée une cote angulaire en degrés décimaux (ou degrés, minutes, secondes ou grades ou radians)	

	Cotation continue	Crée une cote à la suite d'une cote existante (même alignement)	23, 103
	Repère rapide	Crée une ligne de repère et un texte associé	

Standard ▼	choix du style de cote courant utilisé lors de la cotation. Les styles créés sont affichés dans ce menu déroulant	

	Style de cote	Crée et modifie un style de cote à l'aide d'une boîte de dialogue : le gestionnaire des styles de cote	102, 103, 164

6 Barre des outils : système de coordonnée (menu Outils)			
	Icône déroulant SCU	Choix des différents systèmes des coordonnées	
	SCG Général	Système de Coordonnées Général : système (x=0, y=0, z=0) fixe, non modifiable L'utilisateur défini des SCU (Système de Coordonnées Utilisateur) selon ses besoins. Les modes polaire (F10) ou ortho (F8), la grille sont liés au SCU • Option : le menu Affichage> Affichage>Icône SCU>Actif (ou non)	36, 67, 73
	SC Objet	Définit un nouveau système de coordonnées fonction de l'objet sélectionné (ligne, arc, cercle... sauf polyligne 3D, spline, droite...)	67
	SC Précédent	Système de coordonnées précédemment utilisé	36, 67

7 Barre des outils : renseignements (menu Outils)			
	Distance	Mesure les distances (selon la direction, ramenée à horizontale et à la verticale) et les angles définis par 2 points avec affichage dans la fenêtre des commandes	
	Aire	Affiche l'aire et le périmètre dans la fenêtre des commandes • Options : O↵ comme Objet ou A↵ comme Addition ou S↵ comme Soustraction	26, 47
	Propriétés mécaniques	Affiche les propriétés mécaniques (centre de gravité, moments d'inertie...) d'une région	
	Liste	Affiche des informations de base de données relatives aux objets sélectionnés.	
	Localiser	Affiche les coordonnées (x, y, z) d'un point	

Barre des outils accrochage aux objets

F3 pour activer ou désactiver
3 options pour choisir les accrochages actifs :
- Menu Outils>Aides au dessin>Onglet Accrochage aux objets
- clic droit sur le bouton « accrobj » de la barre d'état, l'option paramètres permet de choisir les calages actifs.
- Touche CTRL+ clic droit pour choisir un calage ponctuel dans le menu contextuel

	Ouvre la fenêtre des différentes options d'accrochage		Quadrant (d'un cercle, d'une ellipse, d'un arc)
	Depuis		Intersection
	Extrémités		Point d'insertion
	Milieu		Perpendiculaire
	Centre d'un cercle ou d'un arc		Tangent
	Nodal (points créés lors de la commande Diviser ou Mesurer)		Proche

Remarque : toutes les commandes sont accessibles par le menu, une icône mais aussi par un raccourci clavier

Exemples de raccourcis clavier :

	u↵		copier↵
	calque↵		diviser↵
	purger↵		scu↵
	ligne↵		rotation↵
	arc↵		cotlin↵
	texte↵		aire↵

ANNEXE 3

Formulaires

Linéaires en mètre avec 2 décimales

DÉDUCTION

Linéaire obtenu par addition ou soustraction d'autres cotes

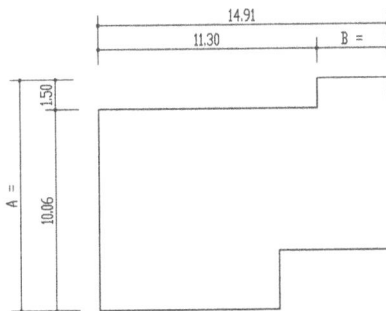

Exemple
A = 10.06 + 1.50 = 11.56
B = 14.91-11.30 = 3.61 m

PÉRIMÈTRE

Périmètre = somme des linéaires

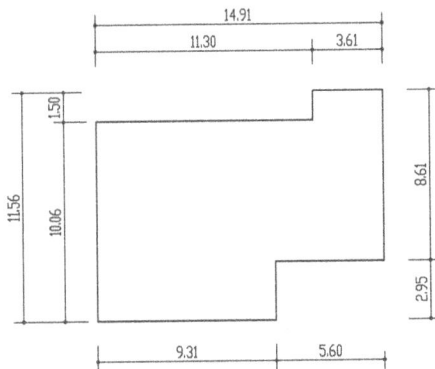

Exemple :
P = 11.30+3.61+8.61+2.95+5.60+9.31+10.06+1.50 = 52.94 m
Mais plus simplement : P = 2 x (14.91+11.56) = 52.94 m

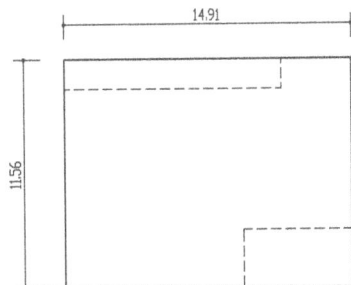

REMARQUE : si les périmètres sont égaux, les surfaces sont différentes.

ÉCHELLE

$$\text{Échelle} = \frac{\text{Dimension dessinée}}{\text{Dimension réelle}}$$

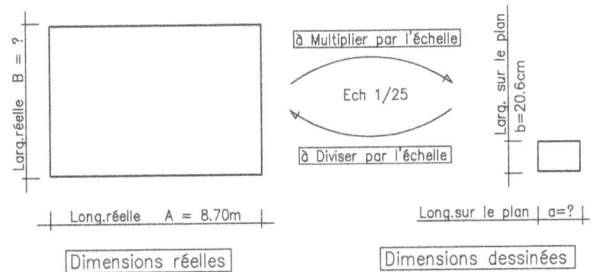

Cette relation permet le calcul d'un terme lorsque les 2 autres sont connus

Exemples : à l'ech 1/25e ,

1 Calcul de la dimension dessinée

$$\frac{1}{25} = \frac{a}{A}$$

Comme A = 8.70 m

$$\frac{1}{25} = \frac{a}{8.70 \text{ m}}$$

25 a = 8.70 m

$$a = \frac{8.70 \text{ m}}{25} = 0.348 \text{ m} = 34.8 \text{ cm}$$

2 Calcul de la dimension réelle

$$\frac{1}{25} = \frac{20.6 \text{ cm}}{B}$$

B = 20.6 cm × 25 = 515 cm = 5.15 m

3 Calcul de l'échelle d'un plan

Lecture de la cote sur le plan (distance réelle) : 5.60 m

Mesure de la longueur sur le plan : 22.4 cm

$$\text{Ech} = \frac{22.4 \text{ cm}}{5.60 \text{ m}} = \frac{22.4 \text{ cm}}{560 \text{ cm}} = \frac{22.4}{560}$$

$$\text{Ech} = 0.04 \; ; \; \text{Ech} = \frac{4}{100}$$

$$\text{ou Ech} = \frac{1}{25}$$

ou Ech 4 cm par m.

NOTE : il faut respecter les unités

PYTHAGORE

Relation entre les 3 côtés d'un triangle rectangle

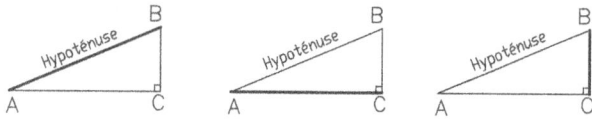

Le côté AB, opposé à l'angle droit, est appelé hypoténuse

$AB^2 = AC^2 + BC^2$ d'où $AB = \sqrt{AC^2 + BC^2}$
ou
$AC^2 = AB^2 - BC^2$ d'où $AC = \sqrt{AB^2 - BC^2}$
ou
$BC^2 = AB^2 - AC^2$ d'où $BC = \sqrt{AB^2 - AC^2}$

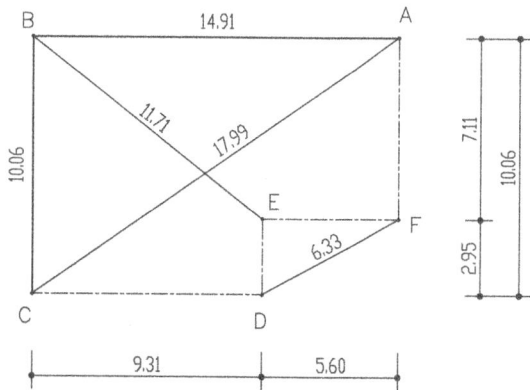

Ces relations permettent le tracé et la vérification des angles droits lors de l'implantation

Exemple : si le triangle ABC est rectangle en B, alors AC est égal à 17.99 m

$AC = \sqrt{14.91^2 + 10.06^2} = 17.99$ m

REMARQUE : la méthode 3, 4, 5 procède de cette relation.

$5^2 = 4^2 + 3^2$, soit $25 = 16 + 9$

TRIGONOMÉTRIE

Relation entre 2 côtés et un angle

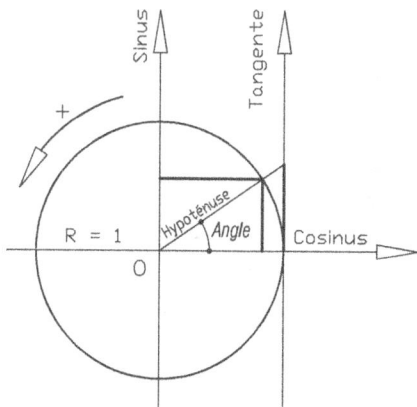

Le cercle trigonométrique est un cercle orienté (sens inverse des aiguilles d'une montre) de rayon 1

Lorsque l'angle (autre que l'angle droit) est choisi, un côté est soit opposé soit adjacent à cet angle

L'hypoténuse est le côté opposé à l'angle droit (90°)

TANGENTE

Relation entre le coté opposé et le coté adjacent à l'angle qui permet le calcul de l'angle ou de l'un des cotés de l'angle droit

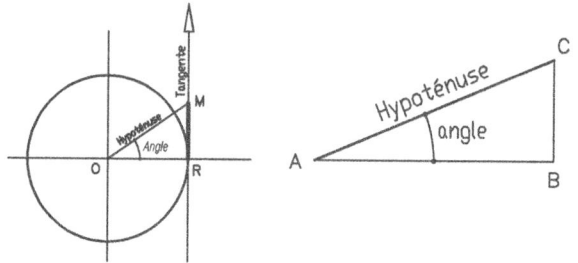

$\tan \hat{A} = \dfrac{BC}{AB}$

ou $BC = AB \times \tan \hat{A}$

ou $AB = \dfrac{BC}{\tan \hat{A}}$

COSINUS

Relation entre l'angle, le coté adjacent à l'angle et l'hypoténuse

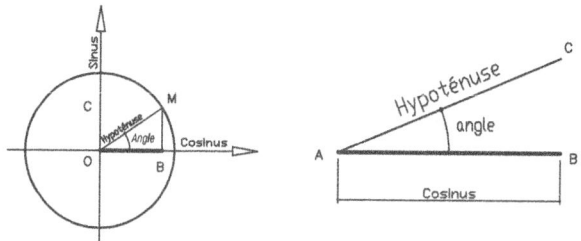

$\cos \hat{A} = \dfrac{AB}{AC}$

ou $AB = AC \times \cos \hat{A}$

ou $AC = \dfrac{AB}{\cos \hat{A}}$

SINUS

Relation entre l'angle, le coté opposé à l'angle et l'hypoténuse

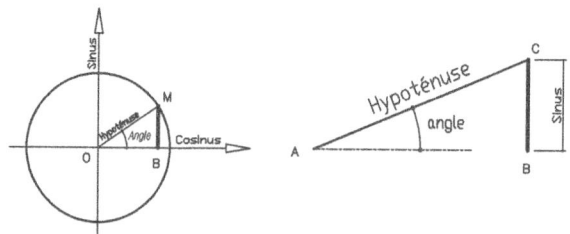

$\sin \hat{A} = \dfrac{BC}{AC}$

ou $BC = AC \times \sin \hat{A}$

ou $AC = \dfrac{BC}{\sin \hat{A}}$

PENTE

La pente, exprimée en %, en cm/m ou en m/m indique la valeur du déplacement vertical pour un déplacement horizontal de 1 m. C'est le rapport entre la hauteur et la longueur mesurée selon l'horizontale

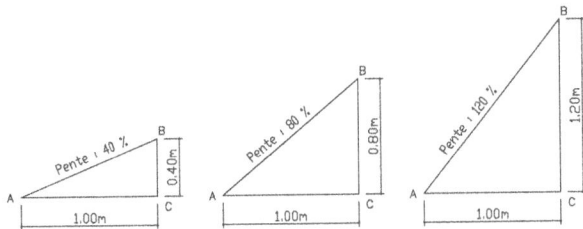

$$p = \frac{H}{L}$$

pour une pente de 40 %

p = 40 % = 40/100 = 40 cm/100 cm

ou 40 cm par m

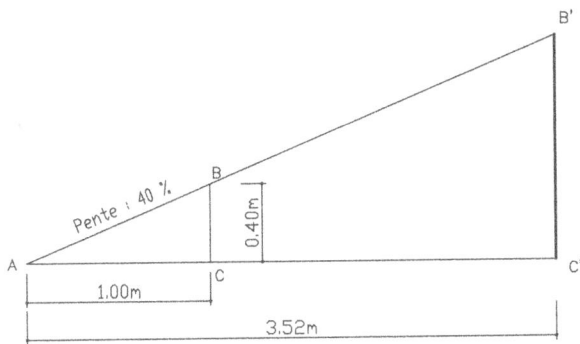

calcul de la hauteur B'C' à l'aide de la pente de 40 % (40/100 = 0.4) :

pour 1 m : 1 m x 0.4 = 0.4 m

pour 3.52 m : 3.52 m x 0.4 = 1.408 m

B'C' = 1.408 m

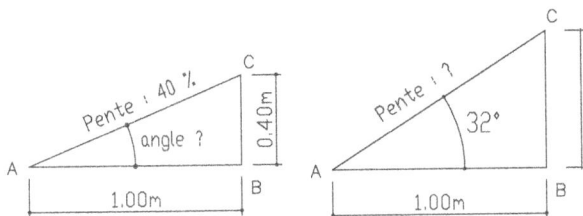

la pente, exprimée en %, est identique à la tangente citée au dessus.

Ce qui permet de calculer soit :

• l'angle = tan^{-1}(BC/AB)= tan^{-1}(pente)

• la pente = tan (angle)

si p = 40 % = 0.4 alors

angle = tan^{-1}(0.4) = 21.8°

si l'angle = 32° alors p = tan (32°)= 62.5%

THALÈS

Les longueurs des segments parallèles définies par des sécantes sont proportionnelles

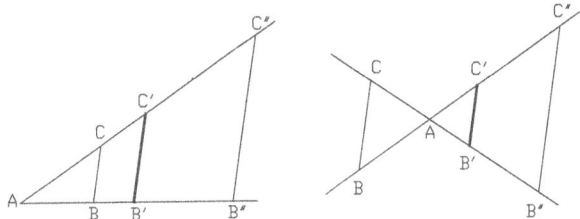

$$\frac{AB}{AC} = \frac{AB'}{AC'} = \frac{BC}{B'C'} = \frac{\cdots}{\cdots}$$

3 longueurs connues permettent le calcul de la 4^e

exemple :

$$\frac{AB}{AC} = \frac{AB'}{AC'} \quad d'où \quad AB = \frac{AB'}{AC'} \times AC$$

CERCLE

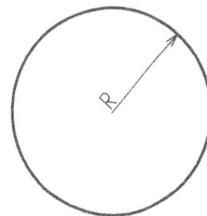

Périmètre du cercle = 2πR

Ou πD car D = 2R

ARC DE CERCLE

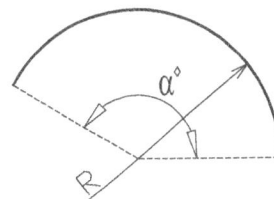

$\widehat{L}$, longueur de l'arc

$\widehat{L} = 2\pi R \times \frac{\alpha°}{360°}$ pour α exprimé en degré

$\widehat{L} = 2\pi R \times \frac{\alpha^g}{400^g}$ pour α exprimé en grade ou gon

$\widehat{L} = R\,\alpha$ pour α exprimé en radian

Surfaces (aires) en mètre carré avec 2 décimales

RECTANGLE

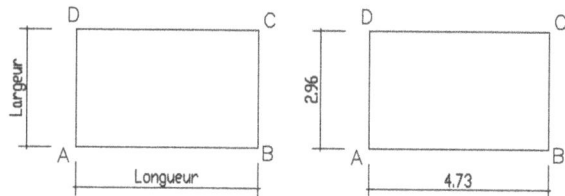

S = Longueur x Largeur

Exemple : S = 4.73 x 2.96

S = 14.00 m^2

TRAPÈZE

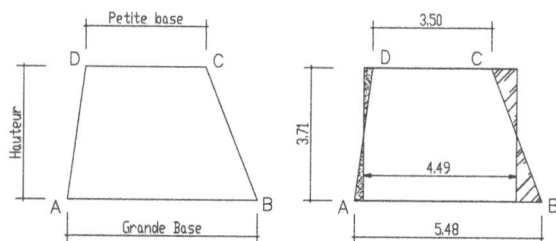

$$S = \frac{\text{Grande Base} + \text{Petite Base}}{2} \times \text{Hauteur}$$

$$S = \frac{5.48 + 3.50}{2} \times 3.71 = 4.49 \times 3.71 = 16.66 \text{ m}^2$$

La surface d'un trapèze s'apparente à la surface d'un rectangle dont la longueur est égale à la 1/2 somme des bases

TRIANGLE

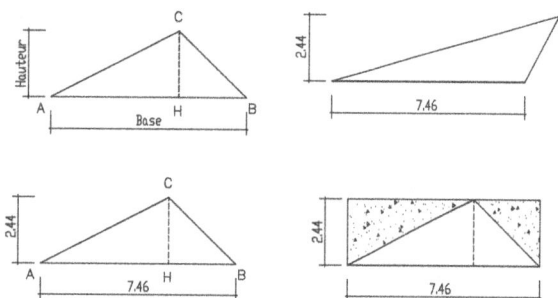

$$S = \frac{\text{Base} \times \text{Hauteur}}{2}$$

$$S = \frac{7.46 \times 2.44}{2} = 9.10 \text{ m}^2$$

REMARQUE : la surface d'un triangle est égale à la 1/2 surface du rectangle avec :

longueur du rectangle = base du triangle

largeur du rectangle = hauteur du triangle

POLYGONE

Le polygone est une somme des triangles S1 + S2 +S3

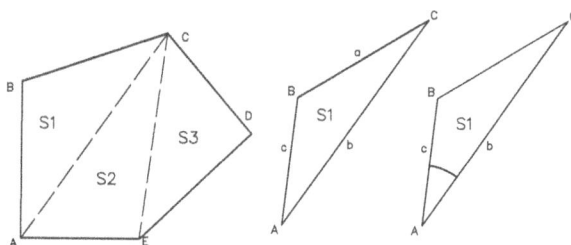

• Si S1 est défini par ses 3 cotés a, b, c

$$S1 = \sqrt{p(p-a)(p-b)(p-c)}$$

avec $p = \dfrac{a+b+c}{2}$

• Si S1 est défini par 2 côtés et un angle

$$S1 = \frac{1}{2} \, bc \sin \hat{A}$$

DISQUE

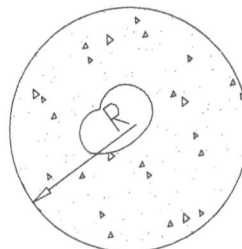

S = πR^2

ou S = πD^2/4

PORTION DE DISQUE

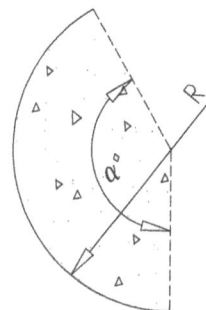

$S = \dfrac{\pi R^2 \alpha}{360}$ pour α exprimé en degré

$S = \dfrac{\pi R^2 \alpha}{400}$ pour α exprimé en grade ou gon

$S = \dfrac{R^2 \alpha}{2}$ pour α exprimé en radian

SEGMENT CIRCULAIRE

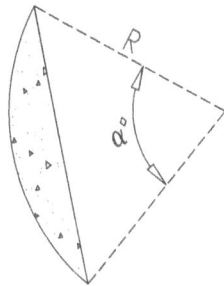

$$S = \frac{R^2}{2}\left(\frac{\pi\alpha}{180} - \sin\alpha\right) \text{ pour } \alpha \text{ exprimé en degré}$$

$$S = \frac{R^2}{2}\left(\frac{\pi\alpha}{200} - \sin\alpha\right) \text{ pour } \alpha \text{ exprimé en grade}$$

SURFACE LATÉRALE D'UN CYLINDRE

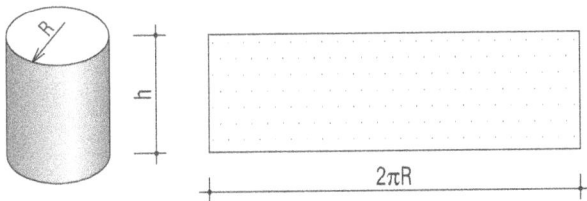

La surface développée d'un cylindre est un rectangle qui a pour longueur le périmètre du cercle.

Surface = $2\pi Rh$

SURFACE DÉVELOPPÉE

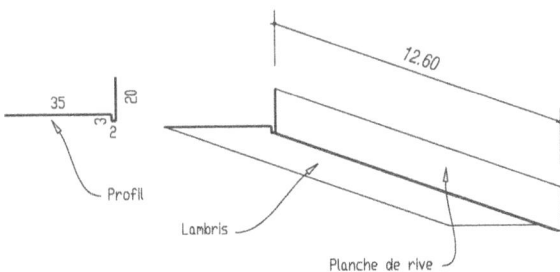

S = développé x longueur d'application

Exemple :

Développé = 0.35 + 0.03 + 0.02 + 0.20 = 0.60

longueur d'application = 12.60

surface (à peindre)

S = 0.60*12.60 = 7.56 m²

SURFACE COMPOSÉE

Le volume des fouilles en rigole est déterminé en multipliant la surface en plan par la profondeur. Mais comme la largeur est constante la surface en plan se réduit à un linéaire multiplié par cette largeur.

Méthode 1 : linéaires extérieurs comptés entre axes

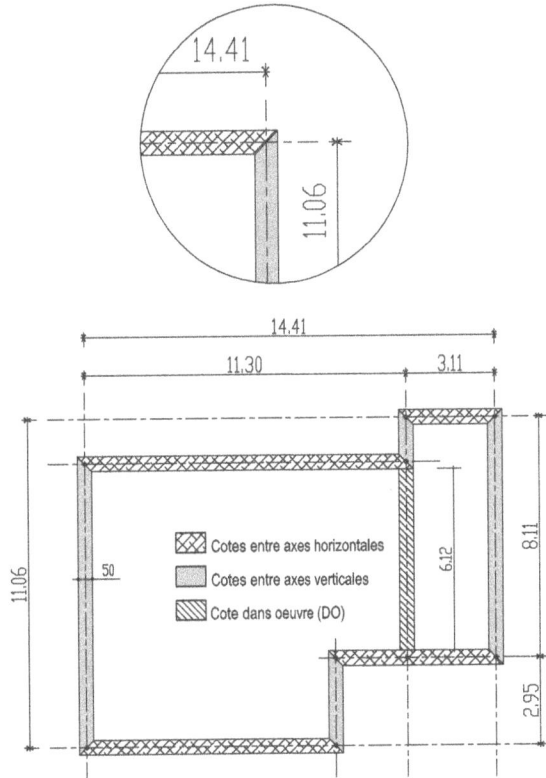

2 fois 14.41 = 28.82

2 fois 11.06 = 22.12

pour être complet il faut ajouter la longueur intérieure dans œuvre

1 fois 6.12 = 6.12

ensemble : 57.06

x larg. 0.50 = 28.53 m²

Méthode 2 : linéaires extérieurs comptés HO DO (hors œuvre, dans œuvre)

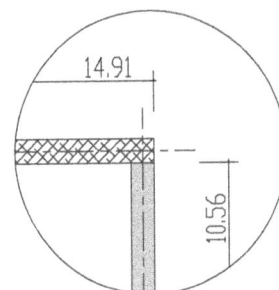

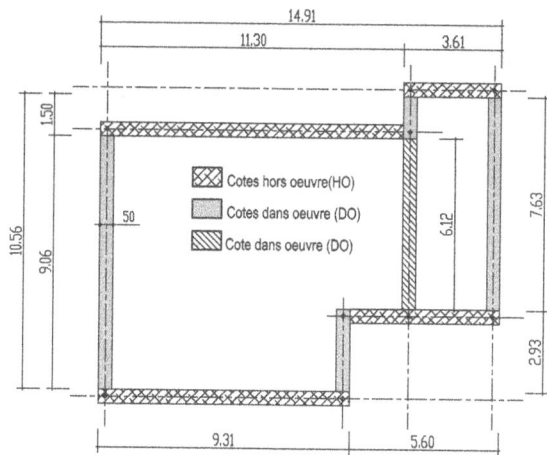

2 fois 14.91 = 29.82

2 fois 10.56 = 21.12

pour être complet il faut ajouter la longueur intérieure dans œuvre

1 fois 6.12 = 6.12

ensemble : 57.06

x larg. 0.50 = 28.53 m^2

Volumes en mètre cube avec 3 décimales

PARALLÉLÉPIPÈDE

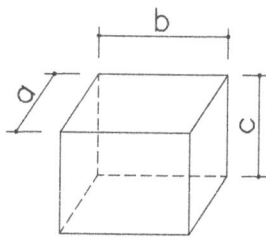

Volume = a × b × c

PRISME

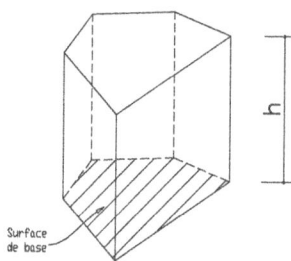

V = Surface de base × hauteur

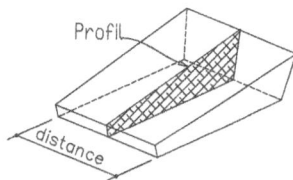

V = Surface du profil × distance

pour le calcul des cubatures de terre, la distance prise en compte est la moyenne des distances des 2 profils successifs

PYRAMIDE

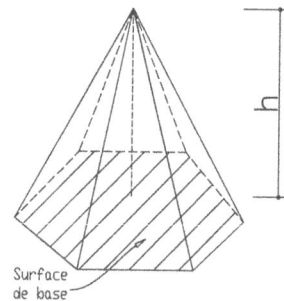

$$V = \frac{\text{Surface de base} \times \text{hauteur}}{3}$$

TRONC DE PYRAMIDE

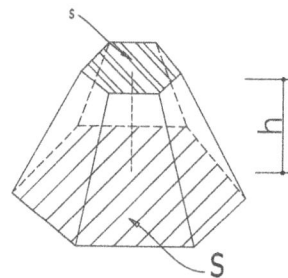

$$V = \frac{h}{3}(S + s + \sqrt{Ss})$$

FORMULE DES 3 NIVEAUX

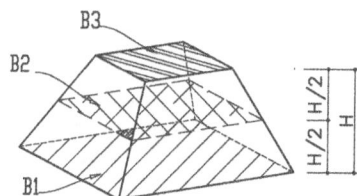

$$V = \frac{h}{6}(B1 + B3 + 4B2)$$

Remarque : B2 ≠ (B1+B3)/2

CYLINDRE

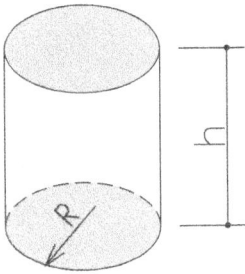

Volume $= \pi R^2 h$

CYLINDRE TRONQUÉ

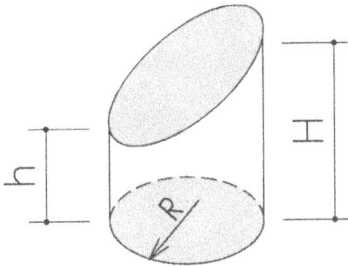

Volume $= \pi R^2 (H+h)/2$

CYLINDRE CREUX

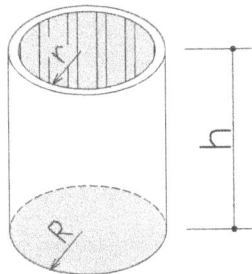

Volume $= \pi h (R^2 - r^2)$

Avec $e = R - r$

Volume $= \pi h e \, (2R - e)$

CÔNE

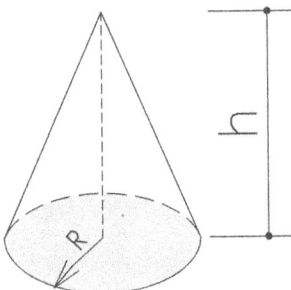

$V = \dfrac{\pi R^2 h}{3}$

TRONC DE CÔNE

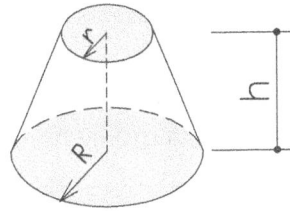

$V = \dfrac{\pi h}{3} \, (R^2 + r^2 + Rr)$

SPHÈRE

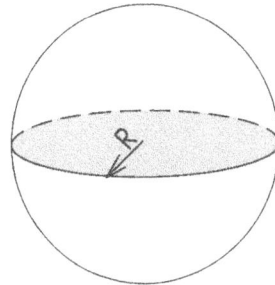

$V = \dfrac{4}{3} \, \pi R^3$

CALOTTE SPHÉRIQUE

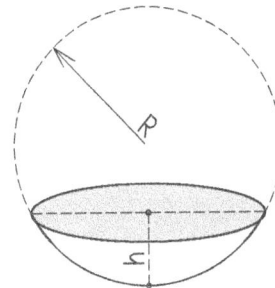

$V = \dfrac{\pi h^2}{3} (3R - h)$